Historische Wissensforschung

herausgegeben von

Caroline Arni, Bernhard Kleeberg, Andreas Langenohl,
Marcus Sandl und Robert Suter

1

Koni Weber

Umstrittene Repräsentation der Schweiz

Soziologie, Politik und Kunst bei der Landesausstellung 1964

Mohr Siebeck

Koni Weber, geboren 1971; Studium der Soziologie, Sozial- und Wirtschaftsgeschichte und Ethnologie; 1998 Lizentiat; seit 2002 an verschiedenen Projekten an der Universität Zürich beteiligt; ab 2005 Dissertationsprojekt; 2008–2012 Mitglied des Graduiertenkollegs »Geschichte des Wissens« der Universität Zürich und der ETH Zürich.

Publiziert mit Unterstützung des Schweizerischen Nationalfonds zur Förderung der wissenschaftlichen Forschung.

ISBN 978-3-16-153173-6
ISSN 2199-3645 (Historische Wissensforschung)

Die Deutsche Nationalbibliothek verzeichnet diese Publikation in der Deutschen Nationalbibliographie; detaillierte bibliographische Daten sind im Internet über *http://dnb.dnb.de* abrufbar.

Das Buch wurde von Gulde Druck in Tübingen aus der Minion Pro gesetzt und von Hubert & Co in Göttingen auf alterungsbeständiges Werkdruckpapier gedruckt und gebunden. Der Einband wurde von Uli Gleis in Tübingen gestaltet. Umschlagbild: Ariane Deluz, Kodierung eines nicht-gelenkten Interviews, Stadtarchiv Lausanne.

Dank

Ich danke allen, die zum Gelingen dieser Arbeit beigetragen haben. Zunächst Jakob Tanner, der mich mit inhaltlichen Anregungen inspirierte, mir ermöglichte, an der Forschungsstelle für Sozial- und Wirtschaftsgeschichte der Universität Zürich zu arbeiten und mich beim Organisieren einer Finanzierung unterstützte. Dann möchte ich Brigitta Bernet ganz herzlich danken, dass sie mir in allen Phasen der Arbeit mit Rat und Tat zur Seite stand – ohne sie wäre diese Arbeit nicht zustande gekommen. Besonderen Dank schulde ich Mischa Suter und Magaly Tornay für ihre Hilfe bei der Überarbeitung des Manuskripts. Dann danke ich all jenen, die mit Diskussionen, Kritik oder Hinweisen zu dieser Arbeit beigetragen haben: Caroline Arni, Silvia Berger, Alain Desrosières, Monika Dommann, Rainer Egloff, Petra Frey, Pascal Germann, Urs Germann, Claudia Honegger, Gisela Hürlimann, Urs Jaeggi, Anna Joss, Felix Keller, René Levy, Sibylle Marti, Philipp Sarasin, Jolanda Schärli, Dominik Schnetzer, Roger Sidler, Sasha Staiger, Mirjam Stoll und Tobias Straumann. Dem Graduiertenkolleg »Geschichte des Wissens« der Universität und der ETH Zürich danke ich für den konstruktiven Austausch, dem Forschungskredit der Universität Zürich und dem Schweizerischen Nationalfonds für die Finanzierung und den Mitarbeiterinnen und Mitarbeitern des Bundesarchivs und des Stadtarchivs Lausanne für ihre Hilfe bei der Quellensuche. Schliesslich möchte ich meinen Eltern, Geschwistern und meinen Freundinnen und Freunden für ihre Unterstützung ausserhalb des Universitätsbetriebs danken sowie meinen Söhnen Vincent und Maël für die Ablenkung.

Zürich, im Mai 2014 Koni Weber

Inhalt

1 Einleitung

1.1 Skandal auf der Landesausstellung

Im Sommer 1962 führte ein französisch-schweizerisches Forschungsteam eine breit angelegte Umfrage zum Alltagsdenken in der Schweiz durch. Unter der Leitung des Anthropologen Isac Chiva vom *Laboratoire d'Anthropologie Sociale* in Paris befragten Soziologinnen und Anthropologen 1200 repräsentativ ausgewählte Schweizerinnen und Schweizer zu Beruf, Familie und Freizeit sowie zu politischen Themen wie dem Frauenstimmrecht, der Neutralitätspolitik, dem Beitritt zur EWG oder der Armee. Das Projekt trug den Namen »Un jour en Suisse« und war eine der ersten repräsentativen Befragungen der Schweizer Bevölkerung nach der Gallup-Methode.[1]

Initiant der Studie war der Lausanner Theaterdirektor Charles Apothéloz. Er war von der Direktion der bevorstehenden Landesausstellung – der »Expo 64« in Lausanne – beauftragt worden, einen Teil des sogenannten »Weges der Schweiz« in Szene zu setzen. Der »Weg der Schweiz« bildete das inhaltliche »Rückgrat« der Expo 64. Er bestand aus gestaffelten Dreieckskonstruktionen, die einem Gebirge nachempfunden waren, welches durch das Ausstellungsgelände zum zentralen Platz am Genfersee führte. Das Publikum sollte hierbei in drei Etappen die Vergangenheit, die Gegenwart und die Zukunft der Schweiz durchlaufen. Apothéloz' Auftrag bestand in der Gestaltung des zweiten Teiles, der sich unter dem Titel »Un jour en Suisse« mit der Gegenwart des Landes auseinandersetzte. Er plante, für diesen Abschnitt ein Fragespiel zum Alltag des »Homo Helveticus« zu inszenieren. Gestützt auf die soziologischen Voruntersuchungen wollte er einen riesenhaften »Gulliver« aufbauen, der das Publikum aufforderte, Fragebogen auszufüllen, die ein IBM-Computer laufend auswertete. Durch Fragen zu ihren alltäglichen Gewohnheiten und Einstellungen sollten die Besucherinnen und Besucher der Expo angeregt werden, ihr Selbstbild mit dem Profil des Idealschweizers zu vergleichen und letzteres kritisch zu hinterfragen. Eine der Fragen

[1] Abgesehen von der »Volksumfrage unter dem Patronat der Neuen Helvetischen Gesellschaft«, war das Projekt für die Schweiz einmalig. Vgl. Neue Helvetische Gesellschaft/Verein Volksumfrage (Zürich)/Kägi, Werner, *Die Schweiz hält durch. Buch der Volksumfrage unter dem Patronat der Neuen Helvetischen Gesellschaft*, Zürich 1948.

lautete beispielsweise: »Kann man ein guter Schweizer sein und erst um neun Uhr aufstehen?« Apothéloz' Plan sah vor, die aufsummierten Antworten in Echtzeit auf grosse Anzeigetafeln zu projizieren, um so eine stets aktuelle Momentaufnahme des schweizerischen Selbstbildes zu inszenieren.[2]

Obwohl als Spiel apostrophiert, stützte sich Apothéloz' Inszenierung auf die Theorien und Methoden der Soziologie, beispielsweise auf das Konzept der gesellschaftlichen Anomie von Émile Durkheim und Robert Merton. Diese nahmen an, dass es zwischen den geltenden kulturellen Zielen und den Mitteln, die den Gesellschaftsmitgliedern zur Erreichung dieser Ziele zur Verfügung standen, zu Spannungen kommen konnte. Ähnlich ging auch Apothéloz von Diskrepanzen zwischen dem offiziellen und dem realen »Homo Helveticus« aus. Der schweizerische Alltag war seiner Ansicht zufolge durch Widersprüche zwischen Ideal und Wirklichkeit geprägt: durch ein Auseinanderklaffen der kulturell verbindlichen Normen und der tatsächlichen Situation der Einzelnen. Die Soziologie figurierte aber nicht nur als Inspirationsquelle. Sie sollte auch für Wissenschaftlichkeit und Wahrheit bürgen. Gestützt auf die soziologische Methode der repräsentativen Stichprobenerhebung wollte Apothéloz sein Fragespiel auf eine wissenschaftliche Basis stellen. Das Forschungsteam, das im Sommer 1962 in der ganzen Schweiz mehr als tausend Interviews führte, erhob eine statistisch repräsentative Stichprobe, auf deren Grundlage empirisch gesicherte Aussagen über Einstellungen, Themen, Motive, Erfahrungen und somit über jene »Realität« ausformuliert wurden, die den Alltag der Schweizerinnen und Schweizer »wirklich« prägte. Auf der Grundlage dieses Samples verfasste Apothéloz zusammen mit dem Forschungsteam 1963 einen vertraulichen Zwischenbericht für den Bundesrat. Dieser enthielt eine teilweise Auswertung der Forschungsergebnisse und ein Szenario, wie »Un jour en Suisse« auf der Expo zu inszenieren sei. Als Hans Giger, der Delegierte des Bundesrates für die Landesausstellung, den Bericht gelesen hatte, war er über die Stossrichtung des Projektes entsetzt und griff in das Projekt ein. Er äusserte Zweifel an der Wissenschaftlichkeit des Forschungsdesigns und zog zwei externe soziologische Gutachter hinzu. Diese bestätigten zwar die Wissenschaftlichkeit der Studie, zogen jedoch das geplante »Gulliver«-Fragespiel in Zweifel. Auf Drängen Gigers zitierten die Bundesräte Friedrich Wahlen, Hans Schaffner und Roger Bonvin daraufhin die gesamte Expo-Leitung nach Bern. Die Bundesräte äusserten nationalpolitische Bedenken, denn sie befürchteten, dass die Befragung als »Plebiszit« gegen die Landesregierung missbraucht werden könne. Besonders gegenüber Fragen zu den Themen Abtreibung, Dienstverweigerung, Landesverteidigung sowie zur Stellung der Schweiz zur

[2] Stadtarchiv Lausanne, P 286, Carton 3, Enveloppe 3: Richterich, René, *Procès verbal no 2 de la séance de l'équipe de la partie générale du 31 août à 10.15 h, à la salle de conférences du Château St-Maire, Lausanne*, 4.10.1961.

EWG und zur Neutralität hegte der Bundesrat »schwere Bedenken«. Aufgrund der Intervention wurde ein Teil der Fragen gestrichen oder umformuliert. Ausserdem musste auf eine Auszählung der Antworten während der Expo verzichtet werden. Dennoch kam im Abschnitt »Ein Tag in der Schweiz« ein »Gulliverspiel« zum Einsatz. Der Gulliver, der hier schliesslich auftrat, war jedoch kein subversiver Skeptiker, dessen Fragen das bestehende Schweizbild in Frage stellten. Eher glich er einem harmlosen *Quizmaster*, der Wissen abfragte, aber nicht hinterfragte. Er stellte dem Publikum eine Reihe mehr oder weniger indiskreter Fragen und forderte es auf, sein Wissen über die Schweiz zu vervollkommnen. Von den rund 12 Millionen Expo-Besuchern nahmen gut 580 000 am Gulliverspiel teil. Anstatt die gegebenen Antworten hochzurechnen, verglich der Computer sie mit den Durchschnittswerten der Studie. Anstatt Widersprüche aufzudecken wurde nun Konformität gemessen.[3]

Charles Apothéloz liess sich die Eingriffe in sein Szenario nicht kommentarlos gefallen. Zwei Monate nach Eröffnung der Expo 64 gelangte er an die Westschweizer Presse. Die Gazette de Lausanne interviewte Apothéloz und publizierte eine Artikelserie über die Entstehung von »Un jour en Suisse«. Sie thematisierte den Eingriff des Bundesrates und von dessen Delegierten und brachte damit den »Gulliver-Skandal« ins Rollen. Landesweit empörten sich die Medien über die »Zensur« des Bundesrates und über das Zählverbot. Es folgte eine hitzige öffentliche Debatte über das Verhältnis von Demoskopie und Demokratie. Nach dem Ende der Expo versuchte die soziologische Forschungsgruppe die Ergebnisse ihrer Umfrage von 1962 einem breiteren Publikum zugänglich zu machen. Isac Chiva wandte sich mit einem Finanzierungsgesuch für die Publikation an den Schweizerischen Nationalfonds. Dieser lehnte es jedoch ab einen Publikationsbeitrag zu leisten. Die Arbeitsgruppe musste sich daher anderweitig nach einer Finanzierung umsehen und gelangte an Raymond Aron, Leiter des *Centre Européen de Sociologie* in Paris. Aron stellte die Finanzierung für eine detaillierte wissenschaftliche Auswertung des Materials bereit. Die Projektleitung ging nun an den Soziologen Pierre Bourdieu über, worauf dessen damaliger Assistent Luc Boltanski das Material auswertete und die Ergebnisse 1966 in seiner ersten Monographie unter dem Titel »Le bonheur suisse«[4] veröffentlichte. Boltanski kam zum Schluss, in der Schweiz sei eine Nationalideologie verbreitet, welche mit der Arbeitsethik und dem asketischen Ideal des Protestantismus übereinstimme. Da jedoch die materiellen Lebensbedingungen der Bevölkerungsmehrheit die Reali-

---

[3] Vgl. Tanner, Albert, »Le Bonheur Suisse – Zeitdiagnosen in der Schweiz 1946–1997«, in: Schweizerische Gesellschaft für praktische Sozialforschung (Hg.): *Vortragsreihe »Angewandte Sozialwissenschaft«*, Bern 1998, S. 6.

[4] Boltanski, Luc, *Le bonheur suisse. D'après une enquête réalisée par Isac Civa, Ariane Deluz, Nathalie Stern*, Paris 1966.

sierung dieses Ideals im Alltag verunmöglichten, entstünden anomische Spannungen, die sich unter anderem in der vergleichsweise hohen Suizid- und Scheidungsrate in der Schweiz ausdrückten. Trotz brisanter Thesen wurde das Buch hierzulande nur in Fachkreisen zur Kenntnis genommen. Nach dem »Gulliver-Skandal« kehrte wieder Ruhe ein. Die Soziologie akzeptierte – bis auf wenige Ausnahmen[5] – die ihr auferlegten Grenzen der Deutungsarbeit und beschäftigte sich hauptsächlich mit Spezialfragen der Gesellschaft.

1.2 Kontext und Erkenntnisinteresse

Aus der Perspektive der Gegenwart ist der »Gulliver-Skandal« in mehrfacher Hinsicht aufschlussreich. Einmal ist es erstaunlich, dass eine soziologische Studie in den 1960er Jahren derart hohe politische Wellen schlagen konnte. Heute gehören Meinungsumfragen und *Polls* zum politischen Tagesgeschäft und zur etablierten Selbstvergewisserungs- und Selbstbefragungspraxis demokratischer Gesellschaften.[6] Personen wie Claude Longchamp oder Institutionen wie die GfS sind im Kabinett jener Kommentatoren verankert, die politische Wahlen und Abstimmungen neutral und wissenschaftlich kompetent kommentieren. Vom subversiven Potential, das in den 1960er Jahren vom soziologischen Wissen ausging, ist heute in der Schweiz nur noch wenig zu spüren. Umgekehrt beschränkt die angewandte Sozialforschung sich mittlerweile weitgehend auf das Kommentieren von gesellschaftlichen Teilbereichen, ohne die Gesellschaft als Ganzes in Frage zu stellen. Wie die kurze Darstellung des »Gulliver-Skandals« deutlich machte, war dies nicht immer so. Die Soziologie, ihr Anspruch, ihre Kategorien und ihre Verfahren wurden damals von politischer Seite kritisch wahrgenommen und bekämpft. Die gegenwärtige Popularität und Verbreitung der Demoskopie sowie der eingespielte Kooperationsmodus von Politik und angewandter Sozialforschung verstellen nur allzu leicht den Blick für die Differenzen zur Ver-

---

[5] Vgl. etwa Jaeggi, Urs/Wyniger, Willy/Steiner, Rudolf, *Der Vietnamkrieg und die Presse*, Zürich 1966. Held, Thomas/Levy, René, *Untersuchung über die Stellung der Frau in der Schweiz. Ergebnisse der Befragung (Tabellenband)*, Zürich 1973. – beides Werke die zu politischen Kontroversen führten.

[6] Dass ein Spannungsverhältnis zwischen Meinungsforschung und Politik dennoch punktuell aufbrechen kann, wurde in jüngerer Vergangenheit deutlich, als der Ausgang der »Minarett-Initiative« falsch prognostiziert wurde. Die Schweizerische Gesellschaft für praktische Sozialforschung GfS hatte 53% Nein, 37% Ja und 10% Unentschlossene ermittelt, während die Initiative tatsächlich mit 57,5% Ja-Stimmen angenommen wurde. Nach der Fehlprognose wurde zwar breite Kritik an der Umfrage laut. Diese blieb jedoch weitgehend immanent und bezog sich hauptsächlich auf die Umfragequalität. So kritisierte beispielsweise der damalige Bundesrat Moritz Leuenberger die Umfrage laut Tages-Anzeiger vom 7.12.2009 als »unprofessionell«, weil sie ausschliesslich über das Telefon-Festnetz durchgeführt wurde, junge Leute auf diesem Weg jedoch kaum zu erreichen seien.

gangenheit. Geht man nicht von der heutigen Selbstverständlichkeit, sondern vom prekären Status aus, den soziologisches Wissen vor seiner institutionellen und professionellen Stabilisierung besass, so stösst man auf ein komplexes, historisch spezifisches Machtgefüge, von dem die Produktion ebenso wie die Geltung oder Nicht-Geltung soziologischen Wissens wesentlich abhingen und weiterhin abhängen. In der Schweiz der 1960er Jahre war dieses Machtgefüge stark auf den Nationalstaat bezogen. Diese generelle nationale Prägung wurde im speziellen Kontext der Landesausstellung, die traditionellerweise mit dem Anspruch auf eine umfassende nationale Repräsentation verbunden ist, noch einmal potenziert. Bei der Expo 64 wurde mit immensem Aufwand versucht, die schweizerische Nation als Ganzes und die Bevölkerung als Einheit zu repräsentieren. Sinnfälliger Ausdruck dieses Zieles ist ein Bibelzitat, das in das Glockenspiel der Expo eingraviert war: »ut omnes unum sint« – auf dass alle eins seien (Johannes 17:21).[7]

Am Fallbeispiel der Studie »Un jour en Suisse«, die im Umfeld der Expo 64 angeregt wurde, deren öffentlicher Geltungsanspruch aber ironischerweise genau an diesem Kontext scheiterte, untersucht die vorliegende Arbeit die Entstehung, Entwicklung und Verwerfung einer soziologischen Gesellschaftsdeutung. Das Interesse liegt auf den Kontoversen und Konflikten, die sich aus dem Versuch ergaben, die Nation Schweiz mit sozialwissenschaftlichen Methoden ausserhalb des politischen Feldes zu repräsentieren. Der Fokus der Arbeit liegt indes weniger auf den Ergebnissen der Studie »Un jour en Suisse« als auf einer Analyse der Repräsentationsbedingungen. Im Vordergrund stehen also die historischen *Settings*, die Akteure sowie die Techniken und Logiken des Wissens – und somit eine Gemengelage von Faktoren, welche die Entwicklung ebenso wie die Skandalisierung des Versuchs leiteten, die Schweiz sozialwissenschaftlich zu repräsentieren. Ausgangspunkt der Arbeit bildet die Einsicht, dass »nation building« nicht allein ein politisch-ökonomischer, sondern vor allem auch ein kultureller Konstruktionsprozess ist, an dem die Sozialwissenschaften beteiligt sind. Allerdings steht die soziologische Wissensproduktion nicht im luftleeren Raum, sondern wird von unterschiedlichen Rahmenbedingungen – staatliche Handlungsprobleme, kulturelle (meist unbewusste) Denkvoraussetzungen wie auch theoretisch-methodische Geltungskriterien der Disziplin selbst – beeinflusst. Zwei Aspekte der so verstandenen Rahmenbedingungen der soziologischen Deutungspraxis verdienen es, für den Kontext dieser Arbeit hervorgehoben zu werden.

Erstens: Repräsentieren ist eine voraussetzungsreiche Tätigkeit. In ihrem Feld überlagern sich politische, epistemologische und ästhetische Dimensionen. Zu-

---

[7] Vgl. Schweizerische Landesausstellung, *Goldenes Buch. Schweizerische Landesausstellung Lausanne 1964*, Lausanne 1964, S. 21.

nächst ist zu betonen, dass Repräsentation nicht bloss die Darstellung eines (von dieser Darstellung unabhängigen) Phänomens aus der »realen« Welt, sondern den gesamten Komplex der Realitätskonstruktion bezeichnet. Repräsentationen sind produktive Fiktionen: Sie greifen in die Welt ein, die sie vermeintlich nur abbilden und gestalten sie um. Repräsentationen unterliegen aber auch Normen und Konventionen: Es gibt gesellschaftlich verbindliche Regeln und Praktiken, nach denen bestimmt wird, was wodurch und durch wen dargestellt werden darf. Das jeweils geltende Regelset der Sinn- und Welterzeugung ist sowohl Bestandteil als auch Ausdruck beweglicher Machtverhältnisse. Repräsentativität ist nie einfach gegeben, sondern wird immer in einem Zusammenhang von Wissen und Macht produziert. Im politischen Feld steht Repräsentation für ein Set von kulturellen Praktiken, mit denen man den abwesenden Souverän, beispielsweise den König, zu vergegenwärtigen suchte. Insignien der Macht wie Krone, Zepter, Wappen oder Siegel sollten die abwesende Macht präsentieren und repräsentieren.[8] Die politischen Repräsentationspraktiken beruhten auf der Vorstellung, dass mit dem Erkennen der Zeichen ein Anerkennen der Macht bei den Untertanen erreicht werden könne. In demokratisch verfassten Gesellschaften ist der Souverän jedoch nicht mehr der König – dessen Kopf musste in der Revolution rollen. In Demokratien beruft sich die politische Macht auf »das Volk« als Souverän. Entsprechend kreisen die demokratietheoretischen Debatten seit Beginn der Aufklärung um die Frage, wie und von wem das Volk rechtmässig repräsentiert werden solle. Ein wichtiger Stichwortgeber war Jean-Jacques Rousseau, der den »allgemeinen Willen« (»volonté générale«) zur Basis des Gesellschaftsvertrages erklärte. Dieser war allerdings nicht identisch mit dem Willen aller (»volonté de tous«) und konnte demnach nicht durch die aufsummierten Einzelwillen aller Bürger oder der Mehrheit der Bürger repräsentiert werden. Die »volonté générale« war vielmehr durch vernünftige Männer zu repräsentieren, deren Einzelinteressen mit dem Gemeinwohl identisch waren. Rousseaus Unterscheidung zwischen dem Allgemeinen Willen und dem Willen aller strukturiert die Diskussionen um politische Repräsentation bis heute. Auf der einen Seite steht die *elitäre Perspektive*, die sich an der »volonté générale« orientiert und die »unvernünftige« Masse von der politischen Teilhabe tendenziell ausschliessen will. Auf der anderen Seite steht die *plebiszitäre Perspektive*, die alle Bevölkerungsschichten in die Demokratie einbinden will. In der Schweiz, die sich selbst als direkte Demokratie versteht, war und ist die Frage nach der »richtigen Repräsentation« seit der Aufklärung virulent. Seit der Mitte des 19. Jahrhunderts stehen die plebiszitäre und die elitäre Repräsentationslogik miteinander in Konflikt. Dabei sah sich der libe-

---

[8] Vgl. etwa Chartier, Roger, »Die Welt als Repräsentation«, in: Matthias Middell/Peter Schöttler (Hg.): *Alles Gewordene hat Geschichte. Die Schule der ANNALES in ihren Texten 1929–1992*, Leipzig 1994, S. 340.

rale Modus, der nach elitären Kriterien die »Wertvollsten« zur Besorgung der öffentlichen Aufgaben auswählen wollte, zunehmend mit der demokratischen Repräsentationsvorstellung konfrontiert, welche die Volksvertretung als Spiegel des Volkes, seiner Schichten, Parteien und Gruppen verstand. Die plebiszitär-demokratischen Konzepte weckten bei den politischen Eliten Ängste vor einer zu grossen Mitbestimmung des Volkes. Man sprach davon, dass die Volksmeinung unangemessen, von Stimmungen gelenkt und leicht beeinflussbar sei und darum der elitären Führung bedürfe. Wie der Historiker Oliver Zimmer gezeigt hat, ist in der Schweiz schon früh über das Verhältnis von Eliten- und Massendemokratie verhandelt worden: Die Idee der »repräsentativen Demokratie« wurde sowohl zur Zeit der »Helvetischen Republik« als auch bei der Gründung des Bundesstaates 1848 und erneut im Kontext der Verfassungsrevision von 1874 von Befürwortern einer »direkten Demokratie« herausgefordert. Während Liberale und Radikale sich für eine tendenziell zentralistische repräsentative Demokratie einsetzten, versuchten föderalistische Kräfte im Namen einer »demokratischen Bewegung«[9] die Zentralgewalt des Bundesstaates mit plebiszitären Instrumenten wie der Verfassungsinitiative und dem Referendum zu beschneiden.[10] Folgt man Zimmer, so ging es in diesen Konflikten um das politische Selbstverständnis der Schweiz als Nation: »In einem entscheidenden Sinne war dieser Konflikt über politische Repräsentation [...] auch ein Kampf um nationale Identität. Wer war der legitime Souverän? Wer repräsentierte die Nation?«[11] Wer auf welche Weise zum Volk zu zählen sei und wie viel Mitsprache dieses haben dürfe, waren Fragen, die in der Schweiz auch im 20. Jahrhundert kontrovers diskutiert wurden. Sie waren Gegenstand der Volksinitiative zur Einführung der Proporzwahl des Nationalrates von 1918 und der Volksinitiative zur »Rückkehr zur Demokratie« von 1946, mit der die Sonderbefugnisse des Bundesrates zu Kriegszeiten wieder aufgehoben wurden. In den gleichen Fragekatalog reiht sich auch die Volksabstimmung über das Frauenstimmrecht ein, die 1959 von den stimmberechtigten Männern mit einer Zweidrittel-Mehrheit abgelehnt wurde. Bis heute ist das Thema der politischen Repräsentation keine Sachfrage, sondern ein *Hot Topic*, dessen Dringlichkeit sich aus Ängsten, Ressentiments und Vorstellungen speist, die älter sind als jene, die über diese Frage streiten.

Zweitens: Die politische und die epistemische Dimension der Repräsentation treffen sich dort, wo die Forderung nach Repräsentation ihre Legitimität aus ei-

---

[9] Vgl. auch Schaffner, Martin, *Die demokratische Bewegung der 1860er Jahre. Beschreibung und Erklärung der Zürcher Volksbewegung von 1867*, Basel 1982.

[10] Zimmer, Oliver, *A Contested Nation. History, Memory and Nationalism in Switzerland, 1761–1891*, Cambridge 2003, S. 171.

[11] Im Original: »In a crucial sense, this conflict over political representation [...] was also a struggle over national identity. Who was the legitimate sovereign? Who represented the nation?« Siehe ebd.

nem bestimmen Wissen bezieht und wo eingeklagt wird, dass die politische Ordnung sich wissenschaftlich ausweist. Im Zuge der »Verwissenschaftlichung des Sozialen«[12] wurden die Sozialwissenschaften vor diesem Hintergrund zu einer Basis der Macht. Im Kontext der »sozialen Frage«, sah die aufstrebende Disziplin der Soziologie ihre Existenzberechtigung zunächst in der Remedur der so bezeichneten Integrationskrise liberaler Gesellschaften und also in der Herstellung von Stabilität. Bald aber nahm die Krisenwissenschaft Formen einer Kritikwissenschaft an. Die »soziologischen Klassiker« wollten sich nicht darauf beschränken, das Wissen über die Gesellschaft und somit indirekt die Macht des Staates zu erhöhen, sondern Kritik am politischen Apparat üben. Ferdinand Tönnies und Max Weber benannten einige der Ambivalenzen, um die es fortan ging: Je umfassender die Demokratie sich über Organisation und Bürokratie verwirklichte, umso grösser wurde der Widerspruch zwischen »Gesellschaft und Gemeinschaft«[13] und umso schreiender die Diskrepanz zwischen dem demokratisch-emanzipatorischem Anspruch und den »stählernen Gehäusen«[14] der Gesellschaft sowie den »ehernen Gesetzen der Oligarchie«[15]. Ähnliche Denkfiguren liegen dem Anomie-Konzept von Émile Durkheim zugrunde, das durch Robert Mertons Neufassung[16] über die Soziologie hinaus populär wurde und im Zeichen von 1968 schliesslich eine gesellschaftskritische Blütezeit erlebte. Bereits von ihren Denkvoraussetzungen her stand die »Kritische Sozialwissenschaft« der Nachkriegszeit in einem Spannungsverhältnis zur politischen Repräsentationspraxis von Herrschaft. Virulent wurde der Konflikt aber erst, als die »empirische Sozialforschung« – Demoskopie und Meinungsforschung – die soziale Repräsentationsarena betrat.[17] Gestützt auf wissenschaftliche Verfahren setzte sie sich das Ziel, die Meinung des Volkes unverfälscht und repräsentativ zum Ausdruck zu bringen. Obwohl weitaus weniger gesellschaftskritisch eingestellt als die kritische Soziologie, entzündete sich der Konflikt an diesem Anspruch. Was zwischen

---

[12] Raphael, Lutz, »Die Verwissenschaftlichung des Sozialen als methodische und konzeptionelle Herausforderung für eine Sozialgeschichte des 20. Jahrhunderts«, in: *Geschichte und Gesellschaft* Nr. 22 (1996).

[13] Tönnies, Ferdinand, *Gemeinschaft und Gesellschaft. Grundbegriffe der reinen Soziologie*, Berlin 1912.

[14] Weber, Max, *Wirtschaft und Gesellschaft. Grundriss der verstehenden Soziologie*, Tübingen 1921, S. 835.

[15] Michels, Robert, *Zur Soziologie des Parteiwesens in der modernen Demokratie. Untersuchungen über die oligarchischen Tendenzen des Gruppenlebens*, Leipzig 1925, S. 479.

[16] Merton, Robert King, »Social Structure and Anomie«, in: *American Sociological Review* 3, Nr. 5 (1938).

[17] Diaz-Bone, Rainer, »Die Performativität der Sozialforschung – Sozialforschung als Sozio-Epistemologie«, in: *Workingpaper des Soziologischen Seminars der Universität Luzern* 4, (2010); Faulbaum, Frank, *Gesellschaftliche Entwicklungen im Spiegel der empirischen Sozialforschung*, Wiesbaden 2010; Kruse, Volker, Geschichte der Soziologie, Konstanz 2008.

Sozialforschung und Politik aufbrach, war eine Spielart jenes älteren Widerstreits zwischen elitärer und plebiszitärer Repräsentationsweise.[18] In der Schweiz machte sich der im europäischen Vergleich relativ geringe Grad an Autonomie der Sozialwissenschaften in einem Primat der Politik bemerkbar.[19] Dies zeigte sich etwa in der Ablehnung, auf welche die Demoskopie im politischen Feld stiess. Man befürchtete, dass sie die politische Willensbildung vom Parlament entkoppeln und die parlamentarischen Verfahren überflüssig machen wolle. Tatsächlich sah die Demoskopie die öffentliche Meinung als Summe der individuellen Meinungen aller Bürger. In besonderem Masse bringt der Begriff »Demoskopie« die Ähnlichkeit im Anspruch und die Differenz im Ansatz gegenüber der Demokratie auf den Punkt. Ähnlich ist der Bezug auf ein Volksganzes, auf einen *Demos*, der als Legitimationsbasis der eigenen Rede dient. Während Demokratie für den Anspruch steht, den direkten Willen des *Demos* durch ein politisches System zu verkörpern, dessen Repräsentationscharakter verfassungsmässig festgelegt ist, versteht sich die Demoskopie als Beobachterin des *Demos*, die dessen Meinung nicht über den politischen Apparat, sondern direkt, ungefiltert und empirisch fundiert zu Tage fördert. Bis heute gerät die demoskopische Logik der statistischen Repräsentativität in Widerstreit zum politischen Anspruch auf die legitime Repräsentation des Volksganzen. Auf dieser Konfliktachse zwischen einem plebiszitären und elitären Repräsentationsmodus muss auch der Konflikt um die Studie »Un jour en Suisse« situiert werden.

Überdies prägte der zeithistorische Kontext die Studie »Un jour en Suisse« ebenso wie den um sie entstandenen Skandal. Die Boomjahre nach dem Ende des Zweiten Weltkriegs werden häufig als linear vorwärts gerichteter Modernisierungsschub beschrieben: Ein kontinuierliches Wirtschaftswachstum führte zu steigenden Löhnen und machte eine breite Palette von Konsumgütern für den grössten Teil der Bevölkerung zugänglich. Waschmaschine, Kühlschrank, Radio und Fernsehen sowie das Automobil wurden nahezu für jedermann erschwinglich und liessen soziale Unterschiede bisweilen soweit verschwimmen, dass von einer »nivellierten Mittelstandsgesellschaft«[20] gesprochen und die Klassengesellschaft als überwunden betrachtet wurde. Die Homogenisierungstendenzen des neuen Produktions- und Konsummodells im Kontext des Wiederaufbaus, der

---

[18] Vgl. Raupp, Juliana, *Politische Meinungsforschung. Die Verwendung von Umfragen in der politischen Kommunikation*, Konstanz 2007, S. 18. Damit soll nicht behauptet werden, Politik sei per se mit einer elitären und Sozialwissenschaft mit einer plebiszitären Perspektive verbunden – beide Sichtweisen finden sich in beiden Feldern.

[19] Honegger, Claudia/Jost, Hans U., *Konkurrierende Deutungen des Sozialen. Geschichts-, Sozial- und Wirtschaftswissenschaften im Spannungsfeld von Politik und Wissenschaft*, Zürich 2007.

[20] Schelsky, Helmut, »Die Bedeutung des Schichtungsbegriffs für die Analyse der gegenwärtigen deutschen Gesellschaft«, in: Helmut Schelsky (Hg.): *Auf der Suche nach der Wirklichkeit (1965)*, Düsseldorf 1953.

europäischen Einigung und des Aufbaus von Wohlfahrtsstaaten verstärkten den Eindruck, Politik und sozialer Fortschritt seien planbar. Werden dieser fortschrittsoptimistischen Sichtweise jedoch die gleichzeitig vorhandenen gegenläufigen Tendenzen gegenübergestellt, erscheint der zeithistorische Kontext weitaus vielschichtiger. Denn die modernisierungstheoretische Sichtweise blendet eine Reihe virulenter Probleme aus, welche von Zeitgenossen durchaus wahrgenommen und thematisiert wurden.

So begegneten in der Schweiz viele der rasanten wirtschaftlichen und sozialen Dynamik bisweilen mit Skepsis. Die europäische Integration verursachte ein »Unbehagen im Kleinstaat«[21], welches von der Angst vor einem Bedeutungsverlust der kleinen Schweiz angesichts eines sich einenden Europas genährt wurde. Ebenso wurde die relative Trägheit der politischen Institutionen im Verhältnis zum soziokulturellen Wandel als »Helvetisches Malaise«[22] beschrieben, womit eine zunehmende Politikverdrossenheit der Bevölkerung und die Unfähigkeit des politischen Systems zu umfassenden Reformen, namentlich einer Totalrevision der Bundesverfassung gemeint war.[23] Auch wurde die vermeintliche Einebnung sozialer Unterschiede angesichts des sozioökonomischen »Fahrstuhleffekts«[24] durch eine Pluralisierung der Lebensstile und durch »Individualisierung« konterkariert[25] und durch die Unterschichtung der schweizerischen Arbeiterschaft mit ausländischen Arbeitskräften relativiert. Die Hochkonjunktur der 1950er und 1960er Jahre war mit anderen Worten von grossen Ambivalenzen gekennzeichnet. Der »Planungseuphorie« stand ein »helvetischer Immobilismus« entgegen, die neu gewonnene Automobilität kontrastierte mit aufkommenden Strassenstaus und die massenhafte Ausdehnung von Freizeit provozierte mitunter einen *horror vacui* vor der neu gewonnenen Freiheit.

Die angesprochenen Gegensätze, die Doppelbödigkeit der gesellschaftlichen Verhältnisse und ihrer Entwicklung, spiegeln die Uneindeutigkeit der damaligen historischen Konstellation wider. Sie wurden sehr unterschiedlich wahrgenommen und von den Zeitgenossen je nach Standpunkt eher idealisiert oder kritisiert. Diese Widersprüchlichkeit und Interpretationsoffenheit bieten die Gelegenheit, die Kontroversen um die Studie »Un jour en Suisse« als Ausdruck von

---

[21] Schmid, Karl, *Unbehagen im Kleinstaat. Untersuchungen über Conrad Ferdinand Meyer, Henri-Frédéric Amiel, Jakob Schaffner, Max Frisch, Jacob Burckhardt*, Zürich 1963.

[22] Imboden, Max, *Helvetisches Malaise*, Zürich 1964; Kreis, Georg/Imboden, Max, *Das »Helvetische Malaise«. Max Imbodens historischer Zuruf und seine überzeitliche Bedeutung*, Zürich 2011.

[23] Vgl. auch Imboden, Max, *Verfassungsrevision als Weg in die Zukunft*, Bern 1966.

[24] Beck, Ulrich, *Risikogesellschaft. Auf dem Weg in eine andere Moderne*, Frankfurt am Main 1986.

[25] Tanner, Jakob, »Lebensstandard, Konsumkultur und American Way of Life seit 1945«, in: Walter Leimgruber/Werner Fischer (Hg.): *»Goldene Jahre«. Zur Geschichte der Schweiz seit 1945*, Zürich 1999.

Auseinandersetzungen um die Gültigkeit gegensätzlicher Gegenwartsdeutungen zu untersuchen, als Konkurrenzkampf unterschiedlicher Repräsentationsweisen der Schweiz.

1.3 Fragestellung und Untersuchungszeitraum

Die vorliegende Arbeit bildet den Versuch, die Entstehung, Entwicklung und Skandalisierung der Studie »Un jour en Suisse« wissenshistorisch zu erzählen. Ausgehend von der allgemeinen Frage nach den Produktionsbedingungen von Wissen untersucht die Arbeit einen Konflikt um die legitime Deutung des Sozialen, bei dem sich Wissenschaft und Politik gegenüberstanden. Im Mittelpunkt des Interesses stehen die Wechselwirkungsverhältnisse zwischen Soziologie und gesellschaftlichen Rahmenbedingungen. Der Fokus liegt auf den Hintergründen des Konfliktes zwischen dem sozialwissenschaftlichen Forschungsteam und der Berner Politikelite sowie auf den unterschiedlichen Repräsentationslogiken zwischen den konkurrierenden »Deutungen des Sozialen«[26].

Im Zentrum der Arbeit stehen folgende Leitfragen: In welchem diskursiven und organisatorischen Kontext entstanden die Ideen für »Un jour en Suisse«? Nach welchen Gesichtspunkten und mit welchen Mitteln stellte die Arbeitsgruppe ihr Bild der Schweiz her und an welchen Idealen richtete sie dabei ihr Handeln aus? Welche Rolle spielten die befragten Personen – der *Demos* – in diesem Repräsentationsprozess? Warum entstand ein politischer Konflikt um »Un jour en Suisse« und mit welchen argumentativen und taktischen Mitteln wurde er ausgetragen? Welches Szenario wurde schliesslich umgesetzt und wie wurde es – und seine konfliktgeladene Vorgeschichte – diskutiert?

Die Arbeit rekonstruiert und analysiert die Mittel, mit welchen die involvierten Akteure – insbesondere das soziologische Team – symbolische Macht akkumulierten und die kulturellen Praktiken, mit denen sie sich in die Lage brachten, im Namen »aller« zu sprechen. Untersucht werden die Handlungskontexte und die Mittel, mit denen die Akteure ihre Ziele verfolgten, ebenso wie die teils impliziten, teils expliziten Logiken, denen ihre Repräsentationen folgten. Diese reichen von den Konzeptentwürfen und der Konstruktion des Fragebogens, von der Stichprobenziehung, den soziologischen Kategorien und Klassifikationen über die Durchführung und statistische Auswertung der Umfrage im Modus der statistischen Repräsentativität bis hin zu den Kontroversen in den vorbereitenden Gremien der Expo 64 und in den Medien. Neben den Mitgliedern des soziologischen Forschungsteams werden Akteure aus anderen gesellschaftlichen Feldern

[26] Honegger/Jost, Konkurrierende Deutungen des Sozialen.

einbezogen, so der Lausanner Theaterdirektor Charles Apothéloz, die externen soziologischen Gutachter, welche die Studie kommentierten, die Journalisten, welche den Medienskandal ins Rollen brachen und schliesslich auch die befragten Personen, die an der Umfrage teilnahmen. Um die widerstreitenden Denk- und Handlungslogiken der verschiedenen Akteure sichtbar zu machen, wird die Studie »Un jour en Suisse« von ihrer Entstehung im Vorfeld der Expo über ihre Inszenierung und Skandalisierung während der Landesausstellung bis zu ihrer postumen Veröffentlichung durch Luc Boltanski[27] im Jahr 1966 rekonstruiert.

Die zeitliche Klammer der Arbeit bildet der Zeitraum von 1955 – dem Zeitpunkt der Kandidatur Lausannes für die Durchführung der Landesausstellung und der Publikation der Streitschrift »Achtung: die Schweiz«[28] – bis 1966, als Luc Boltanskis Monographie »Le bonheur suisse« erschien. Abgesehen vom analytischen Untersuchungszeitraum im engen Sinn wird zur Vermittlung des historischen Kontexts und für einen Ausblick teilweise vor- und zurückgegriffen.

1.4 Forschungsstand

Das vorliegende Projekt liegt am Kreuzungspunkt von drei Forschungsgebieten. *Erstens* der Sozial- und Kulturgeschichte der Nation, *zweitens* der Wissenschaftsgeschichte der Soziologie und *drittens* der Geschichte der Schweiz und der Expo 64 im engeren Sinne.

1.4.1 Sozial- und Kulturgeschichte der Nation

In ihrem Ansinnen, die Nation nicht als etwas Gegebenes zu betrachten, sondern sie als historisch wandelbare Repräsentation, als Produkt gesellschaftlicher Machtverhältnisse und kultureller Deutungspraktiken zu fassen, schliesst die Studie an sozial- und kulturgeschichtliche Arbeiten zur Geschichte des Nationalstaats an. In Abgrenzung zur politik- und ideengeschichtlichen Tradition, die im Nationalstaat eine Entfaltung des Weltgeistes, eine »sittliche Macht« oder eine »Objektivation des Lebens« gesehen hatte, beschrieben Sozialhistoriker wie Werner Conze, Jürgen Kocka oder Hans-Ulrich Wehler im Anschluss an Max Weber den Staat in den 1970er Jahren als »Anstalt«. Die symbolischen Aufladungen der Nation begriffen sie als Ideologien, die mit wirtschaftlichen Bedingungen und politischen Machtkonstellationen in Verbindung standen. Damit schärften sie den Blick für die Wirkungsmacht ökonomischer Strukturen und für die sozialen

[27] Boltanski, Bonheur suisse.

[28] Burckhardt, Lucius/Frisch, Max/Kutter, Markus, *Achtung: die Schweiz. Ein Gespräch über unsere Lage und ein Vorschlag zur Tat*, Basel 1955.

Prozesse der Rationalisierung, Modernisierung und Industrialisierung; Strukturen und Prozesse, die den Zeitgenossen selber nicht notwendigerweise bewusst sein mussten.[29] Die Erkenntnisgewinne der Sozialgeschichte gingen jedoch in aller Regel mit einer Engführung des Blicks auf abstrakte Grössen wie Klassen, politische Institutionen und die Ökonomie einher. Die Handelnden, welche Repräsentationen herstellten und sich aneigneten, gerieten dagegen aus dem Blick. Dies änderte sich mit der »kulturalistischen Wende« der 1980er Jahre, in deren Verlauf die menschliche Handlungsbefähigung (*agency*) ins Zentrum rückte. Aus dieser Perspektive stellte sich die Frage, wie gesellschaftliche Akteure durch ihr Handeln die Nation herstellten und welche Folgen die symbolische Ordnung der Nation für das Verhalten und Selbstverständnis der Akteure zeitigte.[30] Die Nation ist dabei in ganz verschiedenen Hinsichten unter die Lupe genommen worden: Von der Kulturgeschichte, der Geschlechtergeschichte[31], der Alltagsgeschichte, der Mikrogeschichte oder der Emotionsforschung[32]. Seit den 1990er Jahren ist die Beschäftigung mit der Nation von diskursanalytischen Zugängen geprägt.[33] Zu nennen sind hier in erster Linie Arbeiten mit postkolonialer Blickrichtung von Benedict Anderson und Homi Bhabha.[34] Diese konstruktivistische Forschungslinie hat sich explizit um eine nicht-ontologisierende Perspektive auf die Nation bemüht. Sie hat gezeigt, dass erst mit der Erfindung von Traditionen das soziale Konstrukt der »Nation« mit einem Anschein von Verbindlichkeit und einer Aura von Ewigkeit ausgestattet wird und dass die Nation als *imagined community* durch Praktiken der Repräsentation und Inszenierung permanent hergestellt werden muss.[35] Wie Eric Hobsbawm für Westeuropa hervorgehoben hat,

---

[29] Conze, Werner/Engelhardt, Ulrich, *Gesellschaft, Staat, Nation. Gesammelte Aufsätze*, Stuttgart 1992. Eine so verstandene Gesellschaftsgeschichte blieb weitgehend einem »methodologischen Nationalismus« verhaftet, denn ihr Gesellschaftsbegriff war in vielerlei Hinsicht deckungsgleich mit dem der »Nation«. Vgl. Wimmer, Andreas/Glick Schiller, Nina, »Methodological Nationalism and Beyond: Nation-State Building, Migration and the Social Sciences«, in: *Global Networks* 2, Nr. 4 (2002).

[30] Goltermann, Svenja, *Körper der Nation. Habitusformierung und die Politik des Turnens, 1860–1890*, Göttingen 1998.

[31] Becker-Schmidt, Regina (Hg.), *Das Geschlechterverhältnis als Gegenstand der Sozialwissenschaften*, Frankfurt am Main 1995; Hausen, Karin, »Die Nicht-Einheit der Geschichte als historiographische Herausforderung. Zur historischen Relevanz und Anstößigkeit der Geschlechtergeschichte«, in: Hans Medick/Anne-Charlotte Trepp (Hg.): *Geschlechtergeschichte und allgemeine Geschichte. Herausforderungen und Perspektiven*, Göttingen 1998; Scheich, Elvira (Hg.), *Vermittelte Weiblichkeit. Feministische Wissenschafts- und Gesellschaftstheorie*, Hamburg 1996.

[32] François, Etienne/Siegrist, Hannes/Vogel, Jakob (Hg.), *Nation und Emotion. Deutschland und Frankreich im Vergleich, 19. und 20. Jahrhundert*, Göttingen 1995.

[33] Wodak, Ruth, *Zur diskursiven Konstruktion nationaler Identität*, Frankfurt am Main 1998.

[34] Anderson, Benedict, *Die Erfindung der Nation. Zur Karriere eines erfolgreichen Konzepts*, Frankfurt am Main 1988; Bhabha, Homi K., *Nation and Narration*, London 1990.

[35] Vgl. auch Conrad, Christoph/Conrad, Sebastian (Hg.), *Die Nation schreiben. Geschichtswissenschaft im internationalen Vergleich*, Göttingen 2002.

stellte im 19. Jahrhundert in besonderem Masse die Geschichte und ab Ende des 19. Jahrhunderts auch die Soziologie breit rezipierte und wirkungsmächtige Repräsentationen der Nation her, die das symbolische Konstrukt »Nation« stabilisiert haben. Hobsbawm hat den Beitrag, den die Geschichtswissenschaft zur Nationsbildung leistete, als »invention of tradition« bezeichnet.[36] Für die Soziologie lässt sich eine ähnliche Praxis feststellen. Jedoch ist ihre Rolle noch weit weniger thematisiert und untersucht worden.[37] Erst in jüngerer Zeit ist die Nation unter wissenschafts- und wissenshistorischer Perspektive in den Blick genommen worden, wobei das Augenmerk hauptsächlich auf den Naturwissenschaften und weniger auf den Geistes- und Sozialwissenschaften lag.[38] Trotz perspektivischer Vielfalt blieb die Nation als Bezugspunkt oder Untersuchungsrahmen in vielen dieser Arbeiten als vorausgesetzte Grösse intakt, selbst wenn ihr Konstruktcharakter reflektiert wurde.

In der Schweiz hat sich die Geschichtsforschung in zwei Schüben intensiv mit Repräsentationsformen der Nation befasst. Zu Beginn der 1990er Jahre, im Vorfeld der 700-Jahr-Feier der Schweiz und dem von kritischen Intellektuellen und Kulturschaffenden propagierten »Kulturboykott«, fokussierte die Geschichtsforschung hauptsächlich auf die Beschreibung nationaler Ideologien und Leitbilder sowie auf deren visuelle und textuelle Inszenierung.[39] Unter dem Titel »Kulturel-

---

[36] Hobsbawm hat gezeigt, wie die Geschichte mit der Erfindung von Traditionen die Nachfrage der jungen Nationalstaaten nach Verwurzelung in der Vergangenheit bedient hat. Vgl. Hobsbawm, Eric John, »Das Erfinden von Traditionen«, in: Christoph Conrad/Martina Kessel (Hg.): *Kultur & Geschichte. Neue Einblicke in eine alte Beziehung*, Stuttgart 1998; vgl. auch Hobsbawm, Eric John, *Nationen und Nationalismus. Mythos und Realität seit 1780*, Frankfurt am Main 2004.

[37] Illustrativ lässt sich dazu anmerken, dass beispielsweise in der pejorativen Gleichsetzung von Soziologie und Sozialismus, welche bis in die 1970er Jahre gängig war, deutlich wird, wie eng die Soziologie mit der sozialen Frage verknüpft ist. Im Projekt des Wohlfahrtsstaates realisierte sich ab den 1960er Jahren zusehends das sozialtechnische Potential dieser Disziplin. Damit wurde ein Gesellschaftsbild etabliert, welches auf den soziologischen Kategorien sozialer Ungleichheit beruhte. Vgl. dazu etwa Wagner, Peter, *Sozialwissenschaften und Staat. Frankreich, Italien, Deutschland 1870–1980*, Frankfurt am Main 1990. Zur Rolle von Statistiken bei der Konstruktion von Bildern der Nation siehe Nikolow, Sybilla, »Die Nation als statistisches Kollektiv. Bevölkerungskonstruktionen im Kaiserreich und in der Weimarer Republik«, in: Ralph Jessen/Jakob Vogel (Hg.): *Wissenschaft und Nation in der Europäischen Geschichte*, Frankfurt am Main 2002. Für einen breiten Überblick zur Entwicklung der Sozialwissenschaften in der Schweiz siehe Honegger/Jost, Konkurrierende Deutungen des Sozialen.

[38] Jessen, Ralph/Vogel, Jakob, *Wissenschaft und Nation in der europäischen Geschichte*, Frankfurt am Main 2002.

[39] David, Thomas/van Dongen, Luc/Meier, Marietta, »Non-lieux de mémoire. Erinnern und Vergessen«, in: *Traverse. Zeitschrift für Geschichte* (1991); Ferrari, Silvia (Hg.), *Auf wen schoss Wilhelm Tell? Beiträge zu einer Ideologiegeschichte der Schweiz*, Zürich 1991; Im Hof, Ulrich, *Mythos Schweiz. Identität – Nation – Geschichte 1291–1991*, Zürich 1991; Marchal, Guy Paul/Mattioli, Aram, *Erfundene Schweiz. Konstruktionen nationaler Identität*, Zürich 1992; Santschi, Catherine, *Schweizer Nationalfeste im Spiegel der Geschichte*, Zürich 1991; Schweizerisches Sozialarchiv (Hg.), *Bilder und Leitbilder im sozialen Wandel*, Zürich 1991.

le Vielfalt und nationale Identität« wurde die schweizerische Identitätspolitik Gegenstand eines nationalen Forschungsprogramms.[40] In diesen Arbeiten wurde auf der einen Seite dargelegt, dass »nationale Identität« in der schweizerischen Bevölkerung nicht ohne weiteres vorausgesetzt werden kann. So zeigte die Volkskundlerin Regina Bendix anhand der Geschichte des Schweizer Nationalfeiertages, dass Nationalgefühle in der Schweiz relativ schwach verbreitet waren. Dies habe damit zu tun, dass der Bundesstaat relativ schwach sei.[41] Auf der anderen Seite wurde kritisch hinterfragt, was unter »nationaler Identität« verstanden werden soll. Guy P. Marchal und Aram Mattioli betonten, dass es sich bei »nationaler Identität« »stets um die erfundenen Bilder der Selbstrepräsentation einer national verfassten Gemeinschaft handelt, die als mentale Konstruktionen nicht notwendigerweise mit der historischen Wirklichkeit übereinstimmen müssen, immer aber kontext- und zeitgebunden sind.«[42] Ulrich Im Hof bemerkte, dass sich die einzelnen Komponenten nationaler Identität aufgrund der jeweiligen politischen, sozialen, wirtschaftlichen und kulturellen Situation entwickelten. Einige Komponenten würden im Falle der Schweiz »durch alle historischen Epochen hindurch gehen«, nämlich der Republikanismus (der Kanton), die Bundesideologie (der Gesamtstaat), die Wehrhaftigkeit (die Armee) und die christlichen Glaubenswerte (die Kirchen).[43] Andere jedoch – Im Hof nannte die Bauernideologie – dominierten zwar in gewissen Epochen, würden dann aber wieder zurücktreten.

Aus Anlass des 150-Jahr-Jubiläums der Bundesstaatsgründung von 1848 wurde die Diskussion um »nationale Identität« Ende der 1990er Jahre fortgeführt.[44] In kritischer Abgrenzung zur vorhergehenden Forschung, der vorgeworfen wurde, sie beschränke den Blick auf die Nationalitätsbilder der Eliten und stelle sich letztlich in den Dienst der Inszenierung nationaler Repräsentationen[45], analysierte die neuere Forschung die Inszenierung nationaler Bilder und Rituale, welche die Nation als Gemeinschaft entstehen lassen, um zu zeigen, wie Konzeptionen der Nation zur Integration oder zur Ausgrenzung bestimmter sozialer Gruppen eingesetzt wurden. Auch diese Untersuchungen wiesen »nationale Identität« keineswegs als inhaltlich fixierten Gegenstand aus, sondern zeigten, dass Identi-

---

[40] Kreis, Georg, *Die Schweiz unterwegs. Schlussbericht des NFP 21 »Kulturelle Vielfalt und nationale Identität«*, Basel 1993.

[41] Bendix, Regina, »National Sentiment in the Enactment and Discourse of Swiss Political Ritual«, in: *American Ethnologist* 19, Nr. 4 (1992).

[42] Marchal/Mattioli, Erfundene Schweiz, S. 13.

[43] Im Hof, Mythos Schweiz.

[44] Altermatt, Urs/Bosshart-Pfluger, Catherine/Tanner, Albert (Hg.), *Die Konstruktion einer Nation. Nation und Nationalisierung in der Schweiz, 18.–20. Jahrhundert*, Die Schweiz 1798–1998: Staat – Gesellschaft – Politik, Bd. 4, Zürich 1998.

[45] Ebd., S. 14.

tätsvorstellungen und »Nationalcharaktere« historisch wandelbar sind. Die Einheitlichkeit, auf welche die identitätspolitische Praxis abzielt, muss aktiv und meist vor dem Hintergrund von drängenden Gegenwartsproblemen hergestellt werden, was regelmässig zu Kontroversen und Auseinandersetzungen führt, da nicht ohne weiteres auf stabilisierte Inhalte des Nationalen zurückgegriffen werden kann.[46] Wie Oliver Zimmer in Abwandlung eines Marx-Zitats hervorgehoben hat, darf trotz aller Erkenntnis des Konstruktcharakters der Nation nicht vergessen werden, dass auch nationale Ideologien nicht frisch von der Leber weg erfunden und nach Belieben konstruiert werden: »people do invent traditions, but not in circumstances of their own choosing.«[47] Nationale Identität sei viel mehr ein Konkurrenzkampf, an dem verschiedene Beteiligte mit unterschiedlichen sozialen Positionen teilnehmen, als die Herstellung einer gemeinsamen nationalen Sichtweise, wie sie in erzieherischen Texten oder öffentlichen Ritualen zu finden sei.[48]

Die neuere historische Forschung fokussiert vermehrt auf die Herstellungspraktiken von Wissen über die Nation[49] und dessen instrumentellen Gebrauch durch unterschiedliche Akteure[50]. Guy P. Marchal bringt diese Verschiebung des Blickes, vom Inhalt der Bilder des Nationalen hin zu ihren Herstellungs- und Verwendungsprozessen auf den Begriff der »Gebrauchsgeschichte«. Geschichtsbilder seien Gebrauchsgegenstände, die bereits mit Blick auf ihre Verwendung geformt werden und danach auch für andere Zwecke zur Verfügung stehen. Sie kommen immer wieder zum Einsatz um die eigene Position historisch zu legitimieren. Gebrauchsgeschichte par exellence sei jene, »die der nationalen Identität dient«, etwa als Nationalgeschichtsschreibung, die den Staat durch eine zielgerichtete Entwicklungsgeschichte legitimiere oder als Geschichtsbilder, die »das Selbstwertgefühl, das Bewusstsein einer nationalen Identität stützen und för-

---

[46] Zimmer, Contested Nation.

[47] Ebd., S. 8.

[48] Ebd., S. 65. Wie Georg Kreis bemerkte, bedient die schweizerische Geschichtswissenschaft trotz eines feststellbaren »Neopatriotismus mit seinem Durst nach affirmativer Geschichte« seit den 1980er Jahren kaum mehr die Nachfrage nach nationalgeschichtlichen Gesamtdarstellungen. Dies mag nicht zuletzt mit der eben genannten Selbstreflexion innerhalb der historischen Disziplin zu tun haben. Jedenfalls wurde beispielsweise bei den Schweizerischen Geschichtstagen 2007 die Frage diskutiert, ob Nationalgeschichte im 21. Jahrhundert überhaupt noch schreibbar sei. Vgl. Kreis, Georg, »Schweizer Nationalgeschichten im 20. und 21. Jahrhundert«, in: *Schweizerische Zeitschrift für Geschichte* 59, Nr. 1 (2009), S. 140 ff.; Maissen, Thomas, »Die ewige Eidgenossenschaft. (Wie) Ist im 21. Jahrhundert Nationalgeschichte noch schreibbar?«, in: *Schweizerische Zeitschrift für Geschichte* 59, Nr. 1 (2009).

[49] Gugerli, David/Orland, Barbara (Hg.), *Ganz normale Bilder. Historische Beiträge zur visuellen Herstellung von Selbstverständlichkeit*, Zürich 2002.

[50] Marchal, Guy Paul, *Schweizer Gebrauchsgeschichte. Geschichtsbilder, Mythenbildung und nationale Identität*, Basel 2006.

dern.«[51] Im Unterschied zur Geschichtsschreibung ist noch kaum untersucht, welche Rolle die Soziologie für die schweizerische Nation als *imagined community* spielte.

1.4.2 Wissenschaftsgeschichte der Soziologie

Eine weitere Forschungsrichtung, deren Ansätze und Ergebnisse für die vorliegende Arbeit relevant sind, bilden daher wissenschaftshistorische und wissenssoziologische Arbeiten zur Geschichte der Soziologie. Hier ist zunächst zu bemerken, dass die gesellschaftliche Abhängigkeit der Gesellschaftswissenschaft im Laufe ihrer Geschichte von ihr selbst zwar immer wieder thematisiert wurde. Die Wissenssoziologien von Émile Durkheim und Karl Mannheim konzipieren Wissen als standortgebunden und damit gesellschaftlich geprägt.[52] Jedoch hat diese frühe Einsicht in die Kontextabhängigkeit der Soziologie nicht automatisch dazu geführt, dass das Fach sich selbst zum Gegenstand wissenssoziologischer Analysen gemacht hätte. Die neuere Wissenschaftsforschung war lange Zeit eher auf das naturwissenschaftliche Wissen ausgerichtet, dem ein epistemologischer Sonderstatus an Objektivität zugesprochen wurde. Dieser Forschungszweig wurde in den 1970er Jahren zum Feld der *Science and Technology Studies (STS)* ausgebaut.[53] In dieser Forschungsrichtung werden bis in die Gegenwart zentrale wissenschaftliche Kategorien wie Rationalität und Objektivität sowie statistische Verfahren auf ihre epistemischen, diskursiven und kulturellen Voraussetzungen hin untersucht.[54] Erst in einem zweiten Schritt wurden die hier gewonnenen Einsichten auf das Fach selbst angewandt und Arbeiten verfasst, welche die Geschichte der Soziologie anders als im Narrativ des Erkenntnisfortschritts erzählten. Kontextorientierte Arbeiten exogenisierten die Entwicklung der Disziplin und zeigten die soziologische Praxis als von ihren wissenschaftlichen und gesellschaftlichen Umwelten abhängig.[55] In dieser Perspektive erschienen die Inhalte

---

[51] Ebd., S. 13. Im Folgenden wird vor allem die Arbeit von Soziologen und Ethnologen sowie von Politikern und Künstlern untersucht. Dabei soll die Perspektive der Gebrauchsgeschichte auf deren Identitäts- und Deutungskonstruktionen ausgedehnt werden.

[52] Durkheim, Émile, *Die Regeln der soziologischen Methode*, Neuwied 1895/1961; Mannheim, Karl, *Wissenssoziologie*, Berlin 1964.

[53] Für einführende Überblicke siehe u. a.: Biagioli, Mario/Galison, Peter (Hg.), *The Science Studies Reader*, New York 1999; Felt, Ulrike/Taschwer, Klaus/Nowotny, Helga (Hg.), *Wissenschaftsforschung. Eine Einführung*, Frankfurt am Main 1995.

[54] Daston, Lorraine Jenifer, *Wunder, Beweise und Tatsachen. Zur Geschichte der Rationalität*, Frankfurt am Main 2001; Daston, Lorraine Jenifer/Galison, Peter, *Objektivität*, Frankfurt am Main 2007; Desrosières, Alain, *Die Politik der großen Zahlen. Eine Geschichte der statistischen Denkweise*, Berlin 2005; Mennicken, Andrea, *Zahlenwerk. Kalkulation, Organisation und Gesellschaft*, Wiesbaden 2007.

[55] Dies gilt ebenso für eine wissenschaftshistorisch und -soziologisch argumentierende Ge-

und Themenkonjunkturen des soziologischen Wissens oft als direkte Antworten auf den sozialen Kontext. Im Unterschied zum strukturfunktionalistischen Ansatz wies die konstruktivistische Wissenschaftsforschung stärker auf den Beitrag hin, den die Sozialwissenschaften bei der Gestaltung der Welt spielen. Sie verband das Interesse für die Verwurzelung von wissenschaftlichen Inhalten im Denken einer Kultur oder sozialen Gruppe mit der Frage, wie die Wissenschaft darüber hinaus mit der materiellen Kultur verflochten ist und einen organischen Bestandteil der Struktur der Macht bildet.[56] Ähnlich bemüht sich auch die Wissensgeschichte darum, die soziale Konstruktion wissenschaftlicher Inhalte oder die diskursive Stabilisierung epistemischer Praktiken in Beziehung zur gesellschaftlichen Ressourcenallokation und zu den Gefügen gesellschaftlicher Macht zu setzen. Neben den institutionellen Dimensionen und professionellen Logiken rückten in letzter Zeit verstärkt auch die Allianzen und epistemischen Praktiken der Soziologie in den Blick. Für die Geschichte der modernen Sozialwissenschaften in Europa, wo die Universitätssysteme im 19. und 20. Jahrhundert vornehmlich staatlich getragen wurden, hat Peter Wagner »Diskurskoalitionen« zwischen Sozialwissenschaften und bestimmten (ausserakademischen) sozialen Gruppen, staatlichen Interessen oder politischen Akteuren als wesentliche Erfolgsstrategie in der akademischen Entwicklung identifiziert.[57] Seine Arbeit macht deutlich, dass der Erfolg oder Misserfolg solcher Koalitionen von politischen Konstellationen abhängt und daher prekär ist. Insgesamt haben diese Arbeiten gezeigt, dass die Sozialwissenschaften Diskursformationen sind, die von bestimmten Akteuren in bestimmten historischen Kontexten entwickelt werden. Sie haben die zentrale Rolle in den Blick gerückt, die Politik und Öffentlichkeit – beziehungsweise die dort virulenten Handlungsprobleme, Deutungsdefizite oder Lösungsvorstellungen – für die Deutungsentwürfe der Soziologie spielen. Und sie haben deutlich gemacht, dass die Geschichte des soziologischen Wissens in einer doppelten Verschränkung begriffen werden und man nach beidem fragen muss: nach dem Einfluss sozialer und kultureller Kontexte auf das soziologische Wissen und nach den Wirkungen, die das soziologische Wissen auf Gesellschaft und Kultur hat.

Gemessen an solchen Ansprüchen und im Vergleich zum internationalen Forschungsstand ist die Wissensgeschichte der Soziologie in der Schweiz bislang wenig erforscht worden. Die Forschungslücke zur Geschichte der Disziplin in der Zeit von 1890 bis 1945 konnte mit der Dissertation des Historikers und Soziolo-

---

schichte der Soziologie, wie sie exemplarisch von Wolf Lepenies herausgegeben wurde. Vgl. Lepenies, Wolf (Hg.), *Geschichte der Soziologie. Studien zur kognitiven, sozialen und historischen Identität einer Disziplin*, Frankfurt am Main 1981.

[56] Lenoir, Timothy, *Politik im Tempel der Wissenschaft. Forschung und Machtausübung im deutschen Kaiserreich*, Frankfurt am Main 1992, S. 209.

[57] Wagner, Sozialwissenschaften. Wagner betrachtet als Sozialwissenschaften die Fächer Ökonomie, Politikwissenschaft und Soziologie.

gen Markus Zürcher teilweise geschlossen werden.[58] Zürcher zeigt, dass das Fach in der Schweiz um 1900 im Gegensatz zu den Nachbarländern vergleichsweise stark etabliert war und schweizweit Lehrstühle bestanden. Auffällig sind die »im internationalen Vergleich ausserordentlich frühe, nahezu flächendeckende Etablierung der Soziologie in der Schweiz« und der Umstand, dass die Soziologie in der Zwischenkriegszeit, im Kontext der »Krise des Liberalismus«, in Bern, Zürich und Lausanne stagnierte oder zurückgedrängt wurde. Durch diesen Einbruch wurde die Schweiz als einstiges Pionierland in den Stand eines »Entwicklungslandes« zurückversetzt.[59] Mit Helen Stotzers Geschichte der Soziologie an der Universität Bern liegt eine aufschlussreiche Mikrostudie vor, welche die Veränderungen der Berner Soziologie seit der Lehrstuhlgründung im Jahr 1953 untersucht und das gesellschaftliche Interesse an der Soziologie sowie die Interessenkonflikte mit der bernerischen Wirtschaft und der nationalen Bildungs- und Wissenschaftspolitik in den Blick nimmt.[60] Demgegenüber ist die Entwicklung der Soziologie in der Schweiz nach 1945 in erster Linie von Soziologen untersucht worden.[61] Sie beklagen einhellig die schwache institutionelle Verankerung des Faches nach dem Zweiten Weltkrieg und den damit verbundenen schwierigen und im Vergleich mit dem benachbarten Ausland verzögerten Auf- und Ausbau soziologischer Institute und Lehrstühle in der Nachkriegszeit sowie die geringe gesellschaftliche Nachfrage nach soziologischer Problembearbeitung. 1966 konstatierte Peter Atteslander eine verzögerte Entwicklung der Soziologie aufgrund von »unberechtigten Vorurteilen«[62], insbesondere dem Generalverdacht, die Soziologie sei eine »Ideologiewissenschaft«[63]. Zu den Vorurteilen geselle sich mangelndes Problembewusstsein: Die Schweiz als normative Idee eines Landes mit »immerwährender, problemloser Neutralität« wirke dermassen stark, dass sie das Nachdenken über soziale Probleme behindere.[64] Ähnlich machte auch Peter Heintz politische Gründe für die Schwäche der schweizerischen Soziologie geltend. In seinen Augen wird die Schweiz von Schweizern als besonders unproblematisch angesehen, da einerseits ein hoher Konsens über die nationale, poli-

---

[58] Zürcher, Markus, *Die Anfänge der Soziologie in der Schweiz*, Bern 1994; Zürcher, Markus, *Unterbrochene Tradition. Die Anfänge der Soziologie in der Schweiz*, Zürich 1995.

[59] Zürcher, Unterbrochene Tradition, S. 46 f.

[60] Stotzer, Helen, *Die Geschichte der Soziologie an der Universität Bern. Von ihren Anfängen bis zur Gegenwart*, Bern 2002.

[61] Die prominentesten sind Atteslander, Peter, »Zur Lage der Soziologie in der Schweiz«, in: Peter Atteslander/Roger Girod (Hg.): *Soziologische Arbeiten*, Bern 1966; Geser, Hans/Höpflinger, François, »Professionelle Orientierungen in der schweizerischen Soziologie«, in: Guido Hirschier/René Levy/Werner Obrecht (Hg.): *Weltgesellschaft und Sozialstruktur. Festschrift zum 60.Geburtstag von Peter Heintz*, Diessenhofen 1980.

[62] Atteslander, Lage der Soziologie, S. 22.

[63] Ebd., S. 14.

[64] Ebd., S. 16 f.

tisch-soziale Ideologie bestehe. Andererseits stellte Heintz fest, dass die politischen Entscheidungen durch ein stark institutionalisiertes Zusammenspiel der relevanten Machtgruppen weitgehend determiniert sind und deshalb mithin »negativer Bedarf nach zusätzlichen, wissenschaftlich ermittelten Entscheidungsgrundlagen« bestehe, weil diese eine Kompromissfindung zusätzlich erschweren würden.[65] René Levy verdichtete das Argument der Schweiz als übermässig starker normativer Idee zu einer machtkritischen Hypothese: Die Vorstellung der Schweiz als Willensnation verweise auf ein Gesellschaftskonzept des schweizerischen Bürgertums, das nicht an Antagonismen orientiert sei. Dieses Bürgertum sei besonders klein und homogen und bis in die 1950er Jahre überzeugt, bei der Steuerung der eigenen, »selbstgemachten« Gesellschaft nicht auf wissenschaftliche Entscheidungsgrundlagen angewiesen zu sein. »Auf oberster Stufe der institutionellen Machthierarchie verschwindet gleichsam die strukturelle und kulturelle Heterogenität als Binnenstruktur [...] und überlässt das Feld der Kleinheit, jedenfalls was die Praxis und die daraus resultierenden Informationsbedürfnisse der Entscheidungsträger betrifft.«[66] Nach Levy wurde die Entwicklung der Soziologie in der Schweiz nicht nur infolge politischer Umstände behindert, sondern auch aufgrund der schwach ausgeprägten urbanen Kultur und der kulturellen Heterogenität des Landes. Hier argumentierte er ähnlich wie Peter Heintz, der 1968 die Soziologie als Ausdruck urbaner Kultur bezeichnete. Da die politische Kultur in der Schweiz eher ländlich-kleinstädtisch und daher wenig universalistisch oder kosmopolitisch geprägt sei, reduziere dies die Aufnahmebereitschaft für Soziologie. Levy ergänzte diese Erklärung mit dem Argument, dass in der Schweiz eine anerkannte Rolle des Intellektuellen weitgehend fehle. Dies bedeute zwar nicht, dass nicht seit langem öffentlich über die Gestaltung der Gesellschaft nachgedacht werde, doch werde dieses Nachdenken bis Mitte des 20. Jahrhunderts nicht von kritischen Intellektuellen, sondern von »patriotischen Gelehrten oder Praktikern« getragen. Soziologie erscheine insofern als unerwünscht, als vermutet werde, sie könnte weitere soziale Probleme definieren und legitimieren, was die Komplexität erhöhe und die Regierbarkeit erschwere. Ein hohes Mass an kultureller Heterogenität, das sich über die in der Schweiz ausserordentlich wirksamen Sprachgrenzen verwirklicht, überlagert sich mit unterschiedlichen »nationalen bzw. sprachspezifischen Wissenschaftskulturen«[67] zu einem dritten Bündel soziologiehemmender Faktoren. Die zürcherischen Soziologen Hans Geser und François Höpflinger haben die massive sprachliche Fragmentierung der Soziologie 1980 anhand der sprachregionalen

[65] Levy, René, »Weshalb gibt es (k)eine Schweizer Soziologie?«, in: *Schweizerische Zeitschrift für Soziologie* 15, Nr. 3 (1989), S. 474.

[66] Ebd., S. 478.

[67] Ebd., S. 456 f.

Verteilung zitierter Soziologen in schweizerischen, deutschen und französischen Publikationen nachgewiesen.[68] Die kulturelle Heterogenität habe, so auch Levy, die Soziologie eher blockiert als befruchtet.

1.4.3 Geschichte der Schweiz und der Expo 64

Den dritten Kontext dieser Arbeit bildet der Forschungsstand zur Geschichte der Schweiz in der langen Nachkriegszeit einerseits und zur Geschichte der eidgenössischen Landessausstellungen, der Expo 64 und der Studie »Un jour en Suisse« andererseits.

In der Sozial- und Kulturgeschichte der Schweiz ist eine Periodisierung üblich, welche die Zeit nach dem Zweiten Weltkrieg bis Mitte der 1960er Jahre als »lange Nachkriegszeit« oder als »die langen 50er Jahre«[69] bezeichnet. Dieser Zeitabschnitt galt bis in die 1990er Jahre als historisch wenig ergiebig. In politischer Hinsicht wurde er als »Wartezimmer« auf die bewegteren Zeiten um 1968 aufgefasst, in ökonomischer Perspektive als monotone Boomphase bis zur Ölkrise von 1973. Die schweizerische Geschichtswissenschaft interessierte sich in diesem Zeitraum hauptsächlich für Fragen nach Hochkonjunktur, Konsum, Politik- und Geschlechtergeschichte. Arbeiten zur Identitätspolitik finden sich überwiegend für die Zeit des Zweiten Weltkrieges und der »geistigen Landesverteidigung«.[70] In den 1970er Jahren bezeichneten kritische Historikerinnen und Historiker – in Abgrenzung zu einem fortschrittsoptimistischen Mainstream – die festgefahrenen politischen, sozialen und wirtschaftlichen Strukturen und die Schweiz als »elitäre Gesellschaft mit korporativer Basis auf dem Weg zum Totalitarismus«[71]. In der jüngeren Forschung wurden vermehrt die Ambivalenzen der 1950er Jahre hervorgehoben und die Phase als »widersprüchliche Zeit« charakterisiert.[72] Neben dem Wirtschaftswunder des »goldenen Zeitalters des Kapitalismus«[73], der

---

[68] Geser/Höpflinger, Professionelle Orientierungen in der schweizerischen Soziologie. Die Autoren zeigen, dass in der Schweiz in weniger als 7% der französischsprachigen soziologischen Publikationen deutschsprachige Texte zitiert wurden. In der Deutschschweiz enthielten weniger als 4% der Texte Zitate französischsprachiger Autoren. In Frankreich und Deutschland betrugen die Anteile sogar bloss 1,8% bzw. 1,4%.

[69] Vgl. Abelshauser, Werner, *Die langen Fünfziger Jahre. Wirtschaft und Gesellschaft der Bundesrepublik Deutschland 1949–1966*, Düsseldorf 1987.

[70] Vgl. etwa Imhof, Kurt/Kleger, Heinz/Romano, Gaetano (Hg.), *Vom kalten Krieg zur Kulturrevolution. Analyse von Medienereignissen in der Schweiz der 50er und 60er Jahre*, Zürich 1999.

[71] Masnata-Rubattel, Claire/Masnata-Rubattel, François, *Macht und Gesellschaft in der Schweiz. Demokratie und Unterdrückung*, Darmstadt 1978, S. 209.

[72] Tanner, Lebensstandard; Leimgruber, Walter, *»Goldene Jahre«. Zur Geschichte der Schweiz seit 1945*, Zürich 1999; Blanc, Jean-Daniel/Luchsinger, Christine (Hg.), *Achtung: die 50er Jahre! Annäherungen an eine widersprüchliche Zeit*, Zürich 1994.

[73] Hobsbawm, Eric John, *Das Zeitalter der Extreme. Weltgeschichte des 20. Jahrhunderts*, München 1995, S. 345.

zunehmenden Verbreitung langlebiger Konsumgüter und der breiten Anhebung des Lebensstandards wurden ebenso die Differenzierung von Lebensstilen in Verbindung mit dem Aufkommen von Subkulturen, das Aufbrechen sozialer Milieus, neue Problematisierungen von Wachstumseffekten und die Entstehung einer neuen Konsumkultur[74] thematisiert. Damit wurde das Blickfeld historischer Forschung von einer gewissen politökonomischen Verengung auf soziokulturelle Phänomene ausgeweitet. Die historische Forschung überwand somit ideologische Zuspitzungen zwischen der einseitig fortschrittsoptimistischen Betonung der gesellschaftlichen Entwicklung und dem Versuch, solche Idealisierungen durch Schwarzmalerei zu entlarven.

Dank vergleichender Studien zu den schweizerischen Landesausstellungen[75] lässt sich die Expo 64 als Etappe in einer längeren Tradition identitätspolitischer Praxis begreifen. Urs Germann und Agnes Niehaus haben darauf hingewiesen, dass die Frage, welche Ideen bei einer Landesausstellung realisiert werden, weniger von deren Originalität abhängt als von den Interessen der dahinterstehenden Gruppen. Sie regten an, die Ausstellungen als Ergebnis historisch kontingenter Interessenkonstellationen, Entscheidungsprozesse und Konflikte zu untersuchen: »Was dem Publikum oft als Ausfluss einer ›nationalen Einheit‹ präsentiert wird, ist rückblickend gesehen nichts anderes als das Resultat eines Ein- und Ausschlussprozesses, in dessen Verlauf soziale Gruppierungen und einzelne Akteure um Definitions- und Darstellungsmacht ringen.«[76] Hans-Ulrich Jost hat in kritischer Abgrenzung zu den eingangs erwähnten neuen praxeologischen Ansätzen[77] dafür plädiert, die schweizerischen Landesausstellungen vermehrt auf politische und wirtschaftliche Grundlagen hin zu analysieren.[78] Er stellte die These auf, dass erst seit der Landesausstellung von 1939, der sogenannten »Landi«, wirtschaftliche Interessen nationalisiert und politischen Zielvorstellungen unterworfen wurden, während die Ausstellungen Ende des 19. Jahrhunderts »Manövern oder Wiederholungskursen des organisierten Kapitalismus« glichen. Hinter seiner Kritik am »Interpretationstaumel«[79] steht die Forderung, die natio-

[74] Brändli, Sibylle, *Der Supermarkt im Kopf. Konsumkultur und Wohlstand in der Schweiz nach 1945*, Wien 2000.

[75] Alettaz, Gerald et.al., *Les Suisses dans le miroir. Les expositions nationales suisses*, Lausanne 1991; Arnold, Martin, *Von der Landi zur Arteplage. Schweizer Landes- und Weltausstellungen (19.–21. Jh.). Hintergründe und Erinnerungen*, Zürich 2001.

[76] Germann, Urs/Nienhaus, Agnes (Hg.), *expos.ch. Ideen, Interessen, Irritationen*, Bern 2000, S. 30 f.

[77] Gugerli, David/Speich, Daniel, »Der Hirtenknabe, der General und die Karte. Nationale Repräsentationsräume in der Schweiz des 19. Jahrhunderts.«, in: *WerkstattGeschichte* Nr. 23 (1999).

[78] Jost, Hans Ulrich, »Landesausstellungen und nationale Selbstdarstellung heute«, in: Georg Kohler/Stanislaus von Moos (Hg.): *Expo-Syndrom? Materialien zur Landesausstellung, 1883–2002*, Zürich 2002.

[79] Ebd., S. 46.

nale Identitätspolitik auf die materiellen Bedingungen ihrer Produktion rückzubeziehen. Die Stimmigkeit ideologischer Produkte und die Schlüssigkeit ihrer Inszenierung soll nach Josts Ansicht nicht darüber hinwegtäuschen, dass sie in konfliktiven Prozessen von einer Vielzahl von Akteuren mit je spezifischen Interessen hergestellt wurden. Obwohl Josts Forderung grundsätzlich zuzustimmen ist, erscheint die Entgegensetzung der Analyse materieller Bedingungen und einer praxeologischen beziehungsweise diskurstheoretischen Sichtweise hier nicht produktiv zu sein, soweit damit ein materialistischer Reduktionismus verbunden ist. In der vorliegenden Arbeit sollen jedenfalls die – materiellen wie ideologischen – Bedingungen der Herstellung nationaler Identität so untersucht werden, dass sowohl materielle als auch ideelle, professionelle oder anderweitige Interessen der Beteiligten sichtbar werden.

Für die Untersuchung des Gulliverskandals und der Kontroversen um die Studie »Un jour en Suisse« sind ein politischer und ein sozialwissenschaftlicher Forschungsstrang interessant: Beim ersten geht es um die Politikvorstellungen, welche den Eingriff in die Planung bei der Expo begründeten und beim zweiten um das Konfliktpotential sozialwissenschaftlicher Umfragepraxis und den prekären Status der Soziologie in der Schweiz nach dem Zweiten Weltkrieg. Der Historiker Albert Tanner sah in den Widerständen denen die Sozialforschung in der Schweiz begegnete und wovon die Kontroverse um die Studie »Un jour en Suisse« beredtes Zeugnis ablegte, »Kämpfe um die legitime Benennung der sozialen Welt«[80]. Die Eingriffe der politischen Elite seien darauf zurückzuführen, dass Umfragen deren Autorität in der öffentlichen Meinungsbildung in Frage stellten. Die Umfragepraxis sei einem pluralistischen Demokratieverständnis verpflichtet, indem das Volk befragt werde, ohne es vorab zu belehren. Auch der Soziologe René Levy interpretierte den Konflikt um das Gulliverspiel als Auseinandersetzung zweier entgegengesetzter Politikauffassungen. Während Charles Apothéloz einen offenen Ansatz vertreten habe, welcher die Partizipation der Besucher anregte, um diese als Bürger ernst zu nehmen, stehe Hans Giger für eine Haltung, welche eine gute Regelung allgemeiner Belange nicht in der öffentlichen Auseinandersetzung sehe, sondern in der Feinabstimmung von Institutionen, welche offiziell in eine Konsenspolitik eingebunden sind, der gegenüber die Bürger passive Konsumenten bleiben müssen.[81] Hans Ulrich Jost sieht im Konflikt um das Gulliverspiel den »Geist des damals wuchernden Fichenstaates«[82] am Werk, der seinen Ausdruck in amtlicher Zensur und Heimlichtuerei gefunden habe. Roger Sidler[83] und Ca-

[80] Tanner, Zeitdiagnosen, S. 2.

[81] Levy, René, »Gulliver et la politique«, in: *Mémoire Vive, pages d'histoire lausannoise* Nr. 9 (2000), S. 29.

[82] Jost, Landesausstellungen, S. 55.

[83] Sidler, Roger, ›*Croire et Créer*‹. *Das Selbstbildnis der Schweiz an der Expo 64*, Bern 1996; Sidler,

roline Favre[84] rekonstruierten in historischer Perspektive die Auseinandersetzungen zwischen der Expo-Direktion und den Bundesbehörden und beleuchteten die Kontroversen, die sich aus dem Versuch ergaben, die Schweiz mit sozialwissenschaftlichen Methoden und damit ausserhalb des unmittelbaren Einflusses der Politik zu repräsentieren. Sidler deutet den Konflikt als Ausdruck eines Generationenkonflikts zwischen einer etablierten politischen Elite, welche im Kontext des Zweiten Weltkrieges sozialisiert wurde und im Zeichen der »geistigen Landesverteidigung« einem rückwärtsgewandten Wertekanon verpflichtet war. Das Gulliverspiel sei dagegen von einer nachrückenden Generation getragen worden, die sich kritisch von den Vätern distanzierte und versuchte, »nonkonformistisches« Gedankengut in die Landesausstellung hineinzutragen.[85]

Die zweite – sozialwissenschaftliche – Perspektive richtet den Blick auch auf die Rolle der Sozialwissenschaften, namentlich die Demoskopie und die Soziologie. So hat die Historikerin Jolanda Schärli die zeitgenössische Wissenschaftlichkeitsdebatte um die Gulliverstudie mit der Geschichte der schwierigen Etablierung des Faches Soziologie in Verbindung gebracht.[86] Niklaus Stettler zeigte anhand der ersten grossen repräsentativen Umfrage, die in der Schweiz realisiert wurde – die Rede ist von der sogenannten »Volksumfrage« der Neuen Helvetischen Gesellschaft von 1946 –, dass demoskopischen Vorhaben in der Schweiz mit grosser politischer Skepsis begegnet wurde.[87] Die politischen Eliten hätten »panische Angst« vor einer Befragung der Bevölkerung gehabt, weil der Einbezug einer breiten Öffentlichkeit in den politischen Prozess ihre Entscheidungskompetenz einzuschränken drohte. Zudem gefährdete die Vorstellung einer sozialen Schichtung der Gesellschaft, die mit der demoskopischen Forschung notwendigerweise einhergeht, die Idee der Schweiz als Einheit, weil unübersehbar wurde, dass »in unterschiedlichen soziale[n] Gruppen Unterschiedliches gedacht wurde«[88]. Bedeutsam ist in diesem Zusammenhang auch die soziologische Untersuchung von Felix Keller zur »Archäologie der Meinungsforschung«[89], welche

---

Roger, »›Pour la Suisse de demain: croire et créer‹. Das Selbstbildnis der Schweiz an der Expo ›64«, in: Mario König (Hg.): *Dynamisierung und Umbau. Die Schweiz in den 60er und 70er Jahren*, Zürich 1998.

[84] Favre, Caroline, *Le malaise helvétique à l'Expo 64. Gulliver au pays de l'autocensure*, Genève 1999.

[85] Sidler, ›Croire et Créer‹.

[86] Schärli, Jolanda, *»Weil die Familie zerfällt, wenn die Frau nicht in Ordnung ist«. Untersuchung der Geschlechterverhältnisse in der Umfrage »Un jour en Suisse« von 1962*, Zürich 2001.

[87] Stettler, Niklaus, »Demoskopie und Demokratie in der Nachkriegsschweiz«, in: Georg Kreis/Jean-François Bergier (Hg.): *Die Schweiz und der Zweite Weltkrieg*, Basel 1997.

[88] Ebd., S. 755.

[89] Keller, Felix, *Archäologie der Meinungsforschung. Mathematik und die Erzählbarkeit des Politischen*, Konstanz 2001.

die Implikationen soziologischer Repräsentation auf mathematischer und politischer Ebene aufzeigt.

Zusammenfassend lässt sich festhalten, dass sozial- und kulturgeschichtliche Ansätze die Nation zunächst als politökonomisches und danach als ideologisches Konstrukt ausgewiesen haben. Der Anteil, den die Sozialwissenschaften an der Herstellung nationaler Repräsentationen haben, welche die Nation als kollektive Repräsentation erst ermöglichen, blieb dabei lange unberücksichtigt. Die wissenschaftsgeschichtliche Betrachtung der Soziologie wiederum hat gezeigt, dass das Fach mithin auf Diskurskoalitionen mit nationalstaatlichen Akteuren angewiesen ist, um sich erfolgreich entfalten zu können. In der Schweiz war die Situation für eine produktive Kooperation zwischen Soziologie und Staat im Vergleich zu den Nachbarstaaten jedoch relativ ungünstig, weil die Politik besonders homogen organisiert war und wenig Interesse hatte, dass sich neue Akteure in die Politik einmischen und an deren Agenda-Setting teilnehmen können.

Betrachtet man die sozialhistorische Entwicklung der 1950er Jahre, so wird sichtbar, dass im Zuge der sozialökonomischen Wachstumsdynamik und dem damit einhergehenden Kulturwandel eine Vielzahl neuer Ambivalenzen und Spannungen entstanden ist. Diese brachten einerseits neue Lebensentwürfe und Selbstdeutungen hervor und führten andererseits zu neuen sozialen (und damit politischen) Problemen, deren Thematisierung und Bearbeitung immer weniger von der etablierten Politik allein geleistet werden konnten. Die Landesausstellungen lassen sich vor diesem Hintergrund als eine Art Laborsituation der Repräsentation der Schweiz begreifen, innerhalb derer sich die neuen Spannungskonstellationen widerspiegeln und sich auch neue Akteure zu Wort meldeten.

1.5 Ansatz und Theorien

An diesem Punkt setzt die Arbeit an. Anhand der Studie »Un jour en Suisse« analysiert sie die soziologische Repräsentationspraxis der Nation. Dazu wird eine Perspektive der Geschichte des Wissens eingenommen. Im Anschluss an die von Lutz Raphael in Gang gebrachte Diskussion zur »Verwissenschaftlichung des Sozialen« und an die von Benedict Anderson inspirierten Forschungen zur Kulturgeschichte der Nation geht die Arbeit davon aus, dass das Wissen über die Nation nicht zu trennen ist von seinen Repräsentationsformen und Darstellungsweisen. Repräsentation ist nicht lediglich als Abbildung, sondern ebenso als *Herstellung sozialer Realität* zu begreifen.[90] Das Ziel der Arbeit ist deshalb nicht eine nach-

[90] Desrosières, Politik der großen Zahlen; Tanner, Jakob, »Der Tatsachenblick auf die ›reale Wirklichkeit‹. Zur Entwicklung der Sozial- und Konsumstatistik in der Schweiz«, in: *Schweizerische Zeitschrift für Geschichte* 45, Nr. 1 (1995).

trägliche Auswertung der Fragebogen in der Logik der Soziologie, sondern die historische Rekonstruktion und Analyse der Praxis der soziologischen Wissensproduktion, die verworrener und ungerichteter vor sich ging, als die Resultate vermuten lassen. Im Anschluss an die neue Wissenschaftsforschung nimmt die Studie an, dass sich die Soziologie mit ihrem Streben nach einer anerkannten Auslegung des Sozialen in einem problematischen Verhältnis zur Gesellschaft befindet, in der sie operiert und auf welche sich ihr Erkenntnisinteresse richtet. Die Zusammenhänge zwischen Politik, Öffentlichkeit und Soziologie sind komplexer und widersprüchlicher Art. Anders als die Naturwissenschaften, deren Selbstverständnis auf Binnenlegitimität und einer möglichst grossen Autonomie vom sozialen »Sinngebungszwang« basiert, ist die Soziologie mit Erwartungen nach kollektiver Sinngebung konfrontiert und somit einem vergleichsweise hohen sozialen Legitimitätsdruck ausgesetzt.[91] Soziologische Repräsentationen beziehen sich auf eine Gesellschaft und sind zugleich in ein komplexes soziales Gefüge eingebunden, von dem ihre Produktion ebenso abhängt wie ihre Chancen auf wissenschaftliche Geltung.

Warum aber soll man sich mit einer Studie auseinandersetzen, deren Ergebnisse in der Schweiz kaum zur Kenntnis genommen wurden und von der die Öffentlichkeit kaum mehr erfahren hat, als dass sie Anlass zu einem Skandal gab, über den bald Gras wuchs? In wissenshistorischer Perspektive sind nicht nur Erfolgsgeschichten aufschlussreich. Wissenshistorisch vorzugehen heisst, die Trennung von wissenschaftlichem und nichtwissenschaftlichem Wissen nicht vorauszusetzen und Wissen im weitesten Sinne als historisches Phänomen zu verstehen, dessen Produktion, Zirkulation, Stabilisierung ebenso wie Verwerfung, Blockierung oder Destabilisierung von unterschiedlichen Akteuren und Aktanten beeinflusst wird. In dieser Geschichte haben auch gescheiterte Wissensformationen ihren Platz, für die die Umstände ungünstig waren, in die eingriffen wurde oder die gar zum Verschwinden gebracht werden sollten. Mit ihrem weiten Wissensbegriff folgt die Studie den Ansätzen der neuen Sozial- und Kulturgeschichte der Wissenschaft, die angeregt haben, die Konstruktion wissenschaftlichen Wissens im Prozess – als »science in action« – zu studieren und genau hinzusehen, bevor die Konstruktionsprozesse unsichtbar geworden sind. Der Wissenssoziologe Bruno Latour machte ein solches Vorgehen zur ersten Regel seiner Methode: »We study science in action and not ready made science or technology: to do so, we either arrive before the facts […] are blackboxed or we follow the controversies that reopen them.«[92] Als besonders aufschlussreich erweist sich hierbei der Blick auf

---

[91] Lepsius, Mario Rainer, »Gesellschaftsanalyse und Sinngebungszwang«, in: Mario Rainer Lepsius (Hg.): *Interessen, Ideen und Institutionen*, Opladen 1990, S. 288.

[92] Latour, Bruno, *Science in Action. How to Follow Scientists and Engineers Through Society*, Cambridge, Massachusetts 1987, S. 258.

vergangene Kontroversen und Konflikte. Im Ausnahmezustand werden Faktoren aus- und angesprochen, die im *courant normal* unter der Thematisierungsschwelle bleiben, diesem aber zugrunde liegen. In diesem Sinne nutzt die vorliegende Arbeit den Konflikt um die Studie »Un jour en Suisse« als Ausgangspunkt, um Fragen nach den Produktionsbedingungen der Repräsentationen der Schweiz zu stellen. Anhand des Fallbeispiels lässt sich veranschaulichen, dass die Repräsentation der Nation ein konfliktiver Aushandlungs- und Konstruktionsprozess ist, in dem Akteure mit unterschiedlichen Interessen um Deutungshoheit ringen. Die Konfliktkonstellation bietet günstige Erkenntnischancen, weil in den Auseinandersetzungen der Beteiligten Dinge aufbrechen, die sonst verdeckt blieben oder mittlerweile selbstverständlich geworden sind.

1.6 Quellen

Das Vorhaben, den Akteuren, Konzepten und Verfahren der Studie »Un jour en Suisse« durch die Gesellschaft zu folgen, hat zu einem mehrschichtigen Quellenkorpus geführt. In den offiziellen Katalogen und Informationsbroschüren zur Expo 64 fanden sich wichtige Informationen zur Planung und zum Geist der Landesausstellung und zur konkreten Durchführung des Gulliverspiels als Bestandteil des sogenannten »Weg der Schweiz«. Auch später verfasste Festschriften versammeln eine Fülle von präzisen Informationen zum Kontext der Landesausstellung. Weiter greift die Arbeit auf die umfangreichen Bestände des Dokumentationsservice der Expo 64 zurück, welche im Bundesarchiv gelagert sind[93], sowie auf die Handakten des Bundesdelegierten für die Expo, Hans Giger.[94] Um das Profil der einzelnen Akteure zu erfassen, wurde in erster Linie auf deren Schriften zurückgegriffen. Zudem wurden soziologische Fachzeitschriften und Handbücher ausgewertet, die Aufschluss geben über die wissenschaftlichen Debatten und Standards im Fach Soziologie. Daneben wurden ausgewählte Komplementärquellen wie Zeitungsartikel und Radiosendungen ausgewertet und der Soziologe Urs Jaeggi interviewt.

Ausgangspunkt der Arbeit bilden die Fragebogen der Studie »Un jour en Suisse«, welche über 30 Jahre lang verschwunden waren. Nur dank einem Zufall ist ein grosser Teil der Fragebogen wieder aufgetaucht: Charles Apothéloz hatte sie 1966 dem amerikanischen Anthropologen Raoul Narrol nach Chicago geschickt. Der Lausanner Soziologe René Levy machte dessen Nachlass ausfindig und brachte 1998 zusammen mit Journalisten des Westschweizer Fernsehens 863 der

[93] Bundesarchiv, J II.10. Von den 121 Laufmetern an Beständen zur Expo 64 interessieren für die vorliegende Arbeit hauptsächlich die Bestände J II.10 1000/1212.

[94] Bundesarchiv, E 7170 (B) 1968/105, Bde. 116–128.

ursprünglich 1200 Fragebogen als Mikrofilm zurück in die Schweiz. Levy hat in Zusammenarbeit mit dem Zürcher Soziologen Felix Keller die Studie »L'enquête ›un jour en Suisse‹ trente-cinq ans après« verfasst.[95] In diesem vom Nationalfonds finanzierten Projekt wurden die Mikrofilme der Fragebogen gescannt und inventarisiert. Die Arbeit enthält Angaben zum konkreten Vorgehen bei der Digitalisierung, es wurde abgeschätzt, welche Teile der Daten verloren gegangen sind und es wurden Informationen zum Vorgehen des Forschungsteams bei der Erhebung der Studie zusammengetragen. Aufgrund dieser Untersuchung ist der Quellenbestand zusammen mit einer Dokumentation bei der »Swiss foundation for research in social sciences« (FORS) einsehbar.[96] Die Fragebogen bestehen neben einer Reihe von Fragen zur Person[97] aus 69 Fragen zu verschiedenen Lebensbereichen. Um den umfangreichen Bestand an Fragebogen überhaupt handhabbar zu machen, erschien es dem Verfasser notwendig, ein Arbeitsinstrument herzustellen, das es erlaubt, die Transkription der über 20 000 handschriftlich ausgefüllten Fragebogenseiten zu erleichtern und in eine Form zu bringen, die auch für andere Forschende benutzbar ist. Im Rahmen des oben erwähnten Projekts von Levy und Keller wurden die soziodemographischen Variablen bereits vollständig transkribiert. Davon ausgehend wurde nun eine Datenbank angelegt, die zu jedem der 24-seitigen Fragebogen einen Datensatz enthält und diese mit den gescannten Fragebogenseiten verknüpft. Ein Teil der Fragen sowie eine Reihe exemplarischer Interviews wurden vollständig transkribiert.[98] Die Transkription erfolgte zusammen mit der Soziologin Mirjam Stoll, welche die Daten für ihre Lizentiatsarbeit verwendete.[99] Die Datenbank enthält zudem weiterführende Angaben zu den Interviews, wie den Namen der Interviewenden, die Interviewdauer, den Zeitpunkt der Befragung sowie das Feld »Bemerkungen«.

Ferner wurden Arbeitsunterlagen, Projektentwürfe, Briefwechsel und Sitzungsprotokolle der Arbeitsgruppe »Un jour en Suisse« und der Expo-Direktion aus dem Stadtarchiv Lausanne beigezogen, welche die Planung und Durchführung der Studie und die Umsetzung der Sektion »Un jour en Suisse« auf der Expo dokumentieren.[100]

---

95 Keller, Felix/Levy, René, *L'enquête »Un jour en Suisse« trente-cinq ans après. Rapport final au Fonds National Suisse de la Recherche Scientifique*, Lausanne 2000.

96 Levy, René/Keller, Felix (Hg.), *DARIS Datensatz 2001AK: Questionnaires de l'enquête »Un jour en Suisse« – 1962*, Projekt 6418: Les Suisses et leur société au début des années 1960 et 1990, Lausanne 2001.

97 Alter, Geschlecht, Wohnort, Zivilstand, Anzahl Kinder, Muttersprache, Konfession, Schulbildung, Schulort, Momentane Tätigkeit, Einkommen.

98 Vgl. Kapitel 4 Kodieren/Dekodieren: Von der Umfrage zum Schlussbericht.

99 Stoll, Mirjam, *Sozialstruktur und materieller Lebensstandard. Wahrnehmungs- und Bewertungsformen in der Schweiz der frühen 1960er Jahre*, Zürich 2008.

100 Stadtarchiv Lausanne, Bestände P 220 (Charles Apothéloz), P 286 (Ariane Deluz). Dazu gehö-

1.7 Aufbau der Arbeit

Die vorliegende Arbeit gliedert sich in fünf Kapitel, welche je eine Etappe der Studie »Un jour en Suisse« beleuchten. Kapitel 1 befasst sich mit den multiplen Rahmenbedingungen, widerstreitenden Erwartungshorizonten und heterogenen Denkvoraussetzungen – und somit mit der sozialen »diversité«, die in der Landesausstellung in eine »unité« überführt werden sollte. Der Fokus liegt auf der Planungsphase der Expo im Zeitraum von 1955 bis 1964. Es geht darum, den soziokulturellen Rahmen zu skizzieren, innerhalb dessen die Expo geplant, entworfen und organisiert wurde. Zugleich sollen die widerstreitenden Repräsentationslogiken und -techniken der involvierten Akteure beleuchtet werden. In einem ersten Schritt werden Entwürfe für das Programm der Expo 64 im Allgemeinen und für die Sektion »Weg der Schweiz« im Besonderen dargestellt. Diese stecken den organisatorischen und inhaltlichen Rahmen ab, in dem die Studie »Un jour en Suisse« durchgeführt wurde. Verschiedene Akteure – von einer »nonkonformistischen« Autorengruppe um Max Frisch bis hin zu diversen Komitees und Kommissionen der Expo – formulierten Ansprüche an die thematische und ideologische Ausrichtung der Expo und brachten so ihre Vorstellung davon ein, wie die Schweiz auf der Landesausstellung zu repräsentieren sei. In einem zweiten Schritt wird gezeigt, wie sich die Entwürfe für die Sektion »Un jour en Suisse« in diesen Rahmen einfügten. Sie bestanden aus einem künstlerischen, einem wissenschaftlichen und einem technischen Szenario. Die Projektskizzen wurden kritisiert und durch Gegenkonzepte konkurriert. Diese Herausforderungen werden in einem dritten Schritt rekapituliert und mit den Repliken der Arbeitsgruppe »Un jour en Suisse« konfrontiert. Diese drei Schritte erlauben es, eine Auslegeordnung der konkurrierenden Vorstellungen zu geben und zu zeigen, mit welchem Bild der Schweiz sich das Publikum der Landesausstellung auseinandersetzen sollte. Das Szenario »Un jour en Suisse« wird vor dem Hintergrund dieser Auseinandersetzungen kontextualisiert und dahingehend befragt, wie es die unterschiedlichen Ansprüche implementierte oder zurückwies.

In Kapitel 2 geht es um die wissenschaftlichen Mittel, mit denen sich die Arbeitsgruppe dem schweizerischen *Demos* annäherte und um die Frage, welche – insbesondere politischen – Konsequenzen dies für die Umfrage hatte. Es fokussiert auf die Umsetzung der Entwürfe, also die praktische Vorbereitung der Umfrage »Un jour en Suisse« durch die wissenschaftliche Arbeitsgruppe um Isac Chiva, Ariane Deluz und Nathalie Stern. Die Arbeitsgruppe orientierte sich am Ideal wissenschaftlicher Objektivität. Sie setzte dieses Ideal einerseits dadurch

ren unter anderem 120 Protokolle offener Interviews, die geführt worden waren, um den Fragebogen zu entwickeln. Diese sind Teil von P 286.

um, dass sie mit Hilfe der Gallup-Methode eine repräsentative Stichprobe zog, und andererseits durch ein objektivierendes Prozedere zur Konstruktion des Fragebogens. Diese beiden Verfahrensweisen werden auf ihre theoretischen und praktischen Voraussetzungen hin untersucht. Zu diesem Zweck wird das Verfahren der repräsentativen Stichprobenziehung zunächst im Hinblick auf die im wissenschaftlichen Feld virulente Debatte um einen angemessenen Begriff von statistischer Repräsentativität dargestellt und danach auf die Geschichte der Gallup-Methode bezogen. Dabei werden Resonanzeffekte und Homologien herausgearbeitet, welche zwischen den Begriffen der statistischen Repräsentativität und der politischen Repräsentation bestehen. Dann wird die Methode, mit welcher die Arbeitsgruppe einen »objektiven Fragebogen« herstellte, unter die Lupe genommen. Im Vordergrund steht die Frage, wie es der Arbeitsgruppe gelang, ihre Interessen in die Untersuchung einzubringen und gleichzeitig dem eigenen Anspruch nach wissenschaftlicher Objektivität gerecht zu werden. Anhand einer Analyse der Dramaturgie des Fragebogens werden schliesslich jene Fragen ermittelt, welche der Arbeitsgruppe besonders wichtig waren.

Das dritte Kapitel untersucht die praktische Umsetzung der Umfrage, also jene Projektphase, in welcher die Arbeitsgruppe in Eigenregie nach Massgabe ihres wissenschaftlichen Selbstverständnisses handeln konnte. Die Interviews entstanden im direkten Kontakt zwischen Interviewenden und Befragten. Das Interview bot eine Bühne, auf der sich die befragten Personen darstellen konnten, während sie sich gleichzeitig an eine Reihe von impliziten Regeln halten mussten. Im Spannungsfeld zwischen soziologischer Objektivierung und den subjektiven Faktoren der an den Interviews beteiligten Menschen, werden aufgrund des breiten Quellenmaterials an ausgefüllten Fragebogen einerseits performative Dynamiken herausgearbeitet und andererseits die wissenschaftlichen Strategien betrachtet, mit deren Hilfe erstere kontrolliert werden sollten. Um die Bilder der Schweiz, die in den Interviews produziert wurden, genauer beleuchten zu können, werden danach exemplarisch jene Fragen, die sich unmittelbar auf die schweizerische Nation beziehen, genauer analysiert. Das Kapitel schliesst mit einer Inhaltsanalyse des Schlussrapports. Darin formulierte die Arbeitsgruppe ihr »neues Bild der Schweiz«, welches nicht in der Logik nationaler Identitätspolitik, sondern in einer soziologischen Perspektive entlang sozialer Unterschiede organisiert war – eine Differenz, welche später zu einem Konflikt mit dem Bundesdelegierten für die Landesausstellung führen sollte.

In Kapitel 4 wird aufgrund von Sitzungsprotokollen und internen Memoranden dargestellt, wie die Studie »Un jour en Suisse« heftige politische Reaktionen und Kritik auslöste und wie die Arbeitsgruppe darauf reagierte. Die Umfrage wurde in dieser Phase aus ihrem wissenschaftlichen Entstehungskontext herausgelöst und im politischen Feld kontrovers diskutiert. Der Delegierte des Bundesrates veranlasste den Bundesrat zu einer dramatischen Intervention, aufgrund derer das Szenario »Un jour en Suisse« substanziell modifiziert wurde. Zunächst werden diese Intervention und die darauf erfolgten Änderungen am Szenario beleuchtet. Danach wird die Argumentationsstrategie des Bundesdelegierten vor dem Hintergrund des schweizerischen Diskurses um das Verhältnis von Demoskopie und Demokratie kontextualisiert. Schliesslich werden die Gutachten zweier vom Bundesdelegierten beauftragter Soziologen in die Analyse miteinbezogen und mit den Gegenargumenten der Arbeitsgruppe »Un jour en Suisse« konfrontiert. Auf diese Weise werden die Argumentationsstrategien und die politische wie wissenschaftliche Bedeutung des Konfliktes um die Studie aufgefächert.

Das fünfte Kapitel verfolgt den Weg der Studie in die Öffentlichkeit. Mit der Eröffnung der Landesausstellung wurde »Un jour en Suisse« einem breiten Publikum zugänglich. Zunächst wird das Programm der Abteilung »Un jour en Suisse«, welches nun »Gulliverspiel« genannt wurde, in den Blick genommen. Dabei interessieren besonders die Verschiebungen, die das Szenario bei seiner künstlerischen »mise en scène« erfahren hat. Knapp zwei Monate nach der Eröffnung der Expo wurde die bislang geheim gehaltene Vorgeschichte des Gulliverspiels von schweizerischen Medien skandalisiert. Ausgehend von einer Artikelserie in der Gazette de Lausanne wird rekonstruiert, wie ein eigentlicher Medienskandal ins Rollen gebracht wurde. Dabei interessieren die Argumentationslinien der beteiligten Akteure, insbesondere hinsichtlich der Frage, wie die Schweizer Bevölkerung angemessen zu repräsentieren sei. Zum Schluss wird untersucht, wie das Projekt der Arbeitsgruppe »Un jour en Suisse«, die Studie mit finanzieller Unterstützung des Schweizerischen Nationalfonds zu publizieren, scheiterte und wie Luc Boltanski aufgrund des Materials der Studie die Monographie »Le bonheur suisse« verfasste. Boltanski lenkte die Studie wieder zurück ins wissenschaftliche Feld und entwickelte aus einer Perspektive, die nicht an die Rahmenbedingungen der Expo und des schweizerischen Identitätsdiskurses gebunden war, eine weitere Repräsentation des schweizerischen *Demos*. Diese Aussensicht bildet die Kontrastfolie für eine abschliessende Gesamtbetrachtung der widerstreitenden Repräsentationslogiken, welche die Geschichte der Studie »Un jour en Suisse« geprägt haben.

2 Entwürfe

Im Sommer 1961 wurde der Lausanner Theaterregisseur Charles Apothéloz für eine ungewöhnliche Regiearbeit angefragt: Das Organisationskomitee der für 1964 geplanten Landesausstellung wollte ihn dazu gewinnen, einen Teilbereich mit dem Titel »ein Tag in der Schweiz« – »Un jour en Suisse« in Szene zu setzen. Die Mitglieder des Komitees, eine Gruppe von freisinnigen und radikalen Romands, hatten im Vorfeld beschlossen, dass sie keine Neuauflage der »Landi 39« anstrebten, deren »Landigeist« vielen als rückwärtsgewandt und selbstbezogen in Erinnerung geblieben war. Mit der Expo 64 wollten sie den Glauben an die Zukunft der Schweiz stärken und das Land zu einem kollektiven Schaffensakt anregen.[1] Eine solche Aktivierung schien angesichts des um sich greifenden »Helvetischen Malaise«, in Anbetracht des konstatierten »Leerlaufs« des politischen Systems und der damit zusammenhängenden Politikabstinenz dringlich zu sein. Apothéloz war von der Idee äusserst angetan. Hier schien sich die Gelegenheit und eine Bühne zu bieten, ein Volkstheater in bisher einzigartigem Ausmass zu veranstalten. Die Inszenierung, die Apothéloz vorschwebte, sollte jedoch nicht im traditionellen Sinne volkstümlich sein. Sein Vorbild war vielmehr das »Théâtre National Populaire« in Paris, das damals von Jean Vilar geleitet wurde. Wie Vilar war Apothéloz der Meinung, dass man das Theater von einer exklusiven Veranstaltung zurückverwandeln müsse in einen *service public*, der allen Bevölkerungsschichten zugänglich sein und diese aktiv einbeziehen sollte. Bei der Expo durfte das Publikum deshalb keinesfalls in die passive Rolle von Zuschauern gedrängt werden. Die Besucher sollten sich die Bühne vielmehr spielerisch aneignen und in das Geschehen eingreifen können. Die Bühne, die in diesem Fall die Schweiz bedeutete, sollte möglichst unverstellt sein und den Besuchern die Möglichkeit geben, sich frei von Vorgaben zu bewegen. Ein weiteres Element des Vorschlags, den Apothéloz für das Organisationskomitee ausarbeitete, war die Idee, die Schweiz als *Labyrinth* darzustellen und dem Publikum den Spiegel vor-

[1] Das Reglement für Aussteller legte das Ziel der Expo ausdrücklich darauf fest, den Glauben in die Zukunft des Landes zu stärken und Neues zu Schaffen. Vgl. Stadtarchiv Lausanne, P 286, Carton 3, Enveloppe 3, Nr. 7: Comité d'Organisation, *Exposition nationale suisse. Règlement pour les exposants*, 4.3.1960, S. 2. »Art. 4 Buts de l'Exposition: a) affermir notre confiance dans l'avenir du pays [...] b) [...] un effort renouvelé de création«.

zuhalten: »Der Besucher wird frei in einem Labyrinth spazieren und vergnüglich seine Stärken und Schwächen entdecken.«[2] Indem sie weder den üblichen noch einen vorgeschriebenen, sondern ihren eigenen Weg durch das Labyrinth wählten, sollten die Besucherinnen und Besucher das mythische und stereotype Bild des »Homo Helveticus« mit der Vielzahl von Curricula konfrontieren, welche die reale Gegenwart bereithielt. Hinter Apothéloz' Idee stand die Vorstellung, dass die unzähligen möglichen Wege durch das Labyrinth es den Besuchern erlauben würden, ihre persönlichen Ideen, Meinungen und ihren Geschmack von Weg zu Weg und von Entscheidung zu Entscheidung immer wieder neu zu realisieren. Während die Vielheit der Wege auf die Vielfalt der Selbstbilder verwies, sollten die Wegkreuzungen das gemeinschaftliche und nationale Bewusstsein sowie die »nationalen Übereinstimmungen« symbolisieren.

Apothéloz konnte damals kaum ahnen, dass seine Ideen drei Jahre später Anlass zu einer öffentlichen Kontroverse geben sollten. Lange vor dem eigentlichen Eklat wurde jedoch klar, dass die Landesausstellung eine besonders anspruchsvolle Bühne war, auf der man nicht in Eigenregie inszenieren konnte. Landesausstellungen sind Arenen der kollektiven Repräsentation von Nation und Souverän. In den Augen ihrer Promotoren sollen sie zur Harmonisierung der Erwartungshaltungen der gesellschaftlichen Akteure beitragen und dabei helfen, tragfähige Gesellschaftsstrukturen auszubilden und Krisen zu bewältigen.[3] Mit seinen Ideen betrat Apothéloz das umkämpfte Terrain des nationalen Bilderhaushalts, das nicht allein den Regeln der Kunst, sondern auch den Ansprüchen von Markt, Politik oder Wissenschaft untersteht. In der Terminologie der neueren Nationalismusforschung kann man sagen, dass der Lausanner Theaterdirektor sich an der intersubjektiven gesellschaftlichen Konstruktion »nationaler Identität« beteiligte und – bewusst oder unbewusst – teilnahm an dem, was Benedict Anderson als Herstellung einer *imagined community* bezeichnet hat.

Dieses Kapitel widmet sich dem so verstandenen Prozess des »nation building« noch vor dem eigentlichen »Expo-Skandal«. Für das Verständnis dieses komplexen Prozesses ist höchst relevant, in welchem Kontext und wie – gemäss welcher Logiken und Techniken und über welche Allianzen – die Schweiz repräsentiert wird. Das Kapitel fokussiert auf die Planungsphase der Landesausstellung im Zeitrum von 1955 bis 1964 und zeigt, was für (unterschiedliche) Repräsentationslogiken, Denktraditionen und Erwartungshorizonte in die Vorbereitung der Expo 64 – und später auch in die Gestaltung der Sektion »Un jour en Suisse« –

---

[2] Im Original: »Le spectateur se promènera librement dans un labyrinthe où il se divertira en découvrant ses qualités et ses défauts.« Vgl. Stadtarchiv Lausanne, P 220, Carton 20, Classeur 1, Nr. 6: Apothéloz, Charles, *Principes de mise en scène et d'animation du Labyrinthe Suisse. Proposition No 1*, 23.6.1961, S. 1.

[3] Germann/Nienhaus (Hg.), expos.ch, S. 31.

einflossen. Müsste man dem Kapitel ein Motto voranstellen, so lautete dieses – in Umkehrung eines Mottos der Expo 64 – »la diversité dans l'unité«. Es geht um den Nachweis, dass der Entwurf des Schweizbildes, das auf der Expo zur Schau gestellt wurde, als Resultat eines Aushandlungsprozesses zu begreifen ist, auf den unterschiedliche Akteure mit divergierenden Interessen und Repräsentationstechniken einwirkten. Die sozialen, kulturellen und organisatorischen Rahmenbedingungen sind Thema des ersten Teils. Er stellt die »neuen Ideen« der 1950er Jahre im Kontext vor und legt dar, wie diese Ideen sich während der Planungsphase der Expo – in verschiedenen Arbeitsgruppen, Sitzungen, Vernehmlassungen, Kommissionen etc. – veränderten und Gestalt annahmen. Eine dieser Ideen wurde unter dem Motto »Un jour en Suisse« von Charles Apothéloz entwickelt. Ausgehend von seiner Person stellt der zweite Teil das Konzept zur gleichnamigen Sektion und die unterschiedlichen Repräsentationslogiken vor, die sich im Entwurf überlagerten. Im dritten Teil geht es um die Irritationen und Konflikte, die aus dem wissenschaftlichen Anspruch der Studie und aus dem unklaren Stellenwert des geplanten Fragespiels entstanden.

2.1 Die Vorbereitung der Expo 64

»Alle 25 Jahre verspüren die Schweizer ein Kribbeln. Dann zwicken sie sich in den Arm, um sich selbst zu beweisen, dass sie immer noch existieren. Dies ist dann eine Ausstellung.«[4] So zitierte Paul Vogel 1964 einen Artikel des Londoner »Daily Telegraph« über die Expo 64. Wie der Artikel fortfuhr, verhielten die Schweizer sich »vollständig unkritisch sich selbst gegenüber« und es sei ein Vergnügen, sie auf der Ausstellung dabei zu beobachten, wie sie sich selber sähen: Sie täten zwar so, als seien alle gutherzig und tolerant, blendeten jedoch die menschlichen Probleme aus. Wer genauer hinschaue, sehe jedoch, dass der Schweiz eine Inflation bevorstehe, dass jeder zehnte Einwohner ein temporärer Einwanderer sei und dass »bereits die ersten Apartheid-Probleme in Erscheinung«[5] träten. Der Kommentar diagnostizierte nicht nur ein Auseinanderklaffen zwischen der ausgestellten und der wirklichen Schweiz. Implizit äusserte er auch den ideologiekritischen Verdacht, dass die Expo 64 von unkritischen Patrioten organisiert und von vornherein als patriotische Nabelschau geplant worden sei. So berechtigt es sein mag, von der systemstabilisierenden Wirkung der Expo 64 auszugehen, so falsch wäre es, von dieser Wirkung automatisch auf eine diesbezüglich homogene Intention der Akteure rückzuschliessen. Ein Blick auf die Vorbereitungsphase

[4] Vogel, Paul Ignaz, »Siamo tutti fratelli«, in: Walter Biel/Rolf Eberhard/Manuel Isler et al. (Hg.): *Expo 64 – Trugbild der Schweiz*, Basel 1964, S. 52.
[5] Ebd.

der Landesausstellung macht deutlich, dass Kritik, Selbstironie und Fortschrittsoptimismus ebenso wie Opportunismus, Ernst und Patriotismus die Planungsdiskussionen von Anfang an prägten.

2.1.1 Achtung: die Schweiz

Ein erster Kniff in den Arm erfolgte bereits eine Dekade vor Ausstellungsbeginn im Kontext einer schweizweit geführten Debatte um die »neuen Städte«. Als Katalysator wirkte eine im Januar 1955 veröffentlichte kleine rote Broschüre mit dem Titel »Achtung: die Schweiz«[6]. Ein dreiköpfiges Autorenkollektiv stellte darin die Forderung auf, die Schweiz solle im Jahr 1964 keine Landesausstellung durchführen und mit dem Geld stattdessen eine Musterstadt nach modernen städtebaulichen Prinzipien bauen. Die Idee stammte vom Historiker Markus Kutter, der später als Werber Karriere machte, und vom Nationalökonomen Lucius Burckhardt, der in den 1960er Jahren Architektursoziologie an der ETH Zürich lehrte. Die beiden 30-jährigen Männer konnten Max Frisch als drittes Mitglied für die Autorengruppe gewinnen.[7] Der damals 44-jährige Schriftsteller war gerade aus den USA zurückgekehrt und hatte im selben Jahr sein Architekturbüro geschlossen um sich ausschliesslich der Schriftstellerei zu widmen.

»Achtung: die Schweiz« beginnt mit dem Satz: »Man ist nicht realistisch indem man keine Idee hat.« Die Gegenwart, in der sie lebten, beschrieben die Autoren als Zeitalter des »kalten Krieges«, als dessen Hauptmerkmal sie den Krieg zwischen Kapitalismus und Kommunismus bezeichneten. Bei diesem Krieg handle es sich jedoch nicht um einen Krieg der Waffen, sondern um »einen Kampf der Ideen, einen Kampf um die Lebensform«.[8] Provokativ fuhren sie fort, dass der Kommunismus einen faszinierenden Entwurf darstelle. Denn anders als der Kapitalismus stehe dieser für das grandiose Versprechen, dass es fortan keinen Krieg mehr geben werde. Der Kapitalismus dagegen stehe für den konsumistischen Lebensentwurf des »american way of life«. Und die Schweiz? Sie stehe beiseite und habe keinen Entwurf. Das einzige, was in der Schweiz wirklich zähle, sei die Hochkonjunktur, die das Land dominiere und deformiere. Es brauche deshalb dringend eine schweizerische Manifestation, wie die Landi 1939 eine ge-

---

[6] Burckhardt/Frisch/Kutter, Achtung: die Schweiz.

[7] Kutter und Burckhardt hatten sich zu Beginn der 1950er Jahre mit weiteren Studenten gegen die Altstadtsanierung in Basel gewehrt. Ihr Referendum blieb zwar erfolglos, doch die beiden engagierten sich weiter für Städteplanung und verfassten 1952 eine Broschüre »Wir selber bauen unsere Stadt«, unterstützt durch Hans Sütterlin, Felix Handschin und Max Frisch. Diese Idee entwickelten sie mit den Architekten Rolf Gutmann und Theo Manz weiter zu »Achtung: die Schweiz«. Vgl. Ganz, Martin, »Nonkonformes von Vorgestern: ›achtung: die Schweiz‹«, in: Schweizerisches Sozialarchiv (Hg.): *Bilder und Leitbilder im sozialen Wandel*, Zürich 1991; Sidler, ›Croire et Créer‹, S. 19 ff.

[8] Burckhardt/Frisch/Kutter, Achtung: die Schweiz, S. 4.

wesen sei. Die Autoren wollten aber keineswegs eine Wiederholung der Landi 1939, jener »Manifestation der Väter«. Sie hielten die »Denkwaffen« der damaligen geistigen Landesverteidigung für veraltet. Auch der amerikanische Antikommunismus, der sich »immer unverhohlener der Faschismen« bediene, werde die Schweiz nicht schützen, argumentierten sie.[9]

In dieser kurzen Passage sind die wichtigsten Punkte einer damals als »nonkonformistisch« apostrophierten Kritik verdichtet. Sie bezieht sich auf virulente Aspekte der kulturellen, ökonomischen und politischen Verhältnisse in der Schweiz. Eine zentrale Problemachse bildet der weitverbreitete Antikommunismus, welcher die politische Doktrin der »geistigen Landesverteidigung« nach dem Zweiten Weltkrieg wiederbelebte und bis weit in die Nachkriegszeit hineinwirkte.[10] Im Kontext des Kalten Krieges verschob sich zwar das Feindbild dieser hartnäckigen Abwehrhaltung vom Faschismus zum Kommunismus. Für die politisch-ideologischen Verhältnisse in der Schweiz blieb jedoch entscheidend, dass Kritik an den bestehenden Verhältnissen unter dem Generalverdacht politischer Subversion und der Nestbeschmutzung stand. Allein schon die Bezeichnung kritischer Intellektueller als »Nonkonformisten« zeigt, dass im politischen Diskurs ein Mechanismus wirksam war, welcher Kritikerinnen und Kritiker als tendenziell »unschweizerisch« ausgrenzte.[11]

Das Autorentrio artikulierte sein Unbehagen in einer Phase starken wirtschaftlichen Wachstums. Die grosse Nachfrage nach Arbeitskräften führte nicht nur zur Vollbeschäftigung[12] sondern auch zu einem grossen Zustrom an ausländischen Arbeiterinnen und Arbeitern mit befristeten Arbeits- und Aufenthaltsbewilligungen.[13] Im Zuge dieser Beschäftigungs- und Migrationspolitik wurde die inländische Arbeiterschaft mit »Fremdarbeitern« und »Saisoniers« unter-

---

9 Ebd., S. 12.

10 Imhof, Kurt, »Wiedergeburt der geistigen Landesverteidigung. Kalter Krieg in der Schweiz«, in: Kurt Imhof/Heinz Kleger/Gaetano Romano (Hg.): *Konkordanz und Kalter Krieg. Analyse von Medienereignissen in der Schweiz der Zwischen- und Nachkriegszeit*, Bd. 2, Zürich 1996.

11 Sidler, Roger, *Arnold Künzli. Kalter Krieg und »geistige Landesverteidigung« – eine Fallstudie*, Zürich 2006, S. 478 ff.

12 Die Arbeitslosenquote inländischer Arbeitskräfte betrug zwischen 1951 und 1974 stets weniger als 0,3%, von 1960–1974 sogar weniger als 0,1%. Vgl. Ritzmann-Blickenstorfer, Heiner/Siegenthaler, Hansjörg, *Historische Statistik der Schweiz*, Zürich 1996.

13 Die Anzahl ausländischer Arbeitskräfte mit Saison- oder Jahresbewilligungen war während der Kriegsjahre zeitweise auf weniger als 1000 gesunken. Bis 1950 schwankte sie zwischen 34 000 und 108 000 und stieg danach markant an, bis sie 1964 mit über 400 000 Personen ihren Höchstwert erreichte. Der Anteil der ausländischen Wohnbevölkerung stieg in demselben Zeitraum von 6,4% auf 14% an. Vgl. Kammerer, Patrick/Müller, Margrit/Tanner, Jakob et al.: Online Datenbasis zur Wirtschafts- und Sozialgeschichte der Schweiz, http://www.fsw.uzh.ch/histstat (12.2012). Tabellen F 14 und B 42.

schichtet und letztere mussten mithin als Projektionsfolie für Ängste herhalten, die aus dem raschen Wandel resultierten.[14]

Das robuste Wirtschaftswachstum schlug sich in kontinuierlichen Reallohnsteigerungen nieder sowie in einer gefühlten Entschärfung sozialer und ökonomischer Ungleichheit. Der Reallohnzuwachs betrug in den 1950er Jahren rund 20% und in den 1960er Jahren rund 40%. Im Vergleich zu Unternehmern verbesserten sich jedoch die Einkommen der unselbständig Erwerbenden unterproportional.[15] Der wachsende Wohlstand war begleitet vom Aufbau neuer Sozialversicherungen[16] und einer Temperierung der Arbeitskonflikte[17]. 1959 markierte die Wahl eines zweiten sozialdemokratischen Bundesrates den Abschluss eines politischen Einbindungsprozesses, an dessen Ende mit der »Zauberformel« eine Allparteienregierung installiert war, in der die vormalige Opposition zwar für die Politik der Landesregierung mitverantwortlich wurde, jedoch aufgrund der Mehrheitsverhältnisse keine Möglichkeit hatte, ihre politischen Vorstellungen gegen den Willen der bürgerlichen Mehrheit durchzusetzen.[18]

Eng an den Wirtschaftsboom gekoppelt war eine gesteigerte Binnennachfrage, die sich im massenhaften Erwerb dauerhafter Konsumgüter wie Waschmaschinen, Staubsauger und Automobilen niederschlug. Es etablierte sich eine neuartige Konsumkultur, welche viel mehr war als ein Kontrastprogramm zu den Entbehrungen der Kriegsphase oder die Summe aller neuerworbenen Kleinwagen, Kühlschränke und Einfamilienhäuser, sondern die Kulturnorm des »amerikanischen Traums« von gesellschaftlichem Aufstieg und Wohlstand, von einer Kleinfamilie mit klar fixierten Geschlechterrollen, die in ihrem Eigenheim glücklich wird. Die Verbindung von wachsendem Einkommen, ausgedehntem Massenkonsum und »american way of life« schwächte kulturelle Klassenlinien und wurde vermehrt

---

[14] 1961 wurde beispielsweise die »Nationale Aktion gegen die Überfremdung von Volk und Heimat« gegründet.

[15] Vgl. Tanner, Jakob, »Die Schweiz in den 1950er Jahren. Prozesse, Brüche, Widersprüche, Ungleichzeitigkeiten«, in: Jean-Daniel Blanc/Christine Luchsinger (Hg.): *Achtung: die 50er Jahre! Annäherungen an eine widersprüchliche Zeit*, Zürich 1994, S. 28ff.; Schaltegger, Christoph A./Gorgas, Christoph, »The Evolution of Top Incomes in Switzerland Over the 20th Century«, in: *Swiss Journal of Economics and Statistics* 147, Nr. IV (2011).

[16] Nach der Einführung der Alters- und Hinterlassenenversicherung (AHV) 1948 folgten 1952 die Arbeitslosenversicherung, 1953 die Erwerbsersatzordnung und über Familienzulagen für landwirtschaftliche Arbeitnehmer und Kleinbauern, 1960 ein Bundesgesetz über die Invalidenversicherung (IVG) und 1966 eines über Ergänzungsleistungen zur AHV und zur IV (ELG). Vgl. Ritzmann, Heiner, *Gesamtrechnung der Sozialen Sicherheit. Resultate für 2000 – Schätzungen für 2001 – Entwicklung seit 1950*, Neuchâtel 2003, S. 7ff.

[17] Zwischen 1950 und 1970 finden in keinem Jahr mehr als 10 Streiks statt. Vgl. Kammerer/Müller/Tanner et al.: Online Datenbasis zur Wirtschafts- und Sozialgeschichte der Schweiz, http://www.fsw.uzh.ch/histstat (12.2012). Tabelle V 21.

[18] Levy, René/Duvanel, Laurent, *Politik von unten. Bürgerprotest in der Nachkriegsschweiz*, Basel 1984, S. 94ff.

als Überwindung der kapitalistischen Klassengesellschaft interpretiert.[19] Entsprechend beschrieben zeitgenössische Soziologen die Entstehung einer »nivellierten Mittelstandsgesellschaft«[20] oder plädierten dafür, den marxistischen Klassenbegriff durch jenen der »sozialen Schicht«[21] zu ersetzen, und rückten dabei die Unterschichtung mit Fremdarbeitern sowie die unvermindert andauernden Einkommens- und Vermögensunterschiede in den Hintergrund. Auf politischer Ebene korrespondierte die Diffusion solcher Deutungsangebote mit der erwähnten patriotischen Konsensideologie einer – nach dem Krieg antikommunistisch gewendeten – »geistigen Landesverteidigung«. Diese hatte im politischen Feld das Vokabular des Klassenkampfes, welches vor dem Krieg bestimmend war, mit Begriffen nationaler Einheit und Gemeinschaft verdrängt.[22]

Die unbeabsichtigten Nebenfolgen des helvetischen »american way of life« deformierten gemäss den Autoren von »Achtung: die Schweiz« das Land. Es setzte ein Zersiedlungsprozess ein, welcher das Mittelland in einen Flickenteppich mit Agglomerationscharakter verwandelte und die wachsende Automobilität wurde trotz des einsetzenden Ausbaus des Autobahnnetzes von aufkommenden Verkehrsstaus ausgebremst.[23] Burckhardt, Kutter und Frisch entwickelten ihre eigene, von einer städteplanerischen Kritik ausgehende Idee: Seit dem 2. Weltkrieg habe sich die Anzahl der Fahrzeuge vervielfacht, aber das Strassensystem sei noch das alte. Selbst die Pfahlbauer hätten die Städte gebaut, die sie brauchten – nur in der Gegenwart würde keine Stadt gebaut, die den aktuellen Erfordernissen entspreche. So bestehe die Politik in der Schweiz nicht aus Gestaltung, sondern aus Verwaltung. Als Ausweg postulierten die Autoren die Gründung einer Stadt, die zugleich die nächste Landesausstellung sein würde. Die Schweiz solle nicht als Pavillon, »sondern als Ernstfall – im Massstab 1:1« gezeigt werden.[24] Die Autoren wollten mit ihrem »Vorschlag zur Tat« nicht nur eine Auseinandersetzung um zeitgemässe Stadtplanung anstossen, sondern eine Debatte darüber lancieren, wie die Schweiz sein sollte. Entscheidend sei, so argumentierten sie zum Schluss ihres Manifests, dass ein gemeinsames Ziel und ein gemeinsamer Wille entstehe: »Dass man durch ein Unternehmen, das vom Volk gewollt wird, zur grundsätzlichen Auseinandersetzung kommt, was wir uns unter unseren schwei-

---

19 Tanner, 1950er Jahre, S. 35.

20 Schelsky, Schichtungsbegriff.

21 Geiger, Theodor, *Die soziale Schichtung des deutschen Volkes. Soziographischer Versuch auf statistischer Grundlage*, Stuttgart 1932; Geiger, Theodor, »Theorie der sozialen Schichtung«, in: Theodor Geiger (Hg.): *Arbeiten zur Soziologie*, Neuwied 1962; Müller, Hans-Peter, *Hauptwerke der Ungleichheitsforschung*, Wiesbaden 2003.

22 Eisner, Manuel, *Politische Sprache und sozialer Wandel. Eine quantitative und semantische Analyse von Neujahrsleitartikeln in der Schweiz von 1840 bis 1987*, Zürich 1991.

23 Tanner, 1950er Jahre, S. 39.

24 Burckhardt/Frisch/Kutter, Achtung: die Schweiz, S. 42.

zerischen Schlagworten vorstellen, und dass die Schweiz sich besinnen muss, wo sie steht, woher sie kommt und wohin sie will.«[25] Obwohl »Achtung: die Schweiz« die Verhältnisse in der Schweiz kritisierte, manifestierte sich in der Haltung der Autoren ein leidenschaftlicher Patriotismus. Frisch beschrieb sein affektives Verhältnis zur Schweiz 1988 in einem Fernsehinterview: »Es gab eine Zeit, da begegnete ich der Schweiz, unserem Land, wie ein Freier – wie ein Lover, würde man heute sagen. Ich wollte die Schweiz geradezu heiraten, das heisst nicht ich allein, sondern zusammen mit Lucius Burckhardt und Markus Kutter. Wir wollten – um in der Metapher zu bleiben – mit der Schweiz sozusagen ein Kind machen, nämlich eine neue Stadt.«[26] Das Manifest wurde vor allem in der Deutschschweiz wahrgenommen und fand sowohl Beifall als auch heftige Kritik.[27] Der Vorschlag, eine Stadt zu bauen, inspirierte Architekten und Raumplaner zu Diskussionen und Modellbauten. Der bekannteste Vorschlag kam 1958 von ETH-Professor Ernst Egli. Er forderte, das 900-Seelen-Dorf Otelfingen zu einer »neuen Stadt« für 30000 Einwohner umzubauen.[28] Von dem Projekt ist allerdings einzig ein 10m^2 grosses Kartonmodell übrig geblieben.[29]

In der Westschweiz wurde der »Vorschlag zur Tat« von der Gruppe »Association pour l'aménagement urbain et rural du bassin lémanique« (APA.URBAL) aufgegriffen. Das aus 49 Männern bestehende Gremium arbeitete seit 1956 – seit der Wahl von Lausanne zum Austragungsort der Expo 64 – an einem Plan, um die Landesausstellung in dezentraler Form durchzuführen.[30] Die Ausstellung sollte aus einer Musterstadt sowie aus je einer Musterzone für Landwirtschaft und Industrie bestehen. APA.URBAL konnte mit der Zusage aufwarten, dass der Stararchitekt Le Corbusier im Falle einer Realisierung als Chefarchitekt zur Verfügung stand.[31] Das Projekt wurde »Exnal« genannt und orientierte sich enthusiastisch am Gedankengut Le Corbusiers. Es war im Sinne der »Erklärung von La Sarraz« von 1928 und der »Charta von Athen« von 1933 abgefasst[32] und sah entsprechend Bauten zu den vier fundamentalen Funktionen Wohnen, Erholung,

---

[25] Ebd., S. 53f.

[26] Vgl. Ganz, Nonkonformes von Vorgestern, S. 407; zitiert in: Sidler, ›Croire et Créer‹, S. 20.

[27] Sidler, ›Croire et Créer‹, S. 20.

[28] Egli, Ernst, *Die Neue Stadt. Eine Studie für das Furttal, Zürich*, Zürich 1961.

[29] Freiburghaus, Pius, »Vom Homo faber zur Videoqueen: Ausstellung: Schweizer Zukünfte – Mapping Switzerland«, in: *Beilage zu Hochparterre* Nr. 8 (2006).

[30] Von den 49 Mitgliedern waren 30 Architekten, 5 Ingenieure, 4 Agronomen, 3 Juristen und 2 Soziologen und je ein Chemiker, Kunstkritiker, Kunstmaler, Notar und Sekretär der Polytechnischen Schule der Universität Lausanne. Vgl. Bundesarchiv, J 2.10, 1000/1212, 27/1, CI 1, Nr. 2: Foretay, P./Lévy, M. (APA.URBAL), *EXNAL 64. Proposition pour une Exposition Nationale à Lausanne*, 31.10.1956, S. 12.

[31] Ebd.

[32] Mumford, Eric, *The CIAM Discourse on Urbanism, 1928–1960*, Cambridge, Massachusetts 2000.

Arbeit und Verkehr vor. Die Architekten wollten in Lausanne und Morges Corbusier-Wohnblöcke, sogenannte »unitées des grandeur conforme«, für 7000–10 000 Personen bauen, die während der Ausstellung als Hotels dienen sollten. Zur Erholung wollte man die Wohnblöcke mit Kultur-, Freizeit- und Sportzentren ergänzen. Neben dieser eigenständigen Stadt sollte in Vidy ein Musterquartier für Lausanne gebaut werden. Die Vorlage von Le Corbusiers »usines vertes« sah vor, industrielle und landwirtschaftliche Musterbetriebe einzurichten, die von den Besucherinnen und Besuchern besichtigt werden konnten. Diese dezentralen Teile der Ausstellung wollte APA.URBAL durch moderne Verkehrsmittel erschliessen: Die Ausstellungskerne wollten sie mit Autobahnen verbinden, die auf grossen Parkfeldern endeten. Ein neuer Bahnhof und neue Zugverbindungen sollten geschaffen werden, und sogar das längst beerdigte Projekt eines »canal transhelvétique«[33], der Rhein und Rhone verband, wurde wieder ins Spiel gebracht. Das Projekt Exnal wurde zwar ein gutes Jahr lang intern diskutiert, aber dann doch nicht verwirklicht.[34] Mit »Achtung: die Schweiz« hatte die Landesausstellung einen unverhofften Auftakt erhalten. Er zeigt, welche immensen Erwartungen und Hoffnungen an die Expo geknüpft wurden. Die Bezugnahme auf die Landi 39, die zwar als »Manifestation der Väter« für überholt erklärt wurde, war an den Anspruch gebunden, sie zu überbieten. Die Messlatte lag somit von Anfang an hoch. Die Ausstellung hatte sich das Thema Raumplanung auf die Agenda gesetzt und war somit fortan mit den Problemfeldern Hochkonjunktur, wirtschaftliche Überhitzung und »Immobilismus« verknüpft. Der Wunsch nach einem grossen Wurf, nach kultureller Dynamik und einer Manifestation im Zeichen zukunftsgerichteter Veränderung hatte nicht nur die APA.RURAL beflügelt. Wie sich zeigen sollte, war patriotischer Fortschrittsoptimismus auch den vorbereitenden Gremien der künftigen Expo nicht fremd.

2.1.2 Die Organisation der Expo 64

Standort der Landesausstellung war Lausanne. Folgt man dem Historiker Frédéric Sardet, so war diese Wahl durch zwei Faktoren begünstigt worden: Erstens hatte sich Lausanne zuvor als Austragungsort der olympischen Spiele 1960 beworben, war jedoch gegen Rom unterlegen. Zweitens war 1954 das Palais de Beaulieu fertiggestellt worden und Lausanne verfügte damit über die grösste Messehalle der französischen Schweiz. Diese sollte valorisiert und nicht nur für

---

33 Der Rhein-Rhone-Kanal war das Steckenpferd des Lausanner Stadtpräsidenten Peitrequin. Vgl. Peitrequin, Jean, *Le canal transhelvétique Rhin-Rhône*, Genève 1941.

34 Die Idee wurde am 31.10.1956 von APA.URBAL eingereicht und bis Ende 1957 intern diskutiert. Vgl. Bundesarchiv, J 2.10, 1000/1212, 27/3, CI 11, Nr. 116: Zwahlen, Henri/d'Okolski, Eugène/de Cerenville, H. B. et al., *Rapport du Collège des experts au Commitee d'Initiative*, 20.12.1957.

die Comptoir Suisse genutzt werden.[35] Nachdem die Waadtländer Kantonsregierung am 9. Mai 1955 interessierte Kreise dazu eingeladen hatte, eine Kandidatur der Stadt Lausanne vorzubereiten,[36] traten Gabriel Despland, Nationalrat der Radikalen und als Mitglied des Waadtländer Staatsrates zugleich Chef des Departements des Innern, sowie Emmanuel Failletaz, Delegierter des Verwaltungsrates des Comptoir Suisse, in Aktion. Zusammen mit dem freisinnigen Lausanner Stadtpräsidenten Jean Peitrequin und unter Einbezug des Architekturbüros Thévenaz lancierten sie Lausannes Kandidatur. Im September 1955 signalisierte der frisch gewählte FDP-Bundesrat Paul Chaudet[37], der Vorschlag habe gute Chancen. Da die letzten beiden Landesausstellungen in der Deutschschweiz stattgefunden hatten und keine Tessiner Gemeinde kandidierte, hatte eine Westschweizer Kandidatur aus föderalistischen Gründen in der Tat gute Erfolgsaussichten. Genf war bereits im Jahr 1896 Standort gewesen, und nachdem Lausanne einen Kooperationsversuch mit Genf abgelehnt hatte,[38] erhielt die Stadt am 19. März 1956 vom Nationalrat den Zuschlag, die Landesausstellung 1964 durchzuführen. Vier Wochen später konstituierte sich ein zwanzigköpfiges *Initiativkomitee*, unter Vorsitz von Despland als Präsident[39] und Peitrequin als Vizepräsident. Das Komitee setzte sich aus Vertretern des Waadtländer Bürgertums zusammen: Neben dem Stadtpräsidenten von Lausanne war die politische Elite durch zwei Kantonsräte, einen National- und einen Regierungsrat vertreten, die Wirtschaftselite durch Vertreter des Comptoir Suisse, der Tourismusbranche, der Handelsförderung sowie der Industrie-, der Landwirtschafts-, der Finanzbranche und der Gewerkschaften. Ausserdem gehörten der Direktor von Radio Lausanne, ein Bundesrichter und ein Geschichtsprofessor dem Komitee an.[40] Die Aufgabe des Initi-

[35] Sardet, Frédéric, »Organiser l'Expo 64. Espace, argent et pouvoirs«, in: Urs Germann/Agnes Nienhaus (Hg.): *expos.ch. Ideen, Interessen, Irritationen*, Bern 2000, S. 221 f.

[36] Bundesarchiv, J 2.10, 1000/1212, 27/3, 125: Documentation, Service de, *Expositions Nationales Suisses 1857–1964*, 25.1.1958.

[37] Chaudet wurde 1954 Bundesrat und war Vorsteher des Militärdepartements, siehe Lafontant, Chantal: Paul Chaudet, in: *Historisches Lexikon der Schweiz (HLS)*, http://www.hls-dhs-dss.ch/textes/d/D4715.php (27.4.2004).

[38] Sardet, Expo 64, S. 221 f.

[39] Despland war unter anderem Vorsitzender des Komitees für die Einführung des Frauenstimmrechts, Mitglied der Studentenverbindung Helvetia und Oberst einer veterinärmedizinischen Abteilung der Armee. Vgl. Tissot, Laurent: Gabriel Despland, in: *Historisches Lexikon der Schweiz (HLS)*, http://www.hls-dhs-dss.ch/textes/d/D4879.php (27.4.2004).

[40] Die anderen Mitglieder waren: R.-A. Alblas (Direktor des Waadtländer Tourismusbüros, Lausanne), Nationalrat Richard Bringolf (1899–1966, Sekretär der Waadtländer Arbeitskammer (»Chambre vaudoise du travail«), Lausanne), Raymond Devrient (1904–1987, Direktor der Versicherung »La Suisse«, Lausanne), Arnold Gachet (1896–1985 Präsident der Waadtländer Landwirtschaftskammer, Bioley-Orjulaz), Jean Golay (Universitätsprofessor, Lausanne), Pierre Graber (1908–2003, Stadtrat (SP), Lausanne), Edmond Henry (Waadtländer Staatsschreiber, Lausanne), Michel Jaccard (1914–1988, Direktor der »Nouvelle Revue«, Lausanne), Albert Masnata (1900–1983, Direktor der Schweizerischen Zentrale für Handelsförderung, Lausanne), Jean-Pierre Méroz (Di-

ativkomitees bestand darin, die juristischen, administrativen und technischen Grundlagen für die Organisation der Expo zu schaffen.[41] Dabei galt es, altbewährtes Knowhow und Ressourcen einzubinden und gleichzeitig die Kontrolle über das Projekt zu behalten. In einem ersten Schritt studierte das Initiativkomitee die Akten der Landi 39 im Chateau St-Maire, wo die Organisation der Landesausstellung untergebracht war.[42] Darauf begann es, ein Organigramm umzusetzen, dessen Struktur sich weitestgehend mit jenem der Vorgängerausstellung deckte. Um das Projekt konkordant abzustützen, wurde schliesslich eine nationale *Hohe Kommission* einberufen, die sich aus 264 Vertretern[43] verschiedenster Interessenorganisationen zusammensetzte. Als konstitutives Gremium bestand ihre Aufgabe darin, Zeitpunkt und Dauer der Ausstellung festzulegen sowie einen Aufruf an das Schweizervolk zur Mitarbeit an der Landesausstellung zu veröffentlichen.[44] Der Hohen Kommission unterstand auch das *Organisationskomitee*, das sich aus 36 Mitgliedern der Hohen Kommission sowie neu gewählten Mitgliedern zusammensetzte. Es löste das Initiativkomitee ab Februar 1958 ab.[45] Im Unterschied zur Hohen Kommission, die der Legitimierung diente und daher die ganze Schweiz mit sämtlichen Milieus repräsentieren sollte, bestand das Organisationskomitee praktisch ausschliesslich[46] aus Lausanner Männern.[47]

---

rektor von Radio Lausanne, La Sallaz, Lausanne), Marc-Antoine Muret (Technischer Direktor des Comptoir Suisse, Lausanne), Paul Nerfin (1893–1965, Direktor der Waadtländer Kantonalbank, Lausanne), Alfred Oulevay (1896–1965, Regierungsrat, Lausanne), André Panchaud (1901–1976, Bundesrichter, Lausanne), Alexandre Sarrasin (1895–1976, Ingenieur, Lausanne), Rodolphe Stadler (Präsident der »Association des industries vaudoises«, Cossonay-Gare), Edmond Virieux (Kantonsarchitekt, Lausanne), Jean Zwahlen (1908–1964, Industrieller, Direktor von Zwahlen & Mayr, Lausanne). Vgl. Schweizerische Landesausstellung, Goldenes Buch, S. 447 f.; Exposition Nationale Suisse, *Rapport final. Historique et organes de l'exposition*, Lausanne 1966, S. 5 f.

[41] Bundesarchiv, J 2.10, 1000/1212, 27/21, CI 9, Nr. 8: Comité d'Initiative, *Procès verbal No. 1*, 22.5.1956.

[42] Exposition Nationale Suisse, Rapport Final, S. 7.

[43] Von den 264 Delegierten vertraten 23 den Bund, 25 die Kantone, 13 den Kanton Waadt, 7 die Stadt Lausanne. 68 Delegierte vertraten Wirtschaftsorganisationen, 13 Arbeitgeber- und Arbeitnehmerorganisationen, 47 Kultur- und Sportorganisationen, 29 allgemeine Organisationen, 26 Institutionen und Verbände das Kantons Waadt und 13 solche der Stadt Lausanne, ebd., S. 15.

[44] Bundesarchiv, J 2.10, 1000/1212, 27/3, CI 13, Nr. 13: Holenstein, Thomas/Stadler, Rodolphe/Reichling, Rudolf et al., *Aufruf der Hohen Kommission der Schweizerischen Landesausstellung 1964 in Lausanne an das Schweizervolk*, 12.2.1958.

[45] Exposition Nationale Suisse, Rapport Final, S. 38.

[46] Es bestand aus allen Mitgliedern des Initiativkomitees ausser Panchaud, Sarrasin, Stadler und Virieux sowie aus 20 neu berufenen Männern und einer einzigen Frau. Es wurde im Verlauf der Zeit von 37 auf 62 Personen aufgestockt und der Frauenanteil dabei von 1 auf 4 erhöht. Vgl. Schweizerische Landesausstellung, Goldenes Buch, S. 447 f.; Exposition Nationale Suisse, Rapport Final, S. 39 ff.

[47] Auch diesbezüglich orientierte man sich am Vorgehen der Landi 39, wo ebenfalls ein breit abgestütztes Konsultativgremium einberufen worden war, die Entscheidungen aber von einem rein zürcherischen Organisationskomitee getroffen wurden. Bundesarchiv, J 2.10, 1000/1212, 27/21, CI 9, Nr. 8: Comité d'Initiative, *Procès verbal No. 1*, 22.5.1956.

Das »Comité d'organisation de l'Exposition nationale suisse – Lausanne 1964« war die juristische Trägerin der Expo 64 und im zivilrechtlichen Sinne ein Verein ohne wirtschaftliches Ziel. Seine Generalversammlung legte das Programm und Reglement der Ausstellung fest, handelte Verträge aus, bewilligte Kredite und sorgte nach Ausstellungsende für die Liquidation. Dem Organisationskomitee war das *Direktionskomitee* unterstellt, welches das eigentliche Exekutivorgan der Expo bildete. Es vertrat die Landesausstellung nach aussen und fällte sämtliche Entscheidungen, die nicht der Vollversammlung bedurften. Als Präsident stand dem Direktionskommitee Gabriel Despland vor, Vizepräsident war Georges-André Chevallaz und als Sekretär fungierte Edmond Henry – allesamt Persönlichkeiten, die bereits die Kandidatur Lausannes vorbereitet hatten.[48] Zunächst war geplant gewesen, den Generaldirektor des Comptoir Suisse, Emmanuel Faillettaz, zum Generaldirektor der Landesausstellung zu ernennen. Faillettaz schlug das Amt jedoch aus und stattdessen wurde eine *Direktion* der Landesausstellung ins Leben gerufen. Dieses Dreiergremium trat nach aussen immer geschlossen auf[49] und traf sich ab dem Winter 1959 immer montags. Es lag in der Hand der Direktion, die Vorgaben des Direktionskomitees umzusetzen, das Programm mit den Projektverantwortlichen zu realisieren und dem Direktionskomitee jährlich das Budget und Programm zu unterbreiten. Die Direktion schloss die Verträge mit denjenen ab, die Teile der Ausstellung realisierten, und konnte Budgets bis zu 100 000 Franken bewilligen. In der Direktion übernahm Staatsschreiber Edmond Henry den Posten des administrativen Direktors, Paul Ruckstuhl war Finanzdirektor und Alberto Camenzind Chefarchitekt.[50] Neben der Direktion war dem Direktionskomitee auch die *Administrativkommission* unterstellt, welche den organisatorischen Feinaufbau durchführte. Diese gründete ab März 1958 vier Subkommissionen[51] und danach fünfzehn thematische Kommissionen.[52] Insgesamt fällt auf, dass die Exo 64 ihr dreistufiges Organigramm praktisch ohne Änderung von der Landi 1939 übernommen hatte. An oberster Stelle stand beiderorts eine Hohe Kommission mit Vertretern aller Lan-

[48] Daneben waren noch Jean Zwahlen, Professor Henri Rieben, der Kantonsgeometer, sowie Pierre Graber, ein SP-Kantonsrat von Anfang an dabei. Das Gremium wurde im September 1961 von Kantonsrat Louis Guisan ergänzt und im Juni 1962 ersetzte Stadtrat Alfred Bussy Pierre Graber. Exposition Nationale Suisse, Rapport Final, S. 55.

[49] Einzig der Eintrittspreis wurde per Abstimmung auf 6.- statt 7.- Franken festgelegt.

[50] Henry war 1922 geboren, Ruckstuhl 1923 und Camenzind 1913.

[51] Die Subkommissionen betrafen die Bereiche Kontenrahmen, Personal, Verbindungen und Finanzen. Vgl. Bundesarchiv, J 2.10, 1000/1212, 22/23, Nr. 77: Commission Administration, *Procès-verbal*, 17.3.1958.

[52] Die Kommissionen sollten sich um die verschiedensten Belange kümmern: um Aussteller, Landwirtschaft, Finanzen, Bauten und Dekorationen, Kanton – Stadt – Ausstellung, Transport, Unterkunft, Verpflegung, Presse/Radio/TV, Propaganda und Öffentlichkeitsarbeit, Polizei und Verkehr und schliesslich kulturelle, künstlerische und sportliche Veranstaltungen. Vgl. ebd.

desteile, der ein Organisationskomitee untergeordnet war, das sich ausschliesslich aus lokal verankerten Mitgliedern zusammensetzte. Diesem wiederum war das Direktionskomitee untergeordnet, das die Landesausstellung als juristische Person verkörperte und sich in weitere Kommissionen, Arbeitsgruppen und dergleichen auffächerte. Die obersten Positionen des Organigramms bildeten indes keine typische Hierarchie ab, sondern eine Ermächtigungs- beziehungsweise Delegationskette, zumal die übergeordneten Gremien zahlenmässig grösser waren als die untergeordneten.[53] Wenn die Organigramme der Landesausstellungen von 1939 und 1964 auch praktisch identisch waren, so galt dies nicht für die Ideen, die in diesen Strukturen entwickelt wurden.

2.1.3 Das Programm der Landesausstellung

Bereits im Oktober 1956 organisierte das Initiativkomitee einen Ideenwettbewerb, um Vorschläge für den Namen der Landesausstellung, deren Thema und für einen geeigneten Standort zu sammeln. Das Thema sollte den Leitgedanken, die Aufmachung und ihre allgemeine Richtung bestimmen und zwar mit dem Ziel »die schweizerische Verschiedenartigkeit in einer harmonischen Schau zum Ausdruck [zu] bringe[n].«[54] Doch der Wettbewerb brachte keine befriedigenden Ergebnisse. Das Initiativkomitee bildete in corpore die Jury und prämierte lustlos in jeder Kategorie einige Einsendungen, verwendete jedoch keine davon.[55] In der Deutschschweizer Presse führte dies zu polemischen Kommentaren, was der Historiker Roger Sidler dahingehend interpretiert hat, in der Deutschschweiz habe die Angst bestanden, dass die Romands keine Landesausstellung zustande bringen würden.[56] Die vielversprechendsten und zugleich ausgereiftesten Vorschläge waren aber ohnehin ausserhalb des Wettbewerbes eingereicht worden.[57] Ein Vorschlag kam von den Architekten Thévenaz, die bereits im Vorfeld der Kandidatur Lausannes beauftragt worden waren, die Machbarkeit einer Landesausstellung in Lausanne abzuklären, und die ihre Überlegungen zu einem Aus-

---

[53] Bundesarchiv, J 2.10, 1000/1212, 27/2, CI 9, Nr. 22: Comité d'Initiative, *Procès verbal No. 3*, 9.10.1956.

[54] Bundesarchiv, J 2.10, 1000/1212, 27/1, CI 1, Nr. 3: Comité d'Initiative, *Ideenwettbewerb*, Oktober 1956. Der Einsendeschluss war der 31.10.1956.

[55] Vgl. Bundesarchiv, J 2.10, 1000/1212, 27/1, CI 2: Comité d'Initiative, *Liste der Einsendungen des Ideenwettbewerbs*, Oktober 1956. Als Namen für die Ausstellung wurden ELAN, PHARE SUISSE 64 und PRESENCE 64 prämiert. EXPO 64, wie auch die Vorschläge EPO, EPI, EXPOLA, EXLALA, EXPONA, ESPONA, EXPONAS, EXPONAL und dergleichen mehr verwarf die Jury, weil ihr Namen, die aus Exposition Nationale gebildet waren, zu wenig originell erschienen.

[56] Sidler, ›Croire et Créer‹, S. 32 f. Um die Projekte zu prüfen, berief das Initiativkomitee eine Expertengruppe von vier Architekten und drei Ingenieuren ein, die von zwei Anwälten geleitet wurde. Vgl. Exposition Nationale Suisse, Rapport Final, S. 10.

[57] Bundesarchiv, J2.10, 1000/1212, 27/1, 1.

stellungskonzept ausgearbeitet hatten.[58] Der zweite Vorschlag war vom Kantonsarchitekten Edmond Virieux gezeichnet. Dieser war selbst Jurymitglied, woran sich jedoch niemand zu stören schien.[59] Und ein dritter Vorschlag wurde, wie bereits erwähnt, von der Gruppe APA.URBAL ins Spiel gebracht und war von der Musterstadt aus »Achtung: die Schweiz«[60] inspiriert.

Diese Ideenvielfalt zu bündeln und der Landesausstellung zugleich inhaltliche und formale Leitplanken zu geben, war die Aufgabe der *Programmkommission*, der sogenannten »Commission d'étude du programme et de la structure générale«. Diesem 27-köpfigen Gremium gehörten Vertreter aus Wirtschaft, Industrie, Wissenschaft und Politik an, darunter auch einige Deutschschweizer.[61] Geleitet wurde es vom Direktor der Schweizer Wirtschaftsförderung, dem Ökonomen Albert Masnata, der auch im Initiativkomitee sass und schon bei der Landi 39 Mitglied des Propagandakomitees gewesen war.[62] Die Kommission erörterte in drei Sitzungen Ziele, Thema, Ort, Struktur und Methode der Ausstellung und hielt ihre Empfehlungen im Februar 1959 in einem Rapport fest.[63] Sie kümmerte sich nicht um Detailfragen, sondern versuchte, das riesige Projekt in einen Rahmen aus allgemeinen Prinzipien und Zielvorgaben zu stellen. Faktisch war die Kommission ein repräsentatives Gremium, denn Albert Masnata hatte die wenigen Sitzungen so straff vorbereitet, dass sich die Mitglieder im Wesentlichen darauf beschränkten, seinen Vorschlägen zuzustimmen. Zunächst befasste sich die Kommission mit der Frage, was eine Landesausstellung überhaupt sei und welches Ziel sie verfolgen solle. Die Kommission wollte, dass die Ausstellung in Lausanne eine Selbsterfahrung des Schweizervolkes werde, eine Präsentation der Aktivitäten und Realisierungen der Schweiz, seien diese vergangen oder gegenwärtig, geistig, intellektuell, wissenschaftlich, politisch, sozial oder ökonomisch. Die Landesausstellung sollte keinesfalls kommerziell ausgerichtet sein, sondern das allgemeine Interesse und die Gefühle des Schweizervolkes zum Ausdruck bringen. In diesem Sinne sollte sie in erster Linie Ziele von nationalem Interesse

---

58 Exposition Nationale Suisse, Rapport Final, S. 3.

59 Bundesarchiv, J 2.10, 1000/1212, 27/21, CI 9, Nr. 12: Comité d'Initiative, *Procès verbal No. 2*, 4.7.1956.

60 Siehe oben Kapitel 2.1.1 Achtung: die Schweiz.

61 Die Wirtschafts-, Industrie- und Branchenverbände waren mit dreizehn Personen vertreten, darunter der Vorort, der Public Relation-Verband, Vertreter der Tourismus-, Uhren-, Schuhindustrie. Fünf Wissenschaftler nahmen Teil, davon zwei Sozialwissenschaftler. Vier Politiker waren mit von der Partie sowie der Direktor des Landesmuseums, Fritz Gysin, der Direktor der Schweizer Mustermesse, Hermann Hauswirth und der Architekt Eugène d'Okolski. Henri Rieben und Emanuel Faillettaz vertraten das Direktionskomitee.

62 Vgl. Schweizerische Landesausstellung, *Schweizerische Landesausstellung 1939 Zürich. Administrativer Bericht*, Zürich 1942, S. 646.

63 Bundesarchiv, J 2.10, 1000/1212, 27/4, CI 16, Nr. 18: Masnata, Albert/Commission d'études du programme et de la structure, *Rapport*, 14.2.1959.

verfolgen. Wie die Kommission unterstrich, bedeutete dies nicht, dass man die Schweiz unabhängig vom Rest der Welt zeigen wollte, im Gegenteil: Sie sollte mitten im Kontext von internationalen Problemen dargestellt werden. Weiter erörterte die Kommission, ob der Ausstellung ein allgemeines Thema vorgegeben werden solle. Einige Mitglieder waren der Ansicht, eine Themenvorgabe würde die Landesausstellung zu sehr einschränken. Trotzdem wurden verschiedene Themen besprochen, namentlich »La Suisse solidaire de l'Europe et du monde«, »La Suisse dans le monde d'aujourd'hui et de demain« und »L'esprit domine la matière«. Die Kommission empfahl schliesslich – im Sinne einer Synthese – das Motto »La Suisse dans le monde nouveau«.[64]

Allerdings wollte man auch dieses Motto nicht als allgemeinverbindlich verstanden wissen und schlug deshalb vor, die einzelnen Bereiche der Ausstellung nach drei möglichen leitenden Hinsichten zu gestalten: Entweder spirituell christlich nach dem Motto »L'esprit domine la matière« oder zweitens »L'homme libre dans un pays libre«, mit Betonung des Menschen im Zentrum der Gesellschaft, des Föderalismus und der Freiheit, sich individuell auszudrücken. Und schliesslich drittens »L'unité dans la diversité«, womit gemeint war, dass sich das kulturelle Leben in der Schweiz in ganz verschiedener Weise manifestieren könne und die kreative Autonomie zu respektieren sei, wenngleich ein gemeinsames Fundament bestehe. Die Kommission hatte auch die Standortfrage diskutiert. Dabei ging es darum, ob der Vorschlag einer dezentralen Ausstellung, wie ihn APA.URBAL im Anschluss an »Achtung: die Schweiz« vorgeschlagen hatte oder eine klassisch konzentrierte Ausstellung vorzuziehen sei. Die Kommission entschied sich für letzteres mit der Begründung, dass das Publikum eine zentrale Ausstellung bevorzuge, zumal sich dann der Ausstellungsbesuch auch lohne, wenn jemand nur einen Tag Zeit hätte. Die Ausstellung sollte in Vidy stattfinden. Sie solle so aufgebaut werden, dass in ihrem Zentrum die wichtigsten Aspekte des nationalen Lebens in geistiger, politischer, sozialer und wirtschaftlicher Hinsicht zu sehen waren. Der berühmte Höhenweg der Landi 39, der dieser ihren unverwechselbaren Charakter verliehen hatte, diente der Kommission als Vorbild.[65] Um dieses Zentrum sollte der Rest der Ausstellung nach Themen gegliedert werden.

Was die Methode zur Gestaltung der Ausstellung betraf, so verfolgte die Kommission das ehrgeizige Ziel, einen neuartigen Ausstellungsstil zu entwickeln. Die Ausstellung sollte auf keinen Fall schwer oder schulmeisterlich daherkommen und jeden Versuch, dem Publikum eine Lektion zu erteilen, wollte man unterlassen. Stattdessen sollte überall in der Ausstellung plastische Kunst zu sehen sein.

---

[64] Später wurde es noch einmal geändert auf »Pour la Suisse de demain: croire et créer«.

[65] Bundesarchiv, J 2.10, 1000/1212, 27/4, CI 16, Nr. 18, S. 8.

»L'art dans la vie« war das Motto, das im grossen Massstab von Architekten und in den Details von Grafikern umgesetzt wurde. Die Kommission sah in der gestalterischen Umsetzung und der engen Zusammenarbeit von Architektur und Grafik den methodischen Kern der Ausstellung. Ein zweiter methodischer Kunstgriff bestand darin, die ausgestellten Aspekte des intellektuellen, sozialen und wirtschaftlichen Lebens der Schweiz stets in ihrem internationalen Kontext zu zeigen. Nicht nur das Erreichte sollte Würdigung erfahren. Auch die Fehler der Schweiz galt es hervorzuheben, und ausserdem wollte man auf die Aufgaben der Zukunft hinweisen. Die Kommission gab eine Reihe von Beispielen, in welche Richtung die Suche nach Lösungen für Zukunftsprobleme gehen sollte. In Bezug auf den Kampf zwischen Totalitarismus und Freiheit sei zu bemerken, dass es auf die »angemessenen Werthaltungen« und auf deren politische und soziale Umsetzung ankomme. Die Landesausstellung wurde damit in den Dienst eines antikommunistischen *common sense* gestellt. Eine weitere Herausforderung erblickte die Kommission in der »neuen industriellen Revolution«. Die Schweiz »müsse neue Waffen schmieden«, um im Geschäft zu bleiben. Deshalb müssten Fragen nach neuen Energien, nach neuen industriellen Methoden gestellt werden und danach, ob sie mittels Planung und Wissenschaft gelöst werden könnten. Als weitere dringende Zukunftsaufgabe betrachtete man die ökonomischen und demographischen Entwicklungen. Vor diesem Hintergrund sollten Probleme im Bildungsbereich angesprochen werden, besonders im Bereich der Kaderbildung. Gleiches galt für Fragen in Bezug auf Jugend, Alter und – mit Blick auf die Auswirkungen der Arbeitszeitverkürzung – aktiver Freizeitbeschäftigung. Als viertes Beispiel fokussierte die Kommission auf das Verhältnis der Schweiz zum Ausland, insbesondere zu Europa. Sie argumentierte, dass die Beziehungen zwischen den Staaten sich ändern würden, besonders infolge neuer ökonomischer Organisationen auf internationaler und europäischer Ebene. Daher müsse die Schweiz in der neuen Welt eine aktive Rolle in der Gestaltung dieser Entwicklungen einnehmen – jedoch ohne den Sonderstatus der Neutralität aufzugeben. Doch müsse man sich fragen, ob das Rote Kreuz oder die technische Hilfe ausreichten. Welche Entscheidungen mussten auf nationaler Ebene (Armee) und auf internationaler (Teilnahme an Europa) getroffen werden? Das Ziel der Landesausstellung war es, diese Probleme anzusprechen und mögliche Lösungen vorzuschlagen. Roger Sidler hat den Rapport der Programmkommission analysiert und ist zum Schluss gekommen, es dominiere eine »konservative Grundüberzeugung, die sich an der Tradition orientiert«[66]. Als Begründung für seine Einschätzung nennt er die Orientierung am Höhenweg der Landi und den Befund, dass sich das Wagnis der Ausstellung auf einen neuen Ausstellungsstil

[66] Sidler, ›Croire et Créer‹, S. 43.

reduziert habe, sowie auf Themen, welche aktuelle Probleme aufgriffen. Im Vergleich zur utopischen Sprengkraft einer Musterstadt, wie sie APA.URBAL umsetzen wollte, kann dieser Einschätzung zugestimmt werden. Auch die Argumentation in Bezug auf den Kalten Krieg tendiert in diese Richtung. Hingegen legte die Kommission mit ihrem Bericht einige politische Lunten. Sie thematisierte offen ungelöste Probleme und setzte deshalb Themen wie Bildungsreform, EWR-Beitritt, Raumplanungsproblematik, Arbeitszeitverkürzung und Freizeit auf die Agenda und befragte überdies gängige Klischees, wie jenes der humanitären Schweiz nach ihrem substanziellen Gehalt.

2.1.4 Der »Weg der Schweiz«

Im Anschluss an die Programmkommission entwickelte die Direktion den Inhalt der Landesausstellung weiter. Im Jahr 1960 hielten Ruckstuhl, Henry und Camenzind ihre Vorstellungen in einer kleinen Broschüre fest, die den Titel trug: »Pour la Suisse de demain: croire et créer«[67]. Das Triumvirat referierte darin viele Vorschläge der Programmkommission und bekräftige deren Empfehlungen. Oft schienen Albert Masnatas Ideen bis in die Formulierungen durch. Die Orientierung auf die Zukunft hin, auf die offene und aktive Rolle der Schweiz in Europa, auf Bürgerrechte und -pflichten, Solidarität, Humanität – allesamt Themen, welche die Programmkommission als wichtig erachtet hatte – wurden von der Direktion aufgegriffen. Dennoch setzten die drei ihre eigenen Akzente. Die Direktoren wollten die Offenheit der Schweiz gegenüber Europa und der Welt zu einer zentralen Botschaft der Landesausstellung machen. Die Schweizer sollten keine Deutschen oder Franzosen werden, sondern einer helvetischen Gemeinschaft angehören, jedoch helfe ein defensiver Patriotismus nicht weiter. Der Patriotismus dürfe nicht bloss dazu dienen, zu bewahren, sondern ebenso, um neues zu schaffen. Die Direktoren skizzierten als Antwort ihre Vorstellung eines fortschrittsoptimistischen Patriotismus und beschrieben, an welcher Schweiz sie teilhaben wollten: an einem Land, dessen politische Institutionen es den Bürgern ermöglichten, auf Gemeinde-, Kantons- und Bundesebene aktiv zu werden und am Gemeinwesen teilzunehmen. An einem Land, das tolerant sei in Bezug auf politische Gesinnung, Konfession und Rasse. Und schliesslich an einem Land, welches eine Neutralitätspolitik praktiziere, die es erlaube, den inneren Zusammenhalt zu wahren, aktiv den Frieden zu fördern und international zu kooperieren. Die internationale Zusammenarbeit, besonders auf europäischer Ebene,

---

[67] Ruckstuhl, Paul/Henry, Edmond/Camenzind, Alberto, *Pour la Suisse de demain – croire et créer: Rapport de la direction sur le programme de l'exposition. Exposition Nationale Suisse – Lausanne 1964*, Lausanne 1960. Die Losung wurde als »Für die Schweiz von morgen: Erkennen und Schaffen« ins Deutsche übersetzt.

konnte in den Augen der Expo-Direktion der Schweiz helfen, aus der Geisteshaltung eines defensiven Patriotismus herauszukommen. Die Broschüre enthielt auch selbstkritische Stellen. So habe die lange Friedensperiode und das ökonomische Wachstum zu einem gesteigerten Sicherheitsdenken, einer exzessiven Bindung an materielle Werte und zu Angst vor neuen Ideen geführt. Die zentrale Aufgabe der Landesausstellung sei es, Vertrauen in die Zukunft zu schaffen. Damit liesse sich auch eine verbreitete überhebliche Haltung gegenüber Ausländern abbauen sowie das schlechte Gewissen über den grossen Wohlstand und den Umstand, dass die Schweiz vom Krieg verschont geblieben war. Diese positive Botschaft wollten die drei Direktoren insbesondere jungen Menschen vermitteln, bei denen die Hoffnung bestand, dass sie positiv reagierten, wenn man ihnen Grund zum Glauben (»croire«) und zur Hoffnung gebe.

Croire et Créer. Dieses allgemeine Credo konkretisierten sie in einer inhaltlichen Gliederung der Landesausstellung. Sie sollte aus einem allgemeinen Teil und mehreren speziellen Teilen bestehen. Der allgemeine Teil war zum damaligen Zeitpunkt noch vierteilig geplant. Erst in späteren Konzepten wurde er »Weg der Schweiz« genannt. Aber bereits das vierteilige Konzept orientierte sich an einer Zeitachse: Die erste Sektion, »L'histoire«, sollte die Geschichte der Schweiz darstellen. Die Direktoren liessen deren Inhalt offen und formulierten lediglich einige Stichworte, denen sie aber selbst nicht trauten, da sie ihnen als zu schulmeisterlich erschienen.[68] Jedenfalls wollten sie, dass der Teil zur Geschichte historische Dynamiken und den schweizerischen Pioniergeist aufzeige. Die zweite und dritte Sektion, »L'autoportrait« und »Le credo«, sollten sich mit der Gegenwart befassen. Für die Sektion »L'autoportrait« verwendeten sie das von der Programmkommission vorgeschlagene Motto »L'unité dans la diversité«. Hier sollten die gemeinsamen Charakterzüge der Schweizer dargestellt werden. Die Direktoren dachten einerseits an positiv besetzte Klischees wie Arbeitsethik, Sinn für das Konkrete, Unabhängigkeitswille, Sinn für Qualität und Misstrauen gegen verführerische Ideen und grosse Männer. Andererseits schwebten ihnen negative Stereotype vor: Rechthaberei, Angst vor Risiko, schwach ausgeprägte Gastfreundschaft, mangelndes Feingefühl und fehlender Sinn für Kunst. Es sollten aber auch Werte in das Selbstbildnis einfliessen, an welche die Schweizer sich gebunden fühlten: Die christliche Ethik, Bindung an den Boden, Familien-, Bürger- und Gemeinsinn, Toleranz, Neutralität, Armee und Bürger-Soldat und Sinn für Qualität. Die dritte Sektion, »Le credo«, sollte die Geschichte ab 1939, also nach der letzten Landesausstellung, aufzeigen und eine Art Inventar technischer

[68] Die Direktoren notierten knapp: »Les origines; la naissance de la Confédération; la période de gloire militaire; la conquête de l'esprit de mesure; les temps modernes.« Ebd., S. 10.

Innovation ausbreiten. Luftfahrt, Elektrifizierung, Automation und Nuklearenergie würden gezeigt, aber auch das gesellschaftliche Gesicht der Moderne, etwa in Form der steigenden Lebenserwartung, des Bevölkerungswachstums, der Massengesellschaft oder des Fortschritts in frauenrechtlichen Fragen. Die Direktoren griffen eine weitere Leitidee der Programmkommission auf, nämlich dass das Individuum die Zelle der modernen Welt sei (und nicht etwa die Familie oder die Nation) und ergänzten sie mit dem Gedanken, dass folglich die Individuen verbessert werden sollten. Der Charakter sei mit Erziehung in der Schule und der Familie zu verbessern, die Kultur mit geeigneter Freizeitgestaltung und die individuellen Fähigkeiten mit Berufsbildung. An den Verbesserungsgedanken schloss ein weiterer Schwerpunkt der Sektion »Le credo« an, nämlich dass die Lebendigkeit der Schweiz von der Förderung der Kreativität abhänge. Das »schweizerische Paradox«, die Disproportion zwischen spärlichen natürlichen Ressourcen und der Prosperität des Landes, sei nur aufgrund der Arbeit und der Vorstellungskraft seiner Bevölkerung möglich. Daraus folgerten die Direktoren, dass die politischen, sozialen und kulturellen Institutionen angepasst werden müssten. Die Direktoren listeten eine Reihe elitärer Themen auf, welche sie dargestellt sehen wollten: »Das Verhältnis Elite – Behörden; der Magistrat und die Gesellschaft; die Rolle des Richters im Staat; der wahre Sinn des Föderalismus und der bundesstaatlichen Zusammenarbeit; die Ziele der Sozialpolitik; der Sinn der Planung für die Regierungstätigkeit.«[69] Die vierte Sektion des allgemeinen Teils sollte schliesslich das Gesicht der Zukunft zeigen, wenn die Projekte der Gegenwart verwirklicht seien. In wenigen Stichworten entwarfen Camenzind, Henry und Ruckstuhl ihre Utopie einer Schweiz mit einer Raumplanung, die in Agrar-, Industrie-, Wohn- und Waldzonen unterteilt ist, mit Natur- und Wasserschutz und mit neuen Autobahnen, Schienen- und Luftwegen. Neue Energiequellen sollten gezeigt werden, Industrie- und Handelswachstum, Exportwirtschaft und zu guter letzt die Schweiz als touristisches Herz Europas. Viel wichtiger als zu sagen, was genau zu tun sei, war für die Direktoren, dass die Besucherinnen und Besucher sehen würden, *dass* gehandelt werden muss. Die Details wollten sie den speziellen Sektionen überlassen.

Das Programm der Direktion verfolgte zwei zentrale Ziele: Erstens, den Glauben an die Zukunft zu stärken und zweitens einen kollektiven Schaffensakt anzuregen: »Ainsi le but de l'Exposition nationale est double: affermir notre foi dans l'avenir du pays, stimuler notre effort de création.«[70] Diese zwei Ziele brachten sie im Slogan »Pour la Suisse de demain: croire et créer« zum Ausdruck. An dieser

---

[69] Vgl. ebd., S. 11. Im Original: »Les rapports élite-autorités; le magistrat et la société; le rôle d'arbitre de l'État; le vrai sens du fédéralisme et de la collaboration confédérale; les buts de la politique sociale; le sens de la prévision pour gouverner.«

[70] Vgl. ebd., S. 15.

Stelle wird deutlich, dass mit »croire« nicht primär ein Glaube an die Vergangenheit bezeichnet war, sondern ein Glaube an die Zukunft. Grundsätzlich stimmte die Direktion in die Zuversicht der Programmkommission ein und wollte das Programm auf einen neuen Patriotismus ausrichten, der sich aus Offenheit gegenüber Europa und dem Rest der Welt, technischem Fortschritt, Bildung, Zuversicht und Zukunftsorientierung zusammensetzte. Aussenpolitisch bezog sich die Direktion auf ein Neutralitätsverständnis, welches an Kooperation und Friedenspolitik ausgerichtet war. Dieser Patriotismus war so weit mit jenem kompatibel, der in »Achtung: die Schweiz« formuliert war.[71] Zugleich aber begriff die Direktion die Armee als Instrument der inneren Kohäsion und stilisierte den Bürger-Soldaten zum Leitbild. Das aussenpolitische Offenheitscredo entstammte liberalem Gedankengut, welches sich nicht zuletzt aus den Interessen exportorientierter Waadtländer Unternehmer speiste. Schliesslich fällt an dem Konzept eine Ambivalenz zwischen partizipatorischen und elitären Ideen auf. Am Anfang des Konzeptpapiers hatten die Direktoren ihren modernen Patriotismus mit einem Anspruch der Bürger auf politische Partizipation verbunden. Später jedoch formulierten sie aus einer elitären Perspektive einen Verbesserungsanspruch an das Individuum und begründeten damit die Wichtigkeit von Bildung und Erziehung. Zudem fanden sich in der Aufzählung von Themen, welche die Verbesserung der politischen, sozialen und kulturellen Institutionen illustrieren sollten, nur solche, welche die Sichtweise der Eliten einnahmen.

Als nächsten Schritt nahm die Direktion die Umsetzung der einzelnen Abteilungen und des allgemeinen Teils an die Hand. Sie wollte die thematische Ausrichtung des allgemeinen Teils inhaltlich abstützen und konsolidieren und berief deshalb im Sommer 1960 eine *Studiengruppe*[72] ein, um ihr Konzept zu diskutieren. Die drei Direktoren debattierten in drei Sitzungen mit arrivierten Intellektuellen wie Jacques Freymond, Carl Jakob Burckhardt, Fritz Gysin, Karl Schmid, Herbert Lüthy und Michael Stettler. Die Gespräche nahmen jedoch nicht den von der Direktion erhofften Verlauf. Die beigezogenen Experten setzten deutlich konservative Akzente und bremsten die Direktion inhaltlich aus. Der Historiker Jacques Freymond[73] beispielsweise griff zwar die Grunddidee der Direktion auf,

[71] Siehe Kapitel 2.1.1 Achtung: die Schweiz.

[72] Die Studiengruppe bestand aus Jacques Freymond (1911–1998, Historiker, Direktor Institut Universitaire des Hautes Études Internationales; NHG, Pro Patria, IKRK, Club of Rome); Carl Jakob Burckhardt (1891–1974, Historiker & Diplomat, Präsident IKRK); Fritz Gysin (1895–1984, Historiker, Direktor Schweizerisches Landesmuseum); Karl Schmid (1907–1974, Germanist & Publizist ETH Zürich, Mitglied »Heer und Haus«, später Schweizer Aufklärungsdienst); Herbert Lüthy (1918–2002, Historiker ETH), Michael Stettler (1913–2003, Historiker, ehem. Direktor Historisches Museum Bern).

[73] Jacques Freymond hatte in Lausanne, München und Paris studiert und in Geschichte und Recht promoviert. Er war damals Universitätsprofessor in Genf, Präsident der Schweizer Vereini-

einen mehrteiligen Weg zu gestalten, sah jedoch die Hauptaufgabe darin, über die Vergangenheit, Gegenwart und Zukunft hinweg schweizerische Konstanten hervorzuheben.[74] Carl Jakob Burckhardt betonte in derselben Tonlage die Tugend der Fahnentreue und den Umstand, dass die Schweiz noch eine richtige Armee habe. Herbert Lüthy vertrat die Ansicht, dass man den »allgemeinen Teil zusammenfassend unter [das] Zeichen des Partikularismus als [der] Grundkonstante der Schweizergeschichte stellen könnte« und Karl Schmid argumentierte, dass die Konstante des Unabhängigkeitswillens sowohl zur Tugend der Ehrhaftigkeit, als auch zu jener der Neutralität führe. Die Experten favorisierten also nicht eine Ausrichtung auf die Zukunft. Vielmehr strichen sie eine Reihe von »*schweizerischen Konstanten*« hervor, die in der Folge zu ideologischen Leitplanken der Landesausstellung werden sollten. Namentlich der Wehrwille, Hirtentum, Partikularismus, Ehrhaftigkeit, Unabhängigkeitswillen, Föderalismus, Neutralität, Demokratie und sachliche Tüchtigkeit sollten das Bild der Schweiz auf der Landesausstellung konturieren.[75] Nach drei Sitzungen baten die Direktoren ihre Experten darum, ihnen ihre Vorstellungen schriftlich zukommen zu lassen und lösten damit die Studiengruppe de facto auf. Sie aggregierten die Ideen im Herbst 1960 zu einem »Synthesepapier« und informierten in der Folge die Mitglieder der Gruppe sporadisch über den Stand der Dinge.[76]

Vom Höhenweg zum Weg der Schweiz. Die Expo-Direktoren Ruckstuhl und Camenzind schickten der Studiengruppe am 20. Juni 1961 einen kurzen Zwischenbericht und entschuldigten sich, dass sie über ein halbes Jahr nichts von sich hatten hören lassen.[77] Sie erweckten zwar vordergründig den Anschein, die Arbeit der Studiengruppe sei für sie von Bedeutung gewesen und so orientiere sich der Abschnitt zur Vergangenheit an den »Schweizerischen Konstanten«, welche die Studiengruppe so stark betont hatte. Die Direktion bezog sich aber nur auf solche »Konstanten«, die sie bereits vor den Unterredungen mit der Studiengruppe formuliert hatte, nämlich auf die Topographie, den christlichen Glauben und die

---

gung für Politische Wissenschaft und Direktor des Genfer Hochschulinstituts für internationale Studien. Er arbeitete u.a. in der Neuen Helvetischen Gesellschaft, in der Pro Patria, im IKRK, dem Club of Rome, war Mitbegründer der Diplomatischen Dokumente der Schweiz und Mitglied des Stiftungsrates von Pro Helvetia. Vgl. Bundesarchiv, J2.10, 1000/1212, 22/11, No. 53: Exposition Nationale Suisse, *Liste des membres du groupe d'étude (Séance CD du 9. juillet 1962)*, 9.7.1962; Honegger/Jost, Konkurrierende Deutungen des Sozialen, S. 89 ff.

[74] Sidler, ›Croire et Créer‹, S. 46.

[75] Sidler, Pour la Suisse de demain, S. 40.

[76] Das Synthesepapier ist in den Akten des Bundesarchivs leider nicht überliefert. Vgl. auch Sidler, ›Croire et Créer‹, S. 46 ff.

[77] Stadtarchiv Lausanne, P 220, Carton 20, Classeur 1, Nr. 5: Ruckstuhl, Paul/Camenzind, Alberto, *État des travaux de la Partie générale*, 20.6.1961.

Geopolitik.[78] Faktisch entfernte sich die Direktion jedoch von den Ideen der Studiengruppe und vertiefte nur jene Ideen, die sie selbst formuliert hatte. Unterdessen hatte sie sich vom legendären »Höhenweg« der Landi 1939 inspirieren lassen und den allgemeinen Teil der Expo 64 als »Weg der Schweiz« konzipiert. Der Höhenweg von 1939 war von nationalistischem Pathos getragen gewesen. Max Huber[79], der damals an der entsprechenden Abteilung »Heimat und Volk« mitgewirkt hatte, verstand den Höhenweg als »meisterhaften Ausdruck der Bewältigung einer erzieherischen Aufgabe. Nationale Erziehung legt in den Geist des Volksgenossen die Kenntnisse und Einsichten in Werden und Wesen von Volk und Staat, die ihn zu freudiger Hingabe an die Gesamtheit fähig machen.«[80] Der Weg begann laut Hubers Schilderung mit dem Bild »Heimatliebe« und führte über drei Gipfel. Der erste Gipfel war die Natur und zeigte die Schweiz als rohstoffarmen Ort. Danach folgte ein Abstieg, vorbei an zwölf Gemeinden, die mit ihren »Volkstypen, Geräten und Ehrenzeichen« dargestellt waren, hinauf zum zweiten Gipfel, wo die »Halle der drei Kreuze« aufgebaut war. Die Kreuze symbolisierten Bundestreue, Recht und Hilfsbereitschaft. Danach führte der Weg zur »Fahnenstrasse«, wo über 3000 Schweizer Gemeindefahnen zu sehen waren und neben denen das »Standbild des Soldaten« an die Wehrbereitschaft appellierte. Der Weg setzte sich fort zum dritten Gipfel, zu den Persönlichkeiten in der »Halle des Ruhms«, an deren Decke Hunderte von Schweizerkreuzen flimmerten, die Huber an ein Sternenmeer erinnerten. Die in der Ruhmeshalle dargestellten grossen Persönlichkeiten sollten die Besucher anregen, ihrem Vorbild zu folgen und sich der Gemeinschaft hinzugeben. Zum Schluss stieg der Weg hinab auf einen Platz, auf dem, laut Huber, überragt von den Fahnen des Bundes und der Kantone, die Freude des Volkes an der Schau seiner Arbeit zu sehen war: »zufrie-

---

[78] Die Topographie führe zu Unabhängigkeit, Arbeitsgewöhnung und Föderalismus. Das Christentum habe zwar zu Kriegen geführt, jedoch habe die Toleranz stets das letzte Wort behalten. Daraus seien Föderalismus und Demokratie erwachsen. Die christliche Ethik habe die Schweiz auch zu einem Ort des Asyls gemacht. Schliesslich befinde sich die Schweiz geopolitisch inmitten Europas und sei kulturell und sprachlich unterschiedlich. Doch dank der föderalen Politik habe sie langsam ihre Einheit erreicht, welche durch die Armee und die Neutralität garantiert werde.

Auch für den Teil zur Zukunft bezog sich das Direktorium auf diese drei »Konstanten«: Im Anschluss an das Topographieargument setzte sie auf einen Ausbau von Bildung und Forschung. Auch die christliche Ethik sei für die Zukunft unabdingbar, namentlich die Nächstenliebe, aber auch Bürgersinn, kulturelle Bildung und Intelligenz seien von Nöten. Was die Zukunft der Schweiz in der Welt von morgen angehe, so sei eine grosse militärische Anstrengung notwendig, um die Unabhängigkeit des Landes und seiner Bürger zu gewährleisten.

[79] Max Huber (1874–1960) war Rechtsprofessor in Zürich und damals Vorsteher des IKRK. Vgl. Grossi, Verdiana: Max Huber, in: *Historisches Lexikon der Schweiz (HLS)*, http://www.hls-dhs-dss.ch/textes/d/D15770.php (30.10.2007).

[80] Schweizerische Landesausstellung, *Die Schweiz im Spiegel der Landesausstellung 1939*, Zürich 1940, S. 63.

dene Alte und strahlende Junge, Mundarten und Trachten in bunter Mischung, stille Einzelgänger, fröhliche Paare, Schulen, Vereine.«[81]

Die Lausanner Direktoren erwiesen dem Höhenweg zwar Reverenz, grenzten sich aber von der Darstellungsweise ungebrochener nationaler Überhöhung ab.[82] Sie räsonierten, dass es den Zürcher Ausstellern angesichts der »Arglist der Zeit« – also des Faschismus – leicht gefallen sei, ein Motto zu finden: Die Ausstellungsmacher hätten ganz einfach proklamiert, die Schweiz solle sich gegen alle Gefahren einigeln; das Schweizervolk sei stark und niemand könne ihm die Freiheit rauben. Doch 1964 sei die Situation nicht mehr so eindeutig, obwohl die Zeiten nicht weniger arglistig seien. Ein derart einfaches Motto zu propagieren sei nicht mehr möglich. Das Motto der kommenden Landesausstellung »Pour la Suisse de demain: croire et créer« erfordere von den Ausstellungsmachern grosse Klarheit und Vertrauen und dies in einer besonders schwierigen historischen Situation, in der die traditionellen Werte verhöhnt und in Frage gestellt würden und der Mensch das Vertrauen in sich selbst verloren habe. Dem Schweizervolk fehle es an Idealen und das herrschende Malaise komme davon, dass nicht mehr klar sei, wofür sich das Leben lohne. Die Schweiz sei gefährlich konformistisch geworden und möglicherweise bereits unfähig, den Sinn der historischen Entwicklung zu begreifen. Sie riskiere, in einen angestauten Rückstand zu geraten, der nicht mehr aufzuholen sei. Diese rabenschwarze Zeitdiagnose ähnelt jener von »Achtung: die Schweiz«. Die Rede von einem Helvetischen Malaise, von Reformstau, Immobilismus, Konformismus sowie der daraus resultierende Wunsch nach einer neuen Zukunftsvision, die zur Stärkung des kollektiven Selbstvertrauens führt, entstammt derselben Perspektive. Die Landesausstellung müsse dem Publikum drei Probleme bewusst machen: Erstens seien auf allen Gebieten Mittel entwickelt worden, die das Leben verbessern, jedoch fehle das Bewusstsein, sie weise zu nutzen. Deshalb müsse das Verhältnis gegenüber der Maschine verändert werden, da zu oft das Schlechte gesehen werde und behauptet würde, sie versklave die Menschen. Bis in die Gegenwart sei die Arbeit als Strafe betrachtet worden – die moderne Technik könne sie jedoch zum Vergnügen machen. Dieser Fortschrittsoptimismus übertraf noch jenen der Programmgruppe, und der technische Blick auf das Thema Arbeit blendete die brisante Fremdarbeiterproblematik ebenso aus wie die Frage nach Freizeit, welche die Programmgruppe noch erwähnt hatte. Das zweite Problem, welches die Landesausstellung bewusst machen sollte, übernahmen die Direktoren von der Programmkommission, nämlich das Verhältnis zu Europa und zum Rest der Welt. Die Schweiz sei nicht mehr allein im Zentrum Europas. Millionen von Menschen – meist hungernde – hän-

[81] Ebd., S. 66.

[82] Stadtarchiv Lausanne, P 220, Carton 20, Classeur 1, Nr. 7: Schweizerische Landesausstellung, *1er Avant-projet pour la Partie générale*, Sommer 1961.

gen von uns genauso ab wie wir von ihnen, argumentierte die Kommission. In Zukunft seien alle Menschen für die Handlungen aller verantwortlich und eine »menschliche Welt« sei nicht länger ein leeres Wort. Im Gegensatz zur Programmkommission betonte die Direktion den humanen Aspekt gegenüber der Europafrage. Diese Haltung beseelte auch das dritte und letzte Problem, für welches das Publikum sensibilisiert werden sollte. Es gehe nicht nur darum, die Technik zu nutzen, sondern auch ihre Produkte gerecht zu verteilen. Die Individuen müssten lernen, die Freiheit zu finden – die auch Regeln enthalte – und sie zum Wohl aller auszuüben.

Um ihre Ziele zu erreichen, sollte durch Information auf die öffentliche Meinung eingewirkt werden:

> Die Stärkung des Nationalgefühls aber kann nicht die einzige Rechtfertigung der Landesausstellung bilden; sie muss auch ein Informationsmittel sein, das den Besuchern die Probleme unserer Zeit zum Bewusstsein bringt. Die Schweiz befindet sich in einer Wachstumskrise; sie vermag ihre Entwicklungsprobleme nicht ohne Schwierigkeiten zu lösen. [...] Die demographische und technische Umwälzung, die politische Befreiung vollziehen sich mit erschreckender Geschwindigkeit. Daher bedarf die öffentliche Meinung der Schweiz einer guten Information; die Lösung zahlreicher Zukunftsprobleme hängt angesichts der Besonderheiten unseres politischen Systems von ihr ab.[83]

Solche »gute Information« sollte gerade auch den »allgemeinen Teil« der Ausstellung auszeichnen. Neben den speziellen Sektionen[84] sollte der Weg der Schweiz inhaltlich das »Herz«[85] beziehungsweise das »Rückgrat«[86] der Expo bilden. Drei Abschnitte sollten ihn in die Themen Vergangenheit, Gegenwart und Zukunft unterteilen. Doch im Gegensatz zum Zürcher Höhenweg sollte der Weg von Lausanne nicht aus der Vergangenheit in die Gegenwart, sondern von der Gegenwart in die Zukunft führen. Aber auch die Lausanner Organisatoren mochten nicht ganz ohne Pathos auskommen und stellten sich den Weg in der Logik einer Symphonie vor: Die Vergangenheit, im musikalischen Tempo des »maestroso«, bildete den majestätischen Auftakt, der Teil zur Gegenwart kam als munter-heiteres »allegro con scherzo« daher, um das Publikum danach mit Schwung in die Zukunft schreiten zu lassen – im Tempo des »andante con moto«.

---

[83] Schweizerische Landesausstellung, Goldenes Buch, S. 14.

[84] Zu den Themen »L'art de vivre«, »Verkehr«, »Industrie und Gewerbe«, »Waren und Werte«, »Feld und Wald«, »Ausstellung der wehrhaften Schweiz«.

[85] Vgl. Bundesarchiv, J 2.10, 1000/1212, 27/4, CI 16, Nr. 18.

[86] Vgl. Bundesarchiv, J 2.10, 1000/1212, 22/18, Nr. 66: Direction, *Projet: Note aux chefs du secteur, architectes de secteur et de section, graphistes de secteur et de section*, Juli 1962. René Richterich schrieb im Goldenen Buch, die Bezeichnung sei zufällig verwendet worden. Tatsächlich aber wurde schon der Höhenweg an der Landi 1939 so bezeichnet. Schweizerische Landesausstellung, Goldenes Buch, S. 105.

2.2 Entwürfe der Sektion »Un jour en Suisse«

Im Sommer 1961 gingen die Direktoren daran, den »Weg der Schweiz« zu konkretisieren und engagierten deshalb eine Reihe von Künstlern und Wissenschaftlern. Ruckstuhl, Camenzind, Henry und ihr Adjunkt René Richterich – er leitete später den Weg der Schweiz – trafen sich in dieser Angelegenheit mit dem Historiker Michael Stettler, der schon Mitglied der Studiengruppe gewesen war, mit dem Soziologen und Mitverfasser von »Achtung: die Schweiz« Lucius Burckhardt, dem Theaterregisseur Charles Apothéloz[87], dem Architekten U. Pfeiffer und den Grafikern Pierre Monnerat aus Lausanne, Kurt Wirth aus Bern[88], Gottfried Honegger-Lavater aus Zürich[89]. Allein schon die personelle Zusammensetzung der »Équipe de la Partie générale« lässt erkennen, dass die Direktion keine Berührungsängste gegenüber kritischen Intellektuellen hegte. Lucius Burckhardt hatte sich als Mitverfasser der Broschüre »Achtung: die Schweiz« als »Nonkonformist« exponiert und sollte nun zusammen mit dem Grafiker Kurt Wirth den Abschnitt zur Vergangenheit des Weges der Schweiz ausarbeiten. Charles Apothéloz, dem als Grafiker der ebenfalls aus Lausanne stammende Pierre Monnerat zur Seite gestellt war,[90] wurde mit der Aufgabe betraut, den Abschnitt zum Thema Gegenwart unter dem Titel »ein Tag in der Schweiz« – »Un jour en Suisse« in der Stimmung eines »allegro con scherzo« zu gestalten.

2.2.1 Charles Apothéloz

Charles Apothéloz (1922–1982) war als kämpferischer Regisseur und umtriebiger Theaterunternehmer bekannt. Was den 1922 geborenen Juristen und Theatermann in den Augen der Expo-Direktion zum idealen Kandidaten für die Gestaltung des gegenwartsbezogenen Teils des Wegs der Schweiz machte, war die in seiner Person vereinte Kombination von kritischer Gesinnung, sein Engagement für das Volkstheater und seine Erfahrung bei Inszenierungen mit Laien und Massen.

---

87 Sidler, ›Croire et Créer‹, S. 54.

88 Kurt Wirth (1917–1996) war Werbegrafiker und Mitgründer der Arbeitsgemeinschaft Schweizer Grafiker (ASG). Bekannt wurden seine Swissair-Plakate und Lehrbücher für Grafik. Vgl. Wirth, Kurt, *Die Zeichnung in der visuellen Kommunikation. Ein didaktisches Werk über die zeichnerischen Ausdrucksmöglichkeiten in der Werbung*, Zürich 1976; Wirth, Kurt, *Zeichnung wann wie*, New York 1965.

89 Gottfried Honegger-Lavater (*1917), ein Zürcher Grafiker der meist abstrakte Formen verwendete, beendete nach der ersten Sitzung seine Mitarbeit am allgemeinen Teil. Seine Frau Warja Lavater hatte das Signet der Landi 1939 gestaltet. Vgl. Schweizerische Landesausstellung, Schweizerische Landesausstellung 1939 Zürich. Administrativer Bericht, S. 233.

90 Vgl. Bundesarchiv, J 2.10, 1000/1212, 22/18, Nr. 66.

Apothéloz' Laufbahn war nicht geradlinig verlaufen, sondern von Brüchen und Zweifeln geprägt. Während des Zweiten Weltkrieges hatte er Rechtswissenschaften studiert und sein Studium 1950 abgeschlossen. 1959 äusserte er sich in einem Interview[91] zur Bedeutung des Theaters in Bezug auf sein ambivalentes Verhältnis zur Schweiz. Er habe sich als völliger Aussenseiter der Gesellschaft gefühlt und sich deshalb aufgelehnt und den Militärdienst verweigert. Gleichzeitig habe er sich aber in die Gesellschaft, die ihn zurückgewiesen habe, integrieren wollen. Das Theater sei für ihn der Weg gewesen, dies zu tun. 1948 wurde er wegen Militärdienstverweigerung zu vier Monaten Gefängnis verurteilt und ein Jahr später erfolgte ein zweiter Prozess, in dessen Verlauf er erneut zu sieben Monaten Haft verurteilt wurde. Danach zog er vorübergehend nach Paris. 1949 verfasste er eine vierzigseitige politische Begründung seiner Militärdienstverweigerung. Darin kritisierte er die schweizerische Neutralitätsdoktrin. Die staatliche Ideologie behaupte, Neutralität sei die Voraussetzung für den Föderalismus, die Koexistenz der Kantone und der unterschiedlichen Kulturen und Religionen in der Schweiz. Tatsächlich handle es sich jedoch um einen abstrakten Neutralitätsbegriff, der nichts anderes sei als bürgerliche Klassenideologie. Die Bürger seien gegen innen vom Staat unterdrückt und der Staat sei gegen aussen neutral.[92] In der Schweiz gab es seiner Ansicht nach keinen Raum für politische Auseinandersetzung und für Revolte; viel zu hermetisch sei die Ideologie, welche die Klassenverhältnisse verschleiere und die Konfliktlinien verwische. Im Ausland dagegen sei es möglich, anderer Meinung zu sein, zu revoltieren und die Auseinandersetzungen im Inneren der Gesellschaft zu führen – in der Schweiz dagegen bleibe nur die Möglichkeit, sich anzupassen oder abzuhauen.[93] Die Neutralität erlaube es dem Staat, glauben zu machen, dass das Land als Ganzes gefährdet sei in seiner Unabhängigkeit nach aussen, während es tatsächlich allein durch einen inneren Feind gefährdet sei. Dieser werde aber auf diese Weise geknebelt, sodass die Arbeitskonflikte und der Widerstand nicht zu einem Klassenkonflikt führen könnten. Diese abstrakte Neutralität schütze nur den Besitz der Bourgeoisie und die Privilegien des Staates auf Kosten des ganzen Landes. Apothéloz hielt diese Neutralität für die Negation von Patriotismus. Sie lasse die Kriegsgefahr an den Grenzen anwachsen, ohne etwas für den Frieden zu tun und baue die Kraft im Inneren ab. Falls ein Umbruch komme – egal ob von den Russen oder den Amerikanern – werde die Neutralität wie eine Mumie an der Luft zu Staub zerfallen,

[91] Das Interview führte Raymond Spira, ein Mitgründer der 1958 gegründeten Nouvelle Gauche socialiste (NGS) in der Zeitschrift Théâtre populaire, Nr. 35, Paris 1959. Vgl. Apothéloz, Charles, *Cris et écrits. Textes sur le théâtre (1944–1982)*, Lausanne 1990, S. 41 f.

[92] »En bref, les citoyens sont oppressés par l'État à l'intérieur et cet État est neutre à l'extérieur.« Ebd., S. 159.

[93] Ebd., S. 155.

prophezeite er. Vor diesem Hintergrund verstand Apothéloz die Verweigerung des Militärdienstes als einen Schritt hin zum Frieden. Es sei notwendig, das Regime der Bourgeoisie zu attackieren und sich für eine klassenlose Gesellschaft einzusetzen. Die Herrschaft der Bourgeoisie zu zerstören heisse, aus der Schweiz eine stärkere Nation zu machen und die Schweiz mehr in Europa zu integrieren, damit sie in Europa den Grossmächten widerstehen könne und Europa ein Kontinent werde, in dem Krieg keinen Platz habe.[94] Obwohl sich Apothéloz' politische Ansichten mit den Jahren gemässigt hatten, wird deutlich, dass sich seine Auffassung von Neutralität markant von jener der Expo-Direktoren unterschied und dass der Neutralitätsfrage für sein politisches Selbstverständnis zentrale Bedeutung zukam. Für ihn war Neutralität der Inbegriff von Herrschaftsideologie. Was das Verhältnis zu Europa betrifft, so trat der Regisseur dezidiert für eine politische Öffnung der Schweiz ein, was mit den Ansichten des Direktoriums grundsätzlich übereinstimmte. Und auch Apothéloz war überzeugt, dass ein gesellschaftlicher Aufbruch aus überkommenen Strukturen und Geisteshaltungen in der Schweiz dringend nötig sei. Diesen Anspruch versuchte er durch eine Erneuerung des Theaters in die Realität umzusetzen.

Bereits 1949, im Alter von 27 Jahren, hatte Apothéloz sich einen Namen als Jungregisseur gemacht, als er in Paris mit seinem Ensemble das Stück »Les Faux-Nez« (nach einem nicht-realisierten Filmskript von Jean-Paul Sartre)[95] inszenierte und den Figaro-Preis gewann. Die junge Gruppe nannte sich fortan »Les Faux Nez« und betrieb ab 1953 in Lausanne ein gleichnamiges Kleintheater mit 100 Plätzen, ein sogenanntes »Théâtre de poche«.[96] Die »Faux Nez« verstanden sich als Miliztheater, das seine Stücke nicht nach vorgegebenen Skripts spielte, sondern in kollektiver Improvisation erarbeitete. Mit Vorliebe spielte es Stücke von Schweizer Gegenwartsautoren wie Charles-Ferdinand Ramuz, Max Frisch, Géo Blanc, Jaques Guhl, Frank Jotterand, Fernand Berset, Henri Debluë sowie von internationalen Autoren wie Ghelderode, Ionesco, Beckett, Audiberti, Hasek, Tardieu oder Kafka.[97] Da die laufenden Kosten aus den Eintritten nicht finanziert werden konnten, ging das Theater »Faux Nez« 1957 ein. Seither setzte sich Apothéloz für ein Centre Dramatique Romand und für die Einführung einer Waadtländer Kulturpolitik ein, die diesen Namen verdiente. Bei seiner Regiearbeit orientierte er sich einerseits an den Ideen des französischen Existentialismus und andererseits an der Improvisationstechnik der *commedia dell'arte* mit ihren ide-

[94] Ebd., S. 160.

[95] Das Skript erschien in der Zeitschrift »La Revue de Cinéma«, No.6, Spring 1947, S. 3–27. Vgl. Contat, Michel/Rybalka, Michel, *The Writings of Jean-Paul Sartre*, Evanston 1974, S. 615.

[96] Apothéloz, Cris et écrits, S. 135.

[97] Bengloan, Bernard, *La muette. Le théâtre en Suisse romande (1960–1992)*, Lausanne 1994, S. 72.

altypischen Rollen, Gesten und Masken. Seine Vorstellung von Theater war der Volkstheaterbewegung des französischen Regisseurs Jean Vilar verpflichtet, welcher sich als Intendant des »Théâtre National Populaire« in Paris darum bemühte, das Theater einem breiten Publikum zugänglich und auch für »einfache Leute« interessant und erschwinglich zu machen. Wie dieser verfocht auch Apothéloz ein Theater, in dem das Publikum sich wiedererkannte, in das es sich einbringen konnte, das der Volkskultur nicht fremd, sondern Bestandteil derselben war. In den 1950er Jahren wurde das periodisch durchgeführte Winzerfest »fête des vignerons«[98] in Vevey zu einem zentralen Bezugspunkt seiner Idee von Volkstheater. »Fête des vignerons« war der Name eines jeweils zum Abschluss der Weinernte durchgeführten Volksfestes. Integraler Bestandteil des Festes war ein kollektives Schauspiel, an dem Hunderte von Laiendarstellern und Statistinnen teilnahmen. Der Ablauf gliederte sich nach den vier Jahreszeiten. Zur Darstellung kamen die Feldarbeit, das weidende Vieh und die Arbeit im Weinberg ebenso wie Gestalten aus der griechischen, römischen und der christlichen Mythologie. Seit Mitte des 19. Jahrhunderts wirkten auch angesehene Musiker und Schriftsteller an den »fêtes des vignerons« mit. Zusammen mit den »Faux Nez« nahm Apothéloz 1955 an der Inszenierung der »fête« von Oscar Eberle teil. Das Schauspiel wurde zu einem immensen Publikumserfolg und über hundert Mal aufgeführt. Dieser Umstand trug wesentlich dazu bei, dass Apothéloz' Idee des Volkstheaters auf Resonanz stiess. Als 1957 der Lausanner Stadtpräsident Jean Peitrequin, der für seine konservative Kulturpolitik bekannt war, zurücktrat, begann sich das Klima für Veränderungen in der Theaterwelt zu verbessern. Sein Nachfolger George-André Chevallaz zeigte Sinn für das volkstümliche Theater und ernannte 1959 Apothéloz zum Direktor des Lausanner Stadttheaters, womit die dreissigjährige Ära von Jacques Béranger endete.[99] Apothéloz sollte frischen Wind in das verkrustete Stadttheater bringen – und später ebenso in die geplante Landesausstellung.

Die Arbeit für »Un jour en Suisse« war nicht die einzige Aufgabe Apothéloz' an der Landesausstellung. Er organisierte ebenso das Expo-Theater, ein gigantisches Spektakel mit bescheidenem Budget. Während der Expo spielten dort sechzehn professionelle Theaterensembles sowie vierundzwanzig semiprofessionelle und nichtprofessionelle Gruppen aus der ganzen Schweiz.[100] Schliesslich war er für

[98] Apothéloz, Charles, *Travail théâtral populaire. Rapport de Charles Apothéloz sur la mise en scène de 4 spectacles donnés par des acteurs amateurs (1975–1979)*, Zürich 1980; Jeannet, Daniel, *Charles Apothéloz, théatreux vaudois*, Vevey 1999.

[99] Jacques Béranger (1896–1975) war von 1929–59 Direktor des Stadttheaters. Sutermeister, Anne-Catherine, *Sous les pavés, la scène. L'émergence du théâtre indépendant en Suisse romande à la fin des années 60*, Basel 2000, S. 49.

[100] Wie sich später zeigte, hatte Apothéloz vergeblich gehofft, mit seinem Engagement bei der Landesausstellung den Verbleib des Expo-Theaters in Vidy auch nach Ausstellungsende zu bewir-

das gesamte Programm der Sektion »Un jour en Suisse« verantwortlich. Er erarbeitete die Inhalte, wählte geeignetes Personal, erstellte die Zeitpläne, überwachte deren Umsetzung und leitete den Betrieb während der Expo. Seinen Auftrag führte er in enger Zusammenarbeit mit der Expo-Leitung durch, der in Budget- und Personalfragen das letzte Wort vorbehalten blieb. Sein Honorar war pauschal auf 50 000 Franken festgelegt. Die Kosten der Umsetzung gingen zu Lasten der Expo. Apothéloz verfolgte durchaus eigene Ziele und versuchte die Inszenierung der Schweiz nach seinen eigenen Vorstellungen zu gestalten. Sein Entwurf ist indessen nicht losgelöst von Allianzpartnern und Konkurrenten zu verstehen.

2.2.2 Mythologisch-technische Bausteine

Der Kern von Apothéloz' künstlerischer Idee war das Bühnenbild des Labyrinths. Es stand für Vielfalt ebenso wie für Unübersichtlichkeit, bildete aber doch eine Einheit und verkörperte somit das Motto »Un jour en Suisse – L'autoportrait. L'unité dans la diversité«, das von der Direktion vorgegeben worden war. In einem ersten Konzept schilderte Apothéloz die Prinzipien, nach welchen das »Labyrinthe Suisse« inszeniert werden sollte.[101] Als Theaterregisseur fokussierte er darin hauptsächlich auf dramaturgische und performative Aspekte der Animation. Obwohl er gleich zu Beginn daran erinnerte, dass der Sektion »Un jour en Suisse« in der Expo zweifellos eine zentrale Rolle zukommen werde, liess er sich von der Last dieser Verantwortung nicht erdrücken. Er setzte auf Leichtigkeit und Ironie als Stilmittel seiner Inszenierung: »Die Fröhlichkeit, der Humor, die Komik, die Satire und die Poesie werden uns bei der Inszenierung dieses helvetischen ›Balletts‹ inspirieren. Der Besucher wird sich frei in einem Labyrinth bewegen, wo er sich amüsiert und dabei seine Stärken und Schwächen entdeckt.«[102] Auf keinen Fall sollten die Besucher in die passive Rolle von Zuschauern gedrängt werden, sondern im Gegenteil aktiv teilnehmen und ihre eigenen

ken. Apothéloz kämpfte dafür, dass das für die damalige Zeit technisch wie architektonisch hochmoderne Theater als Freizeit- und Kulturzentrum genutzt werden könnte. Obwohl das Ausstellungsgelände der Stadt Lausanne gehörte, wurde das Provisorium mit seinen 400 Plätzen nach dem Ende der Expo wieder abgerissen. Danach setzte sich Apothéloz mit der »Guilde du Théâtre«, einer Lobbyorganisation mit 4000 Mitgliedern, für ein Kultur- und Freizeitzentrum in Vidy ein. Der Stadt war das Projekt jedoch zu teuer und sie lehnte es ab. Im Mai 1965 wurde schliesslich ein redimensioniertes Projekt mit Theater, Kino, Ausstellungsraum von Stadt bewilligt. Die Stadt erwarb das Land in Vidy zurück und setzte das Provisorium in Stand. Das Theater von Vidy wurde jedoch erst ab 1972 regulär bespielt. Zuvor konnte es nur als Probebühne genutzt werden. Vgl. Apothéloz, Cris et écrits, S. 71 ff.

101 Stadtarchiv Lausanne, P 220, Carton 20, Classeur 1, Nr. 6.

102 Im Original: »La gaieté, l'humeur, la drôlerie, la satire et la poésie nous inspireront dans la réalisation de ce ›ballet‹ helvétique. Le spectateur se promènera librement dans un labyrinthe où il se divertira en découvrant ses qualités et ses défauts.« Vgl. ebd., S. 1.

Wege durch das Labyrinth wählen. Neben Ironie, Humor, Animation und Aktivierung sollte »Un jour en Suisse« auch Spektakel und Reflexion bieten. Das Labyrinth war als gigantischer Spiegelgarten konzipiert. Der Spiegel, den Apothéloz dem Publikum vorhalten wollte, war die mythische Figur des »Homo Helveticus«.

Mit dem Begriff »Homo Helveticus« verband Apothéloz nicht etwa die Vorstellung eines »Homo Alpinus Helveticus«, wie sie dem Rassenhygieniker Otto Schlaginhaufen in den 1930er Jahren vorgeschwebt hatte.[103] Er übernahm den Begriff von der wissenschaftlichen Arbeitsgruppe, die ihm bei der Programmentwicklung half[104] und verwendete ihn als Metapher für den typischen, klischierten Schweizer. Apothéloz setzte in seinem Konzept den »Homo Helveticus« so ein, wie ein Regisseur in einer *commedia dell'arte* Figuren mit Masken auftreten lässt um deren universelle Typologie zu markieren. Der Begriff bleibt in seiner Verwendung bewusst unscharf, als Projektionsfläche für die Summe schweizerischer Stereotype und Vorurteile.

Im »Labyrinth Suisse« sollte sich das Expo-Publikum individuell und kollektiv im Spiegel des »Homo Helveticus« betrachten können. Während die Besucherinnen und Besucher sich mit einer (ihrer eigenen) Repräsentation des »Homo Helveticus« auseinandersetzten, sollte eine neue, aktuelle Repräsentation entstehen. Wie bereits beim Labyrinth machte Apothéloz auch beim Fragespiel Anleihen bei der griechischen Mythologie. Vorbild war hier das Orakel von Delphi und sein Motto »Erkenne dich selbst«. Erstaunlich, für die damalige Zeit jedoch nicht untypisch, ist die Verbindung von archaischen Bildern mit moderner Technik. In der damaligen Kulturkritik stand der technische Fortschritt für die Auflösung von Traditionen und angestammten Verbänden, für Entwurzelung und Entfremdung und somit für eine Entwicklung, die Intellektuelle wie Charles Apothéloz zur Rückbesinnung auf Mythen und Traditionen anregte. Gleichzeitig stellte die Technik aber auch neue und attraktive Mittel bereit, um dieses Ziel zu erreichen. Zu den technisch-medialen Janusköpfen gehörten neben Film, Radio oder Fernsehen auch die Grossrechner, die zu Beginn der sechziger Jahre mit dem Versprechen auftraten, binnen kurzer Zeit immense Datenmengen zu prozessieren und damit bislang langwierige und umständliche Analyseverfahren zu beschleunigen und zu vereinfachen. Diese Möglichkeiten faszinierten Apothéloz. Wie er in einem Fernsehinterview von 1966 betonte, versprachen computergestützte Umfragen, Antworten auf Fragen zu geben, die im Theater schon lange

[103] Kreis, Georg, »Der ›homo helveticus alpinus‹. Zum schweizerischen Rassendiskurs der 30er Jahre«, in: Guy Paul Marchal/Aram Mattioli (Hg.): *Erfundene Schweiz. Konstruktionen nationaler Identität*, Zürich 1992.

[104] Vgl. Kapitel 2.2.3 «Homo Helveticus« – sozialanthropologischer Theorierahmen .

virulent waren: Wer ist das Publikum? Warum lacht es? Was erwartet es vom Theater?[105] Im Rahmen einer nationalen Landesausstellung stellten sich diese Fragen in potenzierter Form: Wer sind die Schweizer? Was beschäftigt sie im Alltag? Was erwarten sie von ihrem Land? So wollte Apothéloz in seinem Fragespiel fragen und aufgrund von rechnergestützten Verfahren innerhalb kürzester Zeit zu repräsentativen Antworten kommen.

Wie der Kontakt zu den International Business Machines (IBM) entstand, ist unklar. Fakt ist, dass Apothéloz' erste Skizze für das »Labyrinthe Suisse« von der Kooperation mit IBM ausging und entsprechende technische Aspekte berücksichtigte. Hier entstand die Idee, den Besucherinnen am Eingang eine Lochkarte mit auf ihren Weg zu geben, die bei jeder Antwort gestanzt wurde. Am Ausgang des Labyrinths sollte die Lochkarte dann von einer elektronischen Maschine eingelesen werden, welche daraus ein karikaturistisches Selbstbild, eine Art Identitätskarte herstellte, mit Foto und einer grafischen Darstellung der Antworten und Entscheidungen. In einer überlieferten Offerte vom August 1961 wird deutlich, dass Apothéloz' Skizze in Zusammenarbeit mit IBM entstanden war.[106] IBM geht darin auf eine Reihe von technischen Aspekten ein, die bei der elektronischen Umsetzung des »Labyrinthe Suisse« zu berücksichtigen seien, damit sich die Besucherinnen und Besucher frei bewegen und an den Wegkreuzungen Fragen beantworten konnten. Wie IBM betonte, mussten die Antworten zuerst registriert und danach verarbeitet werden um die individuellen Bilder der Besucher mit dem Idealbild des »Homo Helveticus« zu vergleichen. Die individuellen Resultate würden dann zu einem »realen Bild« der Schweiz zusammengefügt und schliesslich für spätere soziologische Untersuchungen gespeichert. Flüssigkeit, Diskretion, Einfachheit und Klarheit waren laut IBM die vier Imperative, auf die der Registrierungsprozess antworten müsse. Da man mit bis zu 7000 Personen pro Stunde rechnete, erschien es IBM als grosse Herausforderung, das Registrieren der Antworten so flüssig zu gestalten, dass das Labyrinth nicht von Warteschlangen verstopft wurde. Nachdem IBM verschiedene technische Varianten diskutiert hatte, um diesen Anforderungen Rechnung zu tragen, schlug sie schliesslich einen IBM-1401-Rechner vor. Dieses 1959 entwickelte Modell war einer der am weitesten verbreiteten Computer der frühen 1960er Jahre.[107] Die Kosten für die Hardware wurden auf 35 000 Franken für CPU, Kartenleser, Drucker,

[105] Vgl. Sendung »Carrefour« vom 4.6.1968. Journalist: Guy Ackermann, Leitung: Christian Mottier, http://www.rts.ch/archives/tv/information/carrefour/3475248-charles-apotheloz.html.

[106] Stadtarchiv Lausanne, P 220, Carton 20, Classeur 1, Nr. 4: IBM International Business Machines, Extension Suisse, *Avant-projet concernant la réalisation technique de l'enregistrement et le traitement des informations recueillies dans le »labyrinthe suisse«*, 25.8.1961.

[107] 1961 waren in den USA 2000 Einheiten aufgebaut, was einem Viertel aller programmierbaren Computer entsprach. Vgl. Pugh, Emerson W., *Building IBM. Shaping an Industry and its Technology*, Cambridge, Massachusetts 1995, S. 265.

Magnetplattenspeicher, Magnetbandspeicher und Eingabestation geschätzt. Zudem veranschlagte IBM 60 000 Franken für 1000 Lochkarten und Kartenstanzgeräte, während sie Programmierung und Geräteunterhalt kostenlos anbot. Das Papier schloss mit einer begeisterten Einschätzung des Projektes: IBM werde seinen ganzen Enthusiasmus in die Umsetzung einbringen, damit das »Labyrinthe Suisse« ein Ereignis für das Publikum der Expo und für die ganze Welt werde, die davon mittels Presse, Radio und Fernsehen Kenntnis erhalten würde. Zum damaligen Zeitpunkt wurden insgesamt 15 Millionen Personen erwartet[108] und IBM erhoffte sich aus diesem Prestigeprojekt einen Werbeeffekt. Für Apothéloz bot die Allianz mit der IBM nicht nur die Möglichkeit, den Besucherinnen und Besuchern der Expo ein Souvenir mitzugeben, das sie als Erinnerung behalten könnten. Attraktiv war für ihn vor allem die in Aussicht gestellte Möglichkeit, dass die gegebenen Antworten vom »elektronischen Gehirn« zusammengezählt wurden und dass auf einer öffentlich sichtbaren Anzeigetafel somit Stunde für Stunde verfolgt werden konnte, wie sich das mythische Bild des »Homo Helveticus« sukzessive an »unsere Realität« annäherte. »Jeder Besucher wird allein agieren: das elektronische Gehirn wird alle seine Reaktionen analysieren, ohne einzugreifen und wird Stunde für Stunde das reale Selbstbild des aktuellen Schweizers erstellen.«[109]

2.2.3 »Homo Helveticus« – sozialanthropologischer Theorierahmen

Künstlerische und technische Umsetzungsvisionen waren das eine. Das andere, das sich im Verlauf von Apothéloz Vorbereitungen als immer wichtiger erweisen sollte, war die wissenschaftliche Fundierung des Fragespiels »Un jour en Suisse«. Wissenschaftlichkeit bildete für Apothéloz zunächst keine Kategorie, der er grosse Bedeutung zugemessen hätte. Wissenschaftliche, insbesondere sozialanthropologische Ansätze hatten ihm lange vor allem als Inspirationsquelle gedient. Denn tatsächlich waren die Themen, die Apothéloz in seiner Theaterarbeit aufgriff – das Volk, seine Rituale, Mythen und Traditionen –, in der Nachkriegszeit Gegenstand soziologischer und anthropologischer Studien geworden. Während man sich in der deutschen Schweiz im Rahmen der »Volkskunde« in mehrheitlich konservativer Tonart mit den Sitten und Bräuchen der bäuerlichen Gemeinschaft beschäftigte, betrachtete die amerikanische ebenso wie die französische

[108] Diese Schätzung erwies sich als zu optimistisch – tatsächlich kamen 11,72 Mio. Besucherinnen und Besucher nach Lausanne. Vgl. Bundesarchiv, J 2.10, 1000/1212, 22/14, Nr. 59: Paux, Frédéric, *Rapport final: conclusions générales de la direction*, 21.9.1965.

[109] Im Original: »Chaque visiteur agira seul: le cerveau électronique analysera toutes ses réactions sans l'intervention de qui que ce soit, et composera ainsi heure après heure l'autoportrait réel du Suisse actuel«, Vgl. Stadtarchiv Lausanne, P 220, Carton 20, Classeur 1, Nr. 6, S. 2.

Soziologie auch den modernen Grossstadtmenschen durch die Brille der Ethnologie. In Paris hatte Apothéloz das nationale Volkskundemuseum »Musée national des Arts et Traditions populaires (MNATP)« besucht und war fasziniert, wie dort Ethnologen »Volkskultur« nicht in kolonialistischer, exotisierender Tradition inszenierten, sondern mit modernen Ausstellungstechniken den Blick auf die Lebensbedingungen im eigenen Land richteten[110]. Nun selbst in der Position, einen Teil einer Ausstellung zu konzipieren, trat er in Kontakt mit französischen Sozialwissenschaftlern, die am MNATP arbeiteten – ein Schritt, in dessen Folge die Planungsarbeiten zu »Un jour en Suisse« um eine sozialanthropologische Arbeitsgruppe bereichert wurde, was zu einer Reihe von wissenschaftlichen Anforderungen, Fragen und Problemen führte.

Von ihrer Formationsphase bis zum Ende der Expo 64 bestand die soziologische Arbeitsgruppe im Wesentlichen aus der Soziologin Ariane Deluz, dem Anthropologen Isac Chiva und der Sozialpsychologin Nathalie Stern. Ariane Deluz (1931–2010) war in Lausanne geboren und hatte an der École Pratique des Hautes Études (EPHE) in Paris mit Alain Touraine industriesoziologische Studien durchgeführt und mit dem Anthropologen Georges Balandier ein Dokumentationszentrum zu Afrika aufgebaut.[111] Nach ihrem Engagement für die Landesausstellung arbeitete sie mit Balandier und Claude Lévi-Strauss zusammen und verfasste ethnopsychiatrische Arbeiten, die auf ihren Feldstudien in Westafrika und Südamerika beruhten. Ariane Deluz leitete die Studie zusammen mit ihrem damaligen Ehemann, Isac Chiva (1925–2012). Chiva wurde 1925 in Rumänien geboren und emigrierte 1947 nach Frankreich wo er 1956 die Staatsbürgerschaft erhielt. Er arbeitete ab 1951 am Centre Nationale de la Recherche Scientifique (CNRS), genauer am Laboratoire d'Ethnographie Francaise (LEF), welches dem

---

[110] Das Museum war 1936 gegründet und dem »Musée de l'Homme« zur Seite gestellt worden, welches sich ausschliesslich aussereuropäischen Gesellschaften widmete. Das MNATP dagegen war ausdrücklich Frankreich gewidmet. Geleitet wurde es ab 1937 von Georges Henri Rivière (1897–1985) und neben Volkskundlern wirkten dort auch die Historiker Lucien Febvre und Marc Bloch. Nach dem Krieg experimentierte Rivière im MNATP mit neuen, wie er es nannte »revolutionären« Ausstellungskonzepten, welche den Menschen, seine Vergangenheit und sein Milieu ins Zentrum rückten und versuchten aus dem Museum einen Ort für kulturelle Aktivitäten und soziale Experimente zu machen, die ein breites Publikum ansprachen. Vgl. Chiva, Isac, »Wie die Ethnologie Frankreichs entstand. Versuch einer genealogischen Begründung«, in: Isac Chiva/Utz Jeggle (Hg.): *Deutsche Volkskunde – Französische Ethnologie. Zwei Standortbestimmungen*, Frankfurt am Main 1987.

[111] Ariane Deluz arbeitete von 1955–1964 in der Abteilung für Sozial- und Wirtschaftswissenschaften der EPHE, die später in der École des Hautes Études en Sciences Sociales (EHESS) aufging. 1964 wechselte sie zum Centre National de la Recherche Scientifique (CNRS), ebenfalls in Paris, wo sie bis 1997 forschte und lehrte. Zudem war sie Mitglied des Laboratoire d'Anthropologie Sociale du Collège de France. Vgl. http://www.ehess.fr/centres/las/english_pages/chercheurs/deluz/deluz-pres.html (3.2.2006); Heald, Suzette/Deluz, Ariane (Hg.), *Anthropology and Psychoanalysis. An Encounter Through Culture*, London 1994, S. VII.

MNATP angegliedert war. Die enge Verbindung zwischen dem Laboratoire und dem Museum machte es für Chiva selbstverständlich, wissenschaftliche Forschung und öffentliche Ausstellungstätigkeit miteinander zu verbinden – eine Herangehensweise, die auch seine Arbeit für die Landesausstellung prägte. 1959 wechselte er an die EPHE und gründete 1960 auf Anregung von Fernand Braudel die Zeitschrift »Études rurales« mit. Gleichzeitig half er Claude Lévi-Strauss an der EHESS das Laboratoire d'Anthropologie Sociale (LAS) aufzubauen, wo er bis 1982 tätig war.[112] Beim dritten Mitglied der Arbeitsgruppe handelte es sich um die 1930 ebenfalls in Lausanne geborene Nathalie Stern. Sie hatte in Paris ein Diplom in Sozialpsychologie erworben.[113] Neben Chiva, Deluz und Stern wurden weitere Fachpersonen in den wissenschaftlichen Teil von »Un jour en Suisse« eingebunden. Zunächst wurde dem Forschungsteam ein »Konsultativrat« aus Soziologen, Historikern, Psychologen und Ökonomen aus der Schweiz zur Seite gestellt. Er setzte sich zusammen aus dem Psychologen Jean Piaget und dem Soziologen Roger Girod aus Genf, dem Historiker Pierre Jaccard aus Lausanne, dem Ethnologen Jean Gabus aus Neuenburg und dem Soziologen Richard Behrendt aus Bern. Tatsächlich kam es indessen nie zu einer Zusammenkunft mit dem Konsultativrat. Mit dem Anthropologen Alfred Métraux, Direktor an der à EHESS (Sorbonne, Paris) und hoher Funktionär am Departement für Sozialwissenschaften der UNESCO, gewann man ausserdem eine international anerkannte Schweizer Persönlichkeit für das wissenschaftliche Patronat der Studie.

Zunächst aber stand der wissenschaftliche Anspruch nicht im Vordergrund. Im Anschluss an die Methoden der Meinungsforschung gingen Deluz, Chiva und Stern daran, Apothéloz Idee des Fragespiels weiterzuentwickeln. In der ersten Etappe ihrer Zusammenarbeit, deren Resultate in einem Arbeitspapier dokumentiert sind, übernahmen sie eine dramaturgische Funktion und stellten ihrem Auftraggeber Apothéloz ein sozialanthropologisches Vokabular zur Verfügung, um seinen Ideen gegenüber der Expo-Direktion wissenschaftlichen Nachdruck zu verleihen. Grundsätzlich bestand der Auftrag der Arbeitsgruppe »Un jour en Suisse« darin, ein sozialanthropologisches Frageraster zu entwickeln, um das Expo-Publikum im Verlauf des Frageparcours mit einem stereotypen Bild des »Homo Helveticus« zu konfrontieren. Dabei sollte das Bild, das sich die Zeitgenossen von der Schweiz und den Schweizern machten, als begehbares »plastisches Universum« aufgebaut werden. Mit Hilfe eines Fragebogens sollten die Be-

---

[112] Vgl. Bromberger, Christian/Zonabend, Françoise, »Isac Chiva (1925–2012)«, in: *Terrain* 59, Nr. 9 (2012); Chiva, Isac: CV, http://www.ehess.fr/centres/las/pages/chercheurs/chiva/chiva-pres.html (3.2.2006); Jourdain, Stéphane, *L'éthnologie en héritage, vol. 1: Isac Chiva*, Entretiens avec Christian Bromberger, DVD, Paris, La Huit production.

[113] Vgl. Stadtarchiv Lausanne, P 220, Carton 22, Classeur 1. Sie verfolgte jedoch anscheinend nach der Landesausstellung keine wissenschaftliche Karriere. Zumindest finden sich keine Publikationen von ihr.

sucherinnen und Besucher einen Weg durch diesen Raum suchen und aufgrund ihrer Antworten an den Weggabelungen abzweigen. Dadurch sollte sich ihnen Gelegenheit bieten, das ihnen vorgeführte Schweizbild zu akzeptieren, zurückzuweisen oder zu verändern.[114] Dieses von Charles Apothéloz vorgezeichnete Szenario des »Labyrinthe Suisse« übersetzte die Arbeitsgruppe in soziologische und anthropologische Konzepte und Begriffe. Ansatzpunkt ihrer intellektuellen Arbeit war die Figur des »Homo Helveticus«. In der Fassung von Deluz, Chiva und Stern wurde der »Homo Helveticus« zu einem Modell für die Schweizer Identität, das diese als Schnittmenge von zwei Einflussbereichen fasste: vom *kollektiven Bewusstsein* einerseits und von *sozialen Rollen* andererseits. Unter dem Teil des kollektiven Bewusstseins verstanden sie alltägliche und kollektiv erlebte Probleme, zu denen sich jedes Subjekt verhalten musste.[115] Als Beispiele nannten sie einen breiten Themenfächer: »Mehrsprachigkeit«, »Föderalismus«, »Wohlstand in der Schweiz und Armut in der Welt«, »ökonomische Prosperität, Expansion und Stagnation«, »Bildung«, »ziviler, ökonomischer und sozialer Status der Männer und Frauen«, »konfessioneller Pluralismus«, »Rolle der Armee«, »aktive und passive Neutralität«, »Arbeit, unterschiedliche Bewertung der Angestellten, soziale Mobilität«, »die Schweiz und das Ausland«, »Einfluss der Schweiz«, »Raumordnung«. Der zweite Bereich, der Einfluss auf den »Homo Helveticus« hatte, bestand ihrer Ansicht nach in den »sozialen Rollen«. Die Arbeitsgruppe ging davon aus, dass jedes Individuum eine Reihe sozialer Rollen verkörpert, entlang derer sich alle Individuen wahrnehmen und gegenseitig definieren. Jeder Schweizer und jede Schweizerin war demnach mit Rollenzuschreibungen konfrontiert, sei es in der Schule, im Militär, in der Ehe, im Beruf, in der Wohnsituation, in der Freizeit, bei kulturellen Aktivitäten, im religiösen und philosophischen Leben, den sozialen Ambitionen, als Bürger oder Pensionär. Sei es in der Aussenwelt als Reisender oder Sesshafter, als Emigrant oder Tourist. Gestützt auf diese Parameter sollte das »Robotbild«[116] des »Homo Helveticus« je individuell von den Expo-Besuchenden zusammengesetzt werden. Weil das Publikum das Szenario verändern konnte, enthielt das Konzept kritisches Potential. Das vorgegebene Bild der Schweiz erschien tendenziell als Mythos und dieser Mythos sollte als Trugbild kenntlich gemacht werden. Indem das Bild der Schweiz als veränderbar dargestellt wurde, verlor es den Anschein, natur- oder gottgegeben zu sein und büsste somit auch seine Aura der Ewigkeit ein. Der Fragebogen, also jenes Inst-

---

[114] Stadtarchiv Lausanne, P 220, Carton 20, Classeur 1, Nr. 2: Chiva, Ariane/Chiva, Isac/Stern, Nathalie, *L'homo helveticus*, 17.6.1961.

[115] Die Arbeitsgruppe verwendete den Durkheim'schen Begriff »consciences collectives«, Vgl. ebd.

[116] Im Original: »portrait-robot«, Vgl. ebd.

rument, mit dessen Hilfe das Trugbild vorgängig zu konstruieren war, sollte dieses in einem zweiten Durchgang dekonstruieren.

2.2.4 Wissen statt Klischees: Das soziologische Forschungsdesign

Auf den 31. August 1961 war eine grosse Sitzung mit der Equipe der drei Sektionen des Wegs der Schweiz anberaumt. Die Arbeitsgruppe »Un jour en Suisse« überarbeitete im Hinblick darauf ihre ersten Entwürfe und verfasste einen zweiten Zwischenbericht.[117] Darin kam das Forschungsteam zum Schluss, dass die Befragung und die Konfrontation des Expo-Publikums mit stereotypen Bildern nur dann gelingen werde, wenn diese »signifikant« und »schlagend« seien.[118] Simple Klischees über den »Homo Helveticus«, die sich die Arbeitsgruppe selber ausdenken könne, würden dazu nicht ausreichen. Vor diesem Hintergrund forderten die Mitglieder der soziologischen Arbeitsgruppe die Direktion dazu auf, ihnen Zeit und Mittel zur Durchführung einer soziologischen Vorstudie zur Verfügung zu stellen. Diese sollte nicht nur die Durchführbarkeit des Fragespiels, sondern auch dessen Wissenschaftlichkeit sichern. Der ideologische und grafische Inhalt der Expo, der Wortlaut der Fragen an das Publikum und die Konturen der verschiedenen stereotypen Bilder, zwischen denen das Publikum auf die Fragen antworten würde, dürften nicht der Fantasie überlassen werden, sondern müssten »den Ansprüchen jeder seriösen Arbeit zu nationalen Charakteren genügen«.[119] In einem Begleitbrief schloss Charles Apothéloz sich dem an und bezeichnete die Durchführung einer soziologischen Vorstudie als absolut notwendig und prioritär.[120] Bei dieser »Vorstudie« handelte es sich um das Vorhaben, eine gross angelegte, anthropologische Umfrage durchzuführen, um den *Nationalcharakter* des »Homo Helveticus« zu eruieren. Das wissenschaftliche Vorbild, an dem die Vorstudie sich orientieren wollte, war das 1955 vom englischen Anthropologen Geoffrey Gorer publizierte Buch »Exploring English Character«. Gorer hatte nach dem Zweiten Weltkrieg je ein Buch zum amerikanischen und zum russischen »Nationalcharakter« verfasst.[121] Zuvor hatte er in der englischen Sonntagszeitschrift »The People« eine Serie von sechs Artikeln publiziert, die da-

---

[117] Stadtarchiv Lausanne, P 286, Carton 3, Enveloppe 3: Chiva, Isac/Chiva, Arianne/Stern, Nathalie, *Un jour en Suisse, Rapport No 2, Annexe 2, Rapport préliminaire (aspect anthropologique)*, 21.8.1961.

[118] Im Original: »des réponses significatives, frappantes«, ebd., S. 1.

[119] Im Original: »Ce projet, que nous développons ci-dessous, doit obéir aux exigences minimum de tout travail sérieux sur les caractères nationaux [...]«, ebd., S. 3.

[120] Stadtarchiv Lausanne, P 220, Carton 20, Classeur 1, Nr. 10: Apothéloz, Charles, *Principes de mise en scène et d'animation du Labyrinthe Suisse. Rapport No 2*, 24.8.1961.

[121] Gorer, Geoffrey, *The People of Great Russia. A Psychological Study*, New York 1950; Gorer, Geoffrey, *Exploring English Character*, London 1955.

rauf beruhte, dass die Leserinnen und Leser einen Fragebogen ausfüllten und anonym an die Zeitschrift zurücksandten. Gorer verarbeitete die Fragebogen zu Artikeln mit den Titeln »You and your Sweetheart«, »You and your Husband or Wife«, »You and Your Children«, »You and Your Neighbours«, »You and the Law« und »You and Religion«. Über 10 000 Personen hatten die Fragebogen zurückgeschickt und offenbar mit »grosser Ernsthaftigkeit und Ehrlichkeit« geantwortet.[122] Um die Zuverlässigkeit der Antworten zu untermauern, führte er mit einer kleinen, geschichteten Stichprobe Interviews mit denselben Fragen durch. Die Ergebnisse montierte er mit den Umfragen aus seiner Artikelserie zusammen und gelangte so zu einem völkerpsychologischen Portrait »des Engländers«.

Die Arbeitsgruppe betonte, es sei unmöglich, das Bild des »Homo Helveticus« ohne eine solche Studie zu erfinden. Sie hielt es für illusorisch, vor der Untersuchung die Fragen festzulegen, die dem Expo-Publikum gestellt würden oder den visuellen Inhalt der einzelnen Fragestationen anzugeben. Für die »Vorstudie« erschien der Arbeitsgruppe ein dreistufiges Vorgehen geeignet. In einer ersten, »eklektischen« Phase sollten zwei Schweizer Journalisten oder Studenten eine Literatur- und Zeitschriftenrecherche durchführen. Zusätzlich sollten sich drei Forscher während eines Monats auf Deutsch, Französisch und Italienisch mit Personen unterhalten, die »so repräsentativ wie möglich«[123] für die sprachlichen, konfessionellen, soziokulturellen, politischen und kulturellen Gruppen der Schweiz sein sollten. Diese Gespräche nannten sie »nicht-gelenkte Interviews«[124]. Auf dieser Basis würde dann in einer zweiten Phase der Fragebogen entwickelt und an 30–50 Personen getestet. Die Konstruktion des Fragebogens erachtete die Arbeitsgruppe als überaus delikat. »Das kleinste Detail, die Wahl der Begriffe, die Syntax, die Länge der Sätze, die Formulierung der Fragen, der Wortlaut der möglichen Antworten, die Reihenfolge und Gruppierung der Fragen, schliesslich die Länge des Fragebogens selbst werden mit den nötigen Vorkehrungen abgewogen und ausgewählt.«[125] Nichts sollte dem Zufall oder schlimmer noch, den sozialen Normen überlassen werden: Die Befragten sollten ihre eigenen Antworten geben und nicht sagen, was sie für die allgemeine Idee hielten. So werde in der Untersuchung der Eindruck vermieden, es gäbe zu einer Frage eine »richtige« Antwort. Chiva, Deluz und Stern betonten, dass die Untersuchung professionell

---

[122] Stirling, Paul, »Review: Exploring English Character. A Study of the Morals and Behaviour of the English People by Geoffrey Gorer«, in: *American Anthropologist* 58, Nr. 6 (1956).

[123] Im Original: »aussi représentatifs que possible« Stadtarchiv Lausanne, P 286, Carton 3, Enveloppe 3, S. 1.

[124] Im Original: »des entretiens non directifs«, vgl. ebd.

[125] Im Original: »Le moindre détail, le choix des termes, la syntaxe, la longueur des phrases la tournure des questions, le libellé des réponses possibles, l'ordre et le groupement des questions, enfin la dimension même du questionnaire seront pesés et choisis avec toutes les précautions nécessaires.« Vgl. ebd.

durchzuführen sei und beschrieben, was sie darunter verstanden: »Der Forscher, wie auch der Fragebogen werden so sein, dass sie die ehrlichsten und authentischsten Antworten hervorrufen werden.«[126] Um dieses Ziel zu erreichen, sei es unumgänglich, dass die Arbeitsgruppe die Vorbereitungen minutiös kontrolliere und vorbereite und dass qualifizierte Forscher angestellt würden. Schliesslich sei in einer dritten Phase eine *repräsentative Umfrage* im nationalen Massstab durchzuführen. Weil der Begriff »repräsentative Stichprobe« damals nicht alltäglich war, erläuterte die Arbeitsgruppe, was sie darunter verstand: »Die Stichprobe wird eine Anzahl Individuen proportional zur Gesamtbevölkerung des Landes enthalten. Ihre Zusammensetzung durch Klassen (oder ›Quotas‹) spiegelt die Struktur dieser Bevölkerung sozio-professionell wider, politisch, linguistisch, konfessionell, nach Geschlecht und Altersklassen.«[127] Zusammen mit »kompetenten statistischen Organen«[128] wollte die Gruppe die notwendige Mindestgrösse der Stichprobe festlegen, damit diese als repräsentativ gelten könne. Als Arbeitshypothese ging sie von 1200 Personen aus. Die Arbeitsgruppe formulierte auch bereits eine Reihe von Themen für die Umfrage: Bildung, Alltagsleben, Berufswahl, Verhältnis zwischen Mann und Frau, Sozialleben, Landwirtschaft, Armee, Medien und die Rolle der Schweiz in der Welt. Ziel dieser dreiteiligen wissenschaftlichen Vorstudie war es, das definitive Programm zur Umsetzung von »Un jour en Suisse« zu formulieren. Es ging also wohlgemerkt nicht um die Herstellung von wissenschaftlichem Wissen zur Verwendung innerhalb des wissenschaftlichen Feldes, wie es Chiva, Deluz und Stern gewohnt waren, sondern darum, eine Grundlage zur Gestaltung der Sektion der Expo zu produzieren. Mit dem Wissen aus der Umfrage sollten ein Bild des »Homo Helveticus«, der Inhalt und die grafische Gestaltung des Frageparcours, der Fragebogen sowie die elektronische Auswertung der Fragen während der Expo hergestellt werden.

2.3 Gegenkonzepte und Kritik

Das erklärte Ziel der Arbeitsgruppe »Un jour en Suisse« war die Repräsentation des »Homo Helveticus«. Ihr Auftraggeber Charles Apothéloz interessierte sich für dramaturgische Aspekte und für das Erlebnis des Publikums. Er wollte ein

[126] Im Original: »L'enquêteur, comme le questionnaire, seront tels qu'ils suscitent les réponses les plus sincères et les plus authentiques.«, vgl. ebd.

[127] Im Original: »Cet échantillon comprendra un nombre d'individus proportionnel à la population globale du pays. Sa composition par classes (ou ›quotas‹) reflètera la structure socio-professionnelle, politique, linguistique, confessionnelle, par sexes et classes d'âge, de cette population.« Vgl. ebd., S. 1.

[128] Im Original: »les organes statistiques compétents«. Damit war das Statistische Amt gemeint. Vgl. ebd.

fröhlich-kritisches Spektakel voller Selbstironie, ein Volkstheater mit dem »Homo Helveticus« und dem Publikum in den Hauptrollen. Die soziologische Arbeitsgruppe orientierte sich an der wissenschaftlichen Praxis der Meinungsforschung und wollte Problemsituationen und soziale Rollen thematisieren, um sie kritisch zu verändern. Trotz unterschiedlicher Gewichtungen war von Anfang an insofern ein kritisches Szenario geplant, als der »Homo Helveticus« und der »schweizerische Nationalcharakter« zwar heraufbeschworen, aber gleichzeitig hinterfragt werden sollten. Im Szenario, das Apothéloz und der Arbeitsgruppe vorschwebte, kam dem Publikum eine aktive Rolle zu. Durch Partizipation sollte es an der Repräsentation der Schweiz mitwirkten und auf spielerische Weise deutlich machen, dass der Nationalcharakter nicht statisch war, sondern jeden Tag neu erfunden wurde. Das ganze Szenario von »Un jour en Suisse« war auf Partizipation angelegt und das Fragespiel sollte den Besuchern die Möglichkeit geben, ihre Meinung unvermittelt und wissenschaftlich autorisiert einzubringen. Noch bevor konkrete Inhalte und Fragen festgelegt waren, wurde jedoch Kritik laut. Noch ehe jemand an der Studie oder am Fragespiel partizipiert hatte, geriet der Repräsentationsanspruch der Studiengruppe unter Legitimationsdruck. Wie im Folgenden gezeigt wird, entzündete sich die Kritik zunächst am wissenschaftlichen Anspruch des Fragespiels, während ihr jegliche Wissenschaftlichkeit kurz darauf gänzlich abgesprochen wurde.

2.3.1 Streitpunkt Wissenschaftlichkeit

Am 31. August 1961 wurde der Zwischenbericht in einer fünfstündigen Sitzung im Château St-Maire in Lausanne diskutiert.[129] Die Direktion der Expo war vollzählig erschienen – neben dem Präsidenten Edmond Henry und seinem Stellvertreter René Richterich hatten auch der Direktor der Finanz- und Ausstellerabteilung, Paul Ruckstuhl, sowie Chefarchitekt Alberto Camenzind und dessen Stellvertreter Guido Cocchi am Sitzungstisch des Konferenzsaals Platz genommen. Cocchi hatte am Projekt »Exnal« von APA.URBAL mitgewirkt[130] und war neu zur Equipe des allgemeinen Teils hinzugestossen. Ebenfalls zugegen waren die beiden Grafiker Pierre Monnerat und Kurt Wirth. In beratender Funktion waren Charles Apothéloz, Lucius Burckhardt und Michael Stettler eingetroffen sowie die wissenschaftliche Arbeitsgruppe, bestehend aus Isac Chiva, Ariane Deluz und Nathalie Stern. Im Château wurde das Konzept nun von zwei Seiten her kritisch hinterfragt. Schon zu Beginn der Sitzung stichelte Edmond Henry, die Expo-Direktion überlege sich, ob das Konzept in seiner aktuellen Form sich für

[129] Stadtarchiv Lausanne, P 286, Carton 3, Enveloppe 3.
[130] Siehe Kapitel 2.1.1 Achtung: die Schweiz.

eine Umsetzung eigne. Noch bevor sich die Studiengruppe dazu äussern konnte, legte Lucius Burckhardt nach, indem er aus soziologischer Perspektive Kritik formulierte. Obwohl Burckhardt von der Idee der Vorstudie überzeugt war, hegte er Zweifel, ob die Befragung auf der Expo den Ergebnissen der Vorstudie überhaupt noch etwas hinzufügen könne. Früher habe man zwar geglaubt, dass es ein Volk gäbe, das die Wahrheit sagen könne. Heute aber wisse man, dass es lediglich Klischees ausdrücke, die es woanders gehört habe, und darum hielt Burckhardt es für entscheidend, die Antworten, die das Publikum während der Expo gab, soziologisch zu *interpretieren*. Weil der Wert der Studie mit der Homogenität der Bevölkerung anwachse, solle sie sich nicht bloss auf Allgemeinplätze konzentrieren, die jedermann bereits kenne. Burckhardts Sorge galt einer Art Rückkoppelungseffekt, der in der Studie und dem Fragespiel angelegt war: Durch Befragung eine schweizerische Typik zu erheben, war aus seiner Sicht nur unter der Voraussetzung vertretbar, dass man die Ergebnisse wissenschaftlich interpretierte. Im Fragespiel war jedoch keine Interpretation der Antworten vorgesehen, sondern lediglich ihre Abbildung, indem die Antworten aufaddiert und auf einer Leuchttafel angezeigt würden. Burckhardts Einwand verwies auf einen wunden Punkt, der in der Diskussion um den Gehalt des Fragespiels kaum je deutlicher zum Vorschein kam und in Bezug auf das Verständnis soziologischer Praxis Wesentliches sichtbar macht: In einem Szenario, das die Antworten der Besucherinnen und Besucher bloss auszählte, aufaddierte und an der Ausstellung auf einer Anzeigetafel zur Schau stellte, entfiel die wissenschaftliche Interpretation. Burckhardt zufolge suggerierte dieses Vorgehen zu Unrecht, dass die Zahlen auf den Anzeigetafeln direkte und unmittelbare Äusserungen des Publikums darstellten.[131] Eine Unmittelbarkeit oder besser Unvermitteltheit, die er für eine Illusion hielt. Nur durch eine Interpretation der Ergebnisse konnte seiner Ansicht nach verhindert werden, dass die Studie lediglich Klischees reproduzierte. Durch eine interpretatorische Leistung sollte verhindert werden, dass die Studie bloss die Ausgangsthese über den »Homo Helveticus« wiedergab und sich somit in einem Zirkelschluss der Klischees erschöpfte. Isac Chiva war durch Burckhardts Einwand argumentativ in die Defensive gedrängt worden. Er stimmte mit Burckhardt insofern überein, als er erläuterte, »das Ziel der Untersuchung ist es, ›zwischen den Zeilen zu lesen‹, das heisst, in den Antworten mehr zu sehen, als die Befragten sagen wollten.«[132] Und er betonte erneut, wie wichtig eine wissen-

---

[131] Bei genauerem Hinsehen hätte sich aber herausgestellt, dass Transformationen zu beiden Wegen gehören: (a) zur Vorstudie: Fragen, aufschreiben, zusammenfassen, codieren, addieren, interpretieren und darstellen (b) zum Fragespiel: Fragen, selber »aufschreiben«, nur mathematisch transformieren (dies hat Voraussetzungen für die Möglichkeitsstruktur von Antworten: Diese müssen bereits soweit standardisiert sein, dass sie addiert werden können), darstellen.

[132] Im Original: »Le but de l'enquête est de ›lire entre les lignes‹, c'est-à-dire de voir dans les

schaftliche Grundlage für die Inszenierung der Sektion sei. Ohne eine Vorstudie würden womöglich bloss Klischees bedient und das Fragespiel würde schlimmstenfalls, wie es Burckhardt befürchtet hatte, zu einem Abrufen von Stereotypen verkommen. Nathalie Stern fügte hinzu, man müsse auf alle Fälle dafür sorgen, dass das Material der Vorstudie, obwohl es hauptsächlich für die Expo bestimmt sei, danach weiterverwendet werden könne.

Die Verweise auf Wissenschaftlichkeit legten eine Angriffsfläche für Kritik aus einer anderen Richtung frei: Zunächst meldete sich Alberto Camenzind zu Wort, die Untersuchung auf der Expo – also das Fragespiel – dürfe nicht ernst genommen werden, sondern müsse als Spiel verstanden werden. Der Grafiker Pierre Monnerat, welcher zuvor selbst einen Konzeptvorschlag verfasst hatte, der herzlich wenig mit dem Konzept der Arbeitsgruppe »Un jour en Suisse« zu tun hatte, bemängelte, das Konzept sei zu wenig attraktiv für das Publikum. Monnerat wollte, dass über die Expo und nicht über Wissenschaftlichkeit diskutiert werde. Michael Stettler, auch er ein Grafiker, teilte diese Auffassung. Unabhängig davon, ob der »Homo Helveticus« fiktiv oder real sei, komme es darauf an, dass sich das Publikum für ihn interessiere. Noch bevor sich jemand der Arbeitsgruppe »Un jour en Suisse« dazu äussern konnte, verlieh Edmond Henry der Kritik Nachdruck und erzählte von einer Sitzung mit IBM vom Vorabend, in der diskutiert worden sei, wie die Ergebnisse der Vorstudie dargestellt werden könnten und welche Stimmung dem Expo-Publikum dabei vermittelt werden sollte. Die Autoren des IBM-Berichtes hätten gesagt, sie hätten die Absicht, eine Untersuchung unter der Voraussetzung durchzuführen, dass sie nicht nur für die Expo wichtig sei, sondern auch einen wissenschaftlichen Wert habe. Diese Haltung hatte Henry irritiert und er wollte verhindern, dass der wissenschaftliche Zweck den Zielen der Expo zuwiderlaufen könnte. Er markierte die Machtposition der Direktion, indem er drohte, das Fragespiel zu streichen, wenn nicht sichergestellt würde, dass sich das Publikum dafür interessierte. Aus dem Protokoll geht nicht genau hervor, weshalb der wissenschaftliche Charakter der Vorstudie im Gegensatz zur Möglichkeit stehen sollte, dass sich das Publikum für die Sektion interessieren könnte; für Henry schien es jedenfalls selbstverständlich zu sein, dass die beiden Ziele im Widerspruch standen. Einzig Paul Ruckstuhl machte sich für die Vorstudie stark und hielt sie für notwendig. Er vertrat die Idee, das Publikumsinteresse könnte gewonnen werden, indem den Besuchern am Schluss der Befragung einige Zeilen zu ihrem Selbstbild mitgegeben würden. Stettler fragte skeptisch nach, wie denn ein solcher Text aussehen würde und gab damit endlich Chiva die Möglichkeit, das Konzept zu erläutern. Es gehe darum, einige Worte zur Schweiz

---

réponses davantage que ne pensait le dire le sujet même.« Vgl. Stadtarchiv Lausanne, P 286, Carton 3, Enveloppe 3, S. 3.

und einige zum Besucher abzugeben und dafür sei es wichtig, wirklichkeitsgetreues Material zu verwenden. Chiva wiederholte, dass die Vorbereitungen nicht bloss dazu dienten, die Antworten zu analysieren und auszuwerten, sondern auch dazu, die Plastiken herzustellen, welche die Fragebereiche illustrieren würden. Henry beendete die Diskussion. Es sei an der Direktion zu entscheiden, ob die Arbeit der Arbeitsgruppe »Un jour en Suisse« für die Expo geeignet sei oder nicht. Aber die Direktion müsse vor allem vorgängig davon überzeugt sein, dass das Konzept wirklich eine gute Lösung sei. Chiva solle aber auf alle Fälle bereits jetzt Kontakt mit verschiedenen Forschern aufnehmen, damit die Vorstudie rechtzeitig anlaufen könnte, falls sie grünes Licht erhalte.

2.3.2 Fundamentalkritik eines externen Soziologen

Schon eine Woche nach der grossen Sitzung im Château St-Maire geriet das Projekt »Un jour en Suisse« erneut unter Druck. Auf der Suche nach Soziologinnen und Soziologen, die an der Durchführung der Vorstudie mitarbeiten würden, hatte René Richterich, Sektionschef des Weges der Schweiz, den jungen Soziologen Michel Flegenheimer getroffen. Flegenheimer war Assistent des Genfer Soziologieprofessors Roger Girod gewesen und kurz zuvor ans CNRS in Paris berufen worden. Richterich bot ihm nicht nur eine Arbeit als Interviewer an, sondern nutze die Gelegenheit um eine externe Meinung einzuholen. Er gab ihm den Entwurf für »L'Homo Helveticus«[133] zu lesen und fragte nach seiner Meinung. Was er zu hören bekam, beunruhigte ihn sehr, denn Flegenheimer äusserte sich unverhohlen skeptisch zum geplanten Projekt. In Alarmstimmung versetzt, schlug Richterich vor, sofort jenen wissenschaftlichen »Konsultativrat« einzuberufen, den Chiva, Deluz und Stern in ihrem Konzept vorgeschlagen hatten,[134] und zwar noch bevor irgendwelche weiteren Arbeiten durchgeführt würden.[135] Flegenheimers Kritik ist aufschlussreich und enthält nahezu das gesamte Spektrum an Einwänden, die vom Standpunkt einer empirisch ausgerichteten Soziologie geltend gemacht wurden.[136] Deshalb soll sie etwas genauer dargestellt werden.

---

[133] Stadtarchiv Lausanne, P 220, Carton 20, Classeur 1, Nr. 2.

[134] Siehe oben, Kapitel 2.2.3 »Homo Helveticus« – sozialanthropologischer Theorierahmen. Vgl. auch Stadtarchiv Lausanne, P 286, Carton 3, Enveloppe 3, S. 12.

[135] Soweit aus den Quellen ersichtlich ist, wurde keine solche Sitzung einberufen und das Gremium trat auch später nicht zusammen. Stadtarchiv Lausanne, P 286, Carton 3, Enveloppe 3: Richterich, René, *Note sur l'entretien du 6 septembre 1961, à Geneve, entre MM. Michel Flegenheimer, sociologue, et Richterich*, 6.9.1961, S. 4.

[136] Vgl. Kapitel 5 und 6.

Zunächst hielt Flegenheimer die *anthropologische Methode* grundsätzlich für »fragwürdig, wenn nicht falsch«[137], um die schweizerische Bevölkerung zu untersuchen. Die Studie würde keine gültigen Aussagen über einen »Homo Helveticus« machen können, denn es sei praktisch unmöglich, in einer Untersuchung der Bevölkerung zu generalisieren. Es sei verfehlt, den »Homo Helveticus« als Ausgangspunkt der Arbeit zu nehmen, zumal man wisse, dass er nicht der Realität entspräche. Mehr noch irritierte Flegenheimer, dass anthropologische Methoden überhaupt auf die Schweiz angewendet werden sollten: »Man kann einen Volksstamm oder eine afrikanische Sippe, die hauptsächlich agrarisch lebt, und die schweizerische Bevölkerung, welche derart vielfältig ist, nicht mit derselben Methode untersuchen.«[138] Die anthropologische Methode könne womöglich zur Analyse eines bündnerischen Bergdorfes oder eines Genfer Arbeiterquartiers angewandt werden, aber man müsse darauf verzichten, gemeinsame Schlussfolgerungen aus den beiden untersuchten Fällen zu ziehen. Gewisse Generalisierungen seien zwar zulässig, zum Beispiel die Feststellung, dass die Armut in der Schweiz verschwunden sei oder dass die Schweizer im Durchschnitt so und so viele Kinder hätten. Sobald es jedoch um die »Motivationen und Werthaltungen« gehe, müsse man sich »an die Kategorien halten«[139], also nach Alter, Geschlecht, sozialer Schicht, Konfession und so weiter differenzieren.

Obwohl der Anlass für seine Unterredung mit Richterich bloss darin bestand, ihn als subalternen Interviewer für eine begrenzte Projektphase anzuwerben, nahm er in seiner Kritik die Rolle eines wissenschaftlichen Experten ein. Diesen Status wies ihm auch Richterich zu, indem er erwähnte, Flegenheimer sei nach Paris berufen worden und habe zuvor als Assistent bei Prof. Girod in Genf »an praktisch allen Untersuchungen« mitgearbeitet.[140] Auf dieser wissenschaftlich-professionellen Ebene forderte seine Kritik die französischen Autorinnen und Autoren heraus. Zunächst zog er ihnen den disziplinären Boden unter den Füssen weg, indem er die Anthropologie, als ungeeignet für den gegebenen Zweck qualifizierte und dagegen seine eigene Disziplin, die Soziologie, als angemessen darstellte.

Auch die Stichprobengrösse von 1200 Personen hielt Flegenheimer für ungenügend. Wenn man drei Sprachgruppen, acht sozioökonomische Gruppen, Alter, Geschlecht, Konfession usw. berücksichtigen wolle, so blieben pro Gruppe gerade noch 5–6 Personen. Er verlangte, dass wenigstens 1200 Personen pro Sprach-

[137] Im Original: »très discutable, sinon fausse«, vgl. Stadtarchiv Lausanne, P 286, Carton 3, Enveloppe 3, S. 4.

[138] Im Original: »On ne peut pas traiter une peuplade ou une tribu d'afrique, de type généralement agricole, et le peuple suisse, si divers, selon le même méthode.« Vgl. ebd.

[139] Im Original: »s'en tenir aux catégories«, vgl. ebd.

[140] Ebd., S. 1.

gruppe befragt würden. Die vorgesehenen acht Mitarbeiterinnen und Mitarbeiter könnten eine solche Menge Interviews in der vorgegebenen Zeit jedoch gar nicht durchführen. Er zeigte sich erstaunt, dass man sich nicht an Markt- und Meinungsforschungsinstitute wende, welche über Karteien mit repräsentativen Stichproben und über geschultes Personal verfügten. Den jungen Soziologen dagegen fehle es an Erfahrung und sie würden wohl viel Zeit verlieren, die vorgesehenen Befragten zu finden. Daher hielt es Flegenheimer für notwendig, einen Berufssoziologen zu engagieren, der die Studie in der Schweiz leiten würde.

Interessanterweise ist eine interne Replik von Isac Chiva erhalten. In einem handgeschriebenen Dokument entgegnete er ungeschminkt und vehement sämtlichen Einwände Flegenheimers.[141] Aus den Protokollen der Arbeitsgruppe ist nicht ersichtlich, ob und mit welchem Ergebnis die Einwände Flegenheimers und Chivas Replik diskutiert wurden. Sicher ist, dass Flegenheimers Ideen nicht umgesetzt wurden und die Arbeitsgruppe weiterarbeiten konnte. Chiva war jedoch über das Vorgehen und die Notiz von René Richterich massiv verärgert. Allein den Umstand, dass Richterich das Konzept einem Aussenstehenden vorgelegt hatte, erachtete er als Indiskretion. Sowohl Richterich als auch Flegenheimer hatten ihn enttäuscht: Wer diese Kritik am Projekt formuliere, habe ganz einfach das Konzept nicht gelesen. Zudem mangle es Flegenheimer an kritischem Sinn und an Kultur im sozialwissenschaftlichen Bereich, »was vielleicht die offenkundige Mittelmässigkeit der Genfer Arbeiten erklärt«.[142]

Der »Homo Helveticus« war vor diesem Hintergrund janusköpfig geworden: Solange es der Arbeitsgruppe gelang, aufgrund ihrer wissenschaftlichen Qualifikation die einzige Instanz zu bleiben, die den »Homo Helveticus« im doppelten Sinn des Wortes *beschreiben* konnte, verfügte sie über ein Deutungsmonopol und damit über ein exklusives Angebot gegenüber der Expo. Sobald aber das Konzept diskreditiert und die Arbeitsgruppe herausgefordert wurde, war durch die nationale Einfärbung die Zuständigkeit der »ausländischen« Autoren in Frage gestellt.[143] Die Annahme, ein französisches Forschungsteam sei ungeeignet, die Schweiz zu analysieren, wies Chiva mitsamt der Kritik an der anthropologischen

[141] In Chivas Notizen scheint viel jener Emotionalität auf, die gewöhnlich aus Sitzungsprotokollen und Memoranden herausgefiltert ist. So bezeichnete er beispielsweise die Kritik Punkt für Punkt als Dummheit oder Ignoranz.

[142] Im Original: »ce qui explique peut-être la mediocre notoire des traveaux de Genève«, vgl. Stadtarchiv Lausanne, P 286, Carton 3, Enveloppe 3: Chiva, Isac, *Handschrifliche Replik von Isac Chiva auf Kritik von Michel Flegenheimer*, September1961, S. 1.

[143] Die Fremdheit des Beobachters war in Ethnologie und Anthropologie selbstverständlich. Das Fremde war schliesslich genau der Gegenstand dieser Disziplinen und ihre Methoden wurzelten im Umgang mit Differenz und Andersartigkeit. In der Soziologie dagegen konnte Distanz zum Gegenstand nicht ohne weiteres als Vorteil geltend gemacht werden. Dies hatte damit zu tun, dass die Soziologie national fragmentiert war und sich die Soziologen häufig mit ihrer eigenen Herkunftsnation befassten. Soziologische Experten stammen typischerweise aus der »Gesellschaft«, die sie be-

Methode zurück: »Wenn nur die Mitglieder einer Kultur das Recht hätten, sie zu untersuchen, würde ein Grossteil der Sozialwissenschaften nicht existieren.«[144] Flegenheimers Kritik verweise lediglich darauf, dass er eine völlig falsche Auffassung von Ethnologie habe und einen Grossteil der sozialwissenschaftlichen Forschung ignoriere, denn Ethnologen und Anthropologen würden seit langem komplexe Gesellschaften untersuchen. Auch der Einwand, es sei falsch, einen »Homo Helveticus« analysieren zu wollen, weil es keinen Nationalcharakter gäbe, wies Chiva zurück. Das Konzept mache deutlich, dass der »Homo Helveticus« lediglich eine Arbeitshypothese bilde und möglicherweise nicht nachweisbar sei. Selbstverständlich gäbe es keinen *einheitlichen* Schweizer, wohl aber einen *erkennbaren* Schweizer.[145]

Während sich die Auseinandersetzung bislang auf Unterschiede zwischen Soziologie und Anthropologie bezogen hatte, zielten die übrigen Kritikpunkte auf disziplinunabhängige wissenschaftliche Streitpunkte. Die Frage, wie gross die Stichprobe sein müsse, damit sie als *repräsentativ* gelten könne, war eine statistische Frage und als solche unabhängig von der Fachdisziplin. Der Vorwurf, eine Stichprobe von 1200 Personen sei viel zu klein, wog deshalb schwer, weil er die wissenschaftliche Qualität der Studie in Zweifel zog. Repräsentativität bedeutete in diesem Zusammenhang den Status eines international anerkannten Standards und einer wissenschaftlichen Minimalanforderung an jede quantitative Studie. Chiva begegnete dem Vorwurf mit Vehemenz: Die Stichprobengrösse von 1200 Personen habe mit den »objektiven Zwängen«[146] der Studie zu tun: Mit der vorgegebenen Zeit und den begrenzten finanziellen Mitteln sowie mit dem Ziel der Studie, eine Sektion der Expo zu gestalten.

Gereizt reagierte er auf die Forderung Flegenheimers, die Leitung der Studie sei einem »Berufssoziologen«[147] zu übertragen und von einem Meinungsfor-

---

schreiben, was eher mit besonderer Fachkenntnis in Verbindung gebracht wurde als mit mangelnder Distanz.

[144] Im Original: »s'il n'y avait que les membres d'une même culture à avoir le droit de l'étudier, une grande partie des sc. soc. n'existerait pas.« Stadtarchiv Lausanne, P 286, Carton 3, Enveloppe 3, S. 2 f. Interessant ist auch, dass Chiva nicht von Anthropologie alleine, sondern von »den Sozialwissenschaften« spricht. Zur Stabilisierung seiner These verallgemeinert er das Vorgehen der Anthropologie hin zu einem Grossteil der Sozialwissenschaften insgesamt.

[145] Ebd., S. 3 f. Aus heutiger Sicht mag es kontraintuitiv erscheinen, dass ein Soziologe das Ergebnis desVersuchs, einen »Durchschnittsschweizer« zu konstruieren, als Artefakt entlarvt. Hier prallte die vereinheitlichende Idee eines »Nationalcharakters«, den der Anthropologe Chiva im Anschluss an Geoffrey Gorer zum Ausgangspunkt seiner Überlegungen machte (vgl. Kapitel 2.2.4 Wissen statt Klischees: Das soziologische Forschungsdesign) auf die Sicht eines Soziologen, der es gewohnt war, nach sozialen Milieus und Lebensphasen zu differenzieren. Vgl. Girod, Roger/Flegenheimer, Michel/Rouiller, Jean-Frédéric, *Milieu social et orientation de la carrière des adolescents*, Genève 1961.

[146] Im Original: »contraits objectifs«.

[147] Im Original: »sociologue de métier«.

schungsinstitut durchzuführen, welches bereits über repräsentative Stichproben verfüge. Dies hätte das Ende der bestehenden Arbeitsgruppe bedeutet und das gesamte Personal hätte folgerichtig ausgewechselt werden müssen. Zudem wollte Chiva den Rückgriff auf die Ad-hoc-Netzwerke der Meinungsforschungsinstitute gerade vermeiden. Es sei eine »Eselei«[148] zu glauben, nur Meinungsforschungsinstitute würden über repräsentative Stichproben verfügen, denn in »zivilisierten Ländern« liefere das Statistische Amt genauso aktuelle Stichproben.

Schliesslich hatte Flegenheimer den Wert der Ergebnisse der Studie »Un jour en Suisse« in Zweifel gezogen, indem er die Studie und das Fragespiel auf der Expo vermischte und kritisierte, die Ergebnisse einer Befragung auf der Expo könnten nicht repräsentativ sein und hätten daher keinen wissenschaftlichen Wert. Dieser Kritikpunkt ist besonders bemerkenswert, weil er auch in den späteren Kontroversen um die Studie[149] wiederholt wurde. Ob Flegenheimer die Vorstudie und das Fragespiel bewusst vermischte, kann an dieser Stelle nicht geklärt werden. Möglicherweise war das Konzept zu unklar formuliert, aber vielleicht rief auch allein schon der Gegensatz zwischen der repräsentativen Studie und dem Fragespiel, das keine repräsentativen Ergebnisse produzieren kann, ein Unbehagen hervor, welches Kritiker zu einem Kurzschluss veranlasste. Chiva lokalisierte das Problem jedenfalls nicht bei seinem Konzeptentwurf, sondern bei René Richterich, der es unterlassen habe, Flegenheimer das Szenario richtig zu erläutern und damit Missverständnisse auszuräumen. »Man darf von unseren Partnern ein Minimum an Seriosität verlangen. Die Unkenntnis dessen, was eine soziologische oder ethnologische Arbeit ist, entschuldigt die Pöbeleien dieser Leute nicht. Et merde, ils sont trop con.«[150]

2.3.3 Herausforderung durch die Marktforschung

Das Beispiel Flegenheimers zeigt, wie sich ein eben erst promovierter Soziologe, der als Interviewer angefragt wurde, kurzerhand in den Rang eines Experten erheben konnte und beinahe das ganze Projekt auf den Kopf gestellt hätte. Ob Flegenheimer spontan die Gunst der Stunde nutzte oder ob er seine Kritik strategisch absichtsvoll platzierte, um sich umso wirkungsvoller einzubringen, lässt sich aufgrund der Quellen nicht beantworten. Anhand eines zweiten Beispiels lässt sich jedoch zeigen, dass auch von anderer Seite ein gut vorbereiteter und kommerziell motivierter Versuch, das Projekt an sich zu reissen, erfolgte.

---

[148] Im Original: »ânerie«.

[149] Vgl. Kapitel 5.

[150] Im Original: »On est donc fondé de demander aussi un minimum de sérieux de le part de nos partenaires. L'ignorance de ce qu'est un travail sociologique ou ethnologique n'excuse pas des grossièretés de ce genre. Et merde, ils sont trop con.«

Im Dezember 1961 intervenierte die westschweizerische Marktforschungslobby »Groupement Romand des Études de Marché« (GREM) bei der Expo-Direktion mit dem Ziel, die Umfrage anstelle der Arbeitsgruppe »Un jour en Suisse« durchzuführen. Albert Masnata, der vormalige Leiter der Programmkommission und Gründer der »Fédération romande de la publicité«, unterstützte dieses Ansinnen und wurde zusammen mit dem Präsidenten der GREM, Robert Campiche, bei der Direktion vorstellig. Die beiden warfen dem Leitungsgremium vor, es verstosse gegen das Ausstellungsreglement, weil es Ausländer mit der Untersuchung betrauen wollte. Die Marktforscher liessen durchblicken, dass sie an die Öffentlichkeit gehen würden, wenn sie den Auftrag nicht erhielten.[151]

In einem Brief an Albert Masnata zeigte sich Paul Ruckstuhl zunächst entsetzt über die fremdenfeindlichen Pressionen, die nicht im Interesse der Expo sein könnten: »Was mich in dieser Angelegenheit erstaunt, ist die übermässige Fremdenfeindlichkeit der Beteiligten. Ohne unseren Standpunkt zu kennen, wird uns mit Interventionen und Appellen an die öffentliche Meinung gedroht. Wir sind leider solch fragwürdige Vorgehensweisen bereits gewohnt und ertragen sie ruhig, indem wir zuerst an die Interessen und die Qualität der Ausstellung denken.«[152] Danach konterte er, nur zwei Mitglieder der wissenschaftlichen Arbeitsgruppe seien französische Staatsangehörige, der Rest der Gruppe stamme aus der Schweiz. Namentlich der wissenschaftliche Patron, Alfred Métreaux, sei Schweizer und verfüge über eine internationale Reputation.

Der entscheidende taktische Schachzug aber war, anstelle der Landesgrenzen eine andere Art von Grenzen ins Spiel zu bringen, nämlich jene zwischen wissenschaftlichen Disziplinen. In einer vorbereitenden Sitzung verständigte sich die Direktion mit der Arbeitsgruppe darauf, die geplante Studie vom Tätigkeitsfeld der Marktforscher abzugrenzen: »Diese Untersuchung hat nichts zu tun mit gängigen soziologischen oder marktforscherischen Studien.«[153] Ruckstuhl ging so-

[151] Aus dem Reglement der Expo geht nicht klar hervor, ob die französische Nationalität der beratenden Soziologen tatsächlich unzulässig war. Das Reglement hält nur fest, dass die Aussteller, seien es Personen, Unternehmen oder Institutionen, ihr Domizil in der Schweiz haben müssten und die Ideen und Güter, die sie ausstellten, im Einklang mit der Zielsetzung der Expo stehen müssten. Ob dies für sämtliche Personen erforderlich war, wäre wohl eine Ermessensfrage gewesen. Stadtarchiv Lausanne, P 286, Carton 3, Enveloppe 3, Nr. 7, S. 4.

[152] Im Original: »Ce qui me surprend dans cette affaire, c'est la xénophobie démesurée des intéressés. Avant même de connaître notre point de vue, on nous menace d'interventions et d'appels à l'opinion publique. Nous sommes hélas quelque peu habitués à ces procédés discutables et les supportons calmement en songeant d'abord à l'intérêt et à la qualité de l'Exposition.« Vgl. Bundesarchiv, J 2.10, 1000/1212, 3/2, Nr. 17: Ruckstuhl, Paul, *Korrespondenz Paul Ruckstuhl mit Albert Masnata*, 14.12.1961; Sidler, ›Croire et Créer‹, S. 64 f.

[153] Im Original: »Cette analyse n'a rien à voir avec les études sociologiques ou du marché courantes.« Vgl. Stadtarchiv Lausanne, P 220, Carton 21, Classeur 3, Nr. 1: Richterich, René, *Procès-verbal des décisions prises au cours de la séance du 13. décembre 1961 de la section 102 »Un jour en Suisse« de la Partie générale.*, 13.12.1961.

weit, Masnata zu versichern, dass die Expo, falls sie »klassische Untersuchungen« durchführen möchte, sich selbstverständlich mit den Marktforschungsinstituten in Verbindung setzen würde: »Wohlverstanden, wenn wir klassische Untersuchungen durchzuführen hätten, würden wir uns an Unternehmen aus unserem Land wenden.«[154] Zum Schluss versicherte er, dass Apothéloz' Arbeit den Markt- und Meinungsforschungsinstituten keinen Nachteil erbringen werde – im Gegenteil.

Masnata hielt sich nach dem Brief von Ruckstuhl zurück, doch für die Arbeitsgruppe war das leidige Thema damit immer noch nicht vom Tisch. Denn Ende Dezember wurde Paul Ruckstuhl während Vorbereitungsarbeiten für die speziellen Sektionen am Rande einer Sitzung der Ausstellungskommission von F. Vuilleumier, einem weiteren Vertreter der GREM, angesprochen.[155] Dieser beklagte sich, die Meinungsforschungsinstitute hätten im Juli 1961 erfolglos Vorschläge eingebracht, die dem Projekt von Charles Apothéloz sehr ähnlich gewesen seien.[156] Sie fürchteten nun um ihr Ansehen, weil der Eindruck entstehe, die Schweizer Institute wären nicht in der Lage, solche Untersuchungen selbst durchzuführen. Zudem könne dies Anlass zu Polemiken aus der Deutschschweiz geben. Ihre Hauptsorge war jedoch dass mit der Arbeitsgruppe »Un jour en Suisse« ein neues Meinungsforschungsinstitut entstand, welches auch nach der Expo weiterbestehen würde. Vuilleumier bat darum, dass die Direktion abermals abkläre, ob die Institute nicht doch einbezogen werden könnten. Zudem regte er an, dass die Expo ein Inventar an Untersuchungen erstelle, die ihr dienlich sind und sich drittens überlege, ob nicht die Arbeit der Meinungsforschungsinstitute im Anschluss an »Un jour en Suisse« gezeigt werden könnte.[157]

Ohne Masnatas Unterstützung stellten Vuilleumiers Forderungen für die Arbeitsgruppe jedoch keine Bedrohung mehr dar. Sie waren zwar noch einmal im Januar 1962 Thema, doch danach hörten die Versuche, Druck auszuüben, auf. Das Traktandum gab Isac Chiva die Gelegenheit, seine schlechte Meinung von den Instituten auszudrücken, denn er war der Ansicht, dass diese Interviews fälschten: »Es ist bekannt, dass jene, die für die Marktforschungsfirmen arbeiten, Antworten am laufenden Band fabrizieren.«[158] Zudem habe die Arbeitsgruppe

---

[154] Im Original: »Il est bien entendu que si nous avons des enquêtes classique à faire, nous recourrons aux entreprises de notre pays.« Vgl. Bundesarchiv, J 2.10, 1000/1212, 3/2, Nr. 17, S. 2.

[155] Stadtarchiv Lausanne, P 220, Carton 21, Classeur 3, Nr. 3: Bureau Un jour en Suisse, *Procès-verbal de la séance du 16. janvier 1962*, 24.1.1962.

[156] Stadtarchiv Lausanne, P 220, Carton 21, Classeur 3, Nr. 2: Ruckstuhl, Paul, *Note d'entretien avec H. F. Vuillemier, le mardi 26 décembre 1961, à 11.30 h. Hôtel Central*, 4.1.1962.

[157] Ebd.

[158] Im Original: »On sait bien que ceux qui travaillent pour les boîtes d'étude de marché fabriquent des réponses à la chaîne.« Vgl. Stadtarchiv Lausanne, P 220, Carton 21, Classeur 3, Nr. 3.

die bessere Kontrolle, wenn die Interviews von Studentinnen und Studenten durchgeführt würden.

Die Arbeitsgruppe und die Direktion waren sich einig, dass die GREM deshalb so hartnäckig darauf beharrte, an der Umfrage beteiligt zu sein, weil sie Angst vor einem Konkurrenzunternehmen hatte.[159] Sie kamen schliesslich überein, im Namen der Expo, aber nicht im Namen von »Un jour en Suisse«, ein Inventar an Untersuchungen zu erstellen, die für die Expo von Interesse waren. Die Direktion könnte diese dann an die einzelnen Sektionen verteilen. Direktion und Arbeitsgruppe versuchten also die Marktforscher weiterhin auf Distanz zu halten und so unverbindlich wie möglich zu bleiben – offenbar mit Erfolg, denn die Angelegenheit verlief im Sande.[160]

Die Auseinandersetzungen machen deutlich, dass die Idee einer repräsentativen Umfrage und eines Fragespiels auf der Expo grosse Faszination ausübte und verschiedene Akteure animierte, sich in das Projekt einzumischen. Es zeigte sich, dass völlig unterschiedliche Auffassungen bestanden, ob es sich nun um eine ethnologische, eine anthropologische, eine soziologische oder eine psychologische Untersuchung handle. Auch was unter Ethnologie oder Soziologie zu verstehen ist, war völlig unklar. Solche fachlichen und inhaltlichen Unschärfen resultierten daraus, dass es zwar ein Alltagsverständnis davon gab, was eine Meinungsumfrage sei, die Akteure jedoch damit wenig praktische Erfahrungen hatten. Die Unklarheiten ermöglichten es der Arbeitsgruppe aber auch, taktisch geschickt zu argumentieren und einmal aktiv zur Verwirrung beizutragen, um ihre Interessen durchzusetzen, und ein andermal mit wissenschaftlicher Autorität ihre Konkurrenz auszubooten.

2.4 Fazit: Vielfältige »nationale Identität«

»La diversité dans l'unité« – unter diesem umgekehrten Motto der Expo 64 hat dieses Kapitel sich mit den diversen Vorstellungen und Ansprüchen beschäftigt, die von unterschiedlichen Akteuren in den Entwurf der Expo eingebracht wurden. Der Fokus lag auf einem Ausschnitt des Prozesses des »nation buildings«, nämlich auf der Phase der Entwürfe. Die Vorbereitungsarbeiten für die Landesausstellung 1964, von den frühen Ideen von »Achtung: die Schweiz«, den Skizzen der Programmkommission über die Vorschläge der verschiedenen Studien- und Expertengruppen und der Direktion bis hin zu den Projektskizzen für den allge-

[159] Edmond Henry meinte, es handle sich um eine »Frage des Stolzes und um die Angst vor einem neuen Unternehmen«, im Original: »Il y a là, pour ces gens, une question d'amour-propre, et la crainte d'une nouvelle entreprise.« Vgl. ebd., S. 6.

[160] Vgl. auch Sidler, ›Croire et Créer‹, S. 65.

meinen Teil und für die Abteilung »Un jour en Suisse« waren allesamt Versuche, ein Bild der Schweiz zu entwerfen, mit dem sich das Publikum identifizieren konnte und das ihm Orientierung bieten sollte. Es sind Entwürfe einer »nationalen Identität« der Schweiz und Versuche zur Setzung eines nationalen gesellschaftlichen Leitbildes.

So sehr sich die verschiedenen Vorschläge und Konzepte in ihren Akzentsetzungen auch widersprechen, finden sich in ihnen doch einige thematische Kristallisationspunkte. Eine Reihe von Elementen taucht immer wieder auf und wird von den verschiedenen Autorengruppen jeweils unterschiedlich gewichtet und montiert.

Ein erstes Element ist die *Zeitorientierung*: Alle Vorschläge orientieren sich entweder an der Vergangenheit oder an der Zukunft der Schweiz. Im Falle der *Vergangenheits*orientierung wird ein Geschichtsverständnis bemüht, das sich auf eine Vorzeit beruft, welche Orientierung für die Gegenwart und die Zukunft bieten und zum Erhalt einer positiv verstandenen Schweizer Eigenart beitragen soll. Diese Argumentationslinie wurde von der Studiengruppe um Jacques Freymond vertreten, der vor allem etablierte Historiker angehörten. Sie entsprang einem klassisch-konservativen Geschichtsbild, wie es 25 Jahre zuvor prototypisch auf der Landesausstellung 1939 inszeniert worden war. Doch diese Zeitorientierung war für die Lausanner Landesausstellung nicht bestimmend. Die Programmkommission der Expo 64 unter Albert Masnata bezog sich zwar positiv auf die Studiengruppe, legte aber das Hauptgewicht auf die *Zukunft*. Die Expo-Direktion entwickelte diese Stossrichtung weiter und erhob schliesslich die Zukunftsorientierung selbst zum Leitgedanken der Landesausstellung, während historische Bezugnahmen in den Hintergrund rückten. Das Motto »Pour la suisse de demain: croire et créer« verdeutlicht diese Akzentsetzung, wobei der Aspekt des »croire« nicht als verkappte Hinwendung zur Vergangenheit missverstanden werden darf. Er bezeichnet, folgt man den Autoren, vielmehr einen Glauben an die Technik und die Gleichheit.[161]

Ein zweites Element »nationaler Identität«, welches eng mit dem ersten verbunden ist, sind die »*schweizerischen Konstanten*«: Kein Entwurf einer schweizerischen »nationalen Identität« kommt ohne die Behauptung von Konstanten aus. Diese Bausteine des nationalen Bildhaushalts werden als »unveränderliche Merkmale« der Nation oder des Nationalcharakters imaginiert. Im vorliegenden Untersuchungszusammenhang tauchte eine Reihe solcher Vorstellungen wiederholt auf. Sie waren offenbar im Kontext der Landesausstellung von 1964 in besonderer Weise geeignet, Gegenwartsprobleme und Zukunftsdesiderate auf Ideale zu beziehen, welche die jeweiligen Autorengruppen propagieren wollten. Der Pro-

161 Stadtarchiv Lausanne, P 220, Carton 20, Classeur 1, Nr. 7, S. 3.

grammentwurf der historischen Studiengruppe bestand im Wesentlichen darin, solche »Konstanten« zusammenzutragen (Wehrwille, Unabhängigkeitswille, Föderalismus, Neutralität, Demokratie, Tüchtigkeit etc.) und sie als Inhalte der Ausstellung vorzuschlagen. In den Entwürfen der Programmkommission und der Direktion wurden drei »Konstanten« als besonders wichtig proklamiert: Die Topographie, der christliche Glaube und die Geopolitik.[162] Die Arbeitsgruppe »Un jour en Suisse« bezog sich ebenfalls auf Konstanten, ohne diese jedoch von Vornherein festzulegen. Die Gruppe machte es sich zur Aufgabe, mit Hilfe einer wissenschaftlichen Umfrage schweizerische »Konstanten«, im Sinne von Charaktereigenschaften des »Homo Helveticus«, zu ermitteln. So gesehen war ihr Vorgehen das pure Gegenteil des Apriori der historischen Studiengruppe, was jedoch nicht heisst, dass beides nichts miteinander zu tun gehabt hätte: Die Arbeitsgruppe »Un jour en Suisse« nahm Bezug auf historische Klischees, um sie als Mythos zu entlarven und durch wissenschaftliche Befunde zu kontrastieren.

In einer Gesamtbetrachtung der untersuchten Entwürfe treten zwei programmatische Charakteristika hervor, die der Expo 64 ihr spezifisches Gepräge gaben: Erstens betonten die Vorschläge der Programmkommission und der Direktion an vorderster Stelle die *Offenheit gegenüber Europa* und dem Rest der Welt. Sie brachen mit der Igelmentalität und dem Isolationismus, der die Landi 39 gekennzeichnet hatte, und propagierten Austausch und Kooperation mit den europäischen Nachbarn. Dass diese Öffnung mehr Desiderat denn Realität war, zeigte sich allein schon an den leidigen Kontroversen um die Nationalität der französischen Wissenschaftlerinnen und Wissenschaftler. Zweitens wurde besonderen Wert auf das *politische System* gelegt, insbesondere auf die Aspekte Demokratie und Neutralität. Die Direktion bezog sich mit Stolz auf die politischen Partizipationsmöglichkeiten, wenngleich sie davon ausging, dass die Bevölkerung politischer Führung durch Eliten bedürfe. Die Neutralitätspolitik sah sie ebenfalls als besonders wichtig an: als Garant für Freiheit im Innern und für Friedenspolitik nach aussen.[163] Mit dieser Auffassung von Neutralität konnte Charles Apothéloz nichts anfangen. Er betrachtete sie als Feigenblatt für die Unterdrückung der politischen Opposition.[164] Die Aspekte Führung der Bevölkerung, Unterdrückung Andersdenkender, Demokratie und Neutralität öffnen ein Feld, das im Folgenden im Auge zu behalten ist: Die unterschiedlichen Akteure beziehen sich zwar alle auf die Besonderheit der Schweizer Demokratie, jedoch bestehen Konflikte in Bezug auf den *Grad an politischer Partizipation*, welcher die Eliten der Bevölkerung zugestehen wollten. Die Vorstellung der Direktion, dass es für den gewünschten Aufbruch in die Zukunft engagierter Bürger bedürfe, diese jedoch

---

[162] Vgl. Fussnote 78 in Kapitel 2.1.4 Der »Weg der Schweiz«.

[163] Vgl. Kapitel 2.1.4 Der »Weg der Schweiz«.

[164] Vgl. Kapitel 2.2 Entwürfe der Sektion »Un jour en Suisse«.

Anleitung, Bildung und Führung brauchten,[165] steht im Gegensatz zu Apothéloz Erfahrung eines erzwungenen Konformismus, gegen den er mit seiner Dienstverweigerung protestiert hatte.[166] Das Szenario »Un jour en Suisse« war auf Partizipation angelegt und das Fragespiel sollte dem Publikum die Möglichkeit geben – wissenschaftlich autorisiert – frei seine Meinungen zu äussern und das Bild der Schweiz zu beeinflussen.

Wie das Kapitel deutlich gemacht hat, ist *nation building* kein gleichförmiger Prozess. Akteure ausserhalb der Expo kritisierten die Entwürfe von Charles Apothéloz und seiner wissenschaftlichen Arbeitsgruppe und forderten sie heraus. Noch bevor die Arbeitsgruppe ein Mandat zur Durchführung der Umfrage erhalten hatte, geriet sie bereits unter erheblichem Druck: Der Soziologe Michel Flegenheimer brandmarkte die anthropologische Methode als ungeeignet, um die Schweiz zu untersuchen. Er stellte die Wissenschaftlerinnen und Wissenschaftler als unverständig hin und verunsicherte damit den Expo-Direktor René Richterich stark. Kurz nachdem die Arbeitsgruppe den Auftrag zur Durchführung in den Händen hatte, erfolgte zudem ein Versuch der westschweizerischen Marketing-Lobby GREM, die Umfrage an Stelle des französischen Forschungsteams durchzuführen. Aber auch innerhalb der Expo stand das Projekt auf unsicherem Boden. Der Soziologe Lucius Burckhardt zog den Sinn des geplanten Fragespiels in Zweifel und die Expo-Direktoren Edgar Henry und René Richterich waren alles andere als überzeugt, dass die Abteilung »Un jour en Suisse« auf gutem Wege sei. Henry befürchtete, sie sei wissenschaftlich abgehoben und drohte das Fragespiel abzusagen, falls es keinen wissenschaftlichen Wert habe.[167] Expo-Direktor Paul Ruckstuhl meldete Zweifel an, ob sich die Besucherinnen und Besucher ausreichend für das Fragespiel interessierten, wenn sie am Schluss lediglich ihr Portrait in Form von ein paar Zeilen Text erhielten. Und schliesslich verlangten die Expo-Direktion und IBM, dass ihnen ein wissenschaftlicher Wert des Fragespiels auf der Expo – und nicht etwa nur der Voruntersuchung – aufgezeigt werde. Laut Expo-Direktor Henry hatte IBM ihr Interesse an der Umsetzung des Fragespiels an diese beiden Voraussetzungen geknüpft.

Die Arbeitsgruppe musste auf diese Kritik reagieren. Die mit einem Augenzwinkern ins Spiel gebrachte Figur des »Homo Helveticus« bedrohte mittlerweile das Projekt, falls es nicht gelang, die Expo-Direktion sowie Kritiker und Konkurrenten von der zwingenden Notwendigkeit einer Umfrage und der darauf aufbauenden Inszenierung zu überzeugen. Die Arbeitsgruppe musste beweisen,

[165] Vgl. Ruckstuhl/Henry/Camenzind, Croire et créer.

[166] Dieselbe geistige Enge wurde auch in »Achtung: die Schweiz« kritisiert.

[167] Vgl. Stadtarchiv Lausanne, P 286, Carton 3, Enveloppe 3, S. 4: »M. Henry conclut en disant qu'il est certain que la direction de l'Exposition renoncerait au jeu s'il ne devait pas présenter d'intérêt pour le visiteur.«

dass sich das Publikum für den »Homo Helveticus« interessierte und dieser keine abgehobene Einbildung war. Aus einer ironisch-kritischen Idee musste deshalb wissenschaftlicher Ernst werden. Wie das folgende Kapitel deutlich macht, griff die Arbeitsgruppe zur Stärkung ihrer Position auf die Strategie der Verwissenschaftlichung zurück, um im hoch kompetitiven und politisierten Umfeld der Landesausstellung zu bestehen.

3 Zwischen »Leviathan« und »Labor«: Die soziologische Repräsentationsweise des »Homo Helveticus«

Wie Bruno Latour in seiner Studie »Wir sind nie modern gewesen« betont hat, bildet die Scheidung zwischen wissenschaftlichen und politischen Repräsentationen eine der grundlegenden Dichotomien der Moderne. Demnach verfestigten sich in der Moderne zwei idealtypische Möglichkeiten, um im Namen anderer sprechen und ein Kollektiv autorisiert repräsentieren zu können: Der »Leviathan« und das »Labor«.[1] Ersterer steht für die politische Repräsentationslogik des Gesellschaftsvertrags im Anschluss an Hobbes. Diese wird durch die Kunstfigur des Leviathans verkörpert, der entsteht, wenn alle Bürger ihre Macht abgeben und sich von dem – aus der Summe ihrer Körper gebildeten – Souverän repräsentieren lassen. Von der politischen unterscheidet Latour die wissenschaftliche Repräsentationsweise des Labors, für die Boyle steht. Das Objekt, das Boyle und seine Nachfolger repräsentierten beziehungsweise produzierten, war nicht die Gesellschaft, sondern die Natur; ihre Mechanismen, Kräfte und Gesetze. In der säuberlichen Scheidung dieser Repräsentationslogiken, in der »Trennung [...] zwischen der wissenschaftlichen Macht – damit beauftragt, die Objekte zu repräsentieren und der politischen Macht – damit beauftragt, die Subjekte zu repräsentieren«, sieht Latour ein Signum der »modernen Verfassung«.[2] Im Verlauf der Geschichte der Moderne wurden diese idealtypischen Repräsentationsregimes immer wieder von »Hybriden« durchkreuzt. Unter anderem von den Sozialwissenschaften, die Ende des 19. Jahrhunderts im Grenzbereich zwischen dem politischen und dem naturwissenschaftlichen Feld entstanden. Ihr Objekt war die Gesellschaft, ihr Repräsentationsanspruch aber gründete auf »scientific power« und der ihr zugehörigen Praktiken zur Herstellung wissenschaftlicher Objektivität. Dass die hybriden Produkte der Soziologie Erfolge zeitigten, verdeutlicht sich etwa daran, dass sozialwissenschaftliche Klassifikationen, Grafiken und Statistiken im Verlauf des 20. Jahrhunderts zu zentralen Medien der Repräsentation sozialer Ordnungen und zu wichtigen Bezugspunkten der öffentlichen

---

[1] Latour, Bruno, *Wir sind nie modern gewesen. Versuch einer symmetrischen Anthropologie*, Berlin 1995, S. 40 ff.

[2] Ebd., S. 43.

Auseinandersetzung über sozialen Wandel wurden. Die Popularisierung der sozialwissenschaftlichen Repräsentationsformen unterstreicht generell die Verwissenschaftlichung des Sozialen und die Verwischung der Grenzen von Politik und Wissenschaft. Im Speziellen erlaubt sie es, die hohe Bedeutung zu verstehen, welche die sozialwissenschaftliche Arbeitsgruppe »Un jour en Suisse« um Isac Chiva, Ariane Deluz und Nathalie Stern dem *wissenschaftlichen Objektivitätsideal* und somit quantifizierenden Verfahren und objektivierenden Praktiken bei der Repräsentation des »Homo Helveticus« beimass.[3] Hierbei kamen dem Konzept der »statistischen Repräsentativität« und dem Verfahren der »repräsentativen Stichprobe« Schlüsselrollen zu.[4] In der Konstruktion der »repräsentativen Stichprobe« und in der Verwendung des Begriffes der Repräsentativität klangen indes strategische und taktische Momente des sozialwissenschaftlichen Umgangs mit dem politischen Feld an, die nicht (oder zumindest nicht alle) direkt auf die Intentionen der Mitglieder der Arbeitsgruppe zurückzuführen sind. Sie müssen auch als Folgeerscheinung der widerstreitenden Repräsentationslogiken des »Leviathans« und des »Labors« betrachtet und in einem Spannungsfeld situiert werden, das älter war als diejenigen, die sich in den 1960er Jahren darin bewegten.

In diesem Kapitel geht es einerseits um die Rekonstruktion dieses Spannungsfeldes und andererseits um die »Verwissenschaftlichungspraktiken«, auf welche die Arbeitsgruppe zurückgriff. Zeitlich setzt das Kapitel im Herbst 1961 ein, als das Forschungsdesign der soziologischen Vorstudie – mit seinen Kernelementen der repräsentativen Stichprobe und des objektiven Fragebogens – entworfen wurde. Zu diesem Zeitpunkt rückten die politischen und künstlerischen Repräsentationslogiken, welche die Zeit der Entwürfe geprägt hatten, zu Gunsten der sozialwissenschaftlichen Feldlogik in den Hintergrund. Das Kapitel analysiert, wie die Studiengruppe »Un jour en Suisse« ihren Repräsentationsanspruch mit Hilfe wissenschaftlicher Objektivierungsstrategien, insbesondere über das Geltungskriterium der statistischen Repräsentativität, vom Deutungsanspruch des politischen Feldes abzuheben versuchte – was allerdings nicht immer gelang. Der Fokus liegt auf den intellektuellen Techniken, mit deren Hilfe das soziologische Forschungsteam versuchte, ein anerkanntes Bild der Schweiz, eine gültige Repräsentation des »Homo Helveticus« herzustellen und sich die notwendige Autorität anzueignen, verbindlich im Namen des *Demos* zu sprechen. Detailliert wird nachgezeichnet, nach welchen Gesichtspunkten und mit welchen Mitteln die Arbeitsgruppe ihr Bild der Schweiz herstellte und an welchen Zielvorstellungen und

[3] Vgl. Daston/Galison, Objektivität, S. 45 ff.

[4] Im Original: »construction d'un échantillon représentatif de la population de la Suisse«. Vgl. Stadtarchiv Lausanne, P 286, Carton 3, Enveloppe 2: Apothéloz, Charles/Chiva, Isac/Deluz, Ariane et al., *Rapport final du groupe d'études pour la section 102 »Un jour en Suisse«. Annexe II: l'échantillon*, 31.12.1962, S. 1.

Idealen sie ihr Handeln ausrichtete. Die Orientierung der Gruppe am Ideal wissenschaftlicher Objektivität wird in den Vorbereitungsarbeiten der Umfrage besonders deutlich: Sie zeigt sich darin, wie die Gruppe ihren Untersuchungsgegenstand – die schweizerische Bevölkerung – präparierte, nämlich indem sie eine repräsentative Umfrage durchführte. In Kapitel 3.1 wird das Kernelement dieses Verfahrens, die Methode der repräsentativen Stichprobenziehung, historisch kontextualisiert, unter besonderer Berücksichtigung des Repräsentativitätsbegriffs dargestellt und auf ihre epistemischen Wurzeln hin befragt. Dabei soll gezeigt werden, weshalb und mit welchen Implikationen diese Methode die Arbeitsgruppe in die Lage versetzte, im Namen des *Demos* der Schweiz zu sprechen. Ausgangspunkt der Überlegungen bildet ein eigenartiger Effekt: Der statistische Repräsentativitätsbegriff steht in einem Resonanzverhältnis mit dem politischen Begriff der Repräsentation. Dieses Verhältnis soll deshalb geklärt werden. Auf der Grundlage dieser Klärung werden in Kapitel 3.2 die Ziehung der Stichprobe für die Umfrage »Un jour en Suisse« untersucht und die Konsequenzen für das mögliche Bild der Schweiz erörtert, das auf dieser Grundlage entwickelt werden konnte. Ausgangspunkt von Kapitel 3.3 ist die Beobachtung, dass die Bemühungen der Arbeitsgruppe um wissenschaftliche Objektivität sich auch in der Art und Weise niederschlugen, wie sie ein »Messinstrument« herstellten, um die Meinungen der schweizerischen Bevölkerung abzubilden. Davon ausgehend untersucht es, wie das Forschungsteam den Fragebogen herstellte. Bei der Auswahl der Fragen und deren Formulierung war man strikt darauf bedacht, die Subjektivität der Forschenden zu minimieren und den Fragebogen frei von Willkür und Vorurteilen zu halten. Mit einem solcherart stabilisierten Fragebogen wollte die Gruppe das Alltagsdenken objektiv abbilden und den »Homo Helveticus« unmittelbar zum Sprechen bringen.

3.1 Repräsentation und Repräsentativität

Bei der Analyse sozialer Repräsentationen und ihres Wandels stösst man auf komplexe Probleme. Die Schwierigkeiten liegen zum einen in der inhaltlichen Unbestimmtheit, mit der die Alltagssprache den Ausdruck Repräsentation verwendet. Umgangssprachlich wird der Begriff unspezifisch als Darstellen, Vergegenwärtigung, symbolische und zeremonielle Vertretung, würdiges Auftreten oder Aufwand bestimmt. Aber auch innerwissenschaftlich wird der Begriff uneinheitlich und vielfach fliessend gefasst. In der Linguistik versteht man unter Repräsentation die Darstellung eines Prozesses oder Objekts durch Zeichen[5],

[5] Peirce, Charles Sanders, *Vorlesungen über Pragmatismus*, Hamburg 1991, S. 47 ff.

während Philosophie und Psychologie darunter die »Vergegenwärtigung von nicht unmittelbar Gegebenem in der Vorstellung«[6] verstehen. In der Politologie meint Repräsentation die »Vertretung [...] der Gesamtheit der Wähler durch Abgeordnete oder sonstige bestellte Personen bzw. Institutionen«[7] und in der Soziologie etwa ein »mit Machtansprüchen versehenes ›darstellendes Sichtbarmachen‹ und ›zur Geltung bringen‹«[8]. Eine andere Schwierigkeit liegt darin, dass die Repräsentationen des Sozialen lange als »objektive« Gegebenheiten galten. Erst in jüngerer Zeit richtet sich das historische Interesse auf Konstruktion, Funktion und Wandel der Repräsentationen des Sozialen, das diese als institutionalisierte und objektivierte Weisen der Welterzeugung fasst.[9]

Der folgende Abschnitt konzentriert sich auf die unterschiedlichen Bedeutungen und Sinnhorizonte des Repräsentationsbegriffs im politischen und sozialwissenschaftlichen Feld. Im Anschluss an Roger Chartier ist die Annahme leitend, dass die Unterschiede, die im Widerstreit dieser Felder als konzeptuelle und methodologische Differenzen formuliert wurden, für »Kämpfe um fachliche oder intellektuelle Herrschaft« stehen.[10] Um Sinn, Form und Inhalt der Repräsentationstechniken zu verstehen, auf welche die soziologische Arbeitsgruppe »Un jour en Suisse« in ihrer Vorstudie zurückgriff, bietet sich zunächst ein Blick auf die Repräsentationslogik und ihre Geschichte im politischen Feld an. Das Verfahren war 1960 noch relativ jung und in der Schweiz war noch keine vergleichbare »repräsentative« Studie durchgeführt worden.[11] Die Unschärfe und Mehrdeutigkeit des Begriffs »Repräsentativität« fielen gerade in der Schweiz mit ihrer direktdemokratischen Tradition auf einen ambivalenten Resonanzboden, weil damit – insbesondere im wissenschaftlichen und im politischen Feld – jeweils unterschiedlich begründete, aber für das jeweilige Feld höchst bedeutsame Geltungsansprüche verbunden waren.

---

[6] F. A. Brockhaus, *Brockhaus die Enzyklopädie in vierundzwanzig Bänden*, Mannheim 1998, S. 282.

[7] Rittershofer, Christian, *Lexikon Politik, Staat, Gesellschaft*, München 2007, S. 584.

[8] Bourdieu, Pierre, *Rede und Antwort*, Frankfurt am Main 1992.

[9] Baberowski, Jörg, »Was sind Repräsentationen sozialer Ordnung im Wandel? Anmerkungen zu einer Geschichte interkultureller Begegnungen«, in: Jörg Baberowski (Hg.): *Arbeit an der Geschichte. Wie viel Theorie braucht die Geschichtswissenschaft?*, Frankfurt am Main 2009, S. 7–18.

[10] Chartier, Roger, »Kulturgeschichte zwischen Repräsentation und Praktiken«, in: Roger Chartier (Hg.): *Die unvollendete Vergangenheit. Geschichte und die Macht der Weltauslegung*, Berlin 1989, S. 10.

[11] Vgl. Stadtarchiv Lausanne, P 220, Carton 22, Classeur 1, Nr. 17: Golay, Jean/Henry, Edgar/Chiva, Isac, *Brief an den Nationalfonds: Demande de subvention pour la publication d'une étude sociologique sur la vie quotidienne en Suisse entreprise dans le cadre de l'Exposition nationale suisse 1964*, 1963. «L'enquête outre la méthode utilisée, cette enquête présente l'originalité d'être la première étude extensive de ce type entreprise de façon rigoureuse et représentative à l'échelle de tout un pays européen et, qui plus est, d'un pays aussi complexe que la Suisse.«

3.1.1 Repräsentation im politischen Feld

In Demokratien ist das Thema der politischen Repräsentation allgegenwärtig. Zumeist geht es dabei um die Frage nach der richtigen Mischung parlamentarisch-repräsentativer und direktdemokratisch-plebiszitärer Elemente der politischen Entscheidungsverfahren. In seiner politischen Verwendung ist der Begriff jedoch nicht an die Demokratie als Herrschaftsform gebunden. Konzept und Geschichte der politischen Repräsentation reichen weiter zurück. Der Begriff »Repräsentation«[12] stammt vom lateinischen Verb *repraesentare* und bezeichnete ein Präsent- oder Manifest-Machen, zunächst von Objekten, später auch von Personen.[13] Seit dem 13. Jahrhundert wurde das Konzept dazu verwendet, Herrschaft zu legitimieren.[14] Bereits Thomas von Aquin rechtfertigte politische Herrschaft mit dem Argument, sie repräsentiere die Herrschaft Gottes in der Welt.[15] Thomas Hobbes radikalisierte diese Denkfigur Mitte des 17. Jahrhunderts zu einer Theorie absoluter Herrschaft. Im Leviathan gründete sich die Idee des Gesellschaftsvertrages auf einen Akt der Repräsentation, gemäss dem der Souverän von einer *multitude* dazu autorisiert wird, an ihrer Stelle verbindlich zu handeln. Die Autorisierung des Repräsentanten als Souverän ist bei Hobbes absolut gesetzt und nur durch die Verpflichtung des Souveräns gegenüber Gott begrenzt. Hobbes war einer der ersten Theoretiker, die dem Konzept diese überragende Bedeutung beimassen. Neben dem Aspekt von Stellvertretung und Autorisierung ist die Vorstellung von Bedeutung, dass Repräsentation in der Schaffung einer Einheit besteht und diese Einheit als Person konzipiert wird. Diese gedachte Person *als Verkörperung* der vielen stellt Einheit her und dadurch wird sie zum Souverän. Im Zuge der amerikanischen Revolution wurde Repräsentation zum Zentralbegriff eines neuen Regierungsverständnisses. Edmund Burke brachte in seiner berühmten Rede von 1775 die Kritik an neuen Steuern in den britischen Kolonien unter Anrufung des Repräsentationskonzeptes auf den Begriff: »no taxation without representation«[16]. Herrschaftsausübung wurde fortan auf die

---

[12] Für eine ausführliche Begriffsgeschichte von »Repräsentation« vgl. Hofmann, Hasso, *Repräsentation. Studien zur Wort- und Begriffsgeschichte von der Antike bis ins 19. Jahrhundert*, Berlin 1998.

[13] Pitkin, Hanna Fenichel, *The Concept of Representation*, Berkeley 1967, S. 241.

[14] Ritter, Joachim/Gründer, Karlfried (Hg.), *Historisches Wörterbuch der Philosophie*, Bd. 8 R-Sc, Basel 1992, S. 814.

[15] So referiert Thomas von Aquin Plato mit den berühmten Worten: »Quia huiusmodi regimen maxime representat divinum regimen, quo unus Deus mundum gubernat a principio.« Vgl. Podlech, Adalbert, »Repräsentation«, in: Otto Brunner (Hg.): *Geschichtliche Grundbegriffe. Historisches Lexikon zur politisch-sozialen Sprache in Deutschland*, Stuttgart 1984, S. 510.

[16] Vgl. Burke, Speech on Conciliation with America, 22.3.1775, zitiert in: Ebd., S. 523. Ebenso der Slogan der amerikanischen Föderalisten »taxation without representation is tyranny«, siehe Pitkin, Representation, S. 191.

Grundlage einer Verfassung sowie auf das Prinzip der Zustimmung zu neuen Gesetzen durch Repräsentanten gestellt.[17] Der Repräsentationsbegriff rückte damit ins Zentrum der Regierungs- und Verfassungstheorie. Weil in grossräumigen Staaten Demokratie nur »repräsentativ« organisiert werden konnte, wurde der Begriff zum wesentlichen Kriterium verfassungstypologischer Unterscheidungen.[18] Die Transformation von ständischen zu repräsentativen Verfassungen verlief in verschiedenen Nationen unterschiedlich.[19] In der Schweiz setzte sich im 19. Jahrhundert ein politisches Repräsentationskonzept durch, welches an die amerikanische und die französische Verfassung anknüpfte.[20] So verbreitete sich beispielsweise das Prinzip der »Einheit des Volkes«, gemäss dem nicht nur einzelne mächtige Stände, sondern alle »Volksklassen« Anspruch auf politische Repräsentation erhalten sollten.[21] Andererseits wurde das Konzept der »repräsentativen Demokratie« zur Zeit der Helvetischen Republik wie auch bei der Gründung des Bundesstaates 1848 und erneut im Kontext der Verfassungsrevision von 1874 von Vertretern eines Konzepts der »direkten Demokratie« herausgefordert. Auf der einen Seite setzten sich Liberale und Radikale für eine tendenziell zentralistische repräsentative Demokratie ein. Auf der anderen Seite versuchten föderalistische Kräfte im Namen einer »demokratischen Bewegung« die Zentralgewalt des Bundesstaates mit plebiszitären Instrumenten wie der Verfassungsinitiative und dem Referendum zu beschneiden. Mit der Verfassungsrevision von 1874 einigten sich die beiden Lager auf einen institutionellen Kompromiss, der den lange währenden Konflikt um das politische Selbstverständnis der Schweiz als Nation temperierte und der, so der Historiker Oliver Zimmer, genuin mit der Frage nach nationaler Identität verknüpft war. Der Konflikt um politische Repräsentation, wie er zunächst in der Zeit der helvetischen Republik und danach in der Verfassungsdebatte von 1848 sichtbar wurde, war immer auch ein Kampf um nationale Identität. Laut Zimmer ging es dabei stets um zwei zentrale Fragen: Wer war der legitime Souverän? Wer repräsentierte die Nation?[22]

---

[17] So steht beispielsweise in der Constitution of Massachusets von 1780 in Artikel 10 geschrieben: »The people of this commonwealth are not controllable by any other laws than those to which their constitutional representative body have given their consent.« Vgl. Podlech, Repräsentation, S. 523.

[18] Ebd., S. 524. Die Begriffsbildungen »repräsentative Demokratie« (»representative democracy«) oder »repräsentatives Regierungssystem« (»representative government«) stammen aus dieser Zeit.

[19] Hofmann, Repräsentation, S. 406 ff.

[20] Pitkin bezeichnet die USA, Grossbritannien und die Schweiz als typische Beispiele repräsentativer Regierungen, vgl. Pitkin, Representation, S. 230. Siehe auch ebd., S. 113 f.

[21] Bluntschli, Johann Kaspar, *Lehre vom modernen Staat*, Aalen 1875/1965, S. 50 ff.

[22] Zimmer, Contested Nation, S. 171. Siehe auch: Altermatt/Bosshart-Pfluger/Tanner (Hg.), Konstruktion einer Nation.

Politische Repräsentationskonzepte in den 1960er Jahren. In dem 1967 erschienenen Buch »The Concept of Representation« der Politologin Hanna Pitkin kommt der Facettenreichtum zum Ausdruck, den der politische Repräsentationsbegriff in der damaligen Gegenwart besass.[23] Der Autorin zufolge bezogen sich die unterschiedlichsten Konzepte von Repräsentation auf die Denkfigur des Wieder-präsent-Machens im Sinne von »re-präsentieren«. Ihr gemeinsamer Kern beziehe sich auf ein Präsent-Machen in dem Sinne, dass das Repräsentierte faktisch nicht präsent sei.[24] Das Paradox des gleichzeitigen Präsent- und doch nicht Präsent-Seins kann einerseits eine mystische Lesart bedienen oder andererseits als Hinweis auf eine Zeichenhaftigkeit gelesen werden, gemäss derer Repräsentation nur dann gelingt, wenn auch an sie geglaubt wird. Damit ist angesprochen, dass Repräsentation davon abhängt was in welchem Handlungszusammenhang präsent gemacht wird. Pitikin schlug vor, politische Repräsentationen zunächst in *formaler Hinsicht*, dann mit Blick auf den Anspruch des *standing for* und schliesslich bezüglich der Handlungsformen – also unter der Perspektive des *acting for* – zu untersuchen. Davon ausgehend unterschied sie vier Ebenen der politischen Repräsentation.

Zunächst meint Repräsentation, dass die Repräsentanten autorisiert sind, für die Repräsentierten zu handeln. Mit dem Begriff der *formalen Repräsentation* bezeichnet Pitkin eine autorisierte politische Vertretung, die – mit einer für die Repräsentierten bindenden Wirkung – Entscheidungen fällen kann. Das Paradebeispiel für eine formale Repräsentation ist Thomas Hobbes' Leviathan, wo die Repräsentation sich ausschliesslich aus dem Akt der Ermächtigung des Repräsentanten ableitet. Neben den Verfahren der Autorisierung umfasst die formale Repräsentation auch die (in Demokratien besonders wichtigen) Auswahlprozeduren, die bei der Bestimmung von Repräsentanten Anwendung finden, sowie die Kontrollmöglichkeiten durch die Repräsentierten.

Zweitens besagt der Begriff, dass die Regierenden in ihren Eigenschaften ein möglichst getreues Abbild der Regierten darstellen. Geht es um die Merkmale der Mitgliederstruktur, aus denen der Souverän sich zusammensetzt, so spricht Pitkin von *deskriptiver Repräsentation*. Bei dieser geht es um die Frage nach der richtigen Abbildung und insofern um den Aspekt des *standing for*: Dem auf John Stuart Mill zurückgehenden Anspruch zufolge ist eine im Allgemeininteresse lie-

---

[23] Pitkin, Representation. Siehe auch Dovi, Suzanne: Political Representation, in: *The Stanford Encyclopedia of Philosophy*, 3, http://plato.stanford.edu/archives/fall2009/entries/political-representation/ (7.9.2009): »This classic discussion of the concept of representation is one of the most influential and oft-cited works in the literature on political representation.«

[24] »[R]epresentation, taken generally, means the making present *in some sense* of something which is nevertheless *not* present literally or in fact.«, Dovi: Political Representation, in: *The Stanford Encyclopedia of Philosophy*, 3, http://plato.stanford.edu/archives/fall2009/entries/political-representation/ (7.9.2009).

gende politische Repräsentation insbesondere dann gewährleistet, wenn eine möglichst hohe Kongruenz zwischen dem soziokulturellen Profil des politischen Entscheidungsgremiums und dem Träger der politischen Souveränität (z. B. dem Volk) besteht. Zugrunde gelegt werden können dabei sowohl soziostrukturelle Merkmale wie regionale Herkunft, Alter, Geschlecht, Schichtzugehörigkeit usw. als auch Einstellungen und politische Überzeugungen.

Als häufig vernachlässigte Bedeutung nennt Pitkin drittens die *symbolische Repräsentation.* Sie hebt die Politik über das sachbezogene Geschehen hinaus, denn politische Repräsentation ist immer auch Dar- und Herstellung von Macht und Herrschaft und betrifft also das Sichtbarmachen von politischer Einheit und Gemeinschaft. In diesem Sinne erfüllt z. B. auch ein Staatsoberhaupt eine »repräsentative« Funktion. Symbolische Repräsentation zielt auf die affektive Identifikation zwischen Repräsentanten und Repräsentierten mittels Ritualen und Kommunikationsstrategien. Ähnlich wie die deskriptive Repräsentation betrifft sie Fragen des *standing for*, verstanden als Herstellung des repräsentierten Objekts mittels anerkannter Symbolisierungen. Die Aktivität umfasst jedoch nicht nur die Produktion des Symbols, sondern auch die mentale Bearbeitung derjenigen, die repräsentiert werden.[25] Typischerweise wird das Objekt – beispielsweise die Nation – symbolisch dargestellt, sei es durch eine Fahne oder durch eine Krone.[26]

Viertens bezieht sich der Begriff auf die Dimension der Praxis: Bei der *substanziellen Repräsentation* steht das *acting for* und somit das Handeln der Repräsentanten, ihre Interaktion und Kommunikation mit den Repräsentierten, im Zentrum. Der Repräsentant ist in dieser Sicht jemand, der in substanzieller Weise für andere handelt und der diese anderen durch sein *acting for* gut oder schlecht repräsentieren kann.[27] Bei der substanziellen Repräsentation geht es um die Vermittlung von Politik mit dem Ziel, eine möglichst weitgehende Entsprechung zwischen den Interessen der Repräsentierten und dem Entscheidungshandeln von Repräsentanten zu erreichen, um sicherzustellen, dass die Regierung das tut, was die Bürger selbst getan hätten, wenn sie direkt gehandelt hätten.[28] Zur Kennzeichnung dieser Bedeutungsebenen benutzt Pitkin den Begriff der Responsivität, der für sie zugleich ein Schlüsselbegriff der Demokratietheorie bildet. Das Kriterium der Responsivität, verstanden als Interaktion von Repräsentierten und Repräsentanten, bildet für Pitkin das Qualitätsmerkmal von politischer Reprä-

[25] Pitkin, Representation, S. 111.

[26] Ebd., S. 92 ff.

[27] Ebd., S. 142.

[28] »This kind of justification of substituting representatives for the whole people is linked with radical democratic ideology, according to which direct democracy is the ideal system of government and representation a mere second-best approximation.« Siehe ebd., S. 84.

sentation schlechthin.[29] Gute Repräsentation heisst danach, dass die Repräsentanten im Interesse der Repräsentierten handeln und ihren Wünschen soweit als möglich entsprechen.

Wie daraus deutlich wird, wertet Pitkin die substanzielle Repräsentation als die höchste Form der politischen Repräsentation. Eine Regierung, die sich im umfassenden Sinne des Begriffs repräsentativ nennen wolle, muss ihrer Ansicht zufolge nicht allein entscheidungs- und handlungsfähig sein, öffentliche Interessen vertreten und Anerkennung finden. Für entscheidend hält sie ihre Responsivität, also die Fähigkeit, auf die Anliegen der Repräsentierten zu reagieren. Dazu müssen die Repräsentanten über Meinungen, Interessen und Wünsche der Repräsentierten Bescheid wissen. Mit anderen Worten: Repräsentanten müssen auch Spezialisten im Entdecken, Übertragen und Analysieren der öffentlichen Meinung sein.[30]

3.1.2 Repräsentativität im sozialwissenschaftlichen Feld

Den detaillierten Differenzierungen Hanna Pitkins zum Trotz wurde und wird politische Repräsentation meist mit Repräsentativverfassungen beziehungsweise der repräsentativen Demokratie gleichgesetzt. Dies ist ein Grund dafür, dass sich die Logik der politischen Repräsentation mit jener der statistischen Repräsentativität vermischt – allein schon aufgrund der semantischen Echoeffekte. In verfahrenstechnischer Hinsicht ist entscheidend, dass die statistische Repräsentativität in der Regel auf Zufallsverfahren basiert, welche politischen Wahl- und Auswahlverfahren fundamental widersprechen. Politische Repräsentation und statistisch-sozialwissenschaftliche Repräsentativität überlappen sich jedoch in ihrem Anspruch, *die gesamte Diversität der Bevölkerung abzubilden* und mit dieser Abbildungspraxis *die Nation als Ganzes zu repräsentieren*. Die politische Repräsentation berührt das Konzept der statistischen Repräsentativität somit an jenem Ort, den Pitkin »deskriptive Repräsentation« im Sinne eines *standing for* nennt.

Eine aufschlussreiche Quelle zur Erhellung der Bedeutungsvielfalt des Repräsentativitätsbegriffes in den Sozialwissenschaften ist eine Artikelserie aus den 1970er Jahren.[31] Die Statistiker William Kruskal und Frederick Mosteller haben darin die unterschiedlichen Bedeutungen des *»representative sampling«* unter-

[29] Ebd., S. 76 ff.

[30] Ebd., S. 83.

[31] Kruskal, William/Mosteller, Frederick, »Representative Sampling, I: Non-Scientific Literature«, in: *International Statistical Review* 47, Nr. 1 (1979); Kruskal, William/Mosteller, Frederick, »Representative Sampling, II: Scientific Literature, Excluding Statistics«, in: *International Statistical Review* 47, Nr. 2 (1979); Kruskal, William/Mosteller, Frederick, »Representative Sampling, III: The Current Statistical Literature«, in: *International Statistical Review* 47, Nr. 3 (1979); Kruskal, Willi-

sucht und dazu eine Vielzahl von Texten aus den 1960er und 1970er Jahren sowie einige aus den 1930er Jahren analysiert.[32] Sie fanden fünf verschiedene, weitgehend voneinander abgrenzbare Bedeutungen, die in der wissenschaftlichen Literatur im Allgemeinen sowie der statistischen Literatur im Speziellen Verwendung fanden: Einen »allgemeinen Anerkennungsanspruch für Daten«, die »Abwesenheit selektiver Kräfte«, die »Miniatur der Bevölkerung«, »typische oder ideale Fälle« sowie die »Abdeckung der Bevölkerung«.[33] Die erste Bedeutung trete dann auf, wenn ohne präzise Angabe eines nachvollziehbaren Auswahlverfahrens behauptet werde, eine Stichprobe sei repräsentativ. Die Verwendung des Begriffs sei dann ungerechtfertigt und die Autorinnen und Autoren würden ihren Daten damit lediglich »auf die Schulter klopfen«[34]. Die zweite Bedeutung, die Abwesenheit selektiver Kräfte, bezeichne die Idee, dass eine Stichprobe je ungefilterter desto repräsentativer sei. Nahe verwandt mit der zweiten sei die dritte Bedeutung einer repräsentativen Stichprobe als Miniatur der Bevölkerung. Kruskal und Mosteller wiesen darauf hin, dass eine Miniatur nur dann funktionieren würde, wenn die Population perfekt durchmischt wäre, so wie die Mixtur einer Flüssigkeit bereits aus einem Fingerhut voll bestimmt werden könne. Auch George Gallup verwendete in seinem wohl einflussreichsten Buch »The Pulse of Democracy« im Kapitel »Building the Miniature Electorate« genau dieses Bild: Wenn eine Hausfrau einen Löffel der Tomatensuppe probiere, »sample« sie die Suppe.[35] Die vierte Bedeutung meint repräsentativ im Sinne eines typischen Beispiels wie etwa dem »Durchschnittsbürger«[36] oder im Sinne eines Idealtypus wie beispielsweise »Superman«[37]. Die Idee des Typischen sei mehrdeutig und könne entweder eine Stichprobe bezeichnen, deren Mitglieder selbst typisch seien, oder eine Stichprobe, die insgesamt typisch sei. Die Idee des Typischen tauche auch bei der Methode der »bewussten Auswahl«[38] auf, wenn etwa ein ganzes Land

---

am/Mosteller, Frederick, »Representative Sampling, IV: The History of the Concept in Statistics, 1895–1939«, in: *International Statistical Review* 48, Nr. 2 (1980).

[32] Der Lesbarkeit halber werden im Folgenden die englischen Begriffe ins Deutsche übersetzt. »Representative« wird mit »repräsentativ«, »sampling« mit »Stichprobenziehung«, »sample« mit »Stichprobe« und »probability« mit »Zufall« übersetzt.

[33] Im Original: »General acclaim for data«, »Absence of selective forces«, »Miniature of the population«, »Typical or ideal case(s)« und »Coverage of the population«, vgl. Kruskal/Mosteller, Representative Sampling II, S. 112.

[34] Ebd.

[35] Das Originalzitat lautet: »The housewife, tasting a spoonful of tomato soup which she is preparing, ›samples‹ the soup.« Vgl. Gallup, George/Rae, Saul Forbes, *The Pulse of Democracy. The Public-Opinion Poll and How It Works*, New York 1940, S. 56.

[36] Wir werden diese Idee später wieder antreffen, wenn wir weiter unten auf Adolphe Quetelets Figur des Durchschnittsmenschen, den »homme moyen«, zu sprechen kommen.

[37] Ralph W. Emersons Buch »Representative Men«, in welchem Plato den Philosophen repräsentiere und Goethe den Schriftsteller, exemplifiziere die Idee des Idealfalls.

[38] Im Original: »purposive sampling«.

durch »typische« Verwaltungseinheiten repräsentiert werde, deren Mittelwerte bestimmter Charakteristika möglichst genau jenen des ganzen Landes entsprechen.[39] Die fünfte Bedeutung, die »Abdeckung der Bevölkerung«, verweist auf einen besonders wichtigen Anspruch, dass nämlich eine repräsentative Stichprobe die Vielfalt und Heterogenität der Population abdecken soll. Diese Bedeutung liegt nahe am Argument, mit dem Zufallsstichproben begründet werden, dass nämlich jedes Element mit der gleichen Wahrscheinlichkeit ausgewählt wird. Eine repräsentative Stichprobe erfüllt diesen Anspruch faktisch nur dann, wenn sie wenigstens ein Element jedes relevanten Teils einer Population enthält. Entscheidend ist dabei, was unter »relevantem Teil« verstanden wird. Denn hier ergibt sich ein scharfer Kontrast zwischen der Idee der Miniatur und jener der Abdeckung: Im Gegensatz zur Miniatur enthält eine auf Zufall abgestützte Idee von Abdeckung keine Implikation über die relativen Häufigkeiten von Eigenschaften in den »relevanten Teilen« der Bevölkerung. Der Begriff des »relevanten Teils« ist folglich ein ganz anderer. Während in Miniaturen viel Vorwissen über die Bevölkerung einfliesst, soll solches bei einer zufälligen Ziehung gerade ausgeschlossen werden.

Grundsätzlich hielten die Autoren fest, dass neben diesen fünf Bedeutungen, die sowohl in wissenschaftlicher als auch in nicht-wissenschaftlicher Literatur anzutreffen waren, eine weitere Bedeutung nur im wissenschaftlichen Zusammenhang auftrat: »Ein vager Begriff, der präzisiert werden muss.«[40] Die beiden Statistiker hielten just diese Bedeutung des Begriffs für die zweckmässigste, weil in der Statistik auch weitere solcher unscharfer, aber nützlicher Begriffe existierten. Sie nannten als Beispiele »Durchschnitt« oder »Variabilität« – beides Begriffe, welche intuitiv verstanden würden, jedoch bei ihrer konkreten Anwendung zu spezifizieren seien. »Durchschnitt« wäre beispielsweise als »arithmetisches Mittel«, »geometrisches Mittel« oder »Median« zu spezifizieren. Ebenso verhalte es sich mit dem Begriff »repräsentative Stichprobe«, unter dem etwa »Zufallsstichproben«, »geschichtete Stichproben«, »systematische Stichproben« und »Klumpenstichproben« verstanden werden können.[41] Als Beispiel für diese letzte Bedeutung nannten sie die Verwendung des Begriffs der »nationalen Zufallsstichprobe« bei Maurice George Kendall.[42] Die Autoren plädierten zwar aus ma-

---

[39] Die Autoren spielten hier auf Gini und Galvani an, die fälschlicherweise davon ausgegangen waren, dass Verwaltungseinheiten, die in Bezug auf einige Merkmale typisch für ganz Italien waren, dies auch in Bezug auf weitere Merkmale seien. Siehe unten, S. 100; vgl. Kruskal/Mosteller, Representative Sampling II, S. 252 f.

[40] Im Original: »A vague term to be made precise.« Siehe ebd., S. 111.

[41] Die englischen Originalbegriffe lauteten: »average«, »variability«, »arithmetic mean«, »geometric mean«, »median«, »representative sample«, »random sample«, »stratified sample«, »systematic sample« und »cluster sample«.

[42] Im Original: »national probability sample«, siehe Kendall, Maurice George, »The World Ferti-

thematischen Gründen dafür, ausschliesslich »Zufallsstichproben« als »repräsentative Stichproben« anzuerkennen, doch der Begriff wird ihrer Ansicht nach deshalb nicht obsolet. Denn der Begriff der »repräsentativen Stichprobe« habe den Vorteil, dass »er einen wichtigen Zweck der Stichprobenziehung impliziere«, was beim Begriff Zufallsstichprobe nicht der Fall sei.[43] Damit hoben Kruskal und Mosteller den Bedeutungsüberschuss und *nicht-statistischen Anspruch* von repräsentativen Stichproben positiv, und nicht negativ hervor. Im sozialwissenschaftlichen Feld stand »Repräsentativität« somit für ein Bündel unterschiedlicher Verfahren, und innerhalb der Disziplin bestand über die Verwendung des Begriffs kein Konsens.[44] So uneinheitlich die Verwendung des Begriffs »repräsentative Stichprobe« bis in die 1970er Jahre war, so wenig gab es ein etabliertes Verfahren zu ihrer praktischen Herstellung. Stattdessen existierten verschiedene Varianten von Stichprobenziehungen, über deren Gültigkeit sich die Statistiker seit den Anfängen des Faches stritten.[45]

Geschichte der statistischen Stichprobentheorie. Statistische Techniken der Stichprobenerhebung waren bereits im 18. Jahrhundert von Pierre-Simon Laplace verwendet worden um die französische Bevölkerungszahl zu schätzen.[46] Folgen wir dem französischen Statistikhistoriker Alain Desrosières[47], so gingen dem modernen Verständnis von *repräsentativen* Stichproben zwei wichtige Debatten voraus. Die erste Debatte betraf die Frage, *ob* von einem Teil – der Stichprobe – auf das Ganze geschlossen werden kann und die zweite Debatte drehte sich darum, *wie* die Teile zu bestimmen sind, von denen her das Ganze beschrieben werden kann.

Der Gegenstand der *ersten Debatte*, ob von Teilen auf das Ganze geschlossen werden kann, berührt – wenn sie auf Nationen angewandt wird – ganz grundsätzlich die Frage nach dem Verhältnis von Individuum und Gesellschaft. In den frühen, nicht zuletzt statistisch fundierten Sichtweisen der »Gründerväter der Sozialwissenschaften«[48] wie Quételet, Tocqueville, Marx, Tönnies, Durkheim und Pareto, war die Möglichkeit, von einem Teil auf das Ganze zu schliessen, mit dem Gegensatz zwischen Holismus und Individualismus verknüpft. In der *holis-*

lity Survey. An international programme of fertility research«, in: *Bulletin of the International Statistical Institute* 45, Nr. Book 4 (1973), S. 381.

[43] Kruskal/Mosteller, Representative Sampling II, S. 126.

[44] Vgl. auch Nikolow, Statistisches Kollektiv; Kuss, Alfred, Marktforschung Grundlagen der Datenerhebung und Datenanalyse, Wiesbaden 2007.

[45] Die Kontroversen um das Verfahren dauern bis in die Gegenwart an und werden wohl auch in absehbarer Zeit nicht abbrechen, weil die unterschiedlichen Auffassungen erkenntnistheoretische Gründe haben. Vgl. beispielsweise Gabler, Siegfried/Hoffmeyer-Zlotnik, Jürgen H. P., *Stichproben in der Umfragepraxis*, Opladen 1997.

[46] Desrosières, Politik der großen Zahlen, S. 235.

[47] Ebd., S. 235 ff. Vgl. auch Kruskal/Mosteller, Representative Sampling IV, S. 172 ff.

[48] Desrosières, Politik der großen Zahlen, S. 237.

tischen Vorstellung war das soziale Ganze seinen Teilen zeitlich vor- und logisch übergeordnet. Adolphe Quételets Idee des »homme moyen« verkörpert diese Sichtweise besonders deutlich: Im Durchschnittsmenschen erblickte Quételet das göttliche Ideal, während er die einzelnen Menschen lediglich als kontingente Manifestationen einer übergeordneten »gemeinsamen Ursache«[49] auffasste. Den komplementären Standpunkt dazu bildete die *individualistische Vorstellung*, wonach sich Bürger zu Gruppen zusammenschliessen, ohne von diesen überragt zu werden oder in ihnen vollständig aufzugehen.[50] Entscheidend ist, dass die Vorstellung, aufgrund derer sich später »repräsentative Stichproben« konstruieren liessen, das Verhältnis von Teil und Ganzem in einer dritten Weise konzipierten, nämlich *kriteriell*.[51] In dieser Sichtweise geht es darum, dass aufgrund von verschiedenen Merkmalen wie Alter, Beruf oder Geschlecht Gruppen beschrieben und auf das Ganze zurückbezogen werden. Der norwegische Statistiker Anders Nicolai Kiaer, ein Pionier der Stichprobenuntersuchung, hatte bereits 1894 eine »repräsentative Zählung« durchgeführt, in der er von einem Teil auf die Gesamtheit der norwegischen Bevölkerung schloss.[52] Er war einer der ersten Statistiker, die sich auf der Grundlage von kriteriellen Überlegungen für die Vielfalt von Fällen interessierte und nicht ausschliesslich für »typische Fälle«, wie es für die verbreitete Textgattung der Monographien üblich war. Kiaer ging davon aus, dass sich Monographien und Stichprobenerhebungen gegenseitig ergänzen sollen und es war nicht etwa seine Absicht, die Monographien zu ersetzen. Sein Interesse bestand vielmehr darin, eine Alternative zu den damals üblichen, aber sehr aufwändigen Vollerhebungen zu entwickeln. Wichtig für unseren Zusammenhang ist, dass Kiaer versuchte, mittels Stichproben die Unterschiedlichkeit von Einzelfällen in Bezug auf ein Ganzes darzustellen. Damit unterschied sich diese Technik fundamental von holistischen Techniken, die das Ganze einzig in der Logik von Mittelwerten und Durchschnitten charakterisierten.

Auf Grundlage der Denkfigur von »Repräsentativität« als einer Methode, von Teilen auf das Ganze zu schliessen, ist die *zweite Debatte* auf dem Weg zur repräsentativen Stichprobentheorie zu verstehen. Sie drehte sich darum, auf welche

[49] Die Vorstellung einer »gemeinsamen Ursache« illustriert Desrosières mit der Metapher von mehreren Schüssen, die auf eine Zielscheibe abgegeben werden. Die Einschüsse streuen um das Zentrum der Scheibe und sind Ergebnis des mehrmaligen Versuches, das Zentrum zu treffen. In dieser Sicht stellt der Durchschnitt das Ideal dar, dem der Einzelfall als fehlerhafte Abweichung untergeordnet ist. Damit ist ein massiver Stabilisierungseffekt verbunden, weil das *Modell* die beobachteten Abweichungen in Frage stellt und nicht (mehr) umgekehrt. Einzigartigkeit wird damit zum Messfehler oder zu Streuung.

[50] Desrosières nennt Tönnies Gegenüberstellung von Gemeinschaft und Gesellschaft als typisches Beispiel für den Gegensatz zwischen Holismus und Individualismus.

[51] Desrosières, Politik der großen Zahlen, S. 237.

[52] Heyde, C. C./Seneta, Eugene (Hg.), *Statisticans of the Centuries*, Berlin 2001, S. 208 ff.

Weise die Teile zu bestimmen sind, von denen her das Ganze beschrieben werden kann. Diese zweite Debatte datiert nach Desrosières zwischen 1925 und 1934 und betraf die methodische Entscheidung, ob »zufällige Stichproben« den Methoden der »bewussten Auswahl« vorzuziehen seien. Die Technik der »bewussten Auswahl« besteht darin, Stichproben mit statistischem Vorwissen über die Verteilung von individuellen Merkmalen wie Alter oder Geschlecht – sogenannte Kontrollvariablen oder *controls* – abzugleichen. Dazu verglichen die Statistiker die Häufigkeitsverteilungen von Kontrollvariablen einer Stichprobe mit jenen der Gesamtbevölkerung und achteten darauf, dass diese übereinstimmten. Einen entscheidenden Beitrag zu dieser Debatte leistete der polnisch-amerikanische Statistiker Jerzy Neyman mit einer Rede, welche er im Juni 1934 vor der Royal Statistical Society hielt.[53] Mit ausführlichen Berechnungen demonstrierte er die mathematische Überlegenheit von Zufallsstichproben gegenüber der »bewussten Auswahl«, wie sie prominent von Corrado Gini und Luigi Galvani vertreten und angewandt worden waren.[54] Obwohl in Gini und Galvanis Stichprobe die Durchschnittswerte für sieben Kontrollvariablen mit den nationalen Durchschnitten übereinstimmten, zeigte Neyman, dass die Durchschnittswerte für andere Variablen, die sie nicht als Kontrollvariablen verwendet hatten, deutlich von jenen des gesamten Nationalstaates abwichen.[55] Demgegenüber entsprachen die Mittelwerte unbekannter Eigenschaften einer *Zufalls*stichprobe jenen der Gesamtpopulation gut. In seiner Rede führte Neyman auch erstmals einen statistischen Begriff für die Bandbreite dieser Entsprechung der Mittelwerte ein: das Konfidenzintervall.[56] Doch selbst Neyman unterliess es, die Forderung nach zufälliger Auswahl der Elemente einer Stichprobe absolut zu setzen, was unter mathematischen Gesichtspunkten vertretbar gewesen wäre, sondern tolerierte »geschichtete Zufallsstichproben«.

Die Gallup-Methode. Meinungsforschung im Allgemeinen und die Konstruktion einer repräsentativen Stichprobe im Besonderen waren nicht bloss eine Frage der Theorie, sondern immer auch eine Frage der praktischen Verfahren. »Die

[53] Neyman, Jerzy, »On the two Different Aspects of the Representative Method: The Method of Stratified Sampling and the Method of Purposive Selection«, in: *Journal of the Royal Statistical Society* 97, Nr. 4 (1934). Nach einem Aufsatz von Frankel und Frankel könnte der Begriff der statistischen Repräsentativität in dieser Rede erstmals entwickelt worden sein. Vgl. Frankel, Martin R./Frankel, Lester R., »Fifty Years of Survey Sampling in the United States«, in: *Public Opinion Quarterly* 51, Nr. 4 Part 2 Supplement: 50th Anniversary Issue (1987), S. 127. Siehe auch Keller, Archäologie der Meinungsforschung, S. 136, Fussnote 339. Behrens nennt als erste demoskopische Umfrage, die auf einer repräsentativen Stichprobe basierte, Bowley um 1911. Vgl. Behrens, Karl Christian, *Demoskopische Marktforschung*, Wiesbaden 1961, S. 31, Fussnote 29a.

[54] Desrosières, Politik der großen Zahlen, S. 257.

[55] Neyman, Representative Method, S. 585.

[56] Ebd., S. 590.

Erforschung der öffentlichen Meinung hat sich von einer verklärten Art der Wahrsagerei zu einem *praktischen Weg* entwickelt, zu erfahren, was die Nation denkt.«[57] Der ausgebildete Psychologe und Marktforscher George Gallup, der wohl prominenteste Promotor der Meinungsforschung, entwickelte seine Umfragemethode von Anfang an praxis- und publikumsorientiert. Zusammen mit Saul Forbes Rae legte er 1940 jene Umfragemethode einem breiteren Publikum dar, für welche der Name Gallup in kurzer Zeit synonym werden sollte. Zentraler Bestandteil des Werkes war die Ursprungserzählung der Meinungsforschung, das »Literary-Digest-Debakel«, welches bis heute »einem Ritual gleich«[58] in unzähligen Werken über Meinungsforschung immer wieder von neuem erzählt wird.[59] Sie handelt davon, wie sich das repräsentative Verfahren gegenüber der ungleich aufwändigeren und etablierteren Umfragemethode, den sogenannten »straw polls«, in einem Konkurrenzkampf, mitten im politischen Geschehen, bewähren konnte. Die Zeitschrift Literary Digest hatte seit 1912, wie übrigens schon viele andere amerikanische Printmedien vor ihr, schriftliche Befragungen durchgeführt, um die Präsidentschaftswahl vorauszusagen. Die »straw polls« waren eine Mischung aus Umfrage und Werbeversand, denn der Frage, wen man als Präsidenten zu wählen gedenke, war auch ein Bestellformular der Zeitschrift beigelegt. Der Literary Digest hatte auf diese Weise die Wahlen mehrmals korrekt vorhergesagt und war zu einer populären und beinahe autoritativen Quelle von Wahlprognosen geworden. Für die Wahl von 1936 hatte der Digest im August rund zehn Millionen Haushalte angeschrieben und über 2,3 Millionen Antworten erhalten.[60] Das Ergebnis sagte einen Sieg des Republikaners Landon gegenüber dem Demokraten Roosevelt voraus – und lag damit falsch. Neben den »straw polls« hatten auch Marktforschungsinstitute im Auftrag von Zeitungen damit begonnen Wahlprognosen aufgrund von Stichprobenverfahren herzustellen. George Gallup war nicht der einzige, der solche kostengünstigen Wahlprognosen anfertigte.[61] Er hatte sich jedoch nicht bloss mit der richtigen Vorhersage profiliert, sondern den Literary Digest öffentlich herausgefordert: Bereits einen

---

[57] Im Original: »[T]he study of public opinion has developed from a glorified kind of foretunetelling into a *practical way* of learning what the nation thinks.« Hervorhebung K. W., vgl. Gallup/Rae, Pulse of Democracy, S. 5.

[58] Keller, Archäologie der Meinungsforschung, S. 35.

[59] Vgl. beispielsweise Schneller, Johannes, »Stichprobenbildung nach dem repräsentativen Quota-Verfahren«, in: Siegfried Gabler/Jürgen H. P. Hoffmeyer-Zlotnik (Hg.): *Stichproben in der Umfragepraxis*, Opladen 1997, S. 5. Oder in kritischer Hinsicht Keller, Archäologie der Meinungsforschung, S. 13 ff. und Desrosières, Politik der großen Zahlen, S. 227 ff.

[60] Gallup/Rae, Pulse of Democracy, S. 36 ff.

[61] Er war auch nicht der einzige, der 1936 das Wahlergebnis korrekt prognostizieren konnte. Neben Gallups American Institute of Public Opinion hatten beispielsweise auch Elmo Roper und Paul Cherrington in Zusammenarbeit mit dem Fortune Magazine oder der Marktforscher Archibald Crossley im Auftrag von Hearst Newspapers den Wahlsieg Roosevelts erwartet, vgl. ebd., S. 52.

Monat bevor der Digest seine Fragen verschickte, schrieb Gallup, die Zeitschrift werde diesmal eine falsche Prognose abgeben. Er hatte die Grösse des Prognosefehlers des Literary Digest sogar noch berechnet – wie sich erweisen sollte auf ein Prozent genau.[62] Als Grund, dass mit 25 000–40 000 Interviews die besseren Ergebnisse zu erzielen seien als mit »straw polls« und 2,3 Millionen Interviews, nannte Gallup, dass seine Stichprobe eine »Miniatur des Wahlvolkes«[63] darstelle. Die Kartei des Literary Digest dagegen enthielt fast ausschliesslich ein sogenanntes »tel-auto« Publikum[64], also Personen, die sowohl ein Auto als auch ein Telefon besassen und aus den oberen sozialen Schichten stammten. Für die Zeitschrift war diese Gruppe als potentielle Abonnenten interessant und zudem waren die Adressen relativ billig erhältlich, da sie aus Telefonbüchern und aus Registern von Automobilbesitzern stammten.[65] Den ökonomischen Vorteilen stand also ein statistischer Nachteil gegenüber, weil diese Gruppe besonders stark dazu tendierte, Republikaner zu wählen, während Unterschichtsangehörige eher Demokraten bevorzugten. Zudem hatte der Literary Digest zu wenig berücksichtigt, dass verschiedene Gruppen in unterschiedlichem Masse an den Wahlen teilnahmen.

Auf diesen Überlegungen aufbauend, präsentierten Gallup und Rae ein Stichprobenverfahren, das sie »geschichtete« oder »kontrollierte Stichprobe«[66] nannten und das sich in der Folge als Standard der Meinungsforschung durchsetzte. Der Grundgedanke bestand in einem einfachen soziologischen Determinismus: Personen, die unterschiedlich leben, denken auch unterschiedlich. Umgekehrt entstehen gemeinsame Ansichten aufgrund von geteilter Erfahrung. Diese Gemeinsamkeiten und Unterschiede liessen sich nach Gallup und Rae klassifizieren und zählen. Individuen lebten nicht in einem Vakuum. Geographische Faktoren, Beruf, Alter, Geschlecht, politische Zugehörigkeit, Rasse, Religion und der allgemeine kulturelle Hintergrund seien die grundlegenden Determinanten von Erfahrungen und Meinungen.[67] Der Literary Digest habe jedoch in seiner Stichprobe nur die oberen Schichten berücksichtigt, wie ein kleiner Junge von einem Zitronenkuchen nur die Meringue und die Zitronencreme esse, aber die Kruste am Boden ignoriere. Der ökonomische Status teile die Bevölkerung in verschiedene Schichten, sodass nicht von einer einzigen amerikanischen Öffentlichkeit gesprochen werden könne, sondern von verschiedenen Öffentlichkeiten, die vonei-

[62] Ebd., S. 47.
[63] Im Original: »miniature Electorate«, vgl. ebd., S. 56.
[64] Ebd., S. 47.
[65] Vgl. Keller, Archäologie der Meinungsforschung, S. 142.
[66] Im Original: »stratified« oder »controlled sample«.
[67] Im Original: »Individuals do not dwell in a vacuum. Considerations of geography, occupation, age, sex, political affilation, race, religion and general cultural background are the basic determinants of their experiences and opinions.« Vgl. Gallup/Rae, Pulse of Democracy, S. 60.

nander getrennt waren. Bei der Herstellung einer repräsentativen Stichprobe, welche die gesamte Bevölkerung umfassen soll, stellten sich deshalb zwei zentrale Probleme: Das erste betreffe den *Charakter* der Stichprobe und das zweite die Grösse. Der Charakter einer Stichprobe unterscheide sich je nach dem, ob es sich um einen »sozialen Querschnitt« oder einen »politischen Querschnitt« handle.[68] Der soziale Querschnitt sei nur durch das Alter begrenzt[69] und stütze sich auf staatliche statistische Daten[70] über die räumliche Verteilung der Bevölkerung nach Verwaltungseinheiten, der Verteilung von Berufen, Geburtsort, Geschlecht, Alter und ähnlichem. Bei einem politischen Querschnitt seien neben diesen Faktoren zusätzlich auch Schätzungen über die politische Partizipation verschiedener Gruppen zu berücksichtigen. Und die Partizipation variiere je nach Art der Wahl, nach geographischer Region, Geschlecht, Einkommen, Alter, Hautfarbe und Nationalität.

Das zweite zentrale Problem betraf die *Stichprobengrösse*. Das »American Institute of Public Opinion« hatte für Stichproben zu nationalen Themen jeweils zwischen 3000 und 60000 Interviews durchgeführt, sodass die Chance eines Stimmberechtigten, interviewt zu werden, zwischen 1:1000 und 1:20000 betrug. Diesem Erfahrungswert stellten Gallup und Rae eine Tabelle zur Seite, aus der sich ablesen liess, wie gross eine Stichprobe sein musste, um Aussagen mit einer bestimmten Genauigkeit machen zu können, sofern die Verteilung der Antworten auf Ja-Nein-Fragen bekannt war[71]: »Ein wirklich präzises Bild der öffentlichen Meinung kann mit einer kleinen Stichprobe erreicht werden, *vorausgesetzt die ausgewählten Fälle sind repräsentativ für alle wichtigen Gruppen der Population.*«[72] Entscheidend sei, dass die massgebenden Unterschiede in den richtigen Proportionen in der Stichprobe vorkämen.

Die Gallup-Methode verbindet also drei ganz unterschiedliche Diskurse: Einen statistisch-administrativen Diskurs über Stichprobenkonstruktion, einen

---

68 Im Original: »social cross section« und »political cross section«.

69 Gallup machte keine Angaben, welches Alter diese Grenze bilde.

70 Gallup nannte als Produzenten solcher Daten das »Bureau of Census«, das »Departement of Commerce« und die »Federal Security Administration«. Gallup/Rae, Pulse of Democracy, S. 65.

71 Diese Tabelle war von einem nicht näher beschriebenen »Professor Theodore Brown of Harvard University« verfasst. Jedoch fehlte in der Tabelle die Grösse der Grundgesamtheit, so dass sie nach wahrscheinlichkeitstheoretischen Gesichtspunkten unbrauchbar war. Felix Keller hat darauf hingewiesen, dass Gallup und Rae die Brauchbarkeit der Tabelle selber ad absurdum führten, indem sie darauf verwiesen, dass gemäss dieser Tabelle nur 0,1% der 19% der Fehleinschätzungen des Literary Digest aufgrund der Stichprobengrösse zustande kamen. Siehe Keller, Archäologie der Meinungsforschung, S. 144. Um den Sinn der Tabelle nachzuvollziehen vgl. Behrens, Demoskopische Marktforschung, S. 111.

72 Im Original: »[A] truly accurate picture of public opinion can be obtained with a small sample, *provided the cases selected are representative of all the major groups within the population.*« Zitiert in Gallup/Rae, Pulse of Democracy, S. 72 f. (Hervorhebung im Original)

soziologisch-psychologischen Diskurs darüber, wie Milieus und Gruppen Meinungen determinierten, und schliesslich einen politischen Diskurs über die Wichtigkeit von öffentlicher Meinung und Repräsentation. Aus dieser Ineinssetzung bezieht die Methode ihre Autorität. Zur Begründung der Methode leisteten Gallup und Rae eine Verknüpfungsarbeit, die darin bestand, immerfort die Argumentationsebene zu wechseln, bis aus der Verwirrung der argumentativen Stränge ein fester Faden wurde. Wie Felix Keller festgestellt hat, zielte diese Argumentationsstrategie darauf ab, den neuen statistischen Repräsentativitätsbegriff mit dem politischen Repräsentationsbegriff zu verbinden: »In der semantischen Ähnlichkeit der Begriffe der politischen ›Repräsentation‹ respektive der ›Repräsentativität‹ scheint damit nichts anderes als die Homologie der Bezeichnungsfunktionen angestrebt.«[73] Es sei die Aufgabe sowohl der Stichprobenziehung als auch der politisch gewählten Vertreter, die Meinungen der Bevölkerung zu erkennen.

3.2 Die Ziehung einer repräsentativen Stichprobe

Trotz aller vorgängigen Skepsis war es der Studiengruppe »Un jour en Suisse« schliesslich gelungen, die Direktion vom Sinn einer sozialwissenschaftlichen Vorstudie zu überzeugen. Bereits am 12. Oktober 1961 hielt Charles Apothéloz einen unterschriebenen Vertrag des Direktoriums in den Händen. Darin übertrug man ihm das Mandat, eine soziologische Vorstudie durchzuführen, wie sie im Konzept von Chiva, Deluz und Stern formuliert war.[74] Für das gesamte Projekt, von der Literaturrecherche und den nicht-gelenkten Interviews über die repräsentative Umfrage bis hin zum Verfassen des Schlussberichtes, wurde ein Budget von 150 000 Franken genehmigt. Der Schlussbericht war innerhalb eines Jahrs abzuliefern. Er sollte als Grundlage für die »mise en scène« der Expo dienen. Apothéloz sollte die drei beratenden Soziologinnen und Soziologen in dieser Zeit leiten und mit insgesamt 180 Tagessätzen zu 120 Franken entlohnen. Daneben waren im Budget 48 Monatslöhne zwischen 1000 und 1200 Franken eingeplant, um Befragungspersonal und andere Mitarbeiter anzustellen. Diese mussten jeweils noch von der Expo-Direktion bestätigt werden. Apothéloz selber erhielt ein Honorar von 10 000 Franken.[75] Daneben regelte der Vertrag auch die Rechtsansprüche an der Studie. Was die Nutzung des Schlussberichtes anging, so war dieser Eigentum der Landesausstellung, wobei der Arbeitsgruppe zugesi-

---

[73] Keller, Archäologie der Meinungsforschung, S. 135 f.

[74] Stadtarchiv Lausanne, P 286, Carton 3, Enveloppe 3.

[75] Stadtarchiv Lausanne, P 220, Carton 20, Classeur 1, Nr. 12: Apothéloz, Charles, *Élaboration du contenu de la section 102 »Un jour en Suisse«*, 12.2.1962.

chert wurde, dass sie den Zwischenbericht nach dem Ende der Expo unter ihrem Namen publizieren durfte. Was die Auswertung der Umfrageergebnisse auf der Expo betraf, beschränkte sich die Direktion auf den Hinweis, dass später ein separater Vertrag zwischen Expo, Charles Apothéloz und den drei Soziologinnen und Ethnologen abgeschlossen werden sollte. Dabei wurde in Aussicht gestellt, dass das soziologische Forschungsteam die Umfrage später auswerten und publizieren durfte. Hiermit ging der Vertrag auf die professionellen Interessen der Forschergruppe an der Umfrage ein. Denn mit der »mise en scène« auf der Expo und einem Fragespiel war es für die Arbeitsgruppe nicht getan. Chiva, Deluz und Stern schwebte eine mehrbändige Buchpublikation vor – finanziert durch den Schweizerischen Nationalfonds.[76]

Für die Realisierung der Vorstudie waren zwei Arbeitsschritte zentral: Die Ziehung einer repräsentativen Stichprobe und das Herstellen eines Fragebogens. Zunächst machte sich die Arbeitsgruppe daran, eine repräsentative Stichprobe der schweizerischen Bevölkerung zu ziehen. Mit den auf diese Weise statistisch-repräsentativ ermittelten Individuen wollte sie eine Reihe von »nicht-gelenkten Interviews« durchführen und auf dieser Grundlage einen Fragebogen erarbeiten, der schliesslich auch im Gulliverspiel auf der Expo eingesetzt werden sollte. Das Resultat der Vorstudie war ein Schlussbereicht für die Expo-Direktion, der die Umfrageergebnisse dokumentierte und einen Vorschlag zur Umsetzung für die »mise en scène« enthielt.[77] Der folgende Abschnitt konzentriert sich auf die genannten zwei Verwissenschaftlichungsverfahren: Auf die Objektivierungsstrategien bei der Herstellung der repräsentativen Stichprobe und des Fragebogens.

3.2.1 Ein anspruchsvolles Auswahlverfahren

Die Ziehung der »repräsentativen Stichprobe der Schweizer Bevölkerung« ist in einem 57-seitigen Anhang des Schlussberichts[78] dokumentiert und nimmt damit mehr Raum ein, als die gesamte Auswertung der Umfrage und die darauf aufbauende Skizze für die »mise en scène«. Dies wirft ein Licht auf den Stellenwert, den das Verfahren in den Augen der Arbeitsgruppe hatte: Es verbürgte die wissenschaftliche Qualität der Studie. Wie die Autorinnen und Autoren betonten, war ein »anspruchsvolles Verfahren« eingesetzt worden, um die zu befragenden Personen auszuwählen. Dieses sollte gewährleisten, dass sowohl deskriptive As-

---

[76] Vgl. Kapitel 6.3 Die gescheiterte Publikation der Umfrage »Un jour en Suisse«.

[77] Stadtarchiv Lausanne, P 220, Carton 20, Classeur 1, Nr. 13: Apothéloz, Charles/Chiva, Isac/Deluz, Ariane et al., *Rapport final du groupe d'études pour la section 102 »Un jour en Suisse«*, 25.1.1963, S. 6.

[78] Stadtarchiv Lausanne, P 286, Carton 3, Enveloppe 2.

pekte (ökonomische, soziologische, demographische, ethnologische) als auch psycho-soziologische (Verhaltensweisen, Motivationen, Werturteile) in die Repräsentation des »Homo Helveticus« einflossen.[79] Obwohl die Arbeitsgruppe nicht explizit von der Gallup-Methode sprach, stimmte ihre Beschreibung genau mit deren Verfahren zur Stichprobenziehung[80] überein: »Wir griffen auf eine gemischte Technik der Stichprobenziehung zurück und wählten eine Reihe von Elementen (Personen, Orte) zufällig innerhalb von Quoten aus, das heisst von Bevölkerungsgruppen, welche in Bezug auf eine bestimmte Anzahl von Elementen, Kriterien genannt, vordefiniert sind und deren Verteilung innerhalb der Gesamtbevölkerung bekannt ist: Geschlecht, Alter, Religion, Region, Ortsgrösse.«[81] Die Arbeitsgruppe bediente sich also einer kriteriellen Methode zur Bildung ihrer Stichprobe und musste daher die Frage beantworten, wie von Teilen auf das Ganze geschlossen werden konnte. Was die Arbeitsgruppe Kriterien (»critères«) nannte, waren jene »controls« (Kontrollvariablen), von denen Neyman gesprochen hatte, als er die statistischen Vorzüge der repräsentativen Stichprobe im Vergleich zur bewussten Auswahl aufzeigte.[82] Um die Schweizer Bevölkerung nach dieser Logik statistisch repräsentativ abzubilden, musste die Häufigkeitsverteilung der Kontrollvariablen der Stichprobe möglichst präzise mit jener der Gesamtbevölkerung – der »Grundgesamtheit« – übereinstimmen. Damit sind bereits drei Problemkreise angesprochen, welche die Arbeitsgruppe theoretisch und praktisch lösen musste: Wie war die Grundgesamtheit *definiert*? Welches waren ihre wesentlichen Merkmale, die in Form von *Kontrollvariablen* statistisch abgesichert werden sollten? Wie waren die Kontrollvariablen *verteilt*?

3.2.2 Grundgesamtheit und Kontrollvariablen

Keine dieser Fragen liess sich ohne grösseren theoretischen und praktischen Aufwand beantworten. Die Definition der *Grundgesamtheit* hing davon ab, wer in die Untersuchung einbezogen werden sollte. Gehörten nur Personen schweizerischer Nationalität zur Stichprobe oder auch die Wohnbevölkerung ohne Schweizer Pass? War der »Homo Helveticus« mit anderen Worten ein Schweizer oder war er auch ein wenig Italiener oder Deutscher? Die Arbeitsgruppe entschied sich dafür, die ständige Wohnbevölkerung zu zählen. Sie begründete ihre

---

[79] Stadtarchiv Lausanne, P 220, Carton 20, Classeur 1, Nr. 13.

[80] Siehe S. 100ff., »Die Gallup-Methode«.

[81] Im Original: »[…] on a eu recours à une technique d'échantillonnage mixte, en faisant jouer le hasard pour le choix d'un certain nombre d'éléments (individus, localités) à l'intérieur de quotas, c'est-à-dire de groupes de population prédéfinis par rapport à un certain nombre d'éléments appelés critères, dont la distribution au sein de l'ensemble de la population était connue: sexe, âge, religion, région, taille des localités.« Vgl. Stadtarchiv Lausanne, P 220, Carton 20, Classeur 1, Nr. 13, S. 7.

[82] Siehe oben, S. 98, »Geschichte der statistischen Stichprobentheorie«.

Entscheidung damit, dass der Anteil ausländischer Personen insgesamt 6% der Gesamtbevölkerung betrug, in den Kantonen Genf und Tessin sogar 17%.[83] Sie orientierte sich somit an derselben Definition, die auch das Eidgenössische Statistische Amt verwendete, und definierte somit »Schweiz« aufgrund des Territoriums und nicht der Staatsangehörigkeit.

Im Anschluss stellte sich die Frage nach den *Kontrollvariablen*. Statistische Repräsentativität kann bei einer geschichteten Stichprobe nur im Hinblick auf eine endliche Anzahl von a priori definierten Klassifikationskriterien realisiert werden. Die Arbeitsgruppe musste sich deshalb entscheiden, welche Klassifikationen sie als Wesensmerkmale des »Homo Helveticus« voraussetzen wollte – und diese mussten folglich in der Stichprobe in denselben Proportionen enthalten sein wie in der Grundgesamtheit. Im statistischen Anhang zum Schlussbericht findet sich dazu eine Aufzählung: »Zu den klassischen Kriterien, die in solchen Umständen dienlich sind (Alter, Geschlecht, Religion, Ortsgrösse), kam ein weiteres hinzu, welches für den Fall der Schweiz von zentraler Wichtigkeit ist: jenes der kulturellen und sprachlichen Region.«[84]

An dieser Auswahl fällt erstens auf, dass einige Kriterien weggelassen wurden, die ebenfalls »klassisch« gewesen wären, wie beispielsweise Bildung, Beruf, politische Orientierung, Zivilstand oder Einkommen. Zweitens ist das Hinzufügen der »kulturellen und sprachlichen Region« von Bedeutung, weil die Arbeitsgruppe an dieser Stelle die politische Hypothese der Schweiz als Willensnation mit vier Kulturräumen in ihr Untersuchungsdesign aufnahm. Mit den vier Regionen waren die Deutschschweiz, die französische Schweiz, das Tessin und Graubünden gemeint. Interessant ist dabei, dass nicht konsequent von Kultur- und Sprachregionen die Rede war, sondern gleichbedeutend von »geographischen und sprachlichen Regionen«. Damit wurde der geographische Raum mit einem kulturellen Raum überblendet. Die untersuchungspraktische Definition machte die vier Regionen jedoch schliesslich zu politischen Räumen, da sie als Gruppen von Kantonen definiert wurden.[85]

Die Repräsentativität dieser vier Regionen zu gewährleisten, führte über einen statistischen Umweg: Die Arbeitsgruppe erachtete wie erwähnt 1300 Personen als maximale Stichprobengrösse, die sie bewältigen konnte. Deshalb entschied sie sich dafür, eine Stichprobe von 1:4000 der Bevölkerung zu ziehen. Das wären

---

[83] Stadtarchiv Lausanne, P 286, Carton 3, Enveloppe 2, S. 3.

[84] Im Original: »Aux critères classiques qui servent en pareilles circonstances (âge, sexe, religion, taille de localités) s'ajoutait un autre, d'importance capitale dans le cas de la Suisse: celui de la région culturelle et linguistique.« Vgl. ebd., S. 1.

[85] Die italienische Region entsprach dem Kanton Tessin, die rätoromanische dem Kanton Graubünden, die französische Region den Kantonen Freiburg, Wallis, Waadt, Neuenburg und Genf, während die restlichen 18 Kantone und Halbkantone der deutschsprachigen Region zugeteilt waren.

1178 Personen gewesen – eine Anzahl, die sie aus ästhetischen Gründen auf 1200 Personen aufrundete. Weil aber das Tessin und Graubünden viel weniger stark besiedelt waren als der Rest der Schweiz, wären für diese beiden Regionen in einer Stichprobe von 1200 Personen nur gerade 34 beziehungsweise 44 Personen enthalten gewesen. Auf der einen Seite lässt sich mit solch kleinen Fallzahlen nicht zuverlässig rechnen. Auf der anderen Seite kam es nicht in Frage, die Stichprobe so zu vergrössern, dass die kleinen Regionen von einer genügend grossen Gruppe repräsentiert worden wären – Chiva, Deluz und Stern dachten an wenigstens 100 Personen pro Region, was einer dreimal grösseren Stichprobe mit insgesamt 3600 Personen entsprochen hätte[86]. Deshalb entschieden sie sich dafür, jede der vier Regionen als *eigene Einheit* aufzufassen und für jede eine eigene repräsentative Stichprobe zu ziehen. Die Summe aller vier Stichproben sollte weiterhin 1200 Personen betragen. Entsprechend kalkulierten sie die Stichproben für Graubünden und für das Tessin auf je 100, für die französische Schweiz auf 250 und für die deutschsprachige Schweiz auf 750 Personen.

In der Auswahl der Kontrollvariablen zeigt sich, welche Vorstellung von der Schweiz als Ganzes die Arbeitsgruppe ihrer Studie unterlegt hatte. Diese fiel nicht in eins mit dem Ganzen, welches im politischen Feld die Schweiz begrenzte – sonst hätten Frauen und die ausländische Bevölkerung ausgeschlossen werden müssen, da ihnen das Stimm- und Wahlrecht auf nationaler Ebene verwehrt war. In diesem Punkt orientierte sie sich an der Gallup-Methode und verstand unter dem Ganzen die Wohnbevölkerung der Schweiz. In einem anderen Punkt hob sich ihre Vorstellung jedoch davon ab, wie das Ganze in der Gallup-Methode klassischerweise definiert war: Mit dem Einbezug der vier Sprach- und Kulturräume wurde der Stichprobe eine politisch relevante Hypothese unterlegt. Dies wird umso deutlicher, als die vier Regionen nicht bloss in Form von Kontrollvariablen einflossen, sondern die Stichprobe in vier Teilstichproben aufgeteilt wurde. Gemäss der Logik der Gallup-Methode unterscheidet sich genau darin ein »sozialer Querschnitt« von einem »politischen Querschnitt«.[87] Damit eröffnete sich die Arbeitsgruppe die Möglichkeit, die Hypothese, dass sich die Bevölkerung der Schweiz fundamental nach Massgabe der Sprach- und Kulturregion unterscheide, zu überprüfen.

Zudem ist auffällig, dass Geschlecht bei der Definition der Grundgesamtheit nicht thematisiert wurde, bei der Auswahl der Kontrollvariablen jedoch schon. Das Kriterium der Nationalität dagegen, wurde in Bezug auf die Grundgesamtheit diskutiert, erschien dann jedoch nicht bei den Kontrollvariablen. Das bedeutet, dass soziologische Kriterien einen unterschiedlichen Status haben können

---

[86] Dies ist genau die Stichprobengrösse, die Michel Flegenheimer in seiner Kritik an der Umfrage gefordert hatte. Vgl. Kapitel 2.3.2 Fundamentalkritik eines externen Soziologen.

[87] Vgl. oben, S. 100 Die Gallup-Methode.

und dementsprechend bei der Stichprobenkonstruktion auf verschiedenen Ebenen problematisiert werden: Bei der Grundgesamtheit geht es um die Frage nach Ein- und Ausschluss, während die Kontrollvariablen darauf verweisen, ob ein Kriterium für die *Interpretation der Ergebnisse* als relevant angesehen wird oder nicht. Dieses Vorgehen beruhte auf der Idee, dass Mitglieder von Gruppen, die sich aufgrund der Kontrollvariablen konstruieren lassen, unterschiedlich leben und denken. Die Arbeitsgruppe ging also davon aus, dass die befragten Personen je nach Alter, Geschlecht, Ortsgrösse, Konfession und Region unterschiedliche Meinungen vertreten würden.

3.2.3 Verteilung von Merkmalen

Auch die dritte praktische Frage, die Verteilung der Merkmale, war mit Problemen verbunden, weil sich die Arbeitsgruppe auf Daten abstützen musste, die in hinreichender Qualität für die Grundgesamtheit verfügbar waren. Einzig das Eidgenössische Statistische Amt verfügte aufgrund der Volkszählung über entsprechende Daten.[88] Die Arbeitsgruppe berechnete auf der Basis der amtlichen Zahlen für ihre vier regionalen Stichproben die Prozentwerte der Merkmalsverteilungen und achtete bei der Durchführung der Umfrage darauf, dass die Kontrollvariablen der Stichprobe dieselben Proportionen aufwiesen. Um den Nachweis zu erbringen, dass dieses Ziel erreicht wurde, enthielt der statistische Anhang für jede berücksichtigte Merkmalsverteilung eine Tabelle, in der die Zahlen des Statistischen Amtes angegeben waren und mindestens eine weitere, welche die während der Untersuchung erfassten Merkmale der befragten Personen auflistete.[89]

Ein Problem bestand darin, dass die amtlichen Zahlen aus der Volkszählung von 1950 stammten und schon über zehn Jahre alt waren. Zwar hatte das Statistische Amt am 1. Dezember 1960 eine Volkszählung durchgeführt, doch war diese Anfang 1961, zum Zeitpunkt der Stichprobenkonstruktion, noch nicht ausgewertet und die Arbeitsgruppe musste mit den veralteten Daten vorlieb nehmen.[90]

Ihre Probleme beschränkten sich aber nicht darauf, dass die Daten alt waren. Auch die Qualität der Daten war teilweise unbefriedigend. Denn die Arbeitsgruppe war darauf angewiesen, dass sich die Merkmale, für deren Verteilung sie sich interessierte, in diejenigen Untergruppen aufteilen liess, die in der Umfrage

---

[88] Eine Kooperation mit Marktforschungsinstituten hatte die Arbeitsgruppe bewusst ausgeschlagen. Vgl. Kapitel 2.3.3 Herausforderung durch die Marktforschung.

[89] Die folgenden Ausführungen beruhen, wenn nicht anders vermerkt, auf dem statistischen Anhang der Arbeitsgruppe: Stadtarchiv Lausanne, P 286, Carton 3, Enveloppe 2. Die Verteilung von Merkmalskombinationen wurde bei dieser Methode nicht berücksichtigt.

[90] Ebd., S. 7.

berücksichtigt werden sollten. Und dies war einzig bei den Kategorien Alter[91], Geschlecht[92] und Konfession[93] der Fall. Für die Kategorie Nationalität genügten die offiziellen Zahlen, um zu berechnen, wie viele ausländische Personen befragt werden sollten und die Arbeitsgruppe berechnete diese Anzahl auch für die verschiedenen Sprachregionen.[94] Doch bei der Kontrolle, ob tatsächlich entsprechend viele Interviews mit ausländischen Personen durchgeführt wurden, fiel die Kategorie kommentarlos unter den Tisch – im Anhang fehlen jegliche Angaben zu den beobachteten Häufigkeiten; die Nationalität der Befragten wurde gar nicht erhoben. Die Arbeitsgruppe wollte die Stichprobe auch nach Berufsgruppen kontrollieren, musste jedoch darauf verzichten, weil sie die Klassifikation des Statistischen Amtes für unbrauchbar hielt.

Richtig vertrackt wurde schliesslich die Konstruktion der Kategorie Ortsgrösse. Die Arbeitsgruppe ging wie erwähnt von vier Regionen aus, die sie wahlweise als sprachliche, kulturelle oder geographische Regionen bezeichnete, die de facto jedoch politische Regionen waren, die sich aus einem oder mehreren Kantonen zusammensetzten.[95] Für jede Region gruppierten Chiva, Deluz und Stern die Gemeinden nach Einwohnerzahl.[96] Dann berechneten sie für jeden Kanton den

---

[91] Die Arbeitsgruppe berücksichtigte Personen ab 15 Jahren und konstruierte 5 Altersklassen: 15–19 Jahre, 20–34 Jahre, 35–49 Jahre, 50–64 Jahre, 65 und mehr Jahre. Das Modell erfasste die Kategorie Alter nicht linear, sondern bestand aus einer kleinen Gruppe von Jugendlichen, dann aus drei Segmenten von 15 Jahren und schliesslich aus einer Gruppe aller über 65-jährigen Personen, wobei 65 Jahre mit dem Pensionsalter der Männer übereinstimmte – jenes der Frauen lag ab 1957 bei 63 Jahren.

[92] Die binäre Einteilung in Männer und Frauen wurde als selbstverständlich betrachtet und führte weder bei der Stichprobenkonstruktion noch während der Umfrage zu Klassifizierungsproblemen.

[93] In den amtlichen Zahlen war Religion unter dem Begriff »Konfession« (der Begriff wurde auch von der Arbeitsgruppe synonym verwendet) in »Katholiken«, »Protestanten« und »Andere« unterteilt. Die Rubrik »Andere« umfasste gemäss Volkszählung rund 2% der Bevölkerung. In der Umfrage bezeichneten sich 2% der Befragten als konfessionslos und ein weiteres Prozent nannte eine andere Religionszugehörigkeit.

[94] In den Tabellen des Anhangs finden sich die Häufigkeiten von in- und ausländischen Personen nach Kantonen und Regionen sowie die Angabe, dass 81 Interviews mit Personen ohne Schweizerpass durchgeführt werden müssten, um die Stichprobe diesbezüglich repräsentativ zu machen.

[95] Aufgrund dieser A-priori-Definition ignorierte die Arbeitsgruppe das Problem, dass im Kanton Graubünden sowie beispielsweise in Dutzenden von Gemeinden im Kanton Freiburg mehrheitlich deutsch gesprochen wurde. Vgl. Eidgenössisches Statistisches Amt, Bureau Fédéral de Statistique, *Recensement fédéral de la population 1950. 1er Decembre 1950, Canton de Fribourg*, Bern 1955, S. 46ff.; Eidgenössisches Statistisches Amt, Bureau Fédéral de Statistique, *Eidgenössische Volkszählung 1960. Wohnbevölkerung der Gemeinden*, Bern 1961, S. 46.

[96] Sie verwendeten nach eigenen Angaben dieselbe Klassifizierung wie das Statistische Amt, nämlich Grossstädte (über 100 000 Einw.), Mittelstädte (30 000–100 000 Einw.), Kleinstädte (10 000–30 000 Einw.), Gemeinden mit 1000–10 000 Einw. und solche mit weniger als 1000 Einw. Vgl. beispielsweise Eidgenössisches Statistisches Amt, Bureau Fédéral de Statistique, *Statistisches Jahrbuch der Schweiz*, Bern 1950. Aus nicht nachvollziehbaren Gründen zählte die Arbeitsgruppe jedoch 2832

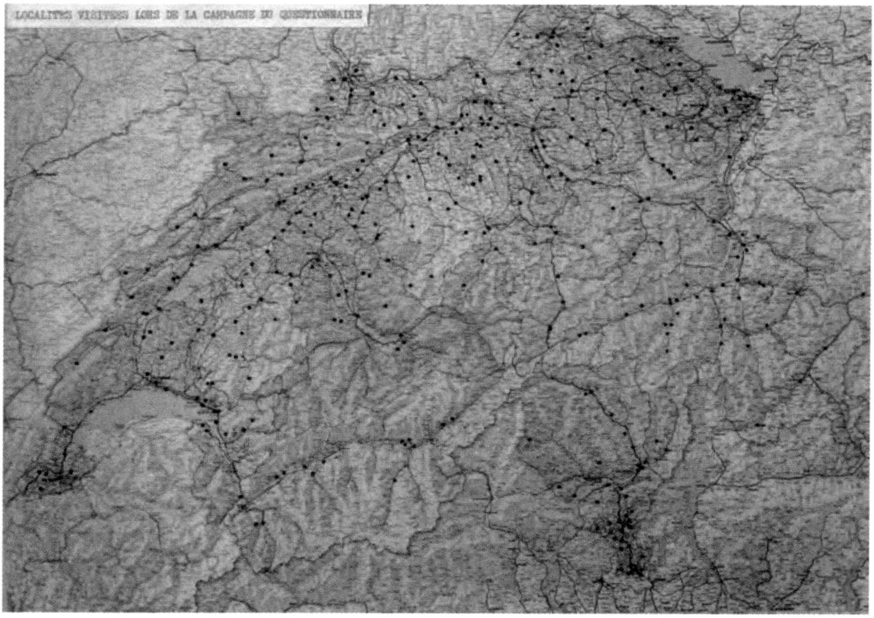

Abbildung 1: Karte der Interview-Orte der Umfrage »Un jour en Suisse«[97]

prozentualen Anteil der Bevölkerung in den verschiedenen Ortsgrössen. Dieser Verteilung entsprechend teilten sie die vordefinierte Anzahl Interviews pro Sprachregion (100 für Graubünden, 100 für das Tessin, 250 für die französische und 750 für die deutschsprachige Schweiz) und Ortsgrösse auf und trugen sie in eine Kreuztabelle ein.

Doch liessen sie es nicht bei diesen Vorgaben bewenden, sondern bestimmten noch vor der Durchführung der Untersuchung, in welchen Orten Interviews gemacht werden sollten. Dazu legten sie zunächst fest, dass alle fünf Grossstädte, fünf der acht Mittelstädte und 31 der 32 schweizerischen Kleinstädte besucht werden sollten. In Bezug auf die übrigen Orte legten sie fest, dass in solchen mit 1000–10 000 Einwohnern jeweils drei und in solchen mit weniger als 1000 jeweils zwei Interviews durchgeführt werden sollten. Aus diesen Voraussetzungen resultierte, dass 123 der kleinsten und 180 der zweitkleinsten Orte auszuwählen wa-

Gemeinden anstatt 3101 wie die Volkszählung von 1950 (Vgl. Schuler, Martin/Dessemontet, Pierre/Joye, Dominique (Hg.), *Eidgenössische Volkszählung 2000. Die Raumgliederung der Schweiz*, Neuchâtel 2005, S. 32.) beziehungsweise 2973 Munizipalgemeinden wie das Statistische Jahrbuch (vgl. Eidgenössisches Statistisches Amt, Statistisches Jahrbuch, S. 13).

[97] Stadtarchiv Lausanne, P 286, Carton 2, Enveloppe 1: Un jour en Suisse, *Foto: Localités visitées lors de la campagne du questionnaire*, 1962.

ren. Dazu erstellte die Arbeitsgruppe eine Liste zufällig ausgewählter Orte sowie eine Ersatzliste, für den Fall, dass in einem Ort niemand für ein Interview gewonnen werden könnte. Die Auswahl der Orte und der Anzahl Interviews in den kleinsten Orten verringerte den Aufwand des Befragungspersonals beträchtlich. Dieses sollte nämlich persönliche Interviews am Wohnort der Befragten durchführen und musste auf diese Weise weitaus weniger Orte aufsuchen, als wenn die Orte zufällig ausgewählt worden wären. Umgekehrt bildete die Festlegung einer bestimmten Anzahl Interviews pro Ort auch eine Obergrenze an die sich die Interviewerinnen und Interviewer halten mussten.

Am Schluss des Anhangs zur Stichprobenkonstruktion war eine Reihe von Tabellen angefügt, in denen die Häufigkeiten von dreizehn beobachteten Merkmalen nach dem Kriterium Geschlecht eingetragen waren. Die Merkmale waren Alter, Herkunftskanton, Geschlecht, Ortsgrösse, Zivilstand, Anzahl Kinder, Muttersprache, Konfession, Schulbildung, Berufssektor, Erwerbsstatus, Region und Einkommen. Dabei verzichtete die Arbeitsgruppe darauf, die vier Regionen auszuweisen, in die sie die Stichprobe aufgeteilt hatte und die ihrer Auffassung nach als eigene Stichproben gelten sollten. Dadurch war in allen 13 Tabellen – wie auch im gesamten Schlussbericht – Graubünden und das Tessin gegenüber der Deutschschweiz 3,3-mal zu stark gewichtet. Aus der politischen Hypothese der vier Regionen wurde auf diese Weise unbeabsichtigt eine statistische Gewichtung. Sie führte zu einer massiven quantitativen Verzerrung der Repräsentation jenes Ganzen, auf das sich die politische Hypothese beziehen sollte. Die Prozentwerte in den Tabellenzellen verwiesen daher allein noch auf die Einheit der Stichprobe. Die politische Logik schwächte die statistische Präzision des Stichprobenverfahrens erheblich ab und überschrieb sie in diesem Punkt. Darin spiegelt sich eine grosse Ambivalenz wider, geradezu eine Zerrissenheit zwischen der statistischen Logik der Repräsentativität und der politischen Logik der Repräsentation. Einerseits besteht zwischen administrativen und statistischen Repräsentationskriterien eine gewollte Überschneidung und Unschärfe. Andererseits standen die beiden Logiken in einem Widerstreit, weil sie an anderen Zielen ausgerichtet waren. Praktisch gesehen waren die beiden Logiken so eng miteinander verwoben, dass statistische und politische Probleme vorprogrammiert waren. Die praktische Konstruktion einer repräsentativen Stichprobe war der eine zentrale Schritt zur Herstellung wissenschaftlicher Objektivität. Der andere bestand in der Herstellung des Fragebogens.

3.3 Der »objektive« Fragebogen

3.3.1 »Nicht-gelenkte« Interviews und Quantifizierung

Mit der Herstellung eines »Messinstruments« hatte sich die Arbeitsgruppe eine anspruchsvolle Aufgabe gestellt. Für die repräsentative Umfrage wollte sie einen Fragebogen entwickeln, dessen Inhalt nicht ihrem subjektiven Gutdünken, sondern objektiven Gesichtspunkten entsprach. Die Grundlage dafür sollte eine Serie von 50 »nicht-gelenkten Interviews«[98], liefern. Die Aufgabe bestand darin, eine Befragung durchzuführen, in welcher die Interviewten unbeeinflusst und frei sprechen würden. Was verstanden die Forschenden unter »nicht-gelenkten Interviews« und was bezeichneten sie als frei? Zunächst ist darauf hinzuweisen, dass die Übersetzung des Begriffes »entretien non directif« problematisch ist. Damals war im soziologischen Jargon weder eine einheitliche Terminologie noch eine konsistente Übersetzung deutscher, französischer oder englischer Fachbegriffe etabliert. Einer der einflussreichsten Versuche im deutschsprachigen Raum eine konsistente Terminologie zu etablieren stammte von René König. Im Sammelband »Das Interview«[99] übersetzte er den englischen Begriff »non-directive question« mit »nicht gelenkte Frage« und beschrieb diese als eine Verfahrensweise, »bei der der Befragte den Eindruck erhält, beliebige Aspekte eines Problems anschneiden zu können. Etwa bei Sondierungsfragen«.[100]

Die Interviews der Vorstudie entsprachen einem Verfahren, das im besagten Sammelband Königs vom Bureau of Applied Social Research der Columbia-Universität als *qualitatives Interview* bezeichnet wurde. »Man spricht etwa von intensivem oder detailliertem Interview, von formlosem Gespräch oder nicht-gelenktem Interview, von Tiefeninterview oder Einzelfallanalyse in Gesprächsform.«[101] Solche Interviews wurden meistens im Vorfeld einer Erhebung durchgeführt, um einen Fragebogen zu entwickeln. Analytisch wurde das qualitative Interview von anderen Formen des »nicht-gelenkten« Interviews unterschieden, wie sie etwa in der Psychoanalyse angewandt wurden, obwohl es bei diesen gewisse Anleihen gemacht hatte. Der Unterschied bestand darin, dass der Analytiker, wenn er seinen Patienten aufforderte, »alles, was ihm in den Sinn kommt, frei auszusprechen«[102], nicht an ein bestimmtes Untersuchungsziel denke. Die Technik der frei-

---

[98] Im Original: »entretiens non directifs«, vgl. Stadtarchiv Lausanne, P 286, Carton 3, Enveloppe 3, S. 1.

[99] König, René (Hg.), *Das Interview. Formen, Technik, Auswertung*, Praktische Sozialforschung I, Köln 1952/1957.

[100] Stadtarchiv Lausanne, P 220, Carton 20, Classeur 1, Nr. 5, S. 369.

[101] Bureau of Applied Social Research, Columbia University, »Das qualitative Interview«, in: René König (Hg.): *Das Interview. Formen, Technik, Auswertung*, Köln 1957, S. 144.

[102] Ebd.

en Assoziation sei ein therapeutisches Mittel und werde auch dann noch angewandt, wenn der Fall kein Forschungsproblem mehr darstelle. Dies im Gegensatz zum sozialwissenschaftlichen Interview, wo der Interviewer »einzig das Forschungsproblem selbst vor Augen« habe.[103]

Der Plan, einen objektivierten Fragebogen herzustellen, war die praktische Antwort auf zwei grundlegende Probleme. Das erste Problem betraf die repräsentative Meinungsumfrage selbst: Wurden in einer Umfrage nämlich die Fragen nach dem Gutdünken der Autorenschaft gestellt, so müsste sich diese den Vorwurf gefallen lassen, sie produziere Artefakte. Der Wunsch nach einem objektivierten Fragebogen verweist also auf ein implizites Ideal: Die Bevölkerung soll auf der Grundlage eines objektivierten Fragebogens mit sich selbst ins Gespräch gebracht werden. Die Befragten sollen auf Fragen antworten, die sie sich indirekt selber gestellt hätten, auf Fragen, die sozusagen »in der Luft liegen«.

Doch diesem Ideal steht ein praktisches Problem gegenüber: Ohne von Fragen angeregt zu werden und ohne die Vorgabe von Themen, sprechen Befragte nämlich kaum zu jenem Forschungsproblem, welches die Wissenschaftlerinnen und Wissenschaftler vor Augen haben. Deshalb haftet auch an einem objektivierten Fragebogen ein arbiträrer Rest in Form der Themenvorgabe. Doch die Willkürlichkeit erscheint kleiner. Vor diesem Problemhorizont gilt es im Folgenden, die Operationen zu beschreiben, welche die Befragten zur »freien Rede« anregen sollten, sowie die Transformationen zu untersuchen, welche dieses Sprechen erfahren hat.

Das zweite Problem besteht im Gegensatz von »qualitativen« und »quantitativen« Verfahren, einem methodischen Grundproblem der Soziologie. Nicht nur die Studie »Un jour en Suisse«, sondern die Soziologie der Nachkriegszeit insgesamt war zur Hauptsache quantitativ ausgerichtet. Nach der Unterbrechung der soziologischen Tradition in der Zwischenkriegszeit[104] war ein neuer Anlauf zur Etablierung einer universitären Soziologie genommen worden, der sich grösstenteils auf quantitative Verfahren stützte. Soziologie als wissenschaftliche Disziplin wurde von ihren Exponenten dabei weniger in einer philosophisch-geisteswissenschaftlichen Tradition verstanden, als an quantifizierende Methoden gebunden, die eher an die Naturwissenschaften erinnerten.[105] Diese Soziologie verstand sich dementsprechend mehr als Sozial- denn als Geisteswissenschaft.

---

103 Ebd.
104 Vgl. Zürcher, Unterbrochene Tradition.
105 Vgl. Honegger/Jost, Konkurrierende Deutungen des Sozialen, S. 25 ff.

3.3.2 Durchführung und Auswertung »nicht-gelenkter« Interviews

Im Dezember 1961 stiessen Urs K. Hedinger, René und Liliane Favre, Véronique Burri, Hans Nef und Colette Lambelet als Interviewer zur Arbeitsgruppe »Un jour en Suisse«.[106] Geleitet wurden sie von Isac Chiva, Ariane Deluz und Nathalie Stern. Die nicht-gelenkten Interviews begeisterten die Arbeitsgruppe aufgrund ihrer Reichhaltigkeit dermassen, dass sie anstatt der geplanten 50 Interviews schliesslich 120 durchführten. Ein Teil davon ist erhalten und im Stadtarchiv Lausanne in thematischen Fragmenten abgelegt.[107] Bei den 217 erhaltenen Fragmenten ist nicht immer ersichtlich, welche Teile zusammengehören und welche Teile fehlen.

Das Verfahren lässt sich aufgrund der Quellen weitgehend nachvollziehen: In einem ersten Schritt wurden die Interviews mündlich durchgeführt und die Ausführungen der befragten Personen dabei von Hand protokolliert. In einem zweiten Schritt wurden die Interviews kodiert. Dazu schrieben die Soziologinnen und Soziologen am linken Seitenrand der Abschriften Stichworte auf, die den Inhalt thematisch zusammenfassten. Drittens übertrugen sie die Stichworte auf Papierbögen, zählten sie zusammen und erstellten schliesslich Diagramme auf denen Begriffe mit Pfeilen verbunden und Häufigkeiten eingetragen waren. Im Folgenden werden diese drei Arbeitsschritte (Interview, Kodierung, Auswertung) anhand der Quellen genauer untersucht.

Interview. Die Interviews dauerten zwischen zehn Minuten und zwei Stunden. Während dieser Zeit sollten die befragten Personen frei sprechen. Die Interviewenden waren gehalten die befragten Personen nicht zu unterbrechen und ihre Ausführungen möglichst wörtlich zu protokollieren. Am Schluss des Interviews wurden Beruf, Alter, Zivilstand, Kinder, Heimatort, Wohnort und Religion erfragt. Die Antworten während des Interviews wörtlich aufzuschreiben galt als probates Mittel zur Aufzeichnung von Interviewdaten,[108] besonders wenn offene Fragen gestellt wurden. Maccoby und Maccoby schätzten, dass auf diese Weise im Gegensatz zu mechanischen Aufnahmeverfahren, wie etwa der Tonbandaufzeichnung, etwas mehr als 50% der Daten verloren gehen.[109] Für die Arbeitsgruppe dürfte dies ein Vorteil gewesen sein, weil sich damit ihr Arbeitsaufwand reduzierte. Die Themenvorgaben sollten das Alltagsdenken des »Homo Helveticus« möglichst breit abdecken und bestanden aus »Zukunft«, »Schule«, »Schweiz«,

[106] Vgl. Stadtarchiv Lausanne, P 220, Carton 20, Classeur 1, Nr. 13, S. 5.

[107] Vgl. Stadtarchiv Lausanne, P 220, Carton 22–24: Un jour en Suisse, *Nicht-gelenkte Interviews*, Januar-April 1962.

[108] Maccoby, Eleanor E./Maccoby, Nathan, »Das Interview. Ein Werkzeug der Sozialforschung«, in: René König (Hg.): *Praktische Sozialforschung I*, Bd. 1, Köln 1957.

[109] Ebd., S. 71.

»Freizeit«, »Beruf« und »soziale Kontakte«.[110] Aus den Quellen geht nicht hervor, ob die Interviewenden einen Leitfaden zur Hand hatten oder ob lediglich die Themen festgelegt waren und Nachfragen während der Interviews ad hoc formuliert wurden. Weiter ist unklar, mit welchen Fragen die nicht-gelenkten Interviews in Gang gebracht wurden, denn die Interviewerinnen und Interviewer schrieben in den meisten Fällen lediglich die Antworten auf. Seltene Ausnahmen, bei denen auch die Fragen protokolliert sind, bilden drei Interviews zum Thema »soziale Kontakte«. In einem gut halbstündigen Interview stellte Urs K. Hedinger folgende Fragen: »Gibt es Leute, die Sie als Ihre Freunde bezeichnen würden? Welcher Art sind Ihre heutigen Beziehungen zu diesen Freunden? Wie sind Sie zu Ihren freunden [sic] gekommen? Haben Sie sie in der Kindheit kennen gelernt, sind Sie mit ihnen zusammen in die Schule gegangen [...] In welchem Alter kann man sich am leichtesten Freunde machen? Glauben Sie, dass Freundschaftsbeziehungen zwischen verschiedenen Generationen möglich sind? Was zerstört oder was begünstigt heutzutage die Beziehungen zwischen Menschen?«[111] Das Beispiel zeigt, dass immer wieder Fragen gestellt werden mussten, um die Erzählung der Befragten in Gang zu halten und Verknüpfungen zu anderen Themen anzuregen.

Kodierung. Die handschriftlichen Interviews wurden mit Schreibmaschine abgeschrieben und in einigen Fällen vom Deutschen ins Französische übersetzt. Das Abtippen ermöglichte es, gleichzeitig einige Durchschläge herzustellen. Danach schrieben die Soziologinnen und Soziologen zu jedem Satz Stichworte an den linken Seitenrand, welche vermutlich aus einem vorgegebenen Kodierungsschlüssel stammten. Jedenfalls fällt auf, dass sie nicht etwa Wörter aus den Texten selbst aufgeschrieben haben, sondern konsistente, abstrakte Begriffe notierten. Ein Beispiel, in dem der Interviewer Urs Hedinger ein Interview zum Thema »Schweiz« kodierte, soll dies verdeutlichen. Dort begann ein 62-jähriger Architekt seine Erzählung mit den Worten: »Mir scheint, bei uns haben nur noch wenige der jungen Leute Sinn und ›Gspüri‹ für die geistigen Werte. Darum ist auch bei uns die Volkshochschulbewegung nicht lebendig geworden. Wirtschaftliches Vorwärtskommen und rein berufliche Schulung stehen bei uns weit vor der menschlichen Bildung. Eine materialistische Haltung dominiert.« (Abb. 2). Die Kodierung dieser drei Sätze lautete: »les Suisses – culture – diffusion de la culture

---

[110] Im Original: »Avenir, Écoles, Helvetie, Loisirs, Metiers, Contacts Sociaux«. Im Schlussbericht ist nur von den Themen »le métier, l'avenir, l'école, la Suisse et les Suisses« die Rede – dass auch Interviews zu den Themen Freizeit und soziale Kontakte durchgeführt worden sind, wurde im Schlussbericht ausgelassen.

[111] Vgl. Stadtarchiv Lausanne, P 220, Carton 22–24 (Carton 24, Classeur 1: HE VI/1, HE VI/2 und VB VI/1).

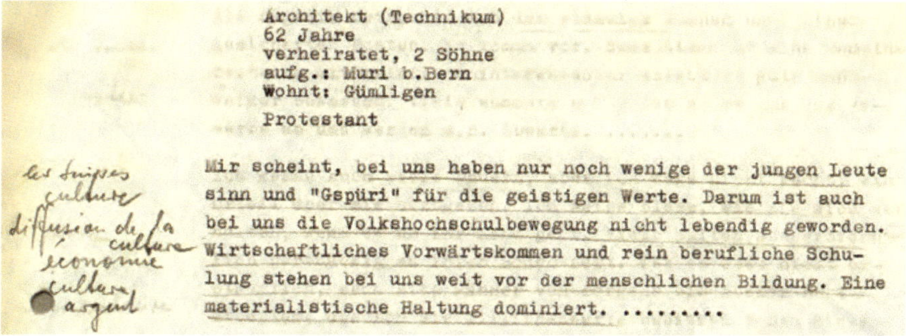
Architekt (Technikum)
62 Jahre
verheiratet, 2 Söhne
aufg.: Muri b.Bern
Wohnt: Gümligen
Protestant

Mir scheint, bei uns haben nur noch wenige der jungen Leute sinn und "Gspüri" für die geistigen Werte. Darum ist auch bei uns die Volkshochschulbewegung nicht lebendig geworden. Wirtschaftliches Vorwärtskommen und rein berufliche Schulung stehen bei uns weit vor der menschlichen Bildung. Eine materialistische Haltung dominiert. ....

Abbildung 2: Ausschnitt aus einem »nicht-gelenkten Interview« mit Kodierungen[112]

– économie – culture – argent«. Wenn wir den Prozess der Kodierung nachvollziehen, fällt auf, dass der Begriff »école«, der ja Thema für eine ganze Reihe von Interviews war, nicht notiert wurde, sondern dass der abstraktere Begriff »culture« die Rede von den »geistigen Werten« über die »Volkshochschulbewegung« bis zu »beruflicher Stellung« und »menschlicher Bildung« zusammenfassen sollte. Auch die Kodierung von »materialistische Haltung« mit »argent« erscheint auf den ersten Blick so, als sei dem Text etwas Neues hinzugefügt worden. Der Begriff »argent« war im Interview nicht enthalten, denn der Architekt hatte nicht von Geld, sondern von einer materialistischen Haltung gesprochen.

Solche Transformationen entfalten jedoch Sinn, wenn wir uns vor Augen führen, dass die Kodierung zum Ziel hatte, die freien Interviews in allgemeine Themenfelder zu überführen. Dazu war nicht ein Hinzufügen willkürlicher Themen notwendig – dies hatte bereits mit der Vorgabe eines Interviewthemas stattgefunden –, sondern die Entfernung der spezifischen Äusserungen, also des konkreten Inhalts der Interviews. Der als Kritik geäusserte Satz »Eine materialistische Haltung dominiert« wurde so gesehen nicht unpräzise kodiert, indem Hedinger »argent« notierte. Sondern die individuelle Äusserung wurde soweit von ihrem persönlichen Gehalt gereinigt, dass davon allein das Stichwort »argent« im Sinne eines allgemeinen Themas übrig blieb. Bedeutsam für die soziologische Operation war folglich nicht nur, was hinzugefügt, sondern auch was aus dem Text entfernt wurde. Und bedeutsam an der Entfernung des konkreten Inhalts der Interviews war, dass damit die Homogenisierung und Stabilisierung von allgemeinen Themen erfolgte.

112 Ebd., S. 1. (Carton 23, Classeur 3: HE III/14)

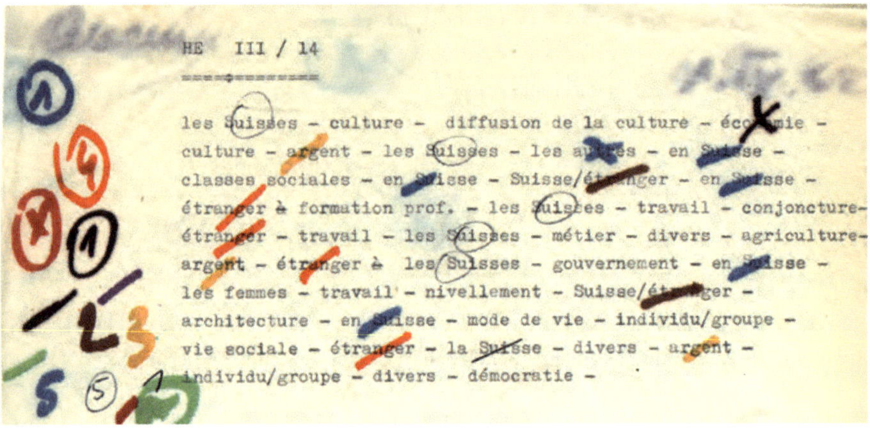
HE III / 14

les Suisses - culture - diffusion de la culture - économie -
culture - argent - les Suisses - les autres - en Suisse -
classes sociales - en Suisse - Suisse/étranger - en Suisse -
étranger à formation prof. - les Suisses - travail - conjoncture-
étranger - travail - les Suisses - métier - divers - agriculture-
argent - étranger à les Suisses - gouvernement - en Suisse -
les femmes - travail - nivellement - Suisse/étranger -
architecture - en Suisse - mode de vie - individu/groupe -
vie sociale - étranger - la Suisse - divers - argent -
individu/groupe - divers - démocratie -

Abbildung 3: Kodierung eines nicht-gelenkten Interviews[113]

Auswertung. Die kodierten Interviews wurden in Stichwortlisten zusammengefasst (s. Abb. 3). Für jedes Interview wurde eine Liste angefertigt, in der die abstrakten Stichworte der Reihe nach aufgeschrieben wurden. Für die Auszählung mussten die Interviews selbst nicht mehr herangezogen werden, sondern es reichte aus, mit den Stichwortlisten zu arbeiten. Die konkreten Äusserungen der Befragten, ihre Wortwahl, Redewendungen und Anspielungen wurden in diesem Arbeitsschritt entfernt. Was übrig blieb, waren Stichworte, die zum grössten Teil von den Befragten selbst nicht verwendet worden waren, sowie deren Reihenfolge. Auch die Angaben zu Alter, Beruf, Religionszugehörigkeit etc. waren fortan nicht mehr von Belang.

Mit dem Entfernen der individuellen Spuren hatte sich die Arbeitsgruppe die Voraussetzung dafür geschaffen, »objektive Fragen« herzuleiten, eine Aufgabe, die vor allem Nathalie Stern durchführte. Sie markierte identische Begriffe mit Bleistift, Kugelschreiber oder Filzstift und zählte sie zusammen. Aus diesen Summen wiederum erstellte sie eine Reihe von Listen, auf denen sie jene Begriffe auszählte, die unmittelbar vor oder nach einer Bezugnahme auf das Interviewthema genannt wurden. Manchmal erstellte sie auch Listen zu anderen Begriffen, wie dem Begriff »argent« für die Interviewserie zum Thema »avenir« (s. Abb. 4).

Aufgrund der Häufigkeitslisten zeichnete sie schliesslich Diagramme: In das Zentrum eines Diagramms schrieb sie jeweils das Interviewthema und ordnete darum herum die anderen Stichworte – je nach Häufigkeit näher oder weiter entfernt vom Zentrum – an. Die Begriffe verband sie mit Pfeilen und beschriftete sie mit den Häufigkeiten (s. Abb. 5).

---

[113] Ebd. (Carton 23, Classeur 4: HE III/14–16).

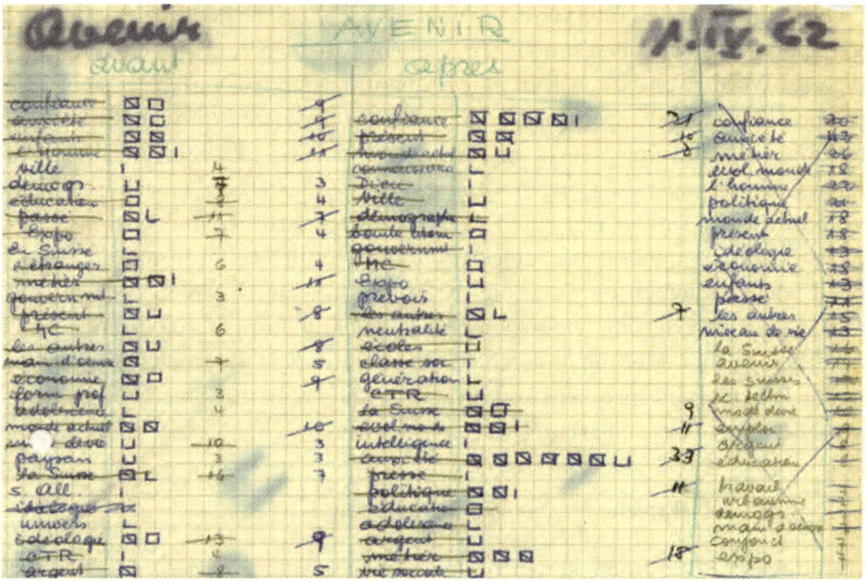

Abbildung 4: Auszählung von Interviews zum Thema »avenir«[114]

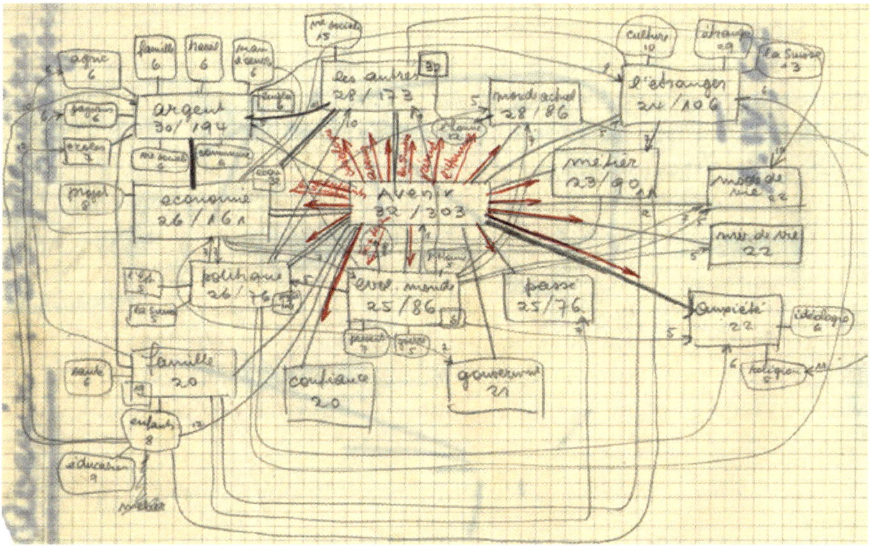

Abbildung 5: Diagramm zur Themenstruktur von Interviews[115]

[114] Ebd.

[115] Ebd. (Carton 23, Classeur 4).

Die nicht-gelenkten Interviews zeichnen sich schliesslich dadurch aus, dass die befragten Personen zuerst mittels vorgegebener Themen zum »freien Sprechen« angeregt wurden und danach in einem quantifizierenden Verfahren sämtliche individuellen Äusserungen wieder aus den Interviews entfernt wurden. Daraus entstanden Diagramme, welche objektivierte Themenstrukturen darstellten, auf deren Grundlage der Fragebogen verfasst wurde. Das Ziel, den Fragebogen nicht willkürlich zu gestalten, erreichten die Wissenschaftlerinnen und Wissenschaftler also dadurch, dass sie das Subjektive und persönlich Gefärbte aus den Interviews wieder möglichst vollständig entfernten und durch standardisierte, abstrakte Begriffe ersetzen. Die soziologische Objektivierung bezog ihren wissenschaftlichen Charakter mit anderen Worten daraus, dass die zunächst angeregte »totale Freiheit« des Sprechens kodiert wurde, indem dieses Sprechen wiederum von jeder individuellen Färbung gesäubert wurde.

3.3.3 Einen »objektiven« Fragebogen formulieren

Mit Hilfe der Diagramme konstruierte die Arbeitsgruppe »das Meisterstück«[116] ihrer Untersuchung, den Fragebogen.[117] Der erste Entwurf umfasste, im Unterschied zum definitiven Fragebogen noch 277 Fragen, die nach den Themen der nicht-gelenkten Interviews gruppiert waren (Beruf, Schule, Freizeit, Die Schweiz – die Schweizer, Zukunft) und neue Themen aufgriff (Familie, Kinder, Ferien, Gesundheit, Religion, Politik, Armee, Geld). Einzig das Thema »soziale Kontakte« hatte die Arbeitsgruppe weggelassen und die Fragen – vor allem solche zum Thema Freundschaft – auf die restlichen Rubriken verteilt.

Anhand der Themen »Zukunft« und »Schule« soll im Folgenden exemplarisch dargestellt werden, wie die einzelnen Fragen aus der Kodierung hergeleitet wurden. Der Entwurf enthielt 22 Fragen zum Thema »Zukunft« und 18 zum Thema »Schule«. Manchmal ist der Bezug zur Auswertung der nicht-gelenkten Interviews offensichtlich. So hatte die Auszählung zum Thema »Zukunft« ergeben, dass die Begriffe »anxiété« und »confiance« am häufigsten unmittelbar vor oder nach dem Stichwort »avenir« kodiert waren. Die ersten beiden Fragen im Entwurf verknüpften denn auch folgerichtig »Zukunft« mit »Angst« und »Zuversicht«:

247) Sehen Sie optimistisch oder pessimistisch: in die allernächste Zukunft? in die weitere Zukunft?

---

[116] Vgl.Stadtarchiv Lausanne, P 220, Carton 20, Classeur 1, Nr. 13.: »Le questionnaire constitue la pièce maîtresse de cette étude.«

[117] Stadtarchiv Lausanne, P 220, Carton 24, Classeur 2: Arbeitsgruppe Un jour en Suisse, *Drei Entwürfe des Fragebogens (277, 272 und 295 Fragen)*, 1962.

248) Was befürchten Sie am meisten in der Zukunft?[118]

Auch beim Thema Schule finden sich mitunter klare Bezüge zur Auswertung. Folgende Begriffe waren am häufigsten kodiert worden: »personnel enseignement«, »école«, »enfants«, »argent«, »méthodes enseignement,« »religion«, »éducation«, »élèves«, »rapports sociaux«.[119] Entsprechend finden sich Fragen, in denen zumindest teilweise die Bezüge zu den Stichworten offensichtlich sind:

98) Glauben Sie, dass der Wert der Schulbildung, die ein Kind erhaelt, abhaengt von: a) Lehrplan b) Schulbuecher c) Lehrern d) ~~Klassenkameraden~~ Niveau der Klasse e) Eltern f) Wohnort g) Intelligenz des Schuelers?[120]

Bei anderen Fragen ist der Zusammenhang weniger klar, wie das Beispiel einer Frage zum Thema Zukunft verdeutlichen soll:

260) Glauben Sie, dass die Ernaehrung des Menschen von morgen verschieden von der unsrigen sein wird? in welcher Art?[121]

Der Begriff Ernährung wurde zur Kodierung gar nicht verwendet. Dennoch findet sich eine Sequenz in den Interviews, in der von Ernährung die Rede ist. Daraus lässt sich nachvollziehen, wie diese Sequenz in die Frageliste eingeflossen ist: Eine der wenigen Stellen, an denen über die Zukunft der Ernährung gesprochen wurde, stammte von einem 12-jährigen Schüler aus Zofingen:

Wahrscheinlich wird man auch nur noch aus Büchsen essen und in den Büchsen gleich kochen. Alle Esswaren werden in Büchsen sein.[122]

Diese Sequenz war jedoch mit »mode de vie« kodiert – ein Stichwort, das in anderen Interviews sehr Unterschiedliches referenzieren konnte, wie die folgenden Sequenzen zeigen, die alle auch mit »mode de vie« kodiert sind:

[...] einige Kinos werden schliessen müssen.[123]
Das ist sicher weitgehend dem Umstand zu verdanken, dass man eben die Leute leben liess, die Engstirnigkeit hat zweifellos im Quadrat abgenommen.
Wenn man immer von aussen gesichert wird, ist es ja gar nicht mehr notwendig, sich anzustrengen.[124]

---

[118] Stadtarchiv Lausanne, P 220, Carton 24, Classeur 2: Arbeitsgruppe Un jour en Suisse, *Entwurf zu einem Fragebogen (277 Fragen)*, 4.4.1962.

[119] Stadtarchiv Lausanne, P 220, Carton 23, Classeur 4: Arbeitsgruppe Un jour en Suisse, *Auswertungen der nicht-gelenkten Interviews*, 1962.

[120] Stadtarchiv Lausanne, P 220, Carton 24, Classeur 2. Durchstreichung im Original.

[121] Ebd.

[122] Stadtarchiv Lausanne, P 220, Carton 22, Classeur 2: Hedinger, Urs K., *Nicht-gelenkte Interviews zum Thema »Zukunft«*, 1962, S. 2.

[123] Ebd. (HE V, Interview Nr. 4)

[124] *Beide Zitate stammen aus* ebd. (HE V, Interview Nr. 7).

Diese Fragen und kodierten Sequenzen machen deutlich, wie voraussetzungsreich es ist, einen »objektiven Fragebogen« zu erstellen. In Bezug auf die Quellen stellt sich das Problem, dass viele Fragen so formuliert waren, dass sie kaum auf die Diagramme und Kodierungen zurückgeführt werden können. Weil aber nicht alle Interviews erhalten sind, kann nicht mehr festgestellt werden, ob sie sich immerhin auf Äusserungen der Befragten beziehen oder frei erfunden wurden. Es liesse sich zwar an dieser Stelle der Versuch fortsetzen, im Detail zu rekonstruieren, wie eng die Fragen an die Auszählung der Kodierungen anknüpfen. Für einen guten Teil der Fragen könnte festgestellt werden, ob die darin enthaltenen Themen mit der Auszählung korrespondieren. Zudem liesse sich darüber streiten, ob alle Kategorien korrekt gebildet und ausgezählt wurden.[125] Oder es liesse sich vielleicht feststellen, dass bestimmte Themen trotz vieler Nennungen weggelassen wurden.

Für den Fragezusammenhang dieser Arbeit scheint es zweckmässiger, einen Schritt zurückzutreten und das Problem aus etwas grösserer Distanz zu betrachten. Denn die soziologische Objektivierung, aufgrund derer der Fragebogen konstruiert wurde, lässt sich zwar in einer Art *reverse engineering* rekonstruieren: In die Frage »256) Wie könnte man der Gefahr der Überbevölkerung in der Schweiz begegnen?« sind womöglich die Kodierungen »anxiété«, »démographie«, »la Suisse« eingeflossen. Doch ist damit wenig gewonnen, weil sich aus den drei Begriffen ganz andere Fragen hätten herleiten lassen, wie beispielsweise »Haben Sie Angst vor der Bevölkerungsentwicklung in der Schweiz?«, »Sind Sie der Ansicht, dass die Geburten in der Schweiz eher zunehmen oder abnehmen werden?« Kurz, aus einem Diagramm von Begriffen und Pfeilen lassen sich Fragen nicht zwingend herleiten. Entscheidend sind vielmehr die Effekte, welche das Verfahren der empirischen Fundierung des Fragebogens selbst erzeugte: Es unterstellte die Möglichkeit, dass die Arbeitsgruppe mit einem »objektiven Fragebogen« arbeitete und die Fragen nicht willkürlich auswählte und formulierte. Mit dem Anerkennen dieser Möglichkeit durch diejenigen, die den Schlussbericht lasen und autorisierten, sollte der Fragebogen gegen weitere Infragestellungen abgesichert werden. Gleichzeitig erbrachte die Arbeitsgruppe auf diese Weise den Nachweis, dass sie diejenigen Fragen stellte, welche die Bevölkerung tatsächlich beschäftigten und gewährleistete, dass sich das Publikum auf der Expo für die Umsetzung des Fragespiels interessieren würde, wie es die Expo-Direktion verlangt hatte. Schliesslich hatte sich die Arbeitsgruppe mit Hilfe ihres wissenschaftlichen Vor-

[125] Ein Beispiel, welches den Gestaltungsspielraum beim Kodieren aufzeigt, ist die Bildung der Kategorie Geschlecht. Zunächst wurden Interviewsequenzen nach den Themen »formation des filles«, »avenir de la femme«, »les femmes«, »suffrage feminin« und »travail de la femme« kodiert, aber danach zu einer Gruppe zusammengefasst. Die Unterkategorien hatten so wenige Nennungen, dass das Thema Geschlecht sonst aus den Themenlisten herausgefallen wäre.

gehens in die Lage gebracht, einen kontingenten und willkürlichen Fragebogen zu entwickeln, also jene Fragen zu stellen, die sie für relevant hielt. Mit ihrem Verfahren brachte sich die Autorenschaft in die Position von Experten und stattete sich mit der nötigen wissenschaftlichen Autorität aus, auch solche Fragen zu stellen, die politisch brisant, indiskret oder aus anderen Gründen nicht opportun waren. Wir werden im Folgenden herausarbeiten, welche Fragen in den Augen der Arbeitsgruppe vordringlich einer solchen Absicherung bedurften.

Was ist fragwürdig? Da sich Chiva, Deluz und Stern legitimiert hatten, auch heikle und tabuisierte Fragen zu stellen, ist es interessant zu sehen, inwiefern sie diesen Spielraum auch tatsächlich nutzten. Hierzu ist es aufschlussreich, den Weg vom Entwurf bis zur definitiven Version des Fragebogens für die repräsentative Umfrage zu betrachten. Wie konkretisierten sie ihre Ideen in der Ausgestaltung des Fragebogens? Welche Fragen enthielt der Entwurf und welche die Endversion? Welche Fragen wurden weggekürzt und welche hinzugefügt? Welche Akzente wurden mit der Selektion der Fragen gesetzt? Aus Gründen der Darstellbarkeit betrachten wir diesen Selektionsprozess nicht auf der Ebene der einzelnen Fragen, sondern anhand der Themenstruktur. Wenn wir einen Blick auf die thematische Gewichtung des Fragebogens werfen, dann zeigt sich, dass der Grossteil der 277 Fragen des Entwurfes, den Themen Beruf und Schule gewidmet war und zwar mit je 72 Fragen. Danach folgten die Themen Freizeit (38 Fragen), Familie & Kinder (31), die Schweiz – die Schweizer (30), Zukunft (20), Gesundheit (19), Armee (14), Politik und Ferien (je 13), Geld (11) und Religion (10). Die Themenstruktur blieb in der definitiven Version mit 80 Fragen weitgehend erhalten. Die markanteste Änderung bestand darin, dass 16% weniger Fragen zum Thema Schule gestellt wurden, dafür je fünf Prozent mehr zu den Themen Beruf und Geld.[126]

Für die definitive Version fügten die Forscherinnen und Forscher zwar 20 neue Fragen hinzu, übernahmen jedoch 55 Fragen aus dem Entwurf und änderten sie zum Teil geringfügig ab. Entweder wählten sie allgemeinere Formulierungen und fragten beispielsweise nicht nach dem Beruf, sondern nach der »jetzigen Tätigkeit«. Oder sie formulierten die Fragen konkreter, indem sie sich nicht danach erkundigten, ob jemand von der Hochkonjunktur profitiere, sondern in welcher Art. Komplizierte Fragen vereinfachten sie oder teilten sie in zwei Fragen auf. Sie ersetzten beispielsweise die Frage »Wenn Sie geistig und materiell unbegrenzte Möglichkeiten hätten, welchen Beruf würden Sie wählen?« durch die ein-

126 Der Fragebogen, der für das Fragespiel der Expo verwendet wurde, enthielt kaum eine Frage, die im Entwurf oder der Version der repräsentativen Umfrage verwendet wurde, und die Gewichtung der Themen war auch völlig unterschiedlich. Fragen zum Thema Beruf waren darin beispielsweise gar nicht enthalten.

fachere Formulierung »Würden Sie lieber etwas anderes tun? Warum?«. Während im Entwurf noch über zwei Drittel der Fragen Themen betrafen, die bereits in den nicht-gelenkten Interviews erfragt worden waren[127], sank der Anteil im definitiven Fragebogen auf 56%. In der endgültigen Version richteten sich die Soziologinnen und Soziologen also weniger stark nach den Themen, die sie aus den nicht-gelenkten Interviews herausdestilliert hatten, sondern entfernten sich von der »objektivierten Themenstruktur«.

3.3.4 Dramaturgie des Fragebogens

Während der erste Entwurf mit 277 Fragen eher einer thematisch gegliederten Auflistung aller möglichen Fragen gleichkommt, für die sich die Arbeitsgruppe interessierte, war der definitive Fragebogen weitaus sorgfältiger ausgearbeitet. Auswahl, Reihenfolge und Formulierung der Fragen waren wohlüberlegt und nach den Regeln der Kunst des Faches montiert. Die zeitgenössische Fachliteratur schenkte der Konstruktion von Fragebögen grösste Aufmerksamkeit. Goode und Hatt[128] beispielsweise nannten fünf zentrale Punkte, die bei der Fragebogenkonstruktion beachtet werden sollten. Erstens seien die Fragen so zu arrangieren, dass die befragte Person ihr Interesse an der Befragung immer mehr steigert und immer stärker am Interview teilnimmt. Zweitens müsse von einfachen zu komplizierten Fragen hingeführt werden und drittens sei darauf zu achten, dass sich die Befragten nicht frühzeitig wegen einer überraschenden, allzu intimen Frage sperrten. Viertens dürfe die befragte Person nicht in Verlegenheit gebracht werden, indem sie gezwungen werde, auf eine Frage zu antworten, ohne sich mit einem Kommentar erklären zu können. Und fünftens seien sprunghafte Themenwechsel zu vermeiden, indem die befragte Person behutsam von einem Bezugssystem zu anderen geleitet werde.[129]

Die Kunst der Fragebogenkonstruktion umfasste selbstverständlich eine Vielzahl von weiteren Verfahrensregeln und die von Goode und Hatt genannten Punkte bildeten auch keinen unstrittigen Konsens in der Umfrageforschung. Für den Argumentationszusammenhang dieser Arbeit können sie an dieser Stelle ausreichen, denn sie verweisen darauf, dass ein soziologischer Fragebogen unter anderem dazu diente, diskursive Dynamiken, die während des Interviews entstanden, zu kontrollieren. Nicht jede Frage hatte denselben Stellenwert, sondern es war üblich, die befragten Personen sorgfältig an besonders wichtige und heikle Fragen heranzuführen, während andere Fragen von geringerem Interesse wa-

[127] Beruf, Schule, Freizeit, Die Schweiz – die Schweizer, Zukunft.

[128] Goode, William J./Hatt, Paul K., »Beispiel für den Aufbau eines Fragebogens«, in: René König (Hg.): *Praktische Sozialforschung I*, Bd. 1, Köln 1952/1957, S. 6.

[129] Ebd., S. 115.

ren und vor allem der Dramaturgie der Befragung dienten – sei es, indem sie auflockerten, überleiteten oder indem sie Stockungen vermeiden und auf diese Weise die Antwortqualität besonders wichtiger Fragen verbessern sollten. Weil solche Überlegungen in der damaligen Umfrageforschung gang und gäbe waren, besteht die Möglichkeit, aufgrund der dramaturgischen Struktur des Fragebogens jene Fragen zu bestimmen, die besonders gut eingebettet und vorbereitet worden sind. Im Folgenden werden aufgrund der Dramaturgie, die dem Fragebogen unterlegt ist, jene Fragen identifiziert, denen in der Umfrage ein besonderes Gewicht beigemessen wurde. Die Ergebnisse werden in einem zweiten Schritt dahingehend überprüft, ob diese Fragen auch im Schlussbericht einen besonderen Stellenwert erhielten. Mit diesen beiden Arten von Hinweisen wird eine Einschätzung gewonnen, welches »Bild der Schweiz« und welche Relevanztopographie die Soziologinnen und Soziologen in die Untersuchung eingebrachten.[130]

In den Unterlagen der Arbeitsgruppe finden sich keine Hinweise, welche methodologische Literatur verwendet wurde. Isac Chiva war jedoch mit dem Standardwerk René Königs[131] gut vertraut und erwähnte es in einer Publikation von 1957 als einziges Buch zum Thema Befragung.[132] Der Arbeitsgruppe war die Problematik der Fragebogenkonstruktion wohlbekannt und ihre methodologische Raffinesse ging sicherlich mindestens ebenso weit wie die Ausführungen von Goode und Hatt. Chiva, Deluz und Stern hielten in ihrem Konzept professionelle Standards hoch und sprachen sich für äusserste Sorgfalt bei der Durchführung der Umfrage aus: »Forscher wie Fragebogen werden so sein, dass sie die ehrlichsten und authentischsten Antworten hervorrufen […] Wenn wir ein minimales Mass an wahrhaftiger Erkenntnis sowie präzise und strukturierte Informationen erhalten wollen, bestehen wir auf der Notwendigkeit, diese für die Arbeit unerlässliche Vorbereitungsphase minuziös vorzubereiten und zu kontrollieren und qualifizierte Forscher anzustellen.«[133]

130 Es liesse sich einwenden, dass eine solche formale Analyse des Fragebogens unnötig sei und sich direktere Hinweise auf die Bedeutung der Fragen fänden. Warum nicht einfach die Fragen selbst analysieren und ihr Konfliktpotential bewerten? Der Grund für den Umweg über die formale Struktur des Fragebogens liegt darin, dass es sehr aufwändig und langwierig wäre, 80 Fragen hermeneutisch oder diskursanalytisch auf die politischen, kulturellen und religiösen Bezüge hin zu untersuchen. Auch eine Beurteilung ad hoc wäre problematisch, weil sie Gefahr liefe, Gegenwartsauffassungen in die Vergangenheit zu projizieren. Die formale Analyse hat im Gegensatz dazu den Vorteil, dass sie quellennah ist und quellenimmanent argumentieren kann.

131 König (Hg.), Interview.

132 Chiva, Isac, *Rural Communities. Problems, Methods and Types of Research*, Nendeln 1957/1975, S. 36f.

133 Im Original: »L'enquêteur, comme le questionnaire, seront tels qu'ils suscitent les réponses les plus sincères et les plus authentiques. […] [S]i nous voulons obtenir un degré minimum de connaissance véritable et des informations précises et structurées, nous insistons sur la nécessité de préparer et contrôler minutieusement cette phase préparatoire essentielle du travail et d'employer des enquêteurs qualifiés.« Siehe Stadtarchiv Lausanne, P 220, Carton 20, Classeur 1, Nr. 2.

Ihr Fragebogen war in zehn Themenblöcke gegliedert, die zwischen zwei und vierzehn Fragen umfassten. Zwischen vier dieser Themenblöcke sowie am Schluss des Fragebogens wurden einzelne Fragen eingestreut, von denen anzunehmen ist, dass sie inhaltlich nicht von besonderem Interesse waren, sondern aus dramaturgischen Überlegungen als Lockerungsfragen dienten. Diese Fragen waren entweder keinem Thema zugeordnet oder dann einem, für das kein eigener Block gebildet wurde (Gesundheit, Ferien, Zukunft). Wenn sie doch einem Thema angehörten, zu dem es einen Frageblock gab, dann verweist der Umstand, dass sie ausserhalb des Blocks arrangiert waren, auf ihre dramaturgische Funktion.

In Tabelle 1 ist die thematische Gliederung des Fragebogens dargestellt, wie sie sich aus den Entwürfen rekonstruieren lässt. Diejenigen Fragen, die aufgrund ihrer dramaturgischen Funktion auffallen, sind in der Spalte »Bemerkungen« kommentiert. Der vollständige Fragebogen findet sich im Anhang.

Tabelle 1: Themen des Fragebogens »Un jour en Suisse«

Frage Nr.	*Thema*	*Bemerkung*
1–3	Die Schweiz – die Schweizer	Frage 2 zum Thema Zukunft
4–11	Familie, Kinder	
12–16	Schule	
17	Gesundheit	
18	Die Schweiz – die Schweizer	
19	Geld	
20–21	Zukunft	
22	Die Schweiz – die Schweizer	
23	unklar*	Lockerungsfrage: »23) Wenn Sie einen dieser Aschenbecher (Teekannen) kaufen würden, welchen würden Sie wählen? (Fotos)«
24–26	Armee	
27	Ferien	Lockerungsfrage: »27 a) Was haben Sie in Ihren letzten Ferien gemacht? b) Wo haben Sie gewohnt (Art der Wohnung)?«
28	Geld	
29–42	Beruf	
43	Gesundheit	Lockerungsfrage: »43) Was glauben Sie: was kann man heute tun, um seine Gesundheit zu erhalten?«
44–48	Freizeit	
49–51	Religion	
52–57	Politik	Frageblock mit Lockerungsfrage ohne klare Themenzuordnung: »54) Stellen Sie mir ein Alltagsmenu zusammen, das Ihnen besonders gefällt?«

Frage Nr.	*Thema*	*Bemerkung*
58–61	Geld	
62	Beruf	
63	unklar*	»Zu welcher sozialen Klasse würden Sie sich zählen?«
64	Zukunft	
65	unklar*	»Was möchten Sie an der Landesausstellung 1964 sehen?«

* Das Thema wird als unklar bezeichnet, wenn die Frage im Entwurf nicht enthalten (und daher nicht thematisch klassifiziert) war und gleichzeitig in keinen thematischen Frageblock eingereiht war.

Ein deutliches Beispiel ist, dass der Fragenblock zum Thema *Armee* von zwei Lockerungsfragen umgeben war. Die Fragen »23) Wäre die Schweiz im Kriegsfall fähig, sich allein zu verteidigen? Warum?«, »24) Wir haben keinen Krieg gehabt. Welche Vorteile oder Nachteile hat das?« und »25) Welches sind, nach Ihrer Meinung, die Vorteile des Militärdienstes? Und welches sind seine Nachteile?« waren offensichtlich heikel. Zudem lautete die letzte Frage vor dem Thema Armee »22) Gibt es Leute in der Schweiz, die benachteiligt sind, und in welcher Art?« – also eine Frage zum konfliktgeladenen Thema soziale Ungleichheit. Ebenso deutlich ist, dass nach der letzten Frage zum Thema Beruf »42) Finden Sie es wünschenswert, dass verheiratete Frauen berufstätig sind?« nicht direkt zum Frageblock »Freizeit« übergeleitet wurde, sondern eine unverfängliche Frage zur Gesundheit[134] gestellt wurde. Schliesslich fällt auf, dass die Fragen zur Politik in den Augen der Arbeitsgruppe offenbar dermassen brisant waren, dass auch sie der Auflockerung bedurften. Nach zwei Fragen, welche direkt das politische Interesse betrafen – »52) In welcher Art interessieren Sie sich für das politische Leben?« und »53) Was lesen Sie in den Zeitungen«[135] – wurden die Befragten aufgefordert, ein Alltagsmenu zusammenzustellen. Danach folgten wieder kontroverse Fragen: zwei zur Schweizerischen Neutralitätspolitik[136] und eine zum Frauenstimmrecht.[137] Bei den Themen »Familie, Kinder« und »Religion« streute die Arbeits-

[134] Die Frage lautete: »43) Was glauben Sie: was kann man heute tun, um seine Gesundheit zu erhalten?«

[135] Diese Frage war nicht offen formuliert, sondern hatte 19 Antwortkategorien: »a) Schlagzeilen b) Frauenseite c) Sportteil d) Horoskop e) Internationale Politik f) Lokal-Politik g) Kantonale Politik h) Schweizer Politik i) Wirtschaftsteil k) Bildgeschichten l) Voranzeige der Veranstaltungen m) Zivilstandsnachrichten n) Unglücksfälle und Verbrechen o) Todes-Anzeigen p) Reklame q) Fortsetzungs-Roman r) Literarische Seite s) Gross-Reportagen t) alles«.

[136] Die beiden Fragen zur Neutralitätspolitik lauteten: »56 a) In welcher Art sollte nach Ihrer Meinung die Schweiz mit den westlichen Ländern zusammenarbeiten? b) Mit den östlichen Ländern? c) Und mit den Entwicklungsländern?« Und: »57 a) Wird die Schweiz neutral bleiben können? b) Wenn ja, wie? c) Wenn nein, warum?«.

[137] Die Frage zum Frauenstimmrecht lautete: »a) Was glauben Sie, warum die Schweizer im allgemeinen gegen das Frauenstimmrecht sind? b) Und Sie, sind Sie persönlich dafür oder dagegen?«

gruppe weder innerhalb noch zwischen den Gruppen Fragen ein, sondern moderierte mit Fragen der jeweiligen Themenbereiche. Die meisten Themen wurden mit einer allgemeinen Frage, die je nach Thema auch pikant sein konnte, eingeleitet. Zu Beginn des Interviews wurden die Befragten beispielsweise mit einem Klischee der Schweiz konfrontiert: »1) Man sagt manchmal, die Schweiz sei ein vorbildliches Land. Was denken Sie darüber? Warum?« Danach kam eine weitere Aufwärmfrage, diesmal zum Thema Zukunft.[138] Und schon an dritter Stelle folgte eine komplexe und brisante Frage zum Thema »Die Schweiz – die Schweizer«, nämlich: »3) Wenn Sie Ihre Nationalität wechseln müssten, welche andere Nationalität möchten Sie annehmen?[139]«. Nach dieser fundamentalen Frage wechselte das Thema zu »Familie, Kinder« mit einer lockeren, alltäglichen Frage »4) Worüber sprechen Sie am meisten in der Familie, z. B. während des Essens?«. Danach stieg die Brisanz der Fragen sukzessive an. Mit einer Frage nach den wünschenswerten Eigenschaften eines Ehepartners, bereiteten die Forschenden das Terrain vor für das Tabuthema Scheidung. Zuerst fragten sie allgemein »6) In der Schweiz gibt es viele Scheidungen. Wie erklären Sie sich das?« und danach persönlicher: »7) Glauben Sie, dass in ihrem Umkreis die Ehepaare glücklich sind?«

Bereits diese kurze Sequenz zeigt, dass die Fragen keineswegs in zufälliger Reihenfolge sortiert, sondern sorgfältig arrangiert waren. Mit deutlicher Regelmässigkeit begannen die Fragegruppen mit ein, zwei allgemeinen Fragen. Je nachdem, ob der vorhergehende Frageblock mit einer kontroversen oder heiklen Frage aufgehört hatte, waren die Einstiegsfragen lockerer oder provokativer formuliert. Lockere Einstiegsfragen finden sich im erwähnten Übergang von »Die Schweiz – die Schweizer« zu »Familie, Kinder«, wo nach dem Nationalitätswechsel nach Gesprächsthemen am Essenstisch gefragt wurde oder beim Übergang von »Familie, Kinder« zu »Schule«. Dort folgte auf die kritische Frage »11) Was fehlt in …… (Ort), z. B. Kinderkrippen, Spielplätze, Läden, Veranstaltungen, Transportmittel, Schwimmbäder, oder etwas anderes?« die sehr allgemeine Frage »12) Was denken Sie über die jungen Leute von heute?«. Auch der Übergang zwischen den Themen Politik und Geld entspricht diesem Muster. Die letzte Frage zur Politik sprach das heikle Thema Frauenstimmrecht an, welches kurz bevor die Umfrage durchgeführt wurde in einer Volksabstimmung abgeschmettert worden war:[140] »a) Was glauben Sie, warum die Schweizer im allgemeinen gegen

[138] »2) Möchten Sie lieber in der Vergangenheit, der Gegenwart oder in der Zukunft leben?«

[139] Als Nachfragen folgten »Warum? Warum nicht Deutschland oder Österreich, ein Land mit derselben Sprache?« Auf diese Frage wird in Kapitel 4.3.2 Die Nationalität wechseln genauer eingegangen.

[140] Am 1.2.1959 wurde das Frauenstimmrecht in einer eidgenössischen Volksabstimmung mit 654 939 (67%) Nein gegen 323 727 (31%) Ja bei einer Stimmbeteiligung von 67% deutlich verworfen. In den kleinen Kantonen der Zentral- und Ostschweiz (OW, NW, SZ, UR, AR, AI) lag die Ablehnung bei über 80%, in Innerrhoden sogar bei 95%. Nur in drei französischsprachigen Kantonen

das Frauenstimmrecht sind? b) Und Sie, sind Sie persönlich dafür oder dagegen?« Erwartungsgemäss war die Folgefrage zum Thema »Geld« weniger kritisch angelegt, sondern fragte optimistisch »In welcher Art profitieren Sie persönlich von der Hochkonjunktur?«[141]

Zusammenfassend lässt sich festhalten, dass der Fragebogen einer fein komponierten Dramaturgie folgt. Diese ist einerseits darauf ausgelegt, Übergänge zwischen den Themen zu moderieren, und lockert andererseits das Interview an heiklen Stellen mit verhältnismässig belanglosen Fragen auf. Die dramaturgische Struktur liefert Hinweise darauf, welche Fragen von den Forschenden als besonders delikat angesehen wurden. Obwohl die Fragen nicht ausschliesslich nach diesen Gesichtspunkten formuliert und arrangiert worden sind, finden sich Sequenzen, in denen die Dramaturgie besonders deutlich zu Tage tritt. Im Sinne einer Hypothese gehen wir deshalb davon aus, dass jene Fragen, die unmittelbar vor oder nach einer Lockerungsfrage angeordnet sind, die heikelsten Fragen sein könnten.

Diese Hypothese soll an dieser Stelle kurz überprüft werden, mit dem Ziel, das Bild der Schweiz, welches die Arbeitsgruppe vor Augen hatte, genauer nachvollziehen zu können. Weil es im Anschluss an die Umfrage zu einem manifesten Konflikt mit politischen Akteuren gekommen ist, ist es bedeutsam, welches Konfliktpotential die Wissenschaftlerinnen und Wissenschaftler bewusst in die Umfrage aufgenommen haben. Wir überprüfen die Hypothese daran, ob diejenigen Fragen, die wir als besonders wichtig identifiziert haben, in der weiteren Arbeit auch einen besonderen Stellenwert einnahmen. Anhand des Schlussberichts[142], den die Arbeitsgruppe im Januar 1963 für die Expo abgab, sowie aufgrund eines vertraulichen, internen Arbeitspapiers,[143] in dem fünfzehn Fragen ausgewertet wurden, überprüfen wir, welchen Fragen welche Aufmerksamkeit zuteil wurde.

Relevanztopographie des Fragebogens. Der Vergleich der Hypothese mit diesen Dokumenten bestätigt die Erwartungen ausnahmslos. Genau diejenigen Fragen wurden am häufigsten ausgewertet und am genauesten dargestellt, die bereits im Fragebogen in besonderer Weise angeordnet und moderiert waren. Als wichtigs-

---

ergaben sich Ja-Mehrheiten: Waadt (51%), Genf (60%) und Neuchâtel (52%). In der Waadt wurde am gleichen Tag das Frauenstimmrecht auf kantonaler und Gemeinde-Ebene gutgeheissen. Neuchâtel folgte im September 1959, Genf 1960 (http://demokratie.geschichte-schweiz.ch/chronologie-frauenstimmrecht-schweiz.html, besucht: 27.6.2009).

[141] Diese Formulierung geht davon aus, dass die befragte Person von der Hochkonjunktur profitiere, und suggeriert auf diese Weise ein positives Verhältnis gegenüber dem Thema Geld.

[142] Stadtarchiv Lausanne, P 220, Carton 20, Classeur 1, Nr. 13.

[143] Stadtarchiv Lausanne, P 220, Carton 20, Classeur 1, Nr. 14: Apothéloz, Charles/Chiva, Isac/Deluz, Ariane et al., *A l'intention des réalisateurs d'»Un jour en Suisse«: Généralités sur les résultats de l'enquête*, Juni 1963.

te Fragen erweisen sich jene nach dem *politischen Interesse* und die beiden Fragen zum Thema *Geschlecht*. Die Frage 52 »In welcher Art interessieren Sie sich für das politische Leben?« wurde in den genannten Berichten an sieben Stellen besprochen und zudem in einer Tabelle dargestellt. Die Frage 42 »Finden Sie es wünschenswert, dass verheiratete Frauen berufstätig sind?« wurde fünfmal erwähnt und in 2 Tabellen ausgewertet, während schliesslich die Frage 57 »a) Was glauben Sie, warum die Schweizer im allgemeinen gegen das Frauenstimmrecht sind? b) Und Sie, sind Sie persönlich dafür oder dagegen?« an zwei Stellen besprochen und in drei Tabellen ausgezählt wurde. Die anderen Fragen wurden in der Auswertung, wenn überhaupt, dann höchstens dreimal erwähnt oder in Tabellen dargestellt.[144] Von den Fragen, die wir als Lockerungsfragen identifiziert haben, wurde keine einzige im Schlussbericht aufgegriffen. Einzig die Frage »27) Was haben Sie in Ihren letzten Ferien gemacht?« wurde in den tabellarischen Anhang des Schlussberichtes aufgenommen.[145]

Die Arbeitsgruppe erachtete folglich jene Fragen als besonders bedeutsam, die direkt auf das politische Feld abzielten. In der Frage nach dem politischen Interesse der Befragten manifestierte sich zugleich ein politisches Interesse der Soziologinnen und Soziologen. Dieses nahm mit der Fokussierung auf konkrete Probleme der Geschlechterfrage in den Bereichen Beruf und Politik deutliche Konturen an. Zumal das Frauenstimmrecht kurz vor der Durchführung der Umfrage in einer Volksabstimmung verworfen wurde, berührte dieses Interesse einen brisanten politischen Konflikt. Es handelte sich um Fragen, welche die Grundfesten des politischen Systems betrafen, nämlich wer in welcher Form politisch partizipieren darf. Das Konfliktpotential dieser Thematisierung lässt sich erahnen, wenn wir uns vergegenwärtigen, dass die Arbeitsgruppe in ihrer Umfrage den vom Stimmrecht ausgeschlossen Frauen die Möglichkeit gab sich zu ihrer politischen Diskriminierung zu äussern. In diesem Punkt unterschied sich die Umfrage fundamental von der politischen Willensäusserung in Wahlen oder Abstimmungen, von denen Frauen ausgeschlossen waren.

Damit ist eine bedeutsame Verbindung zwischen der Forschungsmethode und ihrem Untersuchungsgegenstand angesprochen: In der Umfrage galten andere Konstituierungsregeln der Gruppe von Personen, deren Äusserungen als relevant angesehen wurden, als es im politischen System der Fall war. Dazu kam eine augenfällige Analogie: Was dem politischen Feld das Stimmvolk, war der Meinungsumfrage die Stichprobe, nämliche diejenige Gruppe von Personen, deren

---

144 Den meisten Raum nahm dabei die Frage »53) Was lesen Sie in den Zeitungen?« ein. Sie wurde zweimal erwähnt und in einer Tabelle dargestellt. Die Frage »18 a) Welches sind die häufigsten, guten Eigenschaften der Schweizer? b) Und die häufigsten Fehler?« wurde einmal erwähnt und in zwei Tabellen dargestellt.

145 Stadtarchiv Lausanne, P 286, Carton 3, Enveloppe 2.

Stimme zählte. Die unterschiedlichen Konstruktionsprinzipien dieser beiden Gruppen entsprachen einem strukturellen Gegensatz zwischen dem politischen und dem wissenschaftlichen Feld. Er war dadurch verschärft, dass in der Umfrage grösste Aufmerksamkeit dafür aufgebracht wurde, wie sich die Frauen, die von der politischen Mitsprache ausgeschlossen waren, für Politik interessieren, ob sie berufstätig sein wollen und ob sie für oder gegen das Frauenstimmrecht eingestellt waren.

3.4 Fazit: Politische Effekte objektiver Repräsentation

Weil bereits die Entwürfe des Szenarios »Un jour en Suisse« heftig kritisiert und konkurriert worden waren, musste die wissenschaftliche Arbeitsgruppe nach Wegen suchen, ihre Position und ihr Projekt abzusichern. In der Entwurfsphase, hatte die qualitativ-ethnologische Ausrichtung der Umfrage eine grosse Angriffsfläche für Kritik geboten. Hingegen schienen quantitative Verfahren eine Wissenschaftlichkeit zu verbürgen, welche ihre Verfasser mit der Autorität wissenschaftlicher Experten ausstattete und ihr Projekt gegen Infragestellungen absicherte. Daher richtete sich die Arbeitsgruppe an einem wissenschaftlichen Objektivitätsideal aus. Sie legte das Schwergewicht ihrer wissenschaftlichen Tätigkeit auf quantitative Methoden und unterliess es, sich disziplinär weitergehend festzulegen. Einen Grossteil ihrer Ressourcen verwendete sie darauf, eine nach statistischen Kriterien einwandfreie Studie abzuliefern. Es entsteht mit anderen Worten der Eindruck, dass die quantitative Ausrichtung des Projekts eine Konzession an dessen prekären Status war und die Arbeitsgruppe ihre ursprüngliche Affinität zu qualitativen Methoden und einer ethnographischen Sichtweise bewusst zurücknahm.[146] Im Vordergrund stand die Aufgabe, der Expo-Direktion zu beweisen, dass das Fragespiel sowohl einen wissenschaftlichen Wert hatte als auch das Publikum interessierte. Für die Planung der Umfrage hatte diese Strategie theoretische und praktische Konsequenzen. Wir haben diese anhand der Konstruktion der repräsentativen Stichprobe und des Fragebogens untersucht.

Innerhalb der Wissenschaften herrschte keine Einigkeit darüber, was in theoretischer Hinsicht unter einer »repräsentativen Stichprobe« zu verstehen ist. Der Begriff »Repräsentativität« enthielt einen Bedeutungsüberschuss, auf den die Sta-

---

[146] Die quantitative Ausrichtung schlug auch auf die Gestaltung des Fragespiels – das Gulliverspiel – durch. Es war der Anspruch der Expo-Direktion an die Arbeitsgruppe, das Fragespiel so zu gestalten, dass es einen wissenschaftlichen Wert erhalten könnte und über ein schriftliches Kurzfeedback hinausging. Der Vorschlag, die Antworten aufzuaddieren und während der Expo laufend zu zeigen war ihre Antwort auf diese Anforderung und entstand offenbar in diesem Kontext.

tistiker nicht verzichten wollten.[147] In der historischen Entwicklung der statistischen Stichprobentheorie war die Idee statistischer Repräsentativität stets darauf bezogen, gültige Aussagen über ein Ganzes zu machen. Im Kontext von Soziologie und Meinungsforschung war dieses Ganze typischerweise die Nation.[148] Im politischen Feld dagegen hatte Repräsentativität einen Anklang an »Repräsentation«, ein genuin politisches Konzept, welches ebenfalls zum Ziel hat, im Namen der Nation beziehungsweise des *Demos* sprechen zu können.

Anhand einer Quelle aus der politischen Philosophie der 1960er Jahre[149] wurde deutlich, dass auch der politische Repräsentationsbegriff vieldeutig war. Eine seiner Bedeutungen überschnitt sich mit der Logik statistischer Repräsentation und es wurde argumentiert, dass die repräsentative Methode als wissenschaftliche Vereinnahmung des Politischen begriffen werden kann: Der von wissenschaftlicher Seite her beabsichtigten Ähnlichkeit des politischen Repräsentationsbegriffs mit dem wissenschaftlichen Repräsentativitätsbegriff entspricht die Ähnlichkeit von repräsentativen Umfragen und politischen Wahlen oder Abstimmungen. Weil Wahlen und Abstimmungen im politischen Feld legitime Macht erst begründen, erscheint es so, dass wissenschaftlich-repräsentativ begründete Aussagen im politischen Feld stets einen latenten Herrschaftsanspruch behaupten. Vor diesem Hintergrund wird ein in der repräsentativen Methode selbst angelegtes Spannungs- und Konkurrenzverhältnis zur Praxis politischer Repräsentation deutlich, auf das sich die Arbeitsgruppe »Un jour en Suisse« im Kontext des politisch aufgeladenen Umfeldes der Landesausstellung einliess.

Die repräsentative Umfragemethode, welche die Arbeitsgruppe »Un jour en Suisse« anwandte, war in den 1930er Jahren von George Gallup popularisiert worden. Gallup verwob in seiner Methode drei Diskurse: Einen statistisch-administrativen Diskurs über Stichprobenkonstruktion, einen soziologisch-psychologischen Diskurs darüber, wie das soziale Milieu individuelle Meinungen bestimmte, sowie einen politischen Diskurs über die Wichtigkeit der öffentlichen Meinung für die Legitimierung politischer Herrschaft. Diese enge Verknüpfung von politischer Repräsentationslogik und statistischer Repräsentativitätslogik verlieh der repräsentativen Umfragemethode eine Aura politischer Autorität. Im Anschluss an Bruno Latour lässt sich die repräsentative Umfragemethode als ein *Hybrid* beschreiben, welches die Trennung zwischen politischer und wissenschaftlicher Repräsentation, zwischen »Leviathan« und »Labor« durchkreuzte.[150]

---

[147] Kruskal/Mosteller, Representative Sampling IV.

[148] »Die Anwendung der statistischen Theorie basiert auf der Existenz zuvor kreierter Einheiten (Individuen, Haushalte, Staaten), die nach Ähnlichkeit und Verschiedenheit katalogisiert sind«. Keller, Archäologie der Meinungsforschung, S. 331.

[149] Pitkin, Representation.

[150] Latour, Wir sind nie modern gewesen. Versuch einer symmetrischen Anthropologie.

Die repräsentative Umfrage wurde danach in praktischer Hinsicht untersucht. Die Arbeitsgruppe musste Entscheidungen treffen, die in ihrem Zusammenwirken die Konturen des »Homo Helveticus« festlegten. Erstens definierte sie die Grundgesamtheit der Stichprobe – also jener Gruppe, die als schweizerischer *Demos* gelten sollte – als ständige Wohnbevölkerung der Schweiz und liess auf diese Weise auch Personen ohne Schweizerpass sowie die Frauen in der Umfrage zu Wort kommen. Die Grundgesamtheit unterschied sich damit fundamental vom politischen Stimm- und Wahlvolk. Zweitens legte sie Kriterien fest, wonach die Stichprobe der Grundgesamtheit entsprechen sollte. Sie entschied sich, neben den »klassischen« Kriterien (Alter, Geschlecht, Konfession, Grösse des Wohnorts) für das zum politischen Selbstverständnis der Schweiz gehörende Kriterium der Kultur- und Sprachregion. Dieses hielt sie für so wichtig, dass sie die Grundgesamtheit in vier entsprechende Teilstichproben aufteilte. Um bei einer Gesamtstichprobengrösse von 1200 genügend Fälle in den Teilstichproben zu haben, vergrösserte die Arbeitsgruppe die kleinen Teilstichproben und verkleinerte die grossen. In der Auswertung der Umfrage zählte sie jedoch sämtliche Fragebogen zusammen aus und berücksichtigte die Teilstichproben und deren unterschiedliche Grösse nicht. Die politische Hypothese, welche die Arbeitsgruppe ihrer Stichprobe zugrunde legte, führte daher hinterrücks zu einer starken quantitativen Verzerrung der Umfrageergebnisse.

Auch die Herstellung des Fragebogens war der Idee wissenschaftlicher Objektivität verpflichtet. Es wurden 120 sogenannte »nicht-gelenkte Interviews« durchgeführt, mit dem Ziel, einen Fragebogen anzufertigen, dessen Inhalt nicht dem Gutdünken der Arbeitsgruppe, sondern dem tatsächlichen schweizerischen Alltagsdenken entsprechen würde. In der Analyse erwies sich dies als Illusion. Die »nicht-gelenkten Interviews« wurden mit Hilfe von Themen und Fragen angeregt und dann entlang eines vorgefertigten Begriffsrasters kodiert. Danach wurden diese Kodierungen ausgezählt und aufgrund dessen ein Fragebogen erstellt, wobei sich dieser substanziell von den ausgezählten Kodierungen unterschied. Die Arbeitsgruppe »Un jour en Suisse« hatte mit diesem Verfahren einen Weg gefunden, jene Fragen zu stellen, für die sie sich besonders interessierte und gleichzeitig die Illusion zu erzeugen, der »Homo Helveticus« stelle sich die Fragen selbst.

Anhand der Dramaturgie des Fragebogens und der Schlussberichte wurde analysiert, welche Themen die Arbeitsgruppe besonders interessierten. Folgende drei Fragen, konnten als besonders bedeutsam identifiziert werden: Erstens »In welcher Art interessieren Sie sich für das politische Leben?«, zweitens »Finden Sie es wünschenswert, dass verheiratete Frauen berufstätig sind?« und drittens die Frage »Was glauben Sie, warum die Schweizer im allgemeinen gegen das Frauenstimmrecht sind? Und Sie, sind Sie persönlich dafür oder dagegen?«. Die erste

Frage verweist direkt auf die schweizerische Politik und die anderen beiden thematisierten die – politisch virulente – Geschlechterfrage.

Es lässt sich daher festhalten, dass sowohl die Konstruktion der repräsentativen Stichprobe als auch jene des Fragebogens in theoretischer wie in praktischer Hinsicht politische Konsequenzen hatte. Obwohl beide Konstruktionsprozesse als streng wissenschaftlich markiert waren, hatten sie hochpolitische Implikationen. Die Arbeitsgruppe setzte Repräsentationstechniken ein, in denen ein Spannungspotential zwischen der wissenschaftlichen und der politischen Repräsentationslogik angelegt war. Die Entscheidungen, welche die Wissenschaftlerinnen und Wissenschaftler während ihrer praktischen Repräsentationsarbeit fällten, hoben dieses Potential zusätzlich an. Weil schliesslich die wissenschaftliche Repräsentation des »Homo Helveticus« im Kontext der Landesausstellung auf der politisch aufgeladenen Bühne nationaler Identitätspolitik stattfand, führten die latenten Spannungen zu einem manifesten Konflikt.

4 Kodieren/Dekodieren: Von der Umfrage zum Schlussbericht

Im Januar 1963 legte Charles Apothéloz dem Bundesrat einen als vertraulich taxierten Schlussbericht vor, der die Ergebnisse der unlängst abgeschlossenen soziologischen Umfrage sowie ein darauf aufbauendes künstlerisches Konzept zur Umsetzung der Sektion »Un jour en Suisse« für die Expo 64 enthielt. Der wichtigste wissenschaftliche Befund dieses Berichts war, dass sich Schweizerinnen und Schweizer nicht vor allem durch Sprache und Religionszugehörigkeit voneinander unterschieden, sondern dass soziologische Klassifikationskriterien wie Geschlecht, Alter, Wohnortsgrösse, Einkommen, Beruf, Schulbildung und Zivilstand diesbezüglich eine weitaus tragendere Rolle spielten.[1] Dieser Befund war aufsehenerregend, relativierte er doch den »Allgemeinplatz«, wonach das Charakteristische der Schweiz im Miteinander von mehreren Sprachen, Religionen und Kulturen zu sehen sei.[2] Dass der Bericht ausserdem das politische Desinteresse vieler Schweizerinnen und Schweizer hervorhob, war nicht weniger brisant, galt das Politische doch als Kern der nationalen Identität der Schweiz.[3] Diese Relativierung oder – kulturhistorisch gesprochen – Dekodierung der Schweiz als Willensnation belegte Apothéloz mit den Ergebnissen der statistischen Repräsentativumfrage. Der Bericht schlug indessen nicht nur eine Dekodierung, sondern auch eine Rekodierung des traditionellen Bilds der Schweiz vor, indem er dieses mit sozialwissenschaftlichen und ästhetischen Komponenten anreicherte. Mit diesen so verstandenen Praktiken des Generierens und Transformierens von Repräsentationsbeziehungen befasst sich das folgende Kapitel.

Zunächst ist festzuhalten, dass auch sozialwissenschaftliche Objektivationen nicht frei von historischen und kulturellen Einflüssen sind. In den Sozialwissenschaften erfolgte die Erschütterung des eigenen Objektivitätsideals in den 1990er Jahren. Damals erschienen historische Studien zur wissenschaftlichen Praxis

[1] Stadtarchiv Lausanne, P 220, Carton 20, Classeur 1, Nr. 13, S. 12.

[2] Im Original: »lieu commun d'une Suisse où coexistent plusieurs langues, plusieurs religions et plusieurs cultures«, vgl. ebd.

[3] Tanner, Albert, »Willensnation versus Kulturnation. Nationalbewusstsein und Nationalismus in der Schweiz«, in: Urs Altermatt/Catherine Bosshart-Pfluger/Albert Tanner (Hg.): *Die Konstruktion einer Nation. Nation und Nationalisierung in der Schweiz, 18.–20. Jahrhundert*, Zürich 1998, S. 188.

früher Sozialwissenschaftler und Statistiker.[4] Soziologie, so das Resultat dieser Arbeiten, produziert nach bestimmten Regeln ein Bild der Gesellschaft – und dieses Bild ist nicht objektiv, sondern relativ zu diesen Regeln. Ebenso wie die naturwissenschaftliche wird die sozialwissenschaftliche Expertise durch die Verfahren der Wissenschaftsproduktion gestützt: Dazu gehören Aufschreibesysteme, Geräte, Datenblätter oder methodische Anweisungen, die später zum Verschwinden gebracht werden, sodass das Wissen gereinigt und neutral in der Welt zu stehen scheint.[5] Stärker noch als erstere sind die Sozialwissenschaften indessen mit sogenannten »looping effects« (Ian Hacking) konfrontiert. Weil ihre Klassifikationen und Objektivationen sich auf Menschen beziehen, sind sie in hohem Masse interaktiv. Das heisst, dass die Objektivationen der Sozialwissenschaften bestimmte Sachverhalte – wie zum Beispiel Nationalität, Klasse oder Geschlecht – nicht einfach beschreiben, sondern überhaupt erst Anlass dazu geben, dass Menschen in diesen Kategorien über sich nachdenken und ihre Erfahrungen entsprechend klassifizieren.[6] Zu den wichtigsten Objektivierungsmethoden der Soziologie gehört zweifelsohne die Statistik. Wie Eva Barlösius festgestellt hat, ist die Wahrnehmung und Bewertung der sozialen Welt »immer auch eine Frage der offiziellen statistischen Erfassung« und deshalb ist das Streben nach statistischer Repräsentativität immer auch ein Bemühen um Definitionsmacht und gesellschaftliche Aufmerksamkeit.[7] Von ähnlichen Einsichten ausgehend haben Alonso und Starr statistische Klassifikationen als »Linsen« bezeichnet, durch welche wir die Gesellschaft sehen und die unsere Gesellschaftsbilder formen.[8]

Dieses Kapitel wendet den Blick von den widerstreitenden Repräsentationslogiken des Sozialen hin zu den Objektivierungstechniken der Sozialwissenschaften. Es geht im Folgenden also weniger um die Frage, wie statistische Informationen zur Deutung des Sozialen (beispielsweise im politischen Feld) eingesetzt wurden als darum, am Fallbeispiel der sozialwissenschaftlichen Erhebung »Un jour en Suisse« aufzuzeigen, wie – mittels welcher Verfahren, Prozeduren und Techniken – sozialwissenschaftlich objektives Wissen hergestellt wurde.[9] Der

---

[4] Desrosières, Alain, *The Politics of Large Numbers. A History of Statistical Reasoning*, Cambridge, Massachusetts 1998; Porter, Theodore M., *Trust in Numbers. The Pursuit of Objectivity in Science and Public Life*, Princeton 1995; Kunz, Andreas/Fischer, Wolfram (Hg.), *Grundlagen der historischen Statistik von Deutschland. Quellen, Methoden, Forschungsziele*, Opladen 1991.

[5] Felt, Ulrike, »Die ›unsichtbaren‹ Sozialwissenschaften«, in: Christian Fleck (Hg.): *Soziologische und historische Analysen der Sozialwissenschaften*, Opladen 2000.

[6] Hacking, Ian, *Was heißt »soziale Konstruktion«? Zur Konjunktur einer Kampfvokabel in den Wissenschaften*, Frankfurt am Main 1999, S. 60 f.

[7] Barlösius, Eva, *Die Macht der Repräsentation. Common Sense über soziale Ungleichheiten*, Wiesbaden 2005, S. 119.

[8] Alonso, William/Starr, Paul (Hg.), *The Politics of Numbers*, New York 1987, S. 3.

[9] Das Kapitel nimmt eine Perspektive ein, die man in Anlehnung an Pierre Bourdieu »teilneh-

Hauptfokus liegt auf der Realisierung der Repräsentativumfrage: Sie bestand aus der Durchführung von 1200 Interviews, der Auswertung und Kodierung der Antworten sowie der Aufbereitung der Resultate zu einem Schlussbericht. Abschliessend kommt das Kapitel auf die »mise en scène« für die Sektion »Un jour en Suisse« der Expo 64 zu sprechen, welche Charles Apothéloz gestützt auf die Umfrageergebnisse im Schlussbereicht präsentierte.[10] Umfrage und Schlussbericht sind nicht bloss dadurch verbunden, dass sie aufeinander aufbauten, sondern sie bilden zusammen auch das Kondensat einer soziologisch-künstlerischen Repräsentationspraxis, die im Folgenden als komplexer Vorgang des *Kodierens und Dekodierens*[11] beschrieben wird: Im Verlauf dieses Vorgangs wurden die sprachlichen Äusserungen der Interviewten in einer mehrstufigen Transformationssequenz in ein »neues Bild der Schweiz«[12] übersetzt. Kapitel 4.1 analysiert die Phase der Umfragekampagne auf der Basis der ausgefüllten Fragebogen, der internen Berichte und der Arbeitsunterlagen der Arbeitsgruppe.[13] Im Verlauf der Umfrage wurden 1200 Personen eine Reihe von Fragen gestellt und die Antworten in vorgefertigte Fragebogen eingetragen. Danach wurden die Antworten soziologisch kodiert, das heisst klassifiziert, in eine wissenschaftliche Sprache übersetzt und zu Gruppen zusammengefasst. Die kodierten *Items* wurden sodann zusammengezählt und statistischen Tests unterzogen (Kapitel 4.2). Die quantitative Auswertung war der letzte Arbeitsschritt der Umfrage und der erste Schritt des Schlussberichtes. Während der Abfassung des Schlussberichtes, die in Kapitel 4.3 behandelt wird, unternahmen die Autoren drei weitere Transformationen: Sie wählten aus einer immensen Vielfalt von statistischen Zusammenhängen jene aus, die sie als Elemente ihres Schweizbildes verwenden wollten. Dann interpretierten sie diese statistischen Zusammenhänge und kodierten sie in der wissenschaftlichen Fachsprache der Soziologie (Kapitel 4.4). Schliesslich übersetzten sie die soziologischen Befunde in eine künstlerische »mise en scène«, in

---

mende Objektivierung« nennen kann: Ein Ansatz, der nicht auf eine Objektivierung des Sachverhalts, sondern auf eine »Objektivierung der subjektiven Beziehungen zum Objekt« zielt. Bourdieu, Pierre/Ohnacker, Elke/Schultheis, Franz (Hg.), *Schwierige Interdisziplinarität. Zum Verhältnis von Soziologie und Geschichtswissenschaft*, Münster 2004, S. 173.

[10] Vgl. Stadtarchiv Lausanne, P 220, Carton 20, Classeur 1, Nr. 13, S. 6: »Suivant de près le projet initial, le travail a vu se succéder les phases suivantes: campagne d'entretiens non-directifs, élaboration d'un questionnaire, construction d'un échantillon représentatif de la population de la Suisse, administration du questionnaire, analyse des réponses, dépouillement d'une documentation parallèle et préparation d'un projet de réalisation, pour aboutir à la rédaction du présent rapport.«

[11] Hall, Stuart, »Kodieren/Dekodieren«, in: Juha Koivisto/Andreas Merkens (Hg.): *Ideologie, Identität, Repräsentation*, Hamburg 2004.

[12] Stadtarchiv Lausanne, P 220, Carton 20, Classeur 1, Nr. 13, S. 12.

[13] Für die vorliegende Arbeit interessieren nicht die Ergebnisse der vergangenen Meinungsumfrage als *facts*, sondern ihre konkreten Entstehungsbedingungen im lokalen Handlungskontext. Deshalb wird auf eine quantitative Auswertung der fragmentarisch überlieferten Fragebögen verzichtet. Stattdessen wird aufgezeigt, auf welchen Handlungen die Umfrage aufbaut.

das Programm der Sektion »Un jour en Suisse«. Insgesamt wird in diesem Kapitel rekonstruiert, wie aus einer Serie von Kodierungs- und Dekodierungsoperationen ein »neues Bild der Schweiz« geschaffen wurde.

4.1 Performative Dynamiken im Interview

4.1.1 Das Interview als Handlungsrahmen

Die Vorbereitung der Umfrage – nicht-gelenkte Interviews, Fragebogenkonstruktion, Stichprobenziehung – war hauptsächlich das Werk von Isac Chiva, Ariane Deluz und Nathalie Stern. Die drei informierten Charles Apothéloz zwar regelmässig, hatten aber freie Hand bei ihrer wissenschaftlichen Arbeit. Während der Umfragekampagne, von Mai bis August 1962, kamen weitere Akteure hinzu. Bereits für die nicht-gelenkten Interviews, die zur Fragebogenkonstruktion dienten, war die Arbeitsgruppe zwischen Dezember 1961 und April 1962 um sechs wissenschaftliche Mitarbeiterinnen und Mitarbeiter verstärkt worden[14], welche Interviews durchführten, kodierten und auszählten. Für die repräsentative Umfragekampagne wurden nun neun weitere soziologische Fachkräfte angestellt, die ausschliesslich Interviews durchführten.[15] Die insgesamt fünfzehn wissenschaftlichen Angestellten waren mit dem Hintergrund der Umfrage, den Auseinandersetzungen während der Vorbereitung und den soziologisch-anthropologischen Methoden weniger vertraut als ihre Vorgesetzten. Sie brachten ihre eigenen Vorstellungen mit, wie ein Bild der Schweiz aussehen sollte, und hatten weniger den Problemhorizont der Expo vor Augen als praktische Probleme der Interviewsituation selbst. Dem standardisierten Fragebogen kam in diesem Zusammenhang die Funktion eines vereinheitlichenden Mediums zu, das Kontroll- und Orientierungshilfe leistete.

Als Praxis der wissenschaftlichen Objektivierung zielte das Interview darauf ab, die Befragten in einer möglichst standardisierten Situation zum Sprechen zu bringen, damit ihre Äusserungen erfasst, kodiert und zu einem homogenisierten Meinungsbild aggregiert werden konnten – zu einem Portrait des »Homo Helveticus«.[16] Wie jeder Objektivierungsversuch von sozialen Interaktionen unterlag auch dieser Schwierigkeiten und Dynamiken, die weder von der Projektleitung noch von den Interviewenden vollständig kontrolliert werden konnten. »Der Vor-

[14] Es waren Véronique Burri, Liliane Favre, René Favre, Urs Hedinger, Colette Lambelet und Hans Nef.

[15] Die Interviewerinnen und Interviewer waren: Gian-Carlo Celio, Monique Chollet, Rose-Marie Hürsch, Sandra Mazonelli, Bruno Schaffroth, Gudrun Schaffroth, Marie-Therèse Stragiotti, Fortunato Vincenz und Peter Weibel.

[16] Vgl. Stadtarchiv Lausanne, P 286, Carton 3, Enveloppe 3.

gang des Interviews ist die wichtigste und zugleich – zumindest bei mündlich-persönlichen Umfragen – die am schwersten zu kontrollierende Phase einer Umfrage«, betont die Mitbegründerin des Allensbacher Instituts für Demoskopie, Elisabeth Noelle-Neumann.[17] Vor allem in der direkten Konfrontation von Mensch zu Mensch, ist die Einhaltung des Objektivitätsideals, das den wissenschaftlichen Wert der Studie garantieren soll, besonders prekär. Aus diesem Grund ist das sozialwissenschaftliche Interview ein hoch formalisiertes und ritualisiertes Verfahren. Bei der Durchführung der Umfrage waren die Befragenden angehalten, vorsichtig vorzugehen und die Interviewten nicht zu beeinflussen. Weder durch ihre Kleidung noch durch nonverbales Verhalten durften sie erkennen lassen, was sie von den Antworten hielten. Sie sollten vielmehr eine »sachliche Vermittlerrolle«[18] spielen. Gleichzeitig bot das Interview den Befragten die Gelegenheit, sich auszudrücken und darzustellen. Das wissenschaftliche Szenario war somit zugleich Ermöglichungsbedingung und Begrenzung für die Selbstdarstellung der Befragten. Ermöglichungsbedingung, weil die Umfrage überhaupt erst einen Rahmen dafür schuf, dass Fragen gestellt und Antworten aufgezeichnet wurden. Begrenzung insofern, als die standardisierte Befragung dafür sorgen sollte, dass die Antworten in bestimmte Bahnen gelenkt wurden, um sie später zu kodieren, auszuzählen und zu vergleichen. Diesen Bemühungen zum Trotz kommt es in Interviewsituationen immer wieder zu Reibungs- und Bruchstellen, zu Situationen der Unklarheit oder zu Missverständnissen, die auch in den Quellen Spuren hinterlassen. Bei Irritationen oder dem Scheitern von Interviews offenbaren sich unausgesprochene Voraussetzungen und implizite Bilder, Rollenerwartungen oder Rahmenbedingungen, welche erfüllt werden müssen, damit aus einer prinzipiell fragilen und störanfälligen Gesprächssituation eine soziologische Objektivierung werden kann. Ebenso werden Handlungsweisen und Vorstellungen der Befragten sichtbar, wenn sie *als* Schweizerinnen und Schweizer auf die Fragen antworten und dabei in ihrer Rolle mehr oder weniger aufgehen.

Die Interaktionen während der Interviews sind fragmentarisch auf den ausgefüllten Fragebogen der Umfrage überliefert. Die Interviewerinnen und Interviewer leiteten die Befragten auf mehr oder weniger subtile Weise dazu an, sich im Dialog glaubwürdig zu inszenieren. Die Befragten sollten ihre Antworten beispielsweise möglichst klar und knapp formulieren, damit sie stichwortartig auf

---

[17] Noelle-Neumann, Elisabeth/Petersen, Thomas, *Alle, nicht jeder. Einführung in die Methoden der Demoskopie*, Berlin 1996/2005, S. 64. Die »grande dame« der Umfrageforschung erlernte die Methoden der Demoskopie bereits 1937 während eines Aufenthaltes in den USA. Nach ihrer Rückkehr arbeitete sie bei der nationalsozialistischen Propagandazeitung »Das Reich« mit und trat der Arbeitsgemeinschaft nationalsozialistischer Studentinnen bei. Sie gründete 1947 zusammen mit Erich Peter Neumann das erste deutsche Meinungsforschungsinstitut. Vgl. Noelle-Neumann, Elisabeth, *Die Erinnerungen*, München 2007.

[18] Atteslander, Peter, *Methoden der empirischen Sozialforschung*, Berlin 1969, S. 107.

den vorgedruckten Fragebogen notiert werden konnten. Im Gegensatz zu den explorativen Interviews war der Raum begrenzt, um die Antworten zu protokollieren, weil jeweils zwei bis vier Fragen auf eine einzelne DIN-A4-Seite eingetragen werden mussten. Die Antworten wurden deshalb häufig während des Aufschreibens umformuliert und gekürzt.[19] Da nur wenige Hinweise zur Befragungssituation vorhanden sind, muss diese weitgehend indirekt erschlossen werden. Die Informationen beschränken sich typischerweise auf die Uhrzeit und die Dauer des Interviews sowie auf das Feld »Bemerkungen« auf der letzten Seite des Fragebogens, wo besondere Vorkommnisse, Probleme oder persönliche Eindrücke eingetragen wurden.[20] Und schliesslich finden sich in den Antworten selbst Hinweise auf die Befragungssituation oder auf andere Umstände, die nicht direkt erfragt wurden.

Von den 80 Fragen des Fragebogens waren 15 soziodemographischer Art, wie etwa Alter oder Geschlecht.[21] Von den übrigen 65 Fragen waren fünf »geschlossen«, also mit vorgegebenen Antworten versehen, auf die anderen Fragen konnten die Befragten in eigenen Begriffen antworten.[22] Aus historisch-methodologischer Sicht besteht eine Schwierigkeit darin, dass die Quellen stark vorstrukturiert sind und nicht für den Zweck hergestellt wurden, die performativen Dynamiken zwischen Interviewern und Befragten zu dokumentieren. Im Gegenteil waren sie darauf angelegt, solche Dynamiken so weit als möglich zu verhindern und auszublenden. Wir versuchen also im Folgenden, genau das sichtbar zu machen, was unsichtbar gemacht werden sollte, nämlich die Art und Weise, wie die Befragten angeleitet und beeinflusst wurden, wie die Befragungssituation und der Fragebogen die »Freiheit« der Befragten erst ermöglichten und wie die Antworten kodiert, dekodiert, kanalisiert, gefiltert[23] und an den Zwecken der Befragenden ausgerichtet wurden. Die *soziologische Logik* soll sichtbar werden,

---

[19] Im Anhang dieser Arbeit Die Fragebogen der Umfrage »Un Jour en Suisse« ist der gesamte Fragebogen sowohl auf Französisch als auch auf Deutsch transkribiert. Dort finden sich bei einzelnen Fragen auch verschiedene, leicht voneinander abweichende Frageformulierungen, wie sie auf einem Teil der Fragebogen verwendet wurden.

[20] Bei einem Drittel der vorhandenen Fragebogen (286 von 864) ist die letzte Seite, auf welcher die Bemerkungen aufgeschrieben werden konnten, nicht mehr vorhanden. Bei einem knappen Drittel der restlichen Fragebogen (174 von 578) sind Bemerkungen eingetragen.

[21] Die Fragen lauteten: 1. Geburtsjahre und Geburtsort, 2. Geschlecht, 3. Momentaner Wohnort, 4. Zivilstand: ledig verh., gesch. getr., verw., 5. Anzahl Kinder, 6. Anzahl der im Haushalt lebenden Personen, 7. Muttersprache, 8. Konfession, 9. Schulbildung, 10. Schulort, 11. Welchem Kanton fühlen Sie sich zugehörig?, 12. Momentane Tätigkeit, 13. Momentane Tätigkeit des Gatten oder der Frau, 14. Monatliches Familien-Einkommen (oder pers. Einkommen für allein lebende Personen), 15. Beruf der Eltern.

[22] Vgl. Anhang Die Fragebogen der Umfrage »Un jour en Suisse« sowie Boltanski, Bonheur suisse, S. 11.

[23] Vgl. Paris, Rainer, »Soziologie des Formulars«, in: Rainer Paris (Hg.): *Normale Macht. Soziologische Essays*, Konstanz 2005.

indem das Augenmerk darauf gerichtet wird, wo sie nicht realisiert werden konnte, sondern mit dem Eigensinn der Befragten kollidierte, wenn diese die ihnen gebotene Bühne eigensinnig nutzten[24]. Der Versuch besteht mit anderen Worten darin, anhand von Reibungspunkten und Irritationen die unterschiedlichen impliziten Logiken sichtbar zu machen, welche erstens vom Untersuchungsdesign, zweitens von den Interviewenden und drittens von den Befragten verfolgt wurden. Auf diese Weise soll deutlich werden, welche Bilder der Schweiz in den performativen Dynamiken der Interviews entstanden. Die soziologischen Interviews werden also nicht verkürzt als »Messung von Meinungen« aufgefasst, sondern als Einladung zu einem Spiel, in dem die Interviewten ad hoc eine Rolle übernehmen mussten, sowie als Transformationsprozess der Kodierung und Dekodierung dieser *Performance.*

Von Tür zu Tür. Die Interviewerinnen und Interviewer wählten die Befragten nach der sogenannten »Tür-zu-Tür«-Methode aus. Sie erhielten eine Liste mit Ortschaften, in denen sie Interviews durchführen sollten, sowie vorgegebene Quoten, nach welchen soziodemographischen Merkmalen die Befragten auszuwählen waren.[25] Die Interviews wurden zwischen Ende Mai und Mitte August 1962 durchgeführt. Der Arbeitsaufwand betrug insgesamt 655 Arbeitstage.[26] In kleinen Ortschaften musste die Equipe ab Mitte Juni 1962 aufgrund des zunehmenden Zeitdrucks die »Tür-zu-Tür«-Methode aufgegeben. Stattdessen versuchte sie an öffentlichen Orten gesprächsbereite Personen zu finden. In den letzten Wochen der Untersuchung wurde diese vereinfachte Rekrutierungsweise sogar in allen Ortschaften angewandt, um jene Kategorien, für die noch zu wenige Interviews vorhanden waren, aufzufüllen.[27]

Um zu prüfen, ob die Durchführung der Interview-Kampagne auf gutem Weg war, stellte die Arbeitsgruppe nach den ersten acht Arbeitstagen, im Juni 1962, eine Liste der bisherigen Arbeiten zusammen.[28] Vier Interviewerinnen und Interviewer hatten pro Tag je rund 11 Stunden Arbeit geleistet und insgesamt je 40

---

[24] Füssel, Marian, »Die Kunst der Schwachen. Zum Begriff der ›Aneignung‹ in der Geschichtswissenschaft«, in: *Sozial.Geschichte* Nr. 21 (2006); Lüdtke, Alf, »Geschichte und Eigensinn«, in: Berliner Geschichtswerkstatt (Hg.): *Alltagskultur, Subjektivität und Geschichte zur Theorie und Praxis von Alltagsgeschichte*, Münster 1994.

[25] Atteslander, Empirische Sozialforschung, S. 222 f. nennt ein Beispiel für eine solche Anweisung: »Befragen Sie 4 Frauen und 6 Männer, und zwar 3 in der Bildungsklasse I, 2 in der Bildungsklasse II und 5 in der Bildungsklasse III.«

[26] Stadtarchiv Lausanne, P 220, Carton 20, Classeur 1, Nr. 13, S. 7.

[27] Stadtarchiv Lausanne, P 286, Carton 3, Enveloppe 2, S. 5. Vgl. auch Keller/Levy, »Un jour en Suisse« trente-cinq ans après, S. 18.

[28] Stadtarchiv Lausanne, P 220, Carton 21, Classeur 3, Nr. 7: Apothéloz, Charles/Chiva, Isac/Deluz, Ariane et al., *Résultats des 8 premiers jours de la campagne de qestionnaire (début au 30. mai 1962)*, 18.6.1962.

bis 46 Interviews geführt. Sie waren dazu zwischen 590 und 1300 Kilometer weit gereist. Die Interviews hatten zwischen 30 Minuten und drei Stunden gedauert – meistens eine bis eineinhalb Stunden. Der Leistungsvergleich zeigte beträchtliche Unterschiede zwischen den Interviewenden auf. Beim Interviewer René Favre beispielsweise brachen 17 von 40 befragten Personen das Interview ab, was bei anderen höchstens dreimal vorkam. Urs K. Hedinger hatte, um 41 Interviews durchführen zu können, 130 Personen vergeblich angefragt, während die anderen nur 40 bis 49 erfolglose Versuche benötigt hatten.[29] Aus einem handschriftlichen Entwurf zum Schlussbericht geht hervor, dass es einem Interviewer trotz vierzig Anläufen kein einziges Mal gelungen war, ein Interview durchzuführen.[30] Ob ein Interview zustande kam und ohne Abbruch durchgeführt werden konnte, hing stark von der interviewenden Person ab. 40 Interviews konnten nicht ausgewertet werden, weil sie abgebrochen oder zu unsorgfältig durchgeführt worden waren oder weil schon zu viele Interviews von Personen mit demselben soziodemographischen Profil vorhanden waren.[31]

4.1.2 Schwankungen der »gleichschwebenden Aufmerksamkeit«

Interviews konnten an äusseren Umständen scheitern, vor allem dann, wenn die Befragten Essen zubereiten mussten[32] oder zurück an die Arbeit gerufen wurden[33]. Manchmal versuchten auch Kinder[34] oder Ehegattinnen[35] die Befragten

---

29 In den überlieferten 864 Fragebogen finden sich noch 16 Interviews, die abgebrochen wurden.

30 Stadtarchiv Lausanne, P 286, Carton 2, Enveloppe 2: Un jour en Suisse, *Handschriftlicher Entwurf zur Einleitung des Schlussberichts vom Januar 1963*, 1962.

31 Ebd.

32 FORS, F1021D: »Nach 45 min. verlangt sie Abbruch, um das Mittagessen kochen zu gehen.«

33 FORS, A1362D: »Abbruch, weil Vorarbeiter in einer dringenden Sache nach ihm verlangt«; FORS, F1220; »Unvollständig, musste zur Arbeit zurückkehren. Hat seine Beschäftigung (Jauchefführen) fürs Interview unterbrochen.« FORS, Interview B1176D (Gian-Carlo Celio): »konnte ich mit dem Mann bis zur Frage 20 kommen. Da ihm bei der Frage 20 das Missgeschick widerfuhr, dass sein Futtervorrat unter Wasser kam, ging er fluchend weg, so dass ich das Interview auf gut bürgerliche Weise mit seiner Frau beenden musste. Den zornigen Ehemann habe ich bis heute nicht mehr gesehen.« FORS, Interview A1635D (Gian-Carlo Celio): »Diese Bauernfrau habe ich um 11.15 angehalten. Sie sass vor dem Haus und schälte Kartoffeln. Sie schien nicht sehr begeistert zu sein, sagte aber doch zu. Nach 12 Fragen musste sie überraschend schnell das Mittagessen anrichten. Die 12 Fragen interessierten sie nicht sehr und sie gab auch sehr karge Antworten oder wusste keine Antwort. Zum Glück hörte sie bald auf zu antworten, denn dieses Interview wäre nicht gut heraus gekommen. Ein unglücklicher Fall!«

34 FORS, Interview C1228D (Rose Marie Hürsch) »Will möglichst rasch fertig sein mit der Befragung, strengt sich deshalb nicht sehr an. Ihr 6jähriger Knabe sitzt daneben und flüstert der Mutter alle Augenblicke ins Ohr: ›Komm Mami, wir gehen jetzt, das ist doch ein Seich, das die Frau Dich fragt!‹«

35 FORS, Interview A0010D (Hans Nef) »[…] gewissenhafte Antworten. Leider werden wir immer wieder gestört durch eine keifende Mutter, die unserem Unternehmen feindlich gesinnt ist.«

vom Interview abzubringen. Die Interviewenden versuchten dann meistens trotz Unterbrechungen und Ablenkungen, die Interviews fertigzustellen, was jedoch viel Geduld und Zeit beanspruchen konnte. Der Interviewer Hans Nef beschrieb dies folgendermassen: »anfänglich fliessend, am Schluss Interesse verloren, Unterbrüche durch die Arbeit für den Verkehrsverein, durch ihren Mann und durch die Vorbereitung des Nachtessens.«[36]

Zu den wichtigsten Aufgaben der Interviewenden gehörte es, den Gesprächspartnerinnen und Gesprächspartnern eine Art »gleichschwebende Aufmerksamkeit« entgegenzubringen. Die Interviewten mussten sich in geeignetem Mass für die Befragung interessieren, damit sie motiviert waren, alle Fragen zu beantworten. Sie mussten ihre Antworten in das Format der Umfrage einpassen, das heisst, ihre Ausführungen durften nicht zu lange sein, weil das Interview sonst zu lange dauerte, der Platz auf den Fragebogen nicht ausreichte oder ihre Antworten nicht kodiert werden konnten. Ein zu geringes ebenso wie ein zu grosses Interesse der Befragten konnte das Interview gefährden.[37] Ein Beispiel einer Person, die ein allzu unstetes Interesse an der Befragung hatte, dokumentierte der Interviewer Gian-Carlo Celio: »Diese Frau war sehr stark geschminkt und ›spielte‹ die elegante Dame. Sie zeigte mir ihre ›prachtvolle‹ Keramik-Malerei und meinte sich sehr damit. Auch mit den Antworten meinte sie sich, bis ihr die Fragerei verleidete und ich höflich abgewiesen wurde.«[38] Der Interviewer Urs K. Hedinger beschrieb den umgekehrten Fall eines 62-jährigen Lehrers, der das Interview allzu ernst nahm und schliesslich die Geduld verlor: »Berichtet sehr ausführlich und sucht sämtliche Aspekte der Probleme auseinanderzulegen. Grübelt in seiner Zeitungsausschnitte-Sammlung, um mir seine Ansichten zu belegen. Um sein und seiner Frau Einkommen anzugeben, holt er die Steuererklärung hervor. Verlangt nach Frage 20 den Abbruch, da er beruflich beansprucht ist.«[39] Ein anderer Befragter meinte nach 20 Fragen in einer Art Überidentifikation zu seinem Interviewer, die Untersuchung sei äusserst interessant. Der Interviewer notierte: »Er möchte am liebsten selber Befragungen durchführen. Er diktiert mir die Antworten in Stichworten auf Hochdeutsch.«[40]

---

[36] FORS, Interview D2066D.

[37] FORS, Interview D1157D: »fand die Fragen komisch und wollte Interview auf keinen Fall beenden!«

[38] FORS, Interview D1057D (Gian-Carlo Celio).

[39] FORS, Interview B1178D (Urs K. Hediger).

[40] FORS, Interview H0133D (Hans Nef).

4.1.3 Unterschiedliche Kriterien eines gelungenen Interviews

In seinem Lehrbuch »Methoden der empirischen Sozialforschung« schrieb Peter Atteslander im Jahr 1969, dass besonders für Personen, die infolge geographischer oder sozialer Isoliertheit nur selten ihre Meinung äusserten, »ein Interview emotional befriedigend sein« könne[41]. Solche Gesprächssituationen konnten jedoch für die Interviewenden belastend werden, wenn manche Befragte die ihnen gebotene Bühne zu sehr beanspruchten. Die Interviewerin Véronique Burri beispielsweise beendete nach hundert Minuten ein Interview, weil ihr Gegenüber den Fragen zu sehr auf den Grund ging: »mit seinen Überlegungen hätte das Interview 3 Std. gedauert!«[42] Auch die Befragerin Gudrun Schaffroth brach ein Interview nach 14 von 65 Fragen ab: »Da der alte Herr selten mit jemandem reden kann, benutzte er die Gelegenheit doch etwas zu sehr! Er erzählte zwischendurch immer wieder vom Ausland, sagt auf jede Frage: ›Wissen Sie, ich war ja mal in Graz und da ...‹ Man musste die Frage drei bis vier mal wiederholen, ehe er die Antwort gab und seine Erzählungen abbrach. Habe um Mitternacht das Interview abgebrochen und setzte es nicht an einem anderen Tag fort, weil es wirklich zu viel Zeit braucht.«[43] Gudrun Schaffroth wechselte hingegen auch einmal, um Zeit zu sparen, die befragte Person aus: »ich hatte das Interview anfangs mit der Frau begonnen, aber sie wusste nicht viel und musste sich jede Frage sehr lange überlegen. Habe dann das Int. mit dem Mann gemacht, als er von der Arbeit heimkam und der Frau bei den Antworten helfen wollte (die ersten Antworten der Frau sind gestrichen).«[44] Auch die Interviewerin Rose Marie Hürsch brach ein Interview mit einer »furchtbar geschwätzigen Hausfrau« ab, weil sie befürchtete, es könnte zu lange dauern: »Beginnt bereits bei der 2. Frage sämtliche Familienangelegenheiten zu erörtern. In einer Stunde kam ich mit aller Mühe bis zur sechsten Frage, musste aber, da Zeit zum Kochen war, die Befragung ganz abschliessen, nachdem ich genaustens unterrichtet war über den wortkargen Ehemann, Sohn, Schwiegertochter u. etliche Verwandte.«[45]

Hans Nef lieferte sich hingegen dem Mitteilungsbedürfnis seiner Befragten stärker aus und wendete einmal vier Stunden für ein Interview auf: »Das Interview musste in Folge der Ausführlichkeit des Herrn, in 2 Malen durchgeführt werden. Ein Samstagabend wurde dafür geopfert. Das Anliegen des Herrn, eine bessere u. freiere Kindererziehung im Sinne von Maria Montessori, leuchtet in vielen Fragen Antworten hindurch. Die Sätze wurden in der Form, wie sie daste-

[41] Atteslander, Empirische Sozialforschung, S. 111.
[42] FORS, Interview E3081I (Véronique Burri).
[43] FORS, Interview H0106D (Gudrun Schaffroth).
[44] FORS, Interview G0184D (Gudrun Schaffroth).
[45] FORS, Interview D1055D (Rose Marie Hürsch).

hen, vom Herrn diktiert.«[46] Diese Bemerkung zeigt, dass die Interviewer die Sätze der Befragten normalerweise umformulierten, kürzten und damit bereits für die spätere Auswertung vorbereiteten. Dieses Interview kodierte er jedoch nicht vor, sondern notierte beispielsweise auf die Frage, ob es in der Schweiz Leute gäbe, die benachteiligt seien: »die benachteiligte Welt ist unsere Jugend, auch wenn's noch grössere u. schönere Schulhäuser gibt. (Montesori-Idee) Unsere ganze Zivilisation ist nicht für Kinder gebaut. Die Stühle sind zu hoch, die Seife zu gross für ein Kind. Im Zimmer dürfen sie nichts anlangen. Welt der Erwachsenen!« Als Antwort auf die Frage, was man heute tun könne, um seine Gesundheit zu erhalten, protokollierte er das Goethe-Zitat: »Geniesse mässig Füll' und Segen, Vernunft sei überall zugegen, wo Leben sich des Lebens freut!« Weder das Goethe-Zitat noch das Problem der nicht kindergerechten Seifen tauchte in den Auswertungen auf oder floss ins Szenario der Expo ein – sie waren zu persönlich eingefärbt und zu weit vom Erwartungshorizont der Untersuchung entfernt. Die Persönlichkeit des Befragten und seine dezidierten Ansichten schlugen einerseits direkter und ausführlicher auf das Papier durch als üblich, andererseits findet sich in diesem Interview – als grosse Ausnahme – die Bemerkung, dass die Antwort darauf, welches die wichtigsten Eigenschaften eines Lehrers seien, später nur zur Hälfte kodiert wurde. Im Arbeitsschritt des Kodierens[47] wurde der Überschwang des Lehrers wieder zurechtgestutzt und in die übergeordnete Logik der Untersuchung eingepasst.

4.1.4 Das Narrativ des Fragebogens

Probleme ergaben sich nicht nur dann, wenn jemand zu stark oder zu wenig interessiert war. René Favre dokumentierte einen Interview-Abbruch[48], als er eine zwanzigjährige Frau, die bei ihren Eltern wohnte, in Anwesenheit ihrer Mutter befragte. In diesem Fall führte die Dramaturgie des Fragebogens unabsichtlich dazu, dass die finanzielle Abhängigkeit der jungen Frau gleich mehrfach thematisiert wurde, was wahrscheinlich zum Abbruch des Interviews führte. Nach der Frage »Was möchten Sie gerne kaufen, das Sie sich im Augenblick nicht leisten können?«[49] überlegte die Befragte lange, konnte sich aber zu keiner Antwort durchringen. Favre notierte »NSP« – eine Abkürzung für »ne sait pas« – auf den Fragebogen sowie die Beobachtung, dass die Befragte zunächst lange zögerte und nicht antworten konnte oder wollte: »(langes Zögern); Die Beteiligte kann oder

[46] FORS, Interview H0320D (Hans Nef).
[47] Vgl. Kapitel 4.2.1 Kodierung der Interviews.
[48] FORS, Interview D0197F (René Favre).
[49] Vgl. Anhang Die Fragebogen der Umfrage »Un jour en Suisse«, Frage Nr. 28.

will nicht antworten; ich verstehe nicht was passiert; ist es wegen der Mutter?«[50] Nun ergab sich aufgrund der weiteren Fragen offenbar eine ungünstige Gesprächsdynamik. Auf die nächste Frage, warum Frauen schlechter bezahlt seien als Männer, betonte die Befragte, Frauen seien nicht schlechter bezahlt. Darauf folgten zwei Fragen zu Beruf und Ausbildung. Auf die erste Frage, wie sie zu ihrer jetzigen Tätigkeit gekommen sei, antwortete sie, »... ich war schon immer da!« und was sie davor gemacht habe: »... nichts; ... ich war in der Schule«.[51] Danach war die junge Walliserin nicht mehr bereit, weitere Fragen zu beantworten und René Favre blieb nur noch, den Abbruch des Interviews festzuhalten: »und knack! siehe ›Bemerkungen‹ – Ende«.[52] Aus den Bemerkungen geht hervor, dass Favre insistiert hatte, das Gespräch fortzusetzen und es ihm gelungen war, die Angaben zur Person aufzunehmen. Aus diesen wurde ersichtlich, dass die zwanzigjährige Frau lediglich die Primarschule abgeschlossen hatte und als Landarbeiterin beschäftigt war. Über eigenes Geld verfügte sie nicht, sondern gab in Bezug auf ihr Einkommen an, dass ihr ihre Mutter Geld gebe, wenn sie es nötig habe. Möglicherweise hatte die Befragte den einfachen Umstand, dass die Fragen nach Themen sortiert waren und dass sie von einem konkreten Beispiel ausgingen, um nach Hintergründen zu fragen, als unangenehmes Nachhaken empfunden. Vielleicht war dabei ein Wunsch oder Konflikt angeklungen, den sie in Anwesenheit der Mutter nicht formulieren konnte oder wollte. Und möglicherweise hatte dies alles mit der finanziellen Lage der Befragten zu tun. Warum genau die Befragte das Interview jedoch abbrach, bleibt aufgrund der Quellenlage unklar. Auf jeden Fall zeigt dieses Beispiel, dass eine Gesprächsdynamik stattfand, die zum Abbruch des Interviews führte, was den Interviewer stark irritierte. Er verfügte jedoch nicht über genügend Spielraum, um das Gespräch aufzulockern oder die unangenehme Passage zu überspringen, sondern war der narrativen Eigendynamik des Fragebogens ebenso unterworfen wie die Befragte.

Wie das Beispiel zeigt, bestand die Rolle der Person, die das Interview durchführte, nicht nur darin, die Antworten neutral aufzuschreiben, sondern auch darin, den Fragebogen zu vermitteln. Irritationen der Befragten wurden durch implizite Gesprächsnormen temperiert. Im genannten Fall setzte der Interviewer das Gespräch entgegen dem Wunsch der Befragten fort. Er übersprang die Fragen 32–65 und liess die Befragte die 15 Fragen zur Person am Ende des Fragebogens trotzdem beantworten. Es entsteht der Eindruck, dass die Fragen zur Person, zu den soziologischen Klassifikationen, auch in den Augen der Befragten

[50] Im Original: »(longue hésitation); l'intéressée ne sait pas ou ne veut rien dire; je n'arrive pas à déterminer ce qui se passe; est-ce que à cause de la mère?«

[51] Im Original: »... j'ai toujours été là« und »... rien; ... j'étais à l'école«. Vgl. FORS, Interview D0197F.

[52] Im Original: »... et crac! voir ›Remarques‹ – fin«.

einen anderen Status hatten als die 65 inhaltlichen Fragen. Die Befragte erkannte an, dass der Meinungsforscher diese Angaben brauchte, obwohl sie keine weiteren Fragen beantworten wollte. Damit begrenzte sie sozusagen den »Schaden«, den sie durch den Interviewabbruch verursacht hatte. Es sieht ganz so aus, als ob ein stillschweigender Konsens darüber bestand, dass der Soziologe ein Anrecht auf die Klassifikationskriterien der Befragten hatte, selbst wenn diese das Interview abbrechen wollte.

4.1.5 Soziologische Objektivierung und der subjektive Faktor

Sympathie und Antipathie. Wie der Interviewer Hans Nef festhielt, ergaben sich im Verlauf der Interviews gelegentlich Sympathien: »Die Befragte ist aus Jugoslawien eingewandert. Sie hat dort während des Krieges ihren jüdischen Mann verloren und ist jetzt mit einem Schweizer Arbeiter verheiratet. Unglückliche Situation. Die feinfühlige und intelligente Frau lebt mit einem völlig kulturlosen und stumpfen Mann. Ihr einziger Wunsch: Den in die Fremdenlegion gewanderten Sohn wieder zu sehen. Er ist im Moment in Korsika, und die Frau hofft, Geld für ein Billet auftreiben zu können, um nach Korsika zu fahren. Nach dem 3-stündigen Interview geht das Gespräch noch 2 Std. weiter.«[53] Ein anderer Interviewer ärgerte sich sehr über seine Gesprächspartnerin, eine Thurgauer Hausfrau. Als sie auf die Frage, welche Krankheiten sie fürchte, mit »Lähmungen« antwortete, schrieb der Interviewer »Der Interviewer ist beim anhören dieser Frau auch nächstens gelähmt«. Vielleicht ärgerte sich der Interviewer über den Dialekt, vielleicht aber auch über ihre Antworten. Denn die Frau illustrierte beispielsweise ihre Ferne zur Politik, indem sie erläuterte, ihr Interesse beschränke sich auf das, was man so höre: »Mein Mann liest die Zeitung und sagt mir hie und da etwas«. Als möglichen Grund, weshalb die Schweizer gegen das Frauenstimmrecht seien, sagte sie, es würde vielleicht »zu viel Papier brauchen«[54]. Als sie angab, sich einen schönen Teppich kaufen zu wollen, falls sie mehr Geld hätte, notierte der Interviewer gereizt: »Hoffentlich fliegt sie damit in den Orient und kommt nie mehr zu einem Interview. Die Gute ist wirklich zu mühsam«. Wie zur Strafe protokollierte er dann bei der folgenden Antwort die Grammatikfehler mit: »Frage 29) Warum sind Frauen schlechter bezahlt als Männer? Von einer Frau kann man nicht verlangen was von einem Mann.«

Erwartungshaltungen. Es kam auch vor, dass die Initiative zum Abbruch des Interviews auf den Interviewer zurückging. So hielt beispielsweise Gian-Carlo Ce-

---

[53] FORS, Interview H0121D (Hans Nef).
[54] FORS, Interview E0253D (Bruno Schaffroth).

lio eine Befragte für ungeeignet, da sie zu wenig mit den Verhältnissen in der Schweiz vertraut war: »Hier musste ich leider vorzeitig abbrechen. Die Frau war Italienerin, wohnte erst seit einem Monat in Ormalingen und ist erst seit 3 Wochen verheiratet. Sie wusste wirklich auf keine Frage eine Antwort so dass ich abbrechen musste.«[55] Mit dem Interviewabbruch setzte er sich über das repräsentative Stichprobenverfahren, das keine Abbrüche vorsah, hinweg. Seine Vorgesetzten waren jedoch anderer Ansicht, behielten das Interview und nahmen die sechzehn vorhandenen Antworten trotzdem in die Auswertung auf. Derselbe Interviewer kommentierte ein anderes Interview, bei dem der Interviewte seinen Erwartungen nicht entsprach, folgendermassen: »Sehr primitives Interview mit Italiener. Äusserst langweilige und unvollkommene Antworten erhalten.«[56] Ein andermal war er jedoch mit einer nicht-schweizerischen Interviewten zufrieden: »Sie stammt aus Deutschland wohnt aber schon 10 Jahre in der Schweiz. Diese Frau wollte am Anfang nicht so recht mitkommen, interessierte sich dann schliesslich doch und gab auch z. T. treffende Antworten.«[57] Es kam öfters vor, dass sich die Interviewenden im Bemerkungsfeld über die Personen beklagten, die sie befragt hatten. Sie bezeichneten sie als »enorm primitiv«, weil sie die Fragen nicht verstanden oder »keine verständliche u. korrekte Antwort« geben konnten[58], und empfanden es als »sehr mühsam«[59], wenn sie Fragen erklären mussten. Oder sie beurteilten die Antworten als »uninteressante, verallgemeinerte und verwässerte Angaben«.[60] Ein Interviewer ärgerte sich über einen Befragten, der die Fragen »oft sehr schlecht« begriff, sich aber auch nicht mit Erläuterungen helfen liess: »Häufige Erklärungen waren notwendig. Wenn aber etwas ausgesprochen war, beharrte er auf dem Gesagten, auch wenn es nicht ganz sinngemäss war.«[61] Diese Unstimmigkeiten zeigen sich beispielsweise in den Antworten auf politische Fragen. Der Befragte antwortete auf die Frage, wie die Schweiz mit den anderen westlichen Ländern zusammenarbeiten solle, nicht auf politisch-institutioneller Ebene, sondern schlug »Radiosendungen« vor. Und auf die Frage: »In welcher Art interessieren sie sich für das politische Leben?« antwortete er: »Man muss für die Arbeiter etwas tun« worauf ihm Schaffroth die Frage erklärte. Offenbar liess er sich nun trotzdem belehren, denn er antwortete mit »Abstimmen«. Manchmal nahmen Personen zwar an der Umfrage teil, waren jedoch in Gedanken mit anderem beschäftigt, sodass ihre Befindlichkeit das Interview prägte. Hans Nef notierte zu einer Frau, deren Mann vor kurzem durch einen

[55] FORS, Interview B1109D (Gian-Carlo Celio).
[56] FORS, Interview D1083D (Gian-Carlo Celio).
[57] FORS, Interview D1072D (Gian-Carlo Celio).
[58] FORS, Interview B1124D (Rose Marie Hürsch).
[59] FORS, Interview E3077I (Véronique Burri) und FORS, Interview H0340D (Peter Weibel).
[60] FORS, Interview H0336D (Hans Nef).
[61] FORS, Interview A0053D (Bruno Schaffroth).

Unglücksfall gestorben war: »Die Frau ist ständig dem Weinen nah. Sie gibt äusserst gehemmt und vorsichtig Antwort.«[62] Bei einer 35-jährigen Mutter von drei Kindern manifestierte sich deren Konflikt mit ihrem Ehemann:

27a) Was haben Sie in ihren letzten Ferien gemacht?
Ich war mit den Kindern bei meinen Eltern in Basel. Mein Mann war alleine in Frankreich (er fand gemeinsame Ferien zu teuer und meinte, ich müsste ja nie arbeiten)
27b) Wo haben Sie gewohnt (Art der Wohnung)?
Ich: Wohnung der Eltern
Mann: Hotel
28) Was möchten Sie gerne kaufen, das Sie sich im Augenblick nicht leisten können?
Die Scheidung – sonst nichts!
29) Warum sind Frauen schlechter bezahlt als die Männer?
Weil der Mann die Schweiz regiert und die Frau unterdrückt, wo er kann
30) Wie sind Sie zu Ihrer jetzigen Tätigkeit gekommen?
Hausfrau? Weil mein Mann plötzlich nach der Heirat sagte, er erlaube mir die Arbeit nicht mehr. Vor lauter Langeweile wünschte ich mir die Kinder.
[...]
34) Welche Berufe haben Ihre drei besten Freunde oder Freundinnen?
Ich habe gar keine mehr, seit mein Mann sie alle herausgeekelt hat. Nur eine, die ist Verkäuferin.[63]

Hier gelang es der Interviewerin kaum mehr, die Themen zu setzen, weil die Befragte alle Fragen auf ihre Ehe bezog. Die Beispiele zeigen ex negativo, dass den Befragten ein grosses Mass an Kooperationsbereitschaft abverlangt wurde, damit ein Interview im Sinne der Arbeitsgruppe gelang. Manche Befragte erfüllten die an sie gestellten Rollenerwartungen bereitwillig, während sich andere nicht so weit auf die Interviewsituation einliessen, wie es sich die Arbeitsgruppe erhoffte, oder es rundweg ablehnten, an der Umfrage teilzunehmen.

Insgesamt unterlagen die Interviews also dem Paradox, dass die Befragten »frei« antworten sollten und zugleich eine Vielzahl impliziter und expliziter Regeln befolgen mussten, damit dies gelang. Selbst die gründliche Vorbereitung und präzise Instruktion der Interviewenden konnte nicht gewährleisten, dass die Befragenden ebenso wie die Befragten sich der Logik der Umfrage so weit anpassten, wie es die Arbeitsgruppe beabsichtigt hatte. Immer wieder kam es zu Irritationen, Missverständnissen und Abweichungen vom Untersuchungsdesign. Denn während der Text des Fragebogens festgeschrieben war, mussten die Befragten improvisieren. Sie konnten sich dabei zwar an Mediendiskursen, politischen Ideologien und anderen Gemeinplätzen orientieren, doch ihre Rolle war im Einzelnen nicht festgelegt.

---

[62] FORS, Interview H0134D (Hans Nef).
[63] FORS, Interview A0073D (Gudrun Schaffroth).

4.2 Die quantitative Auswertung der Umfrage

4.2.1 Kodierung der Interviews

Bereits während der Umfragekampagne bereiteten Isac Chiva, Ariane Deluz und Nathalie Stern die quantitative Auswertung der Fragebogen vor. Für die drei bot dies eine Gelegenheit, sich die Studie wieder anzueignen, nachdem sie während der Befragungsphase allein in den Händen der Interviewerinnen und der Befragten gelegen hatte. Der erste Arbeitsschritt war das Verfassen eines Kodierungsschlüssels, mit dessen Hilfe sämtliche Antworten auf den Fragebogen kodiert wurden. Die so kodierten »Items« wurden danach mit Hilfe von IBM statistisch ausgewertet. Aufgrund der statistischen Auswertung verfasste dann die Arbeitsgruppe ihren Schlussbericht. Der Fragebogen bestand aus 65 inhaltlichen Fragen und aus 15 Fragen zur Person. Von den 65 inhaltlichen Fragen waren nur gerade fünf »geschlossen« formuliert, also mit vorgegebenen Antworten, von denen die Befragten eine oder mehrere auswählen mussten. Die übrigen 60 Fragen wurden »offen« gestellt, das heisst, die Befragten mussten mit ihren eigenen Worten antworten und ihre Antworten wurden in Stichworten oder ganzen Sätzen aufgeschrieben. Zu jeder einzelnen offenen Frage verfügte die Arbeitsgruppe nun über hunderte verschiedener Antworten. Für diesen Zweck war es notwendig, die Heterogenität der Antworten zu verringern. Der entsprechende Transformationsschritt wurde »Kodierung« genannt und gehörte zum üblichen Ablauf einer Meinungsumfrage mit »offenen Fragen«. Der Statistikhistoriker Alain Desrosières beschreibt den Sachverhalt wie folgt: »Das Ziel der statistischen Arbeit besteht darin, einen Zusammenhalt zwischen *a priori* singulären Dingen herzustellen und dadurch den Objekten eine komplexere und umfassendere Realität und Konsistenz zu verleihen.«[64] Genau auf diesen Realitätseffekt zielte die quantitative Auswertung ab. Denn erst das homogenisierte Datenmaterial ermöglichte die Darstellung und Interpretation so vieler unterschiedlicher Äusserungen in einer einheitlichen Form. Es war die Kodierung der bereits transkribierten Äusserungen der Befragten gemäss einem Schema, das die Arbeitsgruppe als mit ihrem Sinn und Inhalt kongruent erkannte und das gleichzeitig die Kodierung dieses Sinngehalts in eine standardisierte Form gewährleistete. Aus Antworten in der Form von Daten wurden auf diese Weise Informationen, welche mit statistischen und interpretativen Methoden in soziologisches Wissen transformiert werden konnten.

Aus wissenshistorischer Sicht stellen sich zu diesem Vorgang ganz unmittelbare Fragen. Welchen Regeln folgt die Kodierung? Aus welchen praktischen Opera-

[64] Desrosières, Politik der großen Zahlen, S. 263.

tionen setzt sich die Tätigkeit des Kodierens zusammen? Welche Veränderungen erfuhr das Datenmaterial im Einzelnen und welche Bedeutung hatten die Transformationsschritte für das Bild der Schweiz, welches die Arbeitsgruppe für die Expo 64 anfertigte? Welche Logiken bezog sie in die Repräsentation der Schweiz ein?

4.2.2 Der Kodierungsschlüssel

Ein Beispiel verschiedener, aber doch ähnlicher Antworten auf ein und dieselbe Frage soll das praktische Problem der Kodierung illustrieren: Für die Frage »Was glauben Sie, warum die Schweizer im allgemeinen gegen das Frauenstimmrecht sind?« wurden unter anderem folgende Antworten notiert:

Weil sie Angst haben vor den Frauen.
Weil sie ›Samichläuse‹ sind.
Weil Männer zu dumm sind.
Weil er zu träge ist, es einzugestehen.
Weil er zu konservativ ist.
Weil er zu konservativ eingestellt ist.
Weil er zu Hause auch noch gerne etwas sagen möchte.
Weil er zu engstirnig ist.
Weil er zu altmodisch ist.
Weil er will, dass die Frau zu Hause bleibt.
Weil er verstockt ist.
Weil er sich von der Frau nicht gern dreinschwatzen lassen [sic].
Weil er sich sagt, die Frau solle den Haushalt hüten.
Weil er sein Herrenstandpunkt hat. Er will regieren.[65]

Wie sollten die Wissenschaftlerinnen und Wissenschaftler hunderte solcher Antworten auf einen gemeinsamen Nenner bringen? Die Lösung bestand in der Erarbeitung eines *Kodierungsschlüssels*,[66] welcher sich aus einer Reihe von Antwortkategorien für jede Frage zusammensetzte. Isac Chiva, Ariane Deluz und Nathalie Stern zeichneten für diesen Arbeitsschritt verantwortlich. Während der Umfragekampagne lieferten die Interviewerinnen und Interviewer laufend ihre ausgefüllten Fragebogen im Büro der Arbeitsgruppe in Lausanne ab. Nachdem die ersten 100 ausgefüllten Fragebogen eingetroffen waren, begannen die drei

[65] Dies ist ein willkürlich gewählter, alphabetisch sortierter Ausschnitt von Antworten. Rechtschreibung wie auf den Fragebogen. Auf die Frage wurde kaum zweimal exakt dieselbe Antwort gegeben.

[66] Im Original: »code de dépouillement«, aber auch »code d'analyse« vgl. Stadtarchiv Lausanne, P 220, Carton 20, Classeur 1, Nr. 13, S. 7; Stadtarchiv Lausanne, P 286, Carton 3, Enveloppe 8, Nr. 3: Un jour en Suisse, *Origine du projet. Entwurf zur Einleitung des Schlussberichts vom Januar 1963*, 1962, S. 17.

Projektverantwortlichen damit, den Schlüssel zu erarbeiten.[67] Sie hoben hervor, dass die Fragebogen eine »extreme Fülle von Informationen«[68] enthielten, die zunächst möglichst vollständig inventarisiert werden sollte. Ziel war, möglichst deskriptive und konkrete Daten zu liefern und deshalb einen »rein deskriptiven und konkreten Schlüssel zu erstellen«, welcher die Form und Unterschiedlichkeit der Antworten so weit als möglich abbildete.[69] Die Kategorien des Kodierungsschlüssels sollten deshalb zunächst noch nicht konzeptueller Natur sein. Die meisten Fragen waren offen gestellt worden und so unterschieden sich selbst ähnliche Antworten in Nuancen. Die Antworten lagen zudem auf Deutsch, Französisch oder Italienisch vor und viele Befragte hatten auf eine einzelne Frage mehrere Antworten gegeben. Daher bereiteten Chiva, Deluz und Stern im August 1962 einen Entwurf des Analyserasters vor, den sie im September in mehreren Sitzungen mit der gesamten Equipe zu einer definitiven Version weiterentwickelten.[70] Mit Hilfe dieses kollektiv erarbeiteten Kodierungsschlüssels wurden später die Interviews verschlüsselt.

Gemäss Lehrbuch[71] sollten die Kategorien des Kodierungsschlüssels erschöpfend sein, damit jede Antwort einer Kategorie zugeordnet werden kann. Sie sollten sich gegenseitig ausschliessen, sodass eine Antwort nur einer einzigen Kategorie zugeordnet werden konnte. Und sie sollten aus einem logischen Prinzip hergeleitet werden (beispielsweise aus verschiedenen politischen Parteien). Eine weitere Anforderung an den Kodierungsschlüssel war technischer Natur. Die Fragebogen mussten so kodiert werden, dass sie mit Hilfe von Computern ausgezählt werden konnten. Die Arbeitsgruppe arbeitete zu diesem Zweck eng mit IBM zusammen. IBM verwendete zur Auszählung der kodierten Antworten Lochkarten, welche aus 80 Spalten und zwölf Zeilen bestanden. Damit die Auswertung möglichst effizient erfolgen konnte, sollte eine einzelne Frage, wenn möglich, in einer einzigen Spalte erfasst werden und deshalb nicht mehr als zwölf Antwortmöglichkeiten aufweisen. In den meisten Fällen begrenzte die Arbeitsgruppe daher die Anzahl möglicher Antwortkodierungen auf maximal zwölf. Für die Frage nach den Gründen, weshalb die Schweizer im allgemeinen gegen das Frauenstimmrecht sind, wurde beispielsweise folgende Kodierung verwendet: »Solidarité masculine«, »Tradition, survivance«, »Femme au foyer«, »Moindre aptitudes«, »Ça ne les intéresse pas«, »Vote du chef de famille suffit«, »Ça ne les regarde pas«, »Vote inutile, sans efficacité«, »Vote serait dangereux«, »Injustice

[67] Stadtarchiv Lausanne, P 286, Carton 3, Enveloppe 8, Nr. 3, S. 16ff.

[68] Im Original: »une extrême richesse d'information«, vgl. ebd.

[69] Im Original: »nettement descriptif, concret, conservant au maximum la forme et la diversité des réponses«, vgl. ebd.

[70] Stadtarchiv Lausanne, P 220, Carton 20, Classeur 1, Nr. 13, S. 7.

[71] Vgl. Jahoda, Maria/Deutsch, Morton/Cook, Stuart W., »Die Technik der Auswertung: Analyse und Interpretation«, in: René König (Hg.): *Praktische Sozialforschung I*, Bd. 1, Köln 1957, S. 276ff.

sociale«, »Pas les mêmes devoirs civiques«, »C'est bien comme ça«, »Divers«, »Non réponse question«.[72] Sehr wahrscheinlich wurde die Antwort »Weil er zu konservativ ist« dem Kode »Tradition, survivance« zugeordnet. Bei der Antwort »Weil sie ›Samichläuse‹ sind« ist unklar, welches Item passte.

Die Erarbeitung des Kodierungsschlüssels stand also im Spannungsverhältnis unterschiedlicher, sich widersprechender Anforderungen. Es sollten keine Informationen verloren gehen, aber gleichzeitig Platz auf den Lochkarten eingespart werden. Der Schlüssel sollte die Reichhaltigkeit der Antworten erhalten und gleichzeitig alle drei Landessprachen abdecken. Er hatte allgemeinen wissenschaftlichen Regeln zu genügen und war zudem möglichst nahe an den vorliegenden Daten zu entwickeln. Entscheidend ist, in welcher Art der Prozess der Kodierung die Textserie der Fragebogen transformierte. Hierfür lohnt es sich, die von Desrosières eingangs genannten Ziele der statistischen Arbeit in Erinnerung zu rufen: Es geht darum, zu klären, *wie* mit Hilfe quantitativer Verfahren eine Vielzahl von singulären Dingen – in unserem Falle Interviews – *zusammengehalten* und wie ihnen *eine komplexere und umfassendere Konsistenz und Realität* verliehen wurde.

Im vorliegenden Fall stehen zwei Effekte der Kodierung im Vordergrund: Der erste Effekt betrifft die Stabilisierung von Dingen aufgrund von *Abstraktionen.* »Im Verlauf der wissenschaftlichen Arbeit werden nämlich immer höhere Stufen der Abstraktion erreicht. Vergleicht man die gesammelten Daten mit der Fülle der lebendigen Situationen, auf die sie sich beziehen, oder die Kategorien mit den ursprünglichen Angaben, einen Index mit den Kategorien und schliesslich die formulierten Ergebnisse mit den Indizes oder Tabulierungen, so lässt sich ein immer stärkerer Schwund an Details feststellen«, hielten Jahoda et al. im Jahr 1957 fest.[73] Dies ist genau der Sinn der Forschung, weil sie zu Aussagen höherer Ordnung gelangen will, die losgelöst vom Erhebungskontext der Interviews Gültigkeit beanspruchen können. Eine soziologische Repräsentation des »Homo Helveticus« kann nicht aus einer schier unendlichen Serie von unterschiedlichen und widersprüchlichen Antworten bestehen, sondern muss sich aus einer überschaubaren Anzahl von allgemeinen Aussagen zusammensetzen. Der Text der Antwort-Kodes (der »Items«) hatte nichts mehr mit den Formulierungen der ursprünglichen Antworten gemeinsam. Denn es ging nicht darum, eine »durchschnittliche« oder »übliche« Formulierung zu finden, sondern einen konzeptuell-analytischen Text zu verfassen, der eine möglichst grosse Vielfalt von Antworten repräsentieren konnte. Im Falle der Frage nach der Ablehnung des

[72] Stadtarchiv Lausanne, P 286, Carton 3, Enveloppe 2: Apothéloz, Charles/Chiva, Isac/Deluz, Ariane et al., *Rapport final du groupe d'études pour la section 102 »Un jour en Suisse«. Annexe III Choix des tableaux de l'analyse statistique*, 1962, S. 14.

[73] Jahoda/Deutsch/Cook, Auswertung, S. 272.

Frauenstimmrechts etwa ermittelte die Arbeitsgruppe, dass die befragten Personen am häufigsten, nämlich in 37% der Fälle, »Solidarité masculine« genannt hätten, obwohl – zumindest in den 864 überlieferten Fragebogen – das Wort »Solidarität« kein einziges Mal vorkommt. »Solidarité masculine« ist also keine häufige individuelle Antwort, sondern eine Interpretation. Der Abstraktionsschritt stabilisierte die Antworten, welche dem Item »Solidarité masculine« zugerechnet wurden insofern, als diese nun anzeigten, die befragten Personen hätten die genannte Interpretation referenziert. Die Verknüpfung der tatsächlichen Antworten der Befragten mit dem Antwort-Kode behauptet mit anderen Worten, die Befragten hätten allesamt an ein und demselben Diskurs teilgenommen. Sie impliziert überdies, sie hätten in diesem Diskurs alle die identische Position eingenommen.

Der zweite Effekt hängt eng mit dem ersten zusammen und erzeugt jenen Zusammenhalt, welcher für die Produkte der Meinungsforschung entscheidend ist: eine *einheitliche Sprache*. Bei der Studie »Un jour en Suisse« ist dieser Effekt nicht nur darum besonders offensichtlich, weil ein einziger französischsprachiger Kodierungsschlüssel für deutsche, französische und italienische Fragebogen hergestellt wurde. Die Wirkung einer vereinheitlichten Sprache geht über die Einzelsprachen hinaus und umfasst, was ebenso wichtig ist, die Einebnung verschiedener Gruppensprachen und Soziolekte und schliesslich auch verschiedener Äusserungen. Die Variabilität des Sprachgebrauchs verschwindet durch den Akt der Kodierung vollständig. Die soziologische Kodierung der Antworten erzeugt die Illusion, dass alle befragten Personen ein und dieselbe Sprache sprechen und zugleich an ein und demselben Diskurs teilnehmen. Wir werden auf diesen Aspekt zurückkommen, wenn wir die nächste Transformationsstufe der quantitativen Auswertung betrachten: die statistische Auswertung.

4.2.3 Maschinell kodieren und zählen

Anhand des Schlüssels kodierten fünf wissenschaftliche Mitarbeiterinnen und Mitarbeiter von Anfang September bis Mitte November 1962 alle 1200 Interviews.[74] Aufgrund der reichhaltigen Antworten dauerte die Kodierung und Analyse länger als erwartet. Jede Antwort jedes ausgefüllten Fragebogens wurde einer Zahl zugeordnet, der Nummer des Antwort-Kodes, wie er im Kodierungsschlüssel festgelegt war. Um fehlerhafte Kodierungen zu vermeiden, kontrollierten

[74] Neben Isac Chiva, Ariane Deluz und Nathalie Stern waren René Favre von der Lausanner Schulverwaltung und Urs K. Hedinger, ehemaliger Assistent am Psychologischen Institut der Universität Bern, für diese Arbeit zuständig. Vgl. Stadtarchiv Lausanne, P 220, Carton 20, Classeur 1, Nr. 12.

sich die Kodierenden gegenseitig.[75] In diesem Arbeitsschritt kooperierte die Arbeitsgruppe eng mit den Verantwortlichen von IBM, welche danach die statistische Analyse auf einem Grossrechner, dem Modell IBM 1401, vornahmen. Da neben der Lausanner Filiale von IBM auch die »Caisse Vaudoise de l'Agriculture« über einen IBM 1401 und die dazugehörigen Lochkartenstanzer verfügte, wurden die Lochkarten mit Hilfe der Mitarbeiterinnen und Mitarbeiter des »service mécanographique« der Caisse Vaudoise durchgeführt. Dort wurden für jedes Interview vier Lochkarten à 80 Spalten mit den dazugehörigen Antwort-Kodes angefertigt. Die gestanzten Lochkarten wurden danach, zwischen dem 15. November und dem 25. Dezember 1962, von drei IBM-Mitarbeitern[76] maschinell ausgezählt. Die 1200 Fragebogen mit je 80 Fragen bildeten als Ausgangslage 96 000 Informationseinheiten. Nun wurden sie in einer spezifisch soziologisch-statistischen Weise miteinander verknüpft: Im Auftrag von Chiva, Deluz und Stern berechneten die IBM-Mitarbeiter Kreuztabellen für die neun Klassifikationskriterien Geschlecht, Alter, Sprachregion, Religion, Wohnortsgrösse, Einkommen, Beruf, Schulbildung und Zivilstand. In diesen war die Anzahl der Antwort-Kodes jeder Frage eingetragen, aufgeschlüsselt nach den Rubriken der soziologischen Kriterien – einmal in absoluten Zahlen und einmal in Prozentwerten. Insgesamt entstanden in diesem Prozess rund 3000 Tabellen, die mit einem Kettendrucker auf rund 1800 Seiten A3-breites Endlospapier gedruckt wurden. Darüber hinaus berechneten die Mitarbeiter von IBM für jede mögliche Kombination von Antwort-Kode und Klassifikationskriterien sogenannte Kontingenztafeln (vgl. Abb. 6). Die Kontingenztafeln enthielten den sogenannten Chi-Quadrat-Test, eine vom Statistiker Karl Pearson (1857–1936) entwickelte Zusammenhangsprüfung. Bei diesem Test wird für eine Kreuztabelle anhand der Anzahl Fälle in den einzelnen Tabellenzellen berechnet, wie stark die vorliegende Verteilung von der Zufallsverteilung abweicht. IBM führte Unabhängigkeitstests und Homogenitätstests (beides Varianten des Chi-Quadrat-Tests) durch, bei denen sie berechnete, mit welcher Wahrscheinlichkeit die vorliegende Verteilung auch rein zufällig hätte zustande kommen können. Diese Wahrscheinlichkeit wird Signifikanzniveau genannt. Betrug sie weniger als 5%, so nahm die Arbeitsgruppe an, dass ein interpretationsbedürftiger Zusammenhang zwischen den Variablen bestand, aufgrund dessen die ermittelte Verteilung nicht der Zufallsverteilung entsprach.[77]

---

[75] Stadtarchiv Lausanne, P 286, Carton 3, Enveloppe 8, Nr. 3, S. 17.

[76] Es handelte sich um den Lausanner Direktor von IBM Gilbert Froehli, den Ingenieur Robert »Bob« Dunkel und den Programmierer Zuber. Vgl. Stadtarchiv Lausanne, P 220, Carton 20, Classeur 1, Nr. 13, S. 8.

[77] Vgl. Desrosières, Politik der großen Zahlen, S. 120 ff.

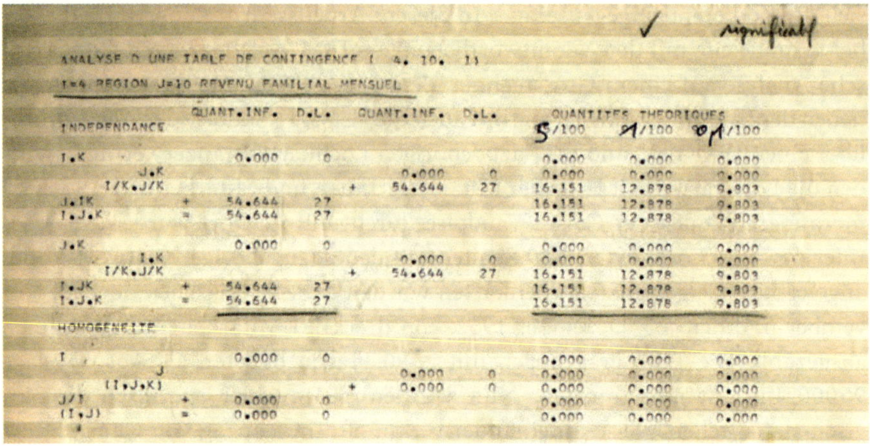

✓ significatif

ANALYSE D UNE TABLE DE CONTINGENCE (4. 10. 1)

I=4 REGION J=10 REVENU FAMILIAL MENSUEL

		QUANT.INF.	D.L.		QUANT.INF.	D.L.	QUANTITES THEORIQUES 5/100	1/100	01/100
INDEPENDANCE									
I.K		0.000	0				0.000	0.000	0.000
J.K					0.000	0	0.000	0.000	0.000
I/K.J/K				+	54.644	27	16.151	12.878	9.803
J.IK	+	54.644	27				16.151	12.878	9.803
I.J.K	=	54.644	27				16.151	12.878	9.803
J.K		0.000	0				0.000	0.000	0.000
I.K					0.000	0	0.000	0.000	0.000
I/K.J/K				+	54.644	27	16.151	12.878	9.803
I.JK	+	54.644	27				16.151	12.878	9.803
I.J.K	=	54.644	27				16.151	12.878	9.803
HOMOGENEITE									
I		0.000	0				0.000	0.000	0.000
J					0.000	0	0.000	0.000	0.000
(I.J.K)				+	0.000	0	0.000	0.000	0.000
J/I	+	0.000	0				0.000	0.000	0.000
(I.J)	=	0.000	0				0.000	0.000	0.000

Abbildung 6: Kontingenztafel der Variablen »Region« und »Familieneinkommen«

In der abgebildeten Kontingenztafel ist ein Unabhängigkeitstest (beschriftet mit »Indépendance«) und ein Homogenitätstest (»Homogenité«) für die Variablen »Region« und »gemeinsames Familieneinkommen« abgebildet. Die mit Bleistift unterstrichenen Kennzahlen verweisen auf einen statistischen Zusammenhang der beiden Variablen. Der Arbeitsgruppe lagen 720 solcher Kontingenztafeln vor.

Mit einer solchen Auswertung betrat man Neuland. Erst der Einsatz eines Computers wie des IBM 1401 machte es möglich, sämtliche Kombinationen von Variablen auf statistisch signifikante Zusammenhänge zu prüfen. Nicht ohne Stolz hielt die Arbeitsgruppe fest:

Es ist angezeigt darauf hinzuweisen, dass es sich um eine der ersten soziologischen Umfragen handelt, die mit solchen Mitteln in Europa durchgeführt wurde. Die Leistung eines Computers hat sich als unerlässlich erwiesen, einerseits aufgrund der Geschwindigkeit, mit der die Resultate verfügbar sein mussten und andererseits aufgrund des Umfangs der gewünschten Informationen. Eine manuelle Auszählung hätte den Rahmen von ›Un jour en Suisse‹ gesprengt, ganz abgesehen von der Frage des Zeitaufwands und kann nur theoretisch als realisierbar angesehen werden.[78]

Es war eine Herkulesaufgabe, einen solchen Datenberg analytisch zu bewältigen. Chiva, Deluz und Stern standen vor einer Fülle von statistischen Testergebnissen,

[78] »Il convient de signaler qu'il s'agit-là d'une des premières enquêtes sociologiques dépouillées en Europe avec de tels moyens. La puissance d'un ordinateur s'est avérée indispensable d'une part en raison de la rapidité avec laquelle les résultats devaient êtres connus et d'autre part en raison de la masse des renseignements désirés. Un dépouillement manuel revêtant l'ampleur de celui effectué pour ›Un jour en Suisse‹, indépendant des questions de temps ne pouvait être considéré comme réalisable que théoriquement.« Vgl. Stadtarchiv Lausanne, P 220, Carton 20, Classeur 1, Nr. 11: Un jour en Suisse, *Un jour en Suisse à l'Exposition Nationale. Entwurf für Pressedossier*, 1962.

die geeignet waren Zusammenhänge zwischen verschiedenen Variablen anzuzeigen – ein wahres Panoptikum von möglichen Beziehungen und Verhältnissen. Da sie nicht hypothesengeleitet an die Daten herangingen, sondern induktiv aufgrund von statistischen Hinweisen ein Empirie-geleitetes Bild konstruieren wollten, galt es nun, aus Tausenden möglicher Zusammenhänge die »richtigen« herauszufiltern. Die Wissenschaftlerinnen und Wissenschaftler durchforsteten also sämtliche Daten nach statistischen Auffälligkeiten, als ob zwischen jedem beliebigen Merkmal und Antwort-Kode ein bedeutsamer Zusammenhang bestehen könnte. Wo immer der Chi-Quadrat-Test anschlug, markierten sie die Ausdrucke von IBM. Nach dieser Durchsicht schrieben sie diejenigen Kreuztabellen, welche sie für besonders relevant hielten von Hand ab und stellten Dossiers zusammen: »Die Hypothesen, Ideen und Vorschläge werden nach und nach nummeriert. Jeder Hypothese entspricht ein Dossier, in dem alles abgelegt wird, was sie entkräftet oder bestätigt.«[79] Im Verlauf dieser Suche formulierten die Projektverantwortlichen dutzende Interpretationsfragmente, die sie später zum Schlussrapport zusammensetzten.

4.3 Die Interpretationslogik quantitativer Aggregation

4.3.1 Die Nation als ein »statistisches Kollektiv«

Die Historikerin Sibylla Nikolow hat auf die Möglichkeit der statistischen Darstellungsweise hingewiesen, eine Region als homogene Einheit im Sinne eines »statistischen Kollektivs« zu zeigen. Sie untersuchte, wie Geburten-, Heirats- und Sterblichkeitsraten um 1930 im Kontext von Hygieneausstellungen dazu eingesetzt wurden, das Publikum für demographische Probleme der »deutschen Nation« zu sensibilisieren: »Wenn die Statistiker eine Variable [...] herausgreifen und im Vergleich hervorheben, scheinen alle anderen individuellen Unterschiede an Bedeutung zu verlieren.«[80] Darin liege ein »volksschaffendes Potential«, das in Kombination mit geeigneten Darstellungspraktiken das »Volk« und die Nation als eigenständiges Handlungssubjekt sichtbar machen könne. Die Kreuztabellen, welche der Arbeitsgruppe vorlagen und im Schlussbericht entweder in interpretierter Form als Text oder in roher Form als tabellarischer Anhang zu soziologischem Wissen arrangiert wurden, bewirkten ebendiesen Effekt. Der Weg von

[79] Im Original: »Les hypothèses, idées, suggestions, seront numérotées au fur et à mesure. A chaque hypothèse correspondra un dossier, dans lequel on versera tout ce qui l'infirme ou la confirme.« vgl. Stadtarchiv Lausanne, P 286, Carton 2, Enveloppe 8: Un jour en Suisse, *Diverse Entwürfe zur quantitativen Auswertung der Umfrage*, November-Dezember 1962.

[80] Nikolow, Statistisches Kollektiv, S. 257 ff.

statistischen Daten hin zu einer soziologischen Erklärung wird im Folgenden als weiterer Abschnitt von Kodierung und Dekodierung in der Transformationssequenz der quantitativen Auswertung beschrieben, diesmal in der Logik von *Aggregation.*

Erklärende Variablen. Die von Nikolow beschriebenen Bevölkerungswissenschaftler zur Zeit der Weimarer Republik zeigten jeweils eine einzige statistische Grösse, beispielsweise die Geburtenhäufigkeit, und verallgemeinerten diese auf das nationale Territorium. Dadurch erreichten sie einen homogenisierenden Darstellungseffekt. Im Gegensatz dazu richtete die soziologische Analyse der Arbeitsgruppe ihren Blick auf Kreuztabellen, in denen jeweils eine »unabhängige Variable« eine »abhängige Variable« *erklärte.* Die »unabhängigen« – auch »erklärend« genannten – Variablen waren die neun Klassifikationskriterien Geschlecht, Alter, Sprachregion, Religion, Wohnortsgrösse, Einkommen, Beruf, Schulbildung und Zivilstand. Die Antwort-Kodes waren die »abhängigen Variablen«. Der privilegierte Status der »unabhängigen Variablen« als Erklärungsfaktoren für statistisch signifikante Abweichungen der Antwort-Kodes, war eine *A-priori*-Annahme. Sie gründete jedoch nicht in der Willkür der Arbeitsgruppe, sondern auf der hohen taxonomischen Stabilität der soziologischen Klassifikationskriterien selbst. Wie Alain Desrosières darlegt, ist der »Umfang der in der Vergangenheit durchgeführten *Forminvestitionen*« der entscheidende Faktor für »die Solidität, die Dauerhaftigkeit und den Gültigkeitsraum« dieser statistischen Objekte.[81] Die statistischen Objekte, die den Status »unabhängiger Variablen« geniessen, sind mit anderen Worten genau jene, in welche in der langen Tradition statistischer Praxis in besonders grossem Umfang investiert wurde. An dieser Stelle kann der Hinweis auf einige Institutionen wie etwa die staatlichen Bevölkerungs-, Steuer- und Standesämter oder die Volkszählungen[82] genügen, um den Umfang solcher Forminvestitionen anzudeuten, welche allein von staatlicher Seite in diese taxonomischen Objekte getätigt wurden. Alter, Geschlecht, Zivilstand, Wohnort etc. werden von staatlichen Akteuren seit Jahrhunderten flächendeckend und permanent erfasst.[83] Sie sind schliesslich im 20. Jahrhundert hoch stabilisiert und sind Teil des Selbstverständnisses praktisch jeder Person.

Die erklärende Logik von Kreuztabellen. Im statistischen Anhang zum Schlussbericht druckte die Arbeitsgruppe sechzehn der 3000 Kreuztabellen ab. In diesen

[81] Desrosières, Politik der großen Zahlen, S. 12; Thévenot, Laurent, »Rules and Implements: Investment in Forms«, in: *Social Science Information* 23, Nr. 1 (1984).

[82] Busset, Thomas, *Zur Geschichte der eidgenössischen Volkszählung*, Bern 1993.

[83] Groebner, Valentin, *Der Schein der Person. Steckbrief, Ausweis und Kontrolle im Europa des Mittelalters*, München 2004.

bilden die Untergruppen einer soziologischen Klassifikation jeweils die Spalten (beispielsweise Altersgruppen) während die Zeilen in die Antwort-Kodes auf eine Frage aufgeteilt sind. Aufgrund dieser Aggregationen formulierte die Arbeitsgruppe soziologische Beobachtungen und Erklärungen, in denen die statistischen Auffälligkeiten der Häufigkeitsverteilung der Kodes mit den Klassifikationskriterien erklärt wurden. In der Mehrzahl der Tabellen hängt die Wahl des Klassifikationskriteriums unmittelbar mit der Frage zusammen. Nämlich dann, wenn dieses in der Frage selbst auftaucht. So wurden die Antwort-Kodes auf die Frage »40) In welchem Alter möchten Sie aufhören zu arbeiten?« nach Altersgruppen ausgewertet. Die Anschlussfrage »41) Was würden Sie dann tun?« wurde nicht nach Alter, sondern nach Berufssektor aufgeschlüsselt. Hier war Arbeit das Verbindende zwischen Frage und »unabhängiger Variable«. Die Frage zum Thema Geld »59) Wann werden Sie die Möglichkeit haben, über mehr Geld zu verfügen?« wurde nach Einkommen ausgezählt und die Antworten auf die Frage zum Geschlechterthema »57a) Was glauben Sie, warum die Schweizer im allgemeinen gegen das Frauenstimmrecht sind? b) Und Sie, sind Sie persönlich dafür oder dagegen?« wurde nach Geschlecht unterteilt. Die Frage »27a) Was haben Sie in Ihren letzten Ferien gemacht? b) Wo haben Sie gewohnt (Art der Wohnung)?« war mit der Siedlungsgrösse kreuztabelliert – auch hier bestand ein direkter Zusammenhang zwischen den Variablen, nämlich in der Wohnform – einmal der alltäglichen und einmal jener während der Ferien. »53) Was lesen Sie in den Zeitungen« wurde nach Bildung ausgewertet und damit die Lesetätigkeit mit der Institution des Erwerbs der Lesefähigkeit in Verbindung gebracht. In diesen Tabellen wurde die Verteilung der Antwort-Kodes in den Tabellen also gegliedert nach Unterschieden der befragten Personen, die mehr oder weniger direkt in den Fragen angesprochen worden waren. Etwas komplexer war die Struktur der Tabelle zur Frage 42: »Finden Sie es wünschenswert, dass verheiratete Frauen berufstätig sind?«[84] Diese wurde nicht nach Geschlecht, sondern nach Religion aufgeschlüsselt. Der Grund dafür war, dass die Auszählung nach Geschlecht keine signifikanten Unterschiede angezeigt hatte, denn unabhängig vom Geschlecht waren 54% der Befragten dem Antwort-Kode »Non« zugeordnet.[85] Im Schlussbericht argumentierte die Arbeitsgruppe, dass der Widerstand gegen die Vorstel-

[84] Auch bei den Fragen »44a) Bleibt Ihnen neben Ihrer beruflichen Tätigkeit (Hausarbeit) noch Zeit übrig? b) Ist es Ihnen möglich, darüber nach Ihren eigenen Wünschen zu verfügen?« und »18a) Welches sind die häufigsten, guten Eigenschaften der Schweizer? b) Und die häufigsten Fehler?« war der Zusammenhang nicht direkt gegeben. Frage 44 wurde nach Zivilstand und Frage 18 nach Sprach- beziehungsweise Kulturregion ausgewertet.

[85] 25% waren »Oui et non« und 11% »Oui« zugeordnet. Die restlichen verteilten sich über die Kodes »ça dépend, vague«, »Oui, avec restriction (mi-temps, temps partiel, Travail à domicile)«, »Non réponse question«. Stadtarchiv Lausanne, P 286, Carton 3, Enveloppe 2, S. 4.

lung berufstätiger, verheirateter Frauen »sehr tiefe Wurzeln«[86] habe. Um diesen Widerstand aufzulösen, wäre es nötig, das Verhältnis zwischen Männern und Frauen neu zu definieren, was einem »fundamentalen Wandel unseres Wertesystems«[87] gleichkäme. Die »erklärende Variable« Religion diente folglich dazu, das soziologische Konzept »sehr tiefe Wurzeln unseres Wertesystems« zu repräsentieren. Und tatsächlich: Personen, welche als »konfessionslos« klassifiziert waren, waren mehrheitlich der Kategorie »Oui« oder »Oui et non« zugeordnet und nur 20% der Kategorie »Non«.

Im Ergebnis zeitigte dieser Modus soziologischer Interpretation einen starken sprachlichen Homogenisierungseffekt. In der Kreuztabelle zur Frage 59 »Wann werden Sie die Möglichkeit haben, über mehr Geld zu verfügen?« ist beispielsweise zu lesen, dass sowohl die Gruppe mit dem tiefsten als auch jene mit dem höchsten Einkommen besonders häufig dem Antwort-Kode zugeordnet war, welcher besagte, sie würde *niemals* mehr Geld verdienen als heute. Die identische Rubrizierung in der Tabelle erzeugt die Illusion, dass beide Gruppen an demselben Diskurs teilnehmen und darin dieselbe Position einnehmen, wobei die in der Kreuztabelle konstruierte Ähnlichkeit in einem scharfem Widerspruch zu den faktischen Verdienstchancen der Gruppen steht. Diese Art von Zuordnungsproblemen war es, die Pierre Bourdieu zu einer fundamentalen Kritik an der Meinungsforschung herausforderte: »Die wissenschaftliche Analyse von Meinungsumfragen zeigt, dass es praktisch kein Problem gibt, das für alle gilt; und keine Frage, die nicht abhängig von den Interessen der Leute, denen man sie stellt, uminterpretiert wird, womit das oberste Gebot also wäre, sich zu fragen, auf welche Frage die verschiedenen Kategorien von Befragten eigentlich zu antworten meinten.«[88] Umgekehrt lässt sich feststellen, dass erstens der homogenisierende Effekt der Aggregation genau darin besteht, dass quantifizierten Antwort-Kodes die unterschiedlichen Sprechpositionen der Befragten nicht mehr anzusehen sind. Zweitens definiert die Auswahl von »erklärenden Variablen« den Möglichkeitsraum soziologischer Interpretation. Lassen sich für die Verteilung von abhängigen und unabhängigen Variablen signifikante statistische Effekte berechnen, so scheinen diese Verteilungen selbst unmittelbar Erklärungen zu produzieren. Die vorgängigen Kodierungs- und Dekodierungsschritte treten weit in den Hintergrund, während die soziologischen Klassifikationskriterien als Schlüssel zum Verständnis der Unterschiede hervortreten.

[86] Im Original: »racines très profondes«, vgl. Stadtarchiv Lausanne, P 220, Carton 20, Classeur 1, Nr. 13, S. 18.

[87] Im Original: »changement fondamental de notre système de valeurs.« Vgl. ebd.

[88] Bourdieu, Pierre, »Die öffentliche Meinung gibt es nicht«, in: Pierre Bourdieu (Hg.): *Soziologische Fragen*, Frankfurt am Main 1971/1993, S. 215.

Ein statistisches Ganzes. Die Technik der statistischen Aggregation quantitativer Daten erlaubte es, aus vormals individuellen Äusserungen ein Kollektivporträt zu zeichnen. Mit diesem Schritt näherte sich die Arbeitsgruppe ihrem übergeordneten Ziel, das Alltagsdenken des »Homo Helveticus« zu ermitteln, um daraus ein Bild der Schweiz herzustellen, das es auf der Expo gestalterisch umzusetzen galt. Obwohl der Gegenstand der Untersuchung die Schweiz beziehungsweise die Schweizer Bevölkerung war und die Fragen möglichst konkret und spezifisch formuliert waren,[89] sprachen 44 der offenen 65 Fragen die Schweiz nicht direkt an. Ihr Gegenstand war enger gefasst und entsprechend bezogen sich auch die Antworten auf etwas Kleineres. Sie betrafen entweder nur die Befragten selbst, zum Beispiel bei der Frage 30 »Wie sind Sie zu Ihrer jetzigen Tätigkeit gekommen?« Oder sie bezogen sich auf die Familie oder den Freundeskreis, wie bei der Frage 37 »Wer in Ihrem Umkreis interessiert sich für Ihre Arbeit?«, auf bestimmte soziale Gruppen, wie bei der Frage 12 »Was denken Sie über die jungen Leute von heute?« oder unspezifisch auf alle und niemanden: »43) Was glauben Sie: was kann man heute tun, um seine Gesundheit zu erhalten?«

Die Auszählung der Gesamtheit der kodierten Fragebogen, stellte jedoch diesen Bezug her. Aus der Summe der Einzelantworten liessen sich Aussagen über den Zustand der Berufskarrieren oder des Gesundheitsbewusstseins in der Schweiz als Ganzes zusammensetzen. Die Befragten antworteten wohl als Individuen, jedoch in einem *Setting*, in dem das Gesagte sie als Mitglied der Schweizer Bevölkerung charakterisierte. Sie wurden genau deshalb befragt, weil sie in der Schweiz lebten und insofern als Schweizerinnen und Schweizer antworten konnten.

4.3.2 Die Nationalität wechseln

In zwölf Fragen wurde direkt auf die Schweiz Bezug genommen, in neun weiteren indirekt. Bei einem Grossteil der zweiten Gruppe handelte es sich um Fragen, welche spezifische Probleme betrafen, wie Scheidungen, Geld oder Krieg.[90] Die Schweiz als Nation oder die Schweizer Bevölkerung als Ganzes wurde in drei

---

[89] Zu diesem Prinzip vgl. König oder Atteslander. 51 der 65 Fragen sprachen die Befragten direkt auf persönliche Meinungen an. Bei diesen Fragen sollten die befragten Personen aus persönlicher Sicht als Individuen antworten.

[90] Die Fragen mit direktem Bezug zur Schweiz waren: F1 Schweiz vorbildliches Land, F3 Nationalität wechseln, F6 Scheidungen, F18 Eigenschaften der Schweizer, F19 Reichtum der Schweizer, F22 Benachteiligte, F24 und F25 Krieg, F26 Militärdienst, F55 internationale Zusammenarbeit, F56 Neutralität, F57 Frauenstimmrecht. Folgende Fragen nahmen indirekt oder implizit Bezug auf die Schweiz: F21 Problemliste, F51 Kirche, F52 Interesse an Politik, F53 Zeitungslektüre, F58 Hochkonjunktur, F63 Berufsverbände, F53 soziale Klasse, F64 technischer Fortschritt, F65 Landesausstellung 1964. Siehe Anhang Die Fragebogen der Umfrage »Un jour en Suisse«.

Fragen direkt thematisiert, nämlich in den Fragen »1) Man sagt manchmal, die Schweiz sei ein vorbildliches Land. Was denken Sie darüber? Warum?«, »3) Wenn Sie Ihre Nationalität wechseln müssten, welche andere Nationalität möchten Sie annehmen?«, »18a) Welches sind die häufigsten, guten Eigenschaften der Schweizer? b) Und die häufigsten Fehler?«. Alle drei zielten auf Klischees ab und hatten einen unmittelbaren Bezug zur Schweiz. Doch die Frage 3 ging darüber hinaus und eröffnete mehr Raum für Improvisationen und Überraschungen, weil sie von dem nicht-alltäglichen Szenario ausging, die Nationalität zu wechseln.

Die Frage thematisierte das Verhältnis der Befragten zur Nationalität »3a) Wenn Sie Ihre Nationalität wechseln müssten, welche andere Nationalität möchten Sie annehmen?« Anschliessend wurden nach einer Begründung gefragt: »3b) Warum?« Falls die Befragten darauf nicht ein angrenzendes Land mit derselben Sprache nannten, war eine weitere Nachfrage vorgesehen, die je nach Sprachregion variierte: »3c) Warum nicht Deutschland oder Österreich, ein Land mit derselben Sprache?«, lautet die Frage für die Deutschschweiz, in der französischsprachigen Schweiz entsprechend »c) Si l'indication d'un pays d'une autre langue, demander: pourquoi pas un pays de langue française?« und im Tessin »Perché non italiana?«. In Graubünden funktionierte die Frage nicht richtig. Die Romanisch sprechenden Befragten wurden auf Deutsch interviewt, was wiederholt zu unpassenden Nachfragen geführt hatte. Ein Zuozer Bürger hatte dem Interviewer Fortunato Vincenz beispielsweise geantwortet, er wolle »sicher nicht nach Deutschland« und danach begründet, wenn schon, dann die italienische Nationalität anzunehmen, weil Italienisch auch eine romanische Sprache sei. Auf die vor diesem Hintergrund unpassende Nachfrage, warum er nicht die deutsche oder österreichische Nationalität annehmen wolle – ein Land mit der gleichen Sprache – gab er an, lieber sterben zu wollen, als die Nationalität wechseln zu müssen.[91] Auf einigen anderen Fragebogen mit Romanisch sprechenden Personen strich Vincenz daraufhin die Nachfrage.[92] Es war unklar, was »die Nationalität wechseln« bedeutete. Die Frage konnte beispielsweise so verstanden werden, dass ein Wechsel der Staatsbürgerschaft gemeint war. Da eine Person mit Schweizer Bürgerrecht jedoch juristisch gesehen nicht dazu gezwungen werden konnte, die Staatsbürgerschaft aufzugeben[93], war die Frage hypothetisch und zielte auf ein Gedankenspiel ab. Sie stellte »Nationalität« als auswechselbar dar und entfaltete damit gegenüber einem ontologisierenden – beispielsweise ethnischen oder

[91] FORS, Interview D2061D (Fortunato Vincenz).

[92] FORS, Interviews D2062D-D2064D, D2082D, D2089D (alle Fortunato Vincenz).

[93] Diese Unveräusserlichkeit der Staatsbürgerschaft ist eine Besonderheit des schweizerischen Bürgerrechts, welche zunächst nur Männern, ab 1952 auch Frauen gewährt wurde. Vgl. Münz, Rainer/Ulrich, Ralf, *Das Schweizer Bürgerrecht. Die demografischen Auswirkungen der aktuellen Revision*, Zürich 2003, S. 23.

völkischen – Nationsverständnis eine subversive Wirkung, indem sie die Befragten zwang, sich Nationalität als veränderlich und kontingent vorzustellen, selbst wenn sie in ihrer Antwort das Gegenteil zum Ausdruck bringen wollten.

Entsprechend vielfältig fielen auch die Antworten aus. Die einen nahmen den spielerischen Charakter der Frage auf. Ein 24-jähriger Kunstmaler aus Zürich meinte etwa, er wolle keine Nation annehmen, sondern einfach Mensch sein, denn Nationalität sei nur ein Name.[94] Eine 22-jährige, in Frankfurt aufgewachsene Hausangestellte sagte, sie wolle keine Schweizerin sein, sondern lieber »Zigeuner oder Nomadin«[95], weil sie dann nicht dieselben Sorgen hätte wie normale Staatsbürger, während ein Maschinenbauer angab, in einem Entwicklungsland leben zu wollen[96]. Ein älterer Herr antwortete, er wolle unbedingt die Weltbürgerschaft: »Ich möchte gleichgestellt sein mit Schwarzen, Gelben, Weissen«, denn man solle »nur auf den Wert des einzelnen Menschen achten«[97]. Andere wiederum hinterfragten die Frage und verweigerten die Antwort, wie beispielsweise ein 74-jähriger pensionierter Metzger: »auf Zwang hin? Aus freiem Willen sowieso nicht. Ich hoffe nicht, dass es soweit kommen wird. NSP«.[98] Ein ebenfalls pensionierter Befragter meinte, er wolle »lieber auf den Friedhof als wechseln«[99]. Als Antwort-Kodes standen zur Verfügung: »N. R. Q.«[100], »Refus de changer«, »Monde Latin«, »Monde Germanique«, »Monde Anglo-Saxon«, »Pays Européen non Voisins«, »Pays en voie de Développement«. Diese Items wurden, um noch allgemeinere Aussagen zu machen, in einzelnen Tabellen weiter ausgedehnt. »Monde Latin« und »Monde Germanique« wurden zu »Limitropes« zusammengefasst; »Pays Européen non Voisins« und »Pays en voie de Développement« wurden zu »autre Europe« und »sousdéveloppés + autres«.[101]

Die Arbeitsgruppe analysierte aber nicht die ausgefüllten Fragebogen, sondern die Kreuztabellen von IBM. Für vier Kriterien war der Chi-Quadrat-Test signifikant ausgefallen. Die Kreuztabellen mit den Kriterien Alter, Beruf, Bildung und Sprachregion wurden deshalb von Hand abgeschrieben und genauer studiert. Entsprechend liessen sich Aussagen darüber bilden, in welchen prozentualen Verhältnissen die Antwort-Kodes auf die Klassen Alter, Beruf, Bildung und Sprachregion verteilt waren. Die umgekehrte Argumentationsweise war ausge-

---

94 FORS, Interview G0161D (Gudrun Schaffroth).

95 FORS, Interview G0168D (Gudrun Schaffroth).

96 FORS, Interview G0104F (René Favre).

97 FORS, Interview H0106D (Gudrun Schaffroth).

98 FORS, Interview H0314D (Hans Nef).

99 FORS, Interview C1232D (Véronique Burri).

100 Non Reponse à la Question

101 Die Kodes »Pays Européen non Voisins« und »autre Europe« waren aus nicht rekonstruierbaren Gründen unterschiedlich stark besetzt; ersterer mit rund 200 Nennungen, letzterer mit rund 150.

schlossen – nur die soziologischen Klassifikationskriterien hatten den privilegierten Status von »erklärenden Variablen«.

Abbildung 7 zeigt eine Kreuztabelle in welcher die Antwort-Kodes auf die Frage 3a nach drei Bildungsniveaus (»primaire«, »secondaire«, »université«) ausgezählt sind. In der letzten Spalte trug Ariane Deluz mit Pfeilen lineare Trends zwischen den Variablen ein. In der obersten Zeile sind die Häufigkeiten für »Refus de changer« eingetragen. Sie betragen 36%, 20% und 14%. Daraus schloss die Wissenschaftlerin, dass mit tieferem Bildungsniveau die Identifikation der Befragten mit der Schweiz höher ausfiel. Dies zeige sich durch die Weigerung, die Nationalität zu wechseln oder durch die Wahl eines nahegelegenen oder angrenzenden Landes. Umgekehrt würden mit höherem Bildungsniveau weiter entfernte Länder gewählt; ausser im Falle der USA, welche von Personen mit Universitätsausbildung gemieden würden. Dies deute auf eine Überlagerung mit anderen Variablen hin – Deluz vermutete politische Faktoren.[102]

Aus dem Schlussbericht geht hervor, dass mit dieser Frage das Verhältnis zu den Nachbarländern ermittelt werden sollte, um abzuklären, ob sich die vier Sprach- und Kulturregionen stark voneinander unterschieden.[103] So wollte die Arbeitsgruppe die klassische These der Schweiz als Einheit von vier Sprach- und Kulturräumen falsifizieren. Aufgrund des Datenmaterials folgerte die Arbeitsgruppe, dass die Sprachregionen keine reellen Grenzen innerhalb der Schweiz darstellten. Die einzige reelle Grenze zwischen den Sprachregionen bestehe darin, dass sie untereinander keinen künstlerischen Austausch pflegten, sondern sich an den grossen Nachbarn orientierten. Während sich die Deutschschweiz an Deutschland orientierte, sei Graubünden auf sich selbst bezogen und die französischsprachige Schweiz orientiere sich an Paris. Mit anderen Worten übersetzte die fünfstufige Transformationssequenz die Frage »3) Wenn Sie Ihre Nationalität wechseln müssten, welche andere Nationalität möchten Sie annehmen?« in die soziologische Falsifizierung der politischen Hypothese, die Schweiz sei entscheidend von vier Sprach- und Kulturräumen gekennzeichnet.

4.3.3 Das Interesse an Politik

Wie die Analyse der Dramaturgie des Fragebogens ergeben hat, war die Frage 52 »in welcher Art interessieren Sie sich für das politische Leben?« besonders bedeutsam.[104] Mit dieser Frage schuf sich die Arbeitsgruppe Zugang zur Analyse

---

[102] Stadtarchiv Lausanne, P 286, Carton 2, Enveloppe 8.

[103] Vgl. Stadtarchiv Lausanne, P 220, Carton 20, Classeur 1, Nr. 13, S. 12. Die Arbeitsgruppe betrachtete sowohl die Frage 3 als auch die Frage 53 »Was lesen Sie in den Zeitungen?« als Indikatoren dafür. Zu den Ergebnissen des Schlussberichts vgl. unten.

[104] Vgl. Kapitel 4.3.3 Das Interesse an Politik.

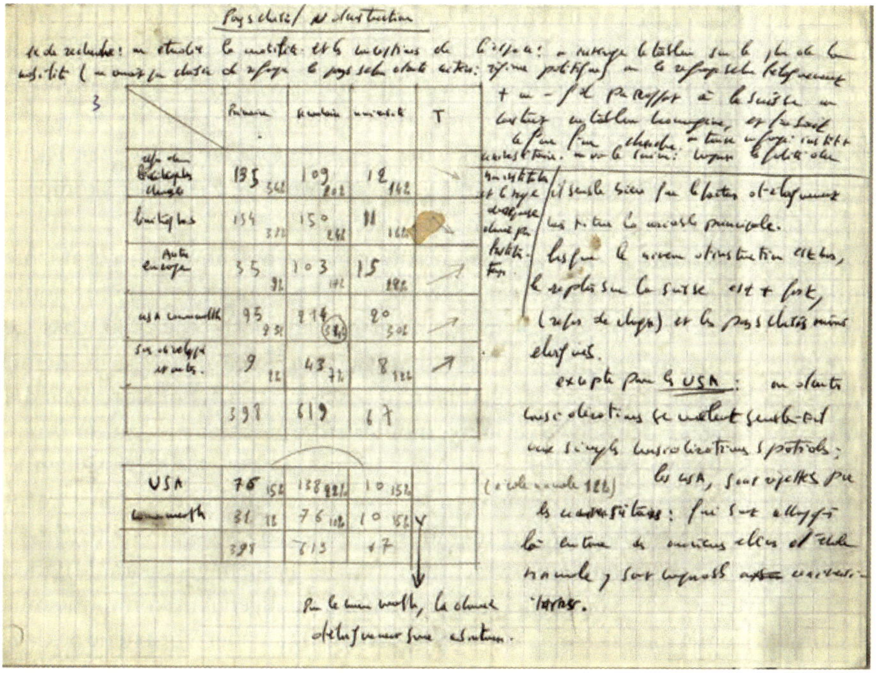

Abbildung 7: Kreuztabelle mit Interpretation

und Beurteilung des politischen Aktionsradius der schweizerischen Bevölkerung insgesamt. Die Frage war darauf ausgelegt, alle möglichen Aspekte politischen Interesses zu ergründen. Vielfach gaben die Befragten an, sich nicht für Politik zu interessieren und falls doch, dann vor allem durch die Lektüre von Zeitungen, durch Radiohören – insbesondere dem »Echo der Zeit«[105] – oder durch das Fernsehen. Die Wissenschaftlerinnen und Wissenschaftler interpretierten politisches Interesse in Form von Medienkonsum als rein passiv. Von den Befragten selbst wurde dies jedoch höchst unterschiedlich beurteilt. Die einen charakterisierten ihren Medienkonsum zwar als passiv und sahen sich deshalb »mehr als Zuschauer denn als Mitwirkender. Ich orientiere mich eben (durch Zeitungen, Fernsehen, Radio)«[106] oder begründeten ihre Ferne zum politischen Geschehen mit dem Prinzip der Arbeitsteilung: »Ich lese die Tageszeitungen, überlasse aber die Politik denen, die das als Lebensaufgabe ansehen. (Genau wie ich dem Arzt die Behandlung meines Körpers überlasse)«.[107] Andere gaben hingegen zu Protokoll, sie

[105] FORS, Interviews A0069D, A1396D, B1181D, B1257D, H0032D.
[106] FORS, Interview A0072D.
[107] FORS, Interview E0260D.

würden »passiv regen Anteil nehme[n]« und sich auf diese Weise »wie eine Katze hinter dem Gartenhag verstecken und hervorspringen und Vogel fangen«[108]. Ein 19-jähriger Schüler interessierte sich sehr für Politik und las deshalb mehrere Zeitungen, nämlich seine »Parteizeitung, eine extrem linke und eine rechte«[109], ebenso wie ein geschiedener Architekt, der Zeitungen »jeder politischen Richtung« las, um sich eine eigene Meinung zu bilden mit dem Ziel einer »kompromisslose[n] Ausübung des Stimm- und Wahlrechts«[110].

Einige verheiratete Männer mittleren Alters nannten es ihre »Bürgerpflicht« an Wahlen und Abstimmungen teilzunehmen und hielten es deshalb für nötig, sich politisch zu informieren. Demgegenüber beklagte sich eine Frau, dass sie vom politischen Leben weitgehend ausgeschlossen war: »Zeitungen lesen – damit ist's fertig. Was soll ich sonst machen? Darauf beschränkt sich notgedrungen die politische Tätigkeit der Schweizerin«[111], monierte die geschiedene Mutter. Auch eine junge Kellnerin aus Zürich begründete ihr politisches Desinteresse damit, dass sie kein Stimmrecht habe und meinte: »Wenn wir Frauen [das] Stimmrecht hätten, müsste ich mich schon darum kümmern, aber so – weshalb sollte ich?«[112]

Einige Dutzend Männer, und wesentlich weniger Frauen, gaben an, Mitglied in einer Partei zu sein. Vor dem Hintergrund des damaligen Antikommunismus erstaunt es wenig, dass sich eine in Zagreb geborene Frau über Vorurteile beklagte und angab, »keinen Kontakt mit dem politischen Leben« zu pflegen, sondern sich nur sozialpolitisch zu interessieren: »Ich politisiere nicht, weil man es nur falsch auslegt. Man versteht mich nicht, man bezeichnet mich als Kommunistin!«[113] Nur einzelne Befragte begründeten jedoch ihr Interesse an Politik mit einer explizit antikommunistischen Gesinnung. So zum Beispiel ein pensionierter Schuldirektor aus der Ostschweiz, der sein Interesse am politischen Leben als »Abwehr [des] Kommunismus« beschrieb: »mich bestürzt es immer, dass es so viele Menschen gibt, die gar nicht die Bedeutung der geistigen Freiheit kennen. Es gibt so viele Länder mit ›wunderbar fruchtbarem Boden‹ für den Kommunismus – das bedrückt mich und macht mir Sorge.«[114]

Die Befragten interessierten sich in unterschiedlichen Formen für Politik. Während sich beispielsweise das Interesse eines 19-jährigen Primarlehrers nur gegen innen richtete (»Für mich denke ich die Probleme schon durch«)[115], meinte

[108] FORS, Interview F1309D.
[109] FORS, Interview F1322D.
[110] FORS, Interview H0104D.
[111] FORS, Interview A0070D.
[112] FORS, Interview G0165D.
[113] FORS, Interview H0121D.
[114] FORS, Interview H0233D (Gudrun Schaffroth).
[115] FORS, Interview A1227D.

ein gleichaltriger Käser, er »fluche manchmal über Russland«[116]. Ein Priester, der einige Wochen später pensioniert wurde, und sich deshalb freute, »dass er für uns noch einmal Auskunft geben konnte aus seiner Lebenserfahrung« nannte hingegen ein breites Repertoire von Handlungsmöglichkeiten: »Indem ich Zeitungen lese, meine Stimmpflicht treu erfülle, nötigenfalls in Diskussionen eingreife und Artikel schreibe. Zu gewissen Fragen mit eindeutiger Lösung nehme ich auf der Kanzel Stellung.«[117] Die Selbstdeutung einer Zürcher Hausfrau brachte zum Ausdruck, dass hohes Alter und die Geschlechterrollen das Interesse an Politik vermindern konnten: »Da interessiere ich mich nicht gross, ich bin eine alte Frau.«[118] Solche soziologischen Selbstdeutungen finden sich jedoch selten auf den Fragebogen. In den allermeisten Fällen lauteten die protokollierten Antworten kurz und bündig »in keiner Weise« oder »Zeitung, Radio« und indizieren politisches Interesse oder Desinteresse in leicht kodierbarer und zählbarer Form.[119] Es ist gerade die Knappheit der einzelnen Antworten, welche die Voraussetzung dafür schafft, dass sie sich nicht nur leicht zählen lassen, sondern zur Interpretation geradezu der Zählung bedürfen. Die Zähl- und Interpretationsbedürftigkeit der Fragebogenserie verweist auf eine technische Logik der Meinungsforschung: Was hier als historische Quelle vorliegt, ist ein Rohmaterial, sind unverarbeitete Daten, die dazu hergestellt wurden, mit quantitativen Verfahren ausgewertet zu werden und in dieser verarbeiteten, aggregierten Form als Material für soziologische Interpretationen zu dienen.

4.4 Das »neue Bild der Schweiz«

4.4.1 Ein soziologischer Triumph über die Politik

Am 17. Dezember 1962 trafen sich Charles Apothéloz und Urs K. Hedinger mit Isac Chiva, Ariane Deluz und Nathalie Stern zu einer einmonatigen Retraite in Paris.[120] Zusammen diskutierten sie die quantitativen Ergebnisse der Umfrage und entwickelten ihre Sicht auf die Schweiz. Bis am 20. Januar 1963 stellten sie ihren Schlussbericht fertig und skizzierten darin ein soziologisch-anthropologi-

---

116 FORS, Interview A0347D.

117 FORS, Interview G0183D.

118 FORS, Interview H0128D.

119 Die Arbeitsgruppe verwendete für die Frage 52 folgenden Kodierungsschlüssel: »Non réponse«, »Journaux, radio, TV«, »En aucune manière«, »De loin, un peu, vaguement«, »Par le vote«, »Discussions avec l'entourage«, »Par l'intermédiaire des parties politiques«, »Politique locale«, »Politique étrangère et grande politique«, »Beaucoup«, »Par rapport à la Suisse et aux cantons«, »Par rapport au métier et au travail«. Vgl. Stadtarchiv Lausanne, P 286, Carton 3, Enveloppe 2.

120 Stadtarchiv Lausanne, P 286, Carton 3, Enveloppe 8, Nr. 3, S. 19.

sches Bild der Schweizer Bevölkerung. Diesem Bild stellten sie Beschreibungen von Szenarien zur Seite, die als Stände bei der Expo64 aufgebaut werden und die Kulisse für das Fragespiel abgeben sollten.

Im Schlussbericht wird sichtbar, dass sich die Soziologinnen und Ethnologen Deutungsmacht über den Gegenstand der Schweizer Nation angeeignet hatten. Sie entwarfen ein »neues Bild der Schweiz«, das in scharfem Kontrast zu dem etablierten Bild stand, das beispielsweise die Studiengruppe um Jacques Freymond reproduziert und der Expo als ideologisches Fundament zugrunde gelegt hatte[121]. Dieses Bild, das die sogenannten »schweizerischen Konstanten«[122] strapazierte und von einem Nationsverständnis der Einheit der vier Sprach- und Kulturräume ausging, forderte die Arbeitsgruppe »Un jour en Suisse« nun mit ihrer soziologischen Sichtweise heraus. Gleich zu Beginn des Schlussberichts demontierte sie das althergebrachte Bild in aller Deutlichkeit zu Gunsten des Leitmotivs der Landesausstellung »l'unité dans la diversité«:

> Es ist das neue Bild einer einheitlichen und vielfältigen Schweiz, durch welches die Studie Un jour en Suisse zu einer Offenbarung wird. Der Allgemeinplatz, nach dem in der Schweiz mehrere Sprachen, mehrere Religionen und mehrere Kulturen koexistieren, wird durch die Studie nicht umgestossen, aber diese Unterschiede zwischen den Schweizern fallen im Alltag und im Nationalbewusstsein viel weniger ins Gewicht als die Unterschiede zwischen den Geschlechtern, den Altersgruppen, den sozioökonomischen Situationen (Einkommen, Beruf etc.), der unterschiedlichen Lebensweise von Ledigen, Verheirateten und jenen, die von ihren Ehepartnern, durch Scheidung oder Witwenschaft getrennt leben. Was zwei Individuen schweizerischer Nationalität unterscheidet, ist weniger, dass der eine katholisch ist und deutsch spricht, während der andere Protestant ist und französisch spricht, sondern vielmehr dass der eine Bauer ist und ledig in einem Dorf in der Zentralschweiz von 600 Franken monatlich lebt, während die andere Hausfrau und Mutter zweier Kinder ist, verheiratet mit einem Vertreter in einer grossen Stadt in der Romandie wohnt und als Einkommen 2500 Franken monatlich angibt. Es sieht ganz so aus, dass die Regionen, die Sprache und die Konfession in der Schweiz wie anderswo die weniger entscheidenden Faktoren für Unterschiede oder Einheit darstellen als das Geschlecht, der Zivilstand, die Art des Ortes in dem man lebt, der Beruf oder das Einkommen. Die Unterschiede der Schweizer, die unsere Untersuchung aufzeigt, entsprechen folglich nicht dem traditionellen Bild. In Wirklichkeit sind die Unterschiede so weit über das Gebiet der Eidgenossenschaft verstreut, dass man von der Einheit des Schweizervolkes sprechen kann.[123]

---

[121] Vgl. Kapitel 2.1.4 Der »Weg der Schweiz«, sowie Bundesarchiv, J 2.10, 1000/1212, 3/4, Nr. 42: Gysin, Fritz/Burckhardt, Carl Jakob/Lüthy, Herbert et al., *Protokoll: Sitzung der Studiengruppe*, 30.10.1960. und Sidler, Pour la Suisse de demain, S. 48 ff.

[122] Die Studiengruppe nannte Föderalismus, Neutralität, Demokratie, Wehrwillen, Hirtentum, Partikularismus, Unabhängigkeit, Ehrhaftigkeit, Neutralität etc.

[123] *Vgl.* Stadtarchiv Lausanne, P 220, Carton 20, Classeur 1, Nr. 13, S. 12. Übersetzung K. W., im Original: »C'est par l'image nouvelle qu'elle donne d'une ›Suisse Une et Diverse‹ que l'enquête d'UN JOUR EN SUISSE fut pour nous une révélation. Le lieu commun d'une Suisse où coexistent plusieurs langues, plusieurs religions et plusieurs cultures ne s'en trouve pas renversé, mais de toute évidence ces différences entre les Suisses comptent beaucoup moins dans la vie quotidienne et la cons-

In dieser Passage stehen sich zwei Weltbilder gegenüber. Das eine wird als »Allgemeinplatz« und als »traditionell« charakterisiert. Es entspricht dem historisch-politischen Verständnis nationaler Identität, das die Studiengruppe formuliert hatte: Die Schweiz als Willensnation, als nationale Einheit von vier Sprach- und Kulturräumen. Dem hielt die Arbeitsgruppe ihr wissenschaftlich ermitteltes Bild des Alltagsdenkens der Schweizer Bevölkerung entgegen. Die »entscheidenden« Kategorien des neuen Bildes waren Geschlecht, Grösse des Wohnorts, Beruf und Einkommen. Es handelte sich mit anderen Worten um die soziologischen Analysekategorien, welche in der Logik »sozialer Ungleichheit« wurzeln.[124] Auch deshalb erwiesen sich die soziologischen Klassifikationen als eminent politisch. Es handelte sich, etwas zugespitzt formuliert, um Kampfkategorien, mit denen soziale Probleme formuliert wurden, die im politischen System den Stoff für Kontroversen lieferten. So verwies die Kategorie Geschlecht auf das fehlende Frauenstimmrecht, auf die Benachteiligung von Frauen auf dem Arbeitsmarkt und die Lohndiskriminierung. Die Kategorien Beruf und Einkommen verwiesen auf die Gegensätze von Arm und Reich und auf die sozialen Klassen. Die Grösse des Wohnortes signalisierte Probleme der Urbanisierung, Religion erinnerte an den konfessionellen Graben zwischen Katholiken und Protestanten, der Zivilstand verwies auf die Scheidungsproblematik und den prekären Status von Konkubinatspaaren. Entsprechend dieser politisch aufgeladenen sozialen Logik war auch der statistische Anhang des Schlussberichtes aufgebaut. Dort wurden ausgewählte Fragen nach soziologischen Klassifikationen ausgewertet und in Kreuztabellen dargestellt. Welche Frage nach welchem Kriterium ausgewertet wurde, ergab sich aus einer beinahe zwingenden Selbstverständlichkeit, in welcher die Fragen mit den Klassifikationskriterien korrespondierten. Die Kriterien enthielten eine Art von »Problemorientierung«, die, sobald sie in Antworthäufig-

---

cience nationale que les différences entre les sexes, les âges, les situations socio-économiques (revenu, situation professionnelle, etc.), les modes de vie qui distinguent les célibataires, les gens mariés et les personnes séparées de leur conjoint par le divorce ou le veuvage. Ce qui différencie deux individus de nationalité suisse, ce n'est pas tellement que l'un soit un catholique de langue allemande et l'autre un protestant de langue française, mais plutôt que l'un soit un paysan célibataire habitant un village de la Suisse centrale vivant d'un revenu de 600 frs par mois et l'autre une ménagère mère de deux enfants épouse d'un représentant résidant dans une grande ville de Suisse romande et déclarant un revenu de 2'500.- frs par mois. Tout se passe comme si les régions, la langue et la confession étaient en Suisse comme ailleurs des facteurs moins déterminants de différenciation ou d'homogénéité que le sexe, l'état-civil, le type de localité où l'on vit, le métier et le revenu. La diversité des Suisses que révèle notre enquête ne correspond donc pas à l'image traditionnelle. En réalité, les diversités sont si largement répandues sur tout le territoire de la Confédération que l'on peut s'adresser à leur propos à l'ensemble d'un peuple suisse.«

[124] Diese Kategorien waren verwendet worden, um die Stichprobe repräsentativ zu machen. Die Autorinnen und Autoren hatten die Stichprobe zusätzlich noch in vier Teilstichproben unterteilt, welche den vier Sprach- und Kulturregionen entsprechen sollten.

keiten unterteilt und in Kreuztabellen dargestellt wurde, erklärend wirkte.[125] Gemäss dieser Logik wurde die Frage Nummer 53 »Was lesen Sie in den Zeitungen?« nach Schulbildung ausgewertet, die Frage Nummer 59 »Wann werden Sie die Möglichkeit haben, über mehr Geld zu verfügen?« nach Einkommen oder die Frage 57 »Was glauben Sie, warum die Schweizer im Allgemeinen gegen das Frauenstimmrecht sind?« nach Geschlecht. Aus heutiger Sicht mag diese soziologische Perspektive selbstverständlich erscheinen. Doch in der damaligen Situation musste sie sich erst behaupten und durchsetzen. Jede Tabelle legte insofern den Finger auf einen politisch wunden Punkt.

Die politische Brisanz wird besonders deutlich anhand einer riesigen Kreuztabelle, in welcher die Frage »In welcher Art interessieren Sie sich für das politische Leben?« ausgezählt wurde. Im Gegensatz zu allen anderen Fragen wertete die Arbeitsgruppe diese Frage nach *allen* soziologischen Klassifikationskriterien aus: Nach Geschlecht, Alter, Grösse des Wohnortes, Sprachregion, Einkommen, Religion, Schulbildung, Beruf und Zivilstand. Daraus montierte sie eine Kreuztabelle, die aus 12 A4-Blättern bestand, die für jedes Exemplar des Schlussberichts von Hand mit Klebstreifen zusammengeklebt wurde (s. Abb. 8).

Mittels dieser geradezu monströsen Tabelle bemächtigte sich die Soziologie des politischen Feldes. Sie verschoss am Gegenstand der Politik sozusagen ihr ganzes klassifikatorisches Pulver. In diesem Fall war nicht klar, welches das entscheidende Kriterium sein sollte, sondern es wurden alle aufgeführt. Der Grund dafür ist jedoch nicht etwa darin zu suchen, dass der Arbeitsgruppe unklar gewesen wäre, von welchen Kriterien das politische Interesse abhängen könnte. Die grosse Kreuztabelle verdeutlicht, ganz im Gegenteil, dass *alle* soziologischen Kriterien als politisch relevant angesehen wurden.

Die Tabelle ist mit einem Kommentar versehen, der die Zahlen interpretiert. Pikanterweise läuft die Interpretation darauf hinaus, dass sich die Schweizerinnen und Schweizer insgesamt wenig bis gar nicht für Politik interessierten und sich von der Politik auch nicht repräsentiert fühlten.

> Wenn man zu den 268 Personen, die angegeben haben, sich in keiner Weise für Politik zu interessieren, jene 67 Personen hinzufügt, die auf die Frage nicht geantwortet haben, sowie jene 258 Personen, die sich nur von weitem und vage interessieren, sowie die 316 Personen, die nur ein passives Interesse bekunden, erhält man ein Total von 909 politisch inaktiven Personen von insgesamt 1200. Das ist ein beachtlicher Anteil von 75,75%.[126]

[125] Vgl. oben, Kapitel 4.3.1 Die Nation als ein »statistisches Kollektiv«.

[126] Im Original: »Si on ajoute aux 268 personnes qui ont déclaré ne s'y intéresser en aucune manière les 67 personnes qui n'ont pas répondu à la question, les 258 personnes qui s'y intéressent de loin et vaguement et les 316 personnes qui ne témoignent que d'un intérêt passif (cf.4), on obtient le total de 909 personnes inactives politiquement sur 1200, soit la proportion considérable de 75,75%.« Siehe Stadtarchiv Lausanne, P 220, Carton 20, Classeur 1, Nr. 13, S. 16.

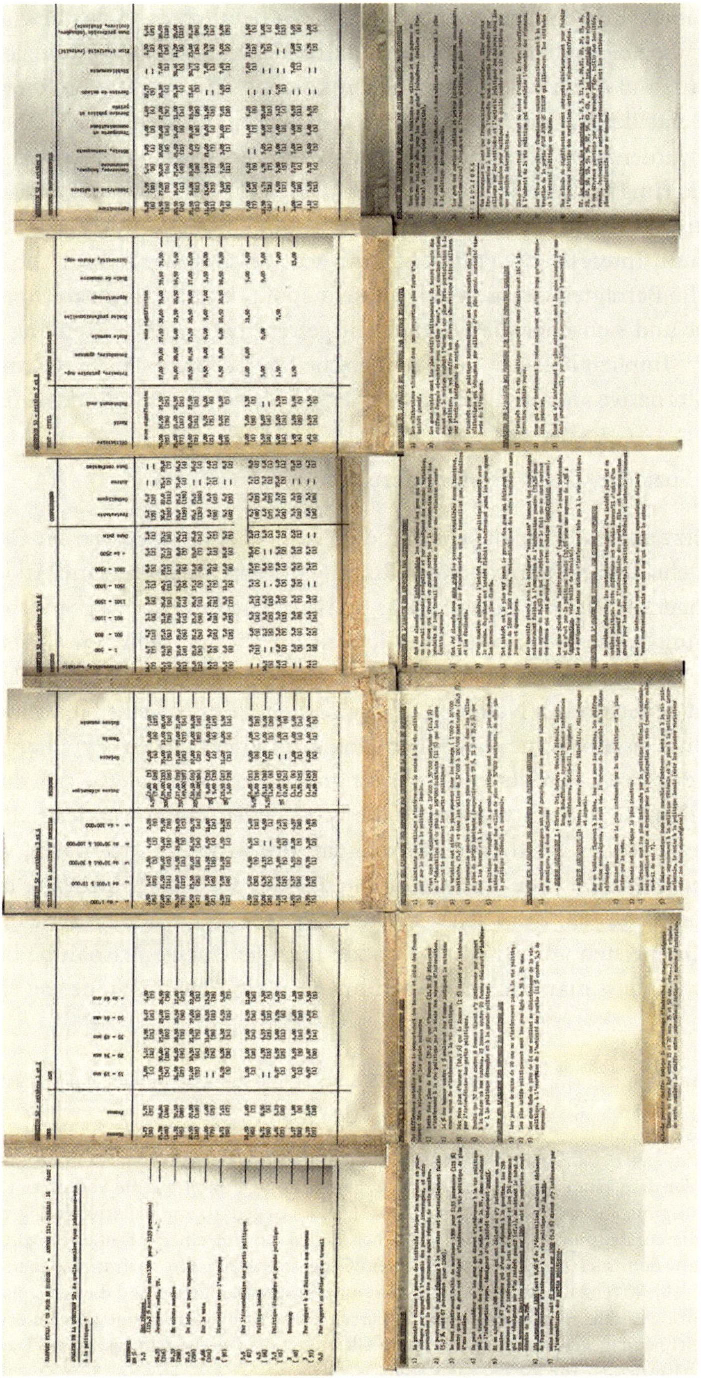

Abbildung 8: Kreuztabelle zur Frage »In welcher Art interessieren Sie sich für das politische Leben?«

Die Tabelle und der Kommentar illustrieren deutlich das Selbstbewusstsein der jungen Soziologinnen und Soziologen. Ihre Klassifikationen produzierten soviel Evidenz und Sinn, dass sie vorführen konnten, dass politische Repräsentation angesichts der Kraft soziologischer Repräsentation vergleichsweise bedeutungslos geworden war. Die Arbeitsgruppe folgerte aus diesem Ergebnis, dass sich die Bevölkerung von der Politik nicht repräsentiert fühle. Die soziologische Repräsentation triumphierte über die politische, indem sie nachwies, dass die Befragten kaum Interesse für Politik bekundeten. Im Gegensatz dazu hob sie hervor, dass die Befragten auf die Umfrage sehr spontan und extrem reichhaltig geantwortet und sich über die Möglichkeit gefreut hätten, ihre Meinung auszudrücken.[127] Implizit bot sich die soziologische Repräsentationspraxis damit als valable Alternative an, um die diagnostizierte politische Leerstelle auszufüllen.

4.4.2 Soziologische Problematisierungen

Gestützt auf die Kreuztabellen und Kontingenztafeln, entwarfen Chiva, Stern und Deluz in ihrer einmonatigen Retraite in Paris zusammen mit Apothéloz und Hedinger ihr Bild der Schweiz. Das politische Leitbild der vier Sprach- und Kulturräume wiesen sie in aller Deutlichkeit zurück und stellten fest, dass nirgends in der Schweiz ein Lokalpatriotismus bestehe, der stärker sei, als die Identifikation mit der Schweizer Nation: »[...] es gibt nicht vier Schweizen und eine Supranationalität, es gibt keine wirklichen Grenzen in der Schweiz.«[128] Charakteristisch für die Schweiz sei vielmehr ihre sehr grosse Homogenität, die sich durchgängig signifikant in den Antworten auf die verschiedensten Fragen feststellen lasse.[129] Einen besonders deutlichen Hinweis sah die Arbeitsgruppe darin, wie die befragten Personen ihre Position im Gefüge der sozialen Schichtung beurteilten. Auf die Frage »63) Zu welcher sozialer Klasse würden Sie sich zählen?«[130] hatten sich die meisten »in der Mitte« platziert.[131] Die einzige Ausnahme bildeten die Bauern, sodass man nach den Ausführungen der Arbeitsgruppe von einer Klasse

[127] Ebd., S. 11.

[128] Im Original: »[...] il n'y a pas quatre Suisses et une supranationalité, il n'y a pas de frontières réelles en Suisse.« Vgl. ebd., S. 12.

[129] Ebd., S. 13.

[130] Für eine detaillierte Aufarbeitung und Diskussion der Frage 63 vgl. Stoll, Sozialstruktur.

[131] Vor dem Hintergrund der französischen Soziologietradition, die von einer Klassengesellschaft ausging, war dies erklärungsbedürftig. Dies im Gegensatz zur deutschsprachigen Diskussion, wo zu diesem Zeitpunkt bereits Helmut Schelskys Vorstellung einer »nivellierten Mittelschichtsgesellschaft« dominierte. Interessant an diesem Gegensatz ist, dass in der französischen Traditionslinie die »objektiven« Klassengegensätze den Ausgangspunkt bildeten und die Selbstplazierungen in der Mitte besonders erklärungsbedürftig erschienen. In der Argumentationslinie von Schelsky kennzeichnet dagegen ein grosses Mass an Gleichheit die Gesellschaft insgesamt. Das Umfrageergebnis hätte dessen Theorie bloss bestätigt.

der Bauern sprechen musste. Der Umstand, dass die »sozialen Klassen« in der Schweiz aufgrund vergleichsweise geringer Forminvestitionen keine etablierte Taxonomie darstellten und sich die Befragten entsprechend auf dieser relativ unbestimmten Skala auf dem neutralen »mittleren« Wert platzierten, half der Arbeitsgruppe ihre Homogenitätsthese zu festigen. Die Umfrage hatte auch kaum Hinweise auf ein Problembewusstsein der Befragten zu Tage gefördert, weder in Bezug auf die Jugend noch auf die Einkommensverteilung oder das politische System. Fünf Jahre vor 1968 kommentierten die Autorinnen und Autoren diesen Befund mit der Bemerkung, es gebe in der Schweiz keine nennenswerten sozialen Bewegungen und es seien keine grösseren gesellschaftlichen Veränderungen absehbar. Der fehlende Veränderungswille gehe mit einem sehr grossen Realismus der Schweizerinnen und Schweizer einher. Er zeige sich darin, dass sie keinen Selbstmystifikationen erliegen würden, sondern die Dinge »so sehen, wie sie sind«[132] – eine Eigenschaft, die bei den Bauern am ausgeprägtesten festzustellen war. Daraus folgerte die Arbeitsgruppe, dass die Schweizer anstelle einer helvetischen Moral den Imperativen der Realität, des Milieus und der Umstände gehorchen, was zu sozialem Konformismus führe. Sie war erstaunt, diesen Konformismus bereits bei den unter 20-Jährigen zu finden. Einzig die 20- bis 35-Jährigen würden etwas abweichen, aber auch nur so lange, bis sie sich in die Ehe und die Arbeit integriert hätten. In einem tautologischen Schluss schrieb die Arbeitsgruppe, die Befragten würden bei ihren Antworten jeweils die Situation des gesamten Landes reflektieren und den globalen Kontext in ihre Überlegungen mit einbeziehen. Denn auf die Frage »21) Hat es in dieser Liste Probleme, die Sie persönlich betreffen werden?« hätten sie meist Probleme von allgemeinem Interesse genannt.[133] Den Befragten war auch gar nichts anderes übrig geblieben, denn die Antwortvorgaben lauteten: »a) Fehlen von Arbeitskräften, b) Verkehrsverbindungen und Strassen, c) Wohnproblem, d) Boden-Spekulation, e) Verunreinigung von Wasser und Luft, f) Studienkosten, g) Regionalplanung, h) Geldmangel, i) Gemeinsamer Markt, k) andere«. Von den zehn Kodes lassen sich nur vier als persönliche Probleme interpretieren (nämlich »Wohnproblem«, »Studienkosten«, »Geldmangel« und »andere«) wobei auch sie als gesellschaftliche Probleme angesehen werden können.

Chiva, Deluz und Stern fuhren fort, die Schweizer Bevölkerung sei zwar gut informiert, aber politisch passiv. Dies sei nicht etwa mit fehlender Aufmerksamkeit zu verwechseln, sondern damit zu erklären, dass die aktuelle Situation ihr politisches Engagement nicht wecken würde. Politische Fragen mit internationa-

---

[132] Im Original: »on voit les choses telles qu'elles sont et sa situation telle qu'elle est.« Stadtarchiv Lausanne, P 220, Carton 20, Classeur 1, Nr. 13, S. 13. Für dieses Argument führte die Arbeitsgruppe keine empirischen Belege an.

[133] Ebd., S. 14.

lem Hintergrund beschäftigten die Befragten relativ stark, insbesondere die Thematik eines gemeinsamen europäischen Marktes. Die Befragten wollten internationale Beziehungen bewahren und erweitern, besonders auf wirtschaftlicher Ebene. Zudem wünschten sie sich Frieden und verbanden diesen Wunsch mit einem Willen zur Neutralität. Diese erschien ihnen als Mittel zur Verteidigung und spielte die geradezu magische Rolle des Schutzes. Diesen Befund ergänzte die Arbeitsgruppe damit, dass die überwiegende Mehrheit der Befragten der Ansicht sei, die Schweiz könne sich im Kriegsfall nicht allein verteidigen. Einzig ältere Menschen in den städtischen Agglomerationen und in Graubünden, am oberen und unteren Ende der Einkommensskala und solche mit geringer Schulbildung sähen dies anders. Diese Einschätzung musste aufhorchen lassen, denn sie unterstrich erneut das geringe Interesse der Bevölkerung an Politik und beschrieb die Doktrin der Neutralität als »magisches Denken«.[134] Zudem griff sie in scharfem Gegensatz zum offiziellen Selbstverständnis der Armee die normative Idee einer »immerwährenden, problemlosen Neutralität«[135] an. Die gegenteilige Behauptung, nämlich die Schweiz könne sich selber verteidigen, war das Leitmotiv der Selbstdarstellung der Armee auf der Landesausstellung: »In der Ausstellung der ›Wehrhaften Schweiz‹ zeigt unser Land seine Verteidigungsvorbereitungen. Darin wird bewiesen, dass ein neutraler Kleinstaat selbst im Atomzeitalter seine Unabhängigkeit bewahren kann, sofern sein Volk bereit ist, den notwendigen persönlichen und materiellen Beitrag an die grosse nationale Aufgabe zu leisten«.[136] Der Widerspruch wurde noch dadurch verstärkt, dass die wenigsten Befragten die Rolle der Armee in der Landesverteidigung sahen. Nach den Funktionen der Armee gefragt, nannten sie soziale Nebeneffekte: Sie forme den Charakter, durchbreche den Alltagstrott von Arbeit und Familie und biete die Möglichkeit zu Kontakt mit Personen aus anderen sozialen Milieus. Pointiert folgerte die Arbeitsgruppe, die soziale Funktion sei für die Armee entscheidend und sie bilde als nationale Gesellschaft aller Schweizer männlichen Geschlechts das *Männerhaus*.[137]

Das persönliche Leben in der Schweiz schien durch die beiden Pole Arbeit und häusliches Leben bestimmt. Das Feld zwischen diesen beiden Polen war strukturiert durch den Geschlechtergegensatz: Während die Arbeit die Lebensweise der

---

[134] Die Arbeitsgruppe schrieb: »elle [la neutralité, K. W.] joue un *rôle quasi magique de protection.*«, Hervorhebung im Original unterstrichen, vgl. ebd., S. 15.

[135] Atteslander, Lage der Soziologie, S. 17.

[136] Schweizerische Landesausstellung, *Offizieller Führer der Schweizerischen Landesausstellung Lausanne 1964*, Lausanne 1964, S. 46.

[137] Vgl. Kapitel 6.1.2 Der Tisch der Männer.

Männer prägte[138], war es für die Frauen die Ehe[139], so der Befund. Der zentrale Stellenwert des Berufes für das Selbstverständnis der Männer führe dazu, dass sich Berufstätige gar nicht vorstellen konnten, mit dem Arbeiten aufzuhören, denn die Pensionierung kam einem Ausschluss aus der Gesellschaft gleich. Deshalb werde der Beruf, im Gegensatz zum Wohnsitz, auch nur sehr selten gewechselt, folgerte die Arbeitsgruppe. Der Beruf sei das Privileg des Mannes, während die Frau ihre Rolle zu Hause sehe und sich erst durch Heirat in die Gesellschaft integriere. Während sich Knaben schon von klein an auf einen Beruf vorbereiteten, seien die Mädchen für die Ehe bestimmt. Selbst berufstätige junge Frauen warteten darauf, zu heiraten und einen Haushalt zu gründen. Die Berufstätigkeit bilde für Frauen zwar eine kurze Phase der Freiheit, jedoch nur provisorisch. Die Arbeitsgruppe war erstaunt, wie stark sich sowohl Frauen als auch Männer mit ihren Geschlechterrollen identifizierten und diese sogar als Befreiung erlebten: »An dieser Stelle ist festzustellen, dass die Frauen in der Schweiz im Allgemeinen die Rolle, die ihnen in unserer Gesellschaft zugeteilt ist, dermassen annehmen, dass man sagen kann, dass das Rollenbild der Frau am Herd von jeder einzelnen beglaubigt wird.«[140]

Daraus ergab sich ein besonders hoher Stellenwert der Familie in der Schweiz. Die Autorinnen und Autoren erwarteten, dass sogenannte »wilde Ehen« auch in naher Zukunft wenig akzeptiert würden, und zwar weniger aus moralischen Gründen oder aus Konformismus, sondern weil die Frau in der Ehe ihre soziale Existenz finde und die Eheleute zusammen eine anerkannte Form von Unabhängigkeit erlangen würden. Mit Blick auf die Geschlechterverhältnisse äusserten sie sich abermals kritisch zum Militärdienst. Weil er für die Männer eine gewisse Abwechslung bringe, könne man sich fragen, ob es für Frauen nicht etwas ähnliches geben müsste – aus Gründen der Effizienz und des Gleichgewichts, als Äquivalent zu den persönlichen Vorteilen, welche die Männer aus der Armee als nationaler Männergesellschaft zögen. Mit diesen Überlegungen steuerte der Schlussbericht direkt auf weitere politisch heikle Fragen zu, die mit den Geschlechterverhältnissen zusammenhingen, namentlich jenen nach dem Frauenstimmrecht, der Berufstätigkeit der Frau und der Lohndiskriminierung.[141] Die

---

[138] »*Travailler pour un Suisse, c'est être un homme.*« Siehe Stadtarchiv Lausanne, P 220, Carton 20, Classeur 1, Nr. 13, S. 16, Hervorhebung im Original unterstrichen.

[139] »*Dans notre pays, la femme est d'abord une épouse et une mère.*« Siehe ebd., S. 17. Hervorhebung im Original unterstrichen.

[140] Im Original: »C'est le lieu de dire ici combien les femmes semblent admettre en Suisse, de façon générale, le rôle qui leur est dévolu dans notre société, au point qu'ici aussi on peut dire que le stéréotype de la femme-au-foyer est réauthentifie' par chacune d'elles. [...] Le mariage semble donc être pour la femme, comme le travail pour l'homme, une contrainte totalement assumée et une authentique libération.« Vgl. ebd.

[141] Frage 57: »Was glauben Sie, warum die Schweizer im allgemeinen gegen das Frauenstimm-

Frauen waren mit den Männern sowohl in der Frage des Stimmrechts einig als auch darin, dass Frauen nicht arbeiten sollten und dass sie schliesslich dieselben Gründe angaben, warum Frauen schlechter bezahlt werden als Männer. Die Arbeitsgruppe mahnte, die Schweiz werde in Zukunft ein »reales Problem« haben, weil die Entwicklungsdynamik – abgesehen von modernen Küchengeräten – an den Frauen vorbeigehe, zumal diese keine Möglichkeit hätten, sich weiterzubilden. Die Frauen würden keinerlei Ansprüche stellen, sondern ihre Position als selbstverständlich und naturgegeben hinnehmen. In dieser Passage war eine Kritik an der Rückständigkeit der helvetischen Geschlechterverhältnisse formuliert und an der Tatsache, dass viele Frauen diese akzeptierten. Die Arbeitsgruppe hätte jedoch auch anders argumentieren können. Die Antworthäufigkeiten zum Thema Frauenstimmrecht zeigen nämlich, dass Frauen und Männer – entgegen den Angaben im Bericht – unterschiedlich geantwortet hatten und dass, im Gegensatz zu den Männern, eine hauchdünne Mehrheit der Frauen das Frauenstimmrecht befürwortet hatte[142]. Wie es scheint, suchte die Arbeitsgruppe in dieser Frage jedoch nicht die Konfrontation, sondern bevorzugte es, von der Stabilität und Selbstverständlichkeit der Verhältnisse auszugehen, um sie punktuell und vorsichtig zu hinterfragen. Der Bericht formulierte diesbezüglich keine provokative Kritik, sondern begnügte sich damit, zurückhaltend und sachlich Fragen zu thematisieren, die bisher in der Schweiz weder soziologisch untersucht noch in einer breiten Öffentlichkeit diskutiert worden waren. Er berührte auch das kontroverse Thema der Scheidungen und enthielt die Schlussfolgerung, deren hohe Anzahl hänge mit der fundamentalen Bedeutung der Ehe für das soziale Leben der Eheleute, besonders der Frauen, zusammen: Eine verunglückte Ehe verhindere, dass die Individuen weiterhin das totale Engagement erbringen können, welches zu einer Ehe gehöre und verunmögliche gleichzeitig das Sozialleben. Die Arbeitsgruppe deutete deshalb die in ihren Augen hohe Scheidungsrate als Ausdruck des starken Realismus der Schweizer Bevölkerung. Sie interpretierte die Scheidungen keineswegs als Sittenzerfall, sondern sehr positiv als »ein Zeugnis des gesunden Menschenverstandes, der Vitalität und der Gesundheit.«[143]

recht sind?«, Frage 42: »Finden Sie es wünschenswert, dass verheiratete Frauen berufstätig sind?« und Frage 29: »Warum sind Frauen schlechter bezahlt als die Männer?«

[142] Im statistischen Anhang des Schlussberichts listeten die Autorinnen und Autoren eine Reihe von Kreuztabellen auf, unter anderem eine zur Frage nach dem Frauenstimmrecht. Vgl. Stadtarchiv Lausanne, P 286, Carton 3, Enveloppe 2, S. 13. Von den Antworten, welche die Arbeitsgruppe als »pour« oder »contre« klassifiziert hatte, waren 238 Frauen dafür und 237 dagegen. Bei den Männern waren 240 dagegen und 221 dafür. Zudem waren 58 Frauen und 34 Männer der Ansicht, dass Frauen in bestimmten Bereichen das Stimmrecht erhalten sollten, zum Beispiel in Bezug auf Familie oder Kirche.

[143] Im Original: »un certificat de bon sens, de vitalité et de santé.« Vgl. Stadtarchiv Lausanne, P 220, Carton 20, Classeur 1, Nr. 13, S. 19.

Auch andere Formen der »Unangepasstheit« führten die Autorinnen und Autoren auf die überragende Bedeutung von Arbeit und Ehe zurück. Die gemeinhin als alarmierend hoch bezeichnete Selbstmordrate in der Schweiz ebenso wie der hartnäckige Alkoholismus und die wachsende Delinquenz, besonders der Jugend, verstanden sie als Reaktionen auf eheliches und berufliches Scheitern.[144] Die Bedeutung der Arbeit und der Ehe seien so fundamental, dass jenen, welche die Zwänge und Regeln nicht akzeptierten oder ihnen nicht entsprachen, kaum etwas anderes übrig bleibe, als sich ausbürgern zu lassen oder sich ausserhalb des Gesetzes zu begeben – »in der Schweiz gibt es keinen Platz für Aussenseiter« fassten sie das Muster zusammen.[145] Auch die Freizeit – ein soziales Phänomen, dem in der damaligen Zeit vermehrt Interesse entgegengebracht wurde – sei geprägt vom Stellenwert von Arbeit und Familie. Die Schweizer Bevölkerung habe praktisch keine Freizeit, und wenn doch, organisiere sie diese ähnlich wie ihre Arbeit und verbringe sie nur selten individuell. In absehbarer Zukunft war deshalb in den Augen von Chiva, Deluz und Stern auch nicht mit einer Veränderung der Arbeitszeit zu rechnen: Eine Verkürzung der Arbeitszeit bleibe in der Schweiz eine Utopie, weil sie den Lebensgewohnheiten stark zuwiderlaufe und einen grossen Wertewandel voraussetze.[146] Daraus folgerte die Arbeitsgruppe, es seien zweifellos die Notwendigkeiten und Sachzwänge, welche die Schweizerinnen und Schweizer zu dem gemacht hätten, was sie sind: »Wenn sie im Laufe der Geschichte ihre Unabhängigkeit des kleinen armen Landes erhalten konnten, geschah dies zweifellos aufgrund ihres Realismus, ihrer Anpassungsfähigkeit, ihres Arbeitsvermögens und der Integration innerhalb der Familie [...]. Dass diese nationalen Tugenden fortbestehen ist eine Garantie für die Zukunft.«[147] Die Schwei-

[144] Vgl. Kapitel 6.4.4 Das schweizerische Übel, Fussnote 195.

[145] »[I]l n'y a pas de place en Suisse pour le singulier.« Siehe Stadtarchiv Lausanne, P 220, Carton 20, Classeur 1, Nr. 13, S. 19. Bei der Befragung hätten sich jedoch keine Anzeichen für eine Verstärkung von Unangepasstheiten in der Schweiz gezeigt – im Gegenteil.

[146] Urs K. Hedinger, der an der Durchführung der Studie beteiligt war, verfasste später im »Buch der Expo« einen Aufsatz zum Thema Freizeit, welcher sich auch auf die Umfrageergebnisse stützte. Hedinger hielt fest, dass die Schweizerinnen und Schweizer insgesamt eine homogene Freizeitgestaltung betrieben, die unter der Woche vor allem zu Hause stattfand und aus Lesen oder geselligem Beisammensein im Rahmen der Familie bestand, aus Gesprächen, Spielen oder Basteln. Daneben wurden relativ oft Bekannte besucht und empfangen oder Radio gehört. Am Sonntag gehöre der Spaziergang zu einer rechten Schweizer Familie. Der oft geäusserten Kritik, der moderne Massenmensch wüsste seine Freizeit nicht sinnvoll zu gestalten, sondern fülle sie mit sinnentleerten Beschäftigungen »wie Autofahren, Besuch von Bars und Dancings, Teilnahme am Massenschausport, sowie [dem] übermässigen Konsum nivellierender Produkte der Massenmedien Radio, Film und Television« wollte Hedinger nicht zustimmen. Er vertrat die Auffassung, »dass der Schweizer im allgemeinen von seiner Freizeit vernünftigen, vielleicht etwas phantasielosen Gebrauch macht.« Vgl. Hedinger, Urs K., »Was tut der Schweizer in der Freizeit?«, in: Pierre Cordey (Hg.): *Das Buch der Expo. Erinnerungsbuch der Schweizerischen Landesausstellung Lausanne 1964*, Bern 1964, S. 145f.

[147] Im Original: »[S]'ils ont pu maintenir au cours de l'histoire leur indépendance de petit pays pauvre, c'est sans doute à leur réalisme, à leur faculté d'adaptation, a leur capacité de travail et d'in-

zerinnen und Schweizer seien mit ihrer Wohnsituation zufrieden, befand die Arbeitsgruppe, wohnte doch im Durchschnitt weniger als eine Person in einem Zimmer. Viele äusserten zwar das Bedürfnis nach Raum und die meisten wünschten sich ein Häuschen oder ein Chalet, mit Vorliebe in einem Vorort, jedoch waren sie sich darüber im Klaren, dass dieser Wunsch raumplanerische Schwierigkeiten mit sich bringen würde.

Weiter gab sich die Arbeitsgruppe erstaunt darüber, dass Schulbildung die Schweizer Bevölkerung kaum beschäftige und sie für die »Notwendigkeit einer Reform des Bildungswesens« nicht sensibilisiert war.[148] Sie betonte, dass sich die Wichtigkeit des Bildungsniveaus in den Antworten auf viele Fragen gezeigt hatte. So seien die Offenheit gegenüber aussen[149], das Interesse für Politik, das Spektrum und die Intensität sozialer Kontakte sowie die Neugier auf Informationen vom Bildungsniveau abhängig. Ähnlich wie bei der Armee, deren soziale Funktion weit häufiger genannt wurde als die Landesverteidigung, stellte die Arbeitsgruppe auch bei der Schule leicht irritiert fest, dass die meisten Befragten der Meinung waren, die Schule forme primär den Charakter. Nur ein kleiner Teil spreche davon, dass die Schule Wissen vermittle.

Zuletzt stellte die Arbeitsgruppe ihre Befunde zur Religion dar – ein Themenbereich, den sie als heikel betrachtete. Auf Fragen zur Religion sei meist allgemein und vage geantwortet worden und es hätte sich gezeigt, dass Religionszugehörigkeit die Antworten weniger beeinflusste als Geschlecht, Alter, Beruf oder Einkommen. Das bedeute, dass die Schweiz in spiritueller Hinsicht sehr homogen sei. Zugleich hatten die Soziologinnen und Soziologen eine überraschende Entdeckung gemacht: 24 Personen hatten sich spontan als konfessionslos bezeichnet.[150] Diese kleine Minderheit von Konfessionslosen manifestiere eine spitze Kritik, zumal Ehe und Religion in einem Wechselwirkungsverhältnis standen. Die Arbeitsgruppe erblickte darin einen Keim von Widerstand in der sonst so homogenen Schweiz: »Es scheint so, als sei in der Schweiz eine der ersten Protestformen die Bezeugung der Religionslosigkeit.«[151] Weitere 26% der Befragten hatten angegeben, nicht, oder nur sehr selten in die Kirche zu gehen, und der Arbeitsgruppe war aufgefallen, dass diese Tendenz mit zunehmender Siedlungsgrösse anstieg. Auf die Frage 51, was die Kirche ausserhalb der Gottesdienste

---

tégration dans la famille [...]. Que ces vertus nationales demeurent vivantes est un gage pour l'avenir.« Vgl. Stadtarchiv Lausanne, P 220, Carton 20, Classeur 1, Nr. 13, S. 20.

148 Ebd., S. 21.

149 Vgl. Kapitel 4.3.2 Die Nationalität wechseln.

150 Dies führte auch bei der Überprüfung der Stichprobe zu Irritationen, weil das Bundesamt für Statistik diese Klassifikation nicht kannte und die gesamte Bevölkerung Konfessionen zugeordnet hatte.

151 Im Original: »Il semble donc qu'en Suisse l'un des premiers modes de contestation soit l'affirmation de l'areligion«, vgl. Stadtarchiv Lausanne, P 220, Carton 20, Classeur 1, Nr. 13, S. 22.

noch mache, hatten 59% der Befragten soziale und humanitäre, 26% erzieherische und 12% kulturelle Funktionen genannt. Daraus folgerte die Arbeitsgruppe, dass der Kirche keine politische Rolle zukomme.

Aus der Summe der genannten Untersuchungsergebnisse zog die Arbeitsgruppe einen doppelten Schluss. Erstens hatte sie die Untersuchung durchgeführt, um das Alltagsleben in der Schweiz darstellen zu können und war nun fest überzeugt, sie habe mehr als genug Material in den Händen, um dies reichhaltig zu tun. Zweitens wollte sie überprüfen, ob es überhaupt möglich sei, den »Homo Helveticus« als Kollektivportrait der Schweizer Bevölkerung darzustellen. Hier rechtfertigte die Arbeitsgruppe den Sinn ihres Szenarios und entkräftete die Vorbehalte der Expo-Direktion gegenüber dem Projekt.[152] Sie kam zum Schluss, es sei durchaus möglich, ein solches Portrait zu zeichnen, mit dem sich das Expo-Publikum auseinandersetzen würde. Gerade die Gesamtheit der Antworten auf die unterschiedlichsten Fragen erlaube es, ein Kollektivportrait zu zeichnen – ein Robot-Bild der Schweiz.[153] Dieses Robot-Bild wurde im Schlussbericht mit den folgenden Worten umschrieben:

Der Schweizer ist solide, sparsam, ordentlich und stolz darauf; er vertraut auf seine Tugenden, ist vorsichtig und realistisch; er hält sich an das Konkrete, sieht die Situation so, wie sie ist und passt seine Wünsche eher seinen Mitteln als seinen Bedürfnissen an; er glaubt an die Demokratie, lässt aber die Volksvertreter machen, solange die Situation nicht verlangt, dass er sich selbst um die öffentlichen Angelegenheiten kümmert; er respektiert die bestehende Ordnung, mag es aber nicht, wenn man sich in seine Angelegenheiten einmischt; er gibt sich der Arbeit und der Familie mit der ruhigen Tatkraft desjenigen hin, der seinen Boden bebaut und im Einklang mit den Jahreszeiten tut, was zu tun ist; er ist ein Erhalter, passt sich aber unschwer an, wenn es nötig ist; er hält wenig von allgemeinen Ideen, ist Feind der Abstraktion und lässt sich nicht gerne in Abenteuer verwickeln: er verändert bedächtig, wählt aus der Vergangenheit, verlängert die Gegenwart.

* * *

Die Untersuchung, die wir durchgeführt haben, hat uns die Gewissheit gegeben, dass die Landesausstellung 1964 ihren Besuchern in UN JOUR EN SUISSE in verschiedenen konkreten und vielfältigen Bildern des Alltagslebens Folgendes zeigen kann:
DAS STÄRKENDE BILDNIS EINES VOLKES, WELCHES
ENTSCHLOSSEN IN DER GEGENWART LEBT,
SICH TREU SEINER GESCHICHTE,
IN SEINER EIGENTÜMLICHKEIT
IN DIE WELT VON MORGEN INTEGRIEREN WIRD.[154]

---

[152] Die Direktion hatte befürchtet, das Publikum würde sich nicht für den »Homo Helveticus« interessieren. Vgl. Kapitel 2.3.1 Streitpunkt Wissenschaftlichkeit.

[153] Der folgende Abschnitt wird in mehreren Arbeiten zum Thema als ganzes zitiert (vgl. Tanner, Zeitdiagnosen, S. 9 f., Schärli, Familie, S. 54.)

[154] Im Original: »Le Suisse est solide, économe et ordonné, il est fier de l'être; confiant dans ses vertus, il est attentif et réaliste; il s'attache au concret, voit sa situation telle qu'elle est, et conforme ses désirs à ses moyens plutôt qu'à ses besoins; il croit à la démocratie, mais laisse faire les élus du

Die Argumentation der Arbeitsgruppe mass der Einheit der Bevölkerung grossen Stellenwert bei. Das klassische Argument hatte gelautet, dass die nationale Einheit *trotz* der regionalen, sprachlichen und religiösen Unterschiede zustande kam, aufgrund eines kollektiven Willensaktes. Das neue Argument wies diese »traditionellen Unterschiede« dezidiert zurück. Alle würden sich als Schweizer verstehen und was sie unterscheide oder ähnlich mache sei ihre individuelle Situation, bestimmt von Alter, Geschlecht, Beruf, Einkommen und Grösse des Wohnortes. Mit dem neuen Bild der Schweiz nahmen die Soziologinnen und Soziologen für sich in Anspruch, die nationale Einheit der Schweiz zu repräsentieren. Sie verwendeten eine Denkfigur, welche besagte, dass trotz der sozialen Unterschiede die schweizerischen Gemeinsamkeiten überwogen. Im Anschluss an eine strukturalistische soziologische Sichtweise, wie sie in der Gallup-Methode angewendet wird[155], rückten sie die sozialen Unterschiede in den Vordergrund, um das »neue Bild der Schweiz« zu konturieren. Die soziologischen Klassifikationskriterien waren sowohl Voraussetzung als auch wichtigstes Ergebnis der Untersuchung.

4.4.3 Die Inszenierung von »Un jour en Suisse«

Der Entwurf zur künstlerischen Inszenierung markierte einen deutlichen Bruch zur soziologischen Darstellung der Umfrageergebnisse. Auf theoretischer Ebene bezog sich die Autorenschaft zwar auf die soziologischen Befunde. Die Gestaltungsmittel der »mise en scène« und die vorgesehenen Bauten folgten indes einer eigenen Logik. Die soziologischen Deutungen des schweizerischen Alltagsdenkens wurden abermals dekodiert und rekodiert. Diesmal allerdings nicht in der Logik soziologischer Wissensgenerierung, sondern gemäss den Regeln der Theaterkunst. Das Grundgerüst der künstlerischen Inszenierung bildete die Idee, das Expo-Publikum durch zehn Stände zu führen und zehn Fragen beantworten zu lassen. Mit diesem Frageparcours wollte die Arbeitsgruppe ohne pädagogischen

---

peuple tant que la situation n'exige pas qu'il s'occupe de la chose publique; il respecte l'ordre établi mais déteste qu'on se mêle de ses affaires; il se donne à son travail et à sa famille, avec le dynamisme tranquille de celui qui cultive son fonds, fait ce qui doit être fait et compte avec les saisons; il est conservateur, mais il s'adapte facilement, quand il le faut; peu enclin aux idées générales, ennemi des abstractions, il ne se laisse pas entraîner dans les aventures: il transforme posément, il trie le passé, il prolonge le présent.

L'enquête que nous avons menée nous apporte la certitude qu'à ses visiteurs l'Exposition Nationale 1964 pourra offrir dans UN JOUR EN SUISSE, par les images multiples de leur vie quotidienne, concrètes et variées, LE PORTRAIT TONIFIANT D'UN PEUPLE QUI, VIVANT RESOLUMENT DANS LE PRESENT, SAURA, FIDELE A SON HISTOIRE, S'INTEGRER SELON SON GENIE PROPRE AU MONDE DE DEMAIN.« Vgl. Stadtarchiv Lausanne, P 220, Carton 20, Classeur 1, Nr. 13, S. 24, Hervorhebungen im Original.

[155] Vgl. Kapitel 3.1.2 Repräsentativität im sozialwissenschaftlichen Feld.

Zeigefinger beim Publikum einen Lerneffekt erzielen: Am Eingang der Sektion »Un jour en Suisse« wollte sie die Vielfalt der Schweizer Bevölkerung im »traditionellen Sinn«[156] darstellen. Im Verlauf der Sektion sollte indes deutlich werden, dass die Schweiz homogen war und innerhalb der Bevölkerung keine realen Grenzen verliefen.[157] Dieser Lerneffekt sollte sich spätestens am Ende des Parcours einstellen, wo es explizit um die Frage ging, wodurch sich die Schweizerinnen und Schweizer voneinander unterschieden. Die Arbeitsgruppe hegte die Hoffnung, aufgrund der gezeigten Bilder und der vorangegangenen Fragen werde beim Publikum die Einsicht reifen, dass eine grosse Homogenität und »ein einziges Schweizervolk« existieren, das »vielfältig aber geeint« und »bereit« sei, »sich aufgrund seines Geistes in die Welt von morgen zu integrieren«.[158] Durch ein gigantisches Kaleidoskop sollte diese Bereitschaft ausserdem versinnbildlicht werden.[159] Wie schon in der soziologischen Deutung der Umfrageergebnisse versuchte die Arbeitsgruppe »Un jour en Suisse« das klassische nationale Selbstbild der Schweiz als einer Einheit von vier Sprach- und Kulturräumen zu revidieren.

4.4.4 Der Schweizer Lebenszyklus

Der Rhythmus und die Anordnung der Sektion »Un jour en Suisse« richtete sich an kollektiven Eigenschaften der Schweizerinnen und Schweizer aus, welche die Arbeitsgruppe in der Umfrage ermittelt hatte: Sie wollte dem »extremen Realismus«[160] Rechnung tragen, welcher die Bevölkerung kennzeichne. Darum schien es wichtig, die dargestellten Themen ohne intellektuelle Abstraktionen und Symbole, sondern ganz konkret zu illustrieren und die Texte ohne Ellipsen oder Anspielungen zu formulieren, sodass das Publikum nicht zwischen den Zeilen lesen musste. Die Fragen wurden so formuliert, dass sie möglichst persönliche und direkte Antworten hervorriefen und falls die Besucherinnen und Besucher zwischen verschiedenen Antworten wählen mussten, so sollten sie immer die Möglichkeit haben, aus einem von mehreren Bildern auszuwählen. Bis zu diesem Punkt stimmten das soziologische und das künstlerische Konzept überein. Die geplanten Stände hingegen gehorchten anderen Regeln.

Vor der Retraite in Paris hatte die Arbeitsgruppe geplant, die Inszenierung auf der Expo einerseits entlang des kollektiven Bewusstseins und andererseits an-

---

156 Stadtarchiv Lausanne, P 220, Carton 20, Classeur 1, Nr. 13, S. 27.

157 Vgl. ebd.

158 Vgl. ebd., S. 28.: »[...] le visiteur [...] aura pris conscience de la grande homogénéité de notre pays, de l'existence d'un seul peuple suisse, divers mais unanime, prêt à s'intégrer selon son génie propre dans le monde de demain.«

159 In Abwandlung dieser Idee wurde später die ganze Abteilung in Form von gläsernen Polyedern gebaut.

160 Stadtarchiv Lausanne, P 220, Carton 20, Classeur 1, Nr. 13, S. 26.

hand von sozialen Rollen zu organisieren.[161] Nun verwarf sie diesen Plan, weil sie befürchtete, es könnte »eine ideologische Kontroverse über materialistische oder idealistische Konzeptionen des Alltagslebens«[162] entstehen, wenn Lebensbereiche wie Schule, Familie, Arbeit, Militär, Freizeit oder Religion die Themen der Stände bilden würden. Deshalb entschied sie, das Schweizer Alltagsleben als *individuellen Lebenszyklus* darzustellen. Sie wollte zeigen, wie sich das Individuum auf seinem Lebensweg in die aktuelle Schweizer Gesellschaft integrierte. Zehn Stationen sollten diesen Lebensweg von der Geburt bis zum Tod darstellen und dabei aufzeigen, was die Schweizerinnen und Schweizer in der jeweiligen Lebensphase beschäftigte. Portraits von typischen Figuren, wie »dem Vater« oder »dem Lehrer«, welche aus der Umfrage hervorgingen[163], sollten auf die Stationen verteilt werden, zusammen mit den wichtigsten Phänomenen der modernen Welt, welche die Arbeitsgruppe mit den Stichworten »technischer Fortschritt«, »Beschleunigung der Geschichte« und »Weltmassstab« umschrieb.[164] Zur Unterstützung der Präsentation war Einsatz unterschiedlicher Mittel und Materialien vorgesehen: schwarz und weiss, aber auch Farben, Bewegung und Stillstand, laut und leise. Es sollte der Rhythmus einer »dynamischen Zurückhaltung« entstehen, das Bild eines Volkes, welches seiner Geschichte treu bleibt, sich seiner Tugenden bewusst ist und sich »aufgrund seiner Eigentümlichkeit in die Welt von morgen integriert«.[165]

Der erste Abschnitt des Lebenszyklus arbeitete mit Bildern der Geburt, dem Alltag eines Babys, geprägt durch absolute Abhängigkeit. Das Gesichtsfeld wurde auf eine Wiege beschränkt, auf das Gesicht der Mutter und etwas verschwommen auf den Vater und die Grosseltern. Das Baby war mit Trinken beschäftigt, während im Hintergrund auf Paneelen positive und negative Aspekte der Vergangenheit und der Zukunft dargestellt wurden. Als Frage war geplant: »Welches sind die Vorteile für ein Kind, in der Schweiz geboren zu werden dieses Jahr?«[166] Die zwei nächsten Stände beschäftigten sich mit der Kindheit. Ein strukturiertes Universum stellte dar, wie sich dem Kleinkind zwischen einem und fünf Jahren die Welt enthüllte. Das Kleine lernte zu gehen, zu sprechen und – zu gehorchen. Es machte Entdeckungen, sei es in der Natur oder mit Blick auf die Tätigkeiten

---

[161] Vgl. Kapitel 2.2.3 »Homo Helveticus« – sozialanthropologischer Theorierahmen.

[162] Im Original: »une controverse idéologique sur une conception matérialiste ou idéaliste de la vie quotidienne«, vgl. Stadtarchiv Lausanne, P 220, Carton 20, Classeur 1, Nr. 13, S. 30.

[163] Vgl. die Fragen Nr. 5, 8 und 14.

[164] Vgl. Stadtarchiv Lausanne, P 220, Carton 20, Classeur 1, Nr. 13, S. 30.

[165] Die Arbeitsgruppe machte die Formulierung »s'intégrer selon son génie propre au monde de demain« zum Mantra der Sektion »Un jour en Suisse«. Sie wiederholte es im Schlussbericht vier Mal, vgl. ebd.

[166] Im Original: »Quels sont les avantages pour un enfant d'être venu au monde en Suisse cette année?« Vgl. ebd., S. 31.

von Vater und Mutter. Es benannte Dinge und beschäftigte sich mit Spielsachen und dem Weihnachtsmann. Charles Apothéloz wollte die Stimmung eines Kokons, einer Larve, evozieren – vor dem Hintergrund einer »guten Welt« und einer Natur im Sinne Rousseaus. Als gestalterische Mittel wählte er Durchsichtigkeit und Undurchsichtigkeit: »Bilder erscheinen, verschwimmen, fixieren sich und verschwinden.«[167] Dagegen war die Schulzeit, das Alter von fünf bis zwölf, als Alter der Konfrontation beschrieben. Auseinandersetzungen mit anderen Kindern auf dem Schulweg, aber auch mit sozialen Regeln sowie die ersten Arbeitserfahrungen waren ergänzt mit Darstellungen des Erlernens von Disziplin. Als Bilder wählte die Arbeitsgruppe das Erledigen von Hausaufgaben mit Lehrpersonen und Spiele mit Kameraden. Zur Charakterisierung der Stimmung genügten die beiden Stichworte »Vogel« und »Käfig«. Die Szene bildete einen Gegensatz zur vorhergehenden, indem »eine gerechte Welt – gemäss dem Lehrer«[168] gezeigt wurde, die gleichzeitig eine Welt der »fixen Bilder« war. An den beiden Ständen zum Thema Kindheit plante die Arbeitsgruppe die Frage zu stellen, welche Persönlichkeiten den grössten Einfluss auf das Leben der Befragten ausübten.

Der Abschnitt zur Pubertät, von elf bis sechzehn Jahren, sollte zeigen, wie »soziale Ungleichheit«[169] wahrgenommen wurde. Adoleszente beschäftigten sich darin mit Prüfungen, dem anderen Geschlecht, Religion, Taschengeld und mit Tabus. Türen, die sich öffneten und andere, die sich verschlossen, sollten als Stimmungsbilder dienen und als Symbole für eine mögliche oder eine verbotene Zukunft. Im Hintergrund waren Kultur, Wissenschaft und Wissen darzustellen. Als weitere Stilmittel waren Praxinoskope vorgesehen, die sich ineinander und gegeneinander drehen sollten, während das Publikum auf die Frage: »Was bedeutet für dich der Fortschritt?« antwortete. In diesem Abschnitt stellten die Autorinnen und Autoren mit dem Begriff »soziale Ungleichheit« einen unmittelbaren Bezug zur soziologischen Perspektive her. Mit Geschlecht, Religion und Einkommen (Taschengeld) griffen sie zentrale Ungleichheitsdimensionen auf. Sie setzten diese mit sozialer Mobilität in Beziehung – als Möglichkeiten und Grenzen eines individuellen Lebenslaufs. Zudem thematisierten sie andeutungsweise Sexualität, ein Bereich, welcher nur in den allerersten Entwürfen des Fragebogens vorkam.

Das Alter von 16–20 Jahren kreiste thematisch um Berufswahl, Berufslehre und Studium sowie um Geschlechtsunterschiede, Distanz zur Familie, das Ausgehen in der Gruppe und die Rekrutenschule. Es sollten Projekte, Träume und Ideale gezeigt werden, wie Jugendliche ihre Zeit verwendeten, sowie ihre Zunei-

---

[167] Im Original: »[L]es images apparaissent, se brouillent, puis se fixent et disparaissent.« Vgl. ebd., S. 32.

[168] Im Original: »Un monde juste, selon l'instituteur«, vgl. ebd., S. 33.

[169] Im Original: »inégalité sociale«, vgl. ebd., S. 34.

gung zum anderen Geschlecht. Ebenso sollte an diesem Posten, anhand der finanziellen Situation der Jugendlichen und ihrer Abhängigkeit von den Eltern, ein Generationenkonflikt zur Sprache kommen. Die Stimmung war nur mit dem Stichwort »Konformismus« charakterisiert und es war vorgesehen, den Stand in zwei Hälften aufzuteilen: Eine für die Mädchen und eine für die Jungen, die sich kreuzten, auseinandergingen, um sich danach wieder zu kreuzen. An diesem Stand war eine Frage »zu den Lebensbedingungen der Frauen«[170] in der Schweiz eingeplant. Indem die Arbeitsgruppe die Bildungssituation Jugendlicher thematisierte, brachte sie ein Thema zur Sprache, bei dem in der Schweiz ein in ihren Augen viel zu geringes Problembewusstsein bestand. An diesem Stand verarbeitete sie auch ihren Befund, dass Frauen in der Schweiz während eines kurzen Zeitfensters zwischen Ausbildung und Ehe eine einmalige Freiheit genossen. Der Generationenkonflikt, den sie darstellen wollte, war kein Ergebnis der Umfrage gewesen, im Gegensatz zum »Konformismus«, mit dem sich selbst unter 20-Jährige fraglos in Arbeit und Familie integrieren würden.[171]

Als »Bild der Mehrheit« betitelte Apothéloz die Station zum Leben der 20- bis 25-Jährigen. Er wollte diesen Lebensabschnitt als Alter des Zölibats, der Verfügbarkeit und der Wahl inszenieren und beschrieb ihn mit den Stichworten Kritik und Selbstkritik, Widersprüche, Unzufriedenheit und Unsicherheit, aber auch Verlangen und Begehren sowie »die grossen Probleme«. Entscheidungen auf beruflicher und persönlicher Ebene wurden gezeigt, mit Stimmungsbildern von Wüsten und Fata Morganas und vor dem Hintergrund anderer Zivilisationen. Apothéloz sah vor, eine grosse, drehende Kompassnadel aufzubauen, die plötzlich anhielt, worauf Bilder auftauchten, deren Sujets er im Bericht jedoch nicht näher beschrieb. Weiter sollte die Frage aufgeworfen werden, was nötig war, um glücklich zu sein, oder ob die Schweiz etwas besitze, was andere Länder übernehmen sollten.

Als Alter der Ehe, Verantwortung, Integration und der grossen Anstrengung charakterisierte Apothéloz die zehn Jahre zwischen 25 und 35. Hier ging es um Entscheidungen wie die Wohnform, die Frage nach Kindern, das Familienbudget, um Freizeitgestaltung und darum, ob die verheiratete Frau arbeiten sollte oder nicht. An diesem Stand sollte eine Stimmung des Überflusses und der Sicherheit vermittelt werden, grosse Länder, Räume und Städte sollten gezeigt sowie einige Bilder übereinander projiziert werden, um Paare und Familien darzustellen. Ausserdem wurde in dieser Szenerie nach den Themen Wohnen oder Freizeit gefragt. Mit dem »besten Alter« von 35–50 Jahren befasste sich ein Abschnitt, den die Autorinnen und Autoren mit »Alter der Erfüllung oder des Zwei-

---

[170] Im Original: »Sur la condition de la femme en Suisse«, vgl. ebd., S. 35.

[171] Vgl. oben Kapitel 4.4.2 Soziologische Problematisierungen.

fels«[172] betitelten. Im Fokus stand die Generation der »Krise und des Krieges«, die den Zweiten Weltkrieg bewusst miterlebt hatte. Als besonders wichtig für die Männer galt die Frage, ob sie Erfolg oder Misserfolg aufzuweisen hatten. Demgegenüber erschienen Fragen nach dem Status als Ehefrauen und Mütter, des Haushalts und des Freundeskreises als die für die Frauen dominanten Themen. Die Stimmung sollte durch das Sprichwort: »On est tous sur la même échelle, mais pas tous sur le même échelon«[173] zum Ausdruck kommen. An diesem Stand wollte die Arbeitsgruppe entweder nach dem persönlichen Budget fragen oder dann jene Frage platzieren, die schon bei der Umfrage einen zentralen Stellenwert eingenommen hatte: »In welcher Art interessierst du dich für das politische Leben?«[174] Die drei Stände zum Lebensalter von 20 bis 50 Jahren fokussierten auf Phasen, in welchen sich der »Homo Helveticus« aktiv in die zentralen Bereiche Beruf und Familie integrierte und in dieser Integration mehr oder weniger aufging. Im Gegensatz zum Fokus der Umfrage thematisierte der Stand zu den 25- bis 30-Jährigen die Frage nach der biographischen Bedeutung von Kindern. Mit den Themen Wohnform, Familienbudget, Freizeitgestaltung und Erwerbstätigkeit der Frau griff er Themen aus der Umfrage auf.[175] Entgegen der soziologischen Befunde, welche keinerlei manifeste Konflikte und kaum soziales Problembewusstsein angezeigt hatten, thematisierten die Stände auch innerpsychische Konfliktlagen (Kritik, Selbstkritik, Widersprüche, Unsicherheit, Zweifel) und politische Probleme wie den Welthunger. Auf diese Weise fügte die Arbeitsgruppe dem künstlerischen Szenario neue Problemhorizonte hinzu.

Die Station zwischen 50 und 65 Jahren war mit »Reife« überschrieben, als Alter der Kritik, des Überdenkens der Werte und des Alterns. In diesem Stand sollte ein Spannungsfeld zwischen Ehrungen und Ansehen auf der einen und sozialer Anonymität auf der anderen Seite gezeigt werden. Für die Frau kündige sich ein Vorgeschmack von Einsamkeit an, wenn die Kinder von zu Hause wegzögen, wohingegen für den Mann der »Druck der Jungen«[176] spürbar werde. Die »Reife« erschien hier als Alter, in dem man sich mit Prestige und Politik oder aber mit Hobbys beschäftigte. Die Arbeitsgruppe wollte in diesem Abschnitt besonders auf die Situation der Frau hinweisen. Die Stimmung sollte von Realismus und Anpassung getragen sein, den gestalterischen Hintergrund dazu lieferten Bilder einer sich beschleunigenden Geschichte und der Schweiz in der Welt. Es waren

---

[172] Im Original: »L'âge des accomplissements ou des doutes«, vgl. Stadtarchiv Lausanne, P 220, Carton 20, Classeur 1, Nr. 13, S. 38. Mit den Jahrgängen 1922 und 1925 gehörten Charles Apothéloz und Isac Chiva dieser Generation an.

[173] Vgl. ebd.; sinngemäss: »Wir sitzen alle im selben Boot, aber nicht alle am Ruder.«

[174] Vgl. ebd.

[175] Vgl. Fragen Nr. 9, 10, 28, 42, Anhang Die Fragebogen der Umfrage »Un jour en Suisse«.

[176] Im Original: »la pression des jeunes«, vgl. Stadtarchiv Lausanne, P 220, Carton 20, Classeur 1, Nr. 13, S. 39.

Darstellungen vorgesehen, die zeigten, wie sich das Weltgeschehen in unterschiedliche Nachrichtenformate mit verschiedenen Rhythmen transformierte. Entsprechend sollte das Publikum entweder aus einer Auswahlliste eine Zeitung zusammenstellen oder auf eine Frage antworten, die bereits in der repräsentativen Umfrage gestellt worden war, nämlich, ob die Schweiz neutral bleiben solle.[177] Der letzte Abschnitt befasste sich mit den über 65-Jährigen. Er zeichnete Bilder des Alters und des Sterbens. Das Alter der Pensionierung wurde zugleich als »Alter der Quarantäne«, der »Einsamkeit und des Todes«[178] gezeigt. Man verliere seine Arbeit, Kinder und Freunde, Kraft, Gesundheit und den Ehegatten. Der Stand sollte eine düstere Stimmung verbreiten, das Konzept sprach von einem Ort, den alle durchqueren müssen, von einem geschlossenen Raum, von einer Allee, die sich entvölkert bis hin zur Leere. Filme der Expo von 1914 sowie von späteren Veranstaltungen, an denen diese Generation teilgenommen hatte, sollten die Vergangenheit versinnbildlichen. Darauf sollten Schwarz-Weiss-Aufnahmen aus der Gegenwart folgen, auf denen keine alten Menschen mehr zu sehen waren. Es war geplant, den Film zuletzt abrupt zu stoppen, sodass nur noch die weisse Leinwand aufschien. Entweder sollten die Besuchenden an diesem Stand beantworten, was sie tun möchten, wenn sie dereinst pensioniert waren, oder aus einer Liste auswählen, was ihnen am meisten fehlte. Die beiden Stände ab dem Alter von 50 evozierten die Kehrseite der überaus starken sozialen Integration durch Beruf und Familie, welche die Arbeitsgruppe in ihrer soziologischen Interpretation der Umfragedaten beschrieben hatte. Sie beleuchtete den Ausstieg aus der Arbeits- und Familienwelt – eine Entwicklung, die als Ausgrenzungsprozess gedeutet und als »Quarantäne« perhorresziert wurde.

Insgesamt betrachtet ist der Entwurf der »mise en scène« vor allem geprägt durch den Übergang des Materials der Studie »Un jour en Suisse« vom wissenschaftlichen ins künstlerische Feld. Das soziologische Bild der Schweiz wurde soweit dekodiert, dass Charles Apothéloz es in eine neue Form bringen konnte. Er wählte Elemente aus, fügte neue hinzu und schuf auf diese Weise die Voraussetzung für die Kreation eines künstlerischen Szenarios, welches kein Text werden sollte, sondern eine dreidimensionale materielle Inszenierung mit Figuren, Vorder- und Hintergründen, Fotografien, Lichteffekten, Kulissenbauten und Requisiten. Diese Rekodierung in eine künstlerische Logik war erst in groben Zügen erfolgt. So ist der Schlussbericht nicht zufällig vage bezüglich der Frage, was genau an den Ständen gezeigt werden sollte. Die definitive Inszenierung wollte Charles Apothéloz erst in einem nächsten Schritt zusammen mit zwei Graphikern erarbeiten und mit verschiedenen Gestaltern, Bühnenbildnerinnen und Ar-

---

[177] Vgl. Anhang Die Fragebogen der Umfrage »Un jour en Suisse«, Frage Nr. 56a.

[178] Im Original: »L'âge de la retraite, de la quarantaine«, »L'âge de la solitude et de la mort«, vgl. Stadtarchiv Lausanne, P 220, Carton 20, Classeur 1, Nr. 13, S. 40.

chitekten umsetzen. Mit dem Entwurf eröffnete sich Apothéloz einen Möglichkeitsraum. Er schuf sich die Voraussetzung dafür, seine Regiearbeit nach eigenem Gutdünken zu leisten und dabei auch neue Themen zu setzen und Akzentverschiebungen vorzunehmen. Womöglich wollte Apothéloz die alternativlose Integration »der Schweizer« in die helvetische Normbiographie absichtlich so weit zuspitzen, dass im Publikum – wie etwa im Brecht'schen Theater – Abgrenzungswünsche geweckt würden. In seiner eigenen Biographie hatte er den Normdruck des schweizerischen Alltags so unangenehm erlebt, dass er sich vor die Alternative stellte, entweder auszuwandern oder gegen diese Normen anzukämpfen. Schliesslich entschied er sich, über seine künstlerische Tätigkeit einen eigensinnigen Weg zurück in die schweizerische Gesellschaft zu suchen.[179] Die Frage nach Integration in die Gesellschaft durchzieht jedenfalls das künstlerische Szenario wie ein roter Faden.

Den deutlichsten Bruch der Übersetzung des soziologischen in ein künstlerisches Szenario stellt indessen der Wechsel des Strukturierungsprinzips des »Homo Helveticus« dar. In der wissenschaftlichen Variante bildeten die soziologischen Klassifikationskriterien seine Grundbausteine. Die künstlerische Weiterentwicklung bezog sich zwar verschiedentlich darauf, brachte jedoch das Narrativ des Lebensweges in das Szenario ein. Damit setzte sie sich explizit von der unterscheidenden, kriteriellen und insofern analytischen Perspektive der Soziologinnen und Ethnologen ab. An deren Stelle nahm sie eine homogenisierende und integrierende Sichtweise ein, die sich im Erzählmuster des Lebenszyklus kristallisierte.

4.5 Fazit: Kodieren/Dekodieren

Die Fertigungsschritte der Studie »Un jour en Suisse« von der Umfragekampagne im Mai 1962 bis zum Verfassen des Schlussberichtes im Januar 1963 wurden als Transformationssequenz beschrieben. In deren Verlauf übersetzten die beteiligten Wissenschaftlerinnen und Wissenschaftler die Antworten der interviewten Personen zunächst in eine soziologische Repräsentation des »Homo Helveticus« und danach in Zusammenarbeit mit dem künstlerischen Leiter der Abteilung, Charles Apothéloz, in eine künstlerische »mise en scène«. Die einzelnen Arbeitsschritte sind als Kodierungs- und Dekodierungsoperationen analysiert worden. Dieser Blick auf die soziologische und künstlerische Praxis legte die Strukturlogik der angewandten Repräsentationsweisen frei und machte deutlich, wie die soziologische Arbeitsgruppe ein »neues Bild der Schweiz« anfertigte. Mit

[179] Vgl. Kapitel 2.2.1 Charles Apothéloz.

ihrer wissenschaftlich objektiven Repräsentation des »Homo Helveticus« wollte sie ein vorherrschendes politisch-historisierendes Bild, welches die Schweiz als Einheit von vier Sprach- und Kulturräumen auffasste, revidieren. Sie forderte dieses Schweizbild mit dem Befund heraus, dass die Sprach- und Kulturräume im Alltagsdenken der Bevölkerung keine Rolle spielten. Hingegen schienen sich die Schweizerinnen und Schweizer aufgrund der soziologischen Klassifikationskriterien Geschlecht, Alter, Sprachregion, Religion, Wohnortsgrösse, Einkommen, Beruf, Schulbildung und Zivilstand zu unterscheiden. Das »neue Bild der Schweiz« bestand mit anderen Worten in nichts anderem als in der soziologischen Logik selbst.

Die Analyse der einzelnen Kodierungs- und Dekodierungsschritte zeigte, mit welchen Operationen aus der schier unüberblickbaren Vielstimmigkeit von 1200 Personen, die bisweilen eigensinnig auf 80 verschiedene Fragen antworteten, eine kohärente soziologische Repräsentation der Schweizer Nation hergestellt wurde: Während der Durchführung der Umfrage musste die Leitung der Arbeitsgruppe in den Hintergrund treten und ihre Angestellten gewähren lassen, was mit einem Kontrollverlust einherging. Fünfzehn wissenschaftliche Mitarbeiter führten 1200 Interviews durch und jedes dieser Gespräche unterlag zwischenmenschlichen Dynamiken. Die Arbeitsgruppe konnte darauf nur indirekt Einfluss nehmen: Der Fragebogen sollte die performativen Dynamiken kanalisieren und bändigen, was jedoch nicht vollständig gelang. Die soziologische Objektivierung des schweizerischen Alltagsdenkens blieb subjektiven Faktoren der beteiligten Personen ausgesetzt. Den Kontrollverlust glichen die Soziologinnen und Ethnologen in den darauffolgenden Kodierungsschritten der quantitativen Analyse der Fragebogen wieder aus. Hier vollzogen sie eine bedeutungsvolle Transformation und montierten aus einer Vielzahl von disparaten Äusserungen eine einheitliche Repräsentation der »öffentlichen Meinung« des schweizerischen *Demos*. Die wissenschaftliche Objektivierung versprach, die Umfragedaten in den Status der »öffentliche Meinung« zu erheben, und erzeugte so die Illusion, es existiere ein einheitlicher, politisch-öffentlicher Nationaldiskurs. Diese Veredelung der Umfragedaten erfolgte in vier Schritten: der Kodierung der Interviews, der maschinellen Zählung, einer statistischen Auswertung und schliesslich in der Übersetzung der quantitativen Umfrageergebnisse in eine soziologische Fachsprache sowie ihrer Montage im soziologischen Erklärungsmodus.

Weil der Grossteil der Fragen »offen«, das heisst ohne Antwortvorgaben, gestellt war, unterschieden sich die Antworten der befragten Personen stark. Die *Kodierung der Interviews* homogenisierte das Datenmaterial so weit, dass auf eine einzelne Frage nicht mehr hunderte verschiedener Antworten, sondern nur eine überschaubare Anzahl von Antwort-Kodes übrig blieb. Die Arbeitsgruppe stellte einen Kodierungsschlüssel her, welcher neben soziologisch-methodologischen Anforderungen auch technische Anforderungen erfüllen musste. Er durfte in der Regel höchstens zwölf Antwort-Kodes pro Frage enthalten, damit sämtliche Antwort-Kodes eines Interviews auf vier IBM-Lochkarten gestanzt werden konnten. Die Kodierung war erstens eine notwendige Voraussetzung dafür, dass in einem nächsten Schritt die Häufigkeiten der Kodes ausgezählt und statistisch getestet werden konnten. Zweitens verlieh sie den Rohdaten eine »komplexere und umfassendere Konsistenz und Realität«.[180] Sie stabilisierte die Interviewdaten aufgrund der höheren Abstraktion der Antwort-Kodes und indem sämtliche Antworten danach in einer einheitlichen Sprache vorlagen. Auf diese Weise wurde die Illusion geschaffen, alle Befragten hätten an ein- und demselben nationalen Diskurs teilgenommen und sich über alle individuellen Unterschiede hinweg miteinander verständigt.

Mit der *statistischen Auswertung* der Umfrage betrat die Arbeitsgruppe »Un jour en Suisse« Neuland. Sie kooperierte mit IBM Schweiz, deren Techniker das für damalige Verhältnisse immense Datenvolumen statistisch aufbereiteten. Aus 96000 Antwort-Kodes fabrizierte IBM rund 3000 Kreuztabellen und berechnete für sämtliche Kombinationen von inhaltlichen Fragen und soziologischen Klassifikationskriterien sogenannte »Kontingenztafeln«, in denen zwei Varianten des Chi-Quadrat-Tests eingetragen waren. Die Arbeitsgruppe durchsuchte die Kontingenztafeln nach statistisch signifikanten Ergebnissen und erstellte für jede Frage ein Dossier, in dem sie die vorgefundenen Zusammenhänge dokumentierte und Fragmente soziologischer Erklärungen für die statistischen Auffälligkeiten sammelte.

Auf der Grundlage dieser Dossiers verfasste sie schliesslich den soziologischen Teil des Schlussberichtes. In diesem (Re-)Kodierungsschritt übersetzten Isac Chiva, Ariane Deluz und Nathalie Stern die statistischen Informationen in eine *soziologische Fachsprache*. Sie schufen ein neues Bild der Schweiz, welches darauf basierte, dass signifikante Häufungen von Antwort-Kodes (die sogenannten »abhängigen Variablen«) in den Kreuztabellen als erklärungsbedürftige Probleme betrachtet wurden. Der *Erklärungsmodus* war insofern a priori festgelegt, als immer und ausschliesslich die soziologischen Klassifikationskriterien (die sogenannten »unabhängigen« oder »erklärenden Variablen« wie Alter, Geschlecht oder Beruf) als Erklärungsfaktoren in Frage kamen. Der Stabilisierungseffekt dieser Technik basiert auf dem privilegierten Status der »unabhängigen Variablen«. Im Anschluss an Alain Desrosières kann festgestellt werden, dass die Stabilität statistischer Taxonomien abhängig ist vom Umfang der vorgängigen Forminvestitionen. Diese Investitionen sind im Falle der »soziodemographischen Variablen« Alter, Geschlecht, Bildung etc. aufgrund der staatlichen Verwaltungs-

[180] Desrosières, Politik der großen Zahlen, S. 263.

und Klassifizierungstätigkeit der letzten Jahrhunderte so hoch, dass diese Variablen in aller Regel als Selbstverständlichkeiten betrachtet werden, hinter die nicht zurückgegangen werden kann. Die Arbeitsgruppe konstruierte ihr Bild der Schweiz aus einer quantitativen Analyse der Fragebogen. Die ausgewählten Personen waren jedoch nicht nach ihrem Bild der Schweiz gefragt worden, sondern nach ihrem persönlichen Leben. Durch die Kodierung und quantitative Auswertung der individuellen Meinungen entstand ein »Kollektivportrait« des »Homo Helveticus«, auch wenn sich die einzelnen Fragen nicht explizit auf die Schweiz bezogen.

Wir haben zwei Fragen genauer betrachtet. Die eine stellte einen direkten Bezug zur Schweiz als Nation her: »Wenn Sie Ihre Nationalität wechseln müssten, welche andere Nationalität möchten Sie annehmen?« Die Arbeitsgruppe wertete die Frage aus und interpretierte die aggregierten Antwort-Kodes als Hinweis darauf, dass das klassische Selbstbild der Schweiz als Einheit von vier Sprachen und Kulturen nicht zutreffe. Die zweite Frage, welche sich bereits aufgrund der Dramaturgie des Fragebogens als besonders bedeutsam erwiesen hatte[181], spielte auch im Schlussbericht eine herausragende Rolle: »In welcher Art interessieren Sie sich für das politische Leben?« Im Schlussbericht wertete die Arbeitsgruppe diese Frage als einzige auf einer aussergewöhnlich grossen Kreuztabelle nach sämtlichen soziologischen Klassifikationskriterien aus. Dies belegt, dass sie diese Kriterien allesamt für politisch relevant hielt. Anhand ihrer Auswertung zeigte die Arbeitsgruppe, dass sich die Bevölkerung grösstenteils wenig bis gar nicht für das politische Leben interessierte. Gleichzeitig hob sie hervor, dass die Befragten mit grossem Interesse an ihrer Umfrage teilgenommen hätten. Damit zeigte sie an, dass der klassisch politische Repräsentationsmodus im Gegensatz zum soziologischen unzulänglich sei. Auf diese Weise trat die soziologische Repräsentation in ein direktes Konkurrenzverhältnis zur etablierten Politik.

Demgegenüber markierte das künstlerische Szenario, welches im Schlussbericht skizziert wurde und für dessen Stossrichtung hauptsächlich Charles Apothéloz verantwortlich war, einen deutlichen Gegensatz zur soziologischen Perspektive: Dieses war nicht wie ursprünglich geplant[182] entlang sozialer Rollen und Probleme organisiert, sondern in der universalistischen Logik eines *Lebenszyklus*. Zudem fokussierte es nicht mehr auf die trennenden sozialen Unterschiede sondern auf den persönlichen Weg der *Integration* in die Schweizer Gesellschaft. Für die Umsetzung des Szenarios auf der Expo ergaben sich aus diesem Perspektivwechsel verschiedene Konsequenzen. Einerseits hielt es Apothéloz nicht für nötig, das unzutreffende traditionelle Klischeebild der vierfaltigen Schweiz auf

[181] Vgl. Kapitel 3.3.4 Dramaturgie des Fragebogens.
[182] Vgl. Kapitel 2.2.3 »Homo Helveticus« – sozialanthropologischer Theorierahmen.

der Landesausstellung überhaupt zu zeigen. Er organisierte die Ausstellung stattdessen entlang von zehn Lebensstationen des typischen Schweizers, wobei das Lebensalter das primäre Strukturierungsprinzip der Stände bildete. Dass ein einziger Lebensweg mit verschiedenen Stationen gezeigt wurde, akzentuierte andererseits die These der grossen Einheitlichkeit schweizerischer Lebensverhältnisse. Dies nahm dem kritischen Potential der Thematisierung sozialer Ungleichheiten die Spitze, und die künstlerische »mise en scène« der Sektion »Un jour en Suisse« stimmte wiederum deutlich in das Motto ein, welches die Expo-Direktion vorgegeben hatte: »L'unité dans la diversité«.

5 Konflikt – politische Reaktionen auf »Un jour en Suisse«

In der Einleitung zum »Golden Buch« der Landesausstellung von 1964 hielt die Direktion der Expo Rückschau auf die Vorbereitungsarbeiten. In konziliantem Tonfall liessen Alberto Camenzind, Edmond Henry und Paul Ruckstuhl dabei auch die Konflikte während dieser Schaffensphase Revue passieren: »Wir hoffen, den richtigen Ton gefunden zu haben, wurden uns jedoch bewusst, wie schwierig es ist, ein Körnchen Spott in ein Familienbildnis einzufügen. Man ist stets versucht, den Ton auf das empfindlichste Glied abzustimmen. Gewöhnlich ist es das Familienoberhaupt, wie wir in einigen lebhaften Unterredungen erfuhren, während denen die Stimme der sieben Weisen der Eidgenossenschaft in subtilster Weise väterliche und diplomatische Töne anschlug.«[1]

Die Expo-Direktoren sprechen durch die Blume von einem substanziellen Konflikt und einem massiven Eingriff des Bundesrates in die Abteilung »Weg der Schweiz«. Im Folgenden wird dieser Konflikt detailliert rekonstruiert und im Sinne einer übergeordneten Fragestellung nach seinen Gründen gesucht. Wie lässt sich die Intervention des Bundesrates und seines Delegierten Hans Giger erklären und wie ist der Konflikt historisch einzuordnen? Handelte es sich um politische Willkür aus Bundesbern? Um einen Schlagabtausch linker und rechter Ideologien? Oder war ein Generationenkonflikt ausschlaggebend?[2]

Die »lebhaften Unterredungen« legen – so die These dieser Arbeit – Zeugnis davon ab, dass während der Vorbereitung der Expo unterschiedliche Repräsentationslogiken des *Demos* miteinander in Konflikt gerieten. Daher ist es für die Untersuchung zentral, die Handlungsstrategien und die taktischen Schritte zu

---

[1] Schweizerische Landesausstellung, Goldenes Buch, S. 15.

[2] Der Historiker Roger Sidler beschrieb den Konflikt zwischen »Un jour en Suisse« und dem Bundesrat als Generationenkonflikt. Dieser Interpretation zufolge manifestierte sich bei der Expo das Gedankengut und der Veränderungswille einer neuen kritischen Schicht von »Nonkonformisten« – der sogenannten Generation ¼, also von Personen, die um das Jahr 1925 geboren sind und deshalb ein anderes Verhältnis zum Zweiten Weltkrieg hatten als die ältere Generation, die in den frühen 1960er Jahren Schlüsselpositionen in der Gesellschaft besetzte. Doch bereits die Zuordnung der Protagonisten des Konfliktes zu unterschiedlichen Generationen, die je unterschiedliche Denkdispositionen begünstigen, erweist sich im Einzelfall nicht als erhellend: Die beiden Kontrahenten Hans Giger (* 1918) und Charles Apothéloz (* 1922) trennen lediglich vier Jahre Altersunterschied. Und Max Frisch als Aushängeschild dieser Generation war Jahrgang 1911.

analysieren, mit denen die involvierten Akteure ihre Vorstellungen durchzusetzen versuchten, und herauszuschälen, an welche Diskurse sie anknüpften.

Urs Germann und Agnes Nienhaus haben hervorgehoben, dass sich Landesausstellungen einem ritualisierten Politikbetrieb weitgehend entziehen und deshalb als »begehrte Felder gesellschaftlicher Konfliktaustragung« untersucht werden sollten, als Prozess, »in dessen Verlauf soziale Gruppierungen und einzelne Akteure um Definitions- und Darstellungsmacht ringen«.[3] Im Anschluss daran lässt sich feststellen, dass die Landesausstellung als Rahmen für Auseinandersetzungen eine offene Bühne bot, auf welcher nicht bereits von vornherein entschieden war, welche Vorstellungen und Handlungslogiken schliesslich das Programm der Expo bestimmen würden. Diese Bühne war keiner einzelnen Feldlogik exklusiv unterworfen, weder einer politischen oder ökonomischen noch einer wissenschaftlichen oder künstlerischen. In ihr überlagerten sich vielmehr verschiedene Feldlogiken, sodass sich die Akteure, aus welchem gesellschaftlichen Feld sie auch stammten, auf einer provisorischen Plattform mit unklaren Regeln und Strukturen wiederfanden.

Vor diesem Hintergrund lassen sich umgekehrt die Entwicklungsschritte des Szenarios »Un jour en Suisse« als Weg durch verschiedene Handlungs- und Rezeptionskontexte beschreiben. Ausgangspunkt war das künstlerische Szenario, welches Charles Apothéloz entwickelt hatte. Um dessen Bausteine zu bestimmen und zu konkretisieren, wurde das Projekt in die Hände von Wissenschaftlerinnen und Wissenschaftlern gegeben. Diese entwickelten mit soziologischen und anthropologischen Verfahrensweisen den Inhalt des Szenarios und verfassten im Januar 1963 einen wissenschaftlichen Schlussbericht. Damit übergaben sie das Projekt wieder an Charles Apothéloz, welcher zusammen mit zwei wissenschaftlichen Mitarbeitern und einer Reihe von Grafikern und Künstlern das Programm für die Sektion »Un jour en Suisse« auf der Expo ausarbeitete.[4] Das Konzept der »mise en scène« wurde in einem weiteren Zwischenbericht[5] im August 1963 festgehalten und sollte von der Direktion der Expo abgesegnet werden. Bei dieser Gelegenheit wurde das wissenschaftlich fundierte, nunmehr künstlerisch weiterentwickelte Konzept den Blicken des Delegierten des Bundesrates ausgesetzt, welcher die Gelegenheit nutzte, um von einer politischen Warte aus Kritik daran zu üben. An der Schnittstelle zwischen dem wissenschaftlich-künstlerischen Entstehungskontext und dem politisch-administrativen Autorisierungsprozess

[3] Germann/Nienhaus (Hg.), expos.ch, S. 30 f.

[4] Stadtarchiv Lausanne, P 220, Carton 20, Classeur 2, Nr. 2: Apothéloz, Charles/Centlivres, Pierre/Senti, Hans-Luzius, *A l'intention des réalisateurs »Un jour en Suisse«: Projet de scenario.*, 12.8.1963.

[5] Bundesarchiv, E 7170 (B) 1968 105, 126, UJS Gulliver-Test, Nr. 23: Un jour en Suisse, *Un jour en Suisse, Rapport Août 1963*, August 1963.

des Szenarios erfolgte nun ein weitreichender Eingriff in das Projekt, der einen Einblick in die unterschiedlichen Erwartungshaltungen und Sinnhorizonte der beteiligten Akteure erlaubt.

Die bundesrätliche Intervention setzte auf mehreren Ebenen an. Wie im Folgenden gezeigt wird, nahm der Bundesrat erstens Einfluss auf den politischen Inhalt von »Un jour en Suisse«, indem er Fragen ersetzen, ändern und streichen liess. Zweitens betraf der bundesrätliche Eingriff die Form des Fragespiels, indem die Antworten des Publikums nicht wie geplant zusammengezählt und auf Leuchttafeln angezeigt werden durften. Wir haben in Kapitel 3 die Konzepte politischer Repräsentation und wissenschaftlicher Repräsentativität untersucht und dabei festgestellt, dass sie sich an einem neuralgischen Punkt berühren: Die Verfahren, welche die Legitimität politischer Repräsentation im Kontext des demokratischen Staates begründen, nämlich Wahlen und Abstimmungen, stellen auf die Logik der Repräsentativität ab.[6] Wir haben auch gesehen, dass die wissenschaftliche Repräsentation des *Demos*, so wie sie in der Studie »Un jour en Suisse« angelegt war, einen Zugriff auf das politische Feld bedeutete, welcher in der Sicht politischer Akteure als Übergriff wahrgenommen wurde. Denn die wissenschaftlichen Arbeitsinstrumente – der Fragebogen und die repräsentative Stichprobe – erwiesen sich als politisch aufgeladen und konfliktträchtig. Die Durchsicht des Schlussberichtes der Arbeitsgruppe hat überdies deutlich gemacht, dass die Autorenschaft die wissenschaftliche Repräsentationsmethode des *Demos* als der politischen Methode überlegen ansah. In einer Art *takeover* warf sie dem politischen Betrieb in der Schweiz Abgehobenheit vor: Eine Mehrheit der Befragten hatte angegeben, sich nicht für Politik zu interessieren, und gleichzeitig grosses Interesse an der Teilnahme an der Umfrage bekundet.

Wenn wir uns nun dem Eklat zuwenden, den das geplante Szenario »Un jour en Suisse« auslöste, und nach dessen Ursachen fragen, so gilt das Augenmerk in einem ersten Schritt der eben rekapitulierten politischen Ladung der Umfrage und den (Knall-)Effekten, die sie im politischen Rezeptionskontext auslöste. Zu diesem Zweck wird in Kapitel 5.1 näher betrachtet, wie der Eingriff des Bundesrates im Einzelnen ablief und welche Änderungen durchgesetzt wurden. Die Argumente und das Vorgehen von Hans Giger, der treibenden Kraft hinter der Intervention, werden genauer beleuchtet.

Die Kritik Gigers und des Bundesrats sind eng an ihre Sprechpositionen im politischen Feld gebunden, an ihre Rollen als offizielle Vertreter des Staates und als aktive Diskursteilnehmer mit strategischen Absichten. In dieser Hinsicht wird in einem zweiten Schritt das Vorgehen des Bundesrates und seine Kritik an »Un jour en Suisse« kontextualisiert. Die politische Intervention Gigers und des

[6] Vgl. dazu ausführlich Kapitel 3.1 Repräsentation und Repräsentativität.

Bundesrates ereigneten sich nicht zufällig, sondern entfalten ihren Sinn im Kontext zeitgenössischer Diskurse, aus denen das Szenario seine politische Ladung bezog: Die Auseinandersetzungen um das Verhältnis wissenschaftlicher Repräsentativität und politischer Repräsentation kristallisierten sich damals in einem Diskurs um das Verhältnis von *Demokratie und Demoskopie*. Die »staatspolitischen Bedenken« des Bundesrates werden deshalb in Kapitel 5.2 in den Kontext der politischen Diskussion um die Rolle der Demoskopie vor dem Hintergrund des schweizerischen politischen Systems gestellt.

Die Intervention Gigers und des Bundesrates verlief nicht geradlinig. Anstatt sich auf ihre politische Autorität zu verlassen, holten sie die wissenschaftliche Expertise zweier Soziologen ein. Diese erstellten im Eiltempo soziologische Gutachten, in denen sie das geplante *künstlerische* Szenario nach *soziologischen* Gesichtspunkten beurteilten und eine Reihe von Vorbehalten und Kritikpunkten äusserten. Giger nutze die Gutachten, um seine *politische* Intervention zu untermauern. Dieses Vorgehen wirft eine Reihe von Fragen auf, die unter 5.3 untersucht werden: Weshalb wählten die politischen Akteure den Umweg über soziologische Gutachten? Wie schätzten die Soziologen das Szenario ein? Und wie verwendeten Giger und der Bundesrat ihre Beurteilungen? Welche Argumentationsstrategie verfolgten sie? Kritik und Gutachten blieben jedoch nicht unwidersprochen. Die Gegenargumente der Arbeitsgruppe »Un jour en Suisse« und der Direktion der Expo sowie ihre rhetorischen Versuche, die politische Einflussnahme abzuwenden, werden daher ebenfalls in die Darstellung einbezogen.

5.1 Aus einem Fragespiel wird Ernst

5.1.1 Der Eingriff des Bundesrates

Vom Schlussbericht der Arbeitsgruppe »Un jour en Suisse« wurden im Januar 1963 dreissig Exemplare gedruckt. Der als »vertraulich« klassifizierte Rapport wurde im Februar 1963 ausschliesslich an Personen mit einem Mandat bei der Expo 64 verteilt. Neben den Expo-Direktoren[7] erhielten zehn Mitglieder der Arbeitsgruppe »Un jour en Suisse«[8], einige Organe der Landesausstellung[9] sowie

[7] Alberto Camenzind, Edmond Henry, Paul Ruckstuhl, René Richterich und Guido Cocchi.

[8] Neben den Projektverantwortlichen Charles Apothéloz, Isac Chiva, Ariane Deluz und Nathalie Stern und den Hilfskräften Véronique Burri, Collette Lambelet, Liliane Favre und Hans Nef erhielten auch Albert Métraux als wissenschaftlicher Patron und der Lausanner IBM-Direktor, Gilbert Froehli, ein eigenes Exemplar.

[9] Zwei Exemplare gingen an die Sektion »Zukunft« des Weges der Schweiz und je eines an den Propaganda-, und den Informationsservice, die Chefs und die Architekten der Sektionen sowie den Archivdienst.

der Delegierte des Bundesrates, Hans Giger, je eine Kopie.[10] Charles Apothéloz erhielt darauf von der Expo-Direktion den Auftrag, das Szenario, welches die Arbeitsgruppe »Un jour en Suisse« vorgeschlagen hatte, auszuarbeiten und zu realisieren.[11] Zusammen mit dem Neuenburger Ethnographen Pierre Centlivres[12] und Hans-Luzius Senti aus Basel verfasste Apothéloz bis Juli 1963 ein Konzept für die »mise en scène« der Sektion »Un jour en Suisse«, welches die Gestaltung des Frageparcours detailliert beschrieb. Das Konzept wurde bis August 1963 überarbeitet und enthielt einen Entwurf des Fragebogens[13] für das Expo-Publikum, mitsamt der Auswertung einer Testbefragung von 120 Personen.

Im Juli 1963 lud René Richterich den Delegierten Giger für den 4. September zu einer Sitzung ein, bei welcher dieser in Anwesenheit von Charles Apothéloz und der Expo-Direktion seine Anmerkungen zum Projekt einbringen dürfe.[14] Zu Gigers grossem Ärger erhielt er jedoch das 50-seitige August-Szenario sowie den Entwurf des Fragebogens[15] nicht zusammen mit der Einladung, sondern erst am Tag vor der Sitzung. Trotz der knappen Vorbereitungszeit formulierte der Delegierte am Folgetag eine detaillierte Kritik und liess kein gutes Haar an den Entwürfen. Obwohl die Sitzung von morgens um neun bis abends um sechs Uhr dauerte, reichte die Zeit nicht aus, um die zahlreichen Anmerkungen und Änderungswünsche Gigers auszudiskutieren. Die Diskussion des Fragebogens wurde deshalb auf eine separate Sitzung verschoben, die zwei Wochen später stattfand.[16] Weil die Projektverantwortlichen keine weiteren Änderungen an ihrem Projekt hinnehmen wollten, versuchten sie Giger keine Gelegenheit für weitere Kritik zu geben.[17] Daher luden sie ihn zu einer nächsten Sitzung Ende Oktober ein, wo er die bis dahin fertiggestellten Maquetten anschauen könne. In einem Brief forder-

---

[10] Im April und Mai 1963 wurden vier weitere Kopien verteilt: An Georges-André Chevallaz und den Genfer Ethnologen Jean Gabus sowie an Théo Chopard von der Neuen Helvetischen Gesellschaft und an einen Mitarbeiter des Statistischen Amtes in Bern. Der Verbleib der übrigen beiden Kopien ist nicht dokumentiert.

[11] Stadtarchiv Lausanne, P 220, Carton 20, Classeur 1, Nr. 15: Exposition Nationale Suisse, *Contrat entre le Comité d'organisation de l'Exposition nationale suisse et M. Charles Apothéloz*, 7.6.1963, S. 5.

[12] Pierre Centlivres (*1933) war seinerzeit Assistent von Prof. Jean Gabus an der Universität Neuenburg.

[13] Bundesarchiv, E 7170 (B) 1968 105, 126, UJS Gulliver-Test 1963, Nr. 22: Un jour en Suisse, *Projet de questionnaire – État no 9*, August 1963.

[14] Vgl. Bundesarchiv, E 7170 (B) 1968 105, 126, UJS Gulliver-Test 1963, Nr. 25: Richterich, René, *Convocation: Concerne prochaine séance »Un jour en Suisse«*, 18.7.1963.

[15] Vgl. Bundesarchiv, E 7170 (B) 1968 105, 126, UJS Gulliver-Test, Nr. 23; Bundesarchiv, E 7170 (B) 1968 105, 126, UJS Gulliver-Test 1963, Nr. 22.

[16] Bundesarchiv, E 7170 (B) 1968 105, 126, Allgemeiner Teil 1963, Nr. 12: Favre, Liliane, *Pprocès-verbal de la séance du 4.9.1963*, 4.9.1963.

[17] Die Direktoren wussten von den Abteilungen Vergangenheit und Zukunft nur zu gut, wie hartnäckig Giger seine Änderungen durchzusetzen versuchte. Vgl. unten Kapitel 5.1.3 Die Argumente des Bundesdelegierten Giger.

te ihn René Richterich auf, seine inhaltliche Kritik am Fragebogen innerhalb von zwei Wochen schriftlich zu formulieren. Später könne die Arbeitsgruppe keine Änderungen mehr berücksichtigen.[18] Wenn nötig, könne er Charles Apothéloz telefonisch kontaktieren. Als diese Frist am 14. September verstrichen war, schrieb Apothéloz leicht triumphierend an Giger, da er nichts mehr von ihm gehört habe, gehe er davon aus, dass dieser keine weiteren Bemerkungen und Vorschläge mehr zu machen habe. Die Direktion habe telefonisch mitgeteilt, dass sie mit dem Projekt einverstanden sei.[19] Der Lausanner Theaterdirektor freute sich, die mühsamen Diskussionen endlich hinter sich zu haben – und ahnte nicht, wie sehr er sich irrte.

Unterdessen hatte Giger nämlich alle Hebel in Bewegung gesetzt, um Einfluss auf den Fragebogen zu nehmen. Mit Apothéloz hatte er nur deshalb nicht gesprochen, weil seine Intervention auf einer höheren Hierarchiestufe ansetzte. Kaum war nämlich Giger am 4. September von der Sitzung in Lausanne nach Bern zurückgekehrt, arbeitete er den Fragebogen minutiös durch. Er billigte keine einzige Frage in der vorliegenden Form und wollte mehr als die Hälfte der Antwortvorgaben ändern oder streichen. Nachdem er den Brief von Richterich erhalten hatte, entschied er sich, in die Offensive zu gehen. Er informierte am 9. September seinen Vorgesetzten, Bundesrat Schaffner, in einer »dringenden Notiz«.

Darin schrieb er, die bereits durchgeführte Umfrage »Un jour en Suisse« wolle anhand einer Befragung von 1200 Personen das »gesellschaftliche Verhalten des Schweizers« aufzeigen, namentlich »Arbeit als wichtigste Lebenserfüllung, für die Frau Ehe und Familie; die Schweiz als Männergesellschaft; Verhalten gegen Dritte.«[20] Eine »Gruppe junger Wissenschaftler« wolle mit Hilfe von IBM eine »soziologische Grossuntersuchung« durchführen. Geplant sei, dass die Besucherinnen und Besucher auf einer Karte, die sofort ausgewertet werde, etwa 30 Fragen beantworten, wobei auf die meisten Fragen eine von mehreren vorformulierten Antworten gegeben werden müsse. Giger wollte unbedingt einen Eingriff in das Szenario veranlassen und begründete gegenüber Bundesrat Schaffner sein Ansinnen:

> Eine solche Untersuchung ist zweifellos von allergrösstem Interesse. Aber in verschiedenen Punkten muss man sich ernstlich überlegen, ob staatspolitisch die Fragestellung annehmbar ist (Beitritt zum gemeinsamen Markt, Dienstverweigerung aus Gewissensgründen, Verstaatli-

[18] Bundesarchiv, E 7170 (B) 1968 105, 126, UJS Gulliver-Test 1963, Nr. 21: Richterich, René, *Brief an Hans Giger, Concerne: questionnaire »Un jour en Suisse«*, August 1963.

[19] Im Original: »Sans nouvelles de votre part à ce jour, je considère que vous n'avez pas de remarques à formuler, ni de propositions à faire. La direction nous a communiqué par téléphone son accord au projet du questionnaire.« Bundesarchiv, E 7170 (B) 1968 105, 126, UJS Gulliver-Test 1963, Nr. 17: Apothéloz, Charles, *Brief an Hans Giger: Concerne Projet de questionnaire*, 14.9.1963.

[20] Bundesarchiv, E 7170 (B) 1968 105, 126, UJS Gulliver-Test 1963, Nr. 20: Giger, Hans Georg, *Notiz für Herrn Bundesrat Schaffner: Expo 64 »Un jour en Suisse«*, 9.9.1963.

chung des Bodens, gesetzliches Recht auf Abtreibung). Ich verweise besonders auf die Fragen 6, 8, 10, teils auch 5. Als nationale Veranstaltung verleiht die EXPO der Erhebung nationale Tragweite, besonders da vom ersten Tage an die schweizerische Öffentlichkeit die Fragen kennt und sich mit ihnen auseinandersetzt. Die Antwort auf gewisse Fragen könnte leicht einen plebiszitären Charakter erhalten, was umso gefährlicher wäre, als viele Besucher trotz öffentlicher Auseinandersetzung nicht jede Frage richtig verstehen. Vollends muss die Idee abgelehnt werden, Hauptergebnisse laufend auf einer grossen Tafel bekanntzugeben.

Mindestens einige ganz heikle Fragen würde ich weglassen oder anders formulieren. Der Fragebogen ist meines Erachtens ohnehin zu lang für eine Blitzbeantwortung durch den Besucher.

Urheber dieses Projektes sind junge Wissenschafter, unter der Leitung von Herrn Apothéloz, directeur artistique du théâtre municipal, Lausanne.[21]

In Gigers Notiz sind verschiedene Argumentationslinien enthalten. Indem er von jungen Wissenschaftlern sprach, unterstellte er, die Arbeitsgruppe sei unerfahren. Die wissenschaftliche Seriosität des Projektes unterminierte Giger mit der Bemerkung, die Arbeitsgruppe werde von einem Theaterdirektor geleitet. Er kritisierte, die Arbeitsgruppe lege den Besuchern mit »vorformulierten Antworten« Worte in den Mund und desavouierte damit eine Eigenschaft jeder geschlossenen Umfrage. Dass sich Medien für das Fragespiel interessieren und womöglich darüber berichten würden, war nach seinem Dafürhalten ebenfalls problematisch. Die Gefahr, dass das Expo-Publikum die Fragen nicht »richtig verstehen« würde und dass die zu erwartende Thematisierung der Fragen in den Medien als politische Vorbereitung des Publikums unzureichend sei, redete einem Politikverständnis das Wort, wonach solche Fragen der Vermittlung durch etablierte Politiker bedürfen. In dieselbe Richtung ging seine Befürchtung, das Fragespiel könnte einen »plebiszitären Charakter« erhalten. Die negative Konnotation eines »Plebiszits« suggeriert, die Meinungsäusserung eines unzureichend vorbereiteten Publikums sei gefährlich. Giger wollte verhindern, dass das Publikum ohne vorgängige politische Instruktionen seine Meinung kundtat. Er vertrat damit eine Auffassung, welche der direkten politischen Partizipation breiter Bevölkerungskreise skeptisch gegenübersteht und stattdessen politische Führung favorisiert.

Giger war mit seinem Politikverständnis nicht allein: Bundesrat Schaffner trug die Kritik sofort weiter in den Gesamtbundesrat.[22] Dieser unterstützte die Einwände und verlangte unverzüglich ein Treffen mit der Expo-Direktion.[23] In

---

[21] Ebd. Giger legte der Notiz den Entwurf des Fragebogens bei, den er von der Arbeitsgruppe »Un jour en Suisse« erhalten hatte. Die Fragen 5, 6, 8 und 10 betrafen die Themenbereiche Frauen, Kommunismus und Zukunft der Schweiz.

[22] Bundesarchiv, E 7170 (B) 1968 105, 126, UJS Gulliver-Test 1963, Nr. 9: Giger, Hans Georg, *Zum Projekt einer soziologischen Erhebung an der EXPO 64*, 12.9.1963.

[23] Bundesarchiv, E 7170 (B) 1968 105, 126, UJS Gulliver-Test 1963, Nr. 18: Eidgenössisches Volkswirtschaftsdepartement, *Expressbrief an die Schweizerische Landesausstellung*, 11.9.1963.

einem Expressbrief, der bereits am 11. September in Lausanne eintraf, begründete Giger im Auftrag des Bundesrats die Intervention: »Der Bundesrat hat vom Projekt einer Publikumsbefragung im Rahmen des allgemeinen Teils der Landesausstellung Kenntnis erhalten. Er hegt schwere Bedenken gegen das Projekt als solches und insbesondere gegen verschiedene Fragen.«[24]

Als würde das politische Gewicht des höchsten nationalen Exekutivgremiums nicht ausreichen, bemühte sich Giger um wissenschaftliche Untermauerung des Eingriffs. Am nächsten Tag fragte er am Soziologischen Institut der Universität Bern für ein wissenschaftliches Gutachten zur Umfrage und zum geplanten Fragespiel an. Die beiden Soziologen Urs Jaeggi und Jürg Steiner verfassten darauf im Eiltempo je ein kurzes Gutachten.[25]

Eine knappe Woche später, am 18. September 1963, traf die Delegation des Bundesrates mit den Expo-Direktoren und der Arbeitsgruppe »Un jour en Suisse« zusammen.[26] Der Bundesrat veranlasste massive Änderungen am Szenario. Die Arbeitsgruppe musste in der Folge den Fragebogen zusammen mit Giger fünfmal überarbeiten und die Texte auf den Maquetten entlang des Frageparcours umformulieren. Zudem setzte der Bundesrat durch, dass die Antworten des Publikums nicht aufaddiert und auf Anzeigetafeln präsentiert werden durften.

Auf diese Weise sollte jede Ähnlichkeit des Fragespiels mit einer Meinungsumfrage oder gar Abstimmung vermieden werden. Einzig das computergenerierte, individuelle Feedback auf die Fragen durfte beibehalten werden.[27] Das Fragespiel ähnelte in dieser beschnittenen Form einem psychologischen Test. Anstatt dass die Besucherinnen und Besucher mit ihren Antworten täglich ein neues Bild der Schweiz gestalten konnten, erhielten sie am Ende der Befragung ein Blatt, auf dem ihre Antworten mit einem zuvor ermittelten, schweizerischen Durch-

---

[24] Ebd.

[25] Siehe auch Kapitel 5.3 Politische Intervention auf dem Terrain der Soziologie. Die beiden Soziologen erhielten dazu von Giger am Donnerstag, den 12. September 1963 ein kurzes Briefing und lieferten ihre Berichte bereits am darauf folgenden Sonntag ab. Vgl. Bundesarchiv, E 7170 (B) 1968 105, 126, UJS Gulliver-Test 1963, Nr. 9; Bundesarchiv, E 7170 (B) 1968 105, 126, UJS Gulliver-Test 1963, Nr. 7: Jaeggi, Urs, *Bemerkungen zum Fragebogen »Un jour en Suisse« (Reinschrift)*, 15.9.1963; Bundesarchiv, E 7170 (B) 1968 105, 126, UJS Gulliver-Test 1963, Nr. 6: Steiner, Jürg, *Bericht zum Projekt einer soziologischen Erhebung an der Expo 64 (Reinschrift)*, 15.9.1963. Jaeggi erhielt als Honorar 180 Franken. Vgl. Bundesarchiv, E 7170 (B) 1968 105, 126, Allgemeiner Teil 1963, Nr. 1: Giger, Hans Georg, *Brief an die Buchhaltung: Allgemeiner Teil*, 28.12.1963.

[26] Von dieser Sitzung wurde kein offizielles Protokoll angefertigt. Charles Apothéloz hielt jedoch in einem Brief an Paul Ruckstuhl die Ergebnisse der Aussprache fest. Vgl. Stadtarchiv Lausanne, P 286, Carton 3, Enveloppe 3: Apothéloz, Charles, *Brief an Paul Ruckstuhl: Concerne projet du questionnaire*, 18.9.1963.

[27] Dieses aus vorgefertigten Textbausteinen zusammengesetzte Feedback war schon vor der Intervention geplant gewesen. Vgl. Stadtarchiv Lausanne, P 220, Carton 20, Classeur 1, Nr. 13, S. 27.

schnittswert verglichen wurden und der sie darauf hinwies, inwiefern ihre Antworten von diesem Durchschnitt abwichen oder in sich widersprüchlich waren.

5.1.2 Änderungen am Fragespiel »Un jour en Suisse«

Im Folgenden betrachten wir die Intervention des Bundesrates und seines Delegierten genauer, um die Motive und Strategien der Beteiligten herauszuarbeiten und zu kontextualisieren. Am 18. September trafen sich wie erwähnt die drei Bundesräte Bonvin, Schaffner und Wahlen mit den Expo-Direktoren Camenzind, Henry und Ruckstuhl zu einer Aussprache in Bern.

Bei dieser Besprechung konnte die Direktion immerhin durchsetzen, dass das Fragespiel überhaupt durchgeführt wurde. In einem Brief an Direktor Ruckstuhl äusserte sich Charles Apothéloz zufrieden über dieses Ergebnis: »Wir sind Ihnen dankbar, dass sie diesen unentbehrlichen Teil der Sektion 102 verteidigt haben und nahmen mit Genugtuung zur Kenntnis, dass das Prinzip des Spiels übernommen wurde.«[28] Die Arbeitsgruppe hatte anscheinend Schlimmeres erwartet.

Die Antworten zu den Themen Abtreibung, Militärdienstverweigerung und zum EWG-Beitritt mussten gestrichen oder umformuliert werden. Andere Änderungswünsche am Fragebogen wurden jedoch nicht umgesetzt. Der Bundesrat hatte vergeblich angeregt, dass »Charakterbildung« als Aufgabe der Schule genannt wird oder dass als Antwort auf die Frage, wie die Stellung der Frau verbessert werden kann, die Option hinzugefügt wird »wenn der Mann weniger egoistisch wäre«.[29] Ebenso wenig wurde »gegenseitige Zuneigung« als mögliches Motiv für die Ehe in den Fragebogen aufgenommen.

Die Sitzung mit dem Bundesrat und der Expo-Direktion legte das weitere Vorgehen nicht im Detail fest, sondern machte allgemeine Vorgaben. So wurde vereinbart, dass die Arbeitsgruppe die Einwände der soziologischen Gutachten berücksichtige. Zu diesem Zweck fanden am 24. und 25. September Sitzungen mit Giger, der Arbeitsgruppe »Un jour en Suisse«, den Expo-Direktoren und den Soziologen Jaeggi und Steiner statt.[30] Charles Apothéloz versuchte noch zu verhindern, dass Giger bei dieser Gelegenheit allzu grossen Einfluss nehmen konnte, und bestand gegenüber der Direktion darauf, dass die Arbeitsgruppe lediglich Anregungen aus Bern entgegennehme, und diese dann in Eigenregie umsetze.

[28] Im Original: »Nous vous savons gré d'avoir défendu avec succès cette partie essentielle de la Section 102 et avons appris avec satisfaction que le principe du jeu était acquis.« Vgl. Stadtarchiv Lausanne, P 286, Carton 3, Enveloppe 3.

[29] Im Original: »si l'homme était moins égoïste«. Vgl. ebd.

[30] Die Arbeitsgruppe »Un jour en Suisse« war vertreten durch Charles Apothéloz, Isac Chiva und die beiden neuen Mitarbeiter Pierre Centlivres und Hans-Luzius Senti. Bundesarchiv, E 7170 (B) 1968 105, 126, UJS Gulliver-Test 1963, Nr. 13: Un jour en Suisse, *Einladung zu den Sitzungen vom 24.9. und 25.9.1963*, 21.9.1963.

Auch sollten die Direktion und die Arbeitsgruppe ihre Positionen möglichst eng aufeinander abstimmen, damit Giger nicht etwa zum Schiedsrichter ihrer Differenzen würde.[31] Doch es half alles nichts: Bei dieser sowie bei weiteren, später anberaumten Sitzungen, wurde der Fragebogen bis Ende des Jahres fünfmal überarbeitet. Das Fragespiel wurde dabei in gravierender Weise geändert – Hans Giger erwies sich als wesentlich zäherer Verhandlungspartner als die drei Bundesräte: Noch am 7. Oktober schrieb die Direktion an den Delegierten, es seien keine grundlegenden Änderungen mehr möglich, sondern es könnten nur noch einzelne Details diskutiert werden.[32] Danach folgten doch noch drei weitere Besprechungen mit Giger.[33] Im Fokus seiner Kritik standen Fragen zu den Themenbereichen Frauen, Kommunismus und Zukunft der Schweiz.[34] Die folgenden Ausführungen basieren auf den Entwürfen 9 und 14 des Fragebogens sowie auf der deutschen und der französischen Version der Fragebogen, die auf der Expo verwendet wurden. Im Anhang dieses Buches findet sich ein vollständiger Vergleich der beiden Versionen.[35]

Die Frauenfrage. Die erste Frage, welche modifiziert wurde, lautete: »Was würde die Stellung der Schweizerfrau im günstigen Sinne ändern?«[36] Der Entwurf hatte noch folgende Antwortvorgaben vorgesehen:

1) wenn sie das Stimmrecht hätte
2) wenn sie Anrecht auf eine gleiche Entlohnung wie der Mann hätte
3) wenn sie gleiche berufliche Aufstiegsmöglichkeiten hätte
4) wenn sie das Recht auf Schwangerschaftsabbruch hätte
5) wenn sie das Recht und die Pflicht hätte, Militärdienst zu leisten
6) wenn das Eherecht die Gütertrennung vorsehen würde
7) es gibt keinen Grund die Stellung der Schweizerfrau zu ändern[37]

---

[31] Stadtarchiv Lausanne, P 286, Carton 3, Enveloppe 3.

[32] Bundesarchiv, E 7170 (B) 1968 105, 126, UJS Gulliver-Test 1963, Nr. 4: Un jour en Suisse, *Concerne: Questionnaire d' »Un jour en Suisse«*, 7.10.1963.

[33] Die Sitzungen fanden am 15.11. sowie am 17., 21. und am 26.12. statt. Vgl. Bundesarchiv, E 7170 (B) 1968 105, 126, UJS Gulliver-Test 1963, Nr. 3: Un jour en Suisse, *Procès-verbal de la séance du 15. Novembre 1963*, 30.11.1963; Bundesarchiv, E 7170 (B) 1968 105, 126, UJS Gulliver-Test 1963, Nr. 1: Un jour en Suisse, *Présentation du thème de la défense nationale dans la partie générale. Séance du 21. decembre 1963*, 26.12.1963; Stadtarchiv Lausanne, P 220, Carton 21, Enveloppe 3: Un jour en Suisse, *Procès-verbal de la séance du 17. Decembre 1963*, 17.12.1964. Die definitive Version des Fragebogens (Nr. 13) wurde am 26.12. abgesegnet und danach noch einmal sprachlich minimal überarbeitet.

[34] Vgl. Fussnote 21 in Kapitel 5.1.1 Der Eingriff des Bundesrates.

[35] Vgl. auch Bundesarchiv, E 7170 (B) 1968 105, 126, UJS Gulliver-Test 1963, Nr. 22; Stadtarchiv Lausanne, P 220, Carton 21, Classeur 3: Un jour en Suisse, *Projet de questionnaire – État no 14*, 10.12.1963; Stadtarchiv Lausanne, P 286, Carton 3, Enveloppe 1: Un jour en Suisse, *Gulliver au pays des Suisses. Fragebogen im Original, französisch*, August 1963.

[36] Im Original: »Qu'est-ce qui changerait favorablement la condition de la femme suisse?«

[37] Im Original: »1) si elle avait le droit de vote, 2) si elle avait droit à un salaire égal à celui de

Aufgrund von Gigers Intervention wurden die ersten drei Antworten umsortiert und das Frauenstimmrecht an die dritte Stelle verschoben. »Das Recht auf Schwangerschaftsabbruch« wurde durch »bessere Aufklärung über die Möglichkeiten der Schwangerschaftsverhütung«[38] ersetzt. Die fünfte Antwort wurde belassen, aber die sechste ausgetauscht durch »die Möglichkeit, noch leichter scheiden zu können«[39]. Schliesslich wurde die Antwort 7 auf zwei Möglichkeiten erweitert, mit denen die Befragten begründen konnten, warum sich diese Frage nicht stelle. Zur Auswahl stand erstens die Option, die gegenwärtige Stellung der Schweizerfrau entspreche ihrem Wesen und zweitens die These, in der Schweiz sei die Frau dem Mann gegenüber nicht benachteiligt.[40]

Diese Änderungen entbehrten nicht einer gewissen Logik. So zog das Thema »Schwangerschaftsabbruch« Argwohn auf sich. In der Schweiz war die Anti-Baby-Pille noch keine zwei Jahre auf dem Markt und Abtreibungen standen unter Strafe.[41] Zudem war die Option »Gütertrennung« Anlass für einen Eingriff in das Fragespiel, denn die Antwort unterschied sich vom juristischen Normalfall der ehelichen Gütergemeinschaft. Beide Änderungen betrafen also Wahlmöglichkeiten, die über den *politisch-juristischen Status quo* hinausgingen.

Kommunismus in der Schweiz. Die Frage zum Kommunismus war dem Bundesrat und seinem Delegierten ebenfalls nicht genehm, obschon sie mit einem antikommunistischen Unterton formuliert war. Zunächst wurde der Frage, was man tun solle, um zu verhindern, dass der Kommunismus in der Schweiz an Boden gewinnt, die arglose Frage vorangestellt: »Wie stellst Du Dich zum Kommunismus ein?«[42] Die meisten Antworten wurden belassen und die Befragten konnten

---

l'homme, 3) si elle avait des chances égales de promotion professionnelle, 4) si elle avait le droit de l'interruption de grossesse, 5) si elle avait le droit et le devoir de faire du service militaire, 6) si le régime matrimonial légal était la séparation des biens, 7) il n'y a pas de raison de changer la condition de la femme«.

[38] Im französischen Original: »4) si elle était mieux informée des moyens de limiter les naissances.«

[39] Im Original: »si le divorce s'obtenait encore plus facilement«.

[40] Im Original: »7) la condition de la femme suisse est conforme à la nature de la femme. 8) en Suisse la femme n'est pas défavorisée par rapport à l'homme«.

[41] Laut Strafgesetzbuch von 1942 durfte eine Schwangerschaft nur dann unterbrochen werden, wenn das Leben der schwangeren Frau akut gefährdet war oder die Schwangerschaft zu dauerhaften Schäden ihrer Gesundheit geführt hätte. Die Abtreibungsproblematik wurde in den 1970er Jahren im Zuge der Lancierung der Fristenlösungs-Initiative etwas entschärft. Erst in der Volksabstimmung zur »Änderung des Strafgesetzbuches (Schwangerschaftsabbruch)« von 2002 wurde die Abtreibung partiell legalisiert. Vgl. Gindulis, Edith, *Der Konflikt um die Abtreibung. Die Bestimmungsfaktoren der Gesetzgebung zum Schwangerschaftsabbruch im OECD-Ländervergleich*, Wiesbaden 2003.

[42] Im französischen Original lautetet die Frage: »Quelle est ton attitude face au communisme? Pour empêcher que le communisme puisse gagner du terrain en Suisse, j'estime qu'il faut avant tout ...«. Vgl. Stadtarchiv Lausanne, P 220, Carton 21, Classeur 3.

angeben, man solle vor allem die Wirtschafts- und Sozialpolitik verbessern, auf jeden Handel mit den Oststaaten verzichten, die Tätigkeit der Kirche fördern oder jeden kulturellen und sportlichen Austausch mit den kommunistischen Ländern vermeiden. Die Auswahl wurde zudem um die Antworten erweitert, man solle den Familiengeist pflegen und es gelte die traditionellen Werte zu verteidigen. Doch die Antwortvorgabe, das Preiswachstum sei einzudämmen, wurde kurzerhand gestrichen. Auch diese Modifikation betraf eine tagespolitisch aktuelle Frage.[43] Denn die Diskussion um steigende Preise war in einem »Konjunkturdiskurs«[44] situiert, im Zuge dessen eine der damals raren öffentlichen Debatten um soziale Probleme stattfand.[45]

In einem späteren Brief an die Direktion der Landesausstellung[46] erläuterte Giger, warum er die Frage ganz streichen wollte. Sie sei unergiebig und stifte bloss Verwirrung. »Der Schweizer« wolle, von wenigen Ausnahmen abgesehen, nichts vom Kommunismus wissen und betrachte ihn als Bedrohung von aussen. Deshalb solle man diesen Aspekt bei einer »halboffiziellen Veranstaltung« wie der Expo besser weglassen. Auch die Landi 1939 sei ohne die namentliche Erwähnung des »Nazismus« ausgekommen. Giger befürchtete, dass mit der Frage dem Phänomen Kommunismus »zu viel Ehre« angetan werde. Er monierte, die beiden Antworten, man solle auf den Handel mit den Oststaaten verzichten oder den kulturellen und sportlichen Austausch mit kommunistischen Ländern vermeiden, hätten ohnehin nichts mit dem Problem des Kommunismus innerhalb der Schweiz zu tun. Besonders ärgerte ihn, dass das »wichtigste« Mittel nicht genannt werde, nämlich »der Kampf gegen die Laxheit von Leuten, die finden, ein PDA-Mann könne ja auch ein ganz netter Mensch sein.«[47]

Unpassende politische Optionen. Auch die anderen substanziellen Änderungen betrafen politisch brisante Themen, die bislang noch nicht von einer breiten Öf-

---

[43] Unter dem Stichwort »Konjunkturüberhitzung« wurde in der zeitgenössischen Hochkonjunktur ein allgemeiner Preisanstieg beobachtet, der 1964 zu zwei dringlichen Bundesbeschlüssen führte, welche 1965 in Volksabstimmungen gutgeheissen wurden, nämlich dem »Bundesbeschluss vom 13.03.1964 über die Bekämpfung der Teuerung durch Massnahmen auf dem Gebiete des Geld- und Kapitalmarktes und des Kreditwesens« und dem »Bundesbeschluss vom 13.03.1964 über die Bekämpfung der Teuerung durch Massnahmen auf dem Gebiete der Bauwirtschaft«.

[44] König, Mario/Kreis, Georg/Meister, Franziska et al. (Hg.), *Dynamisierung und Umbau. Die Schweiz in den 60er und 70er Jahren*, Die Schweiz 1798–1998: Staat – Gesellschaft – Politik, Bd. 3, Zürich 1998, S. 13.

[45] Tanner, Lebensstandard, S. 102 ff.; Levy, Schweizer Soziologie, S. 471 f.

[46] Bundesarchiv, E 7170 (B) 1968 105, 127, UJS Gulliver-Test 1963, Nr. 1: Giger, Hans Georg, *Brief an die Direktion der Landesausstellung: Stellungnahme zum Fragebogen »Un jour en Suisse«*, 16.12.1963.

[47] Ebd., S. 3. Die Frage wurde schliesslich beibehalten und nicht weiter verändert als oben erwähnt.

fentlichkeit diskutiert worden oder besonders umstritten waren. So wurden die Fragen »Was ist eine Demokratie?«, »Was ist für die Zukunft der Schweiz wichtig?«, »Welche Eigenschaften hat ein guter Schweizer?« und »Was ist für die Schweiz dringend notwendig?« radikal umgestaltet: Drei Antworten auf die Frage »Was ist eine Demokratie?« wurden gestrichen. Die Nennung des Wahlrechts und das Mehrparteien-Prinzip, also jene Antworten, die dem politischen Status quo entsprachen, wurden belassen, ebenso wie eine Antwort, die auf das wirtschaftliche Feld verwies: »Ein Land, in welchem jeder die gleichen Berufschancen hat«. Antworten jedoch, die auf Konflikte oder Legitimitätsdefizite des politischen Systems verwiesen, wurden gestrichen, namentlich die Antworten, »das Volk« solle »die Staatsaufgaben kontrollieren« können, »das Volk« solle »an der Lenkung der Staatsaufgaben teilhaben« sowie eine Antwort, welche die Gewaltenteilung nannte.[48] Dafür kam die allgemein gehaltene Antwort hinzu, dass in einer Demokratie die individuellen Rechte geschützt werden.[49]

Auf die Frage »Was ist für die Zukunft der Schweiz wichtig?«, sollten die Befragten nicht antworten können, »Streiks verhindern«, »Sozialversicherungen entwickeln« und »die Landesverteidigung sicherstellen«. Anstelle von politisch umstrittenen Antworten erhielten sie die Möglichkeit, Althergebrachtes als erhaltenswert zu nennen, nämlich den konfessionellen Frieden, die Erhaltung des Kleingewerbes oder des Bauernstandes sowie die sprachlichen und kulturellen Verschiedenheiten.

Bei der Frage »Kann man ein guter Schweizer sein, obwohl man … ist« wurden vier Antworten gestrichen, nämlich: »die 40-Stunden-Woche befürwortet«, »Kommunist«, »Faschist« und »Befürworter der Abtreibung«. Die Antwort »[obwohl man] nicht an Gott glaubt« wurde ersetzt mit »[obwohl man] sich als konfessionslos erklärt«, die Option »[obwohl man] aus Gewissensgründen den Militärdienst verweigert«[50] wurde verdreht zu »kein guter Soldat ist« und die Antwort »eine Geliebte hat« wurde umgebogen zu »[obwohl man] ein Doppelleben führt«. Ferner kamen relativ harmlose Antworten hinzu: »[obwohl man] nur eine der vier Landessprachen spricht«, »Geld ausgibt ohne zu rechnen« und »die traditionellen Werte in Frage stellt«.

Schliesslich wurden die Antworten auf die Frage »Würde die Schweiz gut daran tun …« geändert. Gestrichen wurden die Möglichkeiten, Ausländer sollten streng kontrolliert werden[51] und die Schweiz solle Atomwaffen beschaffen. Die

---

[48] Im Original: »5) le peuple contrôle les affaires de l'État. 6) le peule participe à la direction des affaires de l'État. 7) où les pouvoirs législatif, exécutif et judicaire sont séparés.« Vgl. Bundesarchiv, E 7170 (B) 1968 105, 126, UJS Gulliver-Test 1963, Nr. 22.

[49] Im Original: »où les droits individuels sont protégés«.

[50] Im Original: »[être] objecteur de conscience?« wurde ersetzt durch »ne pas être bon Soldat«

[51] Im französischen Originalentwurf: »exercer un contrôle strict sur les ressortissants étrangers?«

Antwort, die Schweiz solle dem europäischen Markt beitreten, wurde verklausuliert zu »[...] der EWG gegenüber eindeutig Stellung zu beziehen«. Die Antwort, das Verfügungsrecht des Bodens solle an die Gemeinden gegeben werden, wurde abgeschwächt zu »im Interesse der Allgemeinheit das freie Verfügungsrecht über den Boden einzuschränken« und die Antwort, die Schweiz solle die Neutralität abschaffen, wurde nuanciert zu die Schweiz solle »das Prinzip der Neutralität neu erwägen«.

Schliesslich blieben nur wenige Antworten mit kritischem Unterton unangefochten, nämlich die Schweiz solle einen Wirtschaftsplan auf lange Sicht aufstellen, ein Programm zur Regional- und Landesplanung verwirklichen und eine Demokratie bestehe darin, dass Mann und Frau die gleichen Rechte haben.

Insgesamt muss der Eingriff in das Fragespiel als gravierend bezeichnet werden.[52] Wie das Motto der Expo »pour la Suisse de demain – croire et créer« verdeutlicht, wäre es das Ziel der Organisatoren gewesen, Problemen der Gegenwart, die im Zeichen eines »helvetischen Immobilismus« standen, mit Denkanstössen, Selbstkritik und Zukunftsentwürfen zu begegnen. Indem jedoch das Fragespiel konsequent auf den politischen Status quo zurechtgestutzt wurde, gelang es dem Bundesrat und dem Delegierten Giger, die Thematisierung von aktuellen politischen Konfliktpotentialen zu verhindern. »Un jour en Suisse« wurde durch diese Verwässerungen auf die Thematisierung von Gegenwartsproblemen beschränkt, welche im politischen Feld bereits behandelt worden waren.

5.1.3 Die Argumente des Bundesdelegierten Giger

Die Beanstandungen aus Bundesbern, die Hartnäckigkeit, mit welcher Giger mit der Arbeitsgruppe um Formulierungen rang, und die Intensität der Auseinandersetzung werfen die Frage nach dem Motiv auf. Weshalb bekämpfte Giger die Thematisierung neuer politischer Fragen so vehement? Welche Interessen und Ordnungsvorstellungen motivierten seine Eingriffe?

Die Abteilungen »Histoire« und »La Suisse face à son avenir« hatten ihre Konzepte bereits im Sommer 1962 an den Delegierten des Bundesrates geschickt. Giger hatte damals die Gelegenheit genutzt und einen längeren Text verfasst, in dem er »den voraussichtlich zu gewärtigenden eidgenössischen Standpunkt« umriss.[53] In verschiedenen Briefen und Notizen nahm er ausführlich Stellung zu

---

[52] Später wurde behauptet, dass zudem Fragen über das Radio- und Fernsehmonopol gestrichen wurden. Eine solche Frage taucht aber in den untersuchten Quellen nicht auf, auch nicht in frühen Entwürfen des Fragebogens. Vgl. etwa Sidler, Pour la Suisse de demain, S. 45. Dieses Thema wurde erst später von den Medien lanciert, siehe Fussnote 52 in Kapitel 6.2.1 »Enquête sur une enquête«.

[53] Bundesarchiv, J 2.10, 1000/1212, 3/1. Korrespondenz Ga-Gi: Giger, Hans Georg, *Allgemeiner Teil der Landesausstellung*, 28.6.1962.

den Sektionen Vergangenheit und Zukunft des Weges der Schweiz.[54] In diesen Dokumenten entwickelte Giger eine Kritik, die sich später in seiner Haltung gegenüber »Un jour en Suisse« fortsetzte.

Aus seiner Kritik an der Sektion »Zukunft« geht hervor, dass er sich vor allem daran störte, dass auf der Expo gesellschaftliche Veränderungen propagiert werden sollten, anstatt auf das Bestehende abzustellen. »Man müsste eine Soziologie der Schweiz schreiben, um auf das Exposé ›Avenir‹ gebührend zu antworten«, holte Giger aus. »Es hält den Wechsel für wichtiger als das Bestehende und das Überlieferte. [...] Über solche Aphorismen liesse sich in einem intellektuellen Kreise subtil diskutieren. Aber hier geht es um die Landesausstellung, die ihr Thema gemeinverständlich darstellen muss. Entscheidend ist deshalb der Tenor des Exposé, die betonte Abwendung vom Hergebrachten [...] *Diese Haltung werden nach meiner festen Überzeugung Volk und Behörden ablehnen.*«[55] Besonders ärgerte er sich über die Formulierung, der sich beschleunigende Entwicklungsrhythmus erfordere »konstante Anpassung«[56]. Er hielt den Begriff für ein Modewort, welches an der menschlichen Realität vorbeigehe. Nach seiner Auffassung sollten Konstanten ganz im Gegenteil das Hergebrachte sein, an dem sich der Mensch orientiert. Der Mensch könne sich gar nicht die ganze Zeit auf Neues umstellen – dazu fehle ihm schlechterdings die Fähigkeit. Giger war in seinen Argumenten den »Schweizerischen Konstanten«, wie sie die Studiengruppe um Jacques Freymond, Carl Jakob Burckhardt, Fritz Gysin, Karl Schmid, Herbert Lüthy und Michael Stettler 1960 zu Beginn der Programmdiskussion der Expo formuliert hatten, viel näher als konstanter Anpassung.[57]

Er war überzeugt, auf der Expo gelte es zu zeigen, dass die Schweiz »positive Werte« zu vermitteln habe, zumal ein »ausgeprägtes Bedürfnis nach traditionellen Werten« vorhanden sei.[58] Er selbst sah darin jedoch keinen Konservatismus, sondern einen permanenten Aneignungsprozess des Hergebrachten:

> Mit voller Absicht spreche ich von positiven Werten und nicht schlechthin von der Erhaltung des Bestehenden. Das bekannte Wort von Goethe ›Was du ererbt von deinen Vätern hast, erwirb es, um es zu besitzen‹ setzt gerade voraus, dass beim ›Erwerben‹ ein Wandel stattfindet. Ich will wahrhaftig keine Konservierungs-Politik befürworten. Mit einem banal gewordenen

---

[54] Bundesarchiv, E 7170 (B) 1968 105, 126, Allgemeiner Teil 1963, Nr. 11: Giger, Hans Georg, *Brief an die Direktion der Landesausstellung*, 3.1.1963; Bundesarchiv, E 7170 (B) 1968 105, 126, Allgemeiner Teil 1963, Nr. 9: Giger, Hans Georg, *Brief an die Herren Bundesräte Wahlen und Schaffner*, 18.1.1963.

[55] Vgl. Bundesarchiv, J 2.10, 1000/1212, 3/1. Korrespondenz Ga-Gi, S. 4, Hervorhebung im Original.

[56] Im Original: »de constantes adaptions«.

[57] Vgl. Kapitel 2.1.4 Der »Weg der Schweiz«.

[58] Bundesarchiv, J 2.10, 1000/1212, 3/1. Korrespondenz Ga-Gi, S. 7 f.

Worte könnte man sagen, es gelte, das Dauernde im Wandel herauszukristallisieren, oder noch anders formuliert, die *schweizerischen Konstanten*.[59]

Sowohl die Studiengruppe bezog sich auf schweizerische Konstanten (Wehrwille, Unabhängigkeitswille, Föderalismus, Neutralität, Demokratie und Tüchtigkeit) als auch die Expo-Direktion (Topographie, christlicher Glaube und Geopolitik).[60] Giger wiederum führte seine eigene Liste von Konstanten: 1. Die Stetigkeit der friedlichen Entwicklung, 2. Gefühl der Geborgenheit, menschliche Nähe, 3. die schweizerische Polis, 4. Kunst des Zusammenlebens, 5. Weltoffenheit, 6. Kritischer Geist, 7. Pflege der Eigenart. Diese sollten seiner Meinung nach auf der Landesausstellung als »fraglose Gegebenheiten« hervortreten.

In seinen »Anregungen« zum allgemeinen Teil erläuterte Giger jene positiven Werte, welche er in den »schweizerischen Konstanten« erblickte und seine Ausführungen machen einsichtig, welche Änderungen er am Fragespiel durchsetzen wollte und warum.[61] So beschwor er mit der Formulierung »Stetigkeit der friedlichen Entwicklung« die Vorstellung, in der Schweiz habe »seit Jahrhunderten« eine ruhige, stetige Entwicklung stattgefunden, welche einzig 1798 unterbrochen worden sei. Er verwies darauf, dass es in der Schweiz kaum Streiks gab und es nur 1918 zu einem Generalstreik gekommen war. Dies habe ein günstiges kommerzielles und industrielles Klima geschaffen und eine »ungestörte Kapitalbildung« ermöglicht. Angesichts des Zentralwertes der Stetigkeit verwundert es nicht, dass Giger verhinderte, dass Streiks im Fragespiel überhaupt thematisiert wurden.

In einem »Zeitalter des geistig ›unbehausten‹ Menschen«[62] steche besonders hervor, dass die Schweiz ein Gefühl der Geborgenheit und der menschlichen Nähe im Sinne einer bürgerlichen Atmosphäre vermittle, ein »sich heimisch fühlen«, welches »in kleinen Verhältnissen, wo man sich noch menschlich nahe ist« verwirklicht werde. An diese zweite Konstante, an das Ideal heimeliger Kleinheit ohne jedes Unbehagen im Kleinstaat, knüpfte auch seine Vorstellung der Konstante der »schweizerischen Polis« an, die sich zuallererst darin manifestiere, dass man nach seinen eigenen Dingen schaue. Für ihn war in diesem autozentrierten Prinzip ein Misstrauen gegenüber »übereiltem Kosmopolitismus« begründet,

---

[59] Ebd., S. 8, Hervorhebung im Original.

[60] Vgl. Kapitel 2.1.4 Der »Weg der Schweiz«.

[61] Die folgenden Zitate stammen aus Bundesarchiv, J 2.10, 1000/1212, 3/1. Korrespondenz Ga-Gi.

[62] Giger nahm Bezug auf das Werk des konservativen Literaturkritikers und ehemaligen SS-Freiwilligen H. E. Holthusen, welches eine Befindlichkeit der deutschen Kriegsgeneration damit auf eine griffige Formel brachte. Vgl. Holthusen, Hans Egon, *Der unbehauste Mensch. Motive und Probleme der modernen Literatur*, München 1951; Rduch, Robert, »Korrektur der Kriegsbilder in der Lyrik von Hans Egon Holthusen«, in: Jürgen Egyptien (Hg.): *Erinnerung in Text und Bild. Zur Darstellbarkeit von Krieg und Holocaust im literarischen und filmischen Schaffen in Deutschland und Polen*, Berlin 2012.

wobei er in letzterem eine Flucht aus den »nationalen Problemen in den Internationalismus« sah. In der Schweiz bestehe eine Abneigung gegen das Kolossale und Übermächtige, eine Ordnung in der Freiheit ohne dogmatische Fixierung. Die Verwirklichung dieses Prinzips zeige sich darin, dass zwar eine ausserordentlich grosse Zahl öffentlicher Unternehmungen existierten, ohne dass deswegen aber von einer »Sozialisierung« gesprochen werde.[63] Giger bezog sich in diesem Zusammenhang auch auf die von der Sozialdemokratischen Partei eingereichte eidgenössischen Volksinitiative »Wirtschaftsreform und Rechte der Arbeit«, die im Mai 1947 mit einer Zweidrittelmehrheit abgelehnt worden war. Die Initiative hatte gefordert, das Kapital sei in den Dienst der Arbeit, des allgemeinen wirtschaftlichen Aufstieges und der Volkswohlfahrt zu stellen, und es müsse ein Recht auf Arbeit garantiert werden.[64] Solchen sozialistischen Zielsetzungen konnte Giger nichts abgewinnen. Er hielt entgegen, dass die schweizerische Polis mit den demokratischen Rechten die beste Garantie für menschenwürdige Zustände abgebe, wobei ihm das »Recht zum Neinsagen«[65] wichtiger erscheine als jenes zur Initiative.

Diese Argumentationsfigur mit ihrer Akzentuierung von Freiheit, insbesondere in der Form eines Rechts zum Neinsagen, korrespondiert mit Gigers Korrekturen jener Antworten des Fragespiels, die seines Erachtens ein zu geringes Mass an Antikommunismus zum Ausdruck brachten. Die Verstaatlichung des Bodens, dass »das Volk die Staatsaufgaben kontrollieren« oder »an der Lenkung der Staatsaufgaben teilhaben« solle, passten ebenso wenig zu seinem Verständnis eines »eidgenössischen Standpunktes« wie die Antwort, man möge, um den Kommunismus in der Schweiz zu bekämpfen, das Preiswachstum eindämmen. Neben der antikommunistischen Stossrichtung motivierte eine auf das Kleine gerichtete, auf die eigene Nation konzentrierte Haltung Gigers Kritik. Die »Kunst des Zusammenlebens« bestehe in einem eidgenössischen Gemeinsinn, der zwar gelegentlich zu fragwürdigen Kompromissen führe. Diese seien jedoch besser als ein Streit ohne Ende. Sein Credo, die Schweiz solle sich auf »nationale Probleme« konzentrieren und möglichst aus der internationalen Politik heraushalten, begründete seine Ablehnung der Antwort, die Schweiz solle der EWG beitreten oder die Neutralität abschaffen.

In derselben Weise verstand Giger auch die Konstante der »Weltoffenheit«: Söldnerdienste und Export würden seit Jahrhunderten die Weltoffenheit ausmachen. Im Gegensatz zum konkreten Projekt eines EWG-Beitritts befürwortete er die Idee des »freien Welthandels«. Dieser sei der beste Friedensgarant und stelle sich gegen Machtpolitik, welche freie, ungehinderte Beziehungen störe. Dieses

[63] Bundesarchiv, J 2.10, 1000/1212, 3/1. Korrespondenz Ga-Gi, S. 9.

[64] Vgl. http://www.admin.ch/ch/d/pore/vi/vis55t.html, Stand vom 20.12.2010.

[65] Bundesarchiv, J 2.10, 1000/1212, 3/1. Korrespondenz Ga-Gi, S. 10.

»anarchistische Moment der freien Verständigung« sei auf die weltweiten Beziehungen zu übertragen.[66]

Zum Schluss seiner Kritik betonte der Delegierte des Bundesrates, das Eidgenössische Justiz- und Polizeidepartement befürworte »eine regere Mitwirkung der Bundesstellen« beim allgemeinen Teil der Landesausstellung. Der Bund interessiere sich besonders dafür, wie die Probleme Asylpolitik, Überfremdung, die Abwehr totalitärer Einflüsse, die schweizerische Wehrhaftigkeit und der Staatsschutz behandelt werden. Wie wir bereits gesehen haben, griff »Un jour en Suisse« ein dreiviertel Jahr später von diesen Prioritäten die »Abwehr totalitärer Einflüsse« auf (»Wie stellst Du Dich zum Kommunismus ein?«) und Giger passte die Antworten an die Interessenlage des Bundes an. Die anderen Themen kamen im Fragespiel nicht vor, abgesehen von der Frage, ob ein guter Schweizer ein schlechter Soldat sein könne.

Giger formulierte für die Expo-Direktion neben seiner Idee der schweizerischen Konstanten auch in gebieterischem Tonfall, welche Arten von Aussagen nicht in Frage kommen würden. Er war offensichtlich skeptisch gegenüber der Ausrichtung der Expo auf die Zukunft und gegenüber der positiv konnotierten Hinwendung zu und Öffnung gegenüber Europa. So forderte er zuallererst, es solle keine »betonte und sozusagen prinzipielle Abwendung vom Hergebrachten« stattfinden, ebenso wenig wie eine »Torschlusspanik« in Bezug auf das Verhältnis zur EWG. Er nahm auch die Tendenz nicht hin, die Schweizer seien politisch und wirtschaftlich »internationale Hinterwäldler«. Der schweizerische Wohlstand sei keineswegs bloss Fassade, hinter dem sich viel Elend verberge. In diesem Zusammenhang kritisierte er eine Aussage von Gabriel Despland, dem Präsidenten des Initiativkomitees der Expo, welcher im Informationsbulletin der Expo geschrieben hatte: »Auf uns selber versteift dürfen wir nicht mehr leben, mehr oder weniger zufrieden mit unserem Los, abgeschlossen vom Rest der Welt.«[67] Solche Selbstkritik war Giger »unverständlich« und er wies die Expo-Direktion deutlich zurecht: »In meiner Eigenschaft als Delegierter der Landesausstellung möchte ich darum bitten, dass solche zumindest missverständliche Äusserungen inskünftig unterbleiben.«[68] Überdies seien bei der Kritik die Proportionen zu wahren und nicht der Eindruck zu erwecken, es handle sich um fundamentale Mängel.

Finanzielle und verbale Pressionen. Der Delegierte des Bundesrates übte nicht nur harsche Kritik, sondern warb hinter den Kulissen bei den Bundesräten Wahlen und Schaffner dafür, die Expo-Direktion mit finanziellen Pressionen zum Einlenken zu zwingen, falls diese seine Vorgaben nicht einhalten würde. In ei-

---

[66] Ebd., S. 11.

[67] Bundesarchiv, E 7170 (B) 1968 105, 126, Allgemeiner Teil 1963, Nr. 11, S. 15.

[68] Ebd.

nem Brief an die beiden Herren Bundesräte resümierte er zunächst, der Bund habe bisher den Grundsatz hochgehalten, sich nicht in die Gestaltung von Landesausstellungen einzumischen. Eine Intervention sei auch gar nicht nötig gewesen, da bei der Ausstellung von 1914 ohnehin »thematisch wenig geboten« worden sei und 1939 eine *unité de doctrine* bestanden habe, zumal der Höhenweg eine »patriotische Hochstimmung schaffte«[69]. Die Situation in Lausanne sei jedoch komplexer, weil die aussenpolitische Lage weniger eindeutig und in gewissem Sinne schwieriger sei. Auch innenpolitisch stellten sich neue Probleme, die man 1939 nicht gekannt habe oder die damals aufgrund der Genugtuung, aus der Wirtschaftskrise heraus zu sein, erheblich zurückgetreten waren. Aufgrund dessen sei es verständlich, dass es diesmal zu Differenzen über den Inhalt des allgemeinen Teils kommen konnte: »Nach wie vor hoffen wir, dass der folgenschwere Entschluss, die Landesausstellung mittels finanziellem Druck einer eigentlichen Bundeskontrolle zu unterstellen, nicht nötig sein werde.« Die Expo-Direktion habe an einer Besprechung mit ihm, nach einigem Zögern, eingelenkt, dass eine »Abstimmung auf die eidgenössische Linie« keine ungebührliche Zumutung bilde.[70]

Giger war der Ansicht, dass dies der Expo-Direktion auch von »höchster Stelle« klargemacht werden sollte, damit sie »endgültig einlenkt«. Am 21. Januar 1963, also ein Dreivierteljahr vor den Eingriffen ins Fragespiel von »Un jour en Suisse«, trafen sich eine Delegation des Bundesrates und der Expo-Direktion.[71] Es ist somit in Rechnung zu stellen, dass die Expo-Direktion bei der zweiten Aussprache im September 1963 bereits einmal vor dem Bundesrat eingeknickt war und dabei inhaltliche Eingriffe unter Androhung finanzieller Pressionen durchgesetzt worden waren. Als es bei der zweiten Intervention nicht mehr um die Abteilungen »Vergangenheit« und »Zukunft«, sondern um das Thema »Gegenwart« in der Sektion »Un jour en Suisse« ging, waren die Machtverhältnisse bereits geklärt und ein Einlenken der Direktion war vorgezeichnet.

Nach der Aussprache zwischen der Expo-Direktion und dem Bundesrat sowie den Sitzungen der Arbeitsgruppe »Un jour en Suisse« mit Giger und den beiden Soziologen im September 1963, wurde der Fragebogen noch bis im Dezember 1963 weiter korrigiert und Giger machte der Direktion mit Änderungswünschen und markiger Kritik immer wieder die Hölle heiss. So betonte er noch im darauffolgenden Dezember in einem Brief an die Direktion, er halte den Fragebogen für zu ausführlich, zu anspruchsvoll und zu anstrengend. »Obschon die Fragen nicht statistisch ausgewertet werden, behält der Fragebogen eine bestimmte staatspoli-

[69] Bundesarchiv, E 7170 (B) 1968 105, 126, Allgemeiner Teil 1963, Nr. 9, S. 4.

[70] Ebd.

[71] Bundesarchiv, E 7170 (B) 1968 105, 126, Allgemeiner Teil 1963, Nr. 8: Giger, Hans Georg, *Brief an die Direktion der Landesausstellung: Allgemeiner Teil*, 31.1.1963.

tische Bedeutung, weil sich die Befragung in aller Öffentlichkeit abwickelt.«[72] Der Fragebogen enthalte viele Suggestivfragen. Giger verwahrte sich dagegen, dass die Landesausstellung mit dem Mittel der Suggestivfrage arbeite. Es gehe mitnichten darum, inwiefern die Bundesbehörden den Postulaten zustimmen würden oder nicht, sondern um die Methode der Befragung. Selbst abgesehen vom Suggestivcharakter werde das Publikum überfordert, denn die Fragen könnten ihrem Gehalt nach nur ernst und nicht spielerisch gemeint sein. Wer sich mit den in den Fragen angesprochenen Sachverhalten näher auskenne, könne unter Umständen bei keiner der Antworten ein Ja oder Nein hinsetzen, weshalb die Fragen »Was ist für die Schweiz dringend notwendig?« und »Würde die Schweiz gut daran tun …« am besten ganz gestrichen würden.

Die Kritik Gigers und seine grundsätzlichen Bedenken gegenüber dem Fragespiel gingen über individuelle politische Präferenzen hinaus. In ihnen hallte ein Echo zeitgenössischer gesellschaftspolitischer und wissenschaftlicher Debatten wieder. Im Folgenden wird mit einem weiteren Fokus der diskursive Kontext skizziert, aus welchem sich die grundsätzliche Kritik Gigers am Verhältnis von Umfragen, öffentlicher Meinung und Politik speiste. Dazu ist es notwendig, einen Blick auf die zeitgenössischen Schriften zu werfen, die sich mit dem Verhältnis von öffentlicher Meinung und Politik und von Demokratie und Demoskopie befassten, und die spärlichen historischen Erfahrungen schweizerischer Meinungsforschung zu skizzieren.

5.2 Demoskopie und Demokratie

In den USA wurde die Meinungsforschung in der zweiten Hälfte der 1930er Jahre einem breiten Publikum bekannt gemacht. Als Geburtsstunde der Demoskopie gilt das »Literary Digest Debacle« von 1936, als George Gallup mit seiner wissenschaftlichen Umfragemethode die amerikanische Präsidentenwahl korrekt prognostizierte.[73] Die Gallup-Umfragen erlangten grosse publizistische Aufmerksamkeit, indem sie versprachen, den »Puls der Demokratie« zu messen und dem »Mann von der Strasse« eine Stimme zu geben. Seit den Anfängen war die Demoskopie auch Gegenstand von Kontroversen. Das Infragestellen der demoskopischen Methoden und der Umfrageergebnisse ist, wie Felix Keller gezeigt hat, geradezu konstitutiv für die Meinungsforschung.[74] Promotoren wie George Gallup und Saul Rae standen Kritiker wie Lindsay Rogers oder Herbert Blumer gegenüber, welche die empirische Umfrageforschung für ungeeignet hielten, um

[72] Bundesarchiv, E 7170 (B) 1968 105, 127, UJS Gulliver-Test 1963, Nr. 1, S. 2.
[73] Vgl. Kapitel 3.1.2 Repräsentativität im sozialwissenschaftlichen Feld.
[74] Vgl. Keller, Archäologie der Meinungsforschung, S. 349 ff.

die »öffentliche Meinung« zu erfassen.[75] In den USA erreichte die Kritik an der Meinungsforschung einen Höhepunkt, als Gallups Institut anlässlich der Präsidentenwahl von 1948 fälschlicherweise den Republikaner Thomas Dewey anstatt des Demokraten Harry S. Truman als Sieger vorhersagte.[76]

Im deutschsprachigen Raum wurde die Demoskopie in den 1950er Jahren besonders intensiv diskutiert. Als Promotoren traten etwa Elisabeth Noelle-Neumann und Gerhard Schmidtchen vom 1947 gegründeten Institut für Demoskopie in Allensbach oder der Meinungsforscher Rolf Fröhner hervor.[77] Aber auch der Soziologe René König sah im Interview den »Königsweg der praktischen Sozialforschung«.[78] In der Schweiz wurde die Gallup-Methode seit den 1940er Jahren von einzelnen Instituten angewendet[79] und die breitere Diskussion der Methoden erfolgte, gleichzeitig wie in Deutschland, vor allem in den 1950er Jahren.

5.2.1 Die schweizerische Demoskopiediskussion

Dass die Demoskopie das politische System vor ein Legitimitätsproblem stellen kann, erörterte der Luzerner Jurist Robert Schnyder von Wartensee bereits 1946.[80] Da im demokratisch regierten Staat die Macht auf dem Willen des Volkes beruhe, müsse der Staatswille mit dem Volkswillen identisch sein. Obwohl die »vox populi« der »öffentlichen Meinung«[81] nicht mit dem Willen des Volkes im Sinne einer »volonté générale« gleichzusetzen sei, vertrat Schnyder von Warten-

---

[75] Der Politikwissenschaftler Lindsay Rogers von der Columbia-Universität kritisierte, dass die Umfragen nicht berücksichtigten, dass eine Meinung entscheidend davon abhängt, ob sie jemand auch artikulieren kann. Rogers, Lindsay, *The Pollsters. Public Opinion, Politics and Democratic Leadership*, New York 1949. Der Soziologe Herbert Blumer von der Universität Chicago kritisierte, die öffentliche Meinung entstehe hauptsächlich aus der Interaktion von Gruppen mit unterschiedlichen Interessen und könne deshalb nicht als Aggregat von Individualmeinungen konstruiert werden. Vgl. Blumer, Herbert, »Public Opinion and Public Opinion Polling«, in: *American Sociological Review* 13, Nr. 5 (1948); Raupp, Politische Meinungsforschung, S. 35 ff.

[76] Igo, Sarah E., *The Averaged American. Surveys, Citizens, and the Making of a Mass Public*, Cambridge 2007, S. 150 ff.

[77] Raupp, Politische Meinungsforschung, S. 41.

[78] König (Hg.), Interview, S. 27.

[79] Nach der Gallup-Methode arbeiteten das Schweizerische Institut zur Erfassung der öffentlichen Meinung in Lausanne, das Institut zur Erforschung der öffentlichen Meinung in Basel und die Zürcher Gesellschaft für Marktforschung. Vgl. Schnyder von Wartensee, Robert, *Die öffentliche Meinung als Element der staatlichen Willensbildung in der Demokratie*, Bern 1946, S. 132; Stettler, Demoskopie, S. 748 ff. Vgl. auch Kaufmann, Peter, *Wie das Gallup-Institut die öffentliche Meinung ermittelt. Was Politiker und der Marktforscher daraus lernen können*, Thalwil 1942.

[80] Er verwendete den Begriff Demoskopie allerdings nicht, sondern sprach von der »Wissenschaft der öffentlichen Meinung«. Vgl. Schnyder von Wartensee, Öffentliche Meinung S. 5. Der Neologismus Demoskopie wurde 1946 vom Soziologen Stuart C. Dodd aus den griechischen Vokabeln »demos« (Volk) und »skopein« (betrachten) gebildet und im deutschsprachigen Raum von Elisabeth Noelle-Neumann verbreitet. Vgl. Raupp, Politische Meinungsforschung, S. 14.

[81] Schnyder von Wartensee verstand unter öffentlicher Meinung explizit das, was mit wissen-

see die Ansicht, die Regierung müsse die öffentliche Meinung zumindest berücksichtigen. »Es ist unbestritten, dass die öffentliche Meinung bei der eigentlichen Willensbildung des Volkes mitwirkt; daher hat man sie auch als der ›wahre Souverän im Staate‹ bezeichnet, besonders aber im demokratischen Staate, wobei die Meinung der Mehrheit als die öffentliche Meinung, und diese als erklärter ›Volkswille‹ betrachtet wird.«[82] Diese Souveränität sei jedoch nicht im rechtlichen Sinne zu verstehen, sondern als ein Mitwirken im Hintergrund allen staatlichen Lebens.

Der Schweizer Rechtsanwalt Manfred Kuhn untersuchte Ende der 1950er Jahre in mehreren Publikationen[83] das Verhältnis von Demoskopie und Demokratie. Im Anschluss an den Philosophen Hans Barth[84] ging er davon aus, dass jede politische Herrschaftsform – vom Gottesgnadentum bis zur Demokratie – auf der Idee der Repräsentation gründe. In der Demokratie werde eine besondere Art der Repräsentation postuliert, um den fiktiven »Willen des Volkes« durch Stimmberechtigte und Behörden manifestieren zu lassen, nämlich eine Repräsentation von unten nach oben. Mit kritischem Unterton vermerkte Kuhn, dass das »souveräne Volk« jedoch zunächst aus einigen Männern bestanden habe, welche die Kühnheit besessen hätten, sich als Vertreter der Nation auszurufen und mächtig genug gewesen wären, ihren Anspruch auf Repräsentation aufrechtzuerhalten. Erst mit der Installation eines rechtskräftigen demokratischen Verfahrens sei »das Volk« auf die volljährigen Männer ausgedehnt worden.[85]

Während sich die Rechtsgemeinschaft aufgrund dieser *konstitutionellen Repräsentation* organisiere, seien jedoch auch andere »repräsentative Strukturen« für das gesellschaftlich-politische Leben bestimmend, nämlich Formen von *existentieller Repräsentation*. Letztere bezeichnet, so Kuhn, eine Vielfalt konventioneller, wirtschaftlicher und persönlicher Bezüge, welche Kirchen, Universitäten, Parteien, Verbände oder Familien, aber auch persönliche Beziehungen charakterisieren.[86] »Es handelt sich dabei um politisch-soziologische Repräsentation, wobei diese existentielle Repräsentation durchaus neben der konstitutionellen Repräsentation an der politischen Herrschaft teilhat, ja diese möglicherweise in

schaftlicher Meinungsforschung, insbesondere auch der Gallup-Methode, untersucht wurde. Vgl. Schnyder von Wartensee, Öffentliche Meinung S. 5 ff.

82 Ebd., S. 50.

83 Kuhn, Manfred, *Meinungsforschung und Demokratie (Staatsrechtliche Aspekte der Demoskopie)*, Zürich 1958.

84 Barth, Hans, *Die Idee der Ordnung. Beiträge zu einer politischen Philosophie*, Erlenbach-Zürich 1958.

85 Die zeitgenössische Auseinandersetzung um die Einführung des Frauenstimmrechts habe bewusst gemacht, dass die Frauen von den Männern repräsentiert würden, und die Frage aufgeworfen, ob diese Vertretung gerecht und angemessen sei. Vgl. Kuhn, Manfred, *Umfragen und Demokratie*, Allensbach 1959, S. 9 ff.

86 Ebd., S. 11.

ausserrechtlichen Vorgängen und Revolutionen ganz an sich reissen kann.«[87] Nun sei besonders in der Demokratie die »öffentliche Meinung« ein gewichtiger Faktor existentieller Repräsentation und werde – besonders in den USA – als Gegengewicht zur konstitutionellen Repräsentation gesehen. Die Besonderheit der Referendumsdemokratie[88] besteht dem Autor nach darin, dass existentielle Repräsentation jeweils bei Volksabstimmungen in konstitutionelle Repräsentation umschlägt, worauf aus der blossen »Volksmeinung« ein verbindlicher »Volkswille« entstehe. Noch stärker als in einer repräsentativen Demokratie führe dieser Umstand in einer Referendumsdemokratie zu einer »ständigen *dialektischen Spannung* zwischen Führung durch Behörden und Elite einerseits und Ausübung der politischen Herrschaft durch den Stimmbürger und Stände andererseits«[89].

Kuhn bestimmte das Kernproblem, welches sich aus normativer Perspektive ergab, aus dem Verhältnis von Repräsentation und Sanktion: In normativer Perspektive erscheine Demokratie als ein geschlossenes System von »sanktionierter Repräsentation«, das aus dem periodisch manifestierten Willen der stimmberechtigten Bürger aufgebaut werde.[90] Anders funktioniert jedoch laut Kuhn die existentielle Repräsentation, welche eine Fülle von Sanktionen kenne, seien sie nun konventioneller, wirtschaftlicher oder persönlicher Art. Ein Parlamentarier riskiert nach dieser Argumentation nämlich konstitutionelle Sanktionen – beispielsweise die Nicht-Wiederwahl – erst aufgrund existentieller Sanktionen, wenn etwa das Vertrauen seiner Wähler schwindet, ihm die wirtschaftliche Unterstützung entzogen wird oder er durch Konkurrenten diffamiert wird. Solche Sanktionen können dazu führen, dass er nicht mehr gewählt oder von seiner Partei schon gar nicht mehr nominiert wird. »Existentielle Sanktionen bilden somit die Voraussetzungen für konstitutionelle Sanktionen«, folgerte Kuhn.

Damit wurde die Vorstellung von Politik als geschlossenem System – als autonomes Feld, welches seine Macht ausschliesslich aus *politischen* Prozeduren schöpft – angegriffen und das Idealbild ihres Selbstverständnisses untergraben.[91] Es kann deshalb nicht erstaunen, dass aus normativer Perspektive Widerstände gegen existentielle Repräsentationsformen artikuliert wurden. Wie Kuhn beton-

---

[87] Kuhn, Meinungsforschung, S. 5.

[88] Neben den USA bezeichnete Kuhn auch die Schweiz als Referendumsdemokratie. Vgl. ebd. Den Begriff »direkte Demokratie« hielt er für falsch, weil schon auf Gemeindeebene Behörden stellvertretend für das Volk handelten und lediglich periodisch durch ihre Wähler bestätigt würden. Vgl. Kuhn, Umfragen, S. 17.

[89] Kuhn, Meinungsforschung, S. 5, Hervorhebung im Original.

[90] Kuhn, Umfragen, S. 13.

[91] So definierte etwa Jellinek die »Souveränität des Staates« in einer selbstreferenziellen Logik als »die Eigenschaft einer Staatsgewalt, kraft deren sie die ausschliessliche Fähigkeit rechtlicher Selbstbestimmung und Selbstbindung hat«. Vgl. Jellinek, Georg, *Allgemeine Staatslehre*, Berlin 1900/1914, S. 481.

te, ergibt sich eine Verschärfung des Problems daraus, dass existentielle Sanktionen nicht demokratisch legitimiert, sondern auch in freiheitlich-demokratischen Gesellschaften oligarchisch strukturiert sind, indem nicht Mehrheiten, sondern die hintergründigen Lenker dieser Mehrheiten ausschlaggebend wirken.

Kuhn hob hervor dass mit der Demoskopie ein »völlig neuer Faktor« existentieller Repräsentation aufgetreten sei. Sie durchleuchte das Volk mit »statistischer Repräsentation« und trete mit dem Anspruch auf, den »Volkswillen« oder zumindest die »Volksmeinung« in ungeahnter Genauigkeit präsentieren zu können. Aufgrund der genannten dialektischen Spannung zwischen »Elite« und »Volk« und der Problematik der mangelnden demokratischen Legitimation existentieller Repräsentationsformen rief also die Demoskopie seit ihren Anfängen Widerspruch und Kritik hervor. Zumal bis dahin nur wenige praktische Erfahrungen gemacht worden waren, war die Demoskopie von Befürchtungen und Kritik begleitet.[92] Kuhn zitierte in diesem Zusammenhang den bekannten deutschen Kritiker der Meinungsforschung, Wilhelm Hennis, welcher in der Demoskopie eine »Technik moderner Herrschaftsformen«[93] erblickte. Hennis geisselte die Manipulierbarkeit dessen, was als »öffentliche Meinung« gelten soll und durch die Meinungsforschung hergestellt wird, als Ausdruck »weitverbreiteter Konformität und Anpassung«, als Ausdruck einer Gleichförmigkeit im Denken und Meinen, welche erst durch den »hohen Grad gesellschaftlicher Egalität« möglich wurde, den die moderne Demokratie und die Industriegesellschaft verwirklicht hätten.[94] Auf der einen Seite beklagte Hennis die finstere Macht der Demoskopen, denn »unter ihrer Hand werden Meinungen der Menschen zu verdinglichten Verhältnissen, zu Gegenständen, die man manipulieren kann wie beliebige Objekte der Wirtschaftswelt«.[95] Auf der anderen Seite schwante ihm, »dass aus dem Wust von Stimmungen, unklaren Meinungen und popularisierenden Ansichten, wie sie die Massenmedien verbreiten, sich sehr viel schwerer eine *öffentliche Meinung* bilden kann, als aus der rationalen Auseinandersetzung der verschiedenen grossen Meinungsströme, die in der bürgerlichen Klassengesellschaft miteinander stritten.«[96] In Hennis Kritik verdichtet sich ein Unbehagen

---

[92] Siehe auch Keller, Archäologie der Meinungsforschung, S. 224 ff.

[93] Hennis, Wilhelm, *Meinungsforschung und repräsentative Demokratie. Zur Kritik politischer Umfragen*, Tübingen 1957, S. 9.

[94] Jürgen Habermas formulierte wenige Jahre später praktisch dieselbe Kritik. Vgl. Habermas, Jürgen, *Strukturwandel der Öffentlichkeit. Untersuchungen zu einer Kategorie der bürgerlichen Gesellschaft*, Frankfurt am Main 1962/1990, S. 354.

[95] Hennis, Meinungsforschung, S. 54 f.

[96] Ebd., S. 56 f. Diese Kritik ignoriert, dass die Repräsentativität von Umfragen genau auf solchen Unterschieden (etwa der sozialen Schicht) beruht, deren Einebnung sie beklagt. Vgl. Kapitel 4.2 Die quantitative Auswertung der Umfrage.

Felix Keller hat die These entwickelt, dass die Meinungsforschung genau in jenem Moment auftauchte, als sich die Fiktion einer öffentlichen Meinung – verstanden als nationaler politischer Dis-

gegenüber dem Verschwimmen von klassischen, klaren Konturen des politischen und gesellschaftlichen Lebens im Zeitalter der »Industriegesellschaft« – als ob zuvor die Auseinandersetzungen zwischen verschiedenen gesellschaftlichen Akteuren jemals klar und rational zu fassen gewesen wären. Solche Kritik erzählt von jenem normativen, in sich geschlossenen Politikideal, welches Kuhn als »vordergründiges Gerüst des Rechts« bezeichnete und hinter dem man die Verflechtungen existentieller Repräsentation erkenne, sobald »auch dessen soziologische Voraussetzungen und Fiktionen in den Bereich der Betrachtung aufgenommen werden«.[97]

Dieser strukturelle Widerspruch zwischen konstitutioneller und existentieller Repräsentation erhellt in unserem Fragezusammenhang, wie tief die Einwände gegen die Demoskopie im politischen Denken verwurzelt waren und warum die Meinungsforschung das politische Selbstverständnis etablierter Politikfunktionäre erschüttern konnte. Es stand nichts Geringeres auf dem Spiel als die normative Vorstellung davon, in welcher Form politische Fragen in der Öffentlichkeit thematisiert werden sollen. Die Form bezeichnet in diesem Zusammenhang nichts Äusserliches, sondern Logik und Prozedur der substanziellen Begründung des Politischen.

Die Auseinandersetzung muss mit anderen Worten als schmerzlicher Erkenntnisprozess politischer Akteure interpretiert werden, in dessen Verlauf sie einsehen mussten, dass das politische Feld – entgegen ihren eigenen Idealvorstellungen – nicht autonom war, sondern sozial eingebettet und mithin sozial bedingt. Sie sträubten sich anzuerkennen, dass ihnen jene Öffentlichkeit vorausgesetzt war, deren Massencharakter sie sowohl verachteten als auch fürchteten, und dass die von ihnen hochgehaltene Autonomie des politischen Feldes fiktionalen Charakter hatte. Die normative Selbstreferenzialität, welche die politische Repräsentation des *Demos* als rein rechtlich gesetztes Prozedere begriff, wurde damit hinfällig. Ebenso brüchig wurde in diesem Zusammenhang die Leitidee, ausschliesslich die *Politik* sei zuständig für die Repräsentation des *Demos* – des Volkes – und für die Bearbeitung fundamentaler Fragen wie der Stellung der Frau oder der Bedeutung von Staat und Nation.

---

kurs – nicht mehr habe aufrechterhalten lassen. Die Meinungsforschung habe die Fiktion geschaffen, eine Verständigung innerhalb einer auseinandergebrochenen Gesellschaft sei möglich und es könne dazu eine »gemeinsame Sprache« gefunden werden. Hennis' Kritik widerspricht diesem Befund: Er betont zwar die Schwierigkeit, dass sich überhaupt eine öffentliche Meinung herausbilden kann, sieht jedoch die Ursache dafür nicht etwa in einer zunehmenden Fragmentierung der Gesellschaft, sondern im Gegenteil in der Vermassung und in einer neuen Gleichförmigkeit. Vgl. Keller, Archäologie der Meinungsforschung, S. 351 ff.

[97] Kuhn, Umfragen, S. 13.

5.2.2 Elitäre vs. plebiszitäre Perspektiven

Hennis' Kritik, die klassischen Konturen der politischen Auseinandersetzung würden angesichts einer vermassten öffentlichen Meinung verschwimmen, beruht auf elitären Klischees und Befürchtungen. Angesichts gesellschaftlicher und politischer Öffnungstendenzen formulierten solche Klischees eine Skepsis gegenüber der »Massengesellschaft« und ihrer konturlosen Öffentlichkeit. Diese Sichtweise bedauert, dass das Herausragende und Überlegene zu verschwinden droht. Es verwundert deshalb nicht, dass Hennis in seiner Kritik das Idealbild einer politisch führenden Elite transportierte und den Parlamentarismus selbst gefährdet wähnte: »Der Parlamentarismus als Methode repräsentativer Volksvertretung verliert seine Legitimität, wenn sich seine Repräsentanten nicht mehr als klügere, besser informierte und einsichtigere Beurteiler politischer Fragen betrachten als die Masse des Volkes, das sie andererseits auch als solche respektieren muss.«[98]

Freilich war Hennis' Kritik an der Demoskopie von den historischen Erfahrungen Deutschlands mit dem Nationalsozialismus geprägt, sodass er bloss anzudeuten brauchte, wohin »plebiszitäre Kompetenzen in Hinblick auf den *Inhalt* der Politik [...] nur führen können«, um die Meinungsforschung anzugreifen.[99] Die »nervöse Heftigkeit«, mit der in Deutschland über politische Meinungsforschung diskutiert wurde, vermochte dagegen Manfred Kuhn aus seiner schweizerischen Perspektive nur zu erstaunen. Kuhn war sich nicht sicher, ob dieses Unverständnis darauf zurückzuführen war, dass in der Schweiz noch kaum Erfahrungen mit Demoskopie gemacht worden waren, oder auf die »Tradition eines in plebiszitärer Demokratie aufgewachsenen und erfahrenen Volkes [...], wo überdies Toleranz, nüchtern-kritische Beobachtung politischer Phänomene und neutralistische Tendenzen seit Jahrhunderten das Gesicht staatsrechtlicher Diskussionen geprägt haben«.[100]

Ein Blick auf die wenigen konkreten Erfahrungen mit demoskopischen Projekten zeigt, dass Kuhn die Verhältnisse in der Schweiz idealisierte. Einerseits wurden in den 1950er Jahren – im Vorfeld von Volksabstimmungen – von politisch interessierten Akteuren Meinungsumfragen in Auftrag gegeben, um aufgrund der prognostizierten Abstimmungsergebnisse politische Kampagnen zu führen. Diese Umfragen wurden jedoch von den Auftraggebern geheim gehalten. Kuhn selbst nannte eine Reihe von Kampagnen, welche aufgrund von geheimen Abstimmungsprognosen geführt wurden, nämlich die Kampagne zugunsten der Tabakkontingentierung 1952, gegen die Subvention der Emser Industrie

---

98 Hennis, Meinungsforschung, S. 58.
99 Ebd., S. 50.
100 Kuhn, Umfragen, S. 8.

1957 und gegen die Kartell-Initiative 1958.[101] Diese Erfahrungen können sicherlich nicht als Hinweis auf einen besonders nüchtern-kritischen Umgang mit Meinungsumfragen gedeutet werden und auch nicht als Erfahrungen mit den plebiszitären Möglichkeiten der Demoskopie. Sie zeigen vielmehr, dass sich Meinungsforschung auch jenseits der Öffentlichkeit abspielte, wobei sich die Auftraggeber von ihrem Wissensvorsprung Vorteile erhofften. Demoskopie hat mit anderen Worten nicht *per se* eine plebiszitäre Stossrichtung und muss keineswegs partizipatorisch angelegt sein. Kuhn selbst sah in unveröffentlichten Umfragen kein Problem mangelnder Transparenz, sondern ein Führungsinstrument.[102]

5.2.3 Die Volksumfrage von 1946

Wenn sich Meinungsforschung nicht im Geheimen abspielte, sondern in der Öffentlichkeit, wurde ihr in der Schweiz für gewöhnlich mit grosser Skepsis begegnet und sie führte zu politischen Misstönen. Dies belegen die Diskussionen um eine »Volksumfrage«, die unter dem Patronat der Neuen Helvetischen Gesellschaft (NHG) 1946 abgehalten wurde.[103] Es war die erste gesamtschweizerische Repräsentativumfrage, deren Ergebnisse veröffentlicht wurden. Die »Volksbefragung« bestand einerseits aus einem Fragebogen, den die NHG in 2,5 Millionen Haushalte verschicke, und andererseits aus einer Umfrage, in deren Verlauf das Lausanner »Institut Suisse de l'opinion publique« (ISOP) 3000 repräsentativ ausgewählten Personen einen ähnlichen Fragebogen vorlegte. In beiden Umfragen wurden unter anderem die Themen Frauenstimmrecht, staatlicher Einfluss auf die Wirtschaft, Föderalismus, Neutralitätspolitik und UNO-Beitritt erfragt.[104] Das Projekt war von Spannungen zwischen elitenzentrierten und plebiszitär-de-

---

[101] Ebd., S. 47, Fussnote 7. Mit der Abstimmung zur »Subvention der Emser Industrie« meinte Kuhn den mit 57,5% abgelehnten »Bundesbeschluss über Massnahmen zur Stärkung der Wirtschaft des Kantons Graubünden durch Gewährung einer Hilfe an die Holzverzuckerungs-AG« vom 13.5.1956.

[102] »Die Demoskopie zeigt den Feldherren die schwachen Frontstellen, den Informationsgrad des Stimmbürgers, die Möglichkeiten des Verständnisses von Argumenten, Slogans und Bildern, regionale Unterschiede, Erfolge und Misserfolge der eigenen oder fremden Propaganda usw. Dabei ist der so durchleuchtete Stimmbürger keineswegs etwa ›abgewertet‹, sondern vielmehr erst richtig bewertet. Man hat die Notwendigkeit sachlicher Information und polemischer Intensivierung eingesehen, irrationale Komponenten zu würdigen gelernt und auch bei komplizierten Vorlagen einfache, eindeutige und verständliche Propagandamittel eingesetzt.« Kuhn, Meinungsforschung, S. 12.

[103] Vgl. Neue Helvetische Gesellschaft/Verein Volksumfrage (Zürich)/Kägi, Schweiz hält durch.

[104] Ebd., S. 137 ff. Im verschickten Fragebogen wurde zuallererst die Frage gestellt, was das Wichtigste für die Zukunft des Landes sei. Zudem wurde die militärische Landesverteidigung angesprochen und danach gefragt, ob die Präambel der Bundesverfassung weiterhin »Im Namen Gottes des Allmächtigen!« lauten solle. In der ISOP Umfrage wurde nach dem Verhältnis von Arbeitnehmern und Arbeitgebern gefragt.

mokratischen Perspektiven gezeichnet.[105] Der Plan für eine gesamtschweizerische Repräsentativbefragung löste bei zahlreichen Kommentatoren die Befürchtung aus, die »Einheit des Volksganzen« könnte unterminiert werden, wenn auf die Existenz von Gruppenmeinungen hingewiesen werde. Führende Politiker äusserten zudem grundsätzliche Bedenken, das »Volk« zu befragen, unter ihnen etwa die Bundesräte Nobs (SP) oder Petitpierre (FDP).[106]

Das Umfrageprojekt war von Andreas Brunner, dem Sohn des konservativen Theologen Emil Brunner, angeregt worden. Brunner war Mitglied der »Gerechtigkeitsgruppe«, einem Zirkel einflussreicher protestantischer Männer, welche Niklaus Stettler zu Folge die Aufklärung verurteilten und an eine göttliche Ordnung glaubten, in der jedem Menschen ein vorbestimmter Platz zukomme, an eine »organische Gesellschaft, die auf Autorität und Gehorsam fussen sollte«.[107] Brunner wollte mit dem Projekt gegen »Vermassung und lähmenden Fatalismus« vorgehen, um den Einfluss »linksextremer Kräfte« zu schwächen. Die Umfrage war nur ein Teil seines Projekts, der zweite Teil bestand darin, dass die »Elite« der Schweiz einen politischen Katechismus erarbeiten sollte, welcher als Grundlage für eine neue Verfassung dienen könnte.[108]

Brunner war der Ansicht, es existiere ein »einheitlicher Volkswille« und wollte seiner elitären Demokratievorstellung entsprechend die »richtigen Positionen« ermitteln. Er war jedoch auf die Unterstützung der NHG angewiesen und diese bestand aus Seriositätsgründen darauf, nicht nur eine breite Publikumsbefragung, sondern auch eine Gallup-Umfrage durchzuführen. Als unbeabsichtigte Nebenfolge wiesen die Ergebnisse der ISOP-Umfrage nach, dass sich auch in der Schweiz eine pluralistische Gesellschaft etabliert hatte. Wie Stettler folgert, hatte die NHG mit der Repräsentativbefragung ironischerweise dafür gesorgt, dass in dem Projekt, entgegen Brunners Absicht, auch jene Auffassung von Demokratie zum Zuge kam, welche »Demokratie als Mittel zur Realisierung von Individualrechten« auffasste und von einer Pluralität von Interessen und Meinungen ausging.[109]

---

[105] Die Kommunikationswissenschaftlerin Juliana Raupp hat in ihrer Abhandlung über Meinungsforschung zwischen »elitenzentrierten« und »plebiszitär-demokratischen« Ansätzen unterschieden. Vgl. Raupp, Politische Meinungsforschung, S. 52 ff.

[106] Stettler, Demoskopie, S. 735 und 751.

[107] Ebd., S. 736. Der Gruppe gehörten unter anderem die Präsidenten des VSM und des SMUV, Hans Schindler und Konrad Ilg an, der Sekretär des Zentralverbandes der schweizerischen Arbeitgeberorganisationen, Friedrich Bernet, oder der Präsident der Neuen Helvetischen Gesellschaft, Theo Chopard. Auch die beiden späteren Bundesräte Hans Schaffner und und Friedrich Wahlen, also just jene Bundesräte, welche gegen das Projekt »Un jour en Suisse« intervenierten, waren Mitglieder der Gruppe.

[108] Ebd., S. 743.

[109] Ebd., S. 746.

Wie Stettler hervorhebt, kritisierten die zeitgenössischen politischen Akteure an der »Volksbefragung« hauptsächlich, dass sie ihrer Funktion als Vermittler politischer Ideen verlustig gingen und damit ihre Stellung als Repräsentanten des »Volkes« in Frage gestellt war. Die Umfrage stellte ihr Demokratieverhältnis in mehrfacher Hinsicht Frage: Sie lancierte erstens unabhängig von den Behörden politische Themen, befragte zweitens das »Volk«, ohne dass dieses vorgängig politisch instruiert war, und akzeptierte damit drittens implizit einen politischen Meinungspluralismus, welcher dem »Mythos einer klassenlosen solidarischen Gemeinschaft« widersprach.[110] Diese historischen Erfahrungen und die Diskussion des Verhältnisses von Demoskopie und Demokratie erhellen die Standpunkte unterschiedlicher Akteure zur Demoskopie. Zusammenfassend lässt sich feststellen, dass vor allem die Nähe zum politischen oder wissenschaftlichen Feld ihre Sichtweise prägte und ihre Vorliebe für eine plebiszitäre oder elitäre Repräsentationsform des *Demos* bestimmte.

Hans Gigers Kritik schliesst an diese Diskurslinie an. Seine Ablehnung eines Szenarios, in dem eine neue Form des politischen Spiels erprobt worden wäre, hat mit anderen Worten damit zu tun, dass er einen Bedeutungsverlust seines Berufsfeldes befürchtete. In einer Welt, in der ein solches Szenario möglich ist, hätten er und seine Berufskollegen sich in Bezug auf gewichtige politische Fragen nicht länger als »klügere, besser informierte und einsichtigere Beurteiler«[111] sehen können.

5.3 Politische Intervention auf dem Terrain der Soziologie

5.3.1 Soziologische Gutachten

Gigers Intervention beschränkte sich nicht auf seine elitär-politische Kritik am Szenario »Un jour en Suisse«. Gleichzeitig versuchte er, das Projekt sozusagen mit den eigenen Waffen zu schlagen: Im Namen von Bundesrat Bonvin forderte er beim Gründer des soziologischen Instituts der Universität Bern, Richard F. Behrendt, ein soziologisches Gutachten an. Behrendt wollte sich als Entwicklungssoziologe deutscher Provenienz in punkto Schweizer Politik nicht profilieren und war zudem mit den Techniken der Meinungsforschung wenig vertraut. Deshalb leitete er die Anfrage an zwei seiner Assistenten weiter, an Urs Jaeggi und an Jürg Steiner.[112] Offiziell begründete Behrendt dies damit, er sei in den Ferien.

---

[110] Ebd., S. 754.
[111] Hennis, Meinungsforschung, S. 58.
[112] Quelle: Gespräch mit Urs Jaeggi 27.11.2006, sowie Stotzer, Soziologie, S. 36 ff.

Urs Jaeggi (*1931) hatte Nationalökonomie und Soziologie in Genf, Bern und Berlin studiert und 1959 bei Richard Behrendt seine Dissertation zum Thema »Die gesellschaftliche Elite«[113] verfasst. Nach einem Forschungsaufenthalt an der Universität Münster kehrte er 1961 an den Lehrstuhl Behrendts zurück, wo er zunächst als Assistent, nach seiner Habilitation[114] als Oberassistent und schliesslich 1965–66 als interimistischer Institutsleiter[115] tätig war. Nach politischen Querelen um sein Engagement in einer der ersten linken Studentenorganisationen, dem »forum politicum«, und heftigen Anfeindungen aufgrund einer Analyse der Pentagon-freundlichen Berichterstattung schweizerischer Medien über den Vietnamkrieg,[116] verliess Jaeggi die Schweiz und folgte dem Ruf der Ruhr-Universität Bochum.[117] Dort verfasste er sein Hauptwerk »Macht und Herrschaft in der Bundesrepublik«, welches er nach einer gründlichen Überarbeitung und theoretischen Präzisierung zu »Kapital und Arbeit in der Bundesrepublik« weiterentwickelte.[118]

Jürg Steiner (* 1935) wurde 1959, nach einem Geschichts- und Soziologiestudium, ebenfalls bei Richard Behrendt promoviert.[119] Von 1960–64 arbeitete er als Sekretär der eidgenössischen Expertenkommission für Fragen der Hochschulförderung sowie als Assistent am Soziologischen Institut. Nach seiner Habilitation 1969 wanderte er in die USA aus, wo er ab 1971 an der University of North Carolina in Chapel Hill eine Professur für Politikwissenschaft innehatte.[120] Er verfasste zahlreiche Werke zur deliberativen Demokratie.[121]

---

113 Jaeggi, Urs, *Die gesellschaftliche Elite. Eine Studie zum Problem der sozialen Macht*, Bern 1967.

114 Jaeggi, Urs, *Berggemeiden im Wandel. Eine empirisch-soziologische Untersuchung in vier Gemeinden des Berner Oberlandes*, Bern 1965.

115 Stotzer, Soziologie, S. 55 ff.

116 Jaeggi/Wyniger/Steiner, Vietnamkrieg.

117 In Bochum hatte er sechs Jahre lang (1966–72) eine Professur für Soziologie inne. Nach einem einjährigen Aufenthalt an der New School for Social Research in New York war er von 1972–1992 Ordinarius für Soziologie an der Freien Universität Berlin. Vgl. Bernsdorf, Wilhelm/Knospe, Horst, *Internationales Soziologenlexikon*, Stuttgart 1980, S. 391 ff.

118 Jaeggi, Urs, *Macht und Herrschaft in der Bundesrepublik*, Frankfurt am Main 1969; Jaeggi, Urs, *Kapital und Arbeit in der Bundesrepublik. Elemente einer gesamtgesellschaftlichen Analyse*, Frankfurt am Main 1973. Jaeggi verfasste auch zahlreiche belletristische Werke und lebt heute als Aktionskünstler in Berlin und Mexiko-City.

119 Steiner, Jürg, *Die Beziehungen zwischen den stimmberechtigten und den Gewählten in ländlichem und städtischem Milieu. Versuch einer staatssoziologischen Untersuchung am Beispiel des Grossen Rates des Kantons Bern*, Bern 1959.

120 Summermatter, Stephanie: Jürg Steiner, in: *Historisches Lexikon der Schweiz (HLS)*, http://www.hls-dhs-dss.ch/textes/d/D44852.php (13.11.2012). Jürg Steiner arbeitete in den 1980er Jahren als nebenamtlicher assoziierter Professor an der Universität Genf und in den 1990er Jahren an der Universität Bern.

121 Siehe beispielsweise Steiner, Jürg, *European Democracies*, New York 1986; Steiner, Jürg, *Deliberative Politics in Action: Analyzing Parliamentary Discourse*, Cambridge 2004.

Giger hatte also zwei ambitionierte junge Soziologen gefunden, die er nun dazu bringen wollte, ihm Argumente gegen das geplante Szenario »Un jour en Suisse« zu liefern. Wie bereitete Giger die Soziologen auf ihre Aufgabe vor? Nach welchen Kriterien beurteilten sie die bereits durchgeführte Umfrage und das geplante Szenario bei der Expo? Waren für sie ausschliesslich wissenschaftliche Gesichtspunkte von Belang oder argumentierten sie auch auf politischer Ebene? Welche Stärken und welche Schwächen der Studie »Un jour en Suisse« und des geplanten Fragespiels hoben die Soziologen in ihren Gutachten hervor?

Der Begutachtungsauftrag. Am Donnerstag, den 12 September 1963 verfasste Giger ein Auftragsschreiben, in dem er die Gutachtertätigkeit der Soziologen anleitete und wünschte, dass noch vor der Aussprache zwischen Bundesrat und Expo-Leitung, angesetzt für den 18. September, ein »Blitz-Gutachten« erstellt werde.[122] In seinem Orientierungsschreiben fasste Giger die Vorgeschichte des Projektes zusammen, skizzierte das Expo-Projekt und formulierte den Begutachtungsauftrag. Er legte seinen Instruktionen einen aktuellen Bericht zum Szenario »Un jour en Suisse« sowie einen Entwurf des Fragebogens bei.[123] In seiner Darstellung der Vorgeschichte erwähnte er zwar, dass eine Arbeitsgruppe eine »Enquête« durchgeführt und einen Bericht verfasst habe, um ein »vorläufiges Selbstportrait des Schweizers« zu zeichnen. Er erwähnte hingegen nicht, dass die »Enquête« von professionellen Soziologinnen und Soziologen durchgeführt worden war, sondern schrieb lediglich, sie sei unter der Leitung des Theaterdirektors Charles Apothéloz entstanden und es seien 1200 Männer und Frauen befragt worden. Indem er den wissenschaftlichen Charakter der Vorstudie unterschlug und einzig den Theatermann Charles Apothéloz erwähnte, wies er den Gutachtern subtil den Weg für Kritik. Der Hinweis, dass sowohl Männer als auch Frauen befragt worden waren, könnte durchaus als weitere Fährte für eine mögliche Kritik an der Befragung gedacht gewesen sein, weil sich darin die Stichprobe von der politischen Aktivbevölkerung unterschied. Die Gutachter nahmen darauf jedoch nicht Bezug.

Giger fuhr fort, die »Enquête« sei als Vorbereitung für eine Grosserhebung bei der Expo gedacht und erwähnte, dass mit Hilfe von IBM laufend ein »Portrait des Schweizers« auf einer »grosse[n] elektrische[n] Tafel« festgehalten werden sollte und dass geplant sei, die Ergebnisse der Umfrage nach der Expo auszuwerten und zu publizieren.[124] Aufgrund der Vorstudie könne man sich bereits eine Vorstellung der Hauptergebnisse machen: Eine grosse Homogenität gestatte es, »von

[122] Bundesarchiv, E 7170 (B) 1968 105, 126, UJS Gulliver-Test 1963, Nr. 9.

[123] Bundesarchiv, E 7170 (B) 1968 105, 126, UJS Gulliver-Test, Nr. 23; Stadtarchiv Lausanne, P 220, Carton 21, Classeur 3.

[124] Bundesarchiv, E 7170 (B) 1968 105, 126, UJS Gulliver-Test 1963, Nr. 9, S. 1.

einem Schweizervolk als Ganzem« zu sprechen, welches in der Arbeit und der häuslichen Tätigkeit die wichtigste Lebenserfüllung erblickt. Weiter schilderte er, die Bundesbehörden hätten vom weiteren Verlauf der Vorarbeiten keine Kenntnis. Die Arbeitsgruppe sei neu zusammengesetzt worden, ohne dass bekannt sei, ob und welche Soziologen sich noch am Projekt beteiligten.[125] Es folgten Hinweise zur Länge des Fragebogens – Giger suggerierte, er sei zu lang – und die Klage, dass die Arbeitsgruppe dem Delegierten viel zu wenig Zeit eingeräumt habe, um seine Kritik am Projekt zu formulieren. Nun sei eine Aussprache mit dem Bundesrat geplant und die Gutachten müssten vorgängig fertiggestellt werden.

Giger erörterte daraufhin das geplante Szenario auf der Expo. Er unterliess es, von einem Frage*spiel* zu sprechen, sondern unterstellte, es würden wissenschaftliche Ziele verfolgt. Zunächst hob er die grosse Sichtbarkeit von »Un jour en Suisse« hervor. 80 bis 90% der erwarteten 4 bis 6 Millionen Zuschauer würden voraussichtlich die Sektion besuchen. In Spitzenzeiten müsse mit 10 000 Personen pro Stunde gerechnet werden. Er erläuterte, dass die »Enquête« auf der Expo als Gullivers Reise in die Schweiz konzipiert war, wobei Gulliver den Soziologen und Ethnographen symbolisiere. Der Schlussbericht der Arbeitsgruppe wirke »schärfer« als die Maquetten, die er gesehen habe, und es werde »immer noch sehr stark auf der Schweiz als einer Männergesellschaft insistiert«.[126] Die geplante Umfrage selbst beschrieb er so, dass seine Skepsis unüberhörbar wurde:

> Am Eingang von ›Un jour en Suisse‹ erhält jeder Besucher ausser einem kleinen Leitfaden zum Szenario (von dessen Nutzen auch die EXPO-Direktion noch nicht überzeugt ist) den Fragebogen (Karte; das System ist im einzelnen nicht bekanntgegeben worden). Vom Eingang aus sollen die bisherigen Ergebnisse auf einer grossen Tafel sichtbar sein. Beim Rundgang stösst er auf die Fragen, die auf Tafeln bei den einzelnen Polyedern angeschrieben sind, z.B. bei den Ferien auf die Frage, welches die äusseren Merkmale der gesellschaftlichen Unterschiede in der Schweiz seien. Die Teilnahme an der Befragung ist freigestellt. Am Schluss der Sektion kann die Karte an einem Schalter abgegeben werden (12 Schalter), wo eine Typistin die Antworten überfliegt, auf offenkundige Versehen überprüft, und die Antworten in die IBM-Apparatur tippt. Nach vielleicht zwei Minuten erhält der Teilnehmer am Ausgang seine Karte zurück.

Es sei nicht bekannt, ob Massnahmen dagegen ergriffen würden, dass eine Person die Fragen mehrmals beantworte und man wisse nicht »nach welchen Überlegungen die Erhebung ausgewertet werden soll und welche Absichten mit gewissen Fragen verfolgt werden.«[127]

---

[125] Ebd., S. 2. Giger erwähnte bei dieser Gelegenheit, dass der Ethnograph Pierre Centlivres, ein Schüler von Prof. Gabus aus Neuenburg, und Hans-Luzius Senti aus Basel für die Umsetzung des Szenarios »Un jour en Suisse« engagiert worden waren.

[126] Ebd., S. 3.

[127] Ebd., S. 4.

Nach der tendenziösen Beschreibung des Szenarios kam Giger zum eigentlichen Begutachtungsauftrag. Er stellte den Gutachtern nebst einem Honorar in Aussicht, dass sie »an einem neuen oder bereinigten Projekt« mitwirken könnten. Um sicherzugehen, dass in den Gutachten nicht politisch argumentiert wird, hielt er fest, dass der Bundesrat zur staatspolitischen Seite »sein Wort bereits gesprochen« habe. Die Gutachter sollten dazu lediglich »unter fachlichen Aspekten das Nötige« sagen.[128] In erster Linie sollten sie prüfen, ob »eine soziologische Erhebung fachlich vertretbar und erwünscht ist (Landesausstellung als nationale Manifestation, besucht von einem erheblichen Teil des Volkes; Öffentlichkeit, publizistische Auseinandersetzung während der Ausstellung, Mai bis Oktober)«.[129] Zudem sollten die Soziologen untersuchen, welches der Gegenstand einer Erhebung sein könnte und ob die bereits durchgeführte Vorstudie dazu überhaupt als Ausgangspunkt dienen könne. Schliesslich sollten sie die Fragen nach allen Gesichtspunkten überprüfen und die psychologischen und technischen Voraussetzungen beleuchten.

Beeinflusste Gutachten. Gigers Darstellung des Projektes »Un jour en Suisse« war darauf angelegt, den Gutachtern möglichst viele Ansätze für Kritik zu geben. Offensichtlich wollte er mit Hilfe der Gutachten die Studie »von innen« angreifen und unter wissenschaftlichen Gesichtspunkten in Zweifel ziehen. Soziologisch verbürgte Kritik sollte die Änderungswünsche des Delegierten und des Bundesrates unterstützen. Es scheint, als ob Giger die rein politischen Argumente gegen die Studie nicht ausreichten und ihm die »staatspolitischen Bedenken« des Bundesrates allein nicht legitim genug erschienen, um gegen die Studie und das Fragespiel zu opponieren.

Jaeggi und Steiner liessen sich durch Gigers tendenziöse Darstellung zumindest teilweise beeinflussen. Zwar würdigten beide den wissenschaftlichen Charakter der Vorstudie. Jaeggi erschien die Durchführung und Auswertung »sorgfältig und einwandfrei«[130] und Steiner hielt sie wenigstens »in ihren grossen Zügen für wissenschaftlich haltbar«[131]. Doch das Fragespiel kritisierten beide in einer Art und Weise, als handle es sich um eine soziologische Umfrage. Urs Jaeggi bemerkte zwar noch, aus dem Schlussbericht gehe hervor, dass die Befragung »Spielcharakter« habe. Trotzdem kam er später zum Schluss, die Resultate müssten einen »ernsthaften Charakter tragen«,[132] da sie später publiziert würden.

---

[128] Ebd., S. 5.
[129] Ebd.
[130] Bundesarchiv, E 7170 (B) 1968 105, 126, UJS Gulliver-Test 1963, Nr. 7, S. 1.
[131] Bundesarchiv, E 7170 (B) 1968 105, 126, UJS Gulliver-Test 1963, Nr. 6, S. 6.
[132] Bundesarchiv, E 7170 (B) 1968 105, 126, UJS Gulliver-Test 1963, Nr. 7, S. 1.

Weil das Fragespiel an den Standards einer wissenschaftlichen Untersuchung gemessen wurde, lesen sich die Gutachten wie ein Schnellkurs zur soziologischen Fragebogenkonstruktion. Beide Soziologen forderten, man müsse einige Fragen offen stellen oder mehr und ausgewogenere Antwortkategorien vorgeben. Sie bemerkten, die Antworten würden durch die Fragen in eine bestimmte Richtung gelenkt. Steiner nannte als Beispiel, die Frage zur Stellung der Frau sei so gestellt, dass es wünschenswert erscheine, ihre Stellung zu verbessern. Und die Frage zum Kommunismus enthalte die Annahme, der Kommunismus gewinne in der Schweiz an Boden.[133] Jaeggi befürchtete, wenig intellektuelle Befragte würden nicht alle Fragen verstehen, aber aufgrund der Antwortvorgaben trotzdem antworten. Umgekehrt vermutete er, ein intellektuelles Publikum werde konsterniert sein, da mehrere Antworten, von denen man nur eine auswählen durfte, gleich wesentlich seien oder sich nicht gegenseitig ausschlossen. Sowohl Jaeggi als auch Steiner kritisierten, dass der Fragebogen Antwortkategorien enthielt, in denen sich konträre Stellungnahmen sammelten.[134] Zudem waren in den Augen der Gutachter einige Fragen zu schwierig formuliert oder betrafen Sachverhalte, welche die Befragten womöglich nicht kannten. Jaeggi befürchtete beispielsweise, Antworten wie »Automatisierung«, »langfristiger Wirtschaftsplan«, »Beitritt zur EWG« oder »Nationales Institut für wissenschaftliche Forschung« würden die Befragten überfordern.

Beide Gutachten schätzten auch die Rahmenbedingungen der Befragung ähnlich ein. Sie griffen Gigers Hinweis auf, dieselbe Person könnte mehrfach an der Befragung teilnehmen. Steiner formulierte genau das, was ihm Giger suggeriert hatte: »Es ist auch denkbar, dass eine grössere Anzahl von Personen den Fragebogen mehrmals ausfüllt (z. B. aus politischen Gründen!).«[135] Die beiden Soziologen stimmten überein, die auf der Expo Befragten könnten sich gegenseitig beeinflussen. Sie hielten die Ausstellung als Rahmen einer ernsthaften Befragung für tendenziell ungeeignet, weil das Publikum womöglich alkoholisiert sei.[136] Sie befürchteten zudem, die laufende Bekanntgabe der Antworten auf der Expo und

---

[133] Bundesarchiv, E 7170 (B) 1968 105, 126, UJS Gulliver-Test 1963, Nr. 6, S. 2.

[134] Beide nannten als Beispiel, sowohl ein Kommunist wie auch ein dezidierter Nicht-Kommunist könne sagen: »Der Kommunismus ist keine Gefahr für die Schweiz«, vgl. Bundesarchiv, E 7170 (B) 1968 105, 126, UJS Gulliver-Test 1963, Nr. 7, S. 3; Bundesarchiv, E 7170 (B) 1968 105, 126, UJS Gulliver-Test 1963, Nr. 6, S. 2.

[135] Bundesarchiv, E 7170 (B) 1968 105, 126, UJS Gulliver-Test 1963, Nr. 6, S. 3.

[136] Steiner sah in der gegenseitigen Beeinflussung des Publikums eine Gefahr für Missbräuche: »Wenn beispielsweise ein Verein in gehobener Stimmung die Sektion betritt, muss nur ein Witzbold eine Bemerkung machen (Grund der Heirat!), und schon wird der Fragebogen nicht mehr seriös ausgefüllt. In einer derartigen Situation ist es durchaus möglich, dass der Fragebogen dazu benutzt wird, um allerhand Schabernack zu treiben.« ebd., S. 4.

die zu erwartende Thematisierung in den Medien würden die weiteren Ergebnisse beeinflussen.

Giger hatte in seinem Auftragsschreiben suggeriert, es handle sich beim geplanten Fragespiel um eine sozialwissenschaftliche Untersuchung und damit die beiden Soziologen erfolgreich dazu gebracht, es einhellig wie ein Exposé einer soziologischen Umfrage zu kritisieren.

In Bezug auf politische Äusserungen unterscheiden sich die beiden Gutachten jedoch markant. Urs Jaeggi beschränkte sich ausschliesslich auf wissenschaftliche Argumente und unterliess jeden politischen Kommentar. In seinen Schlussfolgerungen schrieb er lediglich, die Fragen seien »zu intellektuell formuliert und zu subjektiv gefärbt«.[137] Der Rahmen einer Ausstellung sei im Hinblick auf eine seriöse Weiterverarbeitung des gewonnenen Materials ungeeignet. »Eine Lösung scheint sich mir eher in Richtung ›Spiel‹ anzubieten, also unter Preisgabe der wissenschaftlichen Absichten«[138] folgerte Jaeggi.

Anders Jürg Steiner. Er reproduzierte Gigers staatspolitische Bedenken. In seinen Schlussfolgerungen vermerkte er: »Es besteht auch die Gefahr, dass die unzulänglichen Ergebnisse in der Öffentlichkeit gross aufgezogen werden, wobei einzelne Gruppen versuchen könnten, der ganzen Erhebung einen plebiszitären Charakter zu geben (Frauenstimmrecht, Dienstverweigerer, Aussenpolitik, Bodenfrage, Fremdarbeiterproblem usw.).« Und er schob dem politischen Einwand einen wissenschaftlichen nach, den sich Giger nicht passender hätte wünschen können: »Es ist sogar zu befürchten, dass die noch junge Wissenschaft der Soziologie durch die Unseriosität dieser Erhebung im ganzen Land in Misskredit gezogen wird.«[139] In Sorge um die Reputation der Soziologie lehnte er das Fragespiel ab und schlug ein harmloseres Szenario vor: »Eine Ersatzmöglichkeit – wenn schon eine Umfrage durchgeführt werden muss – könnte darin bestehen, dass die Besucher gefragt würden, was sie von den dargestellten Beobachtungen Gullivers halten. Um entsprechende Einzelvorschläge auszuarbeiten, müsste allerdings die Aufmachung der ganzen Sektion näher bekannt sein.«[140] Mit seiner letzten Bemerkung signalisierte Steiner womöglich Interesse an Gigers Angebot zur Mitarbeit an einem modifizierten Projekt.

Beide Gutachter stimmten in Gigers Prämisse ein, das Szenario auf der Expo verfolge wissenschaftliche Ziele, weil die Ergebnisse des Fragespiels publiziert werden sollten. Bei Jaeggi findet sich noch eine Abwägung dieses Sachverhalts, indem er den Spielcharakter der Umfrage erwähnte. Bei Steiner fehlte diese Dif-

---

[137] Bundesarchiv, E 7170 (B) 1968 105, 126, UJS Gulliver-Test 1963, Nr. 7, S. 5.

[138] Ebd.

[139] Bundesarchiv, E 7170 (B) 1968 105, 126, UJS Gulliver-Test 1963, Nr. 15: Steiner, Jürg, *Bericht zum Projekt einer soziologischen Erhebung an der Expo 64 (Entwurf)*, 15.9.1963, S. 5.

[140] Bundesarchiv, E 7170 (B) 1968 105, 126, UJS Gulliver-Test 1963, Nr. 6, S. 6.

ferenzierung und er setzte das Fragespiel mit einer wissenschaftlichen Erhebung gleich. Giger war es gelungen, die beiden Soziologen für seine Zwecke zu instrumentalisieren.

Im Namen der Wissenschaft. Eine knappe Woche nach dem Treffen des Bundesrates und der Expo-Direktion, am Tag vor den Treffen mit der Arbeitsgruppe »Un jour en Suisse«, verfasste Giger eine Notiz für Bundesrat Schaffner. Darin vermittelte er – in seiner eigenen Lesart – die Position der beiden Soziologen:

> Die Herren Jaeggi und Steiner erachteten aber einen verbal gefassten Fragebogen an sich als unhaltbar, da in der Ausstellung die Voraussetzungen für eine auch nur halbwegs zuverlässige Enquête nicht gegeben seien. [...] Sie erklärten einleuchtend, mit einem Fragebogen, der nach wie vor ernsthafte Fragen enthalten soll, lasse sich kein öffentliches ›Spiel‹ betreiben, ob man die Sache von der Wissenschaft, vom Besucher oder von der Allgemeinheit her betrachte.[141]

Er habe sich zwar bemüht, den Soziologen das Resultat der Aussprache vor dem Bundesrat – gemeint war das Treffen zwischen dem Bundesrat und den Expo-Direktoren[142] – schmackhaft zu machen. Sie seien jedoch dabei geblieben, dass »einzig ein Bilder-Test annehmbar wäre, indem sich die Besucher zu den figürlichen und graphischen Darstellungen ›Un jour en Suisse‹ äussern würden.« Die Soziologen hätten damit bewiesen, dass sie »unbestechliche Sachverständige« seien. Falls die Expo ihren Willen durchsetzen könne und an einem Fragespiel festhalte, so fürchte Giger, dass »bald nach der Eröffnung der Ausstellung nicht nur politisch interessierte Kreise, sondern auch Wissenschaftler sich distanzierten.«[143] Er werde daher alles versuchen – innerhalb der »Grenzen der Courtoisie« – die Expo auf einen solchen Bilder-Test hinzulenken. Diese Argumentation zeigt deutlich, dass sich Gigers politisch motivierte Kritik hinter Bedenken im Namen der Wissenschaft versteckte.

Dem Szenario waren bereits nach der Aussprache mit dem Bundesrat die Zähne gezogen worden: Indem die Umfrageergebnisse nicht dargestellt werden durften, war dem Spiel der missliebige »plebiszitäre Charakter« ausgetrieben worden. Aber nach wie vor wollten die Veranstalter die Antworten auszählen, um sie wenigstens nach Ende der Expo zu veröffentlichen. Allein diese Möglichkeit veranlasste Giger, nicht nur im Namen der Politik, sondern auch im Namen der Wissenschaft zu verhindern, dass die Umfrage überhaupt stattfand und auf einen »Bilder-Test« hinzuwirken, in dem gar keine »ernsten« – also politischen – Fragen gestellt würden.

---

[141] Bundesarchiv, E 7170 (B) 1968 105, 126, Allgemeiner Teil 1963, Nr. 3: Giger, Hans Georg, *Notiz für Herrn Bundesrat Schaffner. Expo 64. Zum Prinzip der Enquête*, 23.9.1963.

[142] Bundesarchiv, E 7170 (B) 1968 105, 126, UJS Gulliver-Test 1963, Nr. 25.

[143] Bundesarchiv, E 7170 (B) 1968 105, 126, Allgemeiner Teil 1963, Nr. 3.

5.3.2 Gegenargumente der Arbeitsgruppe »Un jour en Suisse«

Vor den Arbeitstreffen mit Giger, Jaeggi und Steiner analysierte die Arbeitsgruppe die Gutachten Satz für Satz und erstellte – als Argumentarium für die Direktion – eine detaillierte Replik.[144] Über ein Dutzend Mal wiesen sie darauf hin, es handle sich keinesfalls um eine wissenschaftliche Umfrage, sondern um ein Fragespiel. Sie hätten die Idee, auf der Expo eine wissenschaftliche Umfrage durchzuführen bereits im Februar 1963 verworfen und zwar aus denselben Gründen, die nun Jaeggi und Steiner geltend machten. Sie hätten sich stattdessen für ein Spiel entschieden, was auch aus dem August-Rapport[145] hervorgehe, den Giger den beiden Gutachtern beigelegt hatte. Aus jenem Rapport zitierte die Arbeitsgruppe ihre Absicht:

> In der Mitte des Weges der Schweiz, zwischen der Sektion, die sich den Konstanten der Schweizer Geschichte widmet, wird Un jour en Suisse gleichzeitig eine Art Temperaturmessung der Meinungen und Einstellungen der Schweiz von 1964 sein (das Spiel) und eine Ausstellung ihrer Lebensweise in der Übergangsphase, in der wir leben. Unsere Sektion will durch eine amüsante und unterhaltsame Darbietung das Publikum zum Nachdenken anregen und eine freie Diskussion der Schweizer auslösen, die sich während 6 Monaten in Lausanne versammeln nach dem Motto: Für die Schweiz von morgen: Erkennen und Schaffen.[146]

Sie betonte, es handle sich weder um eine wissenschaftliche Umfrage noch um die Verlängerung der wissenschaftlichen Vorstudie. Trotzdem sei die Wahl der Fragen und Antworten inspiriert durch die Ergebnisse der Vorstudie, durch Presse und Literatur sowie durch die »nicht-gelenkten« Interviews.

Die Arbeitsgruppe war überzeugt, dass das Publikum das Fragespiel nicht mit einer wissenschaftlichen Umfrage verwechseln werde. Die Werbung, der Prospekt, die Formulierung des Fragebogens und die Beschriftungen bei der Expo brächten dies klar zum Ausdruck. Ob die Befragten zum Thema Automation bereits eine Meinung hätten oder nicht und ob der Begriff vage sei spiele für ein Fragespiel keine Rolle. Es sei auch klar, dass die Antworten nicht als Ausdruck profunder Meinungen interpretiert werden könnten – dies sei auch gar nicht die Absicht. Den Vorwurf, die Meinung der Autoren sei aus den Fragen herauszuhö-

---

144 Stadtarchiv Lausanne, P 286, Carton 3, Enveloppe 3: Un jour en Suisse, *Rapport du Groupe de Travail »Un jour en Suisse« sur les rapports d'expertise Jäggi et Steiner du 19.9.63*, 22.9.1963.

145 Bundesarchiv, E 7170 (B) 1968 105, 126, UJS Gulliver-Test, Nr. 23.

146 *Im Original:* »Situé au centre de LA VOIE SUISSE, entre la section consacrée aux constantes de l'histoire de la Suisse, Un jour en Suisse sera à la foie une sorte de prise de température des opinions et des attitudes des Suisses de 1964 (le jeu) et une exposition de leurs modes de vie dans l'époque de transition que nous vivons. Notre section a pour ambition première de susciter, par un spectacle amusant et divertissant, la réflexion du visiteur et stimuler une libre discussion des Suisses réunis pendant 6 moins à Lausanne par la devise: POUR LA SUISSE DE DEMAIN: CROIRE ET CRÉER.« Stadtarchiv Lausanne, P 286, Carton 3, Enveloppe 3, S. 3. Zur Übersetzung des Slogans »croire et créer« vgl. Kapitel 2, Fussnote 67.

ren, hielten sie, für verfehlt. Es sei gerade die Absicht, mit den Fragen zur Stellung der Frau oder zum Kommunismus zum Nachdenken anzuregen, zumal sie Tabus berührten. Ähnlich argumentierten sie, dass die von Steiner als zu vage erachteten Begriffe wie »gemeinsamer Markt« oder »Planung« die Aufmerksamkeit des Publikums auf seinen Informationsmangel lenken und damit zum Nachdenken einladen würden. Das Fragespiel sei insgesamt nicht als Meinungsforschung zu begreifen, sondern als eine Diskussion innerhalb des Expo-Publikums.

Jürg Steiners Befürchtung, das Fragespiel könne der jungen Soziologie schaden, liess die Arbeitsgruppe nicht gelten: Mit der Publikation der Vorstudie, deren wissenschaftlichen Wert niemand bestreite, erweise die Sektion der jungen Soziologie Reverenz. Die Arbeitsgruppe würdigte die Qualität der beiden Gutachten und meinte, sie sei mit den Einwänden einverstanden und die Kritik sei sogar eher zu wohlwollend formuliert, wenn es tatsächlich um eine Umfrage und nicht um ein Spiel gegangen wäre. Es seien genau diese Einwände gewesen, welche sie bereits im Februar dazu veranlasst hätten, definitiv von einer Meinungsumfrage mit wissenschaftlichem Wert bei der Expo Abstand zu nehmen. Schliesslich verrate der Titel von Steiners Gutachten (»Bericht zum Projekt einer soziologischen Erhebung an der Expo«), dass die beiden Soziologen falsch über das Szenario informiert worden seien.

Mit dieser Replik hatte sich die Arbeitsgruppe unwiderruflich festgelegt, jeden wissenschaftlichen Anspruch beim Gulliverspiel aufzugeben. Obwohl zuvor der wissenschaftliche Aspekt der Zählung des Fragespiels nicht im Vordergrund gestanden war, hatte die Idee die Resultate zu publizieren und die Umfrageergebnisse mit Hilfe der soziodemographischen Variablen im Nachhinein mit der Vorstudie vergleichbar zu machen, im Hintergrund weiter bestanden. Diese Option wurde nun aufgegeben. Anfang Oktober 1963 schrieb Charles Apothéloz in einem Brief an Isac Chiva, er verzichte gänzlich darauf, im Rahmen von »Un jour en Suisse« eine wissenschaftliche Studie durchzuführen, hauptsächlich aus wissenschaftlichen Gründen, aber auch weil eine wissenschaftliche Umfrage nicht opportun sei.[147] Wäre wirklich bereits im Februar 1963 klar gewesen, dass bei der Expo keine wissenschaftliche Umfrage durchgeführt wird, hätte Apothéloz Chiva nicht erst im Oktober, drei Wochen nach der Sitzung mit dem Bundesrat, informiert. Für das Szenario auf der Expo machte dies keinen Unterschied und der Verlust an wissenschaftlichen Optionen schmerzte die Arbeitsgruppe nicht. Es war ein notwendiges Übel, zugunsten einer freieren Inszenierung auf die wissenschaftlich fragwürdige Datensammlung zu verzichten.

---

[147] Vgl. Stadtarchiv Lausanne, P 286, Carton 3, Enveloppe 3: Apothéloz, Charles, *Brief an Isac Chiva*, 9.10.1963.

Was jedoch schmerzte, war das Verbot, die Antworten zusammenzuzählen und auf einer Anzeigetafel darzustellen. Denn mit diesem *Feedback* hätte erst ein Dialog im grösseren Rahmen innerhalb des Publikums entstehen können. Die Publikation der Antworthäufigkeiten hätte eine solche Diskussion beflügeln und die Wirkung des Szenarios verstärken sollen. Schliesslich bezweckten die kritischen, teilweise polemischen Fragen, die suggestiven Antworten und die Thematisierung von Tabus genau dies: Helvetische Probleme öffentlich zu diskutieren, zum Nachdenken anzuregen und das Publikums für drängende Gegenwartsprobleme zu sensibilisieren.

Die wissenschaftliche Vorstudie sollte gewährleisten, dass gesellschaftlich relevante Fragen thematisiert werden, Fragen, für die sich das Publikum interessierte. Auf der Expo selbst jedoch, war es für das Szenario weitgehend irrelevant, ob das Fragespiel irgendeinen wissenschaftlichen Wert hatte oder nicht. Wissenschaftlichkeit war für Charles Apothéloz ein willkommenes Mittel gewesen ein gesellschaftskritisches Szenario zu verfassen. Die künstlerische Freiheit, dieses jenseits der Einschränkungen der Wissenschaftlichkeit zu inszenieren, vergrösserte letztlich seinen Handlungsspielraum.

5.4 Fazit: Widerstreit auf unsicherem Terrain

Warum kam es zum Konflikt zwischen »Un jour en Suisse« und dem Bundesrat und warum griff dieser massiv in das Szenario ein? Um diese übergeordnete Frage zu klären, wurde vorgeschlagen, zunächst die Besonderheit einer Landesausstellung im Vergleich zu den ansonsten geltenden gesellschaftlichen Verhältnissen zu beachten: Die Landesausstellung bot eine Art offene Bühne für Auseinandersetzungen wie sie zwischen Hans Giger und dem Bundesrat auf der einen Seite und der Arbeitsgruppe »Un jour en Suisse« und der Expo-Direktion auf der anderen ausgetragen wurden. Im Lichte des Konflikts werden zwei Besonderheiten der Landesausstellung als Handlungsrahmen deutlich.

Erstens erweist sie sich als verdichteter Sozialraum, in dem Akteure aus den verschiedensten Teilen der Gesellschaft unter Zeitdruck interagieren. Die Akteure tauchten auf dieser Bühne immer in einer besonderen Rolle als Wissenschaftlerinnen, Künstler oder Bundesdelegierte auf. Ihre Forderungen, Diskussionsbeiträge und Programmentwürfe brachten sie jeweils mit einem professionellen Mandat ein und somit in Anrufung einer Autorität, die ihnen ihre politische, künstlerische oder wissenschaftliche Rolle zuschrieb. Doch sie konnten sich nicht darauf verlassen, dass ihr soziales Kapital, ihre Fachkompetenz und ihre Autorität hier gleich viel zählten wie gewöhnlich. Es galten nicht dieselben Kräfteverhältnisse wie im politischen, wissenschaftlichen oder künstlerischen Alltag.

Der Bundesdelegierte verfügte über keinen Beamtenstab, der seine Anweisungen umsetzte, es galt kein Primat von Politik und Ökonomie, die Soziologen konnten sich nicht darauf verlassen, dass akademische Gültigkeitskriterien anerkannt werden, und die künstlerische Freiheit fand ihre Grenzen am Expo-Reglement oder dem Gutdünken der Direktion. Weil nicht von vornherein ausgemacht war, welche Feldlogik dominiert und nach welchen Regeln Konflikte gelöst werden, versuchten die Akteure mit den verschiedensten Mitteln, ihre Interessen durchzusetzen.

Solche Unklarheiten beziehungsweise Offenheiten der Expo spiegelten sich im unklaren Status des Projektes »Un jour en Suisse« wider: Handelte es sich beim Gulliverspiel um ein politisches, ein wissenschaftliches oder um ein künstlerisches Projekt? Wer definierte dessen Charakter? Diese Unklarheit führte dazu, dass Hans Giger nicht ausschliesslich auf politischer Ebene intervenierte, sondern auch versuchte, das Fragespiel als wissenschaftliches Unterfangen zu fixieren und als solches mit Hilfe von Soziologen zu kippen. Die Arbeitsgruppe »Un jour en Suisse« wiederum versuchte ihr Szenario aus der Schusslinie zu nehmen und in einen Raum der künstlerischen Freiheit zu retten.

Ebenso ungewiss war der Status der Akteure: Hans Giger war Bundesdelegierter, aber intervenierte im Namen der Wissenschaft. Die Gutachter traten als Soziologen auf, arbeiteten jedoch für einen politischen Repräsentanten. Theaterdirektor Charles Apothéloz war künstlerischer Leiter der Sektion »Un jour en Suisse«, wurde jedoch kritisiert, weil er ein Projekt durchführen wollte, welches gleichzeitig zu sehr und zu wenig wissenschaftlich war. Alle Beteiligten nahmen schliesslich mehrere Standpunkte ein und sprachen aus verschiedenen Positionen. Dies äusserte sich bisweilen in widersprüchlichen Argumentationen, Verwechslungen und dem Ausweichen auf andere Diskussionsebenen.

Zweitens stellte die Landesausstellung selbst eine Repräsentation der Schweiz dar, an der möglichst »alle« gesellschaftlichen Kräfte mitarbeiten sollten. Sie versammelte Spezialisten und Experten[148] aus den verschiedensten gesellschaftlichen Bereichen, um eine Ausstellung der Schweiz zu schaffen. Wenn bereits die Expo eine Repräsentation der Schweiz war, so wurde das resultierende Programm zu einer Repräsentation zweiter Ordnung, einer Art »Meta-Repräsentation«. In der Sektion »Un jour en Suisse« wurde dieser Abstraktionseffekt noch auf die Spitze getrieben, weil die Repräsentation der Schweiz im Szenario »Un jour en Suisse« kein fixiertes Bild sein sollte, sondern ein Fragespiel, welches wiederum ganze Serien von Repräsentationen herstellen würde.

[148] Diese hatten gewissermassen den Status von Repräsentanten dessen, was sie in die Expo einbrachten – so bauten Vertreter der Armee den »Igelpavillon« oder eine Delegation der SBB zeigte in der Sektion Verkehr modernes Rollmaterial.

Um in dieser komplexen Konstellation die konkrete Wahl der Mittel und deren taktischen Einsatz der Protagonisten des Konflikts zu erklären, wurde ein dreistufiges Vorgehen gewählt: Erstens wurden die Intervention des Bundesrates und die Argumente des Bundesdelegierten rekonstruiert. Diese wurden zweitens in den Kontext des zeitgenössischen Diskurses um das Verhältnis von Demoskopie und Demokratie gestellt. Drittens wurde die Besonderheit von Hans Gigers Intervention analysiert, dass er nämlich soziologische Gutachten anfertigen liess, um seine Ziele durchzusetzen.

Die drei Analyseschritte haben eine Reihe von Faktoren sichtbar gemacht, welche den Konflikt erklären und seine Eigenheiten historisch kontextualisieren: Zunächst ist das besondere Verhältnis zwischen inhaltlichen und formalen Aspekten des Eingriffs zu nennen. Als die Arbeitsgruppe Anfang September 1963 ihr Szenario für die »mise en scène« der Sektion »Un jour en Suisse« verteilte und den Delegierten Hans Giger zusammen mit der Expo-Direktion zu einer Sitzung am darauffolgenden Tag einlud, entschloss sich Giger zu handeln. Er nahm zusammen mit dem Bundesrat Einfluss auf den politischen *Inhalt* und auf die künstlerische *Form* des Szenarios. »Un jour en Suisse« wurde inhaltlich modifiziert, indem eine Reihe von Fragen umformuliert oder weggelassen wurden. Auch formal wurde es verändert, sodass die Antworten des Publikums weder auf der Expo dargestellt noch anderweitig publiziert oder ausgewertet werden durften. Diese Eingriffe warfen die Frage auf, was die vehemente Intervention motivierte und in welchem Zusammenhang die inhaltliche und die formale Kritik standen.

Die detaillierte Betrachtung der Änderungen am Fragebogen hat gezeigt, dass vier Kategorien von Fragen und Antworten gestrichen oder modifiziert wurden: Erstens solche, die über den politisch-juristischen Status quo hinausgingen, zweitens kontroverse tagespolitische Themen[149] und drittens solche, die auf eine direktere Mitsprache des »Volkes« hinausliefen[150]. Viertens wurde versucht zu verhindern, dass beim Publikum der Eindruck entstand, das politische System weise Legitimitätsdefizite auf.

Danach wurden die Argumente und das Vorgehen von Hans Giger als treibender Kraft hinter der Intervention untersucht. Es stellte sich heraus, dass Giger überzeugt war, er handle entsprechend dem Willen von »Volk und Behörden«[151]. Die fortschrittsorientierte Ausrichtung des allgemeinen Teils der Expo widerstrebte ihm und er propagierte stattdessen seine eigene Version eines Kanons von

[149] Etwa die Thematisierung von Abtreibung, Kommunismus, Preiswachstum, Militärdienstverweigerung, restriktiver Ausländerpolitik oder der atomaren Bewaffnung der Schweiz.

[150] Hier ging es um Antworten wie »das Volk« solle »die Staatsaufgaben kontrollieren« können oder das Volk solle »an der Lenkung der Staatsaufgaben teilhaben«.

[151] Vgl. Kapitel 5.1.3 Die Argumente des Bundesdelegierten Giger Fussnote 55.

»schweizerischen Konstanten« – eine Argumentationsfigur, welche vor ihm bereits verschiedene Akteure bemüht hatten, um dem Programm ein konservatives Gepräge zu geben. Anstelle ironischer Selbstkritik wollte Giger, dass die Expo die »schweizerischen Konstanten« als »positive Werte« vermittelte. In Bezug auf innenpolitische Probleme plädierte er für Konfliktvermeidung im Namen einer »Stetigkeit der friedlichen Entwicklung«, für ein »Gefühl von Geborgenheit« und eine »Kunst des Zusammenlebens«, die den Kompromiss der politischen Auseinandersetzung vorzieht. In Bezug auf aussenpolitische Fragen verfocht er das Credo, sich auf die eigenen Angelegenheiten zu beschränken und die Eigenart zu pflegen. »Weltoffenheit« verstand er in diesem Zusammenhang als Teilnahme am freien Welthandel, bei gleichzeitiger aussenpolitischer Abstinenz.

Um dem allgemeinen Teil der Expo diese konservative Grundhaltung aufzuzwingen, verfolgte Giger eine Doppelstrategie. Zum einen drohte er der Expo-Direktion mit finanziellen Pressionen, falls sie nicht auf die, wie er es nannte, »eidgenössische Linie« einlenken würde, und berief mehrere Treffen zwischen der Expo-Direktion und Mitgliedern des Bundesrates ein. Zum anderen gab er zwei soziologische Gutachten in Auftrag, welche das geplante Fragespiel inhaltlich destabilisieren und damit für seine Änderungen empfänglicher machen sollten.

Zusätzlich zu den inhaltlichen Änderungen des Fragebogens bestand der Eingriff in das Szenario darin, dass die Antworten des Fragespiels nicht aufaddiert und bei der Expo auf Anzeigetafeln dargestellt werden durften. Dieser auf den ersten Blick *formal* erscheinende Eingriff setzte jedoch eine *inhaltliche* Kritik am Szenario um. Sie bestand darin, die Ähnlichkeit des Fragespiels mit politischen Abstimmungen und demoskopischen Umfragen unkenntlich zu machen. Die Arbeitsgruppe hatte ihr Szenario bewusst als *Simulation* einer wissenschaftlichen Umfrage geplant. Das Fragespiel sollte den Anschein einer Gallup-Umfrage haben und die damit verbundene Ambivalenz zwischen Spiel und Ernst war beabsichtigt. Genau diese Ambivalenz machte den Reiz des Szenarios aus; die damit einhergehende Provokation war gewollt.

Die inhaltliche Tiefendimension der vordergründig formalen Änderungen des Szenarios wurde im Rückgriff auf die politisch-juristische Diskussion des Verhältnisses von Demokratie und Demoskopie hervorgehoben: Die Demoskopie konkurrierte nämlich mit Verfahren der Begründung politisch legitimer Repräsentation des *Demos*. Der Modus demoskopischer Repräsentation verwies auf die unhaltbar gewordene Illusion, dass eine politisch legitime Vertretung des *Demos* allein mit politischen Verfahren wie Wahlen oder Abstimmungen und ausschliesslich aus dem politischen Feld heraus begründet werden konnte. Damit wurde die normative Selbstreferenzialität politischer Macht auf ihre soziale Bedingtheit verwiesen – und als unhaltbare Illusion blossgestellt. Für Vertreter jener normativen Sichtweise, welche die Repräsentation des *Demos* ausschliesslich dem Politischen vorbehalten wollten, hätte diese Einsicht einen schmerzlichen Lernprozess in Verbindung mit einem konkreten Machtverlust bedeutet, wogegen sie sich entsprechend vehement sträubten. Gigers konservative Grundhaltung korrespondiert diesbezüglich sehr deutlich mit einer verbreiteten, elitären politischen Gesinnung, welche sich gegen jede plebiszitäre Ausweitung von Macht auf nicht-politische Akteure richtete und gesellschaftlichen Öffnungstendenzen mit Ängsten vor vermeintlicher »Vermassung« und »plebiszitären Tendenzen« begegnete. Stattdessen hielt diese konservative Tendenz die Autorität einer politischen Elite hoch, welche das Volk führen sollte und versuchte den Exklusivitätsanspruch der Politik in gesellschaftlichen Diskussions- und Entscheidungsprozessen gegenüber einer sich ausweitenden Öffentlichkeit zu behaupten. Umgekehrt konnten Akteure aus dem wissenschaftlichen Feld von dieser Verschiebung profitierten, indem sie sich als Experten der »öffentlichen Meinung« zu einer neuen Gruppe von Repräsentanten des *Demos* aufschwangen.

Neben den demokratietheoretischen Implikationen der Kritik Gigers stellte sich die Frage, weshalb er zwei soziologische Gutachten anfertigen liess, und zu welchen Einschätzungen die beiden soziologischen Gutachter gekommen waren. Offensichtlich versuchte Giger mit diesem Schritt, sich den Nimbus der neuen wissenschaftlichen Macht anzueignen. Um sicherzugehen, dass die Gutachten seinen Zwecken dienlich sein würden, verfasste er ein tendenziös formuliertes Auftragsschreiben. Darin legte er verschiedene Fährten für Kritik, indem er beispielsweise unterstellte, die Arbeitsgruppe verfolge eine versteckte politische Agenda oder das Fragespiel sei anfällig für allerhand Missbräuche durch die Teilnehmerinnen und Teilnehmer. Zentral an seiner Darstellung des Szenarios war die Fehlinformation, es handle sich bei dem geplanten Fragespiel um eine veritable soziologische Meinungsumfrage, die wissenschaftliche Ziele verfolge.

Die beiden Soziologen lieferten Gigers Erwartungen entsprechend kritische Gutachten ab und monierten, die Fragen würden nicht den wissenschaftlichen Gepflogenheiten entsprechen. Mit ihren Empfehlungen gaben sie Giger eine Reihe von Argumenten in die Hand, mit denen er das Szenario in seinem Sinne zu entschärfen versuchte. So empfahlen die Gutachter, die Fragen neutraler zu formulieren, damit die Absichten der Autoren nicht mehr erkennbar seien. Themen wie Automatisierung, Beitritt zur EWG oder die Frage nach einem langfristigen Wirtschaftsplan würden von den Befragten womöglich nicht verstanden und seien daher für die Befragung nicht geeignet. Das Expo-Publikum entspreche nicht einem repräsentativen Querschnitt der Schweizer Bevölkerung und die Bekanntgabe vorhergegangener Antworten beeinflusse das Antwortverhalten späterer Besucherinnen und Besucher. Deshalb sprachen sich beide Gutachter dafür aus, auf die Auszählung der Antworten und auf die Bekanntgabe der Ergebnisse zu verzichten. Weil das Szenario als repräsentative Meinungsumfrage unhaltbar gewesen wäre, drängten die Soziologen darauf, den Spielcharakter zu akzentuieren und seine Ähnlichkeit mit wissenschaftlichen und politischen Verfahren aufzugeben. Paradoxerweise forderten sie, dass die Fragen wissenschaftlicher werden sollten und die Form unwissenschaftlicher, nämlich spielerischer.

Schliesslich wurde skizziert, wie die Arbeitsgruppe »Un jour en Suisse« auf die politische Intervention reagierte. Diese war zum Zeitpunkt des Konfliktes anders zusammengesetzt als noch während der Umfragekampagne. Isac Chiva, Ariane Deluz und Nathalie Stern waren aus der Schweiz nach Paris abgereist und standen nur noch als beratende Soziologinnen und Soziologen zur Verfügung. Von Paris aus hatten sie noch Listen verfasst, wie Gulliver auf die ausgefüllten Fragebogen antworten sollte. Die Hauptarbeit bestand aber unterdessen darin, das Szenario grafisch und plastisch aufzubauen. Die Aufgabe, die Fragebogen zu formulieren und zu testen, lag in den Händen von Charles Apothéloz. Isac Chiva und Ariane Deluz reisten zwar zu den Sitzungen mit der Expo-Direktion, Giger und den Bundesräten an, hatten aber ihre Arbeiten ansonsten weitgehend abgeschlossen. In dieser neuen Konstellation liess die Arbeitsgruppe jede Aspiration fallen, die Daten, welche bei der Expo anfielen, wissenschaftlich auszuwerten. Vor Gigers Intervention wollte die Arbeitsgruppe die Antworten nach Ausstellungsende auszählen, obwohl ihr die wissenschaftliche Unzulänglichkeit eines solchen Vorgehens bewusst war. Unter Druck geraten behauptete sie jedoch, es handle sich um ein Fragespiel, das keinerlei wissenschaftliche Zwecke verfolge. Damit liess sie die Kritik der soziologischen Gutachten ins Leere laufen. Die Korrekturen an den Fragen waren zwar ärgerlich, doch sie vermochten dem Gullispiel nicht seine Selbstironie und seinen kritischen Geist auszutreiben.

Dass jedoch auf das Auszählen der Antworten während der Expo verzichtet werden musste, nahm dem Szenario jede Spitze. Oder mit den Worten des Historikers Roger Sidler: »[A]nstatt zur selbstkritischen Reflexion anzuregen, wurde nun die Konformität gemessen«.[152] Indem die Antworten des Publikums nicht laufend als *Feedback* in die Ausstellung zurückfliessen konnten, wurde verhindert, dass ein Kontrollverlust darüber entstand, *was* genau bei der Expo gezeigt wurde. Die Möglichkeit, dass die Antworten der Befragten laufend auf Anzeigetafeln dargestellt und die Ergebnisse dieses »täglichen Plebiszits« womöglich in den Medien verbreitet und kommentiert werden könnten, hätte für die politischen Akteure einen massiven Kontrollverlust bedeutet. Giger und der Bundesrat waren davon überzeugt, dass »das Volk« zu belehren sei, bevor es sich zu politischen Fragen äussert. Deshalb hielten sie die Einspeisung der Meinungen des Publikums in die Ausstellung nicht für opportun, zumal sie ungefiltert und in

[152] Sidler, Pour la Suisse de demain, S. 45.

Echtzeit stattgefunden hätte. Die Verhinderung dieses Feedbacks verdeutlicht eindrücklich den Doppelcharakter von Repräsentation: Im Gegensatz zu einer Wetterkarte, welche das Wetter nicht beeinflusst, hätte die Darstellung der Meinungen des Expo-Publikums auf die öffentliche Meinung zu den erfragten Themen zurückgewirkt.[153]

Das Fragespiel beruhte wesentlich darauf, dass eine öffentliche Diskussion zwischen den Besucherinnen und Besuchern stattfand und diese in den Medien fortgeführt wurde. Die permanente Publikation der Umfrageergebnisse hätte diesen Prozess sicherlich angekurbelt. So aber wurde das Szenario von einer öffentlichen Umfrage in einen individuellen Persönlichkeitstest verwandelt und Gulliver war von einem Soziologen zu einem Psychologen geworden.

---

[153] Vgl. zu dieser Metapher Tanner, Jakob, »Staat und Wirtschaft in der Schweiz. Interventionistische Massnahmen und Politik als Ritual«, in: Brigitte Studer (Hg.): *Etappen des Bundesstaates Staats- und Nationsbildung der Schweiz, 1848–1998*, Zürich 1998.

6 Gullivers Weg an die mediale Öffentlichkeit

Mit ernster Mine durchschnitt Bundespräsident Ludwig von Moos am 30. April 1964 mit einer goldenen Schere das rot-weisse Band am Nordeingang der Expo 64. Bei der Eröffnungsfeier war der gesamte Bundesrat anwesend, ebenso unzählige Repräsentanten aus allen Kantonen. In seiner Ansprache vor der versammelten Schweizer Politelite breitete er seine Vision der Landesausstellung aus. Zunächst beschwor er das Pathos nationaler Einheit: »Die Landesausstellung entfaltet vor uns das Wesen und Schaffen der Schweiz in der Gegenwart, ihr Wollen und Planen für die Zukunft. Verschieden in der Sprache singen wir das Lob der einen Heimat.«[1] Er lobte die »kühnen und originellen Konstruktionen« der Gestalter der Ausstellung, die den Blick auf die Zukunft richteten, auf den Reichtum der »vielfältigen Kultur« der Schweiz und auf den »zukunftsfrohen Geist unserer Wirtschaft«. Angesichts der rasanten Veränderungen in der Welt hielt er selbstzufriedenen Stolz über das Erreichte für unangebracht und sah stattdessen die Expo als Gelegenheit, Rechenschaft über die Stellung der Schweiz in der heutigen Zeit zu geben. Von Moos betonte die Bedeutung politischer Teilnahme, da sich das »staatliche Wirken« auf die »Teilnahme, Tatkraft und Verantwortung möglichst vieler Bürger« stützen solle. Damit schlug er jedoch keine Bresche für partizipatorische Politik, sondern ergänzte sogleich, Ziel der Expo sei, »in uns allen und vorab in der Jugend [...] das freudige Bekenntnis [...] zum eidgenössischen Staatsgedanken« zu wecken und zu stärken. Dieser Staatsgedanke, den die Expo vermitteln sollte, erfüllte sich laut von Moos »in der Treue zu dem, was wir ererbt haben, um es immer neu zu gewinnen, in der Treue zu den Wurzeln unseres Volkes, zur gemeinsamen Wohlfahrt und zu unverbrüchlicher Gemeinschaft in der Zukunft.«[2]

Die Eröffnungsrede von Moos kann als Hinweis auf eine politische Vereinnahmung der Expo dienen. Wenn wir uns erinnern, dass die Expo-Direktoren sich auf die Fahnen geschrieben hatten, politisches Pathos zu vermeiden, jeden lehrmeisterlichen Ton zu unterlassen und auf Heimattümelei zu verzichten, so erscheint die politische Rede des Bundespräsidenten als pures Gegenstück zu sol-

[1] Moosbrugger, Bernhard/Weigner, Gladys, *Das Erlebnis Expo. Die Schweiz heute und morgen: ein Bild- und Textbericht*, Zürich 1964, S. 8.

[2] Vgl. ebd., S. 10.

cher Nüchternheit. Die Verpflichtung auf Sachlichkeit und der Wille, den alten Geist der Landi nicht erneut zu beschwören, sondern den Blick auf Gegenwarts- und Zukunftsprobleme zu lenken, wurde unterminiert indem neue Akteure – wie etwa Bundesrat von Moos – im Rahmen der Expo eine Bühne erhielten, auf der sie ihre politische Agenda ausbreiten konnten.

Ein solcher Doppelstandard ärgerte Charles Apothéloz als Projektverantwortlichen des Gulliverspiels. Er mochte sich nicht damit abfinden, dass die Sektion »Un jour en Suisse« im offiziellen Führer als eine Unterabteilung, die »mit ihrer heiteren und unterhaltenden Darbietung zum Nachdenken und zur freien Aussprache«[3] anrege, bagatellisiert wurde, während andere die Expo als Plattform für ihre patriotischen Reden benutzten. Die ideologische Beschränkung, der er das Szenario »Un jour en Suisse« und sich selbst unterworfen hatte, hielt er nicht lange aus: Zwei Monate nach der Eröffnung der Expo machte Charles Apothéloz die Modifikation des Fragespiels publik. Er setzte damit den politischen Eingriff des Bundesrates und dessen Delegierten den Augen der Öffentlichkeit aus und provozierte eine mediale Debatte. Der Abteilung »Un jour en Suisse« und dem »Gulliverspiel« wurde daraufhin grosse Aufmerksamkeit zuteil und die Journalisten skandalisierten den Eingriff von Bern als Zensurmassnahme. Es meldeten sich die Expo-Direktion, einzelne Soziologen und der Bundesdelegierte zu Wort. Die Dramaturgie des Skandals wird im Folgenden ebenso rekonstruiert wie die internen Reaktionen Gigers gegenüber seinen Vorgesetzten.

Der Gang an die Öffentlichkeit sprengte den Handlungsrahmen, in dem sich die Studie »Un jour en Suisse« und das Gulliverspiel bislang bewegt hatten. Die Kontroversen um die richtige Repräsentation der Schweiz waren nicht länger auf die Produzenten der Landesausstellung beschränkt, sondern zirkulierten unvermittelt in der öffentlichen Sphäre. Für Charles Apothéloz bot sich Gelegenheit, das geplante Szenario zu erläutern und die verworfenen Möglichkeiten auszubreiten. Für Hans Giger war die Veröffentlichung peinlich und zwang ihn, sich öffentlich und gegenüber seinen Vorgesetzen zu rechtfertigen, während sie einigen Soziologen eine Plattform bot, sich als Experten zu profilieren und ihre Vorstellungen einer angemessenen Repräsentation der Gesellschaft zu propagieren. Indem die Modifikationen des Gulliverspiels publik gemacht wurden, geschah etwas Unvorhergesehenes und Unkontrolliertes: Es fand eine Debatte darüber statt, wie die Schweiz im Kontext einer Landesausstellung repräsentiert werden durfte. Wenn die »heissen Eisen« wie EWG-Beitritt, Frauenstimmrecht oder Militärdienstverweigerung schon nicht öffentlich diskutiert werden konnten, so initiierte der Skandal immerhin eine Art Meta-Diskussion darüber, wie viel Parti-

---

[3] Schweizerische Landesausstellung, Offizieller Führer der Schweizerischen Landesausstellung Lausanne 1964, S. 18.

zipation und Deliberation im öffentlichen politischen Diskurs erlaubt war und auf welche Weise der schweizerische Demos zum Sprechen gebracht werden durfte. Für die vorliegende Untersuchung eröffnet diese Verschiebung die Möglichkeit, die Argumentationslogiken der Akteure in diesem neuen öffentlichen Kontext zu analysieren. Im Brennpunkt des Interesses steht, welche Akteure welche Vorstellungen des schweizerischen *Demos* geltend machten und welche Argumentationsstrategien sie dabei verwendeten.

Im Kontext des Skandals wurde die Umsetzung des Szenarios von verschiedener Seite scharf kontrastiert mit den verworfenen Möglichkeiten und ursprünglichen Ideen. Deshalb wird zunächst in Kapitel 6.1 die Sektion »Un jour en Suisse« auf der Expo dargestellt und damit gezeigt, welche Repräsentation der Schweiz tatsächlich realisiert wurde. Wie inszenierten die Gestalter die Schweiz? Welche künstlerischen Mittel verwendeten sie? Wie wurden die einzelnen Fragen von Plastiken und Begleittexten gerahmt? Welcher politische Gehalt war übrig geblieben? Anhand ausgewählter Stände wird diese Annäherung an die Inszenierung »Un jour en Suisse« unternommen.

Vor diesem Hintergrund erfolgt in Kapitel 6.2 die Untersuchung des Medienskandals. In einer ersten Phase veröffentlichte der Lausanner Journalist Jean-Marie Vodoz eine Serie von prominent platzierten Artikeln, in denen er die Sektion »Un jour en Suisse« von der wissenschaftlichen Vorstudie bis zum Gulliverspiel nachzeichnete und den Eingriff des Bundesrates und dessen Delegierten als Zensurmassnahmen brandmarkte. Viele Medien griffen das Thema auf und diskutierten es ebenfalls unter dem Aspekt von Zensur. Im Zuge dieses Skandals wurde das Gerücht kolportiert, Hans Giger habe behauptet, es existiere ein »Club«, der auf allerhöchster politischer Ebene die Geschicke der Schweiz bestimme. Die Thematisierung des »Club« bildet einen zweiten thematischen Schwerpunkt. Sie zwang den Delegierten Giger zu einer Stellungnahme, in der er sich gegen den Vorwurf rechtfertigen musste, ein undemokratisches, elitäres Politikverständnis zu vertreten. Drittens entbrannte eine Diskussion um das Verhältnis zwischen dem Gulliverspiel und der Soziologie. Sie veranlasste auch Soziologen zum öffentlichen Räsonnement über »Un jour en Suisse« und zu einer Bewertung des Fragespiels unter wissenschaftlichen und politischen Gesichtspunkten. Anhand dieser Diskussionen und Erklärungen werden die Argumentationsweisen und Repräsentationsvorstellungen der Soziologen in der medialen Öffentlichkeit herausgearbeitet.

Die Arbeitsgruppe »Un jour en Suisse« hatte geplant, die Ergebnisse der Vorstudie einem breiten Publikum zugänglich zu machen. Doch das vorgesehene dreibändige Werk wurde nie geschrieben. Die Arbeitsgruppe reichte zwar beim Schweizerischen Nationalfonds ein Gesuch zur finanziellen Unterstützung der Publikation ein. Es wurde jedoch trotz Nachbesserungen abgelehnt. Stattdessen publizierte der junge französische Soziologe Luc Boltanski 1966 eine Monographie, welche auf dem Material der Vorstudie beruhte. Warum scheiterte die Publikation? Was waren die Gründe für die ablehnende Haltung des Nationalfonds? Weshalb suchte die Expo keine andere Finanzierung? Neben diesen Fragen wird in Kapitel 6.3 untersucht, wie »Un jour en Suisse« aus dem Kontext der Landesausstellung herausgelöst und in einen neuen Kontext verpflanzt wurde. Luc Boltanski bereitete das Material ausserhalb des Einflussgebietes des schweizerischen Identitätsdiskurses auf. Er montierte es mit dem Methodenrepertoire der französischen Soziologie für eine französische Leserschaft und interpretierte das Material jenseits der Diskursregeln, welche in der Schweiz galten. Welche Repräsentation der Schweiz produzierte er aufgrund der Umfragedaten der Vorstudie, die sich nun erstmals ausserhalb ihres Entstehungskontextes befanden? Anhand von Boltanskis Monographie wird der Kontrast zwischen seiner Aussenperspektive und den Binnendynamiken des schweizerischen Identitätsdiskurses aufgezeigt. Diese kontextuelle und lokale Verschiebung von »Un jour en Suisse« stellt eine Distanz her, die es ermöglicht, in den widerstreitenden Positionen und Repräsentationslogiken innerhalb des schweizerischen Identitätsdiskurses nicht nur Gegensätze zu sehen, sondern – im Kontrast zu Boltanskis Aussenansicht – auch die Gemeinsamkeiten ausfindig zu machen.

6.1 Das Gulliverspiel auf der Expo

Die Expo 64 öffnete ihre Tore am 30. April 1964. Sie dauerte ein knappes halbes Jahr, bis zum 25. Oktober, und zählte insgesamt 11,7 Millionen Eintritte. Das Festgelände befand sich im Südwesten Lausannes in einer Zone zwischen Seeufer und der gerade rechtzeitig zum Ausstellungsbeginn eröffneten Autobahn Lausanne-Genf. Das Areal führte von Vidy aus vorbei an einer Aufschüttungszone bis zum heutigen Théâtre Vidy-Lausanne. Die Stadt stellte den Veranstaltern ein Gelände von 60 ha zur Verfügung, bestehend aus einem Tal, das früher als Mülldeponie gedient hatte und einer Ebene, auf welcher sich Sportanlagen, Gemüsepflanzungen und ein Campingplatz befand, sowie eine Uferaufschüttung von 15 ha. Die Ausstellung umfasste schliesslich 16 ha überbaute Fläche, 13 ha Wege und Plätze und 29 ha Grünflächen und Lagunen.[4] Sie war somit bedeutend grösser als die Landi 1939 oder irgendeine schweizerische Landesausstellung zuvor. Die Expo konnte mit dem Zug über einen eigenen Bahnhof, per Schiff über einen Landesteg im Ausstellungsareal und mit dem Automobil über die Autobahn er-

---

[4] Camenzind, Alberto, *Construire une exposition. Eine Ausstellung bauen. Building an exhibition*, Lausanne 1965, S. 16f.

reicht werden. Für die Autos standen 20000 Parkplätze zur Verfügung. Innerhalb des Geländes konnte sich das Publikum zu Fuss, mit zwei Monorail-Bahnen und einem »Telekanapee« bewegen.

Die Schau war in die Sektionen »Weg der Schweiz«, »Art de vivre«, »Verkehr«, »Industrie und Gewerbe«, »Feld und Wald«, »Frohe Stimmung im Hafen« und »Wehrhafte Schweiz« unterteilt. Die Besucherinnen und Besucher konnten sich entweder auf einem Kurzrundgang einen raschen Überblick verschaffen, auf einem etwas ausführlicheren Weg eine Zusammenfassung der Sektion anschauen oder sich auf einen eingehenden Besuch einlassen und die Einzelheiten der Ausstellungen in einem ausführlichen Rundgang besichtigten. Die Themen waren bewusst allgemein gehalten, um eine »geistige Einheit« innerhalb der Sektionen zu ermöglichen. Auf der Expo sollte beispielsweise die Pflege des Körpers nicht bloss in einzelnen Pavillons zu den Themen Medizin, Sport und gute Küche gezeigt werden, sondern es galt, »das Ganze unter einen weit menschlicheren, weniger technischen gemeinsamen Nenner zu bringen: der ›Kunst zu leben‹«[5].

48 Restaurants mit 20000 Sitzplätzen bedienten die kulinarischen Bedürfnisse. Das Spektrum reichte von einer Festhalle, wo Bankette für mehrere tausend Gäste durchgeführt wurden, über Cafés, Weinstuben und Snack-Bars bis zu thematischen Restaurants verschiedener Kantone und unentgeltlichen Picknickplätzen. Zusätzlich sorgten eine Reihe ständiger Attraktionen in der Nähe des Hafens für Spektakel. Klassische Jahrmarktattraktionen wie eine Achterbahn, ein Riesenrad und Schiessbuden waren aufgebaut, ebenso ein Kasino, mehrere Dancings, ein Bärengraben und eine Lift-Aussichtskabine für 60 Personen, »Spiral« genannt. Das Tragflügelboot »Supramar« verband den Hafen mit der Sektion »Feld und Wald«, während »das Züglein« zwischen den Zelten des Hafenbereichs und den Schaubuden hindurchführte.[6] Im Hafen befand sich auch der »Mesoscaphe«, ein von Jacques Piccard entworfenes U-Boot für 40 Personen, das als Prototyp einer Unterwasser-Metro gedacht war.[7] Für die jüngeren Besucherinnen und Besucher war im unteren Teil des Flon-Tales, am Nordrand der Expo, ein »Tal der Jugend« angelegt. In diesem »heiteren Auftakt« der Expo lag zwischen dem »Platz der Jugend«, der als Treffpunkt für Schulen und Jugendgruppen dien-

[5] Schweizerische Landesausstellung, Goldenes Buch, S. 26.

[6] Schweizerische Landesausstellung, Offizieller Führer der Schweizerischen Landesausstellung Lausanne 1964, S. 8ff.

[7] Das Projekt »Mesoscaphe« stand unter keinem guten Stern. Jacques Piccard, der Sohn des berühmten Physikers und Nautikers Auguste Piccard, zerstritt sich bereits während der Vorbereitung der Expo mit der Direktion und zog sich schliesslich vom Projekt zurück. Aufgrund der schlechten Sichtverhältnisse im Genfersee war der Mesoscaphe zudem für viele Besucherinnen und Besucher eine Enttäuschung. Und nach dem Ende der Expo wurde mehrere Jahre lang vergeblich versucht, den Mesoscaphe zu verkaufen.

te, und dem Nestlé-Kindergarten ein »Zauberwald« aus 300 von Schweizer Pfadfinderinnen und Pfadfindern geschnitzten und bemalten Totempfählen.[8]

Umberto Eco beschrieb die Landesausstellung als »technologisch-futuristisches Schlaraffenland, in dem nicht die Faulheit und Gefrässigkeit des Nichtstuns gefeiert wird, sondern die Tugend und Solidität des täglichen Fleisses.«[9] Weil das Publikum auch mit problematischen Spannungen konfrontiert und am Ende des Weges der Schweiz sogar mit Problemen regelrecht bombardiert werde, hielt Eco die Expo für eine »ideologische Kundgebung im negativen Sinne des Begriffs«, für das Alibi einer Lebensweise, die ihre wahren Probleme vor sich selbst verbergen wolle. Die Expo sei eine »Manifestation innerhalb des schweizerischen Systems, in der das System sich selbst zur Schau stellt, seine besonderen Aspekte aufrichtig kritisiert, sich selbst als System aber nicht in Frage stellt.«[10]

6.1.1 Gullivers Thesen

Im offiziellen Führer der Expo war die Sektion »Ein Tag in der Schweiz« in einem auffällig kleinen Abschnitt als eine Art »Temperaturmessung, sowie eine Meinungs- und Verhaltensbefragung des Schweizers« angekündigt, als eine »Schau seiner Lebenshaltung«.[11] Die heitere und unterhaltsame Darbietung ermuntere zum Nachdenken und zur freien Aussprache. Der Riese Gulliver habe auf seinen Reisen in der Schweiz angehalten, eine Umfrage gemacht und das Alltagsleben genau beobachtet. In »Ein Tag in der Schweiz« lege er nun das Ergebnis seiner Überlegungen dar und lade die Besucher ein, einige Fragen zu beantworten, um seine Dokumentation zu ergänzen. Als Belohnung erhalte der Besucher »sein Bildnis als Schweizer«.

Die beiden verantwortlichen Gestalter der Abteilung, Jean Monod und Nicolas Suba, hatten 26 thematische Stände aufgebaut[12], gruppiert nach den sieben Hauptthesen Gullivers. Jedes von Gulliver erforschte Thema war in einem meh-

---

[8] Vgl. Schweizerische Landesausstellung, Offizieller Führer der Schweizerischen Landesausstellung Lausanne 1964, S. 11; Cordey, Pierre, *Das Buch der Expo. Erinnerungsbuch der Schweizerischen Landesausstellung Lausanne 1964*, Bern 1964, S. 22.

[9] Eco, Umberto, »Antwort auf Harry Lime«, in: Georg Kohler/Stanislaus von Moos (Hg.): *Expo-Syndrom? Materialien zur Landesausstellung, 1883–2002*, Zürich 2002, S. 139.

[10] Eco hatte neben dem Gulliverspiel, das er »fröhlich und kindlich aufgezogen« nannte, die kritischen Filme Henry Brands vor Augen. Ebd., S. 146.

[11] Schweizerische Landesausstellung, Offizieller Führer der Schweizerischen Landesausstellung Lausanne 1964, S. 19.

[12] Die Realisierung der Ausstellung kostete 750 000.– Franken. Nicolas Suba baute die Polyeder sowie die Stände 13–26, den Eingangs- und Ausgangsbereich und gestaltete den Fragebogen. Jean Monod baute die grossen Gulliverfiguren, die Puppen und die restlichen Stände. Vgl. Stadtarchiv Lausanne, P 220, Carton 21, Classeur 3, Nr. 28: Apothéloz, Charles, *Un jour en Suisse – Budget définitiv*, 23.3.1964.

rere Meter grossen Polyeder untergebracht. In diesen »stereometrischen Volumen« waren Vitrinen zu sehen, welche Gullivers gesammelte Andenken enthielten sowie Tagebuchblätter mit Notizen und Bemerkungen.[13]

»Gullivers Thesen«[14] beruhten auf den Erkenntnissen der Vorstudie und formulierten diese in gemeinverständlicher Sprache. Wie in der Pressemappe erläutert wurde, waren die Thesen im Geiste Swifts verfasst und daher oftmals ungewohnt oder gar unverschämt und bissig formuliert.[15] Sie waren in ironischem Unterton und im Jargon der Ethnologie verfasst. Der stark fiktionalisierte Kontext eröffnete den Gestaltern sowohl formal wie auch inhaltlich einen grossen Spielraum. Wenn die Inszenierung schon durch ihren literarisierten und spielerischen Charakter vom Ernst des Politischen abgegrenzt war, sollte dies – so die Absicht der Autoren – wenigstens einen künstlerischen Freiraum eröffnen.

Die erste These Gullivers skizzierte den typischen Schweizer Lebensweg als »Initiation«, welche von der Schule über die Rekrutenschule zur Ehe führt. Auf diesem Weg impften die Eltern bereits dem Kleinkind die traditionellen Werte der Schweiz ein: Sauberkeit, Ordnung, Disziplin und Sparsamkeit. Sie würden zusammen mit Lehrern und Pfarrern die Knaben auf die Arbeit und die Mädchen auf die Ehe vorbereiten. Gulliver beobachtete, dass die Kinder in Achtung vor der Moral, in Heimatliebe und in Unkenntnis über das andere Geschlecht erzogen wurden. Der zentrale Wert – so seine zweite These – war für den Mann die Arbeit und für die Frau der Haushalt. Freizeit dagegen sei ein Synonym für Unordnung. So sei die grösste Freude an den Ferien die Rückkehr nach Hause. Gulliver beschrieb in ethnographischem Duktus die Schweiz als Männergesellschaft: Am »Tisch der Männer«[16] treffen sich die Schweizer männlichen Geschlechts, um über das reibungslose Funktionieren der helvetischen Gesellschaft zu bestimmen. Sie unterhalten sich ernsthaft, diskutieren und entscheiden dabei über die Politik. Gemeinsam verbringen sie Männerferien und üben sich derweil in der Kunst des Schiessens. In einer weiteren These bezeichnete Gulliver jenes Drittel der Bevölkerung, das »am Rande der helvetischen Gesellschaft«[17] lebe, als »die Anderen«: die Jungen, die noch nicht arbeiten, die Ausländer sowie Alte, die nicht mehr arbeiten. Darauf beschrieb er den »Helvetischen Weg zum Glück«[18], der über den »rechten Weg der traditionellen Werte«[19] führe. Entsprechend gebe

---

[13] Schweizerische Landesausstellung, *Informationsblätter*, Lausanne 1964, S. 16.

[14] Stadtarchiv Lausanne, P 286, Carton 3, Enveloppe 1: Un jour en Suisse, *Matériel de presse de la section »Un jour en Suisse«: Les principales thèses de Gulliver*, 1964.

[15] Im Original: »insolites, parfois même impertinentes ou caustiques«, vgl. ebd., S. 1.

[16] Im Original hiess es »la maison des hommes«. Vgl. Stadtarchiv Lausanne, P 286, Carton 3, Enveloppe 1: Un jour en Suisse, *La voie suisse*, 1964.

[17] Stadtarchiv Lausanne, P 286, Carton 3, Enveloppe 1, S. 1.

[18] Im Original: »Le chemin du bonheur helvétique«. Vgl. ebd.

[19] Im Original: »le droit chemin des valeurs traditionnelles«. Vgl. ebd.

es, so Gulliver, in der Schweiz keinen Platz für den einzelnen, für den »Nonkonformisten«. Was die Schweizer eint, so die letzte These, ist stärker als das, was sie trennt. So gebe es innerhalb der Schweiz keine Grenzen, denn unabhängig, ob jemand aus der Deutschschweiz, der Westschweiz, aus dem Tessin oder aus Graubünden stamme – wenn sie sich im Spiegel betrachteten, so würden sich alle als Schweizer erkennen.

Auf der inhaltlichen Ebene wird anhand der Thesen Gullivers ersichtlich, dass die Künstler mit den Mitteln der Ironie und der Karikatur eine im Grunde hochpolitische Kritik formulierten. Kritik an traditionellen Geschlechterrollen, an der Enge normativer Wert- und Rollenvorstellungen, an patriarchalischen Verhältnissen in Politik und Familie sowie am Ausschluss von Personen, die in irgendeiner Art von der schweizerischen Norm abwichen. Das künstlerische Gestaltungsraster von »Un jour en Suisse« war mit anderen Worten entlang einer ironisierenden Fundamentalkritik am schweizerischen Alltagsleben ausgerichtet.

Im Eingangsbereich der Ausstellung empfing eine bewegte, überlebensgrosse Gulliver-Plastik, die wie ein Naturforscher ausgerüstet war, die Besuchenden. Der Zweck seines Besuches, seine Ziele und Untersuchungsmethoden wurden auf Tafeln dargelegt. Eine Serie von Dokumenten vermittelte ein, wie es die Arbeitsgruppe »Un jour en Suisse« formulierte, »sehr konventionelles Bild der Schweiz«.[20] Angesichts dieses Bildes stand Gullivers Befragung unter der Leitfrage »Wie steht es aber mit der wirklichen Schweiz?«[21] Das Publikum war aufgefordert, dem Klischee die eigene Meinung entgegenzusetzen und den negativ konnotierten Stereotypen zu widersprechen.

6.1.2 Der Tisch der Männer

Das Bild der Schweiz, welches die Gestalter vor Augen hatten, wird nun am Beispiel der Sequenz »Der Tisch der Männer« näher untersucht. Weil in diesem Abschnitt unmittelbar politische Belange dargestellt wurden, eignet er sich besonders, um nach dem politischen Bild zu fragen, welches die Künstler vermittelten. Welche Kritik formulierten sie dabei und welche stilistischen Mittel setzen sie ein?

Die Sequenz war aufgeteilt in »Politik«, »Vereine«, »Eigenleben«, »Im Militär« und »Die Ecke der Frau«. Ein ethnographischer Tonfall ermöglichte es, die Vorherrschaft der Männer im politischen System der Schweiz unumwunden blosszustellen: »Ähnlich wie bei den sogenannten primitiven Stämmen ist dies der Ort, wo die Männer unter Ausschluss von Frau und Kind zusammenkommen,

---

[20] Schweizerische Landesausstellung, Informationsblätter, S. 16.
[21] Ebd.

Abbildung 9: Der Eingangsbereich der Sektion »Un jour en Suisse«

um ganz unter sich zu sein. Hier sind Bräuche lebendig, die der männlichen Vorherrschaft Dauer verleihen und für gute Ordnung in der Gesellschaft sorgen.«[22] Die doppelte Bedeutung von »primitiv«, im Sinne von ursprünglich und rückständig, ironisierte die Zurückgebliebenheit der stark patriarchalischen Machtverhältnisse in der Schweiz.

Auch der Stand zum Thema »Politik«[23] nahm kein Blatt vor den Mund. Er zeigte eine Gruppe von Männer-Marionetten, die um einen Tisch herum sassen und »die Aufgaben« – visualisiert als eine Art Torte – untereinander aufteilten. Die Arme der Puppen wurden von Schnüren bewegt, welche die Kräfte symboli-

[22] Ebd., S. 18.

[23] In der französischen Version »La vie politique«. Vgl. Stadtarchiv Lausanne, P 286, Carton 3, Enveloppe 1, S. 18.

Abbildung 10: Stand »Politik« im Teil »Der Tisch der Männer« der Abteilung »Weg der Schweiz« auf der Expo 64[24]

sierten, die »dafür sorgen, dass das helvetische System reibungslos läuft.«[25] Die Männer als Marionetten einer unsichtbaren Instanz zu zeigen, welche die Fäden zieht, musste unweigerlich als Attacke auf den Freiheitsmythos der helvetischen Demokratie erscheinen. Um die Männer am Tisch herum waren, nach unten versetzt, Bürger zu sehen, die »sich ›informieren‹, die ›diskutieren‹ und ›mitmachen‹«.[26] Indem diese politischen Alltagshandlungen in Anführungsstriche gesetzt wurden, erschienen sie als fremdartige Exotismen, eben als »Bräuche«, welche der männlichen Vorherrschaft Dauer verlieihen. Die Bürger unterstützten diejenigen am Tisch der Macht durch einen politischen Ritus. Da die Figuren am Tisch gleichzeitig Marionetten einer unsichtbaren Macht waren, erschien hier Politik als krasser Gegensatz zu einem partizipatorisch-plebiszitären Ideal. Dieser Eindruck wurde vollendet, indem sich in der Wand eine Türe öffnete und dahinter eine Frau erschien, die vom Geschehen ausgeschlossen war. Die Szene kritisierte damit das in der Schweiz fehlende Frauenstimmrecht als »primitiv« im Sinne von rückständig.

Am »Tisch der Männer« stellte Gulliver die Frage: »Wie stellst du dich zum Kommunismus?« Die Frage nach einem anderen politischen System war gerahmt von einem Szenario, welches das politische Selbstverständnis der schweizerischen Demokratie zu erschüttern suchte.

---

[24] Cordey, Das Buch der Expo. Erinnerungsbuch der Schweizerischen Landesausstellung Lausanne 1964, S. 134.

[25] Schweizerische Landesausstellung, Informationsblätter, S. 18.

[26] Ebd.

Die Frage »Was ist eine Demokratie?«, die so unmittelbar zum »Tisch der Männer« gepasst hätte, wurde jedoch an einem anderen Stand gestellt, am Stand zum Thema »Vereine«[27]. Dort war eine Familie ohne Mann zu sehen, welche sich auf einem Bildschirm Ausschnitte aus dem Vereinsleben der Männer anschaute. Szenen von Sportclubs, militärischen, vaterländischen oder religiösen Vereinen sowie Klassenzusammenkünfte waren zu sehen. Im Kontext der Frage nach der Demokratie erschien das Thema Vereine in zweierlei Weise. Erstens in Form der Frage nach Partizipation, weil der Stand die Abwesenheit des Vaters von der Familie beziehungsweise den Ausschluss der Familie von seinen Vereinstätigkeiten darstellte. War Demokratie ein Verein der Männer? Und wenn ja, war dieser Zustand gewünscht? Zweitens klang in der Szenerie die Thematik der Trennung von privat und öffentlich an, weil die Vereinstätigkeit ausserhalb der privaten Wohnung in einer Sphäre der Öffentlichkeit gezeigt wurde, symbolisiert durch den Fernsehapparat. Männer erschienen als aktive Produzenten des Programms, Frauen und Kinder als passiv Konsumierende.

Die Trennung der öffentlichen Sphäre, die dem Mann vorbehalten war, und der privaten Sphäre war auch Gegenstand des nächsten Standes, welcher den Titel »Eigenleben«[28] trug. Hier wurde ein vertikales Drehrad präsentiert, welches Nischen zeigte, die sich der Mann innerhalb seiner Familie einrichte: Basteln, Gärtnern, Radiohören, Ausruhen und Zeitunglesen.[29] Selbst in der Familie wisse sich der Schweizer Mann ein »eigenes Plätzchen« einzurichten, erläuterte eine Tafel.

Der vierte Stand griff das Ergebnis der Vorstudie auf, dass die Schweizerinnen und Schweizer das Militär selten mit Landesverteidigung in Verbindung brachten, sondern als Ort der Begegnung sahen, der den Männern eine gewisse Abwechslung brachte.[30] Die Armee sei »sozusagen ein eidgenössischer Männerverein«, wo der Städter »kameradschaftliche Tuchfühlung, Freude am Leben im Freien und der Bauer die einzigen Ferien, die es für ihn gibt« finde.[31] Diese Doppelfunktion wurde sinnbildlich dargestellt, indem der Stand in zwei Hälften geteilt war: Die eine Hälfte zeigte »unter einem Baum: Freiluftkultur und Gewehrübung« und die andere das Spielen, Trinken und gemütliche Plaudern am Wirtshaustisch. Über der Szene war ein Bild von Konrad Grob angebracht, das den Winkelriedmythos zeigte. Die heroische Sterbeszene Winkelrieds in der Schlacht von Sempach kontrastierte deutlich mit dem gemütlich anmutenden Treiben des Militäralltags.

---

[27] In der französischen Version »La vie sociale«. Vgl. Stadtarchiv Lausanne, P 286, Carton 3, Enveloppe 1, S. 18.

[28] In der französischen Version »La vie privée«. Vgl. ebd., S. 19.

[29] Vgl. Schweizerische Landesausstellung, Informationsblätter, S. 19.

[30] Vgl. Kapitel 4.4.2 Soziologische Problematisierungen.

[31] Schweizerische Landesausstellung, Informationsblätter, S. 19.

Abbildung 11: Stand »Im Militär« im Teil »Der Tisch der Männer« der Abteilung »Weg der Schweiz« auf der Expo 64[32]

»Die Ecke der Frau«[33] war der letzte Stand der Sequenz. Er stellte die Frauenvereine dar und zeigte Frauenfiguren, welche für einen patriotischen Zweck strickten oder mit Putzen beschäftigt waren. Einige der Frauen spähten zum »Tisch der Männer« hinüber. Rhetorisch fragte die Arbeitsgruppe: »Sind sie mit ihrem Schicksal zufrieden?« An diesem Stand stellte Gulliver seine achte Frage: »Was würde die Stellung der Schweizer Frau im günstigen Sinne ändern?«

Hans Giger hatte sich in der Korrespondenz mit der Expo-Direktion zu dieser Sequenz des Szenarios geäussert.[34] Er hielt es für notwendig, dass durch Witz

[32] Cordey, Das Buch der Expo. Erinnerungsbuch der Schweizerischen Landesausstellung Lausanne 1964, S. 157.

[33] In der französischen Version »Le coin des femmes«. Vgl. Stadtarchiv Lausanne, P 286, Carton 3, Enveloppe 1, S. 19.

[34] Er verfasste seine Anmerkungen kurz vor der bundesrätlichen Intervention bei »Un jour en Suisse« im September 1963, vgl. Bundesarchiv, E 7170 (B) 1968 105, 126, UJS Gulliver-Test 1963,

und Ironie hindurch ein sachliches Anliegen spürbar werde. Mit grossem Nachdruck hatte er eine andere Thematisierung der Geschlechterfrage bei der Expo gefordert: »[...] dem Schweizervolk ist nicht zuzumuten, dass es aus seiner Haut herausfahre. [...] Gulliver sollte als Soziologe wissen, dass es überall Unterschiede gibt und geben wird, die ebenso vertretbar sind wie ein gefühlsbetonter Egalitarismus.« Frauen seien oftmals nur deswegen diskriminiert, weil sie die Haltung des Mannes dulden oder sogar gutheissen würden. »Meine Gattin allerdings, die ›nur‹ Hausfrau ist, würde sich nicht zweimal den Spruch anhören: ›Lass mich in Ruhe mit diesen Fragen, das verstehst du doch nicht.‹ Ich kenne ferner viele einfache Bürger wie auch bekannte Persönlichkeiten, denen das Wort und die Mitarbeit ihrer Gattin enorm viel bedeutet, ohne dass sie Pantoffelhelden wären.«[35] Implizit warf er der Arbeitsgruppe damit vor, sie argumentiere abgehoben von der Realität und nehme die Lebenswirklichkeit der Frauen nicht ernst. In der Formulierung, es sei dem Schweizervolk nicht zuzumuten, dass es »aus der Haut fahre«, und mit dem Argument, die Frauen duldeten ihre Diskriminierung oder hiessen sie gut, naturalisierte er die vorherrschende Norm und verdrehte die Kritik an der gesellschaftlichen Benachteiligung von Frauen zu einer Kritik an den Frauen selbst.

6.1.3 Spielraum durch Fiktionalisierung

Charles Apothéloz und sein Team brachten in ihrer Inszenierung viele Elemente unter, die sich als fundamentale Kritik lesen lassen. Sie kritisierte beispielsweise die patriarchalischen Verhältnisse in der Schweiz und zeigte die Armee als Männerbund, dessen primärer Sinn nicht die Landesverteidigung war und der im Zweifelsfall kaum in der Lage gewesen wäre, die Schweiz militärisch zu verteidigen. Angesichts solcher Kritik stellt sich die Frage, warum dieses künstlerische Szenario nicht ebenso angegriffen wurde wie das ursprünglich geplante.

Es lässt sich argumentieren, dass Satire, Ironie und Klischees die Verhältnisse, die sie darstellen, zugleich stabilisieren. Das Augenzwinkern, welches mit der Kritik einhergeht, kann bedeuten, dass ein Einverständnis zwischen Künstlern und Publikum darüber besteht, dass die Verhältnisse zwar unvollkommen und lächerlich sein mögen, aber auch liebenswert und zum Lachen. Insofern verniedlicht ironische Kritik Probleme und stabilisiert ihren Gegenstand durch jene unterschwellige Bejahung, die mit dem Schmunzeln einhergeht. Das Publikum erkennt sich in den Klischees wieder, stabilisiert dabei seine Identität und identifiziert sich beispielsweise mit einer Armee, in der mehr gejasst wird als geschossen.

Nr. 8: Giger, Hans Georg, *Brief an die Direktion der Landesausstellung: Zum Szenario »Un jour en Suisse«*, 13.9.1963.

[35] Ebd., S. 2.

Wäre dieser Feigenblatt-Effekt ironisch gebrochener Kritik allein ausschlaggebend, so hätte die Intervention aus Bern jedoch viel weniger weit gehen müssen. Es hätte ausgereicht, den Spielcharakter des Szenarios stark genug in den Vordergrund zu rücken. Der gestalterische Aspekt und die künstlerische Ausrichtung von »Un jour en Suisse« waren jedoch nicht Gegenstand der Intervention – hier überliessen die politischen Exponenten die Projekthoheit Charles Apothéloz und seinen Mitarbeitern.

Entscheidend für die Intervention war hingegen der deliberative und partizipative Charakter von »Un jour en Suisse«. Der Eingriff war genau dort erfolgt, wo erstens das Publikum selbst hätte aktiv werden können und sein *Feedback* in die Inszenierung zurückgeleitet worden wäre, und wo zweitens ergebnisoffene Diskussionen angeregt oder Themen lanciert worden wären, die noch nicht in den öffentlichen politischen Diskurs eingeflossen waren. Diese Eigenschaften des geplanten Szenarios widersprachen dem politischen Credo Gigers und des Bundesrates, dass die Diskussion politischer Fragen in der Öffentlichkeit der Anleitung durch politische Eliten bedurfte und in den institutionalisierten Bahnen des politischen Feldes stattzufinden hatte. Sie hätten ihr Hoheitsgebiet betroffen und ihr politisches Mandat tangiert. Um dies zu verhindern, war die Intervention erfolgt.

Unter diesen Vorzeichen fällt die Betrachtung des realisierten Szenarios höchst ambivalent aus. Das Fehlen des Publikumsfeedbacks zähmte die Inszenierung deutlich. So lieferte das als Kunst und Spiel markierte Szenario seine Aussagen weitgehend den Interpretationen des Publikums aus. Während ein erster Besucher den »Tisch der Männer« als beissenden Spott interpretieren mochte, konnte ihn die nächste Besucherin ebenso gut schmunzelnd als träfe Darstellung einer liebgewordenen Tradition auffassen. Weil die Umfrageergebnisse nicht veröffentlicht werden durften, erfuhren die Besucher auch nichts von den Ansichten der anderen.

Die künstlerische Umsetzung von »Un jour en Suisse« arbeitete stark mit Verfremdungstechniken. Der Spielcharakter der Befragung, die Fiktionalisierung des Szenarios durch die Figur Gulliver sowie dessen ethnologischer und gleichzeitig ironischer Tonfall schafften allesamt Distanz zu den inhaltlichen Aussagen. Auf der einen Seite mochten diese Verfremdungen die Kritik abschwächen und den Spott Publikum und Behörden erträglich machen. Auf der anderen Seite muss jedoch konstatiert werden, dass genau diese künstlerischen Techniken einen Raum für fundamentale Kritik eröffneten.

Die Inhalte der Inszenierung auf der Expo stützten sich zwar auf Erkenntnisse der Vorstudie. Dass beispielsweise die Bürger unter Politik Tätigkeiten wie »informieren, »diskutieren« und »mitmachen« verstanden, die Bedeutung von Vereinen für Männer wie auch für Frauen, die Nischen des Mannes in der Familie und die Einstellung der Bevölkerung zum Militär waren alle von der repräsentativen Untersuchung gestützt. Jedoch spielte dies im Szenario kaum mehr eine Rolle. Die wissenschaftliche Vorstudie wurde im Szenario stets als Untersuchung und Beobachtung Gullivers referenziert und es wurde nirgends auf die quantitativen Ergebnisse der Umfrage verwiesen. Der Repräsentationsmodus der Kunst bedurfte in letzter Instanz weder einer Beglaubigung durch die Wissenschaft noch durch die Politik, sondern er begründete seinen Spielraum durch Fiktionalisierung. Der ethnologische Tonfall Gullivers war zu einem Stilmittel geworden, zu einem ironischen Akzent des Riesen, und war nicht etwa als Tribut an die Wissenschaft der Ethnologie gedacht. Die Geste der Absetzung von der Realität immunisierte das Szenario gegen politische und wissenschaftliche Kritik. Ironie, Satire, Karikatur und Witz waren Grenzziehung genug, um ein autonomes Feld jenseits der zwingenden Ernsthaftigkeit von Wissenschaft und Politik abzustecken und bespielbar zu machen.

Wenngleich die vielfachen Abgrenzungen und Verfremdungen als Bagatellisierung des Szenarios aufgefasst werden können, waren die Verbindungen zur politischen Realität dennoch nicht ganz gekappt. Trotz aller behaupteten Distanz trafen die Beschreibungen den schweizerischen Alltag und sprachen Themen und Probleme an, die vom Publikum als politisch erkannt werden konnten – zumal der Fragebogen ernsthaft formuliert war: Seinem Kontext zum Trotz stellte er in nüchterner und direkter Sprache heikle politische Fragen. Diese waren durch den künstlerischen Kontext zugespitzt und darauf angelegt, dass das Publikum den Klischees kritisch entgegentrat. Wenn also am schweizerischen Realitätssinn, den die Vorstudie ermittelt hatte, etwas dran war, konnten die Autoren des Szenarios damit rechnen, dass das Publikum zwischen den Zeilen lesen würde und den politischen Gehalt des Szenarios verstand.

Wenn wir im Folgenden die Reaktionen in der publizistischen Öffentlichkeit nachzeichnen, wird sich jedenfalls zeigen, dass die »Temperaturmessung« von »Un jour en Suisse« in der Lage war, den Aggregatszustand seines Untersuchungsobjektes zu verändern, indem sie die Gemüter erhitzte und in einem politischen Skandal zum Überschäumen brachte.

6.2 Der Medienskandal

6.2.1 »Enquête sur une enquête«

Sieben Wochen nach der Eröffnung der Expo publizierte die Gazette de Lausanne eine dreiteilige Serie zur Abteilung »Un jour en Suisse«. Das Blatt hatte geplant, die Ergebnisse des Gulliverspiels regelmässig abzudrucken. Als unbeabsichtigte Nebenfolge des Zählverbots klaffte nun eine Lücke in der vorgesehenen

Expo-Berichterstattung. Die Gazette kompensierte den fehlenden Stoff mit einer Eigenproduktion, die sie jeweils prominent auf der Titelseite platzierte. Autor der Artikel war der damalige Generalsekretär der Gazette, Jean-Marie Vodoz[36]. Der Journalist hatte für die Serie Charles Apothéloz interviewt und den vertraulichen Schlussbericht eingesehen. Nun erläuterte er in seiner »Enquête sur une enquête« die Hintergründe der Meinungsumfrage, ihrer Ergebnisse sowie der Inszenierung auf der Expo. Die Artikel wurden von Mal zu Mal brisanter und endeten mit einer skandalträchtigen Enthüllung.

Der erste Artikel trug noch den unverdächtigen Titel »Un jour en Suisse« und schilderte, wie die Expo Charles Apothéloz angefragt hatte, den »Durchschnittsschweizer«[37] zu inszenieren – sei es als Bild oder als Karikatur –, und wie daraus die Idee entstanden war, mittels einer soziologischen Untersuchung abzuklären, ob es diesen Durchschnittsschweizer überhaupt gäbe. Vodoz hob hervor, dass noch nie zuvor in der Schweiz eine solch umfassende Meinungsumfrage durchgeführt worden war und zählte die Vorbehalte auf, die dem Projekt entgegenstanden: Bedenken, die Meinungen und Gewohnheiten von Aargauern und Waadtländern zu vergleichen; Skepsis, die amerikanische Gallup-Methode auf schweizerische Verhältnisse anzuwenden; Befürchtungen, die Fragen seien zu indiskret und die Ergebnisse könnten immer irgendjemanden verärgern.

Allen Vorbehalten zum Trotz habe Apothéloz eine Gruppe von Soziologen beauftragt, die Studie durchzuführen. Diese sei zum erstaunlichen Ergebnis gelangt, dass es tatsächlich so etwas wie einen Durchschnittsschweizer gäbe. Die Umfrageergebnisse würden nun minutiös ausgewertet und im Herbst in einem dreibändigen Werk publiziert – jedoch nicht in der Schweiz, sondern in Paris. Weil der Schweizerische Nationalfonds die Publikation der Umfrageergebnisse nicht finanziere, werde das dreibändige Werk nun mit Unterstützung des »Centre Européen de Sociologie« erstellt.[38] Da die Beratungen des Nationalfonds vertraulich seien, könne über die Gründe des Desinteresses nur gerätselt werden. Er spekulierte, der negative Entscheid habe damit zu tun, dass der Soziologie in der Schweiz mit Misstrauen begegnet werde.

Der erste Artikel enthielt einige Spitzen, indem er etwa die unausgesprochenen Vorbehalte gegenüber der Meinungsforschung ausformulierte, den Entscheid des Nationalfonds kritisierte und bedauerte, dass eine solche Studie in der Schweiz nicht publiziert werden könne. Die Stossrichtung der Kritik wies somit

---

[36] Der 1930 geborene Vodoz arbeitete seit 1955 bei der Gazette de Lausanne, wo er seit 1958 Generalsekretär war. Vgl. ATS, »Jean-Marie Vodoz prend sa retraite«, in: *Gazette de Lausanne*, 2.3.1995.

[37] Im Original: »Suisse moyen«. Vgl. Vodoz, Jean-Marie, »Un jour en Suisse«, in: *Gazette de Lausanne*, 19.6.1964, S. 1.

[38] Vgl. dazu ausführlich Kapitel 6.3.1 Gesuch beim Nationalfonds.

in Richtung eines generellen Konflikts zwischen einer Elite, der die Studie nicht genehm war, und einem mutigen Projekt, welches ausgebremst worden war.

Der zweite Artikel war pointierter aufgemacht. Mit dem Titel »Nos Tabous« stellte er die Brisanz der Umfrage heraus und suggerierte, sie hätte Verbotenes zu Tage gefördert.[39] Tabus seien aufgetaucht, sobald die Befragten nach Familie, Religion, Föderalismus, Gewerkschaften, Faschismus, Raumplanung, Freizeit oder Neutralität gefragt wurden.

Vodoz zitierte den Kernbefund des vertraulichen Schlussberichts, dass es in der Schweiz ganz unabhängig von etwaigem Lokalpatriotismus in der individuellen Wahrnehmung keine sprachlichen oder kulturellen Grenzen gebe. Die Umfrage habe gezeigt, dass entgegen dem gängigen Selbstverständnis, wonach in der Schweiz eine besonders vielfältige und gegensätzliche Bevölkerung lebe, alle mit allen ähnlich sein wollten. »Unsere Sorge und seltsamerweise unser Stolz ist es, uns bis zur völligen Verschmelzung in ein möglichst grosses Umfeld zu integrieren.«[40] Der Durchschnittsschweizer orientiere sich am Gegebenen und richte seine Handlungen an einem Raster von sozialen, familiären und persönlichen Erwartungen aus. Was zählt, sei das Konkrete, mit Abstraktionen hingegen könne er nichts anfangen. Vodoz beschrieb den schweizerischen Konformismus zwar mit kritischem Unterton, identifizierte sich jedoch gleichzeitig mit ihm, indem er von »wir« und »uns« schrieb. So hätten »wir« einen »heiligen Respekt [...] vor allen Formen, Tentakeln und Metastasen der Obrigkeit«.[41]

Neben diesem Argument, welches ebenfalls einen zentralen Befund des Schlussberichtes wiedergab, griff Vodoz eine Kritik auf, welche für Charles Apothéloz von zentraler Bedeutung war und sich um den Gebrauch der Sprache – insbesondere im Zusammenhang mit politischen Fragen – drehte. Die Umfrage zeige die Notwendigkeit, mit den Befragten eine direkte Alltagssprache zu sprechen und selbst politisch delikate Themen direkt anzugehen, zitierte Vodoz eine Schlussfolgerung von Charles Apothéloz.[42] Brisante Themen wie die europäische Integration, Bodenspekulation oder Geburtenkontrolle seien in den Interviews ohne Umschweife angesprochen worden – und die Befragten hätten darauf »direkt, bedächtig und ohne jede Prüderie« geantwortet.[43] Der Artikel fuhr mit ei-

---

[39] Vodoz, Jean-Marie, »Nos Tabous«, in: *Gazette de Lausanne*, 20.6.1964.

[40] Im Original: »Notre souci et, curieusement, notre fierté sont de nous intégrer jusqu'à fusion totale dans le milieu le plus vaste possible«, vgl. ebd., S. 10.

[41] Im Original: »nous éprouvons un saint respect, qui touche quelquefois à la crainte, de l'autorité sous toutes ses formes, tentacules et métastases.«

[42] Dieses Argument widersprach der gängigen Lehrmeinung der Meinungsforschung, brisante Fragen sollten besonders vorsichtig formuliert oder indirekt erfragt werden. Vgl. auch Fussnote 116 in Kapitel 6.3.1 Gesuch beim Nationalfonds.

[43] An dieser Stelle machte der Artikel eine bedeutsame Vermischung: Das Zitat von Apothéloz liess nämlich den Eindruck entstehen, bereits in der Vorstudie wären die Themen europäische Inte-

nem Zitat von Apothéloz fort: »Nach dieser Arbeit bin ich von der Kraft der schweizerischen Demokratie überzeugt, weil sich jeder Bürger selbstverständlich, souverän für eine Stichprobe der helvetischen Gesamtbevölkerung hält.«[44] Apothéloz verband damit geschickt eine Fundamentalkritik am schweizerischen Politikalltag: Die üblicherweise geringe Stimmbeteiligung sowie das Desinteresse an politischen Parteien[45] und Behörden stünden in einem paradoxen Verhältnis zur Tatsache, dass der Durchschnittsbürger die Obrigkeit zumindest passiv verehre. Es stelle sich daher die Frage, ob die »öffentliche Macht«[46] fähig und willens sei, die Bürger zu interessieren und mit ihnen in einer »konkreten, direkten und realistischen Sprache«[47] zu sprechen.

Dies war eine deutliche Herausforderung an die Adresse der »offiziellen« Politik. Eine ähnliche Kritik ist zwar bereits im vertraulichen Schlussbericht zu finden, doch hier wurde sie erstmals in aller Öffentlichkeit geäussert: Die Untersuchung zeige, dass die Bevölkerung wenig mit der etablierten Politik anfangen könne, obwohl sie ansonsten ein grosses Interesse an politischen Fragen habe. Auch hier lief das Argument darauf hinaus, die offizielle Politik politisiere am Volk vorbei und interessiere sich zu wenig für dessen Meinung. Es standen sich mit anderen Worten eine plebiszitäre und eine elitäre Repräsentationslogik des *Demos* gegenüber. Diese Stossrichtung bereitete den Boden für den fulminanten Abschluss der Artikelserie vor.

Die Schlagzeile »Gulliver amnésique« auf der Titelseite der Gazette zeigte an, dass mit dem dritten Artikel nun ein regelrechter Skandal lanciert wurde: Die Gazette berichtete, dass die Antworten, welche die Expo-Besucher dem Riesen Gulliver in der Sektion »Un jour en Suisse« gaben, nicht ausgezählt wurden, »weil Bern das Resultat fürchte«.[48] Diesem Auftakt folgte eine minutiöse Erläuterung des bundesrätlichen Eingriffs in das Gulliverspiel. Eine Karikatur, die einen Winkelried darstellte, der von Herren in Frack und Zylinder abgestochen wird, illustrierte die Konfliktachse des Skandals: Obrigkeit versus Volk.

---

gration, Bodenspekulation oder Geburtenkontrolle angeschnitten worden. Dies war jedoch nicht der Fall. Apothéloz bezog sich hier auf den Test des Gulliver-Fragebogens.

[44] Im Original: »Je sors de ce travail [...] bien convaincu de la force du régime démocratique en Suisse, parce que chaque citoyen se considère naturellement, souverainement comme un échantillon du peuple helvétique dans son ensemble.« Vgl. Vodoz, »Nos Tabous«, in: *Gazette de Lausanne*, 20.6.1964, S. 10.

[45] In der Umfrage hatten weniger als 6% angegeben, sich in einer politischen Partei zu engagieren.

[46] Im Original: »le pouvoir publique«. Vgl. Vodoz, »Nos Tabous«, in: *Gazette de Lausanne*, 20.6.1964, S. 10.

[47] Im Original: »de leur parler une langue concret, direct, réaliste«. Vgl. ebd.

[48] Vodoz, Jean-Marie, »Gulliver amnésique«, in: *Gazette de Lausanne*, 27./28.6.1964. Im Original: »Les réponses que lui donnent les visiteurs de l'Expo ne sont pas additionnées: Berne craint le résultat!«

Abbildung 12: Karikatur von Thierry Vernet (Gazette de Lausanne vom 27./28.6.1964)

Obwohl Gulliver in der Lage wäre, sämtliche Antworten auf seine Fragen zu speichern, zusammenzuzählen und in Statistiken umzuwandeln, funktioniere sein Elektronengehirn nur zur Hälfte. Er sammle zwar die Antworten, aber vergleiche sie nicht. Damit sei aus der »permanenten Abstimmung«[49] ein einfaches Spiel geworden – um nicht zu sagen eine Farce. Vodoz beklagte, dass das Projekt nur noch sehr wenig mit den ursprünglichen Ideen von Charles Apothéloz zu tun habe. Er erläuterte, es sei geplant gewesen, dass Gulliver den Befragten nicht bloss individuell aufzeige, ob sie unlogisch antworteten, sondern die Fragebogen auswerte und die Ergebnisse laufend auf grossen Anzeigetafeln veröffentliche, sodass Mehrheiten und Minderheiten in Bezug auf die erfragten Probleme sichtbar würden. Die Besucher hätten so die Möglichkeit gehabt, fuhr Vodoz fort, sich auszudrücken und zu beobachten, wie sich vor ihren Augen jene öffentliche Meinung bildete, deren Gesetzmässigkeiten und Launen so schwer zu verstehen seien. Er kritisierte, dass sich der Bundesrat in das Szenario eingemischt habe, und rückte dieses Vorgehen in die Nähe politischer Zensur: Hätte die Expo-Direktion den bundesrätlichen Standpunkt nicht »freiwillig« übernommen, so müsste man von Zensur sprechen.

Hier nahm die Kritik ihre schärfste Form an: Vodoz brandmarkte den Spielcharakter der Befragung als eine aufgezwungene, zensurähnliche Massnahme. Er politisierte den Konflikt, indem er dem Spiel nicht eine soziologische Umfra-

[49] Im Original: »référendum permanent«, vgl. ebd., S. 1.

ge, sondern das politische Wahl- und Abstimmungsprozedere gegenüberstellte. So sprach er von Wahlgeheimnis (»secret de vote«) und bezeichnete die befragten Personen als Abstimmende (»votants«). Klarer konnte man nicht in die Offensive gehen: Apothéloz und die Arbeitsgruppe »Un jour en Suisse« hatten – wenn auch aus taktischen Gründen – den politischen Subtext der Umfrage stets kleingeredet. Vodoz hingegen musste keine Rücksichten nehmen und konnte gegenüber seiner Leserschaft im Namen der Öffentlichkeit das Recht auf freie Meinungsäusserung einklagen. Das Verbot des Auszählens der »permanenten Abstimmung« war im Medium der Öffentlichkeit zu einem *politischen* Skandalon geworden.

Vodoz hielt sich nicht zurück, den Skandal zu personalisieren. Er berichtete, wie er die Frage, warum Gulliver vergessen muss, zurück nach Bern getragen habe, in das weitläufige Büro des Expo-Delegierten Hans Giger. Dieser mache nicht etwa den Eindruck, ein ängstlicher Funktionär zu sein, sondern habe wie »eine Löwin«[50] reagiert, als er den Fragebogen der Arbeitsgruppe um Charles Apothéloz sah. In den Augen Gigers sei die Selbstkritik der »kleinen welschen Intellektuellen«[51] zu weit gegangen. Vodoz würdigte zwar Gigers Intelligenz und dessen rhetorisches Geschick, beschrieb ihn jedoch ansonsten als Choleriker, der in Sitzungen mit der Faust auf den Konferenztisch schlägt und seine Lausanner Gesprächspartner sowohl mit seiner fürchterlichen Beharrlichkeit als auch mit seiner aufbrausenden Art einschüchterte. Vodoz liess zwar einige von Gigers Einwänden gelten. Es sei verständlich, dass der Bund als Geldgeber mitzureden habe, zumal die Aussage des Weges der Schweiz, ob man es wolle oder nicht, einen offiziösen Eindruck mache. Der Fragebogen des Gulliverspiels sei im Gegensatz zur Vorstudie nicht seriös und es sei auch nicht garantiert, dass das Expo-Publikum seriös darauf antworten würde. Doch abgesehen davon bezeichnete Vodoz die Streichung der Fragen zur Kriegsdienstverweigerung, zum Glauben an Gott, zur 40-Stunden-Woche und zum Radio- und Fernsehmonopol[52] als Prüderie. Die Expo habe durch den Eingriff nichts gewonnen, sondern die Chance verpasst, ein Ort der Auseinandersetzung zu sein. Die Behörden glaubten, der »Mann der Strasse« sei ignorant gegenüber den grossen Problemen der Gegenwart und unfähig, diese auf die Ebene des Kollektivs und der Nation zu übersetzen. Doch die Expo hätte laut Vodoz genau dazu beitragen können, das Problembewusstsein zu erweitern und an das Gemeinwohl zu erinnern. Er forderte daher die Behörden auf, ihre Position zu überdenken und das Auszählen zuzulassen.

[50] Im Original: »comme une lionne«, vgl. ebd., S. 9.

[51] Im Original: »les petits intellectuels romands«, vgl. ebd.

[52] An dieser Stelle tauchte übrigens erstmals die Behauptung auf, es sei eine Frage zum Radio- und Fernsehmonopol gestrichen worden. In den Entwürfen der Fragebogen, welche mit Giger diskutiert worden waren, ist diese Frage jedoch nicht zu finden. Vgl. Kapitel 5.1.2 Änderungen am Fragespiel »Un jour en Suisse«, Fussnote 52.

Die Furcht, die Befragten würden nicht seriös antworten sei unbegründet, zumal die Vorstudie gezeigt habe, dass die Schweizer Bevölkerung ausserordentlich konformistisch eingestellt sei. Das traditionelle Bild der Schweiz werde kaum durch die Ergebnisse erschüttert, die Expo jedoch könnte Mut und Intelligenz beweisen und zudem Selbstvertrauen gewinnen.

Nun war das Stillschweigen über das Arrangement zwischen Bern und Lausanne gebrochen, der Konflikt politisiert und in die Öffentlichkeit getragen. Charles Apothéloz war in der Konfliktdarstellung lanciert als Verfechter eines plebiszitär-partizipativen Demokratiemodells, der die Sprache der »kleinen Leute« sprach, während »Bern« als Chiffre für eine abgehobene, elitäre Position stand, für Zensur, Angst vor dem Volk und ein Sprechen über die Köpfe hinweg. Wie reagierten andere Medien auf diese Enthüllungen? Teilten sie die Einschätzung von Vodoz, dass es sich bei dem bundesrätlichen Eingriff um eine zensurähnliche Massnahme handelte? Welche Aspekte der Darstellung, der Interpretation des Konfliktes und der Kritik übernahmen sie von der Gazette und welche nicht? Und wie schätzten sie die Rolle des Delegierten ein?

6.2.2 Mediale Reaktionen auf die Enthüllung

Was folgte, war ein veritabler Medienskandal, in dessen Verlauf sich die Kritik am Eingriff in das Gulliverspiel vereinheitlichte und zuspitzte. Der Delegierte Giger wurde persönlich für die Eingriffe verantwortlich gemacht, während die Rolle des Bundesrates abgeschwächt wurde. Es waren zunächst einzelne französischsprachige[53], danach mehrere deutschschweizerische Zeitungen, welche im Juli 1964 das Thema aufgriffen.[54] Die Zürcher Woche titelte »Der Bund hat Angst vor seinen Bürgern«, rekapitulierte die Inhalte der Gazette de Lausanne und folgerte, »der Expo-Gulliver« sei »tatsächlich von kleinmütigen und kleingeistigen Liliputanern gefesselt« worden.[55] Giger wurde als »Delegierter für psychologische Gesundheit« bezeichnet, welcher den »leicht nonkonformistischen« Fragebogen bagatellisiert habe, sodass das Gulliverspiel zu einem »besseren Kinderspiel entartet« sei. Das Ringier-Magazin SIE+ER überschrieb einen ausführlichen Artikel mit »Ein Gewitter-Tag in der Schweiz«[56], der Winterthurer Landbote konstatierte

[53] Plaut, Alec, »Pourquoi Gulliver est-il victime de la censure?«, 3.7.1964.

[54] Hans Giger liess die Berichterstattung über die Expo von der Agentur »Argus« überwachen und verfügte daher in seinen Handakten über ein Dossier der wichtigsten Zeitungs- und Zeitschriftenartikel. Die folgende Darstellung stützt sich grösstenteils auf dieses Dossier sowie auf die Archive der NZZ, der Gazette de Lausanne und der Tribune de Genève.

[55] Paul, J. T., »Der Bund hat Angst vor seinen Bürgern«, in: *Zürcher Woche*, 3.7.1964.

[56] Henger, Gregor, »Ein Gewitter-Tag in der Schweiz«, in: *SIE+ER*, Juli 1964.

eine »Dämpfung auch im geistigen Bereich«[57] und die Berner Tagwacht beklagte, Gullivers Wahrheit sei unerwünscht[58].

Bereits aus diesen Schlagzeilen ist ersichtlich, dass der Zensur-Vorwurf den Nerv der Zeit traf. Dieser Aspekt dominierte die mediale Darstellung des »Gulliver-Skandals« und liess den Delegierten Giger ebenso wie die Expo-Direktion schlecht aussehen.[59] Die Idee, dass das Szenario verändert worden war, brachte manchen Journalisten dazu, das nicht realisierte Szenario zu idealisieren und das realisierte Szenario schlechtzureden. Der Autor der Zürcher Woche, J. T. Paul, behauptete, die Diskrepanz zwischen den Fragen und den Deutungen Gullivers sei hellhörigen Expo-Besuchern von Anfang an aufgefallen. Wer Apothéloz und seine Mitarbeiter kenne, hätte das dumpfe Gefühl gehabt, dass diese keineswegs bloss das »harmlose Ausstellungsspielchen« geplant, sondern »Wesentlicheres« vorgehabt hätten. »Man ahnte, dass die glänzende Grundidee eines laufenden Plebiszites irgendwie verwässert worden sei.«[60] So sei in den Antworten Gullivers von Nonkonformismus nichts mehr zu spüren, sondern es dominiere Bravheit und Biederkeit zumal aus den Deutungen »ein deutliches Zeigefingerchen von gutschweizerischer Pädagogik« rage. Paul wusste nicht, dass – im Gegensatz zum Fragebogen – die Antworten Gullivers kaum redigiert waren und grösstenteils aus der Feder von Isac Chiva und Ariane Deluz stammten.

Zwei Wochen nach dem Artikel in der Gazette de Lausanne und aufgrund der Resonanz in anderen Printmedien sah sich die Direktion der Expo zu einer Stellungnahme gezwungen. In einem dürren Communiqué bestritt sie, dass der Bundesrat Zensur ausgeübt habe. Die Direktion sei für das Programm der gesamten Landesausstellung verantwortlich und habe »ihre Entscheidungen stets frei und in Kenntnis aller Voraussetzungen getroffen.«[61] Die Rolle des Delegierten sei nur eine beratende gewesen und seine Äusserungen seien »nach Massgabe ihrer Bedeutung berücksichtigt« worden. Es sei zwar zu Meinungsverschiedenheiten gekommen, jedoch sei die Direktion »nie einer Zensur durch die Bundesbehörden unterworfen« worden und sie übernehme die volle Verantwortung für

---

[57] O. A., »Dämpfung auch im geistigen Bereich«, in: *Der Landbote*, 7.7.1964.

[58] O. A., »Gullivers Wahrheit unerwünscht«, in: *Tagwacht*, 4.7.1964.

[59] Einzig der Auslandkorrespondent des Journal de Genève vertrat die Ansicht, das Gulliverspiel sei gefährlich: Der Umstand, dass Soziologen unter der Aufsicht einer Landesausstellung fragen dürfen was in der Schweiz am ehesten erhalten werden solle, a) die Gemeindeautonomie, b) die Hochkonjunktur, c) die Kantonshoheit oder d) das gute Einvernehmen zwischen Arbeitgeber und Arbeitnehmer, habe ihn schockiert. Für den Autor war es inakzeptabel, dass zwischen der Gemeindeautonomie und der Kantonshoheit ausgewählt werden musste, da beide zwingende Rechtsprinzipien darstellten. Rod, Etienne, »Gulliver: un jeu dangereux«, in: *Journal de Genève*, 29.7.1964.

[60] Paul, »Der Bund hat Angst vor seinen Bürgern«, in: *Zürcher Woche*, 3.7.1964.

[61] Die NZZ druckte die Stellungnahme der Direktion im Wortlaut ab. Vgl. ag, »Bundeszensur an der Expo? Stellungnahme der Expo-Direktion«, in: *Neue Zürcher Zeitung (NZZ)*, 12.7.1964.

ihre Entscheidungen.[62] Nach dieser Verlautbarung ging die mediale Diskussion erst recht los. Die Schlagzeilen allein zeigen schon, dass die Stellungnahme der Direktion weder die Gemüter beruhigte noch eine abschliessende Klärung des Falles herbeiführte. Der Blick etwa titelte »Expo: Heikle Fragen ›abgewürgt‹«[63] und Hans Tschäni monierte im Tages-Anzeiger, es handle sich zwar nicht um Zensur, wohl aber um eine problematische »Beeinflussung«[64]. Eine Woche später geisselte er das »perfide Abschirmen der Expo vor heiklen Fragen«.[65]

6.2.3 Politik als Geheimklub

Auf einem Nebenschauplatz des Medienskandals kursierte ein abenteuerlich anmutendes Gerücht um einen geheimen »Club«, welcher auf höchster Ebene die Geschicke des Landes bestimme. Das Gerücht wurde am prominentesten von der Migros-Zeitung die TAT verbreitet. Das Blatt versuchte zu Beginn des Skandals den Zensurvorwurf zu übertrumpfen und legte am 7. Juli mit einem besonders bissigen Artikel nach.[66] Basierend auf den Artikeln der Gazette de Lausanne und einem Interview von Radio Lausanne mit Charles Apothéloz präsentierte sie unter der Überschrift »Regieren die Chefbeamten?« eine Verschwörungstheorie. Der Artikel zitierte Äusserungen, welche Giger in den Sitzungen zur Überarbeitung von »Un jour en Suisse« gemacht habe, in Sitzungen, von denen keine schriftlichen Protokolle existierten, wie der Autor einräumte. Giger habe behauptet, in Bern würden wichtige Beschlüsse nicht vom Bundesrat gefasst, sondern von einem »Club«, dem Vertreter der Spitzenverbände, hohe Bundesbeamte und gewisse Bundesräte angehörten.[67] Bundesrat Rubattel sei »gestürzt«, weil er dem »Club« nicht beitreten wollte, habe Giger kolportiert. Ob Bundesrat Bonvin dem »Club« angehören werde, stehe noch nicht fest. Und als drittes Beispiel für die Bedeutung des »Clubs« brachte die TAT eine Anekdote, die Giger erzählt habe: Als Bundesrat Wahlen 1962 nach Brüssel fuhr[68], habe er seine Position nicht mit dem »Club« abgestimmt: »Er fuhr einfach drauflos. Als er dann aus

---

[62] Ebd.

[63] O. A., »Expo: Heikle fragen ›abgewürgt‹«, in: *Blick*, 13.7.1964.

[64] Tschäni, Hans, »Keine Zensur – aber Beeinflussung«, in: *Tages-Anzeiger*, 13.7.1964.

[65] Tschäni, Hans, »Der Berner Einmischung zum Trotz ...«, in: *Tages-Anzeiger*, 20.7.1964.

[66] Vgl. plt, »Regieren die Chefbeamten?«, in: *Die TAT*, 7.7.1964. Der Artikel stimmt fast wörtlich mit einem Artikel überein, den Alec Plaut vier Tage zuvor auf französisch publiziert hatte, (Plaut, »Pourquoi Gulliver est-il victime de la censure?«, 3.7.1964.). Vermutlich ist »plt« das Kürzel von Plaut in der TAT.

[67] plt, »Regieren die Chefbeamten?«, in: *Die TAT*, 7.7.1964.

[68] Hierbei ging es um das Assoziationsgesuch zur EWG, welches Bundesrat Wahlen 1962 in Brüssel einreichte. Vgl. Zbinden, Martin, »Die schweizerische Integrationspolitik von der Gründung der OEEC 1948 bis zum Freihandelsabkommen 1972«, in: Michael Gehler/Rolf Steininge (Hg.): *Die Neutralen und die europäische Integration 1945–1995*, Wien 2000.

Brüssel zurückkam, gab's da nichts zu lachen. Nur gut dass de Gaulle die ganze Geschichte hochgehen liess«.[69]

Die TAT ergänzte ihre »Club«-Geschichte mit einem Angriff auf Giger als Person und diskreditierte ihn dabei schonungslos. Er habe den Mitarbeitern der Sektion »Un jour en Suisse« andauernd gedroht, sie unter Druck gesetzt und sein Misstrauen durchblicken lassen. Der Bundesdelegierte habe in Lausanne den Eindruck eines zornigen Mannes erweckt: »er brüllte, schlug dauernd auf den Tisch, geriet in unerhörte Aufregungszustände«.[70] Als die Expo-Leute nicht sofort »parierten«, habe er mit finanziellen Pressionen gedroht. Der Verfasser des Artikels beschrieb dramatisch, wie die Überarbeitung des Fragebogens im Herbst 1963 vor sich gegangen sei: Nachdem die Soziologen und Apothéloz die Gulliver-Befragung sorgfältig mit der Expo-Direktion abgestimmt hätten, um besonders in der deutschen Schweiz keinen Ärger zu erregen, habe Giger sofort eingegriffen, so die TAT. Die Arbeitssitzungen seien immer unangenehmer geworden. Alberto Camenzind, Chefarchitekt der Ausstellung und Expo-Direktor habe erklärt, er fühle sich angesichts von Gigers Ausfällen »*in die Nazizeit zurückversetzt*«.[71]

Danach rekapitulierte der Artikel in empörtem Tonfall die Geschichte der Gazette de Lausanne, vom bundesrätlichen Eingriff, von den Gutachten von zwei Berner Soziologen, die ganz im Sinne Gigers ausgefallen waren, vom Zwang, dass Gulliver sein Gedächtnis verlieren musste und davon, dass die brisantesten Fragen – die TAT nannte das Radio- und Fernsehmonopol in der Schweiz, Dienstverweigerung aus ethischen Gründen, EWG-Komplex, Gottesglaube, 40-Stunden-Woche – gestrichen werden mussten.[72]

Die Geschichte vom »Club« basierte auf unüberprüfbaren Behauptungen und kritisierte Giger auf zwei Ebenen. Zum einen wurde er persönlich angegriffen, indem er als Choleriker dargestellt wurde. Zum anderen stellte das Gerücht um den »Club« Gigers politische Haltung bloss: Giger zähle sich zu einer exklusiven politischen Elite, welche fundamentale demokratische Prinzipien verhöhne. In diesem Licht erschien die Intervention als inakzeptabler Eingriff von oben. Giger wurde zum elitären Funktionär stilisiert, der sich nicht um demokratische Grundprinzipien wie freie Meinungsäusserung schere und Zensur ausübe.

Die Geschichte wurde zwar von anderen Medien kaum aufgegriffen, bereitete jedoch Giger einiges Ungemach[73], vor allem, weil er sich vor seinen Vorgesetzten

---

[69] plt, »Regieren die Chefbeamten?«, in: *Die TAT*, 7.7.1964.

[70] Ebd.

[71] Ebd., Hervorhebung im Original.

[72] Ebd. Vgl. auch Fussnote 52 in Kapitel 6.2.1 »Enquête sur une enquête«.

[73] Daneben erhielt er einige böse Briefe von TAT-Lesern, welche ihm ironisch zu seiner Zensur gratulierten oder ihn als »engstirnigen Mucker und Spiesser« bezeichneten. Vgl. Bundesarchiv, E 7170 (B) 1968 105, 127, UJS Gulliver-Test 1964, Nr. 4 und 10.

rechtfertigen musste. Als der Skandal ins Rollen kam, verbrachte Giger gerade seine Ferien im toskanischen Chianciano Terme. Am 15. Juli 1964 übermittelte er per Telefon einen ausführlichen Bericht[74] nach Bern, für Bundesrat Schaffner. Giger räumte ein, man könne Apothéloz keinen Vorwurf machen, dass er auf Anfragen von Journalisten antworte, die Expo habe unter dem Druck der Bundesbehörden auf die Auswertung und Veröffentlichung der Publikumsumfrage verzichtet. Die TAT habe darauf eine Theorie über skandalöse Zustände im eidgenössischen politischen System konstruiert.[75] Er argumentierte, man könne nicht behaupten, der Weg der Schweiz sei konformistisch, aber er solle auch nicht der Ort sein, »wo die prinzipiell Unzufriedenen ihre Ressentiments gegen ein Volk von vermeintlichen Spiessern abreagieren.«[76] Apothéloz könne sich nicht auf die freie Meinungsäusserung berufen, denn die Expo sei eine nationale Monopol-Einrichtung, wo jeweils nur eine einzige Stimme hörbar werde, ähnlich wie bei Radio und Fernsehen.

Mit dieser Argumentationsfigur wendete Giger den Vorwurf, der gegen ihn selbst gerichtet war, nämlich aus einem elitären Selbstverständnis heraus über die Köpfe des *Demos* hinweg zu handeln, geschickt gegen Apothéloz. Der Delegierte hatte in dieser Version nicht im Namen der politischen Macht Zensur ausgeübt, sondern ganz im Gegenteil verhindert, dass »ewig Unzufriedene« ihr Privileg des monopolisierten Sprechens missbrauchten.

Der Artikel der TAT beruhe auf »lügenhaften und perfiden Unterschiebungen« und selbst Apothéloz habe zugegeben, dass der Artikel ungenau sei, diktierte Giger am Telefon weiter. Auch seine Bemerkungen über Mitglieder des Bundesrates seien »in gröbster Weise entstellt« worden. Die »Schauermäre vom selbstherrlichen eidgenössischen Klub« sei jedoch zu einfältig, als dass sie von ihm stammen könnte. Vielmehr seien seine »Angaben aus dem Bereich der politischen Soziologie« in der TAT in Stupiditäten verkehrt worden. Er räumte ein, mit dem, was er gesagt habe, Kritik zu riskieren. Es sei deshalb am Bundesrat, zu beurteilen, ob er Insubordination betrieben habe. Zu guter Letzt stellte Giger in Aussicht, nach Abschluss seines Mandats als Expo-Delegierter seine frühere Tätigkeit beim Bundesamt für Industrie, Gewerbe und Arbeit nicht wieder aufzunehmen. Falls es der Bundesrat wünsche, stehe er für andere Aufgaben zur Verfügung. Er wollte aber mit seinem Weggang nicht den Eindruck erwecken, er sei untragbar geworden, sondern versuchte sein Mandat ordentlich zu beenden und danach regulär den Bundesdienst zu quittieren, ohne sein Gesicht zu verlieren.

---

[74] Bundesarchiv, E 7170 (B) 1968 105, 126, UJS Gulliver-Test 1964, Nr. 8: Giger, Hans Georg, *Notiz für Herrn Bundesrat Schaffner. Angriff auf den Delegierten für die Landesausstellung*, 15.7.1964.

[75] Ebd.

[76] Ebd.

Obwohl ihm die Affäre zusetzte, verlor er nicht seine Streitlust: Bundesrat Schaffner forderte Giger Ende August 1964 im Namen von Bundesrat Wahlen auf, erneut zum Artikel in der TAT Stellung zu nehmen. Giger rechtfertigte sich, er habe nicht formell dementiert, weil sein Gedächtnis auch nicht besser sei als jenes von Apothéloz. Auch könne er sich nicht an alle Aussagen erinnern, die er vor bald einem Jahr gemacht habe. Jedenfalls habe er im Zusammenhang mit der EWG-Problematik höchstens beiläufig von Personen gesprochen und es sei ihm nicht gewärtig, dabei Bundesrat Wahlen angegriffen zu haben. »Übrigens hätte sich ein Angriff betreffend Brüsseler Erklärung ebenso gut gegen Sie richten können«[77], schrieb er seinem Vorgesetzten Schaffner, volle Aufrichtigkeit suggerierend. Danach verschaffte Giger seinem Ärger Luft: »Herr Apothéloz ist in politischen Dingen derart unberührt von Sachkenntnis, dass seine Kombination von Erinnerungsfetzen zu absurden Ergebnissen führt, die der Artikelschreiber der ›Tat‹ womöglich weiter verdreht hat.«[78] Die Ausführungen über den »Club« würden dies belegen. Jeder politisch Gebildete wisse, dass es informelle Gruppen und so etwas wie stillschweigende Übereinstimmung und Parallelverhalten gebe. Wenn er dafür das Wort »Club« gebraucht haben sollte, dann höchstens zwecks plastischer Formulierung für Anfänger.

In dieser Episode prägte die elitäre Politikauffassung Gigers deutlich seine Argumentation. Gegenüber seinem Vorgesetzten, Bundesrat Schaffner, verniedlichte er den Gehalt der Geschichte als Selbstverständlichkeit für den politisch Gebildeten. Gleichzeitig wiegelte er ab: Die Idee, es gebe einen »Club«, entspringe der naiven Auffassung des politischen Laien Apothéloz, gesteigert vom Sensationshunger eines Journalisten. Er zählte also einerseits auf einen Konsens unter politisch Eingeweihten und andererseits auf die dazugehörigen Abgrenzungsmechanismen gegenüber Aussenseitern.

Die kleine Anfrage Muret. Im Oktober 1964 griff André Muret, Nationalrat der PdA, die Frage nach dem »Club« auf und erbat sich vom Bundesrat in einer »kleinen Anfrage« Auskunft.[79] Muret wollte wissen ob, »in den hohen Sphären des Bundes« tatsächlich ein Club bestehe, »dem im politischen Leben unseres Landes eine führende Rolle zukomme«. Muret wiederholte die Giger zugeschriebenen Aussagen, wonach Bundesrat Bonvin im Vorraum dieses exklusiven Zirkels immer noch auf seine Aufnahme warte, dass dem »Club« neben Giger einzelne her-

---

[77] Bundesarchiv, E 7170 (B) 1968 105, 127, UJS Gulliver-Test 1964, Nr. 4: Giger, Hans Georg, *Notiz für Herrn Bundesrat Schaffner. Gulliver auf der Hintertreppe*, 27.8.1964.

[78] Ebd.

[79] Bundesarchiv, E 7170 (B) 1968 105, 126, UJS Gulliver-Test 1965, Nr. 1: Schweizerischer Bundesrat, *Auszug aus dem Protokoll der Sitzung des Schweizerischen Bundesrates: Kleine Anfragen Muret vom 6. und 8. Oktober 1964*, 12.1.1965.

vorragende Wirtschaftsvertreter angehörten und dass Bundesrat Wahlen wegen seiner allzu persönlichen Vorstösse im Rahmen der Verhandlungen mit der EWG streng getadelt worden sei.[80] Muret fragte den Bundesrat, ob er bereit sei, restlos über die Erklärungen Gigers Aufschluss zu geben, wobei ihn interessiere, ob diese auf Tatsachen beruhten und wie der Bundesrat dazu Stellung nehme.

Ironischerweise verfasste Hans Giger selbst die Antwort des Bundesrates und konnte es sich nicht verkneifen gegenüber der Expo-Direktion damit zu kokettieren.[81] Die Frage nach dem »Club« – so die nunmehr offizielle Verlautbarung – gehe auf private Unterhaltungen zurück, welche während der Vorbereitung der Expo geführt wurden. Die in verschiedenen Zeitungen behaupteten Aussagen habe Giger bereits nach ihrem Erscheinen als »grobe Entstellungen« bezeichnet. Der Bundesrat lege Wert darauf festzustellen, »dass sie in keiner Weise den Tatsachen entsprechen« – der »Club« sei eine »reine Legende«.[82]

Die Anfrage Murets stellte eine plebiszitäre politische Haltung dar, die versuchte, den Widerspruch zwischen dem politischen Machtzirkel und dem *Demos* anzuprangern. In der Antwort, welche Giger im Namen des Bundesrates verfasste, war nichts mehr von der Verhöhnung der politischen Naivität jener zu lesen, welche einen solchen »Club« für möglich hielten, wie zuvor gegenüber Bundesrat Schaffner. Gegenüber der Öffentlichkeit präsentierte sich der Chefbeamte mit einem anderen Gestus: Mit einem aufrichtig klingenden, ernsten Dementi.

Der Druck des Skandals veranlasste Giger, Rechenschaft über die Motive seiner Intervention abzulegen. Am klarsten brachte er seine Beweggründe in einem Brief zu Papier, den er ebenfalls am 15. Juli in der Toskana verfasste, aber nicht abschickte.[83] Er habe den »Weg der Schweiz« keineswegs seiner Substanz entleert – weder den historischen Teil noch das Gulliverspiel oder die fünf Kurzfilme von Henry Brandt, »La Suisse s'interroge«.

Es treffe zu, dass die Antworten des Gulliverspiels, entgegen dem ursprünglichen Projekt, nicht gespeichert und somit nicht ausgewertet oder veröffentlicht würden. Doch die Expo-Direktion habe selbst erklärt, die Befragung solle in erster Linie ein Spiel sein. »Wären aber die Ergebnisse statistisch ausgewertet und publiziert worden, so hätte das Spiel den Charakter eines Pledeszites [sic] über eine Reihe von staatspolitisch bedeutsamen Fragen erhalten.«[84] Es ist jedermann unbenommen, eine solche Umfrage auf privater Grundlage durchzuführen, notierte Giger, »aber wenn eine Landesausstellung die Befragung organisiert, so

---

[80] Ebd.

[81] Bundesarchiv, J 2.10, 1000/1212, 22/22, 75, Nr. 3: Giger, Hans Georg, *Brief an die Direktion der Landesausstellung: Enquête »Un jour en Suisse«*, 28.10.1964.

[82] Bundesarchiv, E 7170 (B) 1968 105, 126, UJS Gulliver-Test 1965, Nr. 1.

[83] Bundesarchiv, E 7170 (B) 1968 105, 127, UJS Gulliver-Test 1964, Nr. 9: Giger, Hans Georg, *Expo und Bundeshaus. Eine Antwort*, 15.7.1964.

[84] Ebd., S. 2.

misst man dem Ergebnis beinahe den Wert eines Volksentscheides bei. Die Unverbindlichkeit des Spiels würde sich in eine programmatische Weichenstellung verwandeln.«[85] An keiner anderen Stelle formulierte Giger seinen politischen Einwand so unverblümt. Das soziologisch verbrämte Szenario hätte den Eindruck eines politischen Volksentscheides wecken können – dies hatte er erfolgreich verhindert.

6.2.4 Der Gulliverskandal im Lichte der Soziologie

Ein paar Wochen später, als die ersten Schreie der Empörung verklungen waren, publizierte H. A. in der Neuen Zürcher Zeitung eine Glosse mit dem Titel »Gedanken in Gullivers Schatten«, in der nicht Zensur und der Konflikt zwischen Volk und Obrigkeit die zentrale Argumentationsachse bildete, sondern die Rolle der Wissenschaft.[86] Der Autor kritisierte, der Fragebogen sei von Bern zensiert und die wissenschaftlichen Absichten Gullivers durchkreuzt worden. Die heftige Diskussion um das »Malaise um Gulliver« drehe sich zwar um die Befugnisse der Expo und des Bundesdelegierten – der Grund dafür liege jedoch tiefer. Nämlich in einem Unbehagen, sich von einem Roboter befragen zu lassen, der an den »Drähten der soziologischen Wissenschaft« hängt. Der Autor entwickelte darauf eine Reihe von Thesen, welche die Fragwürdigkeit soziologischer Methoden im Allgemeinen und insbesondere im Kontext der Politik verdeutlichten. Er wollte seine Kritik nicht als Kritik an der Expo oder an Gulliver verstanden wissen, sondern an »Tendenzen einer Zeitströmung«. Zunächst postulierte er, die Soziologie sei in verschiedene Richtungen zersplittert, die sich untereinander befehden würden. Die Fragebogen und damit ihre Resultate wären zweifellos »verschieden ausgefallen, je nachdem, ob eine katholische, eine progressistische oder gar eine marxistische Soziologie sie aufgestellt hätte«. Zweitens kritisierte er, dass auf die Fragen mit Ja oder Nein geantwortet werden musste und monierte, er würde auf gewichtige Fragen wie jene nach der Neutralität lieber mit einer Dissertation antworten, als mit einem Ja oder Nein. Hier normiere die Wissenschaft die Befragten nach ihrer Apparatur, denn diese würden, so der Autor, gezwungen geradlinig-mechanisch zu denken.

H. A. entwickelte seine Perhorreszierung der Soziologie in eine politische Richtung weiter. Selbst wenn die soziologischen Methoden unfehlbar wären, könne »uns« nicht ganz wohl sein, wenn solche Auswertungen täglich im Fernsehen zu sehen wären. Der Autor bemühte sodann die Kernelemente jenes politisch-juristischen Argumentariums, dem wir im vorhergehenden Kapitel begeg-

---

[85] Ebd.

[86] H. A., »Gedanken in Gullivers Schatten«, in: *Neue Zürcher Zeitung (NZZ)*, 11.8.1964.

net sind, um gegen die tägliche Auswertung der Gulliver-Umfrage anzukämpfen: »Dieser Mittelwert aus Reflexen und Reflexionen, dies Kalkül aus Augenblickswünschen könnte sich allzu leicht für ein Programm halten oder doch von vielen Fernsehern als solches betrachtet werden, verpflichtend also für Legislative und Exekutive, richtungweisend für die politische Zukunft.« Der Staat sei ein laufendes Plebiszit und das habe für eine Demokratie in besonderem Masse zu gelten, meinte er in leichter Abwandlung von Ernest Renans Bonmot[87]. Jedoch könne sich in der Schweiz die »ständige Stellungnahme des Volkes zu seinem Staat« nur mit den Mitteln der direkten und indirekten Demokratie vollziehen, ansonsten würde sie sich in eine »absolute Demokratie« verwandeln.[88] Demokratische Willensbildung sei kein aus allen Richtungen zusammenlaufender, ungefilterter Strom von Meinungen, sondern vollziehe sich in lebendiger Diskussion. Seine Ausführungen gipfelten in der These, auch in der Demokratie seien »›Führer‹ im guten Sinne« statthaft und es gehöre dazu, dass Eliten Meinungen formen. Selbst wenn der »politische Denkroboter« kein Programm ausarbeite, sondern nur politische Symptome sammle, habe es den Anschein, dass mit dem Apparat zur Meinungsforschung – von Seiten der politischen oder einer wissenschaftlich neutralen Elite – der »Volkskörper« untersucht werde, um ihn besser dirigieren zu können.

Der Verfasser der Glosse hatte das Gulliverspiel zum Anlass genommen, eine Kritik an der Rolle der Meinungsforschung in der Demokratie auszubreiten. Die Argumente stammen aus jenem juristisch-politischen Diskurs, der ein elitäres Politikverständnis gegenüber plebiszitären Tendenzen aufrechtzuhalten versuchte.[89] Die Beschwörung der Notwendigkeit politischer Führung des Volkes durch geistige Eliten verband sich dabei mit einer kulturpessimistischen Technologieskepsis und mit der Angst vor einer »absoluten« Demokratie, in welcher Maschinen die Meinungen der Massen bloss abrufen.

Soziologen melden sich zu Wort: Peter Atteslander. Die Provokation gelang. Eine gute Woche später verfasste Peter Atteslander ebenfalls in der NZZ eine Replik.[90] Der 1926 geborene Atteslander hatte im selben Jahr seine ausserordentliche Professur an der Universität Bern angetreten und war auf die Methodenlehre der empirischen Sozialforschung spezialisiert.[91] Er versuchte, das Ansehen der Soziologie zu verteidigen, indem er »Gulliver« scharf von jeglicher seriösen Soziolo-

[87] Das Original lautet: »L'existence d'une nation est (pardonnez-moi cette métaphore) un plébiscite de tous les jours«. Vgl. Renan, Ernest, *Qu'est-ce qu'une Nation? et autres écrits politiques*, Paris 1882/1996, S. 241.

[88] H. A., »Gedanken in Gullivers Schatten«, in: *Neue Zürcher Zeitung (NZZ)*, 11.8.1964.

[89] Vgl. Kapitel 5.2.1 Die schweizerische Demoskopiediskussion.

[90] Atteslander, Peter, »Der Lärm um Gulliver«, in: *Neue Zürcher Zeitung (NZZ)*, 19.8.1964.

[91] Stotzer, Soziologie, S. 98 f.

gie abgrenzte: Allein schon die beiden soziologischen Gutachten würden belegen, dass der Gulliver-Test keinen wissenschaftlichen Wert habe. Dann versuchte er die Verbindung von Soziologie und Maschine zu kappen, die H. A. unterstellt hatte: Gulliver sei zwar eine höchst komplizierte elektronische Maschine, habe aber weder mit Soziologie noch mit Wissenschaft auch nur das Geringste zu tun, weil er weder denken noch einen Fragebogen aufsetzen könne, begründete Atteslander. Gulliver sei eher mit einem Lichtschalter vergleichbar und könne für das Ergebnis seiner Berechnungen nicht verantwortlich gemacht werden. Man müsse gerechterweise danach fragen, wer den Fragebogen geschaffen habe.

Doch auch von einem Fragebogen im wissenschaftlichen Sinne könne nicht gesprochen werden – dazu wäre eine systematische Untersuchung des Gegenstandes der Befragung nötig und die Auswahl der Befragten müsste nach strengen Regeln geschehen. Atteslander beanstandete, dass diese wissenschaftlichen Voraussetzungen im Falle von Gulliver nicht erfüllt seien. Nachdem er den Fragebogen als unwissenschaftlich qualifiziert hatte, schlug er eine Bresche für die professionelle Meinungsforschung. Er beklagte, dass weder die Marktforschung noch soziologische Fachgelehrte von der Expo angefragt worden seien. Es sei erstaunlich, dass die Expo-Leitung es nicht für nötig gehalten habe, anerkannte Fachleute beizuziehen. Gulliver hänge nicht an der soziologischen Wissenschaft, sondern die Riesenmarionette befinde sich in den Händen des Theaterregisseurs Charles Apothéloz. Atteslander räumte ein, er wisse zwar nicht, wer den Fragebogen genau verfasst habe, aber er »behaupte laut und deutlich, dass ein Fachmann ihn auch nicht von weitem gesehen hat, bevor er in Bern in die Amtsmühle geraten ist.« Weder bei der Schweizerischen Gesellschaft für praktische Sozialforschung noch bei der Schweizerischen Gesellschaft für Soziologie, deren Sekretär Atteslander damals war, sei jemand wegen Gulliver angefragt worden. Anknüpfend an die personelle und institutionelle Abgrenzung Gullivers und der Soziologie machte er sich daran, die grundsätzlichen Vorwürfe gegen die Soziologie zu entkräften, allen voran den Vorwurf, die Soziologie sei zersplittert und ihre Resultate würden sich unterscheiden, je nachdem, welche soziologische Richtung einen Fragebogen verfasse. Mit dieser Unterstellung befinde sich H. A. »nicht nur in Gullivers Schatten, sondern in der tiefen Nacht völliger Unkenntnis über die wahren Zustände unserer relativ jungen Wissenschaft«[92] Es gebe keine progressistischen oder marxistischen Fragebogen und es sei ein Unding von weltanschaulichen Forschungsinstrumenten zu sprechen. Atteslander räumte zwar ein, dass es viele Soziologismen gebe und »soziologisch« zu einem Modewort geworden sei, doch davon unterscheide sich die »systematische Sozialforschung« grundsätzlich. Auch gegen die Unterstellung, Soziologen seien fortschrittsgläu-

[92] Atteslander, »Der Lärm um Gulliver«, in: *Neue Zürcher Zeitung (NZZ)*, 19.8.1964.

big, von Technik oder Technokratie berauscht, wies Atteslander zurück. Ganz im Gegenteil müssten sich die Soziologen beispielsweise in der Betriebssoziologie mit den Auswirkungen der Technik herumschlagen.

Auf die demokratietheoretischen Einwände gegen die Meinungsforschung ging Atteslander explizit nicht ein. Sie seien Ausdruck von Angst, wenngleich die Beeinflussbarkeit der öffentlichen Meinung in der heutigen Gesellschaftsordnung ein ernsthaftes Problem darstelle, meinte Atteslander. Stattdessen hob auch er zu einer Kritik am Expo-Projekt an – jedoch zu einer anders gearteten: Er befand, Gulliver sei eine verpasste Gelegenheit, weil er zum Anlass geworden sei, die in der Schweiz quantitativ noch unterentwickelten Sozialwissenschaften zu diskreditieren. Es sei nicht zu verantworten, dass zwei Millionen Franken »für so wenig Resultate auf so leichtsinnige Art« eingesetzt würden. Anhand von Gulliver eine Diskussion über den Wert oder Unwert der Soziologie anzustossen, hielt er für Unsinn. In seiner Verteidigung der Soziologie ging er schliesslich so weit, die Intervention von Bern gutzuheissen. Eine Kürzung des Fragebogens habe das Schlimmste verhindert, weil bestimmte Fragen, welche die »Intimsphäre jedes einzelnen Menschen und damit Staatsbürgers verletzen«, noch gestrichen worden seien. Nicht Bern sei für das Fiasko verantwortlich, sondern der Verfasser des Fragebogens. Immerhin tauge der Vorfall für Lehrzwecke, denn noch selten seien in so reiner Form alle Punkte so flagrant missachtet worden, auf die ein Sozialwissenschaftler, selbst ein angehender, achten müsse, wenn er eine Erhebung durchführe.

Atteslander versuchte mit seiner Replik, sämtliche Verbindungen zwischen Gulliver und der Soziologie kleinzureden und gleichzeitig der politischen Diskussion auszuweichen. Seine Argumentationsstrategie bestand darin, die Soziologie als autonomes Feld zu behaupten und das Gulliverspiel anhand soziologischer Fachstandards davon abzugrenzen. Dass er sich politischer Aussagen enthielt, entsprach seinem Rollenverständnis eines unabhängigen wissenschaftlichen Experten.

Urs K. Hedinger. Jedoch rief sein rigoroser Gestus der Abgrenzung einen weiteren Sozialwissenschaftler auf den Plan: Zwei Wochen später erschien an derselben Stelle eine Replik[93] auf Atteslander und auf A. H., verfasst von Urs K. Hedinger[94], einem Mitglied der Arbeitsgruppe »Un jour en Suisse«. Dieser hatte an der Durchführung sämtlicher Etappen der Vorstudie mitgearbeitet und verteidigte beherzt die wissenschaftliche Qualität dieser Arbeiten. Mit Hedinger meldete sich sozusagen der *missing link* zwischen Gulliver und der Soziologie zu Wort,

[93] Hedinger, Urs K., »Missverständnisse um Gulliver«, in: *Neue Zürcher Zeitung (NZZ)*, 2.9.1964.

[94] Urs K. Hedinger war als Interviewer bereits an der Durchführung der explorativen Interviews beteiligt und arbeitete danach an der repräsentativen Befragung mit. Vgl. Kapitel 3 und 4.

ein Vertreter jener Vorstudie, die in der Diskussion permanent vergessen und verwechselt wurde. Hedinger hob die Trennung zwischen der qualitativ hochwertigen wissenschaftlichen Studie und dem Gulliverspiel hervor, welches keine wissenschaftlichen Absichten verfolge. Kein Mensch habe behauptet, Gulliver betreibe Soziologie. Man müsse im Gegenteil diese zwei Dinge »deutlich auseinanderhalten«.

Die Studie habe mit Hilfe soziologischer und ethnologischer Methoden umfassendes Material darüber zusammengetragen, wie der heutige Schweizer seine Umwelt und seine Lebensbedingungen erlebe, welches die bestimmenden Haltungen und Motive seien, die seinem Verhalten und Denken zugrunde liegen, und welche Probleme ihn im öffentlichen und privaten Bereich hauptsächlich beschäftigten. Die wissenschaftliche Qualität der Studie sei durch das Patronat des international hochgeschätzten Ethnologen Alfred Métraux ebenso verbürgt wie durch den eigentlichen Leiter der Studiengruppe, Isac Chiva, Vizedirektor des Laboratoire d'Anthropologie Sociale in Paris. Hedinger fügte hinzu, dass sich Chiva »an massgeblicher Stelle« mit der Ausbildung von Studierenden in praktisch-wissenschaftlicher Forschungsarbeit auf dem Gebiete der Sozialwissenschaften befasse. Daneben musste der junge Professor Atteslander relativ klein wirken, zumal es in Bern keine »massgeblichen Stellen« gab wie in Paris. Hedinger erwähnte weiter die Mitarbeit einer soziologisch gebildeten Ethnologin aus Lausanne und einer auf Methoden der praktischen Sozialforschung und Statistik spezialisierten Soziologin aus Paris[95] sowie eines Welschschweizers und dreier Deutschschweizer. Er erwähnte ebenso, dass Isac Chiva vor der Konstituierung der Studiengruppe Prof. Richard F. Behrendt, den Atteslander zweifellos als einen der prominentesten Vertreter der Soziologie in der Schweiz anerkenne, besucht habe und später über die Ergebnisse der Studie informiert habe.[96] Mit dieser Anhäufung von Renommee hatte Hedinger sicherlich die Ehre der Vorstudie effizient verteidigt. Jedoch zielte er an Atteslanders Argument vorbei, denn dessen Kritik bezog sich allein auf den Gulliver-Fragebogen und erwähnte die Studie mit keinem Wort.

Die zweite Argumentationsschiene bestand, wie schon bei Atteslander, darin, die Studie vom Gulliverspiel abzugrenzen. Hedinger sprach von einer deutlichen

[95] Womit er Ariane Deluz und Nathalie Stern meinte, ohne sie allerdings beim Namen zu nennen.

[96] Hedinger war selber Schüler von Behrendt, was er im Artikel auch erwähnte. Behrendt distanzierte sich jedoch kurz darauf in einem Leserbrief in der NZZ von Hedingers Ausführungen. Er sei zwar über die Durchführung der Studie in Kenntnis gesetzt gewesen und Chiva habe ihm einiges über diese berichtet. Doch sei er »in keiner Weise in bezug auf die Organisation oder Durchführung der Erhebung selbst konsultiert worden« und habe keinen Hehl daraus gemacht, dass er sie »sehr kritisch beurteile«. Vgl. Behrendt, Richard Fritz, »Kleine Mitteilungen: Missverständnisse um Gulliver«, in: *Neue Zürcher Zeitung (NZZ)*1964.

Trennung der beiden Arbeitsphasen und davon, dass niemand von wissenschaftlichen Mitarbeiterinnen und Mitarbeitern der Studie danach an der Realisierung der Sektion mitgewirkt hatte.[97] Er fügte seine persönliche Meinung an, es sei den Realisatoren nicht immer gelungen, an die »bezüglich Reichhaltigkeit kaum auszuschöpfenden Ergebnisse der Vorstudie« anzuknüpfen. Hedinger lobte also ausschliesslich jenen Teil des Projekts, an dem er selbst beteiligt gewesen war, und unterschlug geflissentlich, dass Apothéloz ebenso für die Vorstudie wie für das Fragespiel verantwortlich war oder dass Alfred Métraux nur sehr am Rande mit dem Projekt zu tun gehabt hatte.[98]

Er betonte mehrfach, das Frage-und-Antwort-Spiel verfolge eine eindeutig nicht-wissenschaftliche Zielsetzung und diene vielmehr dazu, das Expo-Publikum anzuhalten, selbst mitzudenken und seine persönlichen Antworten mit denen einer grösseren Zahl von Mitbürgern zu vergleichen. Selbst die beiden von Giger angeforderten Gutachten hätten nicht die Fragen als absurd bezeichnet, sondern lediglich den wissenschaftlichen Wert der Antworten bezweifelt, den man im Rahmen des Fragespiels auf der Expo erhalten würde. Der Fragebogen sei zudem anhand einer repräsentativen Stichprobe getestet worden, aus der auch die Zahlenwerte der Antworten Gullivers stammten. Dieser Test habe gezeigt, dass die verwendeten Fragen für die Zwecke der Expo »durchaus geeignet« seien.

Hedingers Diskussionsbeitrag war also, obwohl sich hier endlich ein Mitarbeiter der Expo zu Wort meldete, keineswegs als Plädoyer für Gulliver gedacht, sondern konzentrierte sich ausschliesslich darauf, den wissenschaftlichen Charakter der Vorstudie bekannt zu machen. Die Verteidigung des Gulliverspiels war nicht seine Sache. Ganz im Gegenteil übte er daran deutliche Kritik und liess zuweilen den Sinn für dessen Eigenart vermissen. Auffälligerweise unterstützte er, wie schon Atteslander, die Änderungen am Gulliverspiel. Die Modifikation des Fragebogens hielt er für »recht unbedeutend«. Dass die fortlaufende Bekanntmachung der Befragungsergebnisse in der Ausstellung selbst verhindert wurde, bezeichnete er wiederum als »wichtig und richtig«. Die Gestalter seien im Begriff gewesen, die »Grenzen des – nicht nur im wissenschaftlich soziologischen Sinne – Zulässigen« zu überschreiten. Er begründete seine Position damit, dass sich erstens die Antworten wahrscheinlich gegenseitig beeinflusst hätten und dass zweitens die Zwischenergebnisse »nicht repräsentativ für eine bestimmte Population« und damit sinnlos gewesen wären.

---

[97] Was nicht stimmte, denn Ariane Deluz und Isac Chiva formulierten die Antworten Gullivers auf den Fragebogen. Hedinger, »Missverständnisse um Gulliver«, in: *Neue Zürcher Zeitung (NZZ)*, 2.9.1964.

[98] Bis zum Ende der Phase der »nicht-gelenkten Interviews« bestand ein Kontakt zu Métraux, vgl. Stadtarchiv Lausanne, P 286, Carton 3, Enveloppe 8, Nr. 3, S. 5.

Es hat den Anschein, dass Hedinger an diesem Punkt die klare Trennung zwischen dem Fragespiel und einer soziologischen Umfrage, die er zuvor so stark hervorgehoben hatte, aus den Augen verlor, da er nun das Fragespiel trotzdem am statistischen Kriterium der Repräsentativität, wie es für die wissenschaftliche Forschung gilt, mass. Leider führte er nicht aus, in welchem Sinne, ausser dem soziologischen, das Fragespiel die Grenzen des Zulässigen überschritten habe. Zu vermuten ist, dass er dabei entweder die politischen Grenzen (wie Giger) oder die persönlichen Grenzen (wie Atteslander) vor Augen hatte. Jedenfalls unterliess er es nicht, in einem Seitenhieb darauf hinzuweisen, dass der Delegierte des Bundesrates seine Einwände ursprünglich nicht etwa aus soziologischen Gründen angebracht hatte, sondern aus »Angst vor einer Diskussion über Themen wie: Neutralität, Schweiz und EWG, Atheismus und andere mehr«.

Hedinger war der Ansicht, das Zählverbot sei über das Ziel hinausgeschossen, weil es nun auch im Nachhinein nicht mehr möglich war, zu überprüfen, inwiefern die Ergebnisse der Expo-Befragung von jenen der Voruntersuchung abwichen. Er unterstrich, dass ein solcher Vergleich »für unsere Sozialwissenschaftler von Interesse gewesen« wäre. Hier widersprach Hedingers Einwand völlig seinen restlichen Argumenten, hatte er doch kurz zuvor betont, dass die Ergebnisse »bedeutungslos« gewesen wären, weil nicht klar war, auf welche Population sie sich bezogen hätten.

Freiwilligkeit und Verzerrung. Diesem argumentativen Durcheinander liegen zwei Probleme zugrunde, welche implizit die gesamte Auseinandersetzung um Gulliver und die Soziologie begleiteten und sehr eng miteinander verknüpft waren: Erstens bestand Uneinigkeit in Bezug auf das *Freiwilligkeitsprinzip* der Teilnahme an einer Umfrage. Welche Bedeutung hat das methodische Prinzip, dass in einer wissenschaftlichen Umfrage die Befragten von den Untersuchenden ausgewählt werden? Welchen Unterschied macht es umgekehrt, wenn Personen freiwillig an einer Umfrage teilnehmen? Und weshalb soll eine Umfrage ihre Gültigkeit verlieren, wenn die Befragten freiwillig daran teilnehmen?

Aus soziologischer Perspektive wurde angenommen, dass erstens die freiwillige Teilnahme zu Verzerrungen der Stichprobe führt[99] und zweitens die Motivation zur Teilnahme die Antworten beeinflusst und das Umfrageergebnis verzerrt. Für Soziologinnen und Soziologen waren diese Einwände selbstverständlich und unbestritten. Wie wir bei Atteslander und Hedinger gesehen haben, bedeutete

[99] Etwa weil die soziodemographischen Variablen die Motivation zur Teilnahme an der Befragung begünstigen oder beschränken könnten und dies zu systematischen Verzerrungen in der Stichprobe führen würde. Zudem wäre anzunehmen gewesen, dass das Expo-Publikum selbst schon ebensolche Unterschiede zu einer repräsentativen Stichprobe der Gesamtbevölkerung aufwies.

die Verletzung dieses Auswahlprinzips, dass die Umfrageergebnisse ihre Gültigkeit verloren. Doch ausserhalb der soziologischen Logik war dieses Prinzip keineswegs gültig. Ganz im Gegenteil war es bei politischen Abstimmungen gerade der Regelfall, dass die Befragten freiwillig ihre Meinung kundtun. Sowohl Freiwilligkeit und die damit verbundene Stichprobenverzerrung als auch die Beeinflussung einer Meinung aufgrund unterschiedlicher Motivation zur Teilnahme stellten bei politischen Abstimmungen den Regelfall dar und wurden im politischen Zusammenhang nicht als Problem der Gültigkeit aufgefasst.[100]

Zweitens bestanden unterschiedliche Vorstellungen der *Problematik von Verzerrung und Entzerrung* der Stichprobe: Es war die Absicht des Fragespiels, die soziodemographischen Variabeln Alter, Geschlecht usw. zu erfassen, um danach die Population der Antwortenden ins Verhältnis zur Gesamtpopulation zu setzen und sie damit vergleichbar zu machen. Eine wissenschaftliche Auswertung der Befragungsdaten des Gulliverspiels, wie sie Hedinger nannte, wäre genau darauf hinausgelaufen. Jedoch war dieses Verfahren aus stichprobentheoretischen Gründen höchst fragwürdig, weil eine solcherart gewonnene Stichprobe das Zufallsprinzip verletzen würde.[101] Die damals beteiligten Akteure diskutierten dieses Problem nicht. Sonst hätten sie erörtern müssen, welchen Unterschied es macht, ob ein Soziologe sich seine Stichprobe aufgrund einer vorgegebenen soziodemographischen Verteilung zusammensucht, oder ob eine Menge von Personen – im konkreten Fall ein Teil des Expo-Publikums, dessen Verteilung nicht mit jener der Gesamtpopulation übereinstimmt – freiwillig Fragen beantwortet und danach entsprechend der Verteilung der Grundgesamtheit gewichtet und »entzerrt« wird.[102]

Die Bedeutung des Freiwilligkeitsprinzips und die Verzerrungsproblematik ist für die vorliegende Untersuchung insofern von Interesse, als darin ein fundamentaler Gegensatz zwischen Meinungsumfragen und politischen Abstimmungen sichtbar wird, der sich an einem Gedankenexperiment verdeutlichen lässt: Würden die Gültigkeitskriterien vom wissenschaftlichen auf das politische Feld übertragen, wären sämtliche Abstimmungsresultate unhaltbar. Denn die Population der Abstimmenden ist statistisch gesehen immer systematisch verzerrt und nicht repräsentativ, solange die Wahlbeteiligung nicht 100% beträgt. Fak-

[100] Das Freiwilligkeitsprinzip wurde zwar auch im politischen Zusammenhang – als Problem der geringen Wahlbeteiligung oder der »schweigenden Mehrheit« – thematisiert, wie dies in Max Imbodens »Helvetischem Malaise« exemplarisch sichtbar wird. Jedoch vermochte dies die Gültigkeit von Wahl- oder Abstimmungsergebnissen nicht in Frage zu stellen. Vgl. Imboden, Helvetisches Malaise, S. 6ff.

[101] Vgl. Kapitel 3.2 Die Ziehung einer repräsentativen Stichprobe.

[102] Einzig Urs Jaeggi hatte diese Idee in seinem Gutachten erwähnt – jedoch ohne sie zu präzisieren. Vgl. Bundesarchiv, E 7170 (B) 1968 105, 126, UJS Gulliver-Test 1963, Nr. 7., siehe auch Kapitel 5.3.1 Soziologische Gutachten.

tisch kam es jedoch niemandem in den Sinn, politische Abstimmungen im Nachhinein »entzerren« zu wollen, obwohl dies aus stichprobentheoretischer Sicht denkbar und wünschbar wäre. Mit anderen Worten: Die Kritik am Fragespiel, die sowohl Atteslander als auch Hedinger dazu motivierte, Gigers Publikationsverbot gutzuheissen, lässt sich gegen den Strich als eine soziologische Infragestellung der politischen Repräsentationsweise lesen. Oder in umgekehrter Richtung formuliert: Giger war auf eine Formulierung jener Argumente, die das Fragespiel offiziell zu Fall brachten (nämlich die soziologische Kritik an der Verzerrung der Stichprobe) deshalb angewiesen, weil sich diese Kritik in einer politischen Logik gar nicht formulieren liess, ohne den Repräsentationsmodus der Politik selbst in Zweifel zu ziehen.

Gegenseitige Beeinflussung oder Deliberation. Weshalb aber begrüssten sowohl Hedinger als auch Atteslander aufgrund ihrer soziologischen Kritik an einem politikähnlichen Verfahren eine politisch motivierte Zensurmassnahme? Diese Frage führt an einen dritten neuralgischen Punkt: die *gegenseitige Beeinflussung* der Befragten. Mit dem Verbot der laufenden Publikation der Befragungsergebnisse sollte verhindert werden, dass die Befragten wussten, wie andere auf den Fragebogen antworteten und sich auf diese Weise gegenseitig beeinflussen. In diesem Punkt stimmen die soziologische und die politische Methode der Meinungserhebung überein. Zwischen den Soziologen Atteslander und Hedinger, dem Bundesrat und Giger bestand ein Konsens darüber, dass der irritierende Aspekt des Szenarios darin bestand, dass die antwortenden Personen die bisherigen Ergebnisse der Umfrage gekannt hätten. Die Möglichkeit, dass sich die Befragten gegenseitig beeinflussen könnten, wurde als Gefahr betrachtet. Wie wir in Kapitel 5 gesehen haben, vertrat Hans Giger in dieser Frage einen elitären Standpunkt: Er war der Meinung, das Volk solle von den politischen Eliten instruiert werden, bevor es sich zu politischen Fragen äusserte. Die Soziologen dagegen orientierten sich an einem Ideal, wonach jedes Individuum im Interview möglichst unbeeinflusst, direkt und frei antworten sollte. Die Kritik am *deliberativen* Aspekt des Gulliverspiels erfolgte also zwar einhellig, aber aus unterschiedlichen Motiven.

Die Gemeinsamkeit bestand darin, dass Soziologen wie Politiker mit der Vermeidung unkontrollierter gegenseitiger Beeinflussung von Meinungen innerhalb des *Demos* ihren exklusiven Status als wissenschaftliche Experten beziehungsweise als politische Repräsentanten sicherten und damit innerhalb ihrer jeweiligen Handlungsfelder Macht absichern wollten. Aus demselben Grund stimmten sie überein, es sei die alleinige Sache der Wissenschaft, repräsentative Umfragen durchzuführen und es müsse der Politik vorbehalten bleiben, Abstimmungen abzuhalten.

Im untersuchten Konflikt standen sich in dieser Frage zwei Sichtweisen diametral gegenüber: Erstens jene, die im ursprünglichen Szenario von »Un jour en Suisse« eine gegenseitige Beeinflussung und Manipulation der Meinungen der vielen sah und zweitens eine, die es als Gelegenheit für Diskussionen, Debatten und Auseinandersetzungen begriff. Nach politischem wie auch soziologischem Ideal sollten die befragten Personen nicht wissen, was die anderen Befragten meinten, weil dies ihre Antworten beeinflussen würde. Aus Sicht der Arbeitsgruppe »Un jour en Suisse« war jedoch die gegenseitige Beeinflussung genau der Sinn und Zweck der Veranstaltung. Die Möglichkeit, permanent Einfluss auf eine Momentaufnahme des »schweizerischen Selbstbildes« zu nehmen, sollte explizit zum Mitmachen anregen und war darauf bedacht, Anlass zu Diskussionen geben. Es war mit anderen Worten in besonderem Masse der *deliberative Aspekt des Szenarios*, an dem sich die Geister schieden.

6.3 Die gescheiterte Publikation der Umfrage »Un jour en Suisse«

6.3.1 Gesuch beim Nationalfonds

Hedingers Artikel in der NZZ endete mit der Frage, ob Gulliver eine »verpasste Gelegenheit« darstelle. Die Expo hatte über zwei Jahre hinweg zwei Millionen Franken in die Studie investiert, eine Studie, die nach Hedinger in ihrer Art und ihrem Umfang für die Schweiz ohne Beispiel war. Die Ergebnisse hätten »hinsichtlich Qualität und Quantität alle Erwartungen« übertroffen.[103] Deshalb regten die Direktion der Expo und die Leitung der Studie an, das Material schnellstmöglich auszuwerten und zu publizieren.

Sie suchten zu diesem Zweck beim Nationalfonds um finanzielle Unterstützung nach und luden dessen Experten ein, in Lausanne die Untersuchungsergebnisse einzusehen, um sich ein Urteil über den wissenschaftlichen Wert der Untersuchung zu bilden. Leider, so Hedinger, habe jedoch niemand dieser Einladung Folge geleistet und der Nationalfonds habe keine finanzielle Unterstützung gewährt.

Daher habe sich Raymond Aron[104] der Sache angenommen und sich bereiterklärt, Auswertung und Publikation der Studie zu finanzieren. Hedinger empfand es als »tief bedauerlich, dass damit diese in der Schweiz und für die Schweiz unternommene Studie tatsächlich eine Angelegenheit von Ausländern geworden ist« und es nicht möglich war, in der Schweiz die nötige Unterstützung zu fin-

[103] Hedinger, »Missverständnisse um Gulliver«, in: *Neue Zürcher Zeitung (NZZ)*, 2.9.1964.
[104] Der 1905 geborene Aron war damals Leiter des Centre Européen de Sociologie in Paris.

den.[105] Hedingers Bedauern rührte wohl auch daher, dass er selbst als schweizerischer Mitarbeiter nach Paris reisen wollte und für die Übersetzung der Auswertung ins Deutsche vorgesehen war. Isac Chiva hatte ihm jedoch signalisiert, dass er ihn nicht im Team haben wolle.[106]

Tatsächlich stand das Gesuch an den Nationalfonds, welches bereits am 21. Oktober 1963 eingereicht worden war, unter keinem guten Stern.[107] Den Entwurf dazu hatte die Arbeitsgruppe »Un jour en Suisse« im August 1963 verfasst,[108] eingereicht wurde es dann im Namen des Lausanner Professors Jean Golay, zusammen mit dem administrativen Direktor der Expo, Edgar Henry, und Isac Chiva. Die drei beantragten die runde Summe von 500 000 Franken für das Projekt, wovon 210 000 Franken für die bereits bestehende Untersuchung und Auswertung der Studie an die Expo rückvergütet werden sollten. Weitere 150 000 Franken waren für die statistische Auswertung und die Erstellung einer Synthese der Ergebnisse vorgesehen. Die restlichen 140 000 Franken hätten die Kosten einer dreibändigen Publikation gedeckt, bestehend aus einer Auswertung der statistischen Ergebnisse, einem statistischen Anhang zum ersten Band sowie einem Band, welcher die Untersuchungsmethode beschrieb und die repräsentative Stichprobe erläuterte.[109]

Obwohl das Gesuch die Einzigartigkeit der Studie für den gesamten europäischen Raum betonte und die Reputation von Isac Chiva, Ariane Deluz, Nathalie Stern und vor allem des im März 1963 verstorbenen wissenschaftlichen Patrons Alfred Métraux hervorhob, stiess es beim Nationalfonds auf taube Ohren. Die Gesuchsteller versuchten vergeblich, den Nationalfonds von der Dringlichkeit einer raschen Auswertung der Daten zu überzeugen. Sie wiesen darauf hin, dass die Studie nicht nur einen Einblick in das Verhalten und die Einstellungen der Schweizer Bevölkerung gebe, sondern auch die Möglichkeit eröffne, praktische Schlüsse für die Zukunft der Schweiz zu ziehen, namentlich was künftige Bedürfnisse in Bezug auf Wohnen, Raumplanung, Freizeit und Bildung, Konsumverhalten und Religion anbelange.[110] Sie erwähnten auch, dass Raymond Aron vom »Centre de Sociologie Européenne de l'Ecole Pratique des Hautes Études de Pa-

---

105 Hedinger, »Missverständnisse um Gulliver«, in: *Neue Zürcher Zeitung (NZZ)*, 2.9.1964.

106 Stadtarchiv Lausanne, P 220, Carton 22, Enveloppe 1: Apothéloz, Charles, *Brief an Paul Ruckstuhl: Concerne: publication scientifique*, 9.10.1963. Apothéloz war darüber enttäuscht und vertrat die Ansicht, dass man nun abwarten müsse, bis der Nationalfonds über das Gesuch entschieden habe. Wenn die Finanzierung gelinge, sei es sicher möglich, auf der Mitarbeit eines Schweizer Soziologen zu bestehen.

107 Stadtarchiv Lausanne, P 220, Carton 22, Classeur 1, Nr. 17.

108 Stadtarchiv Lausanne, P 286, Carton 3, Enveloppe 3: Chiva, Isac/Chiva, Arianne/Stern, Nathalie, *Un jour en Suisse, Exposé général sur son enquête, août 1963*, 19.8.1963.

109 Stadtarchiv Lausanne, P 220, Carton 22, Classeur 1, Nr. 17, S. 4.

110 Ebd.

ris« (CSE) die Auswertung der Studie finanziere und betonten, dass unbedingt eine schweizerische Institution die Realisation und Publikation der Studie finanzieren solle. Es sei ein »gravierender Fehler«, wenn dies nicht ohne ausländische Hilfe gelinge.[111]

Gegenüber dem Nationalfonds hoben die Gesuchsteller besondere Aspekte hervor, von denen sie annahmen, sie würden das Projekt attraktiv machen. Auffallend ist, dass der Nutzen von Erkenntnissen für die Zukunft das Projekt attraktiv machen sollte. Denn der genannte Nutzen wäre nicht in erster Linie von wissenschaftlichem Interesse gewesen, sondern von politischem. Mit Wohnungs- und Raumplanung, Freizeitverhalten, Bildungs-, Konsumverhalten und ähnlichem, wurden Planungsgrössen herausgestellt, die vor allem für politische Akteure nützlich gewesen wären. Womöglich verfehlten diese Argumente die Interessenlage der Experten des Nationalfonds. Wie dem auch sei, der Nationalfonds gewährte kein Geld für eine Studie, die bereits durchgeführt und deren Auswertung bereits anderweitig finanziert war.[112]

Allein die beantragte Summe von 500 000 Franken fiel im Verhältnis zu den Förderbeträgen, welche der Nationalfonds üblicherweise für geistes- und sozialwissenschaftliche Projekte genehmigte, völlig aus dem Rahmen. Zum Vergleich: Der Nationalfonds hatte 1963 ein einziges soziologisches Projekt finanziert, und zwar mit 5636 Franken. 1964 waren es acht soziologische Projekte, die mit insgesamt 411 221 Franken gefördert wurden.[113] Publikationen wurden vom Nationalfonds damals mit Summen von 10 000–20 000 Franken unterstützt[114] – die bean-

---

[111] Ebd., S. 5.

[112] Ein Schreiben von Jean Golay an den Nationalfonds, welches er knapp drei Wochen nach der Einreichung des Gesuches verfasste, wirft ein Schlaglicht auf die Reaktion des Fonds. In einer ersten Antwort auf das Gesuch hatte der Nationalfonds die Gesuchsteller aufgefordert, die regulären Gesuchsformulare auszufüllen, um das Förderungsbegehren korrekt einzureichen. Darunter befand sich offenbar ein Formular für den Verlag, welcher das Buch herausbringen sollte, sowie die Aufforderung, das zu unterstützende Manuskript einzureichen. Golay erinnerte den Fonds höflich, dass es unmöglich sei, das Manuskript beizulegen, weil ja dessen Erstellung mit dem Unterstützungsbeitrag erst ermöglicht werden solle. Ebensowenig könne daher der Verlag bereits technische Details zur Publikation in das genannte Formular eintragen. Vgl. Stadtarchiv Lausanne, P 220, Carton 22, Classeur 1: Golay, Jean, *Concerne: Requête 2915. Publication des résultats de l'enquête sociologique sur la vie quotidienne des Suisses entreprise par M. Chiva, Mme Deluz et Melle Stern pour le compte de l'Exposition nationale*, 1963.

[113] Erich Gruners Projekt zur Erforschung des politischen Lebens der Gegenwart und weitere Studien zur Partei- und Verbandsgeschichte der Schweiz hatte der Nationalfonds 1964 mit 87 210.– Franken unterstützt, siehe Schweizerischer Nationalfonds zur Förderung der Wissenschaftlichen Forschung, *13. Jahresbericht*, Bern 1964, S. 28. Den grössten Förderbetrag für soziologische Forschung hatte 1964 Rudolf Braun erhalten: 107 193.– Franken für das Projekt »Soziokulturelle Probleme der Integration ausländischer Arbeitskräfte«. Vgl. ebd., S. 67.

[114] 1964 förderte der Nationalfonds 19 wissenschaftliche Publikationen sämtlicher Disziplinen mit insgesamt knapp 250 000.– Franken, vgl. ebd., S. 26.

tragten 140 000 Franken für die Publikation übertrafen somit die gängigen Beiträge bei weitem.

Die Ablehnung des Gesuches wurde jedoch offiziell mit wissenschaftlichen Vorbehalten begründet. In einem Argumentarium zur Wiedererwägung des Gesuches[115] nannte Isac Chiva vier beanstandete Punkte: Erstens bezweifelte der Nationalfonds den wissenschaftlichen Charakter der Studie aufgrund des Fragespiels bei der Expo. Chiva wies darauf hin, dass es sich hier um eine Verwechslung der wissenschaftlichen Vorstudie und der Umsetzung des Expo-Szenarios handeln müsse, die wohl aufgrund einer oberflächlichen Lektüre des Schlussberichtes entstanden sei. Zweitens war bemängelt worden, der Fragebogen sei unvollständig, insbesondere in politischer Hinsicht. Drittens seien die Fragen zu vage formuliert und viertens enthalte der Fragebogen zu viele »offene« Fragen. Chiva konterte, ein Fragebogen könne unmöglich vollständig sein, und gerade hinsichtlich der politischen Fragen existierten für die Schweiz kaum Arbeiten, auf die sich die Arbeitsgruppe stützen könnte. Zudem hätten die Tests der Fragebogen gezeigt, dass die Befragten auf allzu direkte politische Fragen nur ausweichende Antworten gäben. Daher müssten politische Einstellungen durch indirekte Fragen erhoben werden.[116] Gerade die bemängelten »offenen« Fragen hätten zu persönlichen, nuancierten Antworten geführt, die mit geschlossenen »Ja«- oder »Nein«-Fragen nicht zu erreichen wären. Bevor man Werthaltungen und Meinungen »messen« und nach unterschiedlicher Intensität klassifizieren könne, müsse man sie erst kennen und beschreiben. Dies sei nur mit offenen Fragen möglich.

Mit diesen Argumenten wurde ein weiterer Anlauf unternommen, um den Nationalfonds von der Förderungswürdigkeit des Projektes »Un jour en Suisse« zu überzeugen. Die Expo-Direktion liess sich in diesem Zusammenhang neben Jean Golay auch von Walter Jöhr[117], Richard Behrendt, Urs Jaeggi und dem Gen-

---

[115] Stadtarchiv Lausanne, P 286, Carton 3, Enveloppe 4: Chiva, Isac, *Brief ohne Titel*, 11.1.1964.

[116] Chiva widersprach damit dem Argument welches Charles Apothéloz während des Gulliverskandals stark gemacht hatte, dass nämlich die Befragten offen und direkt antworten würden, wenn sie in einer verständlichen Sprache gefragt würden. Im Kontext des wissenschaftlichen Gesuchschreibens orientierte sich Chiva damit an Standards der Meinungsforschung. Vgl. Fussnote 42 in Kapitel 6.2.1 »Enquête sur une enquête«.

[117] Der 1910 geborene Rechtswissenschaftler und ehemalige Frontist Walter Adolf Jöhr war damals Mitglied des Nationalen Forschungsrates und an der Hochschule St. Gallen tätig. Vgl. Tanner, Jakob, »›Die Ereignisse marschieren schnell‹ – Die Schweiz im Sommer 1940«, in: Andreas Suter/Manfred Hettling (Hg.): *Struktur und Ereignis (Geschichte und Gesellschaft: Sonderheft 19)*, Göttingen 2001, S. 258; Hürlimann, Katja: Jöhr, Walter Adolf, in: *Historisches Lexikon der Schweiz (HLS)*, http://www.hls-dhs-dss.ch/textes/d/D44474.php (2.8.2010). Zimmermann, Philip, *Zum Werdegang des Schweizer Nationalökonomen Walter Adolf Jöhr. Die Berufung eines Frontisten an eine Schweizer Hochschule zur Zeit der Geistigen Landesverteidigung*, Zürich 2007.

fer Soziologieprofessor Roger Girod beraten.[118] Dieser Versuch wurde jedoch durch ein Missverständnis gestoppt: Walter Jöhr war damals Mitglied des Nationalen Forschungsrates und hatte von Expo-Direktor Paul Ruckstuhl eine schriftliche Zusicherung der Unterstützung durch Paris verlangt. Daher hatte Ruckstuhl Mitte Januar 1964 Isac Chiva in einem Telegramm aufgefordert, ihm sofort eine schriftliche Bestätigung des Centre Européen de Sociologie zukommen lassen, welche bezeugte, dass dieses das Projekt unterstütze. Isac Chiva hatte das Telegramm jedoch so verstanden, dass zuvor noch die Zustimmung von Charles Apothéloz nötig sei. Er wartete deshalb ab und schickte keine Bestätigung nach Lausanne. Als Ruckstuhl Anfang Februar immer noch keine Antwort von Chiva erhalten hatte und Jöhr erneut auf einer schriftlichen Bestätigung bestand, sah sich Ruckstuhl resigniert veranlasst, die Bemühungen um finanzielle Unterstützung von Seiten der Expo aufzugeben und zog das Gesuch beim Nationalfonds zurück.[119]

6.3.2 »Un jour en Suisse« in Paris

Dieses Missverständnis war gleichzeitig Ausdruck davon, dass das Publikationsprojekt auseinanderdriftete. Die Ursachen dafür lagen tiefer. Die Auswertung des umfangreichen Materials in Paris unterlag einer Eigendynamik, welche das Projekt zusehends dem Einfluss der Expo entzog. Bereits für die Erstellung der Schlussberichte vom August 1963 war das umfangreiche Datenmaterial nach Paris transportiert worden. Über 3 000 Kreuztabellen, auf denen sämtliche Fragen nach sämtlichen soziodemographischen Variablen ausgezählt und mit Korrelationskoeffizienten zwischen den Variablen versehen waren, gedruckt auf Endlospapier mit IBM Kettendruckern, war in mühsamer Kleinarbeit von Ariane Deluz und Nathalie Stern durchgesehen und auf Auffälligkeiten hin untersucht worden.[120] Bis zur Eröffnung der Expo im April 1964 mussten Isac Chiva, Ariane Deluz und Nathalie Stern Listen mit Gullivers Antworten erstellen. Gulliver sollte reagieren, wenn jemand Antworten gab, die sich widersprachen oder darauf hinweisen, wenn Antworten für eine bestimmte soziodemographische Gruppe typisch waren. Dazu fertigten sie detaillierte Listen von Antwortkombinationen und Textbausteinen an, welche die Ingenieure von IBM zur Konstruktion der Gulliver-Apparatur verwendeten, die auf der Expo die Antwortzettel auswertete. Diese aufwändige Kleinarbeit war permanenter Detailkritik von Hans Giger aus-

[118] Stadtarchiv Lausanne, P 286, Carton 3, Enveloppe 3: Richterich, René, *Brief an Jean Golay*, 13.12.1963.

[119] Stadtarchiv Lausanne, P 286, Carton 3, Enveloppe 4: Ruckstuhl, Paul, *Brief an Isac Chiva*, 5.2.1964.

[120] Vgl. Kapitel 4.4 Das »neue Bild der Schweiz«.

gesetzt, weshalb Ariane Deluz und Isac Chiva ihr Mandat bei der Expo möglichst rasch abschliessen wollten.[121]

Parallel zu Gullivers Antworten bereiteten sie die Publikation der Ergebnisse der Vorstudie vor, was für beide beruflich wesentlich interessanter war. Seit den frühesten Konzepten der Vorstudie hatten sie es darauf angelegt, das Material später nach wissenschaftlichen Gesichtspunkten auszuwerten. Dabei stand jedoch nicht eine Zusammenarbeit mit der Expo und dem Rest des Teams der Vorstudie im Vordergrund,[122] sondern eine Kooperation in Paris. Zusammen mit dem Soziologen Pierre Bourdieu und seinem Assistenten Luc Boltanski bildeten sie eine neue Arbeitsgruppe, um das Projekt in die Hand zu nehmen. Am 4. Februar 1964, also zeitgleich mit dem Rückzug des Unterstützungsgesuches beim Nationalfonds, bestätigte ihnen Pierre Bourdieu schriftlich, das CSE übernehme die Auswertung und Publikation der Studie »Un jour en Suisse«.[123]

Die Zusammenarbeit mit Pierre Bourdieu und Luc Boltanski gedieh. Im Oktober 1964 hatten sich die vier auf einen gemeinsamen Plan für eine zweibändige Publikation des Materials geeinigt, was jedoch schliesslich nicht in der geplanten Form realisiert wurde.[124] Wie schon das vom Nationalfonds abgelehnte Projekt sollte auch dieses aus einem Text- und einem Tabellenband bestehen. Der erste Band sollte in der Form eines fortlaufenden Textes[125] verfasst werden, wobei einzelne Zahlen sowie Auszüge aus den explorativen Interviews eingeflochten würden, aber keine Tabellen. Eine Auswahl letzterer würde im zweiten Band herausgebracht, mit kurzen Anmerkungen. Die Tabellen sollten auf den Text des ersten Bandes Bezug nehmen. Auch in diesen Band wollten die Autoren Ausschnitte ausgewählter offener Interviews einflechten.

Für die Publikation des ersten Bandes entwickelten die vier einen detaillierten Plan. Isac Chiva wollte die Einleitung schreiben, die Geschichte der Studie »Un jour en Suisse« darstellen und das Erkenntnisinteresse sowie technische Probleme erläutern. Dann sollten zwei eng zusammenhängende Kapitel folgen, welche beide auf unterschiedliche Weise das Verhältnis zwischen dem Idealbild der

[121] Davon zeugen mehrere Briefe, in denen sich Charles Apothéloz nach dem Stand der Arbeiten der Publikation der Vorstudie erkundigte und jeweils keine Antwort erhielt. Stadtarchiv Lausanne, P 286, Carton 3, Enveloppe 4: Apothéloz, Charles, *Brief an Isac Chiva*, 23.3.1964; Stadtarchiv Lausanne, P 286, Carton 3, Enveloppe 4: Apothéloz, Charles/Favre, Liliane, *Brief an Isac Chiva*, 24.7.1964.

[122] Vgl. Fussnote 106 in Kapitel 6.2.4 Der Gulliverskandal im Lichte der Soziologie.

[123] Im Original: »Cher ami, comme nous en étions convenue, je te confirme que le Centre de Sociologie européenne consent à prendre en charge l'élaboration finale de l'enquête ›Un jour en suisse‹ et à participer à la préparation de la publication des résultats. Bien à toi Pierre Bourdieu«. Stadtarchiv Lausanne, P 286, Carton 3, Enveloppe 4: Bourdieu, Pierre, *Brief an Isac Chiva*, 4.2.1964.

[124] Stadtarchiv Lausanne, P 286, Carton 3, Enveloppe 8: Bourdieu, Pierre/Chiva, Isac/Chiva, Ariane et al., *Réunion du Mercredi 14. Octobre 1964*, 4.2.1964.

[125] Im Original: »le tome l se présentera sous la forme d'un discours continu«. Vgl. ebd.

Schweizerinnen und Schweizer auf der einen und ihrer tatsächlichen Lebensweise auf der anderen Seite thematisierten.

Das erste Kapitel wollten Isac Chiva und Ariane Deluz gemeinsam verfassen. Es sollte eine »›Auto-Ethnographie‹, ein ›Selbstbild‹ der Schweiz und der Schweizer«[126] werden. Die beiden wollten jene Elemente darstellen, die es erlauben das »hyperkohärente« schweizerische Selbstbild aufzubrechen. An jedem Punkt der Beschreibung wollten sie die Widersprüche, Ambivalenzen und Reibungsflächen hervorheben, die zwischen dem Selbstbild und der tatsächlichen Lebensweise bestanden. Als Themenschwerpunkte waren Arbeit, Freizeit und Frauen vorgesehen. In dieser Forschungsperspektive ist eine Blickrichtung erkennbar, die sich für innerpsychische Spannungen interessiert, welche die widersprüchlichen Anforderungen zwischen kulturellen Mustern und sozialen Strukturen erzeugen. Ariane Deluz interessierte sich in den darauf folgenden Jahren kontinuierlich für solche Fragen und verschob ihr Forschungsfeld von einer strukturalen Ethnologie, geprägt von ihrem Lehrer Lévi-Strauss, hin zur Ethnopsychiatrie, wie sie Georges Devereux entwickelte.[127]

Das zweite Kapitel sollte Luc Boltanski verfassen. Er wollte den Blickwinkel umkehren und untersuchen, inwieweit das Idealbild, welches sich die Schweizerinnen und Schweizer von sich selbst machten, für bestimmte soziale Gruppen *nicht* in Konflikt mit den Lebensumständen geriet. Auf diese Weise sollte die »reale Funktion« des Idealbildes freigelegt und für jede soziale Kategorie einzeln analysiert werden.[128]

Die Autorinnen und Autoren trugen einen Grundgedanken der Studie »Un jour en Suisse« weiter, nämlich dass das »hyperkohärente« schweizerische Selbstbild, welches die Umfrage hervorgebracht hatte, mit dem tatsächlichen Handeln der Befragten konfrontiert werden sollte. In der künstlerischen »mise en scène« der Expo hätte die Konfrontation des Idealbildes mit den Meinungen des Publikums dies leisten sollen, während im Buchprojekt die »objektiven Existenzbedingungen«[129] eine Kontrastfolie für die tatsächlichen Handlungen der Befragten gebildet hätten.

Die beiden Kapitel waren parallel zueinander konzipiert, wobei das erste die Einheit und das zweite die Vielfalt betonte. Die Autorengruppe orientierte sich dabei an zwei Fragen: »Sind die Charaktereigenschaften, welche dem Schweizer zugeschrieben werden nicht genau jene des Menschen in der Industriegesell-

---

126 Im Original: »une ›auto-etnographie‹ un ›auto-portrait‹ de la Suisse et du Suisse«. Vgl. ebd., S. 2.

127 Deluz nahm von 1966–67 und 1972–75 an den ethnopsychiatrischen Seminarien von Devereux an der EPHE teil. Deluz, Ariane: CV, http://www.ehess.fr/centres/las/english_pages/chercheurs/deluz/deluz-pres.html (3.2.2006).

128 Stadtarchiv Lausanne, P 286, Carton 3, Enveloppe 8, S. 2.

129 Im Original: »les conditions objectives d'existences«, vgl. ebd.

schaft? Warum muss sich der Mensch in der Industriegesellschaft als Erbe des Calvinismus sehen?«[130] Diese an Max Weber angelehnten übergeordneten Fragen waren geeignet, eine Untersuchung zur Schweiz einem französischen Publikum nahezubringen und in eine allgemeine soziologische Diskussion einzuordnen.[131]

Ebensowenig wie das beim Nationalfonds beantragte dreibändige wurde dieses zweibändige Werk verwirklicht. Eine breite Palette von Gründen verhinderte, dass das Projekt vorwärtskam. In einem ersten Schritt sollte das umfangreiche Datenmaterial inventarisiert, geordnet und gruppiert werden, damit es überhaupt dazu verwendet werden konnte, Hypothesen abzuklären und dargestellt zu werden. Sechs Monate nach Projektbeginn beklagte Luc Boltanski in einer internen Notiz massive organisatorische Mängel.[132] Die mit der Arbeit betrauten Studentinnen und Studenten seien auch nach mehrmonatiger Arbeit nicht in der Lage, das Material zu bewältigen. Teils weil sie die Kodierungen nicht verstanden, teils weil die Tabellen unterdessen unleserlich geworden waren. Zudem waren die Tabellen mehrfach umsortiert worden, sodass es immer länger dauerte, bis eine bestimmte Tabelle unter den Tausenden von Blättern aufzufinden war. Es fehlte ein verbindlicher Arbeitsplan, was dazu führte, dass »jeder macht, was ihm gerade durch den Kopf geht oder worauf er Lust hat«.[133] So seien die Auswertungen, welche die einzelnen Mitarbeiter gemacht hätten, nicht zueinander in Beziehung gesetzt oder wenigstens so zusammengestellt worden, dass sie miteinander verglichen werden konnten. Luc Boltanski hatte den Eindruck, dass sich die einzelnen Mitarbeiter[134] nicht für das Gelingen des Projektes verantwortlich fühlten und dass Anweisungen von Isac Chiva und Pierre Bourdieu nicht befolgt wurden.[135] Er war der Ansicht, es werde dringend ein Leiter der Arbeiten benötigt, der einen Arbeitsplan aufstellen, das Projekt überwachen, neues Personal einstellen und gleichzeitig auf inhaltlicher Ebene Fragen, Analysen, Hypothesen und Ideen sammeln und zusammenstellen würde. Er empfahl sich gleich selbst für diese Rolle, zumindest bis jemand gefunden würde, der dafür geeigneter sei als er.[136]

---

[130] Freie Übersetzung K. W., Im Original: »1) les caractères que l'on attribue à l'homme suisse, ne sont-ils pas ceux de l'homme de la société industrielle. 2) ›pourquoi l'homme de la société industrielle est-il obligé de se voir sous la forme de l'ancêtre calviniste‹?«

[131] Wie sich später zeigen sollte, bildeten sie auch den Anfangs- und Endpunkt von Boltanskis Argumentation in seinem Buch »Le bonheur suisse«. Vgl. Boltanski, Bonheur suisse, S. 18, 164 f.

[132] Stadtarchiv Lausanne, P 286, Carton 3, Enveloppe 8: Boltanski, Luc, *Remarques Boltanski*, 1964.

[133] Im Original: »Chacun fait ce qui lui passe par la tête au moment où il en a envie«. Vgl. ebd., S. 2.

[134] Als Mitarbeiter wurden genannt: M. Gleizer, A. Maillet, N. Abbas und C. Seibel. Boltanski, Bonheur suisse, S. 14.

[135] Stadtarchiv Lausanne, P 286, Carton 3, Enveloppe 8, S. 2.

[136] Ebd., S. 4.

6.3.3 Loslösung von der Expo

Das Publikationsprojekt war im Verlauf des Jahres 1964 vollständig nach Paris übergegangen. Zwischen der Expo-Direktion und Isac Chiva herrschte nach dem gescheiterten Nationalfondsgesuch für fast ein Jahr Funkstille. Im Januar 1965, über zwei Monate, nachdem die Expo ihre Tore geschlossen hatte, wandten sich die Expo-Direktoren Paul Ruckstuhl und Edmond Henry an Isac Chiva und erkundigten sich nach dem Stand der Publikation der Studie »Un jour en Suisse«.[137] Sie waren irritiert, weil sie so lange keine Neuigkeiten mehr vernommen hatten. Obwohl Charles Apothéloz in Paris gewesen war, hatte er anschliessend gegenüber den Direktoren keine befriedigenden Angaben zum Stand des Projektes machen können. Diese gingen immer noch davon aus, dass die Publikation bis Ende 1964 fertiggestellt würde und verlangten nun von Chiva »so schnell als möglich einen detaillierten Rapport über den Stand der Arbeiten und Details zum Zeitpunkt der Veröffentlichung«.[138] Sie betonten, die Autorenrechte sowie das statistische Material gehörten der Expo und seien dem »Centre européen de sociologie« lediglich kostenlos ausgeliehen worden, bis eine schriftliche Vereinbarung vorliege. Die Direktion sei erstaunt, dass bisher kein entsprechender Vertragsentwurf eingegangen war.

Isac Chiva reagierte erst einen Monat später auf diese Vorwürfe.[139] Er gab sich sehr erstaunt darüber, dass Charles Apothéloz die Direktion nicht habe informieren können. Denn dieser habe ihn vor einiger Zeit in Paris besucht und bei dieser Gelegenheit auch über das Publikationsprojekt gesprochen. Es erstaune ihn jedoch nicht, dass Charles Apothéloz keine längere Diskussion über die Studie gesucht habe, denn sie hätten damals auch das Pressedossier betreffend »Un jour en Suisse« angeschaut und dabei zur Kenntnis genommen, wie die Studie und ihre Namen verwendet worden waren. Er und Ariane Deluz hätten sich übrigens nur aus Rücksicht auf die Expo nicht öffentlich dazu geäussert. Die Publikation sei aus drei Gründen verzögert. Erstens hätten alle Beteiligten grosse berufliche Verpflichtungen und würden die Arbeiten unbezahlt durchführen. Zweitens müssten sämtliche Auswertungen neu berechnet werden, weil die Statistiken zur sozioökonomischen Schichtung der schweizerischen Bevölkerung, welche die Arbeitsgruppe »Un jour en Suisse« ihrer Auswertung zugrunde gelegt hatte, systematisch verzerrt seien: Die Arbeitsgruppe hatte mit Daten der Volkszählung von 1950 gearbeitet und da unterdessen die Daten der Volkszählung von

---

[137] Stadtarchiv Lausanne, P 286, Carton 3, Enveloppe 4: Ruckstuhl, Paul, *Brief an Isac Chiva: Concerne: Publication de la préenquête d'Un jour en Susse*, 29.1.1965.

[138] Im Original: »[...] nous vous saurions gré de nous faire parvenir au plus vite un rapport détaillé sur l'état de vos travaux et des précisions sur la date de leur parution.« Vgl. ebd.

[139] Stadtarchiv Lausanne, P 286, Carton 3, Enveloppe 4: Chiva, Isac, *Brief an Edgar Henry und Paul Ruckstuhl*, 25.2.1965.

1960 vorlagen, müsse die Stichprobe nun auf die neuen Häufigkeitsverteilungen der soziodemographischen Variablen umgerechnet werden.[140] Drittens habe das Centre de Sociologie Européenne (CSE) grosse finanzielle Investitionen tätigen müssen, welche zu einer Staffelung der Arbeiten und damit zu weiteren Verzögerungen geführt hätten. Chiva konterte auch die rechtlichen Vorwürfe. In den Verträgen vom Oktober 1961 zwischen ihnen, Apothéloz und der Expo-Direktion sei klar geregelt, dass sie das Recht hätten, die Ergebnisse der Umfrage für wissenschaftliche Zwecke zu publizieren.[141]

Damit war die Angelegenheit faktisch vom Tisch. Es hat den Anschein, dass sich die Expo-Direktoren nicht auf einen Rechtsstreit einlassen wollten, bei dem sie kaum etwas zu gewinnen hatten, zumal die Verträge von 1961 tatsächlich ein ausdrückliches Recht zur wissenschaftlichen Publikation für die Mitglieder der Arbeitsgruppe festhielten.[142] Auch der Hinweis Chivas auf seine Zurückhaltung gegenüber den Medien mag einen Beitrag geleistet haben, dass die Expo-Direktoren nicht auf Konfrontationskurs gingen und sich auf diese Weise weiteres mediales Ungemach ersparten.

6.4 Le bonheur suisse – Luc Boltanskis erste Monographie

Luc Boltanski und Isac Chiva nannten unterschiedliche Gründe, weshalb die Publikation nur schleppend vorankam. Chiva machte ungünstige Rahmenbedingungen und technische Probleme geltend: Es sei zu wenig Zeit und zu wenig Geld vorhanden und die Daten müssten erneut aufbereitet werden, da neue Volkszählungsdaten vorhanden waren. Damit versuchte er Ansprüche von externen Akteuren abzuwehren. Boltanski dagegen hob organisatorische Mängel hervor, insbesondere die ungenügende Projektleitung von Chiva und Bourdieu.

Isac Chiva und Ariane Deluz beschäftigten sich zusehends mit anderen Projekten[143], zogen sich sukzessive aus dem Projekt zurück und übertrugen die Lei-

[140] Dass dies tatsächlich geschah, ist aufgrund der vorliegenden Quellen fraglich. Boltanski verwendete jedenfalls später in seiner Monographie die Zahlen von 1950. Vgl. Fussnote 147 in Kapitel 6.4.1 Der Plot des Buches.

[141] Stadtarchiv Lausanne, P 286, Carton 3, Enveloppe 4. Vgl. auch Kapitel 3.2 Die Ziehung einer repräsentativen Stichprobe.

[142] Bundesarchiv, J 2.10, 1000/1212, 22/23, Nr. 79: Exposition Nationale Suisse, *Contrat entre la Direction de l'Exposition nationale suisse et M. Charles Apothéloz*, 12.10.1961.

[143] Ariane Deluz hatte ihr Interesse an ethnologischer Feldarbeit intensiviert und reiste von Februar bis September 1964 und von Oktober 1965 bis Februar 1966 für Untersuchungen der Gouro an die Elfenbeinküste. Vgl. Deluz: CV, http://www.ehess.fr/centres/las/english_pages/chercheurs/deluz/deluz-pres.html (3.2.2006). Isac Chiva forschte 1964 zum ländlichen Raum in Frankreich, insbesondere für die Zeitschrift »Études Rurales«. Vgl. Chiva: CV, http://www.ehess.fr/centres/las/pages/chercheurs/chiva/chiva-pres.html (3.2.2006).

tung schliesslich Pierre Bourdieu. Dieser übernahm jedoch in demselben Jahr die Leitung des CSE und überliess die Ausführung des Publikationsprojekts seinem Mitarbeiter Boltanski.[144] Für den damals 26-jährigen Boltanski bot sich die Gelegenheit, noch bevor er seine Dissertation[145] abgeschlossen hatte, seine erste Monographie zu publizieren: Unter dem Titel »Le bonheur suisse« erschien 1966 eine Auswertung des Materials von »Un jour en Suisse« in der von Bourdieu geleiteten Sammlung »le sens commun« der »éditions de minuit«.[146]

6.4.1 Der Plot des Buches

Boltanskis Buch war, sowohl vom Umfang her als auch was den empirischen Teil betraf, eine reduzierte Version dessen, was sich Chiva, Deluz, Bourdieu und Boltanski zusammen vorgenommen hatten. Er verzichtete zugunsten eines 19-seitigen tabellarischen Anhangs auf den geplanten Tabellenband und verwendete die ursprünglichen Zahlen, die aufgrund der Volkszählungsdaten von 1950 gewonnen worden waren – dies ganz im Gegensatz zu Chivas Behauptung gegenüber der Expo-Direktion, sämtliche Tabellen seien auf die neuen Volkszählungsdaten von 1960 umgerechnet worden.[147]

Die Leitfrage war immer noch jene nach dem Verhältnis von schweizerischem Idealbild und realen Lebensverhältnissen. Anstatt nach der Rolle eines »calvinistischen Erbes« fragte Boltanski nach der Bedeutung eines »puritanischen Erbes«: »Kann man Erbe der Puritaner sein? Führt das dauernde Einhalten einer asketischen Moral nicht notwendigerweise zur Selbstverleugnung?«[148] Hinter der rigiden nationalen Ideologie, welche das Bildungssystem vermittle, verberge sich ein tiefgreifender sozialer Wandel: Der Niedergang des Bauernstandes und die Entvölkerung der Bergregionen sowie der Aufstieg der Mittelklasse und das Auftreten eines ausländischen Subproletariats. Rhetorisch fragte Boltanski, ob vor diesem Hintergrund die Treue gegenüber den ererbten Werten nicht zu einer Illusion verkommen müsse. Er folgerte, dass den Schweizern ihre Wahrheit dadurch zuteil wird, dass man ihnen zeigt, weshalb sie in ihren Lebensverhältnis-

[144] Im Vorwort des Buches, welches von Chiva, Deluz und Stern gezeichnet ist, gaben diese an, sie hätten sich aufgrund anderer Arbeiten nicht weiter um das Projekt kümmern können und es Pierre Bourdieu übertragen. Boltanski, Bonheur suisse, S. 14.

[145] Boltanski, Luc, *Prime éducation et morale de classe*, Paris 1969.

[146] Boltanski, Bonheur suisse.

[147] Vgl. Stadtarchiv Lausanne, P 286, Carton 3, Enveloppe 4. Entsprechend sind die Tabellen in Boltanskis Buch identisch mit jenen im statistischen Anhang der Arbeitsgruppe von 1962. Vgl. Stadtarchiv Lausanne, P 286, Carton 3, Enveloppe 2.

[148] Im Original: »Peut-on être l'héritier des puritains? L'adhésion constante aux principes d'une morale ascétique n'enferme-t-elle pas nécessairement son propre reniement?«, siehe Boltanski, Bonheur suisse, Klappentext.

sen das Idealbild nicht umsetzen können, das ihnen die Gesellschaft einzuimpfen versucht. Damit war das kritische Programm skizziert, *falsches Bewusstsein* in Form der Ideologie des schweizerischen Nationalcharakters zu demaskieren und dessen Wirkungszusammenhänge aufzudecken. Die Kritik erfolgte durch die Konfrontation des »falschen Bewusstseins« mit den realen Lebensbedingungen der Menschen und der Beschreibung der Spannungen, die sich dazwischen aufbauten.

Gleich zu Beginn des Buches kritisierte er »stereotype« und »touristische« Vorstellungen des »Nationalcharakters«. Angesichts der sozialen Differenzierung und Schichtung erschiene der Diskurs um einen Nationalcharakter sinnlos. Es sei auch möglich von nationalen Unterschieden zu sprechen, ohne einen »mythischen Nationalcharakter« zu unterstellen, weil die Zusammensetzung der sozialen Klassen und deren Verhältnisse untereinander von Land zu Land variierten. Da man sich in der ökonomischen und öffentlichen Sphäre und in zunehmendem Masse in anderen Bereichen der Logik des kapitalistischen Universums beugen müsse, liessen sich keine Antworten auf die Gesamtheit der Situationen in der kohärenten Sprache »nationaler Kultur« geben, argumentierte Boltanski. Die Mitglieder der Industriegesellschaft stünden zu ihrer »nationalen Kultur« vielmehr in einem Verhältnis wie jene, welche zwar einen Dialekt sprächen, in den meisten Fällen jedoch die offizielle Hochsprache benützen müssten.

Dies ändere jedoch nichts daran, dass die Schweizer in normativer Weise definierten, was ihr Nationalcharakter sei und zu sein habe. Daher wollte er in seiner Untersuchung mit einem Essentialismus brechen, der glaube, die Natur einer Nation bestimmen zu können. Stattdessen untersuche er, »wie die unterschiedlichen sozialen Gruppen – die durch ihre objektiven Existenzbedingungen und ihre Position im sozialen System charakterisiert sind – sich im Verhältnis zur sozialen Definition ihres Nationalcharakters definieren und wie sie diese kollektiven Repräsentationen unterschiedlich repräsentieren«.[149] Er wollte mit anderen Worten das Verhältnis sozialer Gruppen zum Nationalcharakter analysieren und untersuchen, ob die Gruppenmitglieder in der Lage waren, ihre nationale Identität verbal zu formulieren und in ihrem Verhalten zu aktualisieren. Indem er reale Gruppen und reale Verständniskategorien untersuchte, wollte er den Fiktionen und Illusionen nationaler Ideologie entkommen.

Boltanski entwickelte seine Argumentation in einem anderen Kontext als dem, in dem die Studie »Un jour en Suisse« entstanden war. Seine Arbeit war – im Gegensatz zur Studie – in mehrerlei Hinsicht von strukturellen und kontex-

---

149 »[...] comment les différents groupes sociaux – caractérisés par leurs conditions objectives d'existence et leur position dans le système social – se définissent par rapport à la définition sociale de leur caractère national et se représentent différemment ces représentations collectives.« Vgl. ebd., S. 17.

tuellen Einflüssen befreit. Die inhaltlichen Vorgaben der Expo, die impliziten und expliziten Erwartungshaltungen der Auftraggeber sowie die diskursiven Gepflogenheiten des schweizerischen Identitätsdiskurses spielten für Boltanski keine Rolle. Seine in »Le bonheur suisse« entwickelte Interpretation des Materials wird deshalb im Folgenden als eine Art Kontrastfolie zu den bisherigen Diskussionen dargestellt und kontextualisiert. Inwiefern bezog sich Boltanski auf die Arbeiten der Arbeitsgruppe »Un jour en Suisse« und auf das mit Chiva, Deluz und Bourdieu erarbeitete Konzept? Welche Blickrichtung nahm er ein und welche Interpretationen ermöglichte sie ihm? Boltanskis Argumentationsweise wirft ein Schlaglicht zurück auf die Strukturlogik des schweizerischen Identitätsdiskurses. Sie ermöglicht es, aus der Distanz einen Blick auf die Diskussionen um die Studie »Un jour en Suisse« zu werfen, der nicht auf die Gegensätze zwischen den widerstreitenden Repräsentationslogiken fokussiert, sondern auf deren Gemeinsamkeiten.

Ein hilfreiches Analyseraster hat Tanja Bogusz entwickelt. Sie nennt drei Motive, welche die soziologischen Arbeiten Boltanskis kennzeichnen.[150] Er gehe erstens von der Unwahrscheinlichkeit des Zustandekommens sozialer Ordnungen aus, nicht von deren Evidenz. Deshalb müssen beobachtete Phänomene ausgehend von der »Zufälligkeit und Kontingenz ihres Daseins in der Welt« begründet werden.[151] Dieses »epistemologische Motiv« macht es notwendig, die unwahrscheinlichen Ordnungen nicht aus der Logik einer soziologischen Theorie zu erklären, sondern umgekehrt, die Theorie aus den empirischen Daten zu begründen. Zweitens stelle sich aufgrund eines »phänomenologischen Motivs« die Frage wie, trotz der Unwahrscheinlichkeit von Ordnung, die Akteure übereinstimmend handeln oder zumindest »Handlungslogiken der Übereinstimmung« entwickeln könnten. Dazu beobachte Boltanski »Übersetzungen« und »Verschiebungen« von einem Handlungsfeld in ein anderes, wobei ihn die dazu notwendigen Kompetenzen der Akteure interessierten. Ein drittes, »strukturalistisches« Motiv, welches Bogusz als De-Ontologisierung vorgegebener Kategorien und Klassifikationen bezeichnet, versucht die beiden ersten Motive zu verifizieren. Dies geschehe, indem Boltanski die Phänomene und die in ihnen wirksamen Klassifikationen zerlege und auf die Praktiken der Akteure beziehe.[152] Boltanski gehe nicht von einer den Akteuren unbewussten Struktur aus, wie es Lévi-Strauss tue, sondern ersetze die Kategorie des »Unbewussten« mit jener der »Erfahrung«, welche den Akteuren einen »praktischen Sinn« zugesteht, der es ermöglicht, sich selbst zu reflektieren.

---

150 Bogusz, Tanja, *Zur Aktualität von Luc Boltanski. Einleitung in sein Werk*, Wiesbaden 2010.

151 Ebd., S. 9.

152 Ebd., S. 11.

Boltanskis Argumentationsfigur in »Le bonheur suisse« kann gut anhand dieser drei Motive beschrieben werden: Zunächst lässt er das Vorhandensein eines Nationalcharakters als unwahrscheinlich erscheinen. Dass der grösste Teil der Bevölkerung einen Wertekanon – die Ideologie des Nationalcharakters – teilt und angegeben hat, das eigene Leben danach auszurichten, wird damit erklärungsbedürftig. Indem er die »traditionellen Werte« historisiert und aufzeigt, dass diese erst im 19. Jahrhundert vom protestantischen Bürgertum in der Form einer Rationalisierung älterer, bäuerlicher Werte popularisiert wurden, hebt Boltanski eine folgenreiche »Verschiebung« hervor, welche diese »unwahrscheinliche Ordnung« erst ermöglicht: Was in der Schweiz als »traditionelle Werte« gilt, ist nichts anderes als die protestantische Ethik, die Max Weber als Voraussetzung des »modernen Kapitalismus« beschrieben hat, aufgeladen mit dem mittelalterlichen Freiheitsmythos der Bergbauern der Waldstätten. Die Kritik an diesem »falschen Bewusstsein« besteht darin, dass Boltanski die schweizerischen Werte mit der Praxis der Akteure konfrontiert und zeigt, dass Anspruch und Wirklichkeit auseinanderklaffen. Dabei stehen die Spannungen im Vordergrund, die sich für die Akteure ergeben, weil die Werte, an denen sie sich ausrichten, im Rahmen ihrer Lebensbedingungen nicht zu verwirklichen sind. Diese verinnerlichten Spannungen der Akteure manifestieren sich – so Boltanski – in hohen Scheidungs- und Suizidraten, also in dem, was der Soziologe Robert Merton im Anschluss an Émile Durkheim »anomische Spannungen« nannte.

6.4.2 Eine unwahrscheinliche Ordnung

Zu Beginn stellt Boltanski die Vorstellung eines »Nationalcharakters« als eine falsche Selbstverständlichkeit in Frage. Er argumentiert, dass weder von einem einheitlichen »Nationalcharakter« auszugehen sei noch von vier Sprachregionen mit einer je einzigartigen Regionalkultur. Wenn es eine schweizerische Art gebe, als Arbeiter oder Angestellter zu leben, so gebe es zweifellos auch eine Tessiner und eine Waadtländer Art, relativiert er das gängige Klischee. Dazu greift er eines der zentralen Ergebnisse der Vorstudie auf, nämlich dass die Trennungslinien innerhalb der Schweizer Bevölkerung nicht entlang von Sprachgrenzen, sondern entlang von »sozio-professionellen Kategorien«[153] verliefen. Er widerspricht dem Sonderfalldenken und ordnet die Schweiz in ein Strukturmuster ein, welches in allen europäischen Gesellschaften zu finden sei: Die tatsächlichen Einheiten der Verständigung bestünden in den sozialen Klassen und nicht in den Regionen.[154]

[153] Im Original: »catégories socioprofessionnelles«. Vgl. Boltanski, Bonheur suisse, S. 17. Es seien mit anderen Worten objektive Existenzbedingungen, welche Unterschiede im Denken und Handeln hervorbrächten.

[154] Ebd., S. 18.

Am Anfang seiner Ausführungen steht die Beobachtung, dass das Idealbild der Schweiz, die Klischees, wie sie in Reiseführern zu finden sind, erstaunlicherweise mit dem Selbstbild von Schweizerinnen und Schweizern unterschiedlicher Herkunft übereinstimmten. Ordnungsliebe, Ernsthaftigkeit, die koketten Städtchen und Dörfer, Häuser mit Blumen in den Fenstern, Pflichtbewusstsein und Disziplin charakterisierten sowohl das Selbstbild als auch das Fremdbild der Schweiz. Zudem hatten die Befragten schweizerische Werte wie Arbeit, Ausdauer, Ernst, Ordnung, Wirtschaft, Sorgfalt, Sauberkeit und Familiensinn niemals einzeln genannt, woraus Boltanski folgert, dass diese immer zusammengehören und ein allgemeines Wertesystem bezeichneten.[155] Selbst wenn die Befragten nach negativen Eigenschaften der Schweizer gefragt wurden, nannten sie dieselben Werte: Entweder beklagten sie, ihr Fehlen, etwa wenn jemand die Schweizer als faul oder verschwenderisch bezeichnete, oder es wurde ein Zuviel an Werten moniert. Die Schweizer seien zu arbeitsam, zu ernst, es fehle ihnen an Vorstellungskraft oder sie seien zu spiessig.

Nachdem Boltanski die bestehende Ordnung als eine unwahrscheinliche ausgewiesen hat, beschreibt er den Inhalt dieser Ordnung, die »schweizerischen Tugenden«, und bezieht diese auf die Strukturen patriarchalischer Macht. Die schweizerischen Tugenden würden nach dem Gegensatzpaar *ernsthaft* und *belanglos*[156] bewertet, einer Dichotomie, welche für sämtliche Lebensbereiche bedeutsam sei. Weil das Wertesystem die Männer bevorzuge, erschienen jene Tätigkeiten, welche Frauen mit besonderer Ernsthaftigkeit erledigen müssen, insbesondere die Kindererziehung und die Bestellung des Haushalts,[157] im Verhältnis zur Ernsthaftigkeit der männlichen Tätigkeiten als belanglos. Die Arbeit sei der zentrale Ort, wo der Mann eine ernsthafte Haltung einnehmen könne und nichts werde Boltanski zufolge von den Schweizern mehr verurteilt als Dilettantismus im Berufsleben. Diesen harten ethischen Prinzipien entsprechend werde auch die Freizeit vor allem dazu genutzt, frische Kräfte für die Arbeit zu sammeln. Freizeit werde nach Kriterien des Berufslebens legitimiert und in der Logik von Verpflichtungen angegangen.

Boltanski will zeigen, dass die gesamte schweizerische Gesellschaft von männlichen Werten geprägt ist und die Frauen so weit von der Politik entfernt, dass sie nicht einmal selbst das Frauenstimmrecht einfordern, welches ihnen in einer Volksabstimmung verwehrt worden war.[158] Der Militärdienst sei das zentrale Initiationsritual der Männer, die Armee ihr »Männerhaus«. Der militärische Geist

[155] Vgl. ebd., S. 22.

[156] Im Original: »le sérieux et le futil«, ebd., S. 24.

[157] Boltanski belegte dies mit den Antworten auf die Frage 8b) der Vorstudie: »Welche Eigenschaften hat eine gute Mutter?«, Vgl. ebd.

[158] Ebd., S. 26.

durchdringe auch andere gesellschaftliche Bereiche, insbesondere die Schule, Schützen-, Turn- und Gesangsvereine. Die Schweizer Armee verliere zunehmend ihre funktionelle Bedeutung und übernehme dafür die Rolle, die sozialen Subjekte an »nationale Werte« zu binden.

Im Gegensatz zu Charles Apothéloz' Inszenierung des »Tisches der Männer« auf der Expo, fehlt in Luc Boltanskis Darstellung jede Ironie. Mit keinem Augenzwinkern relativiert er den Militärdienst, sondern schreibt ihm eine initiatorische Prägekraft zu, welche das Denken der (Wehr-)Männer forme. Seine Darstellung der schweizerischen Werte und der Schweiz als Männergesellschaft stützt sich stark auf den Schlussbericht der Arbeitsgruppe »Un jour en Suisse«; die Themen und ihre Reihenfolge sowie die zentralen Argumente stimmen bis ins Detail mit den Vorarbeiten von Chiva, Deluz und Stern überein.[159] Boltanski dienen die Schlussfolgerungen der Arbeitsgruppe als Ausgangspunkt, von dem aus er in den folgenden Kapiteln seine eigenständige Darstellung entwickelt.

Die nationale Ideologie verlange, dass der Wille, Schweizer zu sein, der Existenz der Schweiz vorausgehe. Sie entwickle sich mit anderen Worten aus dem Zirkelschluss, dass sich die Schweiz zuallererst aus dem Charakter der Schweizer bilde und dass gleichzeitig der Wille, Schweizer zu sein, die Gemeinsamkeit der Schweizer darstelle.

Boltanski ordnet die Entstehung des schweizerischen Nationalbewusstseins in den historischen Prozess nationalistischer Bewegungen im europäischen Kontext ein: Wie in Deutschland und Italien sei die Idee der Schweizer Nation von universitären und intellektuellen Liberalen ausgegangen. Diese hätten den alten Geist der »Waldstätten« ausgegraben und in der »demokratischen Tradition« eine zentrale Konstante des Nationalcharakters gesehen.[160] Die Intelligenz habe zu Beginn des 19. Jahrhunderts die Vergangenheit wiederentdeckt und dabei die Vorstellung etabliert, es bestehe eine Kontinuität seit den Waldstätten. Auf diese Weise erklärt Boltanski die Entstehung des schweizerischen Nationalbewusstseins als eine »Verschiebung« des Mythos der Waldstätten zu einer »demokratischen Tradition«[161] durch das Bürgertum des 19. Jahrhunderts.

[159] Vgl. Kapitel 4.4 Das »neue Bild der Schweiz« sowie Kapitel 6.1.1 Gullivers Thesen. Die Übereinstimmungen reichen von der Ausgangsthese, es gebe in der Schweiz keine vier Lokalkulturen, sondern eine Gesellschaft, die sich aufgrund soziodemographischer Gruppen unterscheide über den zentralen Wert der Arbeit, dass Freizeit in der Logik von Arbeit gestaltet werde bis hin zur Dominanz männlicher Werte, der Rolle der Armee als Initiation und der Beobachtung, die negativen Eigenschaften der Schweizer würden in derselben Logik formuliert wie die positiven. Vgl. Stadtarchiv Lausanne, P 220, Carton 20, Classeur 1, Nr. 13, S. 23 mit Boltanski, Bonheur suisse, S. 23.

[160] Boltanski, Bonheur suisse, S. 31.

[161] Obwohl er einräumt, dass die schweizerischen Werte keineswegs konstant und zu keiner Zeit und an keinem Ort alle verwirklicht waren, ist Boltanski der Auffassung, sie sollten als »traditionell« bezeichnet werden, weil sie im Alltagsdenken als »traditionell« wahrgenommen würden, verwurzelt in einer sagenumwobenen Vergangenheit.

An diese Überlegung knüpft er eine soziologische These: Weil die Entstehung der Eidgenossenschaft als Revolte von Bauern interpretiert wird, erscheint »der Bauer als Quelle und Verkörperung der schweizerischen Werte«.[162] Dies gilt nach Boltanski in besonderem Mass für die Bergbauern. Um die These zu untermauern, vergleicht er die schweizerischen Werte mit den berühmten dreizehn Tugenden Benjamin Franklins[163] und stellt fest, dass diese frappant übereinstimmen. Max Weber sah in Franklins Tugenden die Verkörperung des »Geistes des Kapitalismus«, und auch Boltanski folgert, es lasse sich nicht entscheiden, wer nun vor diesem Hintergrund der rechtmässige Erbe der »grossen schweizerischen Familie« sei, der »Bauer aus den Waldstätten« oder der calvinistische Unternehmer.

Das kohärente Selbstbild der Schweiz entstehe zweifellos durch die Überlagerung verschiedener Bilder: »Es verhält sich so, als ob die Tradition vom alten bäuerlichen Geist nur jene Züge übernommen habe, die sich in den Begriffen der ›Pflichtethik‹ reinterpretieren oder wenigstens Raum für Mehrdeutigkeit liessen.«[164] Auch wenn es einen Unterschied gebe zwischen der Askese, die vom Bauern verlangt wird und der bürgerlich-calvinistischen Askese, zwischen der harten Arbeit des Bauern und der Arbeitslast des Unternehmers, zwischen der grossen Sparsamkeit des Bauern und der Akkumulation und Profitmaximierung des Geschäftsmannes, so bleibt nach Boltanski zu konstatieren, dass die Tugenden der Bauern Eingang gefunden hätten in Logik des kapitalistischen Ethos. Dazu habe es genügt, ihnen den Stempel der Rationalität aufzudrücken.[165]

Dies ist die zentrale These Boltanskis: Was vordergründig als homogene Tradition der gesamten Nation erscheint, ist hintergründig eine Klassenideologie des Bürgertums. Mit dieser These weist er die bestehende Ordnung als eine unwahrscheinliche aus und erzwingt die Frage, wie sie überhaupt zustande kommen konnte.

Institutionelle Vermittlung »traditioneller Werte«. Boltanski untersucht in diesem Zusammenhang zwei Institutionen, welche die »traditionellen Werte« verbreiten: die Schule und die Religion.

---

162 Im Original: »le paysan est tenu pour la source et l'incarnation des valeurs suisses«. Boltanski, Bonheur suisse, S. 34.

163 Mässigkeit, Schweigen, Ordnung, Entschlossenheit, Sparsamkeit, Fleiss, Aufrichtigkeit, Gerechtigkeit, Mässigung, Reinlichkeit, Gemütsruhe, Keuschheit, Demut. Vgl. ebd., S. 38. Fussnote 21.

164 Im Original: »Tout se passe comme si la tradition n'avait retenu du vieil esprit paysan que les traits qui se prêtaient à une réinterprétation dans les termes de l'›éthique du devoir‹ ou qui, du moins, laissent la porte ouverte à l'ambiguïté.« ebd.

165 Was in der Schweiz unter »traditionellen Werten« verstanden würde, unterscheide sich somit fundamental von Max Webers Begriff des Traditionellen, weil in der Schweiz die Rationalität valorisiert sei und das was unter »traditionell« verstanden werde, vom Geist des Rationalismus imprägniert sei. Vgl. ebd., S. 39.

In der Schweiz bestehe die Funktion der Schule nebst der Wissensvermittlung darin, dem Kind eine bestimmte Gesinnung einzupflanzen.[166] Sie sei zuallererst eine »Schule fürs Leben«, welche den Charakter formen und jene Werte vermitteln solle, die es einem ermöglichten, sein Benehmen an die gesellschaftlichen Leitbilder anzupassen. In protestantischen Kantonen gehe der Volksschulgedanke denn auch direkt auf die Reformation zurück und auf ihr Ziel, ihren Einfluss zu garantieren.

Da die Schule auf das Leben vorbereiten und den Charakter formen solle, bewerteten die Schweizer auch die Qualitäten der Lehrer entsprechend diesen Zielen, beobachtet Boltanski: Viel weniger als die »Persönlichkeit« oder »Intelligenz« machten »pädagogische Qualitäten« und die »Berufung zum Lehrer« einen »guten Lehrer« aus.[167] Die Bindung an die »traditionellen schweizerischen Werte«[168] nehmen entsprechend der Höhe des Bildungsniveaus zu, folgert er.

Eine weitere Transmission »traditioneller Werte« stellt Boltanski durch die Religion fest. Er betrachtet dabei ausschliesslich das Verhältnis zwischen reformierten und katholischen Christen und vernachlässigt zugunsten dieser Vereinfachung andere Religionen oder das von der Arbeitsgruppe erstmals thematisierte Phänomen der Konfessionslosen.[169] Auch in diesem Zusammenhang versucht er, eine als selbstverständlich geltende Ordnung fragwürdig zu machen und unwahrscheinlich erscheinen zu lassen: Obwohl zwischen Katholiken und Reformierten zahlreiche Vorurteile und eine gewisse Konkurrenz bestünden, könne keineswegs von unterschiedlichen Mentalitäten gesprochen werden.[170] Viel stärker als die Unterschiede zwischen den Konfessionen seien die gemeinsam geteilten christlichen Werte. Unterschiede ergäben sich Boltanski zufolge daraus, ob jemand stark religiös sei oder ob die Religion nur eine geringe Rolle spiele. Die christlichen Werte werden seien zudem national eingefärbt und insbesondere die katholische Moral verstärke die »traditionellen schweizerischen Werte«. Es mache sogar den Eindruck, dass die schweizerischen Katholiken puritanischer seien als die Calvinisten.[171]

---

166 Vgl. zum Folgenden ebd., S. 41 ff.

167 Ebd., S. 45 f. Die erstgenannten Qualitäten wurden in der Umfrage von 7% der Befragten genannt, die Letztgenannten von 34%.

168 Im Original: ›valeurs traditionnelles suisses‹, vgl. ebd., S. 46.

169 In der Umfrage hatten sich zum Erstaunen der Arbeitsgruppe »Un jour en Suisse« 2% der Befragten als konfessionslos bezeichnet. Vgl. Stadtarchiv Lausanne, P 286, Carton 3, Enveloppe 2. sowie Kapitel 4.4 Das »neue Bild der Schweiz«.

170 Für die Ausführungen zur Religion vgl. Boltanski, Bonheur suisse, S. 49–72.

171 Ebd., S. 57. Er begründet dies damit, dass die Katholiken seit dem Sonderbundskrieg begonnen hätten, die schweizerischen Werte zu adaptieren, um zu beweisen, dass man Katholik und Patriot gleichzeitig sein könne. Den Begriff »Calvinisten« verwendet er synonym zu »Protestanten«.

Religiosität geht in dieser Interpretation einher mit »sozialer Integration«. Dies liest Boltanski daran ab, dass in den ländlichen Gebieten, wo der religiöse Kultus die stärksten Wurzeln hat, die Scheidungs- und Selbstmordraten deutlich tiefer waren als in den städtischen Gebieten, wo Religiosität weniger verbreitet war und die religiös praktizierenden Katholiken meist in der Minderheit waren.[172]

Boltanski reduziert die Religionsthematik darauf zu zeigen, dass der Konflikt zwischen Katholiken und Protestanten in Bezug auf die nationale Moral keine Trennlinie (mehr) darstelle. Aufgrund dieser Fokussierung entgeht ihm der brisante Befund, den die Arbeitsgruppe »Un jour en Suisse« gemacht hatte, nämlich dass sich 2% der Befragten spontan als konfessionslos bezeichneten. Damit hätte er einen Indikator dafür gehabt, dass sich in der Schweiz anomische Spannungen nicht nur auf der individuellen Ebene, als Scheidungen und Selbstmorde, manifestierten, sondern auch in Form expliziter Abwendung von der Religion als Vermittlerin traditioneller Werte.

6.4.3 Soziale Klassen und Nationalcharakter

Zur Logik der Schweiz-internen Beiträge zum Identitätsdiskurs steht Boltanskis Arbeit insofern in einem scharfen Gegensatz, als er die Schweiz als Klassengesellschaft beschreibt. Die sozialen Klassen bilden in seiner Darstellung nicht lediglich gesellschaftliche Milieus mit mehr oder weniger Wohlstand, sondern zerschneiden die Gesellschaft in getrennte Universen, die in hierarchischer Beziehung zueinander stehen und ihre je eigene Sprache sprechen. Diese Klassenlogik unterläuft die Idee des Nationalcharakters. Und mehr noch: Sie postuliert dessen Unmöglichkeit. Angesichts Boltanskis Analyse der unterschiedlichen Verhältnisse, welche die sozialen Klassen zu den »traditionellen Werten« einnehmen, erscheint die zentrale Denkfigur, die alle Akteure innerhalb des schweizerischen Diskurses teilen – es existiere ein schweizerischer Nationalcharakter – als Denkzwang.

Boltanski skizziert exemplarisch Profile der Bauern, der Arbeiter und Angestellten, um ihre Lebensbedingungen und Selbstrepräsentationen dem Nationalcharakter und den traditionellen Werten gegenüberzustellen. Dabei stellt er fest, dass die Bauern das Profil des schweizerischen Nationalcharakters in geradezu idealer Weise erfüllten. Er arbeitet den Gegensatz zwischen dem, was die nationale Ideologie den Bauern »in den Mund legt« und dem, was sie tatsächlich sagen heraus und erzielt einen scharfen Kontrast zwischen Ideal und Wirklichkeit in-

---

[172] Ebd., S. 69 ff. Er schliesst mit dieser Interpretation sehr eng an Durkheims Ausführungen zu den Ursachen des Selbstmordes in der Schweiz an. Vgl. Durkheim, Émile, *Der Selbstmord*, Frankfurt am Main 1897/1983.

dem er die Widersprüche zwischen den Anforderungen des bäuerlichen Alltags und dem idealisierten Fremdbild ihrer Existenz konturiert.

Die Bauern sind nach Boltanski geradezu prädestiniert dazu, die positiven und negativen Eigenschaften der Schweizer zu nennen. Danach gefragt, waren sie jedoch just jene Bevölkerungsgruppe, die am häufigsten keine Antwort gab oder dann Eigenschaften nannte, welche nicht zum etablierten Wertekanon gehörten.[173] Wurden sie hingegen nach den wichtigsten Eigenschaften eines Ehegatten gefragt, so rekurrierten sie am stärksten auf traditionelle Werte.[174] Boltanski erklärt dieses Paradox damit, dass die Bauern als Gruppe sozial desintegriert seien, jedoch gleichzeitig die schweizerischen Tugenden stark verinnerlicht hätten. Die Arbeitsethik erscheine ihnen als pure Notwendigkeit bäuerlicher Produktionsbedingungen und lasse keinen Raum für Idealisierung, wie sie im nationalen Selbstbild vorhanden sei. Die Bauern, so der Autor, entzögen sich überdies häufig »dem soziologischen Spiel«: Sie gäben in der Regel keine Antwort auf die Frage, was sie tun würden, wenn sie kein Geld verdienen müssten, oder wann sie mit dem Arbeiten aufhören möchten.[175] Neben diesem Blick auf die Moral der Bauern interessiert sich Boltanski für ihre konkreten Lebensbedingungen. Er beobachtet, dass sie den schweizerischen Wertekanon in ihrem Lebensalltag geradezu im Übermass verkörpern: Sie arbeiten mit Abstand am längsten, reisen praktisch nie in die Ferien und wollen ein Leben lang nicht mit dem Arbeiten aufhören.

Für Arbeiter und Angestellte dagegen stellt Boltanski einen umgekehrten Mechanismus fest. Egal ob Funktionäre, mittlerer Kader, Techniker, Verkäuferinnen, Bank-, Verkaufs- oder Versicherungsangestellte: Sie bezogen sich in den Interviews alle explizit und ausführlich auf die »traditionellen« Schweizer Werte. Gleichzeitig verkörperten sie diese Moral jedoch am wenigsten. So wünschten sich die Angestellten die kürzesten Arbeitszeiten, die frühesten Pensionierungen und die längsten Ferien.[176]

Doch Boltanski bleibt nicht bei dieser Reziprozität zwischen Arbeitern und Bauern stehen, sondern legt eine janusköpfige Logik bloss, welche die traditionellen Werte der Bauern verstärke. Er will zeigen, dass sich Bauern aufgrund veränderter Anforderungen an die Produktion in zunehmendem Mass an die kapitalistische Produktionslogik anpassen mussten, was mit einer Übernahme der protestantischen Arbeitsethik einhergegangen sei. Jene Bauern, die diesem Anpassungsdruck nicht standgehalten hätten und deshalb vom sozialen Abstieg be-

---

173 Vgl. Anhang, Frage 18: »a) Welches sind die häufigsten, guten Eigenschaften der Schweizer? b) Und die häufigsten Fehler?«

174 Vgl. Anhang, Frage 5: »Was sind die wünschenswerten Eigenschaften eines Ehepartners?«

175 Vgl. Anhang, Frage 45: »Wenn Sie kein Geld verdienen müssten, wie würden Sie Ihre Zeit ausfüllen?« und Frage 40: »In welchem Alter möchten Sie aufhören zu arbeiten?«

176 Boltanski, Bonheur suisse, S. 105.

droht gewesen seien, hätten sich in den Interviews am meisten auf traditionelle Werte bezogen und besonders häufig von einem Wertezerfall gesprochen: Das Geld sei nichts mehr wert, die Arbeiter würden »über ihre Verhältnisse leben« und die Leiden der Landwirtschaft seien auf einen Werte- und Sittenzerfall zurückzuführen, weil das Leben »zu einfach« geworden sei, was sich besonders deutlich an der zunehmenden Verbreitung des Automobils zeige. Für diese vom Abstieg bedrohten Bauern existierte das wahre Bauerntum nur noch in der Vergangenheit, bilanziert Boltanski.

Ganz anders sei es um die Selbstdarstellungen und Lebensbedingungen von Arbeitern und Angestellten bestellt. Die Arbeiter würden nicht an den Debatten um die Idee der schweizerischen Nation und den Nationalcharakter teilnehmen. Auf entsprechende Fragen zur schweizerischen Mentalität oder zur Schweiz im Allgemeinen hätten sie kaum etwas zu sagen – ganz im Gegensatz zu den Angestellten. Letztere reproduzierten Boltanski zufolge aufgrund ihrer tendenziell höheren Schulbildung die Nationalideologie, äusserten sich konformistisch und richteten sich an den Werten der oberen sozialen Klassen aus.[177] Damit versuchten sie, sich symbolisch an eine Welt anzugliedern, zu der sie zwar gehören wollten, aber nicht konnten. Die »oberen Klassen«[178] schliesslich verträten die traditionellen Werte am deutlichsten, so Boltanski. Die »Tradition« könne demzufolge als eine »andauernde Erfindung« der oberen Klassen betrachtet werden, in dem Sinne, dass diese den Geist der Tradition immer wieder aufs Neue erfänden, da sie die »strategischen Positionen« besetzten, von denen her sich die ethischen Ideologien und Doktrinen ausbreiteten.

In Erweiterung von Bourdieus Studien zum klassenspezifischen Sprachgebrauch im Rahmen der Schule[179] betont er die zentrale Rolle der Schulbildung für die Transmission der nationalen Ideologie und des »Nationalcharakters«. Der Einfluss der Schule wirke demzufolge auch nach der Schulzeit weiter. Dies richtete das Denken auf »allgemeine Probleme« und fördere das Lesen von Zeitschriften und Zeitungen, welche sich mit Dingen von »allgemeinem Interesse« befassen. Daraus entstünde im Laufe des Lebens das Bewusstsein eines Nationalcharakters, einer schweizerischen Eigenart und der »Nation Schweiz«. Erst die Schulbildung stelle die verbalen Mittel, die Sprache, Begriffe und Redewendungen zur Verfügung, mit deren Hilfe nationale Werte zu einem bearbeitbaren, ausdrückbaren und vermittelbaren Objekt würden, so sein Argument.[180]

---

177 Ebd., S. 108 ff.

178 Im Original: »classes supérieures«, siehe ebd., S. 112.

179 Boltanski verwies auf eine der frühen bildungssoziologischen Schriften Bourdieus: Vgl. Bourdieu, Pierre/Passeron, Jean-Claude/Saint Martin, Monique de, *Rapport pédagogique et communication*, Paris 1965.

180 Boltanski, Bonheur suisse, S. 110.

In diesem Zusammenhang formuliert Boltanski eine fundamentale Kritik am Untersuchungsdesign der Studie »Un jour en Suisse«, insbesondere an der »Experimentalsituation« der »nicht-gelenkten Interviews«.[181] In diesen würden kulturelle Unterschiede in Bezug auf die Sprache deutlich sichtbar. Weil die Methode jedoch nicht berücksichtige, dass unterschiedliche soziale Klassen die Sprache verschieden verwendeten, werde die Erfassung der Realität fundamental verzerrt. Die Methode verlange nämlich, dass der Interviewer nicht am Gespräch teilnehme, ausser indem er das Thema vorgebe. Die »totale Freiheit des Sprechens«, welche die Methode anvisiere, entspreche den Normen der oberen Klassen – einem virtuosen Sprachgebrauch und der Fähigkeit, zu »sprechen, ohne etwas zu sagen«.[182] Für die »Unterklassen«[183] dagegen bilde dies eine schwer überwindbare Hürde, weil sie dieser vermeintlich »natürlichen« Sprechsituation sonst nirgends ausgesetzt seien, ausser vielleicht in einer Prüfung. Boltanski folgert daraus, dass die Befragungssituation genau umgekehrt hätte stattfinden sollen: »Die aktive Teilnahme des Interviewers am Interview, selbst wenn sie im Grunde keine weniger künstliche Situation herstellen würde und der Interviewer, ohne es zu wollen, den Interviewten beeinflussen würde, [...] wäre trotzdem Garant der Objektivität, und sei es nur, weil sie allen in etwa die gleiche Gelegenheit gäbe, ihre Wünsche, Emotionen und realen Erfahrungen auszudrücken und manchmal dabei ihren Sinn zu entdecken«.[184]

An dieser Methodenkritik zeigt sich ein grundlegender Unterschied zur Untersuchungsperspektive der Arbeitsgruppe »Un jour en Suisse«. Zwar waren beide Perspektiven einem Klassenbegriff verpflichtet, was in den 1960er und den 1970er Jahren in den französischen Sozialwissenschaften selbstverständlich war.[185] Die Methode der Studie »Un jour en Suisse« stammte aber aus einem strukturalistischen Forschungsrepertoire, dem die Reflexivität fehlte, sich für die klassenspezifischen Rezeptionsbedingungen der eigenen Versuchsanordnung zu interessieren. Im soziologischen Einzugsgebiet Pierre Bourdieus, in dem sich Boltanski befand, gehörte die Aufmerksamkeit für die klassenspezifischen Voraussetzungen soziologischer Arbeit jedoch zum beruflichen Selbstverständnis. Bourdieu richtete seinen anthropologisch geschulten Blick seit den frühen 1960er

---

181 Vgl. Kapitel 3.3.1 »Nicht-gelenkte« Interviews und Quantifizierung.

182 Im Original: »parler pour ne rien dire«, vgl. Boltanski, Bonheur suisse, S. 111.

183 Im Original: »classes populaires«

184 Im Original: »La participation active de l'enquêteur à l'entretien, même si elle ne crée pas une situation foncièrement moins artificielle et s'accompagne d'une manipulation de l'enquêté par l'enquêteur qui, en dehors de toute volonté manipulatrice, est impliqué dans la situation d'enquête, est malgré tout garant d'objectivité, ne serait-ce que parce qu'elle donne a tous des chances sensiblement égales d'exprimer des désirs, des émotions et des expériences réelles, et parfois d'en découvrir le sens en les exprimant.« Vgl. Boltanski, Bonheur suisse, S. 111.

185 Ebd., S. 126.

Jahren zunehmend auf die eigene Kultur und das eigene Arbeitsumfeld, indem er beispielsweise klassenspezifisches Sprechverhalten im Bildungssystem untersuchte, während sich Chiva und Deluz mit »fremden« Kulturen befassten. Zudem erhöhte wohl der Umstand, dass Boltanski eine bereits von anderen durchgeführte und somit »fremde« Studie auswertete, seine Kritikbereitschaft am methodischen Vorgehen.

Es ist diese soziologische Reflexivität, mit der Boltanski eine andersartige, kritische Analyse des empirischen Materials durchführte. Die Schlussfolgerung der Arbeitsgruppe »Un jour en Suisse«, die Schweiz sei sehr homogen und es existierten kaum Konflikte, mochte er jedenfalls nicht übernehmen. Die analytische Kraft seiner Perspektive liegt darin, dass er sich nicht den baren Antworten der Befragten auslieferte. Selbst wenn die unterschiedlichsten Personen ein und dieselbe Antwort gaben, war dies für ihn noch kein Beweis für Homogenität und Einigkeit. Was damit gemeint ist, lässt sich am Beispiel seiner Interpretation der Frage »63) Zu welcher sozialen Klasse würden Sie sich zählen?« verdeutlichen. Die meisten Befragten zählten sich hier zur »Mittelklasse« beziehungsweise zur »Mittelschicht«.[186] Zwar stellt Boltanski aufgrund der Hochkonjunktur und der damit einhergehenden Vollbeschäftigung eine beträchtliche Homogenisierung der Lebensbedingungen der Mitglieder unterschiedlicher sozialer Klassen fest: Besonders die Einkommen der Arbeiterklasse waren schnell gewachsen, was zu einer Angleichung der Konsumgewohnheiten von Arbeitern und Angestellten führte, räumt räumt Boltanski ein.[187] Trotz der genannten Homogenisierungstendenzen analysiert er die Gesellschaft jedoch entlang sozialer Klassen. Dabei fällt ihm auf, dass Angestellte besonders häufig Angehörige höherer Klassen als ihre Freunde nannten und Arbeiter häufiger Angestellte zu ihren Freunden zählten als umgekehrt.[188] Die Verhältnisse zwischen den Klassen seien folglich nach bestimmten kulturellen Mustern geformt und vertikal organisiert. Wenn sich nun sowohl zwei Drittel der Arbeiter als auch über 80% der Angestellten und der Oberschicht zur »Mittelschicht« zählten, so geschehe dies jeweils aus völlig unterschiedlichen Motiven und bedeute keineswegs, dass in der Schweiz keine Klassen existierten. Boltanski sieht darin sogar Mechanismen der Abgrenzung am Werk: Die oberen Klassen würden mit dieser Selbstbeschreibung ein Interesse an Gleichheit vortäuschen, welches es ihnen ermögliche, Distanz zu den unteren Klassen zu halten und der Forderung nach mehr Gleichheit zuvorzukommen, indem sie das Vorhandensein von Privilegien verleugneten. Auf diese Weise würden in der Schweiz die Klassenverhältnisse verschleiert, denn es erscheine

[186] Mit Bogusz könnte man von einer »De-Ontologisierung« der soziologischen Begriffe sprechen. Vgl. Bogusz, Boltanski, S. 10.

[187] Boltanski, Bonheur suisse, S. 114–127. Siehe auch Kapitel 2.1.1 Achtung: die Schweiz.

[188] Vgl. Anhang, Frage 34: »Welche Berufe haben Ihre drei besten Freunde oder Freundinnen?«

so, als ob jeder selbst für seinen Platz in der sozialen Hierarchie verantwortlich sei. Dies lasse sich schon daran ablesen, dass soziale Probleme jeweils als Probleme von »Behinderten«, »Frauen«, »kinderreichen Familien« etc. thematisiert wurden, nicht aber als Probleme sozialer Klassen.[189]

Nur jene Klassen, welche das »traditionelle Ideal« verwirklichen könnten, hätten tatsächlich die Wahl, nach der Tradition zu leben. Hier hebt Boltanski einen grundlegenden Unterschied zwischen selbständiger Arbeit und Lohnarbeit hervor: Den nicht selbständigen Lohnempfängern, allen voran den Angestellten, erlaubten die objektiven Bedingungen der Arbeitsorganisation es nicht, das traditionelle Ideal zu erreichen. Die rigide Ordnung der Arbeit von Büroangestellten verunmögliche es ihnen, Arbeit als Askese zur Selbstverwirklichung zu nutzen und die Arbeitsethik umzusetzen. Der Arbeitsrhythmus entspreche denn auch nicht der protestantischen Ethik, sondern vielmehr der Logik des katholischen Gebetsrhythmus.[190] Im Gegensatz zu Bauern und Kadern, welche die protestantische Ethik mit Überstunden und lebenslangem Arbeiten praktisch verwirklichen würden, könnten die Angestellten ihre Arbeitszeit nicht frei einteilen und somit auch nicht mehr arbeiten als vorgegeben oder sich entscheiden, ein Leben lang nicht mit Arbeiten aufzuhören.[191] Bei den Angestellten sei der Geist des Kapitalismus gar nicht mehr notwendig, für sie erscheine die kapitalistische Organisation vielmehr als »Kosmos«, an den sie sich nur anpassen könnten.[192]

Als Gegenwelt dazu würden die Angestellten ihre Freizeit nutzen. Nach Boltanski gestalteten sie diese besonders rationell, indem sie sich auffällig stark für Kultur interessierten – ein Interesse, in dem sich der Wunsch nach sozialem Aufstieg manifestiere. In der Freizeit und den Ferien würden sie lesen, Musik hören, Theatervorstellungen besuchen und sich an freien Abenden in Volkshochschulen weiterbilden. In all diesen Tätigkeiten manifestiert sich Boltanski zufolge eine »interessenlose Liebe zur Kultur«[193], da sie keinen finanziellen Nutzen einbringen und auch nicht der persönlichen Karriere dienen. Sie erfüllten jedoch den Wunsch, sich zu beweisen, dass man den sozialen Aufstieg hätte schaffen können, wenn einen nicht ungünstige Umstände daran gehindert hätten, oder dass man wie die oberen Klassen leben könnte, ohne ihnen tatsächlich anzugehören.

---

[189] Boltanski, Bonheur suisse, S. 126f.

[190] Ebd., S. 133ff.

[191] Ebd., S. 131ff. Auch Handwerker und Kaufleute könnten die protestantische Ethik in ihren Lebensverhältnissen umsetzen. Sie würden ihren Beruf auch meist als Berufung bezeichnen und angeben, keine Freizeit zu haben und so viel als nur möglich zu arbeiten.

[192] Hier bezog sich Boltanski auf Bourdieus Begriff des »Kosmos«, den dieser in »Travail et travailleurs en Algérie« entwickelt hatte: »[…] cosmos qui préexiste aux individus et dans lequel chacun doit vivre sans y pouvoir rien changer.« Vgl. Bourdieu, Pierre, *Travail et travailleurs en Algérie*, Paris 1963, S. 313.

[193] Im Original: »amour désintéressé de la culture«, vgl. Boltanski, Bonheur suisse, S. 150.

Die Unmöglichkeit, im Berufsalltag nach den Idealvorstellungen der »nationalen Kultur« zu leben, führe, so Boltanski, zu einer Spaltung zwischen Arbeitswelt und Freizeit, und für viele Angestellte beginne »das richtige Leben« erst nach dem Ende der Bürozeiten. Er interpretiert diese Spaltung im Anschluss an Maurice Halbwachs' These, wonach die Industriegesellschaft den Arbeitsort vom Wohnort trenne, die Aktivitäten rationell über die Zeit verteile und zu autonomen Existenzbereichen führe.[194] Wenn nun diese Spaltung nicht notwendigerweise als Konflikt wahrgenommen wird, wie kann dann der Widerspruch zwischen dem idealen Modell und dem wirklichen Leben überhaupt im Verhalten sichtbar werden? Mit dieser maliziösen Frage leitet Boltanski in ein kurzes Schlusskapitel über, welches als Kontrast zum Titel des Buches mit »le mal suisse« überschrieben ist.

6.4.4 Das schweizerische Übel

Um auf den Topos eines »malaise suisse« hinzuführen zieht Boltanski die Selbstmord- und Scheidungsstatistik heran. Diese »objektiven Indikatoren« würden auf Spannungen und Konflikte in einer Gesellschaft hinweisen und seien in der Schweiz im internationalen Vergleich nach 1945 überdurchschnittlich hoch.[195] Nach Durkheim und Halbwachs verstärken ökonomische Schwankungen und politische Krisen diese Indikatoren. Dass in der Schweiz die höchsten Scheidungs- und Selbstmordziffern Europas beobachtet wurden, was auf einen Zustand permanenter »Anomie« hinweise, erstaunt Boltanski, zumal die Schweiz politisch und wirtschaftlich stabil war und eine beispiellose Prosperität auswies. Für den Soziologen müsse die »Pathologie sozialer Gruppen« deshalb neben gewalttätigen Krisen und brutalen Krankheiten auch die langsamen und feinen Krankheiten in Rechnung stellen, deren Wirkung nicht weniger real sei.

---

194 Halbwachs, Maurice, *Esquisse d'une psychologie des classes sociales*, Paris 1955, S. 78; zitiert in: Boltanski, Bonheur suisse, S. 152.

195 Quantitativ betrachtet ist diese These für die 1960er Jahre nicht stichhaltig. Zur Zeit, als Émile Durkheim sein klassisches Werk zum Selbstmord verfasste, gehörte die Schweiz zwar noch – zusammen mit Dänemark und dem Königreich Sachsen – zu den Ländern mit den meisten Suiziden. So betrug um 1880 die Selbstmordrate in der Schweiz 21,6 pro 100 000 Personen, dies im Vergleich zu 15 in Frankreich oder 3 in Finnland. Vgl. Durkheim, Selbstmord. Doch zu Beginn der 1960er Jahre befand sich die Selbstmordrate in der Schweiz auf einem historischen Tiefststand: Sie war von 28 im Jahr 1933 auf unter 17 im Jahr 1964 gesunken. Danach stieg sie bis 1980 wieder auf rund 25 an. Vgl. Bornschier, Volker, *Westliche Gesellschaft im Wandel*, Frankfurt am Main 1988, S. 187 f. Auch die Scheidungsrate war 1880 mit 4,7% die höchste von Durkheim beobachtete (in Frankreich betrug sie 0,7%, in Norwegen nur 0,05%). 1960 bewegte sie sich jedoch mit 12% im europäischen Mittelfeld. In Frankreich betrug sie damals 10%, in Österreich 14%, in Schweden und Ostdeutschland 16% und in Polen 7%. Vgl. Huinink, Johannes/Konietzka, Dirk, *Familiensoziologie. Eine Einführung*, Frankfurt am Main 2007, S. 81.

Anhand schweizerischer Medienberichte und Interviews illustriert er daher den Diskurs um das schweizerische »Unglück, glücklich zu sein«. In den oberen Klassen, besonders bei den Intellektuellen, sei oft die Rede von einem »Überdruss an der Schweiz« oder »Heimatmüdigkeit«, von »beengenden Verhältnissen«, und es werde beklagt, der Schweizer versinke im Komfort und mache keine grossen Pläne mehr.[196]

Er stellt die These auf, dass die Klagen der schweizerischen oberen Klassen nur verstanden werden könnten, wenn man das Bild berücksichtige, welches sich das umliegende Ausland von der Schweiz mache, und wenn man beachte, welche Vorstellungen sich die Schweizer wiederum von diesem Fremdbild machten. Die Selbstdefinitionen der Schweiz seien stark beeinflusst von den stereotypen Bildern, die sich Italiener, Franzosen und Deutsche von ihnen machten. Die Schweizer hätten den Eindruck, sie würden vom Ausland verkannt und zu wenig geschätzt, zumal sie ihre Vergangenheit als vorbildlich betrachteten. Ihr Nationalstolz sei jedoch »unkommunizierbar«, was zu einem teils ängstlichen, teils aggressiven Verhältnis gegenüber dem Ausland führe.[197]

Auch jene Mitglieder der oberen Klassen, die sich als »Intellektuelle« verstünden und sich als »nonkonformistisch« oder »geistig unabhängig« bezeichneten, dürften dem »nationalen Ideal« nicht völlig zustimmen. Denn der Wille, sich nicht lächerlich zu machen, übertreffe stets das Bedürfnis nach Konformität oder die echte Verbundenheit mit den nationalen Werten. Dieses seltsam gebrochene Verhältnis lasse nur extreme Haltungen gegenüber dem Nationalcharakter zu, sei es, indem er mit Lob überhäuft oder lächerlich gemacht werde.

Die Schweizer hätten das Gefühl, in einem Gewächshaus zu leben – geschützt, aber von der Aussenwelt abgeschnitten. Boltanski illustriert diese Haltung am damals virulenten Neutralitätsdiskurs und der Diskussion um eine atomare Bewaffnung der Schweiz. In der Umfrage »Un jour en Suisse« zeige sich die Ambivalenz darin, dass die meisten Befragten die Meinung äusserten, die Schweiz könne auch in Zukunft neutral bleiben, sei jedoch nicht in der Lage, sich selbst zu verteidigen. Deshalb, so Boltanski, sei die Volksinitiative gegen die atomare Bewaffnung der Schweiz deutlich abgelehnt worden: Weil die Mehrheit der Schweizer der Ansicht sei, die Neutralität lasse sich nur mit der Waffe verteidigen, und

---

[196] Boltanski zitierte ausschliesslich französische Medien und Interviews. Er nahm nicht direkt Bezug auf Max Imbodens »Helvetisches Malaise«, sondern verwendete die französischen Begriffe »l'ennui suisse«, »sommeil suisse«, »la vie est ›plate‹, ›bourgeoisement sèche‹, ou ›étouffante‹«. Vgl. Boltanski, Bonheur suisse, S. 157. Vor diesem Hintergrund wird die patriotische Färbung von »Achtung: die Schweiz« deutlich (vgl. Kapitel 2.1.1. Achtung: die Schweiz). Diese Art kritischer Intervention war eng an die »schweizerische Tradition« geknüpft und radikalisierte sie sogar in ihrem protestantischen Eifer.

[197] Ebd., S. 159.

als kompromisslose, militante Antikommunisten wenig mit neutralistischen Positionen anfangen könnten.[198]

Doch sein Fazit konzentrierte sich nicht auf die politischen Verhältnisse, sondern auf eine Kritik des »falschen Bewusstseins«. Man könne dem »mal suisse« nur gerecht werden, wenn man die Ideologie untersuche, die behaupte, das Übel entstehe durch ein zuviel an Komfort und Reichtum und gleichzeitig den technischen Fortschritt und die wirtschaftliche Prosperität als verhängnisvoll und »entmenschlichend« ablehne. Diese Ideologie beschwöre das Schlimmste oder hoffe sogar auf das Unglück, um schliesslich das Glück darin zu finden, ihm entkommen zu sein. Sie schreibe alles Unglück dem Wohlstand zu und halte am Ideal der Entsagung fest. Diese Ideologie versuche sich vor den Sorgen zu schützen, welche der grosse Wohlstand erzeuge, indem sie den asketischen Tugenden ein verbales Opfer bringe. Hier lokalisiert Botanski eine ideologische Verschleierung: Wenn man den materiellen Wohlstand für die Probleme verantwortlich mache, verleugne man den Widerspruch zwischen dem gesellschaftlichen Ideal und den tatsächlichen Lebensbedingungen der grossen Mehrheit der Bevölkerung. Das schweizerische Übel sei demnach im Grunde die vage Ahnung und die verdrängte Wahrheit, dass die Normen der Nationalkultur und die Verhaltensweisen, welche den Individuen durch die objektiven Bedingungen aufgezwungen würden, im Widerspruch zueinander stünden. Wenn es stimme, dass die Anpassung an die asketischen Prinzipien der puritanischen Ethik zur Verleugnung des puritanischen Erbes zwängen, so der Autor, dann sei es dramatisch für eine Gesellschaft, die ihrer Vergangenheit treu bleiben wolle, wenn sie als Vergangenheit den Puritanismus habe und ihre Vorfahren Puritaner gewesen seien.

6.4.5 Eine Stimme von ausserhalb

Boltanskis Argumentation unterscheidet sich von allen anderen Argumentationen zum Selbstbild der Schweiz, denen wir bisher begegnet sind, ob sie nun von der Arbeitsgruppe »Un jour en Suisse«, der Expo-Direktion, der Studiengruppe, von Hans Giger oder von den soziologischen Gutachtern stammen. Der grosse Unterschied besteht darin, dass er nicht den Denk- und Argumentationsvoraussetzungen eines Schweiz-internen Diskurses um »nationale Identität« verhaftet war, sondern eine Aussenposition bezog.

Bei allen anderen Beiträgen standen grundsätzlich zwei Positionen einander gegenüber: Auf der einen Seite diejenigen, die von einem »schweizerischen Nationalcharakter«, von »schweizerischen Konstanten«, von der Schweiz als »Wil-

[198] Die Initiative »Volksbegehren für ein Verbot von Atomwaffen« wurde am 1.4.1962 mit 65,2% Neinstimmen abgelehnt. Vgl. ebd., S. 162.

lensnation« und der Einheit von vier unterschiedlichen Kulturräumen ausgingen und die Bilder der Schweiz an diesen Vorstellungen ausrichten wollten. Auf der anderen Seite versuchten einige Akteure, allen voran die Arbeitsgruppe »Un jour en Suisse«, die scheinbar in Stein gemeisselte Einheitlichkeit solcher Ontologisierungen zu relativieren. Sie gingen dabei ebenfalls von einer aussergewöhnlichen Einheitlichkeit der Schweiz aus, von einem »hyperkohärenten Selbstbild« und mithin von der Existenz »schweizerischer Konstanten«. Die Arbeitsgruppe »Un jour en Suisse« war wohl zum Fazit gekommen, die klassisch-politische Vorstellung der Schweiz als Einheit von vier Sprach- und Kulturräumen sei aufzugeben und stattdessen müsse nach unterschiedlichen Lebensbedingungen in Abhängigkeit von Geschlecht, Alter, Einkommen, Beruf und Zivilstand usw. differenziert werden.[199] Sie zog daraus jedoch bezeichnenderweise nicht den Schluss, die an kollektiver Einheitlichkeit ausgerichteten Selbstbilder zurückzuweisen, sondern betonte, dass die Gemeinsamkeiten die Unterschiede überwögen und dass aufgrund der Umfrage in verschiedenster Hinsicht ein »Kollektivportrait« der Schweiz gezeichnet werden könne.[200] Indem sie die Vorstellung »nationaler Einheit« letztlich höher gewichtete als die sozialen Unterschiede, blieb sie dem Diskurs um eine schweizerische »nationale Identität« treu. Dies war Voraussetzung dafür, dass das Szenario »Un jour en Suisse« zu einem Beitrag im Inneren dieses Diskurses werden konnte.[201]

In diesem Zusammenhang ist es aufschlussreich, dass sich Chiva und Deluz genau so lange innerhalb des schweizerischen Identitätsdiskurses bewegten, wie sie für die Expo arbeiteten. Sobald sie zurück in Paris waren, verabschiedeten sie sich von dieser verengten Perspektive. Während ihrer Arbeit für die Expo mussten sie sich an die Voraussetzungen des schweizerischen Identitätsdiskurses anpassen, das heisst, von der Existenz eines schweizerischen Nationalcharakters ausgehen. Sonst wäre ihre Untersuchung für die Realisierung der Sektion »Un jour en Suisse« nicht verwendbar gewesen. Als ihr Mandat für die Expo endete, machten sie sich daran, das Material für den Gebrauch innerhalb des französischen Fachdiskurses aufzubereiten. Sie verliessen den schweizerischen Diskursraum und passten sich den Diskursregeln der französischen Anthropologie und Soziologie an. Ausschlaggebend für den radikalen Perspektivwechsel waren dabei ihre strategischen Absichten, ihr veränderter Handlungskontext und ein anderes Zielpublikum der Publikation. Sie planten, wie erwähnt, zusammen mit

[199] Vgl. Stadtarchiv Lausanne, P 220, Carton 20, Classeur 1, Nr. 13, S. 12., sowie oben Kapitel 4.4 Das »neue Bild der Schweiz«.

[200] Ebd., S. 24.

[201] Diese Immanenz von »Un jour en Suisse« bedeutet nicht, die Studie hätte wenig Konfliktpotential enthalten. Doch spielte sich die Auseinandersetzung innerhalb der Regeln des schweizerischen Identitätsdiskurses ab.

Bourdieu und Boltanski eine »Auto-Ethnographie« der Schweiz zu verfassen: »An jedem Punkt der Beschreibung signalisieren wir die Widersprüche, Mehrdeutigkeiten und die offensichtlichsten Bruchstellen.«[202] Dieses Projekt sollte also völlig andern Regeln gehorchen als das Expo-Projekt. Es sollte nicht mehr die Einheit betonen, sondern die Widersprüche.

Betrachten wir die Argumentation in »Le bonheur suisse«, so treten die Unterschiede zwischen den Positionen im Innern des schweizerischen Identitätsdiskurses und der Aussenposition Boltanskis deutlich hervor. Er konfrontierte den Nationalcharakter mit den konkreten Lebensbedingungen der Befragten. Während der Nationalcharakter als »hyperkohärentes Selbstbild« der Schweizer beschrieben werden konnte, wiesen die konkreten Lebensbedingungen beträchtliche Unterschiede auf. Boltanski entwickelte daraus eine Kritik, die sich als *Umkehrung der Gallup-Methode* beschreiben lässt: Die Gallup-Methode geht davon aus, dass die Meinungen von Personen mit ihren Lebensbedingungen korrespondieren. Soziostrukturell homogene Gruppen vertreten demnach ähnliche Meinungen, wohingegen zwischen verschiedenen sozialen Gruppen Meinungsunterschiede bestehen. Dass die Umfrage in Bezug auf viele Fragen relativ geringe Meinungsunterschiede hervorbrachte, interpretierte die Arbeitsgruppe »Un jour en Suisse« im Anschluss an die Gallup-Methode als Anzeichen für eine grosse Homogenität. Sie wies zwar darauf hin, dass die Unterschiede nicht zwischen den vier Sprach- und Kulturräumen, sondern zwischen den sozialen Klassen verlaufen, hielt jedoch insgesamt die Übereinstimmungen für bedeutsamer als die Unterschiede.

Demgegenüber kehrte Boltanskis Argumentation den Spiess um. Für ihn war die grosse Homogenität des schweizerischen Selbstbildes fragwürdiger Ausgangpunkt im Sinne einer *unwahrscheinlichen Ordnung*, die es zu erklären galt. Indem er zeigte, dass die Voraussetzungen des Sprechens je nach sozialer Klasse variierten und dass verschiedene soziale Klassen mit ein und derselben Äusserung nicht dasselbe meinten, brach er die Ontologisierung auf, welche hinter der Vorstellung eines homogenen Nationalcharakters steht. Er negierte die Annahme, die sozialen Unterschiede könnten so gross nicht sein, solange die überwiegende Mehrheit der Schweizerinnen und Schweizer in etwa dasselbe sagte. Stattdessen sah er im Umstand, dass sich die Mehrheit der Bevölkerung zur Mittelschicht zählte, eine ideologischen Dominanz der »Oberklasse«.

Entscheidend war mit anderen Worten die methodologische Kritik an der Verfahrensweise der Umfrage. Soziale Klassen haben ihr je eigenes Verhältnis zur Sprache und zu Diskursen. Selbst wenn Arbeiterinnen und Unternehmer dasselbe sagen, bedeutet es nicht dasselbe. Daher lassen sich dieselben Sätze,

---

[202] Stadtarchiv Lausanne, P 286, Carton 3, Enveloppe 8, S. 2.

wenn sie von Angehörigen unterschiedlichen Klassen geäussert werden, nicht zusammenzählen und als Hinweis auf mentale, und schon gar nicht materielle Homogenität deuten. Aufgrund dieses Einwandes zerbricht die Illusion, welche die Gallup-Methode so gekonnt erzeugt hatte, dass nämlich ein homogener nationaler Diskurs bestehe, an dem alle Mitglieder der Nation gleichermassen teilnehmen.[203]

Diese Kritik an der Meinungsforschung fokussiert auf die *Fragmentierung* der Diskurse entlang sozialer Klassengrenzen. Boltanski brach die nationale Einheitlichkeit auf, indem er den Klassencharakter des Diskurses um den schweizerischen Nationalcharakter betonte und die soziostrukturellen Unterschiede höher gewichtete als die Homogenität der sprachlichen Äusserungen der Befragten.[204] Der Lackmustest war im vorliegenden Fall die Interpretation der Antworten auf die Frage, zu welcher sozialen Klasse sich die Befragten zählten. Jene, die im Inneren des schweizerischen Identitätsdiskurses argumentierten, deuteten den Umstand, dass sich eine Mehrheit der Mittelschicht zuordnete als Anzeichen von Homogenität, während diese Selbstklassifizierungen von einer Aussenposition her betrachtet die ideologische Dominanz einer »Oberklasse« anzeigten.

Vergegenwärtigen wir uns das pathetische Schlusswort des Schlussberichts, wonach die Untersuchung der Arbeitsgruppe »Un jour en Suisse« Gewissheit gegeben habe, »dass die Landesausstellung 1964 in UN JOUR EN SUISSE in verschiedenen Bildern des Alltagslebens, konkret und vielfältig, das stärkende Bildnis eines Volkes abgeben wird, welches entschlossen in der Gegenwart lebt und sich seiner Geschichte treu, in seiner Eigenart in die Welt von morgen integrieren wird«[205] wird. Boltanskis Fazit liest sich geradezu als Antithese dieser Schlussfolgerungen. In seiner Darstellung existiert kein einheitliches Volk, die schweizerische Bevölkerung lebt in einer Gegenwart voller Widersprüche, leidet an der Bürde ihres puritanischen Erbes und hat alle erdenkliche Mühe, sich unter diesen Voraussetzungen in der »Welt von morgen« zurechtzufinden.

---

[203] Vgl. Kapitel 3.1.2 Repräsentativität im sozialwissenschaftlichen Feld.

[204] Derselbe Gedanke wurde 1972 von Pierre Bourdieu in einem Vortrag wiefolgt formuliert: »Vielleicht besteht ihre wichtigste Funktion [der Meinungsumfrage, K.W.] darin, die Illusion zu vermitteln, dass es eine öffentliche Meinung als rein additive Summierung individueller Meinungen gibt.« Vgl. Bourdieu, Öffentliche Meinung, S. 214. Vgl. Kapitel 4.2 Die quantitative Auswertung der Umfrage.

[205] Im Original: »[que] l'Exposition Nationale 1964 pourra offrir dans UN JOUR EN SUISSE, par les images multiples de leur vie quotidienne, concrètes et variées, le portrait tonifiant d'un peuple qui, vivant résolument dans le présent, saura, fidèle à son histoire, s'intégrer selon son génie propre au monde de demain.« Vgl. Kapitel 4.4 Das »neue Bild der Schweiz«, sowie Stadtarchiv Lausanne, P 220, Carton 20, Classeur 1, Nr. 13, S. 24.

6.5 Fazit: Gegensätzliche Bilder der Schweiz

Das Material der Vorstudie »Un jour en Suisse« wurde in der künstlerischen Umsetzung auf der Expo 64, in der Diskussion in den Medien während des »Gulliver-Skandals« und im Zuge von Luc Boltanskis Aufbereitung zu einer soziologischen Monographie verschieden interpretiert und dargestellt. Die Akteure transformierten das wissenschaftliche Rohmaterial in Abhängigkeit ihrer Ziele und ihres Handlungskontextes in je unterschiedlicher Art und Weise. Die leitenden Hinsichten, aufgrund derer das Material verarbeitet wurde, unterscheiden sich darin, ob die Akteure in den Schweiz-internen Diskurs um »nationale Identität« eingebunden waren, oder ob sie eine Aussenposition einnahmen. Zudem waren ihre Interpretationen davon geprägt, ob sie zu den bestehenden Verhältnissen in der Schweiz eine affirmative oder eine kritische Haltung einnahmen.

Die identitätspolitische Binnenperspektive bestimmte sowohl die künstlerische Umsetzung auf der Expo als auch den Medienskandal. Obwohl das Gulliverspiel eine kritische und ironische Haltung erkennen liess, blieb es an die Voraussetzungen des nationalen Diskurses gebunden: Es verfestigte die Vorstellung, es gebe einen »schweizerischen Nationalcharakter«, dessen integrative Kraft stärker sei als die Unterschiede zwischen sozialen Klassen, Geschlechtern, Alter etc. Die Arbeitsgruppe »Un jour en Suisse« mit ihrer »nonkonformistischen Haltung« wies die Vorstellung, es existiere ein einheitlicher Nationalcharakter, nicht zurück, sondern versuchte dieses kollektive Selbstbild der Schweiz zu ironisieren und Einzelaspekte in Frage zu stellen. Die künstlerische Form verfremdete die Befunde der Vorstudie, sie überspitzte und ironisierte sie. Gleichzeitig schafften sich die Künstler auf diese Weise den Freiraum, gesellschaftliche Tabuthemen im Rahmen der Landesausstellung überhaupt anzusprechen und politisch heikle Fragen zu stellen. Die Umfrage war zwar in die Form eines Spiels gegossen, jedoch verbarg sich hinter der gestalterischen und spielerischen Fassade eine absichtsvolle »nonkonformistische« Kritik und bisweilen beissender Spott. Besonders deutlich wird dies in »Gullivers Thesen« zu den Jungen, Alten und Ausländern, welche dem »Homo Helveticus« nicht entsprechen konnten, weil sie nicht arbeiteten oder die Staatsbürgerschaft nicht besassen. Diese Gruppen wurden als »die anderen« dargestellt, als jene, die in der Schweiz nur Randstellungen einnehmen können.[206] Diese These Gullivers machte einen tabuisierten Ausgrenzungsmechanismus in kritischer Absicht sichtbar. Im gleichen Atemzug bestätigte sie jedoch die Norm, von der diese Gruppen abwichen. Insofern war der kritische Gehalt der künstlerischen Umsetzung auf der Expo ambivalent.

[206] Vgl. Kapitel 6.1.1 Gullivers Thesen.

Der Medienskandal um Gulliver zeigt, dass die politischen Machtverhältnisse, welche die Intervention des Bundesrates und seines Delegierten möglich machten, ihren Zenit bereits überschritten hatten. Die relativ kleine politische Elite, die es sich leisten konnte, sich auf sich selbst zu konzentrieren, und die das Volk als führungsbedürftige Masse ansah, wurde mit der wachsenden Bedeutung medialer Öffentlichkeit konfrontiert. Der paternalistische Eingriff in die Repräsentation der Schweiz in der Sektion »Un jour en Suisse« verhinderte zwar ein tägliches Plebiszit über politisch heikle Fragen. Dies aber um den Preis einer öffentlichen Schelte des zensurähnlichen Eingriffs und der publizistischen Mobilisierung gegen ebendiese Machtverhältnisse.

Im Kontext der »Gulliver-Affäre« wurde das Szenario »Un jour en Suisse« repolitisiert. Jean-Marie Vodoz' Artikelserie in der Gazette de Lausanne zerrte genau jenen politischen Gehalt ans Licht, der hinter dem Spielcharakter des Szenarios versteckt worden war. Seine Artikelserie war explizit ein Beitrag zum identitätspolitischen Diskurs: Er unterstrich das Ergebnis der Vorstudie, es gebe einen Durchschnittsschweizer, und er bezog eine Sprechposition im Zentrum dieses Diskurses, indem er von »wir« und »uns« schrieb.[207] Vodoz organisierte seine Erzählung so, dass sie auf eine von Charles Apothéloz formulierte Fundamentalkritik am politischen System der Schweiz hinauslief. Die Umfrage habe gezeigt, dass sich die Schweizer wenig für institutionalisierte Politik interessierten, jedoch mit grossem Interesse auf politische Fragen reagierten. Entscheidend sei, dass mit den Schweizern eine direkte Alltagssprache gesprochen werde – etwas, was die offizielle Politik sträflich unterlasse, womit sie das politische Desinteresse mitverursache. Der Delegierte des Bundesrates und der Bundesrat selbst, so folgerte Vodoz, habe mit zensurähnlichen Massnahmen in das Projekt interveniert, weil »Bern das Resultat fürchte«[208].

Stellen wir diese Kritik den Thesen Boltanskis gegenüber, so wird ein Strukturmuster der kritischen Variante des schweizerischen Identitätsdiskurses sichtbar. Vodoz transportierte in seinen Artikeln die Kritik an »der Schweiz«, die Charles Apothéloz formuliert hatte. Sowohl Apothéloz' als auch Boltanskis Kritik an den Verhältnissen in der Schweiz drehten sich um zwei Argumentationsachsen: Erstens um die Sprache, und zweitens um einen Gegensatz zwischen »oben« und »unten«. In der Variante von Apothéloz ging es darum, dass mit »dem Schweizer« eine »konkrete, direkte und realistische Sprache«[209] gesprochen werden müsse. Unter dieser Voraussetzung könnten prinzipiell alle Schweizer an ein und demselben Diskurs teilnehmen. Jedoch, so Apothéloz' Kritik, spreche die schweizerische politische Elite kaum diese für alle verständliche Sprache. Des-

[207] Vgl. Kapitel 6.2.1 »Enquête sur une enquête«.
[208] Vgl. Fussnote 48 in Kapitel 6.2.1 »Enquête sur une enquête«.
[209] Vgl. Fussnote 47 in Kapitel 6.2.1 »Enquête sur une enquête«.

halb entstehe ein Graben zwischen Volk und politischer Elite und das Volk werde der Politik entfremdet. Diese Entfremdungsthese korrespondiert, wie wir in den vorherigen Kapiteln gesehen haben, mit einer *plebiszitären Perspektive*, mit dem Befürworten der politischen *Integration und Partizipation* jener, die vom politischen System an den Rand gedrängt werden oder gänzlich ausgeschlossen sind. Während diese Perspektive als *immanent* bezeichnet werden kann, argumentierte Boltanski *transzendent*. Die Sprache war seiner Auffassung nach gerade nicht das Medium, welches die Verbindung aller ermöglichen konnte, sondern eine diskriminierende Struktur in dem Sinne, dass sich darin die sozialen Unterschiede ausdrückten und reproduzierten. Der Idee einer übergreifenden Sprache hielt er entgegen, Sprachkompetenz sei klassen- und bildungsabhängig. Der klassenspezifische Spracherwerb korrespondierte nach Boltanski mit der Schulbildung, welche ihrerseits eine zentrale Rolle in der Transmission der nationalen Ideologie und somit der Idee eines »Nationalcharakters« spiele.[210] Der Hoffnung auf eine immanente Überwindung der Ungleichverteilung politischer Partizipationschancen im Medium der Sprache stand somit die Sichtweise gegenüber, dass keine Verständigung über soziale Gräben hinweg möglich sei, weil die Sprache selbst Distinktionswerkzeug der sozialen Klassen sei und die Vermittlung von Sprachkompetenz mit der Transmission der Klassenideologie des »Nationalcharakters« einhergehe.

Verschiedene Printmedien griffen die Artikelserie Vodoz' auf. Insbesondere der Vorwurf, der Bundesrat habe Zensur ausgeübt, wurde reproduziert und mehrheitlich als anstössig empfunden. Es bestand Konsens darüber, dass der behördliche Eingriff in den Fragebogen zu weit gegangen war. Die Thematisierung des »Club« verstärkte (und illustrierte zugleich) die mediale Tendenz, in der »Gulliver-Affäre« einen Graben zwischen Volk – hier im Sinne von Öffentlichkeit – und Elite anzuprangern. Die auffällige Einhelligkeit dieser Kritik macht selbst wiederum den Eindruck eines einheitlichen nationalen Selbstverständnisses, das auf der Verpflichtung zur direkten Demokratie und zur freien Meinungsäusserung als Grundpfeiler der schweizerischen nationalen Identität aufbaut.

Die Diskussionsbeiträge der Soziologen Peter Atteslander und Urs K. Hedinger im Rahmen des Gulliverskandals haben gezeigt, dass diese mit »Un jour en Suisse« keineswegs solidarisch waren. Sie distanzierten sich vom Fragespiel und hiessen den Eingriff des Bundesdelegierten im Grundsatz gut. Ihre Motivation zur Kritik des Fragespiels kam daher, dass dieses den Methoden der Umfrageforschung widersprach und dadurch in der Öffentlichkeit ein falscher Eindruck von Soziologie entstehen könnte. Die Soziologen störten sich vor allem daran, dass sich die Befragten gegenseitig beeinflussen könnten. Um ihr wissenschaftliches

[210] Vgl. Kapitel 6.4.3 Soziale Klassen und Nationalcharakter.

Ethos zu stabilisieren, wandten sie sich gegen das deliberative Szenario. Die soziologischen Diskussionsbeiträge blieben alle einer auf die schweizerische Nation verengten Sichtweise verhaftet, und es kam weder Hedinger noch Atteslander in den Sinn, die Prämisse des »Homo Helveticus« zu hinterfragen. Das wissenschaftliche Selbstverständnis, welches die Soziologen einbrachten, war insofern den Prämissen des nationalen Identitätsdiskurses unterworfen.

Die Soziologen und der Delegierte befürchteten alle einen Kontrollverlust, wenn das Szenario auf der Expo in der von Apothéloz geplanten Form durchgeführt würde. Sie unterschieden sich jedoch in ihren Motiven: Die Soziologen bevorzugten eine Situation, in der Befragte unbeeinflusst, direkt und frei antworteten, um die Umfragedaten danach einer soziologischen Analyse zu unterziehen. Hans Giger dagegen wollte, dass die Bevölkerung von politischen Sachverständigen über heikle politische Fragen instruiert würde, bevor sie antwortete, und war der Auffassung, dass die Diskussion solcher Fragen der Politik vorbehalten sein solle. Das Fragespiel auf der Expo beabsichtigte jedoch genau diesen Kontrollverlust. Darin lagen seine Unberechenbarkeit und sein Konfliktpotential.

Wie wir gesehen haben, bewegte sich das Material der Vorstudie durch verschiedene Räume und Kontexte. Es wurde im schweizerischen Kontext der Landesausstellung lanciert, in einem wissenschaftlichen Kontext hergestellt, in einem künstlerischen Kontext dargestellt und publik gemacht und danach in schweizerischen Printmedien öffentlich diskutiert. Später wurde es nach Paris transferiert und damit aus seiner nationalen Rahmung freigesetzt. Luc Boltanski bereitete es in seiner Monographie erstmals in einer Weise auf, welche nicht an die Voraussetzungen des schweizerischen Identitätsdiskurses gebunden war. Seine Darstellung lief darauf hinaus, dass die zuvor einhellig geteilte und unstrittige Annahme, es existiere ein schweizerischer Nationalcharakter, unhaltbar sei. Er arbeitete heraus, dass es wohl eine in der Schweiz vorherrschende normative Ideologie gebe, welche von den oberen Klassen propagiert würde und an der sich die unterschiedlichen sozialen Klassen orientierten. Boltanski folgerte, dass die Lebensbedingungen es der Mehrheit der schweizerischen Bevölkerung verunmöglichten, dem Ideal tatsächlich nachzuleben, und dass aus dieser Spannung ein Leiden entstehe, das sich am Diskurs um das helvetische Malaise und an den hohen Suizid- und Scheidungsraten ablesen lasse.

Im Gegensatz zu den Schweizer Soziologen eignete sich Boltanski die Antworten der Befragten nicht an, um in ihrem Namen zu sprechen. Stattdessen montierte er die Antworten der Umfrage in ihrer Widersprüchlichkeit. Er hielt »der Schweiz« ihr Spiegelbild entgegen, wobei seine Analysetechnik dafür sorgte, dass das Glas des Spiegels gesprungen war.

7 Schlusswort

Die Irritation darüber, dass der Schweizer Bundesrat aus politischen Gründen in die Vorbereitung der Landesausstellung von 1964 eingegriffen hatte, bildete den Ausgangspunkt der vorliegenden Arbeit. Der als »Gulliverskandal« bekannt gewordenen Konfrontation zwischen einer soziologischen Arbeitsgruppe und der Landesregierung liegt eine Konfliktkonstellation zugrunde, deren Hintergründe in den vorangegangenen Kapiteln ausgeleuchtet wurden. Die Analyse hat gezeigt, dass ein latenter struktureller Konflikt aufbrach, dessen Ursache in den unterschiedlichen Repräsentationslogiken des politischen, des wissenschaftlichen und des künstlerischen Feldes liegt.

Daher stand die Frage im Zentrum, wie und mit welchen Mitteln die beteiligten Akteure versuchten, ihrer je eigenen symbolischen Konstruktion der schweizerischen Nation Geltung zu verschaffen. Das Projekt knüpfte an die Forschungen zum Themenkreis »nationale Identität« an und untersuchte in einer Perspektive der »Geschichte des Wissens« die Praktiken soziologischer, politischer und künstlerischer Akteure bei der Konstruktion der Schweiz als einer *imagined community*. Repräsentation wurde dabei zugleich als Praxis der Darstellung und Herstellung sozialer Realität verstanden. Es wurde untersucht, wie die Akteure um Deutungsmacht konkurrierten und welche Praktiken sie in die Lage versetzen sollten, im Namen »aller« zu sprechen. Die Analyse des Widerstreits um die »richtige Repräsentation« der Schweiz – genauer des schweizerischen *Demos* – liess dabei einen grundlegenden Widerspruch hervortreten. Die Argumentationslinien und Handlungspraktiken der beteiligten Konfliktparteien unterschieden sich nämlich vor allem darin, ob sie einer *partizipatorischen* oder einer *elitären* Konzeption des schweizerischen Demos verpflichtet waren. Die historischen Wurzeln dieses Widerspruchs reichen weit über den Kontext der hier untersuchten Fallgeschichte hinaus. Er durchzieht die Geschichte der Auseinandersetzungen um das nationale Selbstverständnis und um die politische Verfasstheit der schweizerischen Demokratie seit ihrem Entstehen wie ein roter Faden.[1] Die partizipatorische Sichtweise betonte die Vielfalt der Schweiz, interessierte sich für die Heterogenität der Bevölkerung und für die Dynamiken des gesellschaftlichen

---

[1] Vgl. Kapitel 3.1 Repräsentation und Repräsentativität, S. 92 ff.

Wandels. Die elitäre Perspektive verfocht dagegen nationale Einheitsvorstellungen, bevorzugte eine homogenisierende Repräsentation des »Volkes« und berief sich auf die Vorstellung »schweizerischer Konstanten«.

Die Auseinandersetzungen um das Projekt »Un jour en Suisse« drehten sich zum einen um den Inhalt, der dargestellt werden sollte, und zum anderen um die Rolle, welche den beteiligten Akteuren bei dessen Herstellung zukommen sollte. *Inhaltlich* war strittig, welches Bild der Schweiz auf der Landesausstellung gezeigt werden durfte: Sollte die nationale Einheit oder ihre Vielfalt hervorgehoben werden? Welche Gemeinsamkeiten und Unterschiede, welche Konturen und Trennlinien sollen sichtbar werden? Wer gehörte zur Schweiz und wer nicht? Welche Stimmen sollten vernehmbar werden? Welche Fragen sollten dem nationalen Selbstbildnis zugrunde liegen und wer durfte diese beantworten? Die künstlerischen Entwürfe von Charles Apothéloz und die soziologische Umfrage »Un jour en Suisse« zeichneten ein vielfältiges, bewegtes Bild der Schweiz. Sie betonten die Heterogenität der Bevölkerung, indem sie alle in der Schweiz wohnhaften Personen zu Wort kommen liessen und Unterschiede, etwa zwischen den Geschlechtern, verschiedenen Altersklassen oder der Stadt- und der Landbevölkerung, aufzeigten. Der Bundesdelegierte dagegen verfocht ein statisches Bild, welches sich an »schweizerischen Konstanten« orientierte und die Beständigkeit gegenüber dem Wandel hervorhob.

Der zweite zentrale Aspekt betraf die *Rolle*, welche die Akteure in dem Gesellschaftsgefüge, das sie darstellen wollten, selbst einnahmen. Charles Apothéloz sah seine Aufgabe darin, dem Expo-Publikum in einem ergebnisoffenen Szenario eine Bühne zu geben, um sich frei zu äussern und miteinander ins Gespräch zu kommen. Er entwarf die Abteilung »Un jour en Suisse« als deliberatives Spiel, als ein sich ständig verändernder Spiegelgarten verschiedener Meinungen. Über das Setzen der Rahmenbedingungen hinaus beanspruchte er keinen direkten Einfluss auf das Geschehen.

Die soziologische Arbeitsgruppe hingegen sah sich in einer aktiveren Rolle. Sie verschrieb sich einer Wissenschaftlichkeit, welche die Repräsentation der öffentlichen Meinung zwingend mit der Vermittlung durch soziologische Experten verband. Mit dem Instrumentarium der Meinungsforschung machte sie sich für die Herstellung und Darstellung des Schweizbildes unentbehrlich. Während sie also auf inhaltlicher Ebene noch für breite Partizipation eintrat, stützte sie sich bei der Wahl der Mittel auf einen elitären Mechanismus, der den Äusserungen der Bevölkerung nur den Status von »Rohmaterial« zuerkannte. Dieses musste erst aufbereitet, aggregiert und interpretiert werden, um als gültige Repräsentation der Schweiz gelten zu können.

Der Delegierte des Bundesrates schliesslich reklamierte im Namen der Landesregierung gegenüber dem Volk eine politische Führungsfunktion. Die Vermittlung eines einheitlichen nationalen Selbstbildes, welches auf historisch stabilen »schweizerischen Konstanten« beruhte, korrespondierte in seiner Perspektive mit der Notwendigkeit, das Volk in heiklen Fragen politisch zu instruieren, bevor es sich selbst dazu äusserte. Weil er sein politisches Idealbild nicht durchsetzen konnte, erzwang er, dass das Szenario inhaltlich verwässert und formal banalisiert wurde. Er erwirkte die Streichung oder Verklausulierung von Fragen, die über den politischen Status quo hinausgingen und erreichte, dass das Fragespiel deutlich vom Prozedere politischer Abstimmungen abgesetzt wurde, damit es keinesfalls den Eindruck eines Plebiszits erwecken konnte.

Die Fallgeschichte des Projektes »Un jour en Suisse« wurde in fünf Etappen untersucht: Anhand der Entwürfe im Vorfeld der Expo 64, der Umsetzung dieser Entwürfe in ein Forschungsdesign, der praktischen Durchführung der Untersuchung, der internen Kontroversen um das geplante Szenario auf der Expo und schliesslich anhand der öffentlichen Auseinandersetzung im Kontext des »Gulliverskandals« und von Luc Boltanskis Monographie »Le bonheur suisse«.

7.1 Entwürfe

Das erste Kapitel untersuchte den Entstehungskontext der Studie »Un jour en Suisse«. Es fragte nach dem diskursiven und organisatorischen Rahmen, in dem die Ideen für das Projekt entstanden. Dazu nahm es die Planungsarbeiten der Expo 64 in Lausanne zwischen 1955 und 1964 in den Blick. In dieser Phase formulierten unterschiedliche Akteure ihre Ansprüche an das Programm der bevorstehenden Landesausstellung. Sie entwickelten ihre Vorstellungen davon, welches Bild der Schweiz einem breiten Publikum gezeigt werden sollte. Diese kollektive Bricolage an gesellschaftlichen Leitbildern und programmatischen Entwürfen »nationaler Identität« wurde als Aushandlungsprozess beschrieben, auf den die Beteiligten mit divergierenden Interessen und Repräsentationstechniken einwirkten.

Den Auftakt machte das Manifest »Achtung: die Schweiz«, worin das »nonkonformistische« Intellektuellentrio Lucius Burckhardt, Markus Kutter und Max Frisch die Idee skizzierte, anstelle einer Landesausstellung eine neue Stadt zu gründen. Ihrer architektonisch inspirierten Provokation lag die Idee zugrunde, eine intellektuelle Elite solle einen grossen Wurf tun und auf diese Weise Perspektiven für eine moderne Zukunft der als unbeweglich erlebten Schweiz aufzeigen. So sehr die Autoren ihr Projekt als emanzipatorischen Befreiungsschlag vom festgefahrenen Gefüge einer Welt »der Väter« verstanden, so wenig waren darin tatsächlich Partizipationsmöglichkeiten für die breite Bevölkerung angedacht. Das Pamphlet kritisierte wohl den grassierenden schweizerischen

Antikommunismus und den helvetischen Immobilismus, blieb jedoch einem Avantgarde-Denken verhaftet.

Während der Vorbereitung der Landesausstellung wurden verschiedene Arbeitsgruppen mit der Erarbeitung ideeller Leitplanken beauftragt. Im analytischen Quervergleich wurde sichtbar, dass sich ihre Konzeptkataloge zwar von der inhaltlichen Stossrichtung her stark unterschieden, sie alle jedoch ihre Vorstellung von »nationaler Identität« an einer Reihe sogenannter »schweizerischer Konstanten« ausrichteten. Die Spannbreite inhaltlicher Programmvorgaben reichte von einer historisch-konservativ argumentierenden, an einer heroisierten Vergangenheit ausgerichteten Studiengruppe um Jacques Freymond bis hin zum Entwurf der Expo-Direktion, die sich nach dem Motto »pour la suisse de demain: croire et créer« einer europa- und weltoffenen Zukunft der Schweiz verschrieben hatte. Die allgemeinen Programmvorgaben waren alle vom Gedanken geprägt, die schweizerische Bevölkerung bedürfe der politisch-ideologischen Führung und die Expo solle patriotische Orientierungshilfe bieten.

Demgegenüber erscheint der künstlerische Programmentwurf der Arbeitsgruppe »Un jour en Suisse« als Versuch einer partizipatorisch angelegten Alternative. Das Projekt stellte zwar den »schweizerischen Nationalcharakter« eines imaginierten »Homo Helveticus« ins Rampenlicht. Doch es tat dies mit der Absicht, dessen »mythisches Portrait« laufend durch Wortmeldungen des Publikums zu verändern und in Frage zu stellen. Die Arbeitsgruppe überliess die inhaltliche Füllung ihres Portraits teilweise den Besucherinnen und Besuchern der Landesausstellung. Indem diese das zur Schau gestellte nationale Selbstbildnis permanent beeinflussen würden, sollte der ontologisierend anmutende »Nationalcharakter« ironisch gebrochen werden. In der Vorbereitungsphase dieses künstlerischen Szenarios kam hingegen der soziologischen Arbeitsgruppe eine Schlüsselrolle zu. Sie machte ihre wissenschaftliche Expertise für die Herstellung und Interpretation des Schweizbildes unentbehrlich.

7.2 Zwischen »Leviathan« und »Labor«

Das zweite Kapitel widmete sich den theoretischen Voraussetzungen der Repräsentationsweise mit der sich die soziologische Arbeitsgruppe dem schweizerischen Demos annäherte. Es fragte nach den leitenden Gesichtspunkten, den Mitteln und Idealen, an denen sie sich orientierte. Die Arbeitsgruppe richtete sich an einem wissenschaftlichen Objektivitätsideal aus, welches sie mit der Anwendung der Gallup-Methode realisierte. Wie gezeigt wurde, bezieht diese Methode eine *politische Autorität*, indem sie drei Diskurse miteinander verzahnt: Einen statistisch-administrativen Diskurs über Stichprobenkonstruktion, einen soziologisch-psychologischen Diskurs über die soziodemographische Determination individueller Meinungen und einen politischen Diskurs über die Wichtigkeit der öffentlichen Meinung für die Legitimierung politischer Herrschaft. Hier wirft die Fallgeschichte der Studie »Un jour en Suisse« ein Schlaglicht auf die Bedingungen soziologischer Wissensproduktion. Sie hat gezeigt, dass die repräsentative Umfrageforschung vor dem Hintergrund der schweizerischen direkten Demokratie ein spezifisches Konfliktpotential entfaltete: Die Gallup-Methode wurde im Kontext der amerikanischen repräsentativen Demokratie entwickelt. In ihrem Entstehungskontext bediente sie die Nachfrage sowohl einer publizistischen Öffentlichkeit als auch politischer Akteure nach Informationen über die »öffentliche Meinung«. Während die Gallup-Methode in repräsentativen Demokratien als eine Ergänzung des politischen Systems willkommen geheissen wurde, trat sie in der Schweiz in ein Konkurrenzverhältnis zu den direktdemokratischen Instrumenten und Verfahren.

Die Vorbehalte gegenüber einer Repräsentativbefragung des schweizerischen Demos – gerade wenn es um politisch brisante Fragen wie das Frauenstimmrecht ging – könnten daher auch als Ausdruck der Sorge um die Souveränität des Demos gelesen werden: Weil die repräsentative Umfrage das politische Prozedere der souveränen und politisch verbindlichen Willensäusserung des Demos imitiert, unterläuft sie die politische »Volkssouveränität«. Umfragen schaffen mit jeder Frage auf ihren Fragebögen eine Repräsentation des Volkswillens, ohne jedoch politisch dazu legitimiert zu sein und ohne die Verpflichtung zur Umsetzung dieses Willens, die im politischen Feld mit Plebisziten einhergeht, einlösen zu können. Wird die von Umfragen zu Tage geförderte »öffentliche Meinung« als souveräner Volkswille betrachtet, so setzt dies das politische System unter Druck. Gleichzeitig geht mit der repräsentativen Umfrage die Deutungshoheit und das Monopol zur Auslegung und Interpretation der öffentlichen Meinung an wissenschaftliche Expertinnen und Experten über. Soziologische Umfragen liessen sich insofern im Namen des Schutzes der Volkssouveränität zurückweisen.

Für den hier untersuchten Konflikt war dieses Motiv jedoch nicht ausschlaggebend. Das wissenschaftliche Verfahren sollte vielmehr die umstrittene Position der Arbeitsgruppe absichern und – als ausdrückliche Forderung der Expo-Direktion – garantieren, dass sich das Publikum für das geplante Fragespiel und die Darstellung des schweizerischen Alltagsdenkens tatsächlich interessieren würde. Das Szenario »Un jour en Suisse« wurde zwar zurückgewiesen, weil es die politischen Prozeduren von Wahlen und Abstimmungen imitiert hätte. Doch es war nicht die Sorge um einen Machtverlust des Demos, welche den Eingriff in das Szenario antrieb. Entscheidend war die Furcht der politischen Akteure, ihre Rolle als legitime und exklusive Repräsentanten des Demos einzubüssen. Deshalb versuchten sie die Konkurrenz der wissenschaftlichen Expertinnen und Experten abzuwehren.

Bereits in der Art und Weise, wie die Arbeitsgruppe ihre Stichprobe konstruierte, war also eine von der politischen Repräsentationslogik abweichende Auffassung darüber enthalten, wer überhaupt relevanter Teil des *Demos* sein konnte: Während im politischen Feld ausschliesslich der männliche politische Aktivbürger zu Wort kam, berücksichtigte die soziologische Umfrage die ständige schweizerische Wohnbevölkerung ab 15 Jahren, unabhängig von Nationalität und Geschlecht.

Ebenso hatte die Herstellung des »objektiven Fragebogens« politische Implikationen: Die Arbeitsgruppe wollte zwar mit Hilfe von »nicht-gelenkten« Interviews den Eindruck erwecken, sie habe die Fragen nicht nach Belieben erfunden, sondern der »Homo Helveticus« habe sie sich sozusagen selbst gestellt. Die Analyse des Entstehungsprozesses des Fragebogens zeigte jedoch, dass die wissenschaftliche Arbeitsgruppe als Autorenschaft klar erkennbar blieb. Ihre Interessen traten sowohl in Form der dramaturgischen Struktur des Fragebogens als auch in der Aufmerksamkeitsstruktur der Auswertung der Umfrage deutlich zu Tage: Die Soziologinnen und Anthropologen interessierten sich hauptsächlich für Belange der politischen Partizipation im Allgemeinen und der Frauen im Besonderen.

7.3 Kodieren/Dekodieren

Das dritte Kapitel beleuchtete die soziologische Praxis von der Umfragekampagne über die quantitative Auswertung bis zur Anfertigung des Schlussberichtes. Es wendete den Blick von den Voraussetzungen der Umfrage hin zu ihrer Umsetzung in die Tat. Dabei beschrieb es die Anwendung des Repertoires soziologischer Umfrageforschung als eine Sequenz von Transformationen. So stellten die einzelnen Arbeitsschritte eine Serie von Kodierungs- und Dekodierungsoperationen dar, welche die sprachlichen Äusserungen der Befragten sukzessive in ein »neues Bild der Schweiz« übersetzten, das von der soziologischen Logik geprägt war.

Zunächst wurde das Spannungsfeld zwischen soziologischer Objektivierung und den subjektiven Faktoren der an den Interviews beteiligten Personen betrachtet. Welche Rolle spielten die befragten Personen – der *Demos* – in diesem wissenschaftlichen Repräsentationsprozess? Die Interviewsituation gab den Befragten eine Art Bühne, auf der sie sich als Schweizerin oder Schweizer inszenieren konnten. Sie handelten bisweilen eigensinnig und passten sich teilweise nicht an die Leitplanken des Untersuchungsdesigns an. Zwischen Interviewern und Befragten ergaben sich zudem performative Dynamiken, welche auf die Antworten durchschlagen konnten. In den meisten Fällen fügten sich die befragten Personen jedoch der Interviewsituation, sodass kaum Reibungsverluste auftraten und die Antworten problemlos zusammengefasst und aufgeschrieben werden konnten. Im Ergebnis erwies sich daher die Form des fragebogenbasierten Interviews als weitgehend resistent gegenüber dem Eigensinn der Befragten.

Aus der Vielstimmigkeit von 1200 Personen, die jeweils auf 80 Fragen antworteten, stellten die Wissenschaftlerinnen und Wissenschaftler in vier Kodierungs- und Dekodierungsschritten eine kohärente soziologische Repräsentation der Schweiz her: Sie verschlüsselten die Interviews, zählten sie maschinell aus, berechneten statistische Kennwerte und formulierten darauf aufbauend in soziologischer Fachsprache ihr Schweizbild. Jede dieser Transformationen leistete einen bedeutsamen Beitrag zur Konstruktion einer wissenschaftlich objektivierten Repräsentation des schweizerischen *Demos.*

Die Verschlüsselung (Kodierung) der Interviews stabilisierte die Äusserungen der Befragten einerseits durch Abstraktion und andererseits, indem sie in eine *einheitliche Sprache* übersetzt wurden. Sie liess den Grossteil der in den unbearbeiteten Fragebogen noch durchscheinenden Irritationen verschwinden und verlieh den Rohdaten eine »komplexere und umfassendere Konsistenz und Realität«.[2] Auf diese Weise erzeugte sie die Illusion, alle Befragten hätten an einem einzigen nationalen Diskurs teilgenommen und sich unabhängig von allen individuellen Unterschieden miteinander verständigt. Zusammen mit Ingenieuren der IBM übertrug die Arbeitsgruppe die kodierten Antwort-Items auf Lochkarten, zählte sie mit Hilfe von Computern aus und unterzog sie zahlreichen statistischen Tests. Erst diese neuartige, computergestützte Technologie ermöglichte es, die immense Menge von Rohdaten zu Informationen zu verarbeiten und in eine *einheitliche Logik* zu transformieren. Auf dieser Grundlage verfasste die Arbeitsgruppe schliesslich den wissenschaftlichen Teil des Schlussberichtes in soziologischer Fachsprache. Sie schuf ein »neues Bild der Schweiz«, welches nach wissenschaftlichen Kriterien objektiv war und dem »offiziellen«, historisierend-vereinheitlichenden Bild der Schweiz widersprach, das die Schweiz als willentliche Einheit von vier Sprach- und Kulturräumen imaginierte. Relevant erschienen nunmehr die Unterschiede zwischen den Geschlechtern, Altersgruppen, sozioökonomischen Lagen und dem Zivilstand.

Das »neue Bild der Schweiz« war in der Logik »sozialer Ungleichheit« gezeichnet und bestand im Wesentlichen aus der soziologischen Logik selbst. Die soziologische Analyse erfolgte in Kategorien, mit denen sich soziale Probleme artikulieren liessen, die im politischen Feld Anlass für Kontroversen gaben. Dieser Blick auf die Schweiz war nicht vereinheitlichend, sondern differenzierend und problematisierend. Die soziologischen Klassifikationen waren dazu geeignet, das

---

[2] Desrosières, Politik der großen Zahlen, S. 263.

Trennende hervorzuheben, Diskriminierungen und Fragmentierungen aufzuzeigen und somit die Logik »nationaler Einheit« des alten, im politischen Feld gültigen Schweizbildes aufzubrechen.

Eine letzte Kodierung/Dekodierung erfuhr das wissenschaftliche Material der Umfrage, als es in den Stoff für die künstlerische »mise en scène« übersetzt wurde. Charles Apothéloz organisierte die Inszenierung der Sektion »Un jour en Suisse« als schweizerischen Lebenszyklus. Der Regisseur fokussierte auf den persönlichen Weg der Integration in die schweizerische Gesellschaft und rückte damit die sozialen Unterschiede wieder in den Hintergrund. Indem er einen einzigen Lebensweg aufbaute, akzentuierte er die Vorstellung, die Lebensverhältnisse in der Schweiz seien einheitlich. Dieses Darstellungsprinzip kappte die Spitzen der soziologischen Kritk zugunsten einer universalistischen, homogenisierenden Sichtweise.

7.4 Konflikt

»Un jour en Suisse« legte in seiner Entstehungsgeschichte einen Weg durch verschiedene Handlungskontexte und gesellschaftliche Felder zurück. Das Projekt wurde vom Theaterdirektor Charles Apothéloz im künstlerischen Feld lanciert. Die Entwürfe wurden sodann von Ethnologen und Soziologinnen im wissenschaftlichen Feld umgesetzt. Ihr Schlussbericht war wiederum als Grundlage für eine künstlerische »mise en scène« gedacht, musste aber vorgängig der Expo-Direktion und dem Delegierten des Bundesrates vorgelegt werden. »Un jour en Suisse« durchquerte also kurz das politische Feld. In dieser Passage, am Schnittpunkt zwischen dem künstlerisch-wissenschaftlichen Entstehungskontext und dem politisch-administrativen Autorisierungsprozess, entzündete sich der Konflikt. Das Projekt wurde Gegenstand eines in der Wirkung zensurähnlichen behördlichen Eingriffs und einer Auseinandersetzung darum, was bei einer Landesausstellung gezeigt werden durfte und was nicht. In dieser Konfrontation prallte das fortschrittsorientierte, partizipativ ausgerichtete Gesellschaftsverständnis der Arbeitsgruppe auf das elititär-konservative Politikverständnis des Bundesdelegierten.

Die Spannungen zwischen den verschiedenen Repräsentationslogiken verursachten den Konflikt um »Un jour en Suisse«. Der Disput drehte sich erstens um den *Demos*, um die Frage nach »Volk«, »Bevölkerung« und »Öffentlichkeit«. Demoskopie und Politik hatten inkompatible Auffassungen davon, was der *Demos* sei, den sie repräsentierten. Die soziologische Repräsentation beruhte auf einem statistischen Begriff der *Bevölkerung*. Dagegen war für die Akteure aus dem politischen Feld ein staatsrechtlich-normativer Begriff des *Volkes* massgebend.

Ein zweiter Streitpunkt war die Form der Repräsentation. Die soziologische Repräsentation in Gestalt einer Meinungsumfrage war an den wissenschaftlichen Standards der Demoskopie ausgerichtet. Sie geriet in Konflikt mit einer Repräsentationslogik, welche politischen Repräsentationsformen verpflichtet war, wie sie in der Verfassung und dem Gesetz festgelegt sind und sich in den Wahl- und Abstimmungsprozeduren manifestieren. Obwohl das Fragespiel von der Idee her einer soziologischen Meinungsumfrage und nicht einer politischen Abstimmung nachempfunden war, irritierte es die politischen Akteure. Die repräsentative Umfrageforschung nach der Gallup-Methode war entwickelt worden, um mit Hilfe einer Simulation des politischen Prozederes den Ausgang der amerikanischen Präsidentschaftswahlen vorherzusagen. Im amerikanischen Entstehungskontext konnte sie sich als Ergänzung zum repräsentativen politischen System etablieren. Vor dem Hintergrund der schweizerischen direkten Demokratie mit regelmässigen Volksentscheiden hingegen wurde diese Form soziologischer Wissensproduktion zum Problem.

Deshalb wurde der Konflikt um das Szenario »Un jour en Suisse« zu einer vehementen Auseinandersetzung um die Form des Fragespiels: Die politischen Akteure wollten auf keinen Fall akzeptieren, dass »das Volk« auf der Expo in einer Weise repräsentiert würde, die als Simulation eines politischen Repräsentationsprozesses verstanden werden konnte. Dies umso mehr, als die soziologische Repräsentationsmethode aufgrund des wissenschaftlichen Objektivitätsideals Geltung beanspruchen konnte. Die Vorstellung, der *Demos* könne einzig mit politischen Verfahren und allein von der Politik repräsentiert werden, erschien angesichts dessen als Illusion. Die Selbstreferenzialität politischer Macht, welche im politischen Feld galt, wurde von der soziologischen Repräsentationsweise auf ihre soziale Bedingtheit verwiesen und erschien somit als unhaltbar.

Drittens erschien das Aufgreifen politisch relevanter Fragen von Seiten der soziologischen Arbeitsgruppe im politischen Feld als Übergriff. Sobald die soziologische Repräsentation politische Belange thematisierte, untergrub sie die politische Feldautonomie. Für Vertreterinnen und Vertreter der normativen politischen Sichtweise hätte die Anerkennung demoskopischer Methoden in diesem Zusammenhang einen Machtverlust bedeutet. Sie waren einem Selbstverständnis verhaftet, gemäss dem das »Volk« der politischen Aufklärung und Führung durch politische Eliten bedurfte und gesellschaftliche Entscheidungsprozesse der Politik vorbehalten waren. Die Abwehrreaktionen, allen voran jene des Bundesdelegierten, verkörpern diese damals verbreitete elitäre Politikauffassung. Die politische Elite sträubte sich gegen die Partizipation weiterer sozialer Gruppen an der politischen Macht. Der gesellschaftlichen Öffnungstendenz, für die das Szenario »Un jour en Suisse« stand, begegneten sie mit Angst vor »Vermassung« und mit Abwehrreflexen gegen »plebiszitäre Tendenzen«.

Formale Distanz zur politischen Repräsentationslogik wurde durch die eindeutige Markierung von »Un jour en Suisse« als Spiel erreicht. Um sicherzugehen, dass die Summe der Antworten des Publikums nicht mit »Abstimmungsresultaten« in Verbindung gebracht werden konnten, durften die Ergebnisse des Fragespiels weder zusammengezählt noch publiziert werden. Die inhaltliche Abgrenzung sollte erreicht werden, indem Bezüge zum aktuellen politischen Geschehen entweder ganz vermieden oder dann durch unverbindliche und schwammige Formulierungen verwässert wurden.

7.5 Gullivers Weg in die Öffentlichkeit

Das letzte Kapitel dieser Arbeit untersuchte drei Kontexte, in denen das Projekt »Un jour en Suisse« in die Öffentlichkeit trat: Zunächst wurde das Projekt in Form der Inszenierung des »Gulliverspiels« auf der Landesausstellung einem breiten Publikum zugänglich. Danach richtete sich die Aufmerksamkeit auf die Skandalisierung des Projekts in der medialen Öffentlichkeit. Schliesslich widmete sich das Kapitel Luc Boltanskis Monographie »Le bonheur suisse«, welche er auf der Grundlage des Materials der Studie verfasst hatte.

»Un jour en Suisse« wurde nach Abschluss der Umfrage vom wissenschaftlichen Feld zurück in das künstlerische Feld übergeben – in die Hände von Charles Apothéloz und zweier Grafiker, welche die Ergebnisse der Umfrage in eine künstlerische »mise en scène« umsetzten. Apothéloz war mit den Eingriffen überhaupt nicht einverstanden. Er wollte mit der Befragung auf der Expo Diskussionen auslösen und eine kritische Auseinandersetzung des Publikums mit strittigen politischen Fragen anregen.

Apothéloz reagierte auf den Eingriff des Delegierten zum einen mit der Fiktionalisierung des Szenarios. Er band es narrativ an den Riesen »Gulliver« aus Jonathan Swifts Roman »Gullivers Reisen«. Die literarische Figur Gulliver besuchte in »Un jour en Suisse« die Schweizer und machte, einem Ethnologen gleich, Beobachtungen über deren Lebensalltag. Die Fiktionalisierung ermöglichte es, die Ergebnisse der wissenschaftlichen Studie frei zu interpretieren und dramaturgisch zuzuspitzen. Apothéloz beschrieb beispielsweise den politischen Ausschluss der Frauen vom Stimm- und Wahlrecht in Analogie zum patriarchalischen Brauchtum »primitiver Stämme« und inszenierte Politik als »Tisch der Männer«, als Ort, wo Männer unter Ausschluss von Frauen und Kindern zusammenkommen, um »der männlichen Vorherrschaft Dauer zu verleihen«.[3] Das Militär wurde entgegen der offiziellen Doktrin nicht als Instrument der gewaltsa-

[3] Schweizerische Landesausstellung, Informationsblätter, S. 18.

men Landesverteidigung dargestellt, sondern als Männerbund, welcher den Männern die Abwechslung kameradschaftlicher Tuchfühlung ermöglichte und für den Bauern die einzige Möglichkeit darstellte, Ferien zu machen.

Zum anderen machte Apothéloz keine zwei Monate nach der Eröffnung der Expo den behördlichen Eingriff öffentlich und löste damit landesweite Kritik an der »bundesrätlichen Zensur« aus. Auf diese Weise entstand genau jene politische Debatte, die er mit dem Fragespiel ursprünglich im Rahmen der Expo anstossen wollte. Weil die Medien den »Gulliverskandal« als Zensurskandal thematisierten, war der Grundtenor der Berichterstattung ein Plädoyer für freie Meinungsäusserung, mehr Partizipation sowie Kritik am elitären Politikverständnis »Berns«.

Eine der zentralen Achsen der Kritik, die in »Un jour en Suisse« angelegt war, erhielt damit publizistische Aufmerksamkeit, nämlich der Gegensatz zwischen »oben« und »unten«, zwischen einem partizipativen und einem elitären Demokratieverständnis. Dieser Gegensatz wurde jedoch nicht in der Logik sozialer Gegensätze zwischen Klassen und Geschlechtern thematisiert, sondern teils in der Logik eines Auseinandergehens von politischer Elite und dem gewöhnlichen Bürger und teils als Konflikt innerhalb der politischen Elite selbst. Sowohl im Schlussbericht als auch in Interviews mit Apothéloz wurde festgestellt, die Bevölkerung interessiere sich wenig bis gar nicht für die offizielle Politik. Und zwar nicht aufgrund eines inhaltlichen Desinteresses, sondern wegen der abgehobenen politischen Sprache, welche auf den Grossteil der Bevölkerung unverständlich und abschreckend wirke. Die Umfrage habe dagegen gezeigt, dass die Befragten mit grösstem Interesse auf politische Fragen reagierten, wenn diese nur konkret und in verständlicher Alltagssprache gestellt würden.

Im Zuge der Diskussion in den Medien meldeten sich die beiden Soziologen Peter Atteslander und Urs K. Hedinger zu Wort. Die von Apothéloz gewünschte Auseinandersetzung des Publikums mit politischen Fragen war aus ihrer Sicht als unwissenschaftlich abzulehnen. Auch hier strukturierte die Auseinandersetzung zwischen einer partizipatorischen und einer elitären Sichtweise die Kontroverse: Während sich Apothéloz und die Arbeitsgruppe »Un jour en Suisse« die öffentliche Debatte wünschten und in der »gegenseitigen Beeinflussung« eine Notwendigkeit offener Diskussion und transparenter Repräsentation sahen, bevorzugten die beiden Soziologen ein wissenschaftlich geschlossenes Vorgehen, bei dem Experten als Vermittler zwischen die Befragten und deren Kollektivportrait traten.

Schliesslich kam mit Luc Boltanskis Monographie »Le bonheur suisse« eine soziologische Stimme zu Wort, die nicht den Regeln des schweizerischen Identitätsdiskurses unterworfen war. Seine leitende Hinsicht zur Analyse des Datenmaterials von »Un jour en Suisse« war es, die Widersprüche, Mehrdeutigkeiten und Bruchstellen aufzuzeigen, die sich zwischen der offiziellen schweizerischen Nationalideologie und den realen Lebensbedingungen der Schweizerinnen und Schweizer ergaben. Ebenso wie für die Arbeitsgruppe »Un jour en Suisse« spielte die Sprache in Boltanskis Argumentation eine zentrale Rolle. Auch er war der Auffassung, dass der politische Diskurs auf die breite Masse der Bevölkerung ausschliessend wirke, doch sein Argument ging noch einen Schritt weiter. Das »hyperkohärente« Selbstbild, das sich im schweizerischen Nationalcharakter verdichtete, war in seinen Augen keine vorgegebene Tatsache, aus der sich schliessen liess, dass die Gemeinsamkeiten zwischen den verschiedenen Bevölkerungsgruppen die Unterschiede überwogen. Er stellte es vielmehr als dominante Ideologie der Oberklasse dar, an der sich alle anderen sozialen Klassen ausrichteten.

Nach Boltanski variierten die Sprechvoraussetzungen der verschiedenen Klassen, mit der Konsequenz, dass es nicht dasselbe bedeutete, wenn Angehörige unterschiedlicher Klassen ein und dasselbe sagten und sich zum Beispiel zur »Mittelschicht« zählten. Er verband damit eine fundamentale Kritik an den Denkvoraussetzungen der schweizerischen Nationalideologie im Allgemeinen und den Umfragemethoden der Arbeitsgruppe im Besonderen: Die Homogenität der Äusserungen Angehöriger verschiedener Klassen dürfe nicht als Hinweis auf die tatsächliche Übereinstimmung ihres Denkens missverstanden werden. Es sei vielmehr ein Effekt der vorherrschenden Ideologie, dass den Angehörigen der unteren Klassen eine eigene Sprache fehlte, in der sie ihre Lebensbedingungen reflektieren und repräsentieren könnten. Damit wies er das »falsche Bewusstsein« einer schweizerischen Nationalideologie ebenso zurück wie die von der Gallup-Methode vermittelte Illusion, es bestehe ein einheitlicher nationaler Diskurs, an dem alle Gesellschaftsmitglieder gleichberechtigt teilnehmen könnten. Er bereitete damit eine machtkritische Hypothese vor, die von schweizerischen Intellektuellen seit den 1970er Jahren verstärkt vertreten wurde, dass nämlich die Schweiz als Willensnation eine Ideologie des nationalen Bürgertums sei, in der soziale Gegensätze verschleiert würden und nur noch sprachlich-kulturelle »Vielfalt« Platz habe.

Boltanskis Kritik lässt überdies die Konturen eines schweizerischen Identitätsdiskurses scharf hervortreten, an dem alle Beteiligten, von der Arbeitsgruppe »Un jour en Suisse« bis zum Delegierten des Bundesrates, so lange teilnahmen, wie ihre Diskussionsbeiträge im Kontext der Landesausstellung standen. Innerhalb dieses Diskurses bestand der Denkzwang, dass die Gemeinsamkeiten des schweizerischen *Demos* dessen Unterschiede überwögen. So liess sich zwar darüber streiten, ob Sprach- und Kulturräume die wesentlichen Trennlinien darstellten oder soziale Schichten, doch kam es niemandem in den Sinn, das Trennende so stark zu betonen, dass nicht mehr von einer prinzipiellen Einheit der Schweizer Bevölkerung die Rede gewesen wäre. »Un jour en Suisse« ist in genau diesem

Sinne als Beitrag zur Konstruktion der *imagined community* Schweiz zu lesen: Die Repräsentation des *Demos* erweist sich als konfliktiver Prozess, in dem sich Darstellung und Herstellung wechselseitig bedingen und verstärken. Auf der Bühne der Expo, wo die Repräsentation inszeniert wurde, galt die Regel des nationalen Identitätsdiskurses, wie sie in das Glockenspiel der Expo 64 eingraviert war: »ut omnes unum sint« – »auf dass alle eins seien«.[4]

[4] Schweizerische Landesausstellung, Goldenes Buch.

Anhang

Die Fragebogen der Umfrage »Un jour en Suisse«

Die nachfolgenden Fragebogen sind jene, die tatsächlich an der Umfrage verwendet wurden.[1] Während der Umfragekampagne wurde der Fragebogen überarbeitet, sodass je zwei deutsche und zwei französische Varianten der Fragebogen zum Einsatz kamen. Von den überlieferten 754 deutschsprachigen Fragebogen entsprechen 201 der ursprünglichen Variante und 553 der neuen Version. Von den 100 französischen Fragebogen sind 8 ursprüngliche und 92 Fragebogen der neuen Version erhalten. Die ursprünglichen Varianten der Frageformulierungen sind jeweils in eckige Klammern gesetzt.

Der Fragebogen auf Französisch

Seite	*Frage Nr.*	*Frage*
1	1	Certains disent que la Suisse est un pays modèle. Qu'en pensez-vous? [Certains disent que la Suisse est un pays modèle. Oui ou non? Pourquoi?]
	2	Aimeriez-vous mieux vivre dans le passé, le présent ou l'avenir? [Préféreriez-vous vivre dans une époque passée, maintenant, ou dans une époque à venir?] Pourquoi?
	3	a) Si vous deviez changer de nationalité, laquelle aimeriez-vous avoir? [Si vous deviez changer de nationalité, laquelle souhaiteriez-vous avoir?] b) Pourquoi? c) Si l'indication d'un pays d'une autre langue, demander: pourquoi pas un pays de langue française? [Si l'indication d'un pays d'une autre langue, demander: pourquoi pas: française, aux romands; allemande, aux S.all; italienne, aux Tessinois]
2	4	De quoi parlez-vous le plus souvent en famille, par exemple aux repas?
	5	Quelles sont les qualités d'un mari (d'une épouse)? [Quelles sont les qualités souhaitables chez un conjoint?]

[1] Die Formulierungen weichen zum Teil von den Fragebogen ab, welche Luc Boltanski oder René Levy und Felix Keller publiziert haben. Vgl. Boltanski, Bonheur suisse, S. 169 ff., sowie Keller/Levy, »Un jour en Suisse« trente-cinq ans après, S. 38 ff.

Seite	*Frage Nr.*	*Frage*
	6	Il y a beaucoup de divorces en Suisse. Pouvez-vous me dire pourquoi?
		[Il y a beaucoup de divorces en Suisse. Comment l'expliquez-vous?]
3	7	Pensez-vous néanmoins que de façon générale, dans votre milieu, les couples soient heureux?
	8	a) Quelles sont les qualités d'un bon père de famille?
		b) Quelles sont les qualités d'une bonne mère de famille?
	9	a) Votre logement est-il assez grand? trop petit? trop grand?
		b) Combien de pièces occupez-vous (cuisine comprise)?
4	10	a) Si vous en aviez le choix, lequel de ces logements aimeriez-vous habiter?
		b) Où
		– en ville
		– en banlieue
		– au bord du lac
		– à la montagne
		– à la campagne
	11	Que manque-t-il à … [votre localité]?
		p.ex: garderie d'enfants, terrains de jeux, magasins, spectacles, moyens de transport, piscine, etc.
	12	Que pensez-vous des jeunes d'aujourd'hui?
5	13	Pouvez-vous me dire à quoi l'école vous a servi?
		[Pouvez-vous me dire à quoi l'école vous a apporté (vous apporte)?]
	14	Quelles sont les qualités les plus importantes chez un instituteur?
	15	a) Est-ce qu'ici chacun peut obtenir la formation scolaire correspondant à ses capacités?
		[Pensez-vous qu'ici chacun ait la possibilité d'obtenir la formation scolaire et professionnelle correspondant à ses capacités?]
		b) Si non, pourquoi?
6	16	Si vous aviez la possibilité de réformer l'école, que changeriez-vous?
	17	De quelle maladie avez-vous le plus peur?
		a) Pour vous?
		b) pour votre conjoint?
		c) pour vos enfants?
	18	a) Quelles sont les qualités les plus courantes chez les Suisses?
		b) Et les défauts?
7	19	On dit que les Suisses gagnent beaucoup d'argent. Qu'en pensez-vous?
	20	Qu'espérez-vous le plus de l'avenir? (si ce n'est pas clair: préciser »personnellement et sur le plan général«)
	21	Dans la liste que je vous présente, est-ce y aura des problèmes qui vous toucheront personnellement?
		Liste pour le no 21
		a) manque de main-d'œuvre
		b) voies de communications et routes
		c) logement

Seite	Frage Nr.	Frage
		d) spéculation sur les terrains
		e) pollution de l'air et de l'eau
		f) coût des études
		g) aménagement du territoire
		h) manque d'argent
		i) Marché Commun
		k) autres
8	22	Y a-t-il des gens en Suisse, qui sont défavorisés et à quel point de vue?
	23	(photos objets) [Lequel de ces objets aimeriez-vous avoir?]
	24	a) La Suisse en cas de guerre serait-elle capable de se défendre seule?
		b) Pourquoi?
9	25	Nous n'avons pas eu la guerre. Quelles sont les conséquences positives ou négatives?
	26	a) A votre avis, quels sont les avantages du service militaire?
		b) Quels sont ses inconvénients?
	27	a) Qu'avez-vous fait pendant vos dernières vacances?
		b) Où avez-vous logé (type de logement)?
10	28	Qu'aimeriez-vous acheter que vous n'avez pas les moyens de vous offrir en ce moment?
	29	Pourquoi les femmes sont-elles plus mal payées que les hommes?
	30	Comment en êtes-vous arrivé à exercer votre activité actuelle?
	31	Qu'avez-vous fait d'autre auparavant?
11	32	a) Aimeriez-vous faire autre chose que ce que vous faites actuellement?
		b) Si oui, pourquoi?
		[Pourquoi?]
	33	Dans quelles localités avez-vous travaillé ou vécu?
	34	Quelle est la profession de vos meilleurs amis ou amies?
12	35	Quels sont les aspects positifs de votre métier?
	36	Et ses aspects négatifs?
	37	Dans votre entourage, qui s'intéresse à votre activité?
	38	a) Combien de temps mettez-vous (ou votre mari) pour aller à votre travail?
		b) Et comment y allez-vous?
13	39	Quel serait pour vous l'horaire idéal de travail?
	40	A quel âge aimeriez-vous cesser votre travail?
	41	Que ferez-vous alors?
	42	a) Trouvez-vous souhaitable que les femmes mariées aient une activité professionnelle?
		b) Pourquoi?
14	43	Que pensez-vous qu'on puisse faire de nos jours pour se maintenir en bonne santé?
	44	En dehors de votre activité professionnelle (travail ménager)
		a) vous reste-t-il du temps?
		b) vous est-il possible, d'en faire ce que vous voulez?

Seite	*Frage Nr.*	*Frage*
		c) qu'en faites-vous?
		d) et le dimanche, que faites-vous?
		[et le dimanche?]
	45	Si vous ne deviez pas gagner votre vie, que feriez-vous de votre temps?
		(pour les ménagères: faire vôtre ménage)
		[Si vous n'aviez pas besoin de gagner votre vie, que feriez-vous de votre temps?]
15	46	Qu'est-ce que cela signifie pour vous ›avoir des loisirs‹?
	47	a) A quelles sociétés appartenez-vous?
		b) Que vous apportent-elles?
		c) Si aucune, pourquoi?
	48	a) Depuis octobre dernier, êtes-vous allé au théâtre?
		b) Où?
		c) Si non, pourquoi?
16	49	Que faites-vous en sortant de l'église?
	50	Quel rôle la religion joue-t-elle
		a) dans votre existence?
		b) dans la vie actuelle en générale
		[dans la société actuelle]
		c) pour les temps à venir?
	51	En dehors des services religieux, quelle action exerce l'Église à notre époque?
		[L'Église ne s'occupe pas que de service religieux; comment agit-elle encore à notre époque?]
17	52	De quelle manière vous intéressez-vous à la vie politique?
	53	Que lisez-vous dans les journaux?
		(Liste pour le no 53)
		a) les gros titres
		b) la page de la femme
		c) la page sportive
		d) l'horoscope
		e) la politique internationale
		f) la politique locale
		g) la politique cantonale
		h) la politique fédérale
		i) la page économique
		k) les bandes dessinées
		l) la rubrique des spectacles
		m) l'état civil
		n) les faits-divers
		o) les avis mortuaires
		p) la publicité
		q) le roman-feuilleton

Seite	*Frage Nr.*	*Frage*
		r) la page littéraire
		s) les grands reportages
		t) tout
	54	Composez-moi un menu de tous les jours qui vous plaise?
18	55	A votre avis, de quelle manière la Suisse devrait-elle collaborer avec:
		a) les pays occidentaux
		b) les pays de l'Est
		c) les pays en voie de développement
	56	a) La Suisse pourra-t-elle rester neutre?
		b) Si oui, comment?
		c) Si non, pourquoi?
19	57	a) A votre avis, pourquoi le Suisse semble-t-il être contre le vote des femmes?
		b) Personnellement, êtes-vous pour ou contre?
	58	De quelle manière profitez-vous personnellement de la haute conjoncture (bonne marche des affaires)?
	59	Quand aurez-vous la possibilité d'avoir plus d'argent?
20	60	a) Y a-t-il autour de vous des gens qui dépensent plus d'argent que ne le permet leur budget?
		b) à quelles occasions?
	61	A votre avis, dans votre localité, combien faut-il d'argent au minimum par mois à une famille de trois personnes (père, mère, enfant)?
	62	A votre avis, quel rôle joue effectivement les associations professionnelles?
	63	A quelle classe sociale pensez-vous appartenir?
21	64	a) Quels sont les avantages du progrès technique dans la vie moderne?
		b) Et ses inconvénients?
	65	Une partie de l'Exposition Nationale sera consacrée à la vie quotidienne des Suisses. Selon vous, quelles questions devrait-on y traiter?
22		1) Année et lieu de naissance
		2) Sexe
		3) Domicile actuel
		4) État civil (célib., marié, divorcé, séparé, veuf)
		5) Nombre d'enfants?
		6) Nombre de personnes vivant dans le ménage
		7) Langue maternelle
		8) Confession
		9) Formation scolaire
		10) Lieu de la formation scolaire
		11) De quel canton vous sentez-vous?
		12) Activité actuelle
		13) Activité du mari (ou de la femme)
		14) Revenu familial (ou personnel pour les personnes seules) mensuel
		15) Métier des parents
23		Remarques

Der Fragebogen auf Deutsch

Seite	*Frage Nr.*	*Frage*
1	1	Man sagt manchmal, die Schweiz sei ein vorbildliches Land. Was denken Sie darüber? Warum? [Man sagt manchmal, die Schweiz sei ein vorbildliches Land. Ja oder nein? Warum?]
	2	Möchten Sie lieber in der Vergangenheit, der Gegenwart oder in der Zukunft leben? Warum? [Möchten Sie lieber in einer vergangenen, in der gegenwärtigen oder in einer zukünftigen Epoche leben? Warum?]
	3	a) Wenn Sie Ihre Nationalität wechseln müssten, welche andere Nationalität möchten Sie annehmen? b) Warum? c) Warum nicht Deutschland oder Österreich, ein Land mit derselben Sprache? [Variante: Warum nicht die deutsche?]
2	4	Worüber sprechen Sie am meisten in der Familie, z. B. während des Essens?
	5	Was sind die wünschenswerten Eigenschaften eines Ehepartners?
	6	In der Schweiz gibt es viele Scheidungen. Wie erklären Sie sich das?
3	7	Glauben Sie, dass in ihrem Umkreis die Ehepaare glücklich sind? [Glauben Sie trotzdem, dass in Ihrem Milieu die Ehepaare im allgemeinen glücklich sind?]
	8	a) Welche Eigenschaften hat ein guter Familienvater? b) Welche Eigenschaften hat eine gute Mutter?
	9	a) Ist Ihre Wohnung genügend gross? zu klein? zu gross? b) Wieviele Zimmer bewohnen Sie? [Wieviele Zimmer bewohnen Sie? (Küche mitgezählt)] c) mit oder ohne Küche? [Variante: diese Frage fehlt]
4	10	a) Wenn Sie wählen könnten, welche Wohnart würden Sie vorziehen? (Photos) b) wo? - Stadt - Stadtrand - Seeufer - Berge - Land
	11	Was fehlt in ... ... (Ort), z. B. Kinderkrippen, Spielplätze, Läden, Veranstaltungen, Transportmittel, Schwimmbäder, oder etwas anderes?
	12	Was denken Sie über die jungen Leute von heute?
5	13	Können Sie mir sagen, was Ihnen die Schule genützt hat (nützt)?

Seite	*Frage Nr.*	*Frage*
		[Können Sie mir sagen, was Ihnen die Schule geboten hat (bietet)?]
	14	Welches sind die wichtigsten Eigenschaften eines Lehrers?
	15	a) Hat hier (Ortschaft) jeder die Möglichkeit, die Schulbildung zu erhalten, die seinen Fähigkeiten entspricht? [Glauben Sie, dass hier (Ortschaft) jeder die Möglichkeit hat, die Schulbildung zu erhalten, die seinen Fähigkeiten entspricht?] b) Wenn nein, warum nicht?
6	16	Wenn Sie die Möglichkeit hätten, die Schule umzugestalten, was würden Sie ändern?
	17	Welche Krankheit fürchten Sie am meisten: a) für sich b) für Ihren Ehegefährten c) für Ihre Kinder?
	18	a) Welches sind die häufigsten, guten Eigenschaften der Schweizer? b) Und die häufigsten Fehler?
7	19	Man sagt oft, die Schweizer verdienten viel Geld. Was meinen Sie dazu?
	20	Was erhoffen Sie sich von der Zukunft am meisten? (Wenn nicht klar: persönlich und allgemein)
	21	Hat es in dieser Liste Probleme, die Sie persönlich betreffen? (Liste) [Hat es in dieser Liste Probleme, die Sie persönlich betreffen werden?] Liste zu Nr. 21 a) Fehlen von Arbeitskräften b) Verkehrsverbindungen und Strassen c) Wohnproblem d) Boden-Spekulation e) Verunreinigung von Wasser und Luft f) Studienkosten g) Regionalplanung h) Geldmangel i) Gemeinsamer Markt k) andere
8	22	Gibt es Leute in der Schweiz, die benachteiligt sind, und in welcher Art?
	23	Wenn Sie einen dieser Aschenbecher (Teekannen) kaufen würden, welchen würden Sie wählen? [»Fotos von Gegenständen.«]
	24	a) Wäre die Schweiz im Kriegsfall fähig, sich allein zu verteidigen? b) Warum?
9	25	Wir haben keinen Krieg gehabt. Welchen Vorteile oder Nachteile hat das? a) Vorteile b) Nachteile
	26	a) Welches sind, nach Ihrer Meinung, die Vorteile des Militärdienstes? b) Und welches sind seine Nachteile?
	27	a) Was haben Sie in Ihren letzten Ferien gemacht?

Seite	*Frage Nr.*	*Frage*
		b) Wo haben Sie gewohnt (Art der Wohnung)?
10	28	Was möchten Sie gerne kaufen, das Sie sich im Augenblick nicht leisten können?
	29	Warum sind Frauen schlechter bezahlt als die Männer?
	30	Wie sind Sie zu Ihrer jetzigen Tätigkeit gekommen?
11	31	Welche anderen Tätigkeiten haben Sie vorher ausgeübt?
	32	a) Würden Sie lieber etwas anderes tun als Ihre Momentane Tätigkeit? [Würden Sie lieber etwas anderes tun?] b) Warum?
	33	In welchen Ortschaften haben Sie schon gearbeitet oder gelebt?
12	34	Welche Berufe haben Ihre drei besten Freunde oder Freundinnen?
	35	Welches sind die Vorteile Ihrer jetzigen Tätigkeit?
	36	Und ihre Nachteile?
13	37	Wer in Ihrem Umkreis interessiert sich für Ihre Arbeit?
	38	a) Wieviel Zeit brauchen Sie (Ihr Mann), um an Ihren Arbeitsplatz zu gelangen? b) Wie gelangen Sie (Ihr Ehemann) dorthin?
	39	Welches wäre für Sie die ideale Einteilung der Arbeitszeit?
14	40	In welchem Alter möchten Sie aufhören zu arbeiten?
	41	Was würden Sie dann tun?
	42	Finden Sie es wünschenswert, dass verheiratete Frauen berufstätig sind?
15	43	Was glauben Sie: was kann man heute tun, um seine Gesundheit zu erhalten?
	44	a) Bleibt Ihnen neben Ihrer beruflichen Tätigkeit (Hausarbeit) noch Zeit übrig? b) Ist es Ihnen möglich, darüber nach Ihren eigenen Wünschen zu verfügen? c) Was machen Sie damit? d) Und am Sonntag, was machen Sie? [Und am Sonntag?]
	45	Wenn Sie kein Geld verdienen müssten, wie würden Sie Ihre Zeit ausfüllen?
16	46	Was bedeutet für Sie derAusdruck »Freizeit haben«?
	47	a) In welchen Vereinen sind Sie? b) Was bieten sie Ihnen? c) Wenn in keinem Verein, warum nicht?
	48	a) Sind Sie seit vergangenem Oktober im Theater gewesen? b) Wo? c) Wenn nein, warum nicht? d) (Oder an einer anderen Vorstellung? Kino, Zirkus)
17	49	Was machen Sie, wenn Sie aus der Kirche kommen?
	50	a) Welche Bedeutung hat die Religion in Ihrem Leben [Welche Rolle spielt die Religion in Ihrem Leben?] b) Welche Bedeutung hat die Religion im heutigen Leben im Allgemeinen?

Seite	Frage Nr.	Frage
		[Welche Rolle spielt die Religion in der heutigen Gesellschaft?]
		c) Welche Bedeutung wird die Religion in Zukunft haben?
		[Welche Rolle wird die Religion in der Zukunft spielen?]
	51	Was macht die Kirche ausserhalb der Gottesdienste sonst noch?
18	52	In welcher Art interessieren Sie sich für das politische Leben?
	53	Was lesen Sie in den Zeitungen
		(Liste zu Nr. 53)
		a) Schlagzeilen
		b) Frauenseite
		c) Sportteil
		d) Horoskop
		e) Internationale Politik
		f) Lokal-Politik
		g) Kantonale Politik
		h) Schweizer Politik
		i) Wirtschaftsteil
		k) Bildgeschichten
		l) Voranzeige der Veranstaltungen
		m) Zivilstandsnachrichten
		n) Unglücksfälle und Verbrechen
		o) Todes-Anzeigen
		p) Reklame
		q) Fortsetzungs-Roman
		r) Literarische Seite
		s) Gross-Reportagen
		t) alles
	54	Stellen Sie mir ein Alltagsmenu zusammen, das Ihnen besonders gefällt?
19	55	a) In welcher Art sollte nach Ihrer Meinung die Schweiz mit den westlichen Ländern zusammenarbeiten?
		b) Mit den östlichen Ländern?
		c) Und mit den Entwicklungsländern?
	56	a) Wird die Schweiz neutral bleiben können?
		b) Wenn ja, wie?
		c) Wenn nein, warum?
	57	a) Was glauben Sie, warum die Schweizer im allgemeinen gegen das Frauenstimmrecht sind?
		[Was glauben Sie: warum scheint der Schweizer im allgemeinen gegen das Frauenstimmrecht zu sein?]
		b) Und Sie, sind Sie persönlich dafür oder dagegen?
20	58	In welcher Art profitieren Sie persönlich von der Hochkonjunktur?
	59	Wann werden Sie die Möglichkeit haben, über mehr Geld zu verfügen?
	60	a) Gibt es in Ihrer Umgebung Leute, die mehr Geld ausgeben, als es ihr Budget erlaubt?

Seite	*Frage Nr.*	*Frage*
		b) (bei welchen Gelegenheiten)
21	61	Nach Ihrer Meinung, wieviel Geld braucht eine Familie von 3 Personen in …… (Ort) im Minimum im Monat? (Vater, Mutter, 1 Kind?).
	62	Welche Rolle spielen nach Ihrer Meinung die Berufsverbände?
	63	Zu welcher sozialen Klasse würden Sie sich zählen?
22	64	a) Welches sind die Vorteile des technischen Fortschritts?
		b) Und die Nachteile?
	65	Was möchten Sie an der Landesausstellung 1964 sehen?
		[Eine Abteilung der Landes-Ausstellung ist dem Alltagsleben der Schweizer gewidmet. Welche Fragen sollte man nach Ihrer Meinung dort behandeln?]
23		1. Geburtsjahre und Geburtsort
		2. Geschlecht
		3. Momentaner Wohnort
		4. Zivilstand: ledig, verh., gesch., getr., verw.
		5. Anzahl Kinder
		6. Anzahl der im Haushalt lebenden Personen
		7. Muttersprache
		8. Konfession
		9. Schulbildung
		10. Schulort
		11. Welchem Kanton fühlen Sie sich zugehörig?
		12. Momentane Tätigkeit
		13. Momentane Tätigkeit des Gatten oder der Frau
		14. Monatliches Familien-Einkommen (oder pers. Einkommen für allein lebende Personen)
		15. Beruf der Eltern
24		Kommentar

Der Fragebogen des Gulliverspiels

Die Auseinandersetzungen zwischen der Arbeitsgruppe »Un jour en Suisse« und dem Bundesdelegierten Hans Giger wurden anhand des Fragebogens Nr. 9 geführt. Die definitive, von der Expo-Direktion autorisierte Version des Fragebogens (Nr. 14) entstand Ende Dezember 1963.

Vergleich der Fragebogen des Gulliverspiels

Die Tabelle enthält in den ersten beiden Spalten die Nummerierung und die Fragen des Fragebogens Version 9 und in den beiden rechten Spalten Nummerierung und Fragetext der Version 14. Die Reihenfolge der Fragen wurde angeglichen, damit der Vergleich der Texte einfacher wird. Kursive Textstellen verweisen auf substanzielle Umformulierungen.

Fragebogen Version 9		*Fragebogen Version 14*	
1	Quel est à ton avis le devoir principal de l'école?	1	Quel est le devoir principal de l'école?
	Je pense que l'école doit avant tout:		"
1.1	faire de l'enfant un bon citoyen	1.1	"
1.2	le préparer au choix d'un métier	1.2	le préparer au choix d'une profession
1.3	l'élever dans le respect de la morale chrétienne	1.3	"
1.4	lui donner une solide culture générale	1.4	"
1.5	lui apprendre à avoir un jugement *personnel*	1.5	lui apprendre à avoir un jugement *indépendant*
1.6	éveiller son intérêt pour les sciences	1.6	"
1.7	lui apprendre que le travail ennoblit l'homme	1.7	"
1.8	le rendre conscient de ses possibilités	1.8	"
2.0	Pourquoi se marie-t-on?	4.0	"
	A mon avis, on se marie en Suisse avant tout:		
2.1	pour avoir des enfants	4.1	"
2.2	pour ne pas rester seul	4.2	"
2.3	parce que c'est une *nécessité sociale*	4.3	parce que c'est *l'usage*
2.4	pour avoir un chez soi	4.4	"
2.5	par désir charnel	4.5	"
2.6	pour *être considéré socialement*	4.6	pour *changer sa situation sociale*
2.7	pour des *raisons d'argent*	4.7	par *intérêt matériel*
3.0	Es-tu optimiste ou pessimiste à l'égard de l'automatisation?	3.0	Que penses-tu de l'automatisation?
			Face au développement de l'automation: je suis avant tout
3.1a	je suis optimiste		–
3.2a	je suis pessimiste		–
3.1	elle provoquera du chômage	3.5	"
3.2	elle accroîtra la *prospérité*	3.1	elle accroîtra nos *possibilités d'exportation*
3.3	elle *abêtira* l'homme	3.6	elle mènera à *l'uniformisation*
3.4	elle augmentera les loisirs	3.2	"
3.5	elle résoudra les problèmes posés par le manque de main d'œuvre	3.3	"
3.6	elle déchargera l'homme des travaux monotones	3.4	"
3.7	elle ruinera la petite industrie	3.7	"

Fragebogen Version 9		Fragebogen Version 14	
4.0	Comment se manifestent les différences sociales?	5.0	"
4.1	la formation scolaire qu'on donne à ses enfants	5.1	"
4.2	le quartier que l'on habite	5.2	"
4.3	la manière d'occuper son temps libre	5.3	"
4.4	le montant du compte en banque		–
4.5	la façon de se meubler		–
4.6	le rang qu'on occupe dans sa profession	5.4	"
4.7	la façon de passer ses vacances	5.5	"
4.8	les qualités morales		–
4.9	il n'y a pas de différences sociales en Suisse	5.8	"
		5.6	la manière de se comporter
	–	5.7	en Suisse, il n'y a pas de manifestation extérieure des différences sociales
5.0	Qu'est-ce qui changera favorablement la condition de la femme suisse	8.0	"
5.1	si elle avait le droit de vote	8.3	"
5.2	si elle avait droit à un salaire égal à celui de l'homme	8.1	"
5.3	si elle avait des chances égales de promotion professionnelle	8.2	"
5.4	si elle avait le *droit à l'interruption de grossesse*	8.4	si elle était mieux *informée des moyens de limiter les naissances*
5.5	si elle avait le droit et le devoir de faire du service militaire	8.5	"
5.6	si le régime matrimonial légal était la *séparation des biens*		–
	–	8.6	si le *divorce* s'obtenait encore plus facilement
5.7	il n'y a pas de raison de changer la condition de la femme suisse		–
	–	8.7	la condition de la femme suisse est conforme à la nature de la femme
	–	8.8	en Suisse la femme n'est pas défavorisée par rapport à l'homme
6.0	Comment *éviter que le communisme* puisse gagner du terrain en Suisse?	6.0	Pour empêcher que le communisme puisse gagner terrain en Suisse, j'estime qu'il faut avant tout
6.1	améliorer notre politique économie et sociale	6.3	"

Fragebogen Version 9		*Fragebogen Version 14*	
6.2	rompre les échanges commerciaux avec l'Est	6.1	"
6.3	*enrayer la montée des prix*		–
6.4	renforcer l'action de l'église	6.2	renforcer l'action des Eglises
6.5	éviter les échanges culturels et sportifs avec les communistes	6.5	"
6.6	le communisme n'est pas un danger pour la Suisse	6.7	j'estime que le communisme n'est pas un danger pour la Suisse
	–	6.8	j'estime que le communisme ne peut pas gagner de terrain en Suisse
		6.4	*défendre nos valeurs traditionnelles*
7.0	Pour toi, la *démocratie*, qu'est-ce que c'est?	7.0	La démocratie, qu'est-ce que c'est?
7.1	les citoyens peuvent élire des députés	7.2	où les lois sont l'œuvre de députés élus par le peuple
	–	7.1	où le peuple vote lui-même les lois
7.2	chacun a les mêmes chances professionnelles	7.4	"
7.3	les hommes et les femmes ont les mêmes droits	7.6	"
7.4	il y a plusieurs partis politiques	7.5	où plusieurs partis politiques sont en compétition
7.5	*le peuple contrôle les affaires de l'État*		–
7.6	*le peule participe à la direction des affaires de l'État*		–
7.7	*où les pouvoirs législatif, exécutif et judicaire sont séparés*		–
	–	7.8	*où les droits individuels sont protégés*
8.0	Qu'est-ce qui est de première importance pour *l'avenir* de la Suisse?	9.0	Que faut-il avant tout *sauvegarder* en Suisse?
8.1	de garantir le droit d'initiative et de référendum	7.3	où les citoyens ont le droit d'initiative et de référendum
8.2	d'exercer le *droit* de liberté d'opinion	7.7	où chacun *peut* exprimer librement son opinion
8.3	de sauvegarder l'autonomie des communes	9.1	"
8.4	de respecter la souveraineté des cantons	9.3	"
8.5	de maintenir la haute conjoncture	9.2	la haute conjoncture
8.6	*d'éviter les grèves*	9.4	la bonne entente entre employeurs et employés
8.7	*de développer les assurances sociales*		–
8.8	*d'assurer la défense nationale*		–

Fragebogen Version 9		*Fragebogen Version 14*	
		9.5	*la paix confessionnelle*
		9.6	*la petite et moyenne industrie*
		9.7	*notre paysannerie*
		9.8	*la diversité linguistique et culturelle de la Suisse*
9.0	Peut-on être un bon Suisse et	2.0	A ton avis, peut-on être un »bon Suisse« et
9.1	*objecteur de conscience?*	2.8	*ne pas être bon soldat?*
9.2	*favorable à la semaine de 40 heures?*		–
9.3	*communiste?*		–
9.4	*partisan de l'avortement légal?*		–
9.5	*ne pas croire en Dieu?*	2.4	*se déclarer sans confession?*
9.6	se lever à 9 heures du matin?	2.3	"
9.7	*fasciste?*		–
9.8	naturalisé?	2.1	"
9.9	ne jamais voter?	2.2	"
9.10	*avoir une maîtresse?*	2.5	*avoir une double vie?*
	–	2.6	*ne pas parler qu'une des 4 langues?*
	–	2.7	*dépenser sans compter?*
	–	2.9	*discuter les valeurs établies?*
10.0	La Suisse ferait-elle bien		
10.1	*D'entrer dans le marché commun*	*10.2*	de *préciser sa position face au Marché commun?*
10.2	de *renoncer* la neutralité	*10.3*	de *réviser le principe* de sa neutralité?
10.3	D'instituer la *gratuité* des études?	11.4	de mettre le coût des études supérieures *à la charge de la communauté*?
10.4	*d'exercer un contrôle strict sur les ressortissants étrangers?*		–
10.5	*de donner la propriété du sol à la communauté?*	*11.1*	de limiter au profit de la communauté la libre disposition du sol?
10.6	*d'acquérir des armes atomiques?*		–
10.7	d'instaurer un plan économique à long terme?	10.4	d'adopter un plan de développement économique à long terme?
10.8	de créer un institut national de la recherche scientifique?	11.3	"
		10.1	*d'adapter les programmes scolaires aux exigences de la technique et de la science moderne?*
		10.5	*de former davantage de techniciens*
		10.6	*d'appliquer un programme d'aménagement du territoire?*
		11.2	*d'accroître son aide aux pays en voie de développement?*
		11.5	*de coordonner sur le plan fédéral l'activité des services cantonaux de l'enseignement?*

Der Gulliver-Fragebogen auf Deutsch[2]

Lieber Expo-Besucher,
Auf meiner Reise ins Land der Schweizer habe ich deren Sitten und Bräuche kennen gelernt und kann nun berichten, wie dieses Volk lebt.

Zu diesem Zweck habe ich eine eingehende Untersuchung in allen Landesteilen durchgeführt. Möglicherweise ist meine Darstellung zum Teil unvollständig oder sogar unrichtig. Um mein Bild zu ergänzen, habe ich mir ein Spiel mit 12 Fragen ausgedacht. Sieh Dir meine Ausstellung an und spiele mit; ich werde dann versuchen, Deine Antworten zu deuten.

Spielregeln:

1. Lies jede Frage aufmerksam durch und halte Dich an die jeweiligen Anweisungen.
2. Wenn Du eine Frage nicht verstehst oder wirklich keine Dir passende Antwort findest, dann überspringe sie eben.
3. Übergib nun Deinen Fragebogen am Ausgang für einen Augenblick einem der hübschen Mädchen hinter den Schaltern der elektronischen Anlage.
4. Noch ein paar Schritte weiter und Du kannst meine Antwort in Empfang nehmen.

Um Dir antworten zu können ist es unerlässlich, dass Du mir ein paar erste Auskünfte über Deine Person gibst:

Frage a) Bist Du

1) ein lediger Mann?
2) ein verheirateter Mann?
3) Witwer?
4) ein getrennter oder geschiedener Mann?
5) eine ledige Frau?
6) eine verheiratete Frau?
7) Witwe?
8) eine getrennte oder geschiedene Frau?

Frage b) Bist Du

1) Deutschschweizer(in)?
2) Welschschweizer(in)?
3) Tessiner(in)?
4) Bündner(in)
5) Auslandschweizer(in)?
6) Ausländer(in)?

Frage c) Bist Du

1) protestantisch?
2) katholisch?

---

[2] Bundesarchiv, J 2.10, 1000/1212, 3/5, Nr. 44: Apothéloz, Charles/Chiva, Isac/Deluz, Ariane et al., *Un jour en Suisse – Le questionnaire Gulliver*, 1963.

3) einer anderen Konfession oder Religion angehörig?
4) konfessionslos?

Auf meinen Reisen in nahe und ferne Länder habe ich festgestellt, dass jedes Kind verschiedene Prüfungen bestehen muss, bevor es in die Welt der Erwachsenen Einlass findet. Auch hier, in diesem schönen Lande, ist es nicht anders! Man wird über Schule, Flegeljahre, Rekrutenschule, dann über den ersten Zahltag und die Heirat allmählich zum Schweizer.
Um diesen – nun vollendeten Schweizer – noch besser kennen zu lernen, stelle ich Dir die 4 folgenden Fragen:

Frage 1: *Welches ist die Hauptaufgabe der Schule?*
Ich finde, die Schule sollte in erster Linie
1) die Kinder zu guten Bürgern erziehen
2) auf die Wahl eines Berufes vorbereiten
3) die Kinder im Sinne der christlichen Moral erziehen
4) den Kindern eine gute Allgemeinbildung vermitteln
5) die Kinder zu einer selbständigen Urteilsfähigkeit erziehen
6) in den Kindern das Interesse für die Wissenschaft wecken
7) die Kinder lehren, dass die Arbeit den Menschen adelt
8) den Kindern ihre Möglichkeiten zum Bewusstsein bringen
Hier kannst Du nur eine Antwort geben.

Frage 2: *Kann man Deiner Ansicht nach ein guter Schweizer sein, obwohl man*
1) ausländischer Abstammung ist?
2) nie stimmen geht?
3) erst um 9 Uhr morgens aufsteht?
4) sich als konfessionslos erklärt?
5) ein Doppelleben führt?
6) nur eine der 4 Landessprachen spricht?
7) Geld ausgibt ohne zu rechnen?
8) kein guter Soldat ist?
9) die traditionellen Werte in Frage stellt?
Antworte hier auf alle 9 Fragen mit JA oder NEIN

Frage 3: *Was denkst Du von der Automatisierung?*
Angesichts ihrer Entwicklung bin ich vor allem:
optimistisch als dadurch
1) die Exportmöglichkeiten gesteigert werden
2) die Freizeit verlängert wird
3) das Problem der mangelnden Arbeitskräfte gelöst wird
4) der Mensch von der monotonen Arbeit befreit wird
pessimistisch als dadurch
5) Arbeitslosigkeit entstehen wird
6) die Vermassung gefördert wird
7) die Kleinindustrie ruiniert wird
8) der Wettlauf nach materiellem Besitz begünstigt wird
Hier kannst Du nur eine Antwort geben.

Frage 4: *Warum heiratet man?*

Meiner Ansicht nach heiratet man in der Schweiz vor allem:

1) um Kinder zu haben
2) um nicht allein bleiben zu müssen
3) weil es Brauch ist
4) aus gegenseitiger Zuneigung
5) um ein Zuhause zu haben
6) aus sinnlicher Anziehung
7) um seine gesellschaftliche Stellung zu ändern
8) aus materiellem Interesse

Hier kannst Du nur eine Antwort geben.

Ich habe die politischen und sozialen Gepflogenheiten der Schweizer so eingehend wie möglich studiert. Dennoch habe ich Dir in Bezug auf diese vorbildliche Demokratie noch einige zusätzliche Fragen zu stellen:

Frage 5: *Woran sind die sozialen Unterschiede am deutlichsten zu erkennen?*

Meiner Ansicht nach sind die sozialen Unterschiede bei uns am deutlichsten sichtbar

1) an der Schulbildung, die man den Kindern gibt
2) am Quartier, in dem man wohnt
3) an der Art, seine Freizeit zu verbringen
4) an der Stellung, die man im Beruf einnimmt
5) an der Art, wie man die Ferien verbringt
6) am Benehmen

Diese Frage scheint mir nicht angebracht, weil

7) es in der Schweiz keine äusseren Anzeichen sozialer Unterschiede gibt
8) es in der Schweiz keine sozialen Unterschiede gibt

Hier kannst Du nur eine Antwort geben.

Frage 6: *Wie stellst Du Dich zum Kommunismus ein?*

Um zu verhindern, dass der Kommunismus in der Schweiz an Boden gewinnt, sollte man meiner Ansicht nach vor allem

1) den Familiengeist pflegen
2) die Tätigkeit der Kirche fördern
3) unsere Wirtschafts- und Sozialpolitik verbessern
4) die traditionellen Werte verteidigen
5) jeden kulturellen und sportlichen Austausch mit den kommunistischen Ländern vermeiden
6) auf jeden Handel mit den Oststaaten verzichten
7) Ich bin der Ansicht, dass der Kommunismus für die Schweiz nicht von Übel wäre
8) Ich bin der Ansicht, dass der Kommunismus in der Schweiz nicht an Boden gewinnen kann.

Hier kannst Du nur eine Antwort geben.

Frage 7: *Was ist eine Demokratie?*

Für mich ist ein demokratisches Land in erster Linie ein Land, in welchem

1) das Volk über seine Gesetze abstimmen kann

2) die Gesetze von den – vom Volk – gewählten Abgeordneten verfasst werden
3) die Bürger das Initiativ- und Referendumsrecht besitzen
4) jeder die gleichen Berufschancen hat
5) mehrere politische Parteien miteinander wetteifern können
6) Mann und Frau die gleichen Rechte haben
7) jeder seine Meinung frei äussern kann
8) die individuellen Rechte geschützt werden

Hier kannst Du nur eine Antwort geben.

Frage 8: *Was würde die Stellung der Schweizerfrau im günstigen Sinne ändern?*

Meiner Ansicht nach würde sich die Stellung der Schweizerfrau im günstigen Sinne ändern durch

1) das Recht auf gleiche Entlöhnung
2) das Recht auf gleiche berufliche Aufstiegsmöglichkeiten wie die Männer
3) das Stimmrecht
4) eine bessere Aufklärung über die Möglichkeiten der Schwangerschaftsverhütung
5) das Recht und die Pflicht Militärdienst zu leisten
6) die Möglichkeit, noch leichter scheiden zu können

Diese Frage stellt sich nicht, weil

7) die gegenwärtige Stellung der Schweizerfrau dem Wesen der Frau entspricht
8) in der Schweiz die Frau dem Mann gegenüber nicht benachteiligt ist

Hier kannst Du nur eine Antwort geben.

Bis heute vermochten die Schweizer für alle ihre Probleme Lösungen zu finden, die mit ihren Traditionen in Einklang stehen. Indessen verändert sich die übrige Welt schneller und schneller. Es würde mich nun interessieren zu erfahren, was nach Deiner Meinung um jeden Preis bewahrt werden soll, wo es ferner angebracht ist sich anzupassen, und wo es brennend notwendig ist, zu warten.

Frage 9: *Was muss in der Schweiz vor allem erhalten bleiben?*

Das Wichtigste ist meiner Ansicht nach die Erhaltung

1) der Gemeindeautonomie
2) der Hochkonjunktur
3) der Kantonshoheit
4) des guten Einvernehmens zwischen Arbeitgeber und Arbeitnehmer
5) des konfessionellen Friedens
6) der mittleren und der Klein-Industrie
7) der Landwirtschaft
8) der sprachlichen und kulturellen Verschiedenheiten

Hier kannst Du nur eine Antwort geben.

Frage 10: *Was ist für die Schweiz dringend notwendig?*

1) im Schulunterricht der Wissenschaft und der Technik einen grösseren Platz einzuräumen?
2) der EWG gegenüber eindeutig Stellung zu beziehen?
3) das Prinzip der Neutralität neu zu erwägen?
4) einen Wirtschaftsplan auf lange Sicht aufzustellen?

5) mehr Techniker heranzubilden?
6) ein Programm der Regional- und Landesplanung zu verwirklichen?
Antworte hier auf alle Fragen mit JA oder NEIN

Frage 11: *Würde die Schweiz gut daran tun*
1) im Interesse der Allgemeinheit das freie Verfügungsrecht über den Boden einzuschränken?
2) die Hilfe an Entwicklungsländer zu vergrössern?
3) ein nationales, wissenschaftliches Forschungsinstitut einzurichten?
4) die Kosten der höheren Studien der Allgemeinheit zu übertragen?
5) die kantonalen Schulverwaltungen eidgenössisch zu koordinieren?
Antworte hier auf alle Fragen mit JA oder NEIN

Bevor Du den »Tag in der Schweiz« verlässt, antworte bitte noch auf

Frage 12: *Glaubst Du, auf meine Fragen wie die Mehrzahl der Schweizerbesucher geantwortet zu haben?*
Antworte mit JA oder NEIN und gib mir die letzten Auskünfte über Deine Person. Merci!

Frage d) Mein Geburtsjahr: ......

Frage e) Ich wohne an einem Ort mit
1) weniger als 1000 Einwohnern
2) 1000–10 000 Einwohnern
3) 10'000–30 000 Einwohnern
4) 30'000–100 000 Einwohnern
5) mehr als 100 000 Einwohnern

Frage f) Ich habe meine Schulbildung abgeschlossen mit:
1) Primar- und Fortbildungsschule
2) Sekundarschule (Bezirksschule, Realschule, Progymnasium)
3) Berufs- oder Fachschule (Gewerbeschule, kaufm. Schule, Handelsschule, Landwirtschaftsschule, usw.)
4) Mittelschule (Gymnasium, Kantonsschule, Lehrer- oder Priesterseminar, Technikum)
5) Universität oder Hochschule

Frage g) Ich betätige (oder betätigte) mich hauptberuflich auf folgendem Gebiet:
1) Land- u. Forstwirtschaft
2) Industrie, Handwerk
3) Bank, Handel, Versicherungen (Privatverwaltung)
4) Hotel, Pension, Restaurant, Spital, Hausdienst
5) Öffentliche Dienste (Beamte)
6) Freie Berufe, Künstler, Unterricht
7) Nicht berufstätig (Studenten, Hausfrauen, die nie beruflich tätig gewesen sind, Rentner)

Frage h) Ich nehme in meinem Beruf folgende Stellung ein:
1) selbständig Erwerbende (freie Berufe, Unternehmer, Arbeitgeber)

2) Chefbeamter oder leitender Angestellter (öffentl. Verwaltung, Privatunternehmen)
3) Angestellter oder Beamter (öffentl. Verwaltung, Privatunternehmen)
4) Arbeiter (Industrie, Landwirtschaft, öffentl. Dienste, usw.)
5) Hilfsarbeiter (Industrie, Landwirtschaft, öffentl. Dienste, usw.)
6) Lehrling, Student
7) nur teilweise berufstätig
8) Hausfrauen die keinen Beruf ausüben, Rentner, Pensionierte

Bringe nun Deinen Fragebogen an einen Schalter der elektronischen Anlage. Du wirst ihn sofort zurück erhalten. Auf bald!

Herzlichst, Dein Gulliver

Bibliographie

Quellen

Archivquellen

Bundesarchiv
J2.10 1000/1212, 3/ff. La voie Suisse
J2.10 1000/1212, 5/ff. Service d'information
J2.10 1000/1212, 18/ff. Construction
J2.10 1000/1212, 22/ff. Secretariat général
J2.10 1000/1212, 23/ff. Service des finances
J2.10 1000/1212, 25/ff. Service des exposants
J2.10 1000/1212, 27/ff. Comité d'initiative
E 7170 (B) 1968/105, 126–127, Hans Giger
FORS (Swiss foundation for research in social sciences)
Projekt 6418, Datensatz 2001AK: »Questionnaires de l'enquête ›Un jour en Suisse‹ – 1962«
Stadtarchiv Lausanne
P 220 Charles Apothéloz
P 286 Ariane Deluz

Gedruckte Quellen

Zeitungen und Zeitschriften
Blick, Der Landbote, Die TAT, Gazette de Lausanne, Journal de Genève, Neue Zürcher Zeitung, SIE+ER, Tages-Anzeiger, Tagwacht, Zürcher Woche
Allgemeine Publikationen
Atteslander, Peter, *Methoden der empirischen Sozialforschung*, Berlin 1969 (Kurztitel: Atteslander, Empirische Sozialforschung).
–, »Zur Lage der Soziologie in der Schweiz«, in: Peter Atteslander/Roger Girod (Hg.): *Soziologische Arbeiten*, Bern 1966, 9–29 (Kurztitel: Atteslander, Lage der Soziologie).
Barth, Hans, *Die Idee der Ordnung. Beiträge zu einer politischen Philosophie*, Erlenbach-Zürich 1958.
Behrens, Karl Christian, *Demoskopische Marktforschung*, Wiesbaden 1961.
Blumer, Herbert, »Public Opinion and Public Opinion Polling«, in: *American Sociological Review* 13, Nr. 5 (1948), 542–549.
Bluntschli, Johann Kaspar, *Lehre vom modernen Staat*, Aalen 1875/1965.

Boltanski, Luc, *Le bonheur suisse. D'après une enquête réalisée par Isac Civa, Ariane Deluz, Nathalie Stern*, Paris 1966 (Kurztitel: Boltanski, Bonheur suisse).

–, *Prime éducation et morale de classe*, Paris 1969.

Bourdieu, Pierre, *Travail et travailleurs en Algérie*, Paris 1963.

Bourdieu, Pierre/Passeron, Jean-Claude/Saint Martin, Monique de, *Rapport pédagogique et communication*, Paris 1965.

Burckhardt, Lucius/Frisch, Max/Kutter, Markus, *Achtung: die Schweiz. Ein Gespräch über unsere Lage und ein Vorschlag zur Tat*, Basel 1955 (Kurztitel: Burckhardt/Frisch/Kutter, Achtung: die Schweiz).

Bureau of Applied Social Research, Columbia University, »Das qualitative Interview«, in: René König (Hg.): *Das Interview. Formen, Technik, Auswertung*, Köln 1957, 143–160.

Camenzind, Alberto, *Construire une exposition. Eine Ausstellung bauen. Building an exhibition*, Lausanne 1965.

Chiva, Isac, *Rural Communities. Problems, Methods and Types of Research*, Nendeln 1957/1975.

Cordey, Pierre, *Das Buch der Expo. Erinnerungsbuch der Schweizerischen Landesausstellung Lausanne 1964*, Bern 1964.

Durkheim, Émile, *Der Selbstmord*, Frankfurt am Main 1897/1983 (Kurztitel: Durkheim, Selbstmord).

–, *Die Regeln der soziologischen Methode*, Neuwied 1895/1961.

Egli, Ernst, *Die Neue Stadt. Eine Studie für das Furttal, Zürich*, Zürich 1961.

Eidgenössisches Statistisches Amt, Bureau Fédéral de Statistique, *Eidgenössische Volkszählung 1960. Wohnbevölkerung der Gemeinden*, Bern 1961.

–, *Recensement fédéral de la population 1950. 1er Decembre 1950, Canton de Fribourg*, Bern 1955.

–, *Statistisches Jahrbuch der Schweiz*, Bern 1950.

Exposition Nationale Suisse, *Rapport final. Historique et organes de l'exposition*, Lausanne 1966.

Gallup, George/Rae, Saul Forbes, *The Pulse of Democracy. The Public-Opinion Poll and How It Works*, New York 1940 (Kurztitel: Gallup/Rae, Pulse of Democracy).

Geiger, Theodor, *Die soziale Schichtung des deutschen Volkes. Soziographischer Versuch auf statistischer Grundlage*, Stuttgart 1932.

–, »Theorie der sozialen Schichtung«, in: Theodor Geiger (Hg.): *Arbeiten zur Soziologie*, Neuwied 1962, 186–205.

Girod, Roger/Flegenheimer, Michel/Rouiller, Jean-Frédéric, *Milieu social et orientation de la carrière des adolescents*, Genève 1961.

Goode, William J./Hatt, Paul K., »Beispiel für den Aufbau eines Fragebogens«, in: René König (Hg.): *Praktische Sozialforschung I*, Bd. 1, Köln 1952/1957, 115–124.

Gorer, Geoffrey, *Exploring English Character*, London 1955.

–, *The People of Great Russia. A Psychological Study*, New York 1950.

Habermas, Jürgen, *Strukturwandel der Öffentlichkeit. Untersuchungen zu einer Kategorie der bürgerlichen Gesellschaft*, Frankfurt am Main 1962/1990.

Halbwachs, Maurice, *Esquisse d'une psychologie des classes sociales*, Paris 1955.

Hedinger, Urs K., »Was tut der Schweizer in der Freizeit?«, in: Pierre Cordey (Hg.): *Das Buch der Expo. Erinnerungsbuch der Schweizerischen Landesausstellung Lausanne 1964*, Bern 1964, 145–147.

Held, Thomas/Levy, René, *Untersuchung über die Stellung der Frau in der Schweiz. Ergebnisse der Befragung (Tabellenband)*, Zürich 1973.
Hennis, Wilhelm, *Meinungsforschung und repräsentative Demokratie. Zur Kritik politischer Umfragen*, Tübingen 1957 (Kurztitel: Hennis, Meinungsforschung).
Holthusen, Hans Egon, *Der unbehauste Mensch. Motive und Probleme der modernen Literatur*, München 1951.
Imboden, Max, *Helvetisches Malaise*, Zürich 1964.
–, *Verfassungsrevision als Weg in die Zukunft*, Bern 1966.
Jaeggi, Urs, *Berggemeiden im Wandel. Eine empirisch-soziologische Untersuchung in vier Gemeinden des Berner Oberlandes*, Bern 1965.
–, *Die gesellschaftliche Elite. Eine Studie zum Problem der sozialen Macht*, Bern 1967.
–, *Kapital und Arbeit in der Bundesrepublik. Elemente einer gesamtgesellschaftlichen Analyse*, Frankfurt am Main 1973.
–, *Macht und Herrschaft in der Bundesrepublik*, Frankfurt am Main 1969.
Jaeggi, Urs/Wyniger, Willy/Steiner, Rudolf, *Der Vietnamkrieg und die Presse*, Zürich 1966.
Jahoda, Maria/Deutsch, Morton/Cook, Stuart W., »Die Technik der Auswertung: Analyse und Interpretation«, in: René König (Hg.): *Praktische Sozialforschung I*, Bd. 1, Köln 1957, 271–289.
Jellinek, Georg, *Allgemeine Staatslehre*, Berlin 1900/1914.
Kaufmann, Peter, *Wie das Gallup-Institut die öffentliche Meinung ermittelt. Was Politiker und der Marktforscher daraus lernen können*, Thalwil 1942.
König, René (Hg.), *Das Interview. Formen, Technik, Auswertung*, Praktische Sozialforschung I, Köln 1952/1957 (Kurztitel: König (Hg.), Interview).
Kuhn, Manfred, *Meinungsforschung und Demokratie (Staatsrechtliche Aspekte der Demoskopie)*, Zürich 1958 (Kurztitel: Kuhn, Meinungsforschung).
–, *Umfragen und Demokratie*, Allensbach 1959 (Kurztitel: Kuhn, Umfragen).
Maccoby, Eleanor E./Maccoby, Nathan, »Das Interview. Ein Werkzeug der Sozialforschung«, in: René König (Hg.): *Praktische Sozialforschung I*, Bd. 1, Köln 1957, 37–86.
Michels, Robert, *Zur Soziologie des Parteiwesens in der modernen Demokratie. Untersuchungen über die oligarchischen Tendenzen des Gruppenlebens*, Leipzig 1925.
Moosbrugger, Bernhard/Weigner, Gladys, *Das Erlebnis Expo. Die Schweiz heute und morgen: ein Bild- und Textbericht*, Zürich 1964.
Neue Helvetische Gesellschaft/Verein Volksumfrage (Zürich)/Kägi, Werner, *Die Schweiz hält durch. Buch der Volksumfrage unter dem Patronat der Neuen Helvetischen Gesellschaft*, Zürich 1948 (Kurztitel: NHG, Schweiz hält durch).
Neyman, Jerzy, »On the two Different Aspects of the Representative Method: The Method of Stratified Sampling and the Method of Purposive Selection«, in: *Journal of the Royal Statistical Society* 97, Nr. 4 (1934), 558–625 (Kurztitel: Neyman, Representative Method).
Peitrequin, Jean, *Le canal transhelvétique Rhin-Rhône*, Genève 1941.
Pitkin, Hanna Fenichel, *The Concept of Representation*, Berkeley 1967 (Kurztitel: Pitkin, Representation).
Rogers, Lindsay, *The Pollsters. Public Opinion, Politics and Democratic Leadership*, New York 1949.
Ruckstuhl, Paul/Henry, Edmond/Camenzind, Alberto, *Pour la Suisse de demain – croire et créer: Rapport de la direction sur le programme de l'exposition. Exposition Nationale Suisse – Lausanne 1964*, Lausanne 1960.

Schelsky, Helmut, »Die Bedeutung des Schichtungsbegriffs für die Analyse der gegenwärtigen deutschen Gesellschaft«, in: Helmut Schelsky (Hg.): *Auf der Suche nach der Wirklichkeit (1965)*, Düsseldorf 1953, 331–336.

Schmid, Karl, *Unbehagen im Kleinstaat. Untersuchungen über Conrad Ferdinand Meyer, Henri-Frédéric Amiel, Jakob Schaffner, Max Frisch, Jacob Burckhardt*, Zürich 1963.

Schnyder von Wartensee, Robert, *Die öffentliche Meinung als Element der staatlichen Willensbildung in der Demokratie*, Bern 1946 (Kurztitel: Schnyder von Wartensee, Öffentliche Meinung).

Schweizerische Landesausstellung, *Die Schweiz im Spiegel der Landesausstellung 1939*, Zürich 1940.

–, *Goldenes Buch. Schweizerische Landesausstellung Lausanne 1964*, Lausanne 1964.

–, *Informationsblätter*, Lausanne 1964.

–, *Offizieller Führer der Schweizerischen Landesausstellung Lausanne 1964*, Lausanne 1964.

–, *Schweizerische Landesausstellung 1939 Zürich. Administrativer Bericht*, Zürich 1942.

Schweizerischer Nationalfonds zur Förderung der Wissenschaftlichen Forschung, *13. Jahresbericht*, Bern 1964.

Steiner, Jürg, *Deliberative Politics in Action: Analyzing Parliamentary Discourse*, Cambridge 2004.

–, *Die Beziehungen zwischen den stimmberechtigten und den Gewählten in ländlichem und städtischem Milieu. Versuch einer staatssoziologischen Untersuchung am Beispiel des Grossen Rates des Kantons Bern*, Bern 1959.

–, *European Democracies*, New York 1986.

Stirling, Paul, »Review: Exploring English Character. A Study of the Morals and Behaviour of the English People by Geoffrey Gorer«, in: *American Anthropologist* 58, Nr. 6 (1956), 1157–1160.

Vogel, Paul Ignaz, »Siamo tutti fratelli«, in: Walter Biel/Rolf Eberhard/Manuel Isler et al. (Hg.): *Expo 64 – Trugbild der Schweiz*, Basel 1964, 51–56.

Weber, Max, *Wirtschaft und Gesellschaft. Grundriss der verstehenden Soziologie*, Tübingen 1921.

Wirth, Kurt, *Zeichnung wann wie*, New York 1965.

Darstellungen

Abelshauser, Werner, *Die langen Fünfziger Jahre. Wirtschaft und Gesellschaft der Bundesrepublik Deutschland 1949–1966*, Düsseldorf 1987.

Alettaz, Gerald et.al., *Les Suisses dans le miroir. Les expositions nationales suisses*, Lausanne 1991.

Alonso, William/Starr, Paul (Hg.), *The Politics of Numbers*, New York 1987.

Altermatt, Urs/Bosshart-Pfluger, Catherine/Tanner, Albert (Hg.), *Die Konstruktion einer Nation. Nation und Nationalisierung in der Schweiz, 18.–20. Jahrhundert*, Die Schweiz 1798–1998: Staat – Gesellschaft – Politik, Bd. 4, Zürich 1998.

Anderson, Benedict, *Die Erfindung der Nation. Zur Karriere eines erfolgreichen Konzepts*, Frankfurt am Main 1988.

Apothéloz, Charles, *Cris et écrits. Textes sur le théâtre (1944–1982)*, Lausanne 1990 (Kurztitel: Apothéloz, Cris et écrits).

–, *Travail théâtral populaire. Rapport de Charles Apothéloz sur la mise en scène de 4 spectacles donnés par des acteurs amateurs (1975–1979)*, Zürich 1980.

Arnold, Martin, *Von der Landi zur Arteplage. Schweizer Landes- und Weltausstellungen (19.–21. Jh.). Hintergründe und Erinnerungen*, Zürich 2001.

Baberowski, Jörg, »Was sind Repräsentationen sozialer Ordnung im Wandel? Anmerkungen zu einer Geschichte interkultureller Begegnungen«, in: Jörg Baberowski (Hg.): *Arbeit an der Geschichte. Wie viel Theorie braucht die Geschichtswissenschaft?*, Frankfurt am Main 2009, 7–18.

Barlösius, Eva, *Die Macht der Repräsentation. Common Sense über soziale Ungleichheiten*, Wiesbaden 2005.

Beck, Ulrich, *Risikogesellschaft. Auf dem Weg in eine andere Moderne*, Frankfurt am Main 1986.

Becker-Schmidt, Regina (Hg.), *Das Geschlechterverhältnis als Gegenstand der Sozialwissenschaften*, Frankfurt am Main 1995.

Bendix, Regina, »National Sentiment in the Enactment and Discourse of Swiss Political Ritual«, in: *American Ethnologist* 19, Nr. 4 (1992), 768–790.

Bengloan, Bernard, *La muette. Le théâtre en Suisse romande (1960–1992)*, Lausanne 1994.

Bernsdorf, Wilhelm/Knospe, Horst, *Internationales Soziologenlexikon*, Stuttgart 1980.

Bhabha, Homi K., *Nation and Narration*, London 1990.

Biagioli, Mario/Galison, Peter (Hg.), *The Science Studies Reader*, New York 1999.

Blanc, Jean-Daniel/Luchsinger, Christine (Hg.), *Achtung: die 50er Jahre! Annäherungen an eine widersprüchliche Zeit*, Zürich 1994.

Bogusz, Tanja, *Zur Aktualität von Luc Boltanski. Einleitung in sein Werk*, Wiesbaden 2010 (Kurztitel: Bogusz, Boltanski).

Bornschier, Volker, *Westliche Gesellschaft im Wandel*, Frankfurt am Main 1988.

Bourdieu, Pierre, »Die öffentliche Meinung gibt es nicht«, in: Pierre Bourdieu (Hg.): *Soziologische Fragen*, Frankfurt am Main 1971/1993, 212–223 (Kurztitel: Bourdieu, Öffentliche Meinung).

–, *Rede und Antwort*, Frankfurt am Main 1992.

Bourdieu, Pierre/Ohnacker, Elke/Schultheis, Franz (Hg.), *Schwierige Interdisziplinarität. Zum Verhältnis von Soziologie und Geschichtswissenschaft*, Münster 2004.

Brändli, Sibylle, *Der Supermarkt im Kopf. Konsumkultur und Wohlstand in der Schweiz nach 1945*, Wien 2000.

Bromberger, Christian/Zonabend, Francçoise, »Isac Chiva (1925–2012)«, in: *Terrain* 59, Nr. 9 (2012), 168–171.

Busset, Thomas, *Zur Geschichte der eidgenössischen Volkszählung*, Bern 1993.

Chartier, Roger, »Die Welt als Repräsentation«, in: Matthias Middell/Peter Schöttler (Hg.): *Alles Gewordene hat Geschichte. Die Schule der ANNALES in ihren Texten 1929–1992*, Leipzig 1994, 320–347.

–, »Kulturgeschichte zwischen Repräsentation und Praktiken«, in: Roger Chartier (Hg.): *Die unvollendete Vergangenheit. Geschichte und die Macht der Weltauslegung*, Berlin 1989, 7–20.

Chiva, Isac: CV, http://www.ehess.fr/centres/las/pages/chercheurs/chiva/chiva-pres.html (3.2. 2006).

–, »Wie die Ethnologie Frankreichs entstand. Versuch einer genealogischen Begründung«, in: Isac Chiva/Utz Jeggle (Hg.): *Deutsche Volkskunde – Französische Ethnologie. Zwei Standortbestimmungen*, Frankfurt am Main 1987, 13–43.

Conrad, Christoph/Conrad, Sebastian (Hg.), *Die Nation schreiben. Geschichtswissenschaft im internationalen Vergleich*, Göttingen 2002.

Contat, Michel/Rybalka, Michel, *The Writings of Jean-Paul Sartre*, Evanston 1974.

Conze, Werner/Engelhardt, Ulrich, *Gesellschaft, Staat, Nation. Gesammelte Aufsätze*, Stuttgart 1992.

Daston, Lorraine Jenifer, *Wunder, Beweise und Tatsachen. Zur Geschichte der Rationalität*, Frankfurt am Main 2001.

Daston, Lorraine Jenifer/Galison, Peter, *Objektivität*, Frankfurt am Main 2007.

David, Thomas/van Dongen, Luc/Meier, Marietta, »Non-lieux de mémoire. Erinnern und Vergessen«, in: *Traverse. Zeitschrift für Geschichte* (1991).

Deluz, Ariane: CV, http://www.ehess.fr/centres/las/english_pages/chercheurs/deluz/deluzpres.html (3.2.2006).

Desrosières, Alain, *Die Politik der großen Zahlen. Eine Geschichte der statistischen Denkweise*, Berlin 2005 (Kurztitel: Desrosières, Politik der großen Zahlen).

–, *The Politics of Large Numbers. A History of Statistical Reasoning*, Cambridge, Massachusetts 1998.

Diaz-Bone, Rainer, »Die Performativität der Sozialforschung – Sozialforschung als Sozio-Epistemologie«, in: *Workingpaper des Soziologischen Seminars der Universität Luzern* 04, (2010), 1–32.

Dovi, Suzanne: Political Representation, in: *The Stanford Encyclopedia of Philosophy*, 3, http://plato.stanford.edu/archives/fall2009/entries/political-representation/ (7.9.2009).

Eco, Umberto, »Antwort auf Harry Lime«, in: Georg Kohler/Stanislaus von Moos (Hg.): *Expo-Syndrom? Materialien zur Landesausstellung, 1883–2002*, Zürich 2002, 135–147.

Eisner, Manuel, *Politische Sprache und sozialer Wandel. Eine quantitative und semantische Analyse von Neujahrsleitartikeln in der Schweiz von 1840 bis 1987*, Zürich 1991.

F. A. Brockhaus, *Brockhaus die Enzyklopädie in vierundzwanzig Bänden*, Mannheim 1998.

Faulbaum, Frank, *Gesellschaftliche Entwicklungen im Spiegel der empirischen Sozialforschung*, Wiesbaden 2010.

Favre, Caroline, *Le malaise helvétique à l'Expo 64. Gulliver au pays de l'autocensure*, Genève 1999.

Felt, Ulrike, »Die ›unsichtbaren‹ Sozialwissenschaften«, in: Christian Fleck (Hg.): *Soziologische und historische Analysen der Sozialwissenschaften*, Opladen 2000, 177–212.

Felt, Ulrike/Taschwer, Klaus/Nowotny, Helga (Hg.), *Wissenschaftsforschung. Eine Einführung*, Frankfurt am Main 1995.

Ferrari, Silvia (Hg.), *Auf wen schoss Wilhelm Tell? Beiträge zu einer Ideologiegeschichte der Schweiz*, Zürich 1991.

François, Etienne/Siegrist, Hannes/Vogel, Jakob (Hg.), *Nation und Emotion. Deutschland und Frankreich im Vergleich, 19. und 20. Jahrhundert*, Göttingen 1995.

Frankel, Martin R./Frankel, Lester R., »Fifty Years of Survey Sampling in the United States«, in: *Public Opinion Quarterly* 51, Nr. 4 Part 2 Supplement: 50th Anniversary Issue (1987), 127–138.

Freiburghaus, Pius, »Vom Homo faber zur Videoqueen: Ausstellung: Schweizer Zukünfte – Mapping Switzerland«, in: *Beilage zu Hochparterre* Nr. 8 (2006), 34–38.

Füssel, Marian, »Die Kunst der Schwachen. Zum Begriff der ›Aneignung‹ in der Geschichtswissenschaft«, in: *Sozial.Geschichte* Nr. 21 (2006), 7–28.

Gabler, Siegfried/Hoffmeyer-Zlotnik, Jürgen H. P., *Stichproben in der Umfragepraxis*, Opladen 1997.

Ganz, Martin, »Nonkonformes von Vorgestern: ›achtung: die Schweiz‹«, in: Schweizerisches Sozialarchiv (Hg.): *Bilder und Leitbilder im sozialen Wandel*, Zürich 1991.

Germann, Urs/Nienhaus, Agnes (Hg.), *expos.ch. Ideen, Interessen, Irritationen*, Bern 2000 (Kurztitel: Germann/Nienhaus (Hg.), expos.ch).

Geser, Hans/Höpflinger, François, »Professionelle Orientierungen in der schweizerischen Soziologie«, in: Guido Hirschier/René Levy/Werner Obrecht (Hg.): *Weltgesellschaft und Sozialstruktur. Festschrift zum 60.Geburtstag von Peter Heintz*, Diessenhofen 1980, 609–629.

Gindulis, Edith, *Der Konflikt um die Abtreibung. Die Bestimmungsfaktoren der Gesetzgebung zum Schwangerschaftsabbruch im OECD-Ländervergleich*, Wiesbaden 2003.

Goltermann, Svenja, *Körper der Nation. Habitusformierung und die Politik des Turnens, 1860–1890*, Göttingen 1998.

Groebner, Valentin, *Der Schein der Person. Steckbrief, Ausweis und Kontrolle im Europa des Mittelalters*, München 2004.

Grossi, Verdiana: Max Huber, in: *Historisches Lexikon der Schweiz (HLS)*, http://www.hls-dhs-dss.ch/textes/d/D15770.php (30.10.2007).

Gugerli, David/Orland, Barbara (Hg.), *Ganz normale Bilder. Historische Beiträge zur visuellen Herstellung von Selbstverständlichkeit*, Zürich 2002.

Gugerli, David/Speich, Daniel, »Der Hirtenknabe, der General und die Karte. Nationale Repräsentationsräume in der Schweiz des 19. Jahrhunderts.«, in: *WerkstattGeschichte* Nr. 23 (1999), 53–73.

Hacking, Ian, *Was heißt »soziale Konstruktion«? Zur Konjunktur einer Kampfvokabel in den Wissenschaften*, Frankfurt am Main 1999.

Hall, Stuart, »Kodieren/Dekodieren«, in: Juha Koivisto/Andreas Merkens (Hg.): *Ideologie, Identität, Repräsentation*, Hamburg 2004, 66–81.

Hausen, Karin, »Die Nicht-Einheit der Geschichte als historiographische Herausforderung. Zur historischen Relevanz und Anstößigkeit der Geschlechtergeschichte«, in: Hans Medick/Anne-Charlotte Trepp (Hg.): *Geschlechtergeschichte und allgemeine Geschichte. Herausforderungen und Perspektiven*, Göttingen 1998, 7–14.

Heald, Suzette/Deluz, Ariane (Hg.), *Anthropology and Psychoanalysis. An Encounter Through Culture*, London 1994.

Heyde, C. C./Seneta, Eugene (Hg.), *Statisticans of the Centuries*, Berlin 2001.

Hobsbawm, Eric John, »Das Erfinden von Traditionen«, in: Christoph Conrad/Martina Kessel (Hg.): *Kultur & Geschichte. Neue Einblicke in eine alte Beziehung*, Stuttgart 1998, 97–118.

–, *Das Zeitalter der Extreme. Weltgeschichte des 20. Jahrhunderts*, München 1995.

–, *Nationen und Nationalismus. Mythos und Realität seit 1780*, Frankfurt am Main 2004.

Hofmann, Hasso, *Repräsentation. Studien zur Wort- und Begriffsgeschichte von der Antike bis ins 19. Jahrhundert*, Berlin 1998 (Kurztitel: Hofmann, Repräsentation).

Honegger, Claudia/Jost, Hans U., *Konkurrierende Deutungen des Sozialen. Geschichts-, Sozial- und Wirtschaftswissenschaften im Spannungsfeld von Politik und Wissenschaft*, Zürich 2007 (Kurztitel: Honegger/Jost, Konkurrierende Deutungen des Sozialen).

Huinink, Johannes/Konietzka, Dirk, *Familiensoziologie. Eine Einführung*, Frankfurt am Main 2007.

Hürlimann, Katja: Jöhr, Walter Adolf, in: *Historisches Lexikon der Schweiz (HLS)*, http://www.hls-dhs-dss.ch/textes/d/D44474.php (2.8.2010).

Igo, Sarah E., *The Averaged American. Surveys, Citizens, and the Making of a Mass Public*, Cambridge 2007.

Im Hof, Ulrich, *Mythos Schweiz. Identität - Nation - Geschichte 1291–1991*, Zürich 1991.

Imhof, Kurt, »Wiedergeburt der geistigen Landesverteidigung. Kalter Krieg in der Schweiz«, in: Kurt Imhof/Heinz Kleger/Gaetano Romano (Hg.): *Konkordanz und Kalter Krieg. Analyse von Medienereignissen in der Schweiz der Zwischen- und Nachkriegszeit*, Bd. 2, Zürich 1996, 173–247.

Imhof, Kurt/Kleger, Heinz/Romano, Gaetano (Hg.), *Vom kalten Krieg zur Kulturrevolution. Analyse von Medienereignissen in der Schweiz der 50er und 60er Jahre*, Zürich 1999.

Jeannet, Daniel, *Charles Apothéloz, théatreux vaudois*, Vevey 1999.

Jessen, Ralph/Vogel, Jakob, *Wissenschaft und Nation in der europäischen Geschichte*, Frankfurt am Main 2002.

Jourdain, Stéphane, *L'éthnologie en héritage, vol. 1: Isac Chiva*, Entretiens avec Christian Bromberger, DVD, Paris 2006.

Jost, Hans Ulrich, »Landesausstellungen und nationale Selbstdarstellung heute«, in: Georg Kohler/Stanislaus von Moos (Hg.): *Expo-Syndrom? Materialien zur Landesausstellung, 1883–2002*, Zürich 2002, 43–60.

Kammerer, Patrick/Müller, Margrit/Tanner, Jakob et al.: Online Datenbasis zur Wirtschafts- und Sozialgeschichte der Schweiz, http://www.fsw.uzh.ch/histstat (12.2012).

Keller, Felix, *Archäologie der Meinungsforschung. Mathematik und die Erzählbarkeit des Politischen*, Konstanz 2001 (Kurztitel: Keller, Archäologie der Meinungsforschung).

Keller, Felix/Levy, René, *L'enquête »Un jour en Suisse« trente-cinq ans après. Rapport final au Fonds National Suisse de la Recherche Scientifique*, Lausanne 2000.

Kendall, Maurice George, »The World Fertility Survey. An international programme of fertility research«, in: *Bulletin of the International Statistical Institute* 45, Nr. Book 4 (1973), 379–393.

König, Mario/Kreis, Georg/Meister, Franziska et al. (Hg.), *Dynamisierung und Umbau. Die Schweiz in den 60er und 70er Jahren*, Die Schweiz 1798–1998: Staat - Gesellschaft - Politik, Bd. 3, Zürich 1998.

Kreis, Georg, »Der ›homo helveticus alpinus‹. Zum schweizerischen Rassendiskurs der 30er Jahre«, in: Guy Paul Marchal/Aram Mattioli (Hg.): *Erfundene Schweiz. Konstruktionen nationaler Identität*, Zürich 1992, 175–190.

–, *Die Schweiz unterwegs. Schlussbericht des NFP 21 »Kulturelle Vielfalt und nationale Identität«*, Basel 1993.

–, »Schweizer Nationalgeschichten im 20. und 21. Jahrhundert«, in: *Schweizerische Zeitschrift für Geschichte* 59, Nr. 1 (2009), 135–148.

Kreis, Georg/Imboden, Max, *Das »Helvetische Malaise«. Max Imbodens historischer Zuruf und seine überzeitliche Bedeutung*, Zürich 2011.

Kruse, Volker, *Geschichte der Soziologie*, Konstanz 2008.

Kruskal, William/Mosteller, Frederick, »Representative Sampling, I: Non-Scientific Literature«, in: *International Statistical Review* 47, Nr. 1 (1979), 13–24 (Kurztitel: Kruskal/Mosteller, Representative Sampling I).

–, »Representative Sampling, II: Scientific Literature, Excluding Statistics«, in: *International Statistical Review* 47, Nr. 2 (1979), 111–127 (Kurztitel: Kruskal/Mosteller, Representative Sampling II).

–, »Representative Sampling, III: The Current Statistical Literature«, in: *International Statistical Review* 47, Nr. 3 (1979), 245–265 (Kurztitel: Kruskal/Mosteller, Representative Sampling III).

–, »Representative Sampling, IV: The History of the Concept in Statistics, 1895–1939«, in: *International Statistical Review* 48, Nr. 2 (1980), 169–195 (Kurztitel: Kruskal/Mosteller, Representative Sampling IV).

Kunz, Andreas/Fischer, Wolfram (Hg.), *Grundlagen der historischen Statistik von Deutschland. Quellen, Methoden, Forschungsziele*, Opladen 1991.

Kuss, Alfred, *Marktforschung Grundlagen der Datenerhebung und Datenanalyse*, Wiesbaden 2007.

Lafontant, Chantal: Paul Chaudet, in: *Historisches Lexikon der Schweiz (HLS)*, http://www.hls-dhs-dss.ch/textes/d/D4715.php (27.4.2004).

Latour, Bruno, *Science in Action. How to Follow Scientists and Engineers Through Society*, Cambridge, Massachusetts 1987.

–, *Wir sind nie modern gewesen. Versuch einer symmetrischen Anthropologie*, Berlin 1995.

Leimgruber, Walter, *»Goldene Jahre«. Zur Geschichte der Schweiz seit 1945*, Zürich 1999.

Lenoir, Timothy, *Politik im Tempel der Wissenschaft. Forschung und Machtausübung im deutschen Kaiserreich*, Frankfurt am Main 1992.

Lepenies, Wolf (Hg.), *Geschichte der Soziologie. Studien zur kognitiven, sozialen und historischen Identität einer Disziplin*, Frankfurt am Main 1981.

Lepsius, Mario Rainer, »Gesellschaftsanalyse und Sinngebungszwang«, in: Mario Rainer Lepsius (Hg.): *Interessen, Ideen und Institutionen*, Opladen 1990, 286–298.

Levy, René, »Gulliver et la politique«, in: *Mémoire Vive, pages d'histoire lausannoise* Nr. 9 (2000), 24–29.

–, »Weshalb gibt es (k)eine Schweizer Soziologie?«, in: *Schweizerische Zeitschrift für Soziologie* 15, Nr. 3 (1989), 453–487 (Kurztitel: Levy, Schweizer Soziologie).

Levy, René/Duvanel, Laurent, *Politik von unten. Bürgerprotest in der Nachkriegsschweiz*, Basel 1984.

Levy, René/Keller, Felix (Hg.), *DARIS Datensatz 2001AK: Questionnaires de l'enquête »Un jour en Suisse« - 1962*, Projekt 6418: Les Suisses et leur société au début des années 1960 et 1990, Lausanne 2001.

Lüdtke, Alf, »Geschichte und Eigensinn«, in: Berliner Geschichtswerkstatt (Hg.): *Alltagskultur, Subjektivität und Geschichte zur Theorie und Praxis von Alltagsgeschichte*, Münster 1994, 139–153.

Maissen, Thomas, »Die ewige Eidgenossenschaft. (Wie) Ist im 21. Jahrhundert Nationalgeschichte noch schreibbar?«, in: *Schweizerische Zeitschrift für Geschichte* 59, Nr. 1 (2009), 7–20.

Mannheim, Karl, *Wissenssoziologie*, Berlin 1964.

Marchal, Guy Paul, *Schweizer Gebrauchsgeschichte. Geschichtsbilder, Mythenbildung und nationale Identität*, Basel 2006.

Marchal, Guy Paul/Mattioli, Aram, *Erfundene Schweiz. Konstruktionen nationaler Identität*, Zürich 1992.

Masnata-Rubattel, Claire/Masnata-Rubattel, François, *Macht und Gesellschaft in der Schweiz. Demokratie und Unterdrückung*, Darmstadt 1978.

Mennicken, Andrea, *Zahlenwerk. Kalkulation, Organisation und Gesellschaft*, Wiesbaden 2007.

Merton, Robert King, »Social Structure and Anomie«, in: *American Sociological Review* 3, Nr. 5 (1938), 672–682.

Müller, Hans-Peter, *Hauptwerke der Ungleichheitsforschung*, Wiesbaden 2003.

Mumford, Eric, *The CIAM Discourse on Urbanism, 1928–1960*, Cambridge, Massachusetts 2000.

Münz, Rainer/Ulrich, Ralf, *Das Schweizer Bürgerrecht. Die demografischen Auswirkungen der aktuellen Revision*, Zürich 2003.

Nikolow, Sybilla, »Die Nation als statistisches Kollektiv. Bevölkerungskonstruktionen im Kaiserreich und in der Weimarer Republik«, in: Ralph Jessen/Jakob Vogel (Hg.): *Wissenschaft und Nation in der Europäischen Geschichte*, Frankfurt am Main 2002, 235–259 (Kurztitel: Nikolow, Statistisches Kollektiv).

Noelle-Neumann, Elisabeth, *Die Erinnerungen*, München 2007.

Noelle-Neumann, Elisabeth/Petersen, Thomas, *Alle, nicht jeder. Einführung in die Methoden der Demoskopie*, Berlin 1996/2005.

Paris, Rainer, »Soziologie des Formulars«, in: Rainer Paris (Hg.): *Normale Macht. Soziologische Essays*, Konstanz 2005, 189–192.

Peirce, Charles Sanders, *Vorlesungen über Pragmatismus*, Hamburg 1991.

Podlech, Adalbert, »Repräsentation«, in: Otto Brunner (Hg.): *Geschichtliche Grundbegriffe. Historisches Lexikon zur politisch-sozialen Sprache in Deutschland*, Stuttgart 1984, 509–547 (Kurztitel: Podlech, Repräsentation).

Porter, Theodore M., *Trust in Numbers. The Pursuit of Objectivity in Science and Public Life*, Princeton 1995.

Pugh, Emerson W., *Building IBM. Shaping an Industry and its Technology*, Cambridge, Massachusetts 1995.

Raphael, Lutz, »Die Verwissenschaftlichung des Sozialen als methodische und konzeptionelle Herausforderung für eine Sozialgeschichte des 20. Jahrhunderts«, in: *Geschichte und Gesellschaft* Nr. 22 (1996), 165–193.

Raupp, Juliana, *Politische Meinungsforschung. Die Verwendung von Umfragen in der politischen Kommunikation*, Konstanz 2007.

Rduch, Robert, »Korrektur der Kriegsbilder in der Lyrik von Hans Egon Holthusen«, in: Jürgen Egyptien (Hg.): *Erinnerung in Text und Bild. Zur Darstellbarkeit von Krieg und Holocaust im literarischen und filmischen Schaffen in Deutschland und Polen*, Berlin 2012, 147–157.

Renan, Ernest, *Qu'est-ce qu'une Nation? et autres écrits politiques*, Paris 1882/1996.

Ritter, Joachim/Gründer, Karlfried (Hg.), *Historisches Wörterbuch der Philosophie*, Bd. 8 R-Sc, Basel 1992.

Rittershofer, Christian, *Lexikon Politik, Staat, Gesellschaft*, München 2007.

Ritzmann, Heiner, *Gesamtrechnung der Sozialen Sicherheit. Resultate für 2000 – Schätzungen für 2001 – Entwicklung seit 1950*, Neuchâtel 2003.

Ritzmann-Blickenstorfer, Heiner/Siegenthaler, Hansjörg, *Historische Statistik der Schweiz*, Zürich 1996.

Santschi, Catherine, *Schweizer Nationalfeste im Spiegel der Geschichte*, Zürich 1991.

Sardet, Frédéric, »Organiser l'Expo 64. Espace, argent et pouvoirs«, in: Urs Germann/Agnes Nienhaus (Hg.): *expos.ch. Ideen, Interessen, Irritationen*, Bern 2000, 219–235 (Kurztitel: Sardet, Expo 64).

Schaffner, Martin, *Die demokratische Bewegung der 1860er Jahre. Beschreibung und Erklärung der Zürcher Volksbewegung von 1867*, Basel 1982.

Schaltegger, Christoph A./Gorgas, Christoph, »The Evolution of Top Incomes in Switzerland Over the 20th Century«, in: *Swiss Journal of Economics and Statistics* 147, Nr. IV (2011), 479–519.

Schärli, Jolanda, *»Weil die Familie zerfällt, wenn die Frau nicht in Ordnung ist«. Untersuchung der Geschlechterverhältnisse in der Umfrage »Un jour en Suisse« von 1962*, Zürich 2001.

Scheich, Elvira (Hg.), *Vermittelte Weiblichkeit. Feministische Wissenschafts- und Gesellschaftstheorie*, Hamburg 1996.

Schneller, Johannes, »Stichprobenbildung nach dem repräsentativen Quota-Verfahren«, in: Siegfried Gabler/Jürgen H. P. Hoffmeyer-Zlotnik (Hg.): *Stichproben in der Umfragepraxis*, Opladen 1997, 5–18.

Schuler, Martin/Dessemontet, Pierre/Joye, Dominique (Hg.), *Eidgenössische Volkszählung 2000. Die Raumgliederung der Schweiz*, Neuchâtel 2005.

Schweizerisches Sozialarchiv (Hg.), *Bilder und Leitbilder im sozialen Wandel*, Zürich 1991.

Sidler, Roger, *Arnold Künzli. Kalter Krieg und »geistige Landesverteidigung« – eine Fallstudie*, Zürich 2006.

–, *›Croire et Créer‹. Das Selbstbildnis der Schweiz an der Expo 64*, Bern 1996 (Kurztitel: Sidler, ›Croire et Créer‹).

–, »›Pour la Suisse de demain: croire et créer‹. Das Selbstbildnis der Schweiz an der Expo ›64«, in: Mario König (Hg.): *Dynamisierung und Umbau. Die Schweiz in den 60er und 70er Jahren*, Zürich 1998, 39–50 (Kurztitel: Sidler, Pour la Suisse de demain).

Stettler, Niklaus, »Demoskopie und Demokratie in der Nachkriegsschweiz«, in: Georg Kreis/Jean-François Bergier (Hg.): *Die Schweiz und der Zweite Weltkrieg*, Basel 1997, 730–758 (Kurztitel: Stettler, Demoskopie).

Stoll, Mirjam, *Sozialstruktur und materieller Lebensstandard. Wahrnehmungs- und Bewertungsformen in der Schweiz der frühen 1960er Jahre*, Zürich 2008 (Kurztitel: Stoll, Sozialstruktur).

Stotzer, Helen, *Die Geschichte der Soziologie an der Universität Bern. Von ihren Anfängen bis zur Gegenwart*, Bern 2002 (Kurztitel: Stotzer, Soziologie).

Summermatter, Stephanie: Jürg Steiner, in: *Historisches Lexikon der Schweiz (HLS)*, http://www.hls-dhs-dss.ch/textes/d/D44852.php (13.11.2012).

Sutermeister, Anne-Catherine, *Sous les pavés, la scène. L'émergence du théâtre indépendant en Suisse romande à la fin des années 60*, Basel 2000.

Tanner, Albert, »Le Bonheur Suisse – Zeitdiagnosen in der Schweiz 1946–1997«, in: Schweizerische Gesellschaft für praktische Sozialforschung (Hg.): *Vortragsreihe »Angewandte Sozialwissenschaft«*, Bern 1998 (Kurztitel: Tanner, Zeitdiagnosen).

–, »Willensnation versus Kulturnation. Nationalbewusstsein und Nationalismus in der Schweiz«, in: Urs Altermatt/Catherine Bosshart-Pfluger/Albert Tanner (Hg.): *Die Konstruktion einer Nation. Nation und Nationalisierung in der Schweiz, 18.–20. Jahrhundert*, Zürich 1998, 179–202.

Tanner, Jakob, »Der Tatsachenblick auf die ›reale Wirklichkeit‹. Zur Entwicklung der Sozial- und Konsumstatistik in der Schweiz«, in: *Schweizerische Zeitschrift für Geschichte* 45, Nr. 1 (1995), 94–108.

–, »›Die Ereignisse marschieren schnell‹ – Die Schweiz im Sommer 1940«, in: Andreas Suter/Manfred Hettling (Hg.): *Struktur und Ereignis (Geschichte und Gesellschaft: Sonderheft 19)*, Göttingen 2001, 257–282.

–, »Die Schweiz in den 1950er Jahren. Prozesse, Brüche, Widersprüche, Ungleichzeitigkeiten«, in: Jean-Daniel Blanc/Christine Luchsinger (Hg.): *Achtung: die 50er Jahre! Annäherungen an eine widersprüchliche Zeit*, Zürich 1994, 19–50 (Kurztitel: Tanner, 1950er Jahre).

–, »Lebensstandard, Konsumkultur und American Way of Life seit 1945«, in: Walter Leimgruber/Werner Fischer (Hg.): *»Goldene Jahre«. Zur Geschichte der Schweiz seit 1945*, Zürich 1999, 101–131 (Kurztitel: Tanner, Lebensstandard).

–, »Staat und Wirtschaft in der Schweiz. Interventionistische Massnahmen und Politik als Ritual«, in: Brigitte Studer (Hg.): *Etappen des Bundesstaates Staats- und Nationsbildung der Schweiz, 1848–1998*, Zürich 1998, 237–259.

Thévenot, Laurent, »Rules and Implements: Investment in Forms«, in: *Social Science Information* 23, Nr. 1 (1984), 1–45.

Tissot, Laurent: Gabriel Despland, in: *Historisches Lexikon der Schweiz (HLS)*, http://www.hls-dhs-dss.ch/textes/d/D4879.php (27.4.2004).

Tönnies, Ferdinand, *Gemeinschaft und Gesellschaft. Grundbegriffe der reinen Soziologie*, Berlin 1912.

Wagner, Peter, *Sozialwissenschaften und Staat. Frankreich, Italien, Deutschland 1870–1980*, Frankfurt am Main 1990 (Kurztitel: Wagner, Sozialwissenschaften).

Wimmer, Andreas/Glick Schiller, Nina, »Methodological Nationalism and Beyond: Nation-State Building, Migration and the Social Sciences«, in: *Global Networks* 2, Nr. 4 (2002), 301–334.

Wirth, Kurt, *Die Zeichnung in der visuellen Kommunikation. Ein didaktisches Werk über die zeichnerischen Ausdrucksmöglichkeiten in der Werbung*, Zürich 1976.

Wodak, Ruth, *Zur diskursiven Konstruktion nationaler Identität*, Frankfurt am Main 1998.

Zbinden, Martin, »Die schweizerische Integrationspolitik von der Gründung der OEEC 1948 bis zum Freihandelsabkommen 1972«, in: Michael Gehler/Rolf Steininge (Hg.): *Die Neutralen und die europäische Integration 1945–1995*, Wien 2000, 389–420.

Zimmer, Oliver, *A Contested Nation. History, Memory and Nationalism in Switzerland, 1761–1891*, Cambridge 2003 (Kurztitel: Zimmer, Contested Nation).

Zimmermann, Philip, *Zum Werdegang des Schweizer Nationalökonomen Walter Adolf Jöhr. Die Berufung eines Frontisten an eine Schweizer Hochschule zur Zeit der Geistigen Landesverteidigung*, Zürich 2007.

Zürcher, Markus, *Die Anfänge der Soziologie in der Schweiz*, Bern 1994.

–, *Unterbrochene Tradition. Die Anfänge der Soziologie in der Schweiz*, Zürich 1995 (Kurztitel: Zürcher, Unterbrochene Tradition).

Personenregister

Sachregister

Historische Wissensforschung

herausgegeben von
Caroline Arni, Bernhard Kleeberg, Andreas Langenohl,
Marcus Sandl und Robert Suter

Die Schriftenreihe *Historische Wissensforschung* versteht sich als Ort für Forschungen zu kulturellen Formationen von der Frühen Neuzeit bis in die Gegenwart, in denen Wissen selbst zum Thema wird. Sie interessiert sich für die Analyse von Prozessen und Praktiken der Entstehung und Stabilisierung, der Transformation und Dekonstruktion von Wissen. Die Reihe vertritt die Anliegen einer historischen Epistemologie wie auch praxeologisch ausgerichteter Ansätze der jüngeren Wissensforschung und legt ihr Augenmerk insbesondere auf die Wissenschaftsgeschichte der Human-, Geistes- und Sozialwissenschaften.

Lieferbare Bände:

1 *Weber, Koni:* Umstrittene Repräsentation der Schweiz. Soziologie, Politik und Kunst bei der Landesausstellung 1964. 2014. X, 364 Seiten. Gebunden.

2 *Trüper, Henning:* Topography of a Method. François Louis Ganshof and the Writing of History. 2014. IX, 437 Seiten. Gebunden.

Mohr Siebeck, Postfach 2040, D–72010 Tübingen.
Aktuelle Informationen im Internet unter www.mohr.de